Al límite

Al límite

Conoce a jugadores de póquer,
apostadores profesionales, cryptobros,
genios del *venture capital* y otros personajes
capaces de arriesgarlo todo y ganar

Nate Silver

Traducción de Francesc Pedrosa Martín

DEBATE

El papel utilizado para la impresión de este libro ha sido fabricado a partir de madera procedente de bosques y plantaciones gestionadas con los más altos estándares ambientales, garantizando una explotación de los recursos sostenible con el medio ambiente y beneficiosa para las personas.

Al límite
*Conoce a jugadores de póquer,
apostadores profesionales, cryptobros,
genios del venture capital y otros personajes
capaces de arriesgarlo todo y ganar*

Título original: *On the Edge*

Primera edición en España: marzo, 2025
Primera edición en México: marzo, 2025

D. R. © 2024, Nate Silver

Publicado bajo acuerdo con Penguin Press,
un sello de Penguin Publishing Group, división de Penguin Random House LLC

D. R. © 2025, Penguin Random House Grupo Editorial, S.A.U.
Travessera de Gràcia, 47-49, 08021, Barcelona

D. R. © 2025, derechos de edición mundiales en lengua castellana:
Penguin Random House Grupo Editorial, S. A. de C. V.
Blvd. Miguel de Cervantes Saavedra núm. 301, 1er piso,
colonia Granada, alcaldía Miguel Hidalgo, C. P. 11520,
Ciudad de México

penguinlibros.com

D. R. © 2025, Francesc Pedrosa Martín, por la traducción

Penguin Random House Grupo Editorial apoya la protección del *copyright*.
El *copyright* estimula la creatividad, defiende la diversidad en el ámbito de las ideas y el conocimiento, promueve la libre expresión y favorece una cultura viva. Gracias por comprar una edición autorizada de este libro y por respetar las leyes del Derecho de Autor y *copyright*. Al hacerlo está respaldando a los autores y permitiendo que PRHGE continúe publicando libros para todos los lectores.

Tenga en cuenta que ninguna parte de este libro puede usarse ni reproducirse, de ninguna manera, con el propósito de entrenar tecnologías o sistemas de inteligencia artificial ni de minería de datos.
Si necesita fotocopiar o escanear algún fragmento de esta obra diríjase a CeMPro
(Centro Mexicano de Protección y Fomento de los Derechos de Autor, https://cempro.org.mx).

ISBN: 978-607-385-568-6

Impreso en México – *Printed in Mexico*

Índice

Prólogo. Motivación 9
Capítulo 0. Introducción 13

Primera parte. *Juego* 45
Capítulo 1. Optimización 47
Capítulo 2. Percepción 89
Capítulo 3. Consumo 144
Capítulo 4. Competencia 185

Descanso: 235
Capítulo 13. Inspiración: Trece hábitos
   de los que asumen riesgos con éxito 237

Segunda parte. *Riesgo* 265
Capítulo 5. Aceleración 267
Capítulo 6. Ilusión 322
Capítulo 7. Cuantificación 365
Capítulo 8. Error de cálculo 409
Capítulo ∞. Terminación 432
Capítulo 1776. Fundación 491

Agradecimientos Métodos y fuentes 503
Glosario. Cómo hablar riveriano 507
Notas 557
Índice alfabético 643

A Robert Gauldin

Prólogo

Motivación

Estoy seguro de que muchos de ustedes me conocen por mis análisis de las elecciones estadounidenses. Pero hay algo que quizá no sepan: cubriendo las noticias de política siempre me he sentido como si fuera un pez fuera del agua.

Fui jugador profesional de póquer antes de escribir una palabra sobre política o construir un modelo electoral. Sigo sintiéndome más a gusto en un casino que en una convención política. En mi agenda tengo los números de teléfono de muchos de los mejores jugadores de póquer, pero los de pocas personas que trabajen en política o en el Gobierno. De hecho, incluso mi decisión de poner en marcha FiveThirtyEight, que fundé en 2008 y para la que trabajé hasta 2023, fue una consecuencia inesperada de una ley aprobada por el Congreso, que puso fin a mis tres años como jugador profesional de póquer.

Así que con este libro vuelvo a mis raíces. He pasado la mayor parte de los últimos tres años inmerso en un mundo al que yo llamo el Río. El Río es un ecosistema en expansión de personas con ideas afines que incluye desde profesionales del póquer con apuestas bajas que intentan ganarse la vida hasta reyes de las criptomonedas y multimillonarios de capital riesgo. Es una forma de pensar y un modo de vida. La gente no sabe mucho sobre el Río, pero deberían saberlo. La mayoría de los habitantes del Río, o riverianos, no son ricos ni poderosos. Pero los ricos y poderosos tienen una probabilidad desproporcionada de ser riverianos en comparación con el resto de la población.

Teniendo en cuenta todo lo que ha sucedido mientras escribía este libro —escándalos de trampas en el póquer, la transformación de Elon Musk de rebelde lanzacohetes en señor de la información X, la espectacular implosión autoinducida de Sam Bankman-Fried— uno podría pensar que el Río ha atravesado unos años difíciles. Pues bien: resulta que, en realidad, el Río está ganando. Silicon Valley y Wall Street siguen acumulando cada vez más riqueza. Las Vegas recibe cada vez más dinero. En un mundo fraguado no por el trabajo de las manos humanas, sino por los cálculos de las máquinas, los que entendemos los algoritmos llevamos las de ganar.

Durante la redacción de este libro, hice unas doscientas entrevistas formales, sobre todo con personas a las que describiría como residentes del Río, pero también con críticos y observadores externos. También mantuve conversaciones informales y a veces extraoficiales durante partidas de póquer, eventos deportivos o mientras tomaba unas copas, el tipo de conversaciones que he mantenido durante toda mi vida. Mis frecuentes viajes a Las Vegas, el sur de Florida, California y las Bahamas «con fines de investigación» acabaron por convertirse en una especie de chiste entre mis amigos. Pero ahí es donde está la acción: en el Río, no en los pasillos de las universidades ni en las rotondas de los edificios gubernamentales.

También tuve mucha experiencia práctica. Participé en partidas de póquer contra multimillonarios y en cierto momento logré suficiente éxito en los torneos para llegar a estar entre los trescientos primeros en la clasificación del Global Poker Index y terminar en el puesto 87 de más de diez mil jugadores en el Evento Principal de las Series Mundiales de Póquer de 2023. También aprendí a convertirme en un apostador deportivo medianamente competente, e hice apuestas por valor de casi dos millones de dólares. Solo obtuve unos beneficios modestos, pero me convertí en una amenaza lo bastante grande para que DraftKings y otras importantes casas de apuestas deportivas estadounidenses prácticamente me prohibieran hacer apuestas con ellos por una cantidad significativa de dinero, aunque sus anuncios proliferaran por los estadios deportivos y las pantallas de televisión de Estados Unidos.

Mi misión es ser un guía turístico del Río amable, informativo y, en ocasiones, provocador. Los habitantes del Río confían en mí para que cuente sus historias, porque, seamos sinceros, soy uno de ellos. Su forma de pensar, en su mayor parte, es la mía.

Pero también espero poder poner de relieve algunos de los defectos de su pensamiento. Porque, si me permiten el tópico, en el Río no todo es diversión y juegos. Las actividades que todo el mundo considera fundamentales, con F mayúscula —como el blackjack, las tragaperras, las carreras de caballos, las loterías, el póquer y las apuestas deportivas—, no son, en realidad, más que la punta del iceberg. En el fondo, no se diferencian mucho de comerciar con opciones sobre acciones o con criptomonedas, o de la inversión en nuevas empresas tecnológicas. El Río está lleno de afluentes y nichos, y no todos sus habitantes se describirían a sí mismos como jugadores. Pero las distintas regiones del Río tienen mucho en común, y hay muchas conexiones entre personas de diferentes partes del entorno: personas con fondos de cobertura que juegan al póquer, apostadores deportivos que se convierten en empresarios, criptomillonarios que se codean con filósofos de Oxford que adoptan un enfoque matemático para estudiar la condición humana.

El Río también tiene un canon de influencias e ideas, desde la teoría de juegos y los equilibrios de Nash hasta el valor esperado y la utilidad marginal, que subyacen en casi todas las actividades que emprende. La mayoría de las ideas no son, en principio, tan complicadas, pero pueden implicar mucha jerga y referencias internas. Si usted oye a un riveriano hablar de «actualizar sus previsiones» o «dimensionar sus apuestas» o hacer un chiste sobre clips para papel, todo eso se refiere a partes del canon. Si no se ha molestado en aprender la jerga, lo siento, porque la seguirán utilizando para hablar a su alrededor como una pareja en una cena que se mete con su cocina en un idioma extranjero que sabe que no entiende. Le enseñaré todo lo que pueda de ese idioma.

Así que abróchese el cinturón, traiga algo de dinero para apostar si le apetece —no se lo diga a nadie, pero hay partidas de póquer en la parte trasera del autobús— y empecemos.

Introducción

El Seminole Hard Rock Hotel & Casino de Hollywood, Florida, cuenta con un club nocturno, siete piscinas, catorce restaurantes, una cascada interior de nueve metros de altura, docenas de deslumbrantes recuerdos del mundo del rock and roll, doscientas mesas de juego, 1.275 habitaciones, tres mil máquinas tragaperras y un reluciente hotel con forma de guitarra que dispara haces azules de luz de neón a seis mil metros de altura.

Como la mayoría de los casinos —y como la mayoría de las cosas del sur de Florida— el Hard Rock está pensado para abrumar sus sentidos y minar sus inhibiciones. Imagínese un casino. Si no ha estado en un lugar como el Hard Rock o el Wynn de Las Vegas, es probable que esté pensando en un lúgubre «almacén de tragaperras» lleno de humo de cigarrillos y laberínticas hileras de máquinas chirriantes. De hecho, pueden ser algunos de los lugares más deprimentes del planeta. Pero en los complejos de lujo como el Hard Rock, el ambiente en las horas punta es *exuberante*. Pocos lugares en la vida estadounidense atraen a una muestra más variada de la sociedad. Hay adultos de todas las edades, razas, clases, grupos étnicos y orientaciones políticas. Hay ancianos que esperan que les toque el premio gordo de las tragaperras, grupos de colegas y pandillas de chicas, y asistentes a conferencias de asociaciones comerciales de tercera categoría que compensan su incomodidad con excesos de alcohol y blackjack.

He pasado *mucho* tiempo en casinos mientras escribía este libro. Ni que decir tiene que hasta los más glamurosos acaban cansándote. A veces tenía la sensación de ser un fotógrafo profesional de bodas: todo el mundo se lo estaba pasando bomba, en su día más *especial*. Pero yo conocía todos los temas y personajes recurrentes: el tipo que intentaba ocultar a sus amigos en la mesa de dados que estaba jugando por encima de sus posibilidades; las mejores amigas de la despedida de soltera que se disputaban la primera posición cuando pasaba un soltero buenorro; la simpática pareja de Nebraska que pasaba la noche de su vida jugando al blackjack antes de perder todas sus ganancias por duplicado.

Era abril de 2021. Estaba en Florida para el Seminole Hard Rock Poker Showdown, el primer gran torneo de póquer en Estados Unidos desde la pandemia. Para bien o para mal, había sido bastante cuidadoso a la hora de evitar espacios cerrados abarrotados hasta que me vacuné contra la COVID-19. Ni siquiera me había subido a un avión desde el 11 de marzo de 2020, cuando me enteré en pleno vuelo de que Tom Hanks se había contagiado de COVID, que la NBA había suspendido la temporada, que el presidente Trump había cerrado los viajes desde Europa… y que mis compañeros de vuelo y yo habíamos aterrizado en un universo más arriesgado.

Pero ya había pasado un año y era hora de apostar. A juzgar por la afluencia de público al Hard Rock, muchas otras personas estaban en la misma tesitura. A pesar de su reputación de tolerancia al riesgo, la mayoría de los casinos cerraron en los primeros días de COVID. Incluso el Strip de Las Vegas —que seguiría funcionando incluso en caso de apocalipsis nuclear, suponía yo— estuvo cerrado durante dos meses y medio. Durante este periodo, los ingresos de los casinos de Estados Unidos se redujeron hasta un 96% con respecto al año anterior.

Pero repuntaron con fuerza. De alguna manera, entre la ansiedad debido a la mortandad sin precedentes causada por la COVID y el aburrimiento provocado por la falta sin precedentes de interacción social, la avidez de los estadounidenses por el comportamiento YOLO (siglas en inglés de Solo se vive una vez) explotó, manifestándose en todas las formas, desde exhibiciones ilegales de fuegos artificiales hasta accidentes de tráfico y burbujas de criptomonedas (los precios del bitcoin se multiplicaron aproximadamente por diez en el año posterior a que la OMS declarase la COVID-19 como pandemia). Así, en abril de 2021 —mientras las escuelas permanecían cerradas en algunas partes del país—, los casinos de Estados Unidos obtuvieron de sus clientes la asombrosa cifra de 4.600 millones de dólares en ingresos por juego, un 26% *más* que en el mismo mes, dos años antes de la pandemia.

Los jugadores de póquer acudieron en una demostración de fuerza al Hard Rock. En abril de 2019, la última vez que se celebró este torneo antes de la COVID, contó con la respetable cifra de 1.360 participantes. La edición de 2021 atrajo casi al doble, 2.482 participantes, a pesar de estar todavía en mitad de una pandemia y de una prohibición de viajar que afectaba a la mayor parte del mundo del póquer. Podría haber sido peor: la demanda fue tan abrumadora que hubo esperas de horas para pagar 3.500 dólares e inscribirse. Aun así, fue el mayor número de participantes en un torneo del World Poker Tour, que patrocinó el evento. Como era de esperar, el torneo lo ganó un enfermero de la UCI de Grand Rapids, Míchigan, llamado Brek Schutten, que había pasado por las salas de COVID.

Jugamos en condiciones poco habituales. Había obligación de llevar mascarilla, y yo me esperaba un desastre: los jugadores de póquer son individualistas e irascibles, y no son de los que siguen órdenes sin protestar. Pero la mayoría de ellos estaban tan contentos de volver a jugar al póquer que hubo relativamente pocas quejas.[*] Una restricción mayor fue que, como pseudomedida anti-COVID, las mesas de póquer estaban equipadas con aparatosos separadores octogonales de plexiglás. Esto dio lugar a un detalle divertido: cada vez que un jugador quedaba eliminado del torneo, el personal de la sala celebraba su marcha limpiando su sección de plexiglás, como un toallero de la NBA que limpia el sudor de la pista después de que Giannis Antetokounmpo acabe de hacer un mate por encima de un desafortunado alero.

Sin embargo, el efecto del plexiglás era el de un espejo, lo que dificultaba la visión de los adversarios. Claro que podía ver bien a los otros jugadores si me concentraba, pero, en contra de lo que usted pueda haber oído, la mayoría de las indicaciones (*tells*, en inglés) del póquer no se descubren mirando fijamente a un oponente y haciendo una «lectura del alma». Se trata más bien de sutilezas en el límite de la observación consciente: un movimiento de la muñeca aquí, una aceleración del pulso allá; una mirada de reojo a tu oponente, que parece más erguido en el asiento después de haber mirado sus cartas por primera vez (es probable que tenga una buena mano). El póquer es, sobre todo, un juego matemático, pero los márgenes son tan ajustados que uno se conforma con cualquier lectura que pueda obtener.

Entre el plexiglás, las mascarillas y la falta de hábito de estar rodeado de otras personas, me sentía como si estuviera jugando al póquer bajo el

---

[*] Esta paciencia pronto se evaporaría, y a finales de ese año en las mesas de póquer había discusiones constantes sobre la mascarilla y las vacunas.

agua. Mi cuerpo delataba mi ansiedad. No solo me temblaba el pulso cuando tomaba una decisión importante, sino que durante algunas partes del torneo incluso me empezaron a temblar las manos cuando apostaba, algo que casi nunca me había pasado antes ni me pasó después. Cuando repasé algunas manos más tarde con mi entrenador de póquer —sí, tengo un entrenador de póquer, igual que algunas personas tienen un entrenador personal—, en casi todas exageraba y pensaba demasiado las situaciones, como si estuviera compensando un año perdido durante la pandemia. La base de datos Hendon Mob Poker dice que acabé en el puesto 161 del torneo, con 7.465 dólares, pero en realidad perdí dinero en el viaje.

Y, sin embargo, fue una gran experiencia. Después de un año electoral de aislamiento en 2020 —aislamiento porque teletrabajé durante la pandemia y porque, por razones que explicaré más adelante, los años de elecciones presidenciales me resultan alienantes— me sentí bienvenido en el mundo del póquer. El World Poker Tour incluso me felicitó por Twitter desde su cuenta @WPT, algo que no suelen hacer por el 161.º clasificado.

No estoy seguro de haberlo reconocido plenamente en ese momento, pero las sensaciones del torneo fueron el primer indicio de las que tendría en el transcurso de la escritura de este libro. Una de ellas fue que *algo importante estaba ocurriendo*, algo que iba más allá del póquer. Que el torneo hubiera atraído a un número récord de jugadores —que la gente estuviera «volviendo a la normalidad» de forma tan agresiva en el entorno hiperrealista y obviamente inseguro (desde el punto de vista de la COVID) de un casino— parecía significativo. Las personas siempre han tenido diferentes niveles de tolerancia al riesgo, pero estos suelen estar ocultos a la vista del público. Si la persona que está delante de mí en la cola del supermercado planea pasar la noche acurrucada viendo algo en Netflix y la que está detrás de mí tiene intención de pasarse toda la noche de juerga con cocaína en un club de *striptease*, no tengo forma de saberlo y, en realidad, no me importa.

Pero la COVID hizo públicas esas preferencias de riesgo, nos las mostró, de manera literal, a la cara. Para mucha gente, la COVID era el Salvaje Oeste, que obligaba a enfrentarse al riesgo y a la recompensa sin apenas precedentes en los que basarse y con una orientación experta que cambiaba todo el tiempo. Mi experiencia al escribir este libro es que las personas están cada vez más bifurcadas en su tolerancia al riesgo y

INTRODUCCIÓN

que esto afecta a todo, desde a con quién salimos hasta la dirección de nuestro voto. Puede que el tipo que ve algo en Netflix y el tipo del club de *striptease* ya ni siquiera compren en el mismo supermercado; el tipo de Netflix se mudó al campo, ahora que no necesita estar en la oficina, y el tipo del club de *striptease* se fue a Miami, y probablemente estaba jugando contra mí en el torneo de póquer.

Quiero mantener la prudencia. En cualquier distribución estadística hay personas en ambos extremos de la campana de Gauss, y este libro se centra a menudo en las personas situadas en el extremo derecho de la curva de riesgo. Pero la asunción de riesgos es un rasgo de la personalidad poco estudiado, y la literatura académica está dividida sobre hasta qué punto algunas personas son, en general, más arriesgadas, en contraposición a la asunción de riesgos en ámbitos específicos. Mi ejemplo favorito de una persona que asume riesgos en ámbitos específicos es el doctor Ezekiel Emanuel, que formó parte del consejo asesor sobre la COVID-19 del presidente Biden. En un artículo de opinión de mayo de 2022, el doctor Emanuel dijo que evitaba comer en restaurantes cerrados porque le preocupaba la COVID persistente, pero también presumía de montar en moto. Como preferencias de riesgo, parece una locura (las motocicletas son unas treinta veces más mortales que los turismos por kilómetro recorrido). Dicho esto, se me ocurren muchos aspectos de mi propia vida en los que mis preferencias de riesgo no se podrían calificar de racionales o coherentes. Las personas somos complicadas, e incluso entre los jugadores de póquer hay muchos jugadores degenerados y muchos *nits*.*

De hecho, la mayoría de nosotros parece tener dudas sobre cuánto riesgo queremos correr en nuestra vida. Uno de los tópicos en los estudios sobre el riesgo es que los jóvenes asumen más riesgos que los mayores. Sin embargo, esto podría estar cambiando. Los adolescentes de Estados Unidos y otros países occidentales adoptan muchas menos conductas de riesgo —drogas, alcohol, sexo— que hace una generación.

Y, sin embargo, el juego en sí está en auge. En 2022, los estadounidenses perdieron unos 60.000 millones de dólares apostando en casinos autorizados y empresas de juego en línea, un récord incluso después de

---

* Un *nit* es un jugador precavido o tacaño, pero el término también puede referirse a la aversión al riesgo o a la tacañería fuera del póquer. Si llegas al aeropuerto con tres horas de antelación para coger un vuelo nacional, eres un *nit*.

tener en cuenta la inflación. También se calcula que perdieron 40.000 millones de dólares en apuestas sin licencia, en el mercado gris o en el mercado negro, y unos 30.000 millones en loterías estatales. Para que quede claro, esa es la cantidad que perdieron, no la que *apostaron*, que fue aproximadamente diez veces mayor. Entre todas las formas de juego, los estadounidenses apuestan probablemente más de 1 billón de dólares al año.

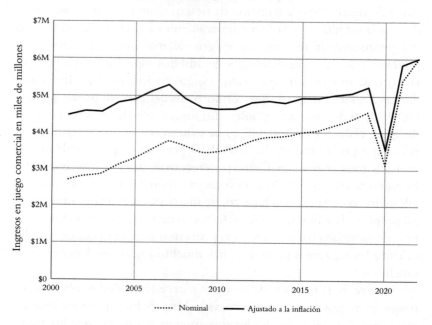

Los ingresos en casinos de Estados Unidos se dispararon después de la COVID

Y he aquí algo que probablemente debería quitar el sueño a más de uno: la esperanza de vida estadounidense se ha estancado. Durante la pandemia, de hecho, disminuyó, de 78,8 años en 2019 a 76,4 años en 2021. Las cifras de esperanza de vida durante una pandemia pueden ser engañosas —suponen esencialmente que se mantendrá el mismo número de muertes por COVID en el futuro, cuando probablemente no sea así— y las cifras han comenzado a recuperarse hasta cierto punto. Sin embargo, incluso antes de la COVID, los hombres estadounidenses habían perdido una décima de año de esperanza de vida entre 2014 (76,4 años) y 2019 (76,3).

INTRODUCCIÓN

Esperanza de vida contra PIB per cápita, 2021, países de la OCDE

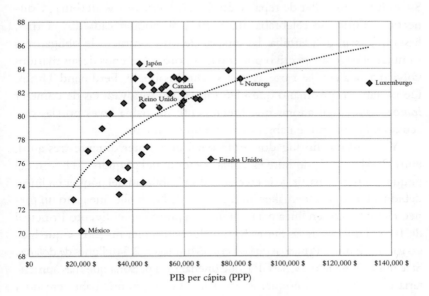

De hecho, Estados Unidos es ahora un caso atípico entre los países más desarrollados. Teniendo en cuenta nuestro elevado PIB, cabría esperar que la esperanza de vida de los estadounidenses fuera unos cinco años mayor de lo que es. Las razones de esta deficiencia son complicadas, y en ellas intervienen una mezcla de factores culturales y políticos, así como el alto nivel de desigualdad en Estados Unidos. Pero en parte reflejan el hecho de que en Estados Unidos se asumen más riesgos —se conduce más a velocidad de autopista, hay más opioides, más COVID, más armas de fuego— y se está menos dispuesto a sacrificar la libertad o el crecimiento económico a cambio de una mayor esperanza de vida.

El otro gran descubrimiento que hice en ese vuelo de vuelta a casa desde Florida fue que ese mundo de jugadores de póquer y tipos así, ese mundo de riesgo calculado, era el mundo en el que yo encajaba.

Eso no debería haber sido una gran sorpresa. Puede que incluso lo lleve en la sangre. Ninguno de mis padres es muy aficionado a las cartas ni a los casinos, pero mi abuela paterna, Gladys Silver, era una excelente jugadora de gin rummy y bridge, y una jugadora muy castigadora: si no ocultabas bien tus cartas, sacaba el máximo partido de esa información para enseñarte a tener más cuidado la próxima vez. Mi bisabuelo Jacob Silver fundó un taller de reparación de carrocerías en Waterbury, Connecticut, donde se celebraba una partida de póquer cada dos viernes, hasta que, según la familia, las esposas de los mecánicos le obligaron a cambiar el pago en efectivo por cheques porque muchos de sus maridos volvían a casa con las carteras vacías. *Otro* bisabuelo, Ferdinand Thrun, fue un famoso pirómano que ideó formas tan innovadoras de cometer fraude a las aseguradoras que literalmente no había leyes por las que acusarle. Ferdinand se habría marcado un buen farol.

Y yo mismo fui jugador profesional de póquer durante tres años, entre 2004 y 2007, durante el llamado «boom del póquer». El boom del póquer empezó a partir de la creciente disponibilidad del póquer en línea, debido a Chris Moneymaker, un contable de Nashville que ganó un torneo clasificatorio en línea para obtener un puesto en el Evento Principal de 10.000 dólares de las Series Mundiales de Póquer de 2003 y que luego ganó el Evento Principal de las Series Mundiales, 2,5 millones de dólares. Si le hubieras pedido a ChatGPT que diseñara a la persona que más aumentaría el interés por el póquer al ganar las WSOP, podría haber creado a Moneymaker. Un tipo afable, regordete, de veintitantos años, con un aburrido trabajo en una empresa, era exactamente el cliente al que se dirigían los sitios de póquer en línea, un arquetipo de un trabajador de oficina que quería salir de su cubículo y ganar el gran bote. El número de participantes en el Evento Principal de las Series Mundiales de Póquer pasó de 839 en 2003 a 8.773 solo tres años después, en 2006, una cifra claramente impulsada por las personas que habían conseguido su puesto en línea.

Yo era una de esas personas que vivían el gran momento. Pronto empecé a vivir en horario nocturno. Las partidas de póquer suelen ser mejores a altas horas de la noche, cuando tus oponentes están borrachos, faltos de sueño o delirando por haber ganado o perdido mucho dinero, o una combinación de lo anterior. Así que volvía a casa de la oficina, me echaba una siesta y luego jugaba al póquer en línea, a veces hasta por la mañana, cuando llegaba con retraso al trabajo y me esforzaba por terminar el día. Ni que decir tiene que eso no se podía mantener durante mucho tiempo y, como ganaba bastante más dinero como jugador de póquer que como consultor, dejé mi trabajo en la empresa al cabo de unos seis meses para jugar al póquer y trabajar para la empresa de estadísticas de béisbol Baseball Prospectus.

INTRODUCCIÓN

Fue una buena forma de ganarse la vida durante un par de años, pero, como la mayoría de las rachas en el juego, no duró mucho. En parte, esto se debió a la evolución natural: el boom del póquer se convirtió en una especie de meseta a medida que los jugadores que perdían se arruinaban, abandonaban o mejoraban, eliminando a los *primos* de la mesa uno por uno.

Pero también fue en parte obra del Congreso de Estados Unidos. A finales de 2006, el Congreso, liderado por el Partido Republicano y con ganas de una victoria entre los votantes de la «mayoría moral» antes de las elecciones de intermedias, cuando el congresista republicano Mark Foley dimitió de su cargo por haber enviado mensajes sexualmente explícitos a páginas web de hombres menores de edad, aprobó la ley contra el juego ilegal en internet (UIGEA por sus siglas en inglés). La UIGEA no prohibía el póquer en línea *per se*, pero establecía normas que suponían un problema para los procesadores de pagos: es difícil jugar al póquer si no se puede cambiar dinero en efectivo por fichas. Algunos sitios cerraron sus puertas a los jugadores estadounidenses, mientras que otros permanecieron abiertos, pero entre la sombra de la ilegalidad y el aumento de los inconvenientes a la hora de ingresar y retirar el dinero, los nuevos jugadores inexpertos evitaban las partidas, lo que los hacía mucho más difíciles de vencer.

Pero todo esto tuvo un aspecto positivo: la UIGEA despertó mi interés por la política. El proyecto de ley se había incluido dentro de una ley de seguridad nacional no relacionada y se aprobó durante la última sesión antes de que el Congreso entrara en receso por las elecciones de intermedias. Se trataba de un truco tramposo y, tras haber básicamente perdido mi trabajo, quería que los responsables también lo perdieran. Y así fue: los republicanos perdieron tanto la Cámara de Representantes como el Senado, incluido el escaño del representante Jim Leach, de Iowa, principal defensor de la UIGEA, cuyo mandato de treinta años terminó en parte gracias a los jugadores de póquer que habían aportado dinero a su oponente.

Luchando por ganar dinero a medida que las partidas se agotaban, dejé el póquer unos seis meses después. Con mi nuevo interés por la política y el tiempo libre de que disponía, acabé creando FiveThirtyEight en 2008. No hay forma de decir esto sin presumir, pero FiveThirtyEight se disparó, pasando de tener unos pocos cientos de lectores al día al principio a cientos de miles llegado el día de las elecciones de ese año. Luego, antes de que me diera cuenta, tenía *decenas de millones* de lectores; en 2016, nuestra página de pronóstico se convirtió literalmente en el contenido más atractivo de internet, según el servicio de análisis Chartbeat.

Valor esperado: lo que separa al Río del resto del mundo

Pero el problema de que decenas de millones de personas vean tu pronóstico es que muchos de ellos no lo van a entender. Un pronóstico electoral probabilístico —por ejemplo, uno que dice que el senador demócrata Mark Kelly tiene un 66% de posibilidades de ganar la reelección en Arizona— es producto de una forma de pensar muy específica. Es lo más natural del mundo para un antiguo jugador profesional de póquer como yo, pero será del todo extraño para otras personas.

El 8 de noviembre de 2016, según el modelo estadístico que construí para FiveThirtyEight había un 71% de probabilidades de que Hillary Clinton ganara la presidencia y un 29% de que lo hiciera Donald Trump. Para contextualizar, esta estimación de las posibilidades de Trump se consideró alta en aquel momento. Otros modelos estadísticos situaban las posibilidades de Trump entre el 15% y menos del 1%. Y los mercados de apuestas las situaban en torno a 1 posibilidad entre 6 (17%). Trump ganó, por supuesto, arrasando en varios estados indecisos del Cinturón de Óxido.

La reacción de mucha gente del mundo político ante este pronóstico fue: «Nate Silver es un puto idiota». Pero desde mi punto de vista —y desde el de la gente del Río, el paisaje de jugadores expertos y gente de ideas afines que he presentado en el prólogo—, era un pronóstico realmente bueno. Y lo era por una sencilla razón: si hubiera apostado por él, habría ganado mucho dinero. Si un modelo dice que las probabilidades de Trump son del 29% y el precio de mercado es del 17%, la jugada correcta es apostar a lo grande por Trump. Por cada 100 dólares que apueste por Trump, usted puede esperar lograr un beneficio de 74 dólares.

Para que conste, yo voté a Clinton. Mucha gente está encantada de decirle cómo debe votar. Mi trabajo consiste en hacer un hándicap de la carrera, en decirle cómo debe apostar. O al menos, evaluar desapasionadamente las probabilidades. El término que utilizamos para esto en el Río es que mi previsión era +VE, lo que significa «valor esperado positivo», es decir, el resultado que se espera obtener en promedio a largo plazo. En este caso, por ejemplo, el VE se calcula así:

$$(0{,}71 \times -\$100) + (0{,}29 \times +\$500) = +\$74$$

El 71% de las veces, Clinton gana y usted pierde sus 100 dólares apostados. Pero el 29% de las veces que gana Trump, le pagan con unas probabilidades de 5:1,[*] lo que convierte su inversión de 100 dólares en un beneficio de 500 dólares. Eso es bueno. Realmente bueno. Los apostantes deportivos suelen contentarse con un beneficio esperado del 2 al 5% en una apuesta individual. El mercado de valores obtiene un beneficio esperado de alrededor del 8% anual después de ajustar la inflación. Con una apuesta por Trump, se espera obtener un beneficio del 74% por cada dólar invertido.

El valor esperado es un concepto tan fundamental en la forma de pensar del Río que 2016 sirvió como prueba de fuego para saber qué personas de mi vida eran miembros de la tribu y cuáles no. En el mismo momento en que un cierto tipo de persona era susceptible de enfadarse mucho conmigo, otros estaban encantados de haber podido utilizar el pronóstico de FiveThirtyEight para hacer una apuesta ganadora. (A veces todavía me encuentro con jugadores de póquer que me invitan a cenar con el dinero que mis pronósticos les hicieron ganar, en 2016 o en otros años).

Puede que esta forma de pensar le resulte increíblemente extraña. No pasa nada; estamos al principio del camino y hay algunas complicaciones filosóficas que resolver. ¿Qué significa un resultado «medio» en el contexto de un acontecimiento aparentemente único, como las elecciones de 2016? Quiero que entienda que muchas personas y empresas poderosas piensan en términos de valores esperados y ganan más de lo que pierden a largo plazo. Empresas como Seminole Gaming, que gestiona el Hard Rock, ganan miles de millones de dólares al año, gran parte de ellos de personas que no entienden el concepto de VE.

Como primer paso, me gustaría hacerle pensar de forma probabilística. El punto fundamental de mi primer libro, *The Signal and the Noise* [hay trad. cast.: *La señal y el ruido*, Península, Barcelona, 2014] es que las

---

[*] Un precio de mercado que muestra una probabilidad de ganar de 1 entre 6 (17%) significa que las probabilidades son de 5 a 1 en contra.

previsiones probabilísticas son un signo de humildad, no de arrogancia. El mundo es un lugar complicado. Pequeñas perturbaciones pueden tener efectos de gran magnitud, desde el asesinato de Francisco Fernando hasta cualesquiera que fuese la serie de acontecimientos en China que produjo la primera versión del SARS-CoV-2. A veces, la trayectoria entera de la historia puede girar en torno a acontecimientos casi aleatorios, como la «papeleta mariposa» mal diseñada en el condado de Palm Beach (Florida), que hizo que algunos habitantes del estado votaran por error a Pat Buchanan y probablemente le costó a Al Gore las elecciones presidenciales de 2000. Si juega miles de manos de póquer, ve cientos de acontecimientos deportivos en los que juegue dinero propio o invierte en docenas de empresas emergentes, aprenderá rápidamente que, entre los caprichos del destino y nuestro incierto estado de conocimiento del mundo, acertar aunque sea un poco es bastante difícil. Las probabilidades suelen ser lo mejor a lo que podemos aspirar.

Pero va más allá de eso. Los jugadores, los operadores de Bolsa y los creadores de modelos ven el mundo como algo complicado, estocástico y contingente. Rascamos y arañamos a la búsqueda de cualquier punto básico de valor. Si nuestros modelos pueden acertar el 53,1 % de las veces en lugar del 52,7 %, eso supone una gran mejora. Reconocemos que es difícil batir al mercado —no imposible, pero sí difícil— y tenemos las cicatrices de la batalla para demostrarlo.

Para dejarlo claro: son muchas las ocasiones en las que la gente corriente capta de manera intuitiva las probabilidades. Llevan un paraguas si el cielo parece amenazador. Calculan si merece la pena ir a veinticinco kilómetros por hora por encima del límite de velocidad cuando llegan tarde al aeropuerto. Se palpan de manera inconsciente los bolsillos traseros para comprobar si llevan el móvil o la cartera en zonas donde se sabe que hay muchos carteristas. Hasta cuando se trata de decisiones médicas de alto riesgo, saben jugar con los porcentajes. Por ejemplo, a pesar de toda la controversia que suscitaron las vacunas contra la COVID-19 en Estados Unidos, el 93 % de las personas mayores —que se enfrentaban a tasas desproporcionadamente más altas de mortalidad y enfermedades graves a causa de la COVID— recibieron sus dos dosis iniciales, incluido alrededor del 85 % incluso en estados sumamente republicanos como Alabama y Wyoming. Ni siquiera los jugadores con problemas, según los expertos con los que hablé para escribir este libro, desconocen las probabilidades a las que se enfrentan; puede que sepan que están haciendo una apuesta con una expectativa perdedora y la hagan de todos modos (hablaré más de esto en el capítulo 3).

Una cosa que he descubierto es que la gente se enfada mucho menos conmigo por mis predicciones deportivas —por ejemplo, cuando un equipo con un 29 % de probabilidades de ganar la Super Bowl da la campanada— que por las electorales. (En FiveThirtyEight también elaboraba pronósticos probabilísticos de acontecimientos deportivos). Eso se debe a los ritmos habituales de los deportes: todos los aficionados han visto suficientes penaltis pasar por encima de la portería o goles de campo que se estrellan en el larguero para saber que no siempre gana el mejor equipo. Los deportes se acercan más a un problema cotidiano, de los de «cojo el paraguas o no».

Los políticos y los partidos políticos, por el contrario —sobre todo en un sistema bipartidista altamente polarizado, como el de Estados Unidos— no se adhieren a esta forma de pensar y tampoco quieren en absoluto que usted piense así sobre las elecciones. En cambio, consideran que sus victorias son moralmente justas, no porque reflejen contingencias como las papeletas mariposa, el colegio electoral o la tasa de inflación,[*] sino porque encarnan el «lado correcto de la historia» o incluso la voluntad de Dios. Consideran que cada elección es importante de un modo único y existencial, no extraída de una distribución de probabilidades de posibles resultados, como supone el concepto de valor esperado, sino su propio copo de nieve especial. Tampoco quieren dejar mucho espacio para los matices, la complejidad o el pensamiento pluralista y probabilístico: ya es bastante difícil mantener unida a tu coalición, así que uno no quiere que la gente de su «equipo» discuta entre sí. Y consideran que la idea de *apostar* en política es deleznable y moralmente sospechosa.

No me atrevo a utilizar aquí el término «racional» porque es una palabra que tendremos que definir con más precisión en un punto posterior del libro. Para la mayoría de los filósofos, por ejemplo, «racional» no es solo un sinónimo de «razonable» (volveremos a ello en el capítulo 7).

---

[*] Mi trabajo sugiere que las condiciones económicas como la inflación, la tasa de desempleo y el mercado de valores desempeñan un papel importante en la reelección de los presidentes, pero con frecuencia los propios presidentes tienen relativamente poco que ver con ellas. Las perturbaciones exógenas —interrupciones en la cadena de suministro, fenómenos meteorológicos, conflictos laborales, estallido de guerras— pueden tener grandes efectos en la economía estadounidense.

Pero permítame este único uso informal de «racional»: las personas son *jodidamente irracionales en lo que se refiere a las elecciones*. Y eso es algo comprensible. Las elecciones se parecen mucho a la COVID: experiencias de alto riesgo y alta tensión sobre las que no se tiene demasiado control. Por el contrario, un pronóstico electoral probabilístico es el producto de una tradición intelectual hiperracionalista. Es un extraño choque cultural.

Bienvenidos al Río

Soy una de esas personas con una memoria mediocre para los nombres —no se crea que voy a recordar al primer intento cómo se llama su cachorro—, pero con buena memoria para los lugares. Cuando estoy atascado en un problema complicado, necesito levantarme y dar un paseo. Así que, al pensar en el material para este libro, he estado haciendo un mapa mental del paisaje del Río.

Cuando presenté este proyecto por primera vez, tenía otro nombre para este lugar metafórico: la Piscina. Me pareció gracioso. A los jugadores, de póquer y de otros juegos, les encantan las metáforas relacionadas con el agua (a un mal jugador se le llama «pez»), y «piscina» es en sí mismo, en inglés (*pool*), un término de juego, como en una *peña de apuestas* (*a betting pool*).

Pero Piscina implica algún tipo de membresía exclusiva, como la piscina de un gimnasio o un club de campo, cuando, en realidad, el juego es una institución relativamente democrática. Imagine que usted y sus amigos pudieran participar en un torneo de baloncesto 3 contra 3 y que el primer partido que jugaran fuera contra LeBron James, Steph Curry y Luka Dončić. En los torneos de póquer, eso es justo lo que puede suceder. Pague su cuota y podrá jugar literalmente contra los mejores jugadores del mundo o contra una celebridad a la que de otro modo nunca tendría la oportunidad de conocer. En un evento de las Series Mundiales de Póquer de 2022, el jugador sentado a mi derecha era Neymar, brasileño y uno de los mejores futbolistas del mundo (Neymar se puso demasiado agresivo con una mano mediocre y le gané un gran bote. Pero bueno, él ha marcado setenta y nueve goles en su carrera con la selección brasileña y yo cero).

Así, en mi mapa mental, el Río no es un lugar independiente, sino más bien un ecosistema de personas e ideas. Los residentes de distintas

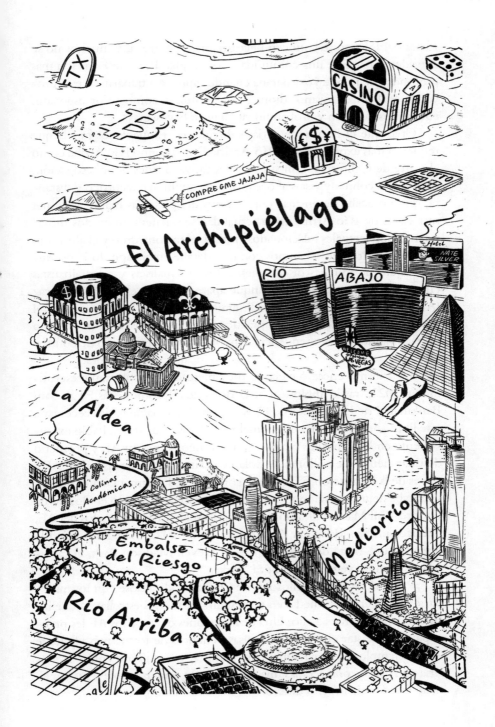

partes del Río no se conocen necesariamente entre sí, y muchos no se consideran parte de una comunidad más amplia. Pero sus lazos son más profundos de lo que yo esperaba cuando empecé a trabajar en este proyecto. Hablan el mismo idioma, con términos como valor esperado, equilibrios de Nash y probabilidades *a priori* bayesianas.

Creo que el Río tiene varias subregiones. Empecemos por la que requerirá más explicaciones: **Río Arriba**. Me imagino Río Arriba como el norte de California, con sus grandes universidades de investigación, ondulantes colinas y vistas al océano, pero también excéntrico y distante, que no acaba de encajar con el resto del país. Las manifestaciones más claras de Río Arriba en la actualidad se encuentran en dos movimientos intelectuales relacionados entre sí, el racionalismo y el altruismo eficaz. Definiré estos términos con más detalle en el capítulo 7, porque son objeto de muchas discusiones: a los racionalistas y a los altruistas eficaces les encanta discutir. Aunque aparentemente el altruismo eficaz (AE) defiende un enfoque más limitado, basado en los datos, hacia el altruismo y la filantropía, en la práctica tanto los altruistas eficaces como los racionalistas tienen tendencia a involucrarse en todo tipo de controversias.

El altruismo eficaz o efectivo fue objeto de un importante escrutinio en 2022, tras la implosión de la Bolsa de criptomonedas FTX. Sam Bankman-Fried, fundador de FTX —con el que hablé varias veces para este libro antes y después de la quiebra de FTX, y de quien hablo extensamente en los capítulos 6 a 8— se identificó como un AE y prometió destinar cientos de millones de dólares a causas relacionadas con el AE a través de la Fundación FTX. Pude comprobar de primera mano que no se trataba de una relación meramente profesional. Cuando el filósofo de Oxford Will MacAskill, uno de los intelectuales más destacados del AE, publicó su libro *What We Owe the Future* en 2022, Bankman-Fried le organizó una fiesta de presentación en Eleven Madison Park, el carísimo restaurante vegano de Nueva York.

¿Por qué estaban los filósofos de Oxford codeándose con los millonarios de las criptomonedas en un restaurante de tres estrellas Michelin? Bueno, ahora vamos a ello. Una de las razones es que a los AE les preocupa cómo gastar el dinero en causas benéficas de forma más eficiente —por ejemplo, en donaciones para comprar mosquiteras contra la malaria en África, consideradas una intervención muy rentable—, y Bankman-Fried tenía mucho dinero.

INTRODUCCIÓN

Pero esa no es una respuesta completa. La otra razón es que hay muchas personas con ideas afines en distintas partes del Río, y se llevan bien entre ellas de forma natural. Un amigo llama a este tipo de persona «maximizador de VE», es decir, alguien que siempre está intentando calcular el valor esperado más alto en relación con un problema concreto, ya sea cómo jugar una mano de póquer, ya sea cómo hacer donaciones benéficas de la forma más eficaz. La seriedad friki de los mensajes en el Foro de Altruismo Eficaz —con títulos como «¿Debería ChatGPT rebajar nuestra creencia en la conciencia de los animales no humanos?» y «¿Apoya el público estadounidense la tecnología de irradiación germicida ultravioleta para reducir los riesgos de patógenos?»— transmite las mismas vibraciones que los jugadores de póquer cuando discuten sobre los detalles arcanos de las manos de póquer.

Los AE y los racionalistas también mantienen estrechos vínculos con el sector tecnológico, y muchos de los líderes del movimiento se encuentran en el norte de California. Y en los últimos años, algunos AE han perdido interés por la filosofía tradicional y se han concentrado más en el desarrollo de la inteligencia artificial. Muchos AE y racionalistas creen que la IA es un problema de primer orden, uno de los desarrollos más importantes de la historia de la civilización. Algunos también creen que la IA, si llega a ser lo bastante potente, podría acabar con la civilización o dañarla en gran medida, y suponer un riesgo existencial para la humanidad. Así que ha sido una época interesante para escribir sobre estos movimientos. Entre su catastrófica asociación con Sam Bankman-Fried (SBF), por un lado, y el asombroso avance de herramientas de IA como ChatGPT, por el otro —progreso que algunos AE predijeron de manera correcta—, es vital comprender su mentalidad.

Más abajo, se encuentra lo que yo llamo **Mediorrío**, que imagino con muchos edificios altos y angulosos, como Manhattan. Aquí es donde las personas aplican el conjunto de habilidades del maximizador de VE para ganar mucho dinero, por ejemplo a través del capital riesgo y la inversión en fondos de cobertura. Pero en este libro se habla más de Silicon Valley que de Wall Street. La gente de Silicon Valley es más abierta, está más dispuesta a alardear de su rareza ribereña y a hacerle la peineta a la clase dirigente de la Costa Este, y se alinean más explícitamente con movimientos como el racionalismo. Pero no nos equivoquemos: Wall Street también gana dinero a espuertas con la maximización del VE.

Luego está **Río Abajo**, la región de la que más hemos hablado hasta ahora. Me imagino Río Abajo como Las Vegas mezclada con Nueva Orleans: muchos turistas y mucho juego. De Río Abajo viene el término *edge* (como en el título original de este libro, *On The Edge*). Edge significa tener una ventaja persistente en el juego: hacer apuestas +VE de forma constante. Frente al 99,99 % de los clientes que pisan un casino y la inmensa mayoría de los que hacen apuestas deportivas,* la casa tiene ventaja, pero eso no impide que los riverianos sueñen con estar en el 0,01 %.

Pero aunque los juegos como el póquer pueden ser divertidos, también tienen un legado intelectual que procede directamente de ideas fundamentales de la ciencia, la economía y las matemáticas. Y en algunos casos, de hecho, los juegos de azar están *río arriba* de otros avances científicos. Blaise Pascal y Pierre de Fermat desarrollaron la teoría de probabilidades en respuesta a la pregunta de un amigo de cuál era la mejor estrategia en un juego de dados. En los años cincuenta, los algoritmos de procesamiento de señales de los laboratorios Bell se desarrollaron de la mano de los algoritmos que indicaban cuánto debías apostar en los partidos de fútbol universitario. Y hay más de cien referencias al póquer en *Theory of Games and Economic Behavior*, el libro básico de 1944 sobre teoría de juegos de John von Neumann y Oskar Morgenstern, publicado cuando Von Neumann trabajaba con Robert Oppenheimer en el Proyecto Manhattan. Como veremos en el capítulo 1, a través de un tipo de programa informático denominado «solucionador», los jugadores de póquer ponen literalmente en práctica la teoría de juegos.

Por último, tenemos el **Archipiélago**, que imagino como una serie de islas adyacentes a Río Abajo, localizadas junto a la costa, en las que todo está permitido. Los casinos estadounidenses físicos son un negocio más correcto de lo que se cree: ya no se asocian con el crimen organizado, están muy regulados y la mayoría son propiedad de grandes empresas como MGM y Caesars, que cotizan en el índice S&P 500. Pero las tentaciones del Archipiélago están siempre al alcance de la mano si vives en

---

* Excluido el póquer, en el que juegas contra otros jugadores y no contra la casa. Los casinos siguen teniendo la garantía de ganar dinero con el póquer porque se llevan una parte del bote, llamada *rake*, o cobran a los jugadores una tarifa por hora. Pero es posible tener una ventaja lo bastante grande sobre los demás jugadores de póquer para cubrir la parte de la casa.

el Río, y sigue habiendo mucha actividad de juego clandestino en el mercado gris del póquer en línea, las apuestas deportivas y las criptomonedas. Los jugadores sofisticados saben que deben evitar el Archipiélago, pero este se halla al acecho de los más débiles.

Y, sin embargo, la gente del Río son mi tribu —y es lo que yo quiero—. ¿Por qué mis conversaciones con la gente del Río fluían con tanta naturalidad, incluso cuando trataban de temas sobre los que aún estaba aprendiendo? Creo que se reduce sobre todo a dos grupos de atributos que son importantes para tener éxito en este entorno.

GRUPO COGNITIVO	GRUPO DE PERSONALIDAD
Analítico	Competitivo
Abstracto	Crítico
Disociación	Independiente (opositor)
	Tolerante al riesgo

En primer lugar, está lo que yo llamo el «grupo cognitivo». En un sentido literal: ¿cómo piensa la gente del Río sobre el mundo? Comienza con el razonamiento abstracto y analítico. Estos términos se utilizan mucho, por lo que es importante saber qué significan exactamente. La raíz del término «análisis» significa «dividir, separar o cortar», de modo que «análisis» significa esencialmente «resolver algo complejo dividiéndolo en elementos más simples». En el análisis de regresión, por ejemplo —probablemente la técnica estadística más utilizada en la ciencia de datos—, el objetivo es atribuir un conjunto complejo de observaciones a causas fundamentales relativamente sencillas. Un restaurante de barbacoa de Austin, al ver sus cifras de ventas, podría realizar un análisis de regresión para ajustarse a factores como el día de la semana, el tiempo atmosférico y si había un partido de fútbol importante en la ciudad.

El compañero natural del pensamiento analítico es el pensamiento abstracto, es decir, tratar de deducir reglas o principios generales a partir de lo que se observa en el mundo. Otra forma de describirlo es «construcción de modelos». Los modelos pueden ser formales, como un modelo estadístico o incluso un modelo filosófico,* o informales, como un

---

* Los modelos estadísticos y filosóficos son más parecidos de lo que parece. Hablaré más sobre ello en el capítulo 7.

modelo mental o un conjunto de heurísticas (reglas empíricas) que se adaptan bien a nuevas situaciones. En el póquer, por ejemplo, hay millones de permutaciones sobre cómo puede desarrollarse una mano concreta, y es imposible planificar cada una de ellas. Así que se necesitan algunas reglas generalizables, por ejemplo, «No intentes marcarte un farol con oponentes que ya han invertido mucho dinero en el bote». Estas reglas no serán perfectas, pero, a medida que adquiera experiencia, podrá desarrollar otras más sofisticadas («No intentes marcarte un farol con oponentes que ya han invertido mucho dinero en el bote, *a menos que* aspirasen a obtener color y este no haya salido»).

El análisis y la abstracción son los pasos esenciales a la hora de intentar extraer conclusiones a partir de datos estadísticos. El mundo real es confuso, así que primero se utiliza el análisis para eliminar el ruido y descomponer el problema en componentes fáciles de manejar; después se utiliza la abstracción para recomponer el mundo en forma de modelo que conserve las características y relaciones más esenciales. En el restaurante de barbacoa, por ejemplo, quizá subió los precios en agosto y quiso evaluar el efecto que tuvo en las ventas. Para su sorpresa, las ventas aumentaron a pesar de la subida de precios. ¿Qué ocurrió? ¿Quizá fue su nuevo aliño seco? Puede ser. Pero probablemente se debió a que en agosto vuelven a casa los estudiantes de la Universidad de Texas. El análisis estadístico de los patrones de ventas en el pasado puede, potencialmente, dar una explicación. No es tan fácil como parece y puede salir mal de muchas maneras (en esencia, este es el tema de *La señal y el ruido*). Pero casi todas las profesiones en el Río, incluidas las más filosóficas, implican algún intento de construcción de modelos.

El último término del grupo cognitivo, «disociación», probablemente sea menos familiar. En realidad, se trata del mismo proceso de pensamiento aplicado a las ideas filosóficas o políticas. En palabras de Sarah Constantin, la disociación es «la capacidad de bloquear el contexto [...] lo contrario del pensamiento holístico. Es la capacidad de separar, de ver las cosas en abstracto, de hacer de abogado del diablo». El psicólogo Keith Stanovich ha descubierto que la disociación se correlaciona con el rendimiento en pruebas de razonamiento lógico y estadístico, un tipo de inteligencia muy valorada en el Río.

Yo creo que la disociación es la tendencia a hacer declaraciones del tipo «Sí, pero...». Permítame ponerle un ejemplo ligeramente picante de una de estas afirmaciones. Imaginemos que alguien dice lo siguiente:

> Sí, no estoy de acuerdo con la posición del director general de Chick-fil-A sobre el matrimonio gay, pero su sándwich de pollo es realmente bueno.

Esto es disociación. Nótese que el hablante no necesariamente va a comer en Chick-fil-A. Por lo que sabemos, podría revelar en la frase siguiente que los boicotea a pesar de sus sabrosos bocadillos. Pero lo que está diciendo es que la política del director general no tiene nada que ver con la calidad de la comida: los está disociando. Este tipo de pensamiento es natural en la gente del Río. Sin embargo, suele ser muy poco natural cuando la mayoría de las personas habla de política, sobre todo en la izquierda política de Estados Unidos, donde la tendencia es añadir contexto en lugar de eliminarlo, basándose en la identidad del orador, la procedencia histórica de la idea, etc. Del mismo modo, la tendencia en los medios de comunicación es contextualizar las ideas —*The New York Times* ya no es solo los hechos, sino una «jugosa colección de grandes relatos», como lo describió Ben Smith—. Esto explica en gran parte por qué a los «tipos políticos» les resulta desagradable la gente del Río y viceversa.

Luego tenemos el «grupo de personalidad». Estos rasgos son más autoexplicativos. Las personas del Río intentan derrotar al mercado. En las apuestas deportivas, el jugador medio pierde dinero porque la casa se lleva una parte de cada apuesta. Así que, si sigue el acuerdo general, al final se arruinará. La inversión es más compasiva; solo con poner el dinero en fondos de índices, el valor esperado es positivo. Aun así, los operadores profesionales intentan obtener un rendimiento mejor que la media del mercado.

De este modo, parte del trabajo de las personas del Río implica, de forma inherente, ser crítico con el pensamiento consensuado, a menudo hasta el punto de oponerse a este. Silicon Valley, en particular, se enorgullece de su independencia, aunque, como veremos en el capítulo 5, también es conformista a su manera. Algunas personas del Río pueden desactivar estos rasgos en entornos interpersonales, pero a otros les puede resultar muy difícil.[*] No es una coincidencia que a muchos de los

---

[*] Levanto tímidamente la mano.

habitantes del Río les guste meterse en peleas sobre política en internet.

Con respecto a esto, la gente del Río suele ser enormemente competitiva. De hecho, lo son hasta el punto de tomar decisiones que pueden ser irracionales, y jugar incluso después de tener ya la vida resuelta (piense en la decisión de Elon Musk de comprar Twitter cuando era el hombre más rico del mundo y uno de los más admirados). A lo largo del libro profundizaremos en este asunto. Pero, si no ha jugado antes contra otras personas, debo decirle que puede ser algo muy estimulante. Ganar dinero hace que uno se sienta bien; notar que se ha superado a un oponente es muy satisfactorio y, cuando ambas cosas coinciden, el cerebro se inunda literalmente de dopamina. No es de extrañar que la gente busque ese el subidón, a veces hasta su perdición.

Por último, he incluido la tolerancia al riesgo en este grupo porque, con independencia de si son degenerados o lo contrario en otros aspectos de su vida, estar dispuesto a dejar la manada e ir en contra de la opinión general no es, desde luego, el camino profesional más seguro. Los emprendedores suelen tener niveles altos de apertura a la experiencia y bajos de inestabilidad emocional, los «cinco grandes» rasgos de personalidad que más relacionados están con la tolerancia al riesgo.

El Río contra la Aldea

Hay otra comunidad que compite con el Río por el poder y la influencia. Yo la llamo la Aldea, y la imagino como una ciudad de tamaño medio, Washington DC o Boston, el tipo de lugar lo bastante pequeño para que todo el mundo se conozca y se sienta un poco cohibido por ello. Está formada por personas que trabajan en el Gobierno, en gran parte de los medios de comunicación y en el mundo académico (aunque quizá excluidos algunos de los campos académicos más cuantitativos, como la economía). Su inclinación política es claramente de centro-izquierda, asociada al Partido Demócrata.

Parte del problema estriba en el choque de personalidades (los riverianos adoran la disociación y los aldeanos la detestan), pero el caso es que estas comunidades están cada vez más enfrentadas. La cobertura mediática es ahora mucho más contraria al sector tecnológico y, en general, escéptica ante movimientos como el AE y el racionalismo. Pero el resentimiento va en ambas direcciones: la gente del Río busca mayor influencia política. Sam Bankman-Fried se había convertido en un importante actor en política y había donado millones de dólares abiertamente a los demócratas, pero también de forma encubierta a los republicanos. Mientras tanto, la compra de Twitter por parte de Elon Musk en 2022 se consideró un asunto de importancia existencial tanto en la Aldea como en el Río. Por mi parte, creo que fue una tontería de reacción, pero demuestra hasta qué punto estas comunidades se autoperciben como rivales y están dispuestas a salir a combatir. En 2023, la Guerra Fría entre estas tribus se había intensificado hasta convertirse en un conflicto abierto, cuando los multimillonarios de los fondos de cobertura lideraron el ataque para expulsar a los presidentes formados en universidades de la Ivy League y *The New York Times* demandó a OpenAI. Las incursiones en territorio enemigo se tratan con alarma, como cuando los habitantes del Río criticaron a Gemini, el modelo de IA de Google, por reflejar actitudes políticas claramente afines a la Aldea.

Al ser alguien que va y viene entre estos mundos, tengo un punto de vista único. Para que quede claro: no soy un observador imparcial. La gente del Río es, para bien o para mal, mi tipo de gente. Por el contrario, nunca me ha gustado la Aldea, y a menudo he sentido que la cobertura mediática sobre mí y FiveThirtyEight no se basaba en la información adecuada, sobre todo después de las elecciones de 2016.

Pero oigo muchas de las quejas que estas comunidades tienen una de la otra. Sin embargo, creo que no siempre están bien articuladas. Incluso como riveriano, tengo bastantes críticas al Río, y creo que le vendrían bien algunas críticas que dieran en el blanco con más frecuencia. Así que he aquí un rápido intento de esbozar lo que creo que son versiones «hombre de acero» de estas. Un argumento hombre de acero —la técnica favorita de los AE y los racionalistas— es lo contrario de un argumento hombre de paja. Se trata de construir una versión sólida y bien articulada de la postura de la otra parte, aunque no se esté de acuerdo con ella. Comencemos con la crítica del Río a la Aldea, ya que es con la que me inclino a estar de acuerdo de manera natural.

La crítica hombre de acero del Río a la Aldea

Una queja común entre los riverianos es que los aldeanos son «demasiado políticos».

¿Qué significa eso exactamente? Significa que los aldeanos se están asociando cuando deberían disociarse. Al Río le preocupa que cada vez sea más difícil separar las afirmaciones de la Aldea sobre su experiencia académica, científica y periodística del partidismo político demócrata.

De hecho, los riverianos desconfían de un modo intrínseco de los partidos políticos, sobre todo en un sistema bipartidista como el estadounidense, en el que son coaliciones que aúnan posturas sobre docenas de cuestiones, en gran medida inconexas. Los riverianos creen que la toma de posiciones partidistas suele ser un atajo para el análisis más matizado y riguroso que deberían realizar los intelectuales públicos. Creen que estos problemas se hicieron evidentes, sobre todo, durante la pandemia de COVID-19 y que la Aldea adoptó a menudo posturas abiertamente partidistas —desde respaldar las reuniones públicas para las protestas por la muerte de George Floyd después de semanas diciendo a la gente que se quedara en casa hasta presionar para disuadir a Pfizer de hacer cualquier anuncio sobre la eficacia de su vacuna contra la COVID-19 hasta que pasasen las elecciones presidenciales de 2020— bajo la apariencia de competencia científica.

Los riverianos también creen que los aldeanos son demasiado conformistas y no son conscientes de hasta qué punto sus opiniones llevan la influencia del sesgo de confirmación y las modas políticas y sociales de sus comunidades. Tener un título universitario es casi un requisito para acceder a los puestos de trabajo más prestigiosos en el mundo académico, el Gobierno y los medios de comunicación. Pero a medida que los votantes se dividen por criterios políticos y aumenta la polarización educativa, las comunidades de la Aldea se han vuelto cada vez más políticamente homogéneas. En 2020, los veinticinco condados con mayor nivel educativo de Estados Unidos votaron a Joe Biden frente a Trump por una media de 44 puntos, un margen mucho mayor que el de 17 puntos por el que habían votado a Al Gore frente a George W. Bush en el año 2000. En otras palabras, este cambio ha tenido lugar en tiempos recientes, y las instituciones aldeanas, como el mundo académico y los medios de comunicación —que históricamente tenían tradiciones de no partidismo—, tratan de adaptarse a él.

¿Y recuerdan lo competitivos que son los habitantes del Río? Pues bien, a los riverianos los inquieta que los aldeanos sofoquen la competencia al centrarse cada vez más en la igualdad de resultados en lugar de en la igualdad de oportunidades. Los habitantes del Río suelen sostener la creencia capitalista clásica de que el libre mercado es más eficaz que la planificación centralizada a la hora de separar a los ganadores de los perdedores. Además, creen que la competencia del mercado beneficia a la sociedad en su conjunto al producir innovación tecnológica, crecimiento económico y mejoras en el nivel de vida. Y pueden citar ejemplos de cómo la Aldea se va alejando de la meritocracia. Por ejemplo, las universidades de élite y los programas de posgrado han empezado a restar importancia a los resultados de los exámenes estandarizados, a pesar de que la mayoría de las investigaciones sugieren que estos están menos influidos por la crianza social que otras formas de evaluar a los solicitantes.

Y, naturalmente, los riverianos creen que los aldeanos son demasiado paternalistas, neuróticos y reacios al riesgo. Las amplias precauciones contra la COVID-19 impuestas a los estudiantes universitarios, de secundaria y de primaria son un ejemplo destacado. En opinión de los habitantes del Río, estas medidas suspendían la prueba de coste-beneficio, dado que los jóvenes tienen muchas menos probabilidades que la población general de sufrir consecuencias graves de la COVID, y las perturbaciones de la educación generan problemas enormes en el aprendizaje.

Por último, los riverianos son fervientes defensores de la libertad de expresión, no solo como derecho constitucional, sino como norma cultural. Hay que recordar que los habitantes del Río son firmes partidarios de la abstracción: les importan los principios. También creen que las mejores ideas se alzarán con la victoria en el «mercado de las ideas» y que los intentos de la Aldea de regular la libertad de expresión son hipócritas y a menudo contraproducentes. Los riverianos no son necesariamente *antiwoke* —bueno, algunos sí, como Elon Musk—, pero son muchos los que se identifican políticamente como liberales. Sin embargo, consideran que las guerras culturales son una molesta distracción aldeana de las cosas que realmente les importan.

La crítica hombre de acero de la Aldea al Río

Pero la Aldea puede también articular diversas, y potentes, contracríticas del Río. Uno de los argumentos se centra en el escepticismo ante el capitalismo no regulado y el individualismo a ultranza del Río. Claro que los riverianos dicen que les gusta la competencia. Pero la Aldea, no sin razón, piensa que es porque esa competencia suele estar amañada a favor del Río. Desde cualquier punto de vista objetivo, los riverianos son poderosos propietarios, no los perturbadores que a veces pretenden ser, y se benefician de las jerarquías sociales existentes; no hace falta ser muy *woke* para darse cuenta de que una gran parte del Río es muy blanca, muy masculina y muy rica.

Además, los aldeanos se muestran escépticos ante la idea de que los riverianos sean tan arriesgados como afirman. Puede que los jugadores de póquer o los propietarios de pequeñas empresas se jueguen el pellejo. Pero cuando se trata de grandes negocios como el capital riesgo, los fundadores y los inversores pueden fracasar varias veces y, aun así, caer de pie. Por poner un ejemplo, Adam Neumann, cofundador de WeWork y considerado en general como un gestor pésimo, ya que la empresa perdió cerca del 90% de su valor de mercado, recibió de todos modos cientos de millones de capital riesgo para su nueva empresa, Flow.

A la Aldea también le preocupa el riesgo moral. Es decir, se pregunta si las personas que asumen riesgos en una serie de cuestiones —desde no tomar precauciones contra la COVID-19 hasta realizar inversiones con un alto grado de apalancamiento— cargan con las consecuencias de sus actos. En la crisis económica mundial de 2007-2008, por ejemplo, la asunción excesiva de riesgos en el sector financiero produjo daños colaterales a la economía, mientras que los ejecutivos que participaban en esas arriesgadas operaciones salieron relativamente indemnes. La Aldea también se pregunta si las recientes innovaciones tecnológicas han supuesto realmente un beneficio para la sociedad. Puede que en Silicon Valley se hable a bombo y platillo de cohetes a Marte y tecnologías médicas que salvan vidas, pero una de sus mayores categorías de inversión son las redes sociales, a las que se ha culpado de todo, desde el resurgimiento de los gobiernos nacionalistas hasta la depresión entre los adolescentes. Mientras, la esperanza de vida en Estados Unidos se ha estancado.

La Aldea también cree que los riverianos son ingenuos sobre el funcionamiento de la política y sobre lo que está sucediendo en Estados Unidos. Más concretamente, considera que Donald Trump y el Partido Republicano poseen características de un movimiento fascista y sostiene que ha llegado el momento de la claridad moral y la unidad contra estas fuerzas. Los aldeanos consideran que tienen claramente razón en las cuestiones generales más importantes del momento, desde el cambio climático hasta los derechos de los homosexuales y los transexuales. Por eso consideran que la inclinación de los riverianos a reprochar los argumentos y «limitarse a hacer preguntas» es, en el mejor de los casos, una pérdida de tiempo, y puede potenciar la mala fe y el fanatismo.

Y los aldeanos no suelen compartir el interés del Río por la filosofía moral abstracta. En su opinión, algunas cuestiones pueden resolverse por simple sentido común, la política es una pura transacción, y no todo debe someterse a debate o a un análisis de costes y beneficios. También dudan de que los riverianos sean realmente tan independientes y abiertos a la crítica como afirman. De Bankman-Fried a Elon Musk, pasando por los «aceleracionistas» de la IA, el Río ha desarrollado multitud de cultos a la personalidad.

Gracias por su compra – Este es su itinerario para el vuelo OTE001

Me siento tentado a repasar esas posturas con un rotulador rojo, para destacar con qué partes estoy totalmente de acuerdo y con cuáles no. Ojalá fuera tan sencillo como tomar la media de la moralidad de la Aldea y la del Río. Pero a veces el Río saca lo peor de la Aldea, y viceversa. Al leer este libro, hay que tener en cuenta que ambas comunidades están formadas por un pequeño número de élites que no tienen mucho en común con el votante estadounidense de la mediana. Por ejemplo, una forma de ver el fenómeno conocido como «captura del regulador» es que la Aldea crea normas estúpidas para satisfacer sus compromisos políticos, normas que entonces las poderosas empresas del Río explotan en su beneficio. Ambos grupos logran sus objetivos, pero el impacto recae en los ciudadanos de a pie y en las empresas emergentes.

Sin embargo, ya tendremos tiempo de hablar de esto más adelante. El resto de este libro consta de nueve capítulos divididos en dos partes principales —Juego y Riesgo— y dos capítulos de conclusión. La ruta que he elegido para nuestro recorrido es río arriba, comenzando en Río Abajo, en el mundo del juego propiamente dicho y avanzando río arriba hacia ideas más abstractas.

Primera parte: Juego

- El **capítulo 1, Optimización**, es el primero de dos capítulos sobre el póquer. En este libro se habla mucho de póquer, tanto porque fue mi punto de entrada personal al Río como por el hecho de que es la actividad arquetípica del Río, una aplicación limpia del razonamiento riveriano en la que no se aplican algunas turbias complicaciones del mundo real. El capítulo 1 se centra en el hombre contra la máquina y la llegada de los solucionadores informáticos, que han revolucionado el mundo del póquer. La base de estos solucionadores es la teoría de juegos, de la que hablo en profundidad: junto con el valor esperado, la teoría de juegos es uno de los conceptos más importantes del Río.
- Sin embargo, en el **capítulo 2, Percepción**, nos enteramos de que algunas de esas complicaciones del mundo real se aplican, después de todo, al póquer. Una explosiva acusación de trampas hizo estallar el mundo del póquer de apuestas altas mientras escribía este libro, y lo investigaré a fondo. También le presentaré a algunos de los mejores jugadores de póquer del mundo, le ayudaré a entender qué es lo que los mueve y los utilizaré como guía a través de temas como los efectos del riesgo en el cuerpo y cómo detectar un farol o identificar a un estafador.
- El **capítulo 3, Consumo**, es un análisis exhaustivo del negocio moderno de los casinos y de cómo Las Vegas pasó de ser un arrabal desértico a convertirse en el epicentro de una colosal industria que refleja el capitalismo estadounidense en su forma más pura. Conocerá a un par de jugadores que derrotaron a Las Vegas, pero la gran mayoría de la gente no lo hace. En el negocio de los casinos, en cambio, la mentalidad riveriana procede de la casa, ya que los casinos aprovechan cada vez más los algoritmos para conseguir que sus clientes apuesten aún más.
- El **capítulo 4, Competencia**, trata de las apuestas deportivas y de cómo han llegado, en poco tiempo, a ser tan omnipresentes en Estados Unidos. Las apuestas deportivas son el juego del gato y el ratón del Río por excelencia, en el que tanto los apostantes como los corredores de apuestas utilizan una combinación de astucia estadística y tretas callejeras para superarse mutuamente —si es que los corredores te dejan apostar—. Conocerá a algunos de los me-

INTRODUCCIÓN

jores corredores y apostadores del mundo, que me revelaron detalles que quizá no les hubiera convenido compartir. Este es también el capítulo más práctico: aprendí los entresijos del sector por las malas, en un experimento en el que aposté casi dos millones de dólares en la temporada 2022-2023 de la NBA.

Descanso

- El **capítulo 13, Inspiración**, es el equivalente en este libro al espectáculo del descanso de la Super Bowl. No, el número del capítulo no es un error de imprenta, sino que se refiere a lo que yo llamo los Trece hábitos de los que asumen riesgos con éxito. Estos hábitos reflejan el solapamiento entre los que asumen riesgos cuantitativos en el Río y las personas que asumen riesgos físicos: conocerá a un astronauta, a un explorador y a un jugador de la NFL, entre otros. Encontré puntos en común que no me habría esperado, lo que refuerza mi opinión de que hay algo innato en las personas que buscan el riesgo y lo afrontan con éxito.

Segunda parte: Riesgo

- El **capítulo 5, Aceleración**, trata del sector del capital riesgo. A pesar de sus muchos defectos obvios, Silicon Valley tiene un éxito notable en sus propios términos. A través de conversaciones con algunos de los capitalistas de riesgo más exitosos del mundo, así como con algunos de sus críticos más duros, averiguará qué hace que fundadores como Elon Musk se comporten como lo hacen, por qué el capital riesgo y la Aldea son enemigos naturales, y cómo las principales empresas de capital riesgo pueden garantizarse esencialmente un excedente de beneficio sin necesidad de asumir demasiado riesgo.
- El **capítulo 6, Ilusión**, es el primero de tres capítulos que pueden considerarse un libro dentro de otro libro, estructurado como una obra de teatro en cinco actos. El protagonista nominal de la obra es Sam Bankman-Fried, al que se suele llamar SBF. Me he reunido muchas veces con él y con muchas personas de su entorno. Como riveriano que soy, veo a SBF en sus propios términos, y quizá se me dé mejor percibir sus mentiras y sus patrañas.

Sin embargo, SBF fue un punto focal para muchas vertientes del Río, desde el capital riesgo a las criptomonedas y el altruismo eficaz. Como verá, las ideas del Río pueden volverse más peligrosas a medida que pasamos de ámbitos limitados como el póquer a problemas más amplios y abiertos. El programa es el siguiente:

- *Acto 1: Isla de Nueva Providencia, Bahamas, diciembre de 2022.* Me reúno con SBF poco después de la implosión de FTX, y sondeo su forma de pensar en un ático en penumbra justo cuando ha pasado de tener un valor aparente de 26.500 millones de dólares a enfrentarse potencialmente a años de cárcel.
- *Acto 2: Miami, Florida*, noviembre-diciembre de 2021. *Flashback* a un fin de semana de fiesta en tiempos más felices en la industria de las criptomonedas, con precios cercanos a sus entonces máximos históricos. Explicaré la teoría de juegos y la sociología detrás de lo que hizo que los criptoinversores fueran propensos a ser estafados, pero también presentaré a algunos que fueron lo bastante astutos para evitar esas trampas.

- **Capítulo 7, Cuantificación**
  - *Acto 3: Flatiron District, Nueva York, agosto de 2022.* Aunque comienza con la cena en Eleven Madison Park, donde SBF brindó por el nuevo libro del altruista eficaz MacAskill, lo que hace sobre todo es dar al AE espacio para respirar en sus propios términos. Como verá, tengo sentimientos encontrados al respecto.
  - *Acto 4: Berkeley, California, septiembre de 2023.* Ambientado en Manifest, una conferencia sobre mercados de predicción —donde conocerá a todo el mundo, desde una antigua modelo de OnlyFans convertida en racionalista hasta un hombre que ganó cientos de miles de dólares apostando por Biden incluso después de que este ya hubiera ganado—, en este acto se explora el racionalismo, pariente cercano del altruismo eficaz. Trazaré el linaje intelectual del AE y del racionalismo y explicaré por qué tienen un interés común en el riesgo existencial y en la posibilidad de que la civilización pueda ser destruida por una inteligencia artificial desequilibrada, aunque por lo demás sean extraños compañeros de cama.

- **Capítulo 8, Error de cálculo**
  - *Acto 5: Bajo Manhattan, octubre-noviembre de 2023.* Vuelvo a SBF en el momento en que se enfrenta a su destino en un tribunal

de Nueva York y hace otra mala apuesta. No hay *spoilers*, pero el capítulo termina con fuerza.
- El **capítulo ∞, Terminación**, es el primero de una conclusión en dos partes. Les presentaré a otro Sam, el director ejecutivo de OpenAI, Sam Altman, y a otras personas que están tras el desarrollo de ChatGPT y otros grandes modelos de lenguaje. A diferencia del Proyecto Manhattan, dirigido por el Gobierno, la carga hacia las fronteras de la IA la están liderando los «tecnooptimistas» de Silicon Valley, con su actitud riveriana hacia el riesgo y la recompensa. A pesar de que, según algunos indicios, el mundo ha entrado en una era de estancamiento, tanto los optimistas de la IA, como Altman, como los «catastrofistas» piensan que la civilización está al borde de un punto de inflexión no visto desde la bomba atómica, y que la IA es una apuesta tecnológica hecha por el capital existencial.
- Por último, el **capítulo 1776, Fundación**, articula un conjunto de tres principios básicos —agencia, pluralidad y reciprocidad— que representan un matrimonio entre los valores más sólidos del Río y las ideas que se hallan en la base de la democracia liberal y la economía de mercado que surgieron por primera vez en el siglo XVIII. Sostendré que estos valores son esenciales para superar este peligroso periodo para nuestra civilización, un «juego» en el que todos estamos implicados, queramos o no.

¿Y si no me gusta el juego?

Esto es lo que mi editor y yo llamamos un «recuadro gris». Los encontrará de vez en cuando a lo largo del texto. Puede pensar en un «recuadro gris» como en una vista panorámica, una pausa en el camino principal. Creo que parte del material más interesante del libro se encuentra en los recuadros grises, pero son secciones que puede saltarse o a las que puede volver más adelante si quiere elegir el camino rápido. Suelen estar dirigidos a una parte concreta del grupo de visitantes: a veces, lectores que necesitan un poco más de ayuda con un concepto o, a la inversa, lectores que quieren profundizar en un tema que acabo de tratar de forma sucinta.

> Este recuadro gris en particular es una nota para los lectores que piensan que la segunda mitad del libro suena más interesante que la primera, lectores que se preocupan por el riesgo o que se preocupan por el impacto que el Río está teniendo en el mundo, pero que no están tan interesados en el Juego en sí, con mayúsculas. A esos lectores les aconsejo que le den una oportunidad a la primera parte antes de pasar a la siguiente. Este libro es acumulativo, es decir, introduce términos y conceptos clave a medida que se avanza para ayudar a construir su vocabulario riveriano. Dicho esto, hay más conceptos clave al principio de la primera parte, en especial en el capítulo 1, sobre el póquer y la teoría de juegos que en los capítulos 3 y 4. También hay un glosario detallado al final del libro, por si se despista.

PRIMERA PARTE
Juego

Optimización

> **Nunca** va a haber un ordenador que juegue al póquer con categoría de campeonato mundial. Es un juego de personas.
>
> Doyle Brunson

Super/System, un ladrillo de 608 páginas, que es lo más parecido que tiene el póquer a una Biblia, lo escribió 1979 un jugador de bar de carretera de Texas que se convirtió en diez veces campeón de las Series Mundiales de Póquer, llamado Doyle Brunson, que sigue considerado como uno de los mejores jugadores de la historia. El libro se adelantó décadas a su tiempo.

En él, por ejemplo, se predica el evangelio de lo que ahora se llama póquer «*tight* agresivo», el estilo preferido actualmente por gran parte de los mejores jugadores del mundo. El póquer —y en particular la variante conocida como Texas Hold'em sin límite que Brunson contribuyó a hacer famosa— es un juego que premia la agresividad. «Los jugadores tímidos no ganan en el póquer de apuestas altas», escribía el difunto Brunson. Un buen jugador es «tímido a la hora de entrar a apostar por primera vez», pero «después, se vuelve agresivo», elige sus batallas con cuidado pero está dispuesto a luchar hasta el final.

Super/System también insta a los jugadores a que lancen muchos faroles. «Si nunca ha tenido la oportunidad de ver una partida sin límite real, le sorprenderá ver la cantidad de faroles que hay», escribió Brunson. Este consejo también es esencial. Los faroles son intrínsecos al póquer, lo que lo diferencia de otros juegos de cartas. Jugar algunos faroles no es opcional; contra todos los jugadores, excepto los más débiles, tendrá que hacer grandes apuestas con sus faroles para animar a los oponentes a apostar cuando sus manos sean más fuertes.

Brunson tenía razón al afirmar que el elemento humano ocupa un lugar destacado en el póquer. Como veremos en el siguiente capítulo, apostar decenas de miles de dólares al giro de una carta de 88 × 62 mm sin revelar información que haga sospechar a su oponente de la fuerza de su mano no es algo natural para la mayoría de la gente. Pero ¿afirmar que un ordenador nunca jugaría al póquer de categoría de campeonato mundial? Puede que sea la peor apuesta que haya hecho Brunson.

El mero hecho de jugar al póquer requería una buena dosis de valor. El póquer tuvo unos rudos orígenes en el sur de Estados Unidos a principios del siglo XIX, como mezcla del juego francés *poque*, el inglés *brag* y el persa *As-Nas*. No fue hasta las últimas décadas, con la llegada de los casinos regulados, cuando el jugador podía estar seguro de jugar a un juego de apuestas altas que fuera razonablemente honrado y seguro.

«Me robaron cinco veces a punta de pistola y una con un cuchillo —me contaba Brunson, que entonces tenía ochenta y ocho años, al hablar de sus experiencias en los juegos clandestinos de Texas en la década de 1950, cuando le llamé una tarde en Las Vegas—. Eso formaba parte de la vida cotidiana de entonces». De hecho, el póquer tenía tan mala reputación que Brunson no hablaba de ello con cualquiera—. Les decía que trabajaba en una fábrica de aviones. En aquella época, si le decías a alguien que eras jugador, pensaban que estabas metido en drogas, en prostitución, que eras un ladrón y no sé cuántas cosas más».

Brunson era una figura del Antiguo Testamento: anciano, sencillo al hablar, indestructible (había sobrevivido seis veces al cáncer), enorme (pesaba doscientos kilos antes de someterse a una cirugía de balón gástrico). Pero cuando hablé con él, parecía saber que pronto llegaría el momento de retirar sus fichas. Cuando al final de nuestra conversación le pregunté si había algo más de lo que quería hablar, me respondió con tono solemne: «He visto morir a dos tipos en la mesa de póquer, eso fue bastante insólito. Una vez un tipo me ganaba y estábamos jugando *lowball*. Todo nuestro dinero estaba en el bote. Le di la vuelta a mi mano, tenía siete-cinco. Luego él mostró siete-cuatro y cayó muerto».[*]

---

[*] En *lowball*, como se puede deducir por el nombre, gana la mano más baja. Así que

Pero Brunson fue pionero en un enfoque más científico del juego. Era poco habitual entre los jugadores de póquer de su época por tener estudios universitarios: Brunson estudió en la Universidad Hardin-Simmons de Abilene (Texas), donde fue una estrella del atletismo y estuvo a punto de que lo ficharan los Lakers de Minneapolis de la NBA, hasta que un extraño accidente cuando descargaba planchas de yeso en un almacén le destrozó la rodilla y, con ella, su sueño de convertirse en atleta profesional.

Mucho antes de la llegada de los ordenadores personales, Brunson y otro jugador del Salón de la Fama, Amarillo Slim, se repartían a sí mismos miles de manos de póquer para tener una idea más precisa de las probabilidades. Una mano de Hold'em consiste en dos cartas ocultas (*hole cards*) que un jugador tiene para sí mismo, que luego se combinan con cinco cartas comunitarias compartidas por todos los jugadores para formar la mejor mano de póquer de cinco cartas.

Una guía relámpago del Texas Hold'em

Vale, tiempo muerto. Hemos llegado al punto en el que inevitablemente voy a empezar a soltar más jerga de póquer. Hay un buen glosario de términos al final del libro. Pero, por ahora, apunte solo lo más básico.

Una partida de Texas Hold'em comienza con dos jugadores que hacen apuestas forzosas llamadas **ciegas**, que siembran el bote. Por ejemplo, en una partida de $5/$10, $5 es la **ciega pequeña** y $10 es la **ciega grande**. Sin ciegas ni *ante*, no hay dinero en el bote, así que no hay razón para arriesgarse y el póquer es un juego «roto».

Los jugadores reciben inicialmente dos cartas privadas (*pocket cards*; la mejor combinación de cartas privadas posible es A♦A♣, una **pareja de ases**). Después hay una ronda de apuestas llamada *preflop*. A continuación, se reparten cinco **cartas comunitarias**, a veces también denominadas *board*. Las tres primeras cartas, repartidas simultáneamente, se llaman *flop* (piense en el crupier repartien-

---

el difunto oponente de Brunson se llevó el bote, que —según Brunson recuerda— acabó pasando a los familiares del jugador.

do tres cartas: ¡tuck!, ¡tuck!, ¡tuck!), y hay otra ronda de apuestas. Luego viene la cuarta carta, a menudo decisiva, el *turn*, y otra ronda de apuestas. La última carta en Hold'em se llama *river* **(río)**.[*] Una vez repartida, hay una última ronda de apuestas. Con frecuencia, todos los jugadores menos uno ya han abandonado en este momento, pero, si no es así, los jugadores restantes presentan sus cartas. Gana la mejor mano de póquer de cinco cartas, formada por cualquier combinación de las cartas ocultas de un jugador y las cartas comunes. La clasificación de las manos es la siguiente:

- **Escalera de color**: Cinco cartas consecutivas del mismo palo y rango, como T♣9♣8♣7♣6♣ [T representa 10, por su inicial en inglés]. Una escalera de color con un as, llamada **escalera real**, es la mejor mano del póquer.
- **Póquer**, como Q♣Q♦Q♠Q♥.
- **Full**: un trío más una pareja, como T♣T♦T♠8♦8♠.
- **Color**: cinco cartas del mismo palo, como A♦T♦6♦3♦2♦.
- **Escalera**: cinco cartas consecutivas, como 7♣6♦5♣4♣3♦.
- **Trío**, como K♦K♣K♠Q♥5♥. Si el trío se consigue con las dos cartas ocultas del jugador (por ejemplo, si empiezan con una pareja de reyes en ocultos y luego consiguen tres reyes), también se denomina **set**.
- **Doble pareja**, como A♦A♣5♣5♠8♣.
- **Pareja**, como 9♣9♦A♣6♠3♦.
- **Carta alta**, es decir, sin pareja, escalera o color. Sin embargo, las manos con cartas altas más fuertes, como A♠Q♦T♣8♦7♣ (as como carta alta), siguen ganando su buena parte de los botes. Es difícil reunir una buena mano en Texas Hold'em.

[*] La etimología de este término es un poco confusa, aunque se cree que procede de los orígenes del póquer en los barcos del Mississippi: si la última carta cambiaba significativamente el resultado y se sospechaba que el repartidor hacía trampas, se le arrojaba al río. Mi término «el Río» se inspira en cierto modo en esto. Sí, puede que ciertos conceptos del Río, como la teoría de juegos, tengan orígenes académicos, pero cuanto más te adentras Río Abajo, jugando al póquer real por dinero real, más rudas y turbulentas tienden a ser las cosas.

OPTIMIZACIÓN

Pongamos a prueba su intuición en el póquer: ¿qué cartas ocultas son mejores? ¿As-rey (abreviado AK) o una pareja de doses (abreviado 22)? En la mayoría de los contextos del póquer, la respuesta es as-rey con diferencia, ya que puede formar la pareja más fuerte posible, de ases o reyes, una mano que suele ser lo bastante buena para resistir múltiples apuestas y subidas.

Pero ¿qué pasa si puede apostar todo lo que tiene (*all-in*) sin más apuestas? El modesto 22 gana al AK el 52 % de las veces. Conocer porcentajes como estos es trivial; la mayoría de los jugadores de hoy en día pueden recitarlos con una precisión de un par de puntos porcentuales. Pero el póquer estaba en la Edad Media cuando Brunson empezó a jugar: los otros jugadores ni siquiera conocían las probabilidades.

Brunson sí las conocía, y él y otros jugadores de primera fila eran mejores que la competencia hasta tal punto que el aburrimiento era un problema importante. Así que él y sus amigos buscaban otras formas de pasar el tiempo, desde apuestas deportivas hasta financiar expediciones para encontrar el Arca de Noé. «Supongo que buscábamos otro tipo de emoción», decía. Como prueba de lo adelantado que estaba, Brunson siguió siendo un asiduo —y un importante ganador— del juego de póquer televisado *High Stakes Poker* hasta bien entrados los ochenta, a pesar de no haber utilizado nunca las modernas herramientas de software de póquer llamadas «solucionadores», que estaban a punto de revolucionar el juego.

Como muchos otros aspectos de la vida moderna, el póquer ha vivido su propia revolución al estilo *Moneyball*. El catalizador llegó en 2003 —el año en que se publicó *Moneyball*— cuando Chris Moneymaker, un aficionado que se había ganado su puesto en internet, ganó el Evento Principal de 10.000 dólares de las Series Mundiales de Póquer. Esto desencadenó una explosión de interés por el juego y, entre *Moneyball* y Moneymaker, el póquer nunca ha vuelto a ser el mismo. Cuando Moneymaker ganó, el Evento Principal contaba con 839 inscritos, lo que entonces se consideraba una cifra escandalosamente alta. Pero en 2023, en el Evento Principal se habían inscrito 10.043 participantes, alcanzando las cinco cifras por primera vez (ese año, yo mismo tuve la suerte de terminar en el puesto 87).

Una consecuencia previsible es que el póquer se ha corporativizado. Las Series Mundiales de Póquer se jugaban originalmente en Binion's Horseshoe, en el centro de Las Vegas. La sala de torneos de póquer parecía «un gimnasio de instituto con un techo bajo, dos o tres camareras y carteles de cartón en las paredes. Era muy muy primitivo», decía el escritor Jim McManus, que terminó —de forma inverosímil— quinto en el Evento Principal de 2000 mientras trabajaba para la revista *Esquire*.

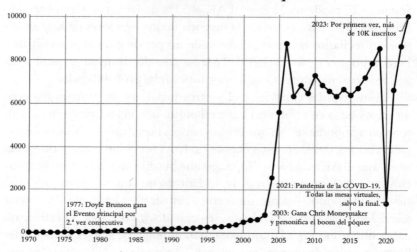

Las Series Mundiales fueron adquiridas por Harrah's Entertainment (ahora Caesar's) un año después de la victoria de Moneymaker, que las trasladó al mucho mayor (pero no demasiado querido) hotel Río en 2005, antes de que llegaran finalmente a París y Bally's en el Strip de Las Vegas en 2022. Algunos jugadores desconfiaban del traslado, temerosos de tener que luchar contra multitudes de turistas y vendedores ambulantes con folletos de clubes de *striptease*, pero según la mayoría de las opiniones (incluida la mía) fueron las Series más tranquilas de la historia. Era la materialización de un sueño: el póquer había pasado de la periferia de la conciencia pública al centro del Strip de Las Vegas.

Con más dinero en juego, se requieren estrategias cada vez más sofisticadas para ganarlo. A los aficionados al deporte les gusta debatir sobre lo bien que les iría a los jugadores de hoy si se les transportara al pasado, o viceversa. ¿Seguiría siendo un jugador dominante de la NBA en la década de 1970 —por ejemplo, Julius Erving— un All-Star en la actualidad? ¿Podría un *quarterback* de los setenta como Terry Bradshaw enfrentarse a los pasadores y a los esquemas defensivos modernos?

OPTIMIZACIÓN

En el póquer, la respuesta es sencilla. Salvo contadas excepciones, como Brunson, en las partidas actuales la mayoría de los jugadores de la década de 1970 serían aplastados.

«Parecía muy obvio saber lo que la gente tenía a partir de lo que apostaba», dijo Erik Seidel, que llegó a Las Vegas procedente del legendario paisaje del *backgammon* neoyorquino y terminó en segundo lugar en las Series Mundiales de Póquer en 1988. Seidel estaba iniciando una carrera de póquer notablemente exitosa (y que aún sigue). El intervalo de treinta y un años entre su primer brazalete de las Series Mundiales (1992) y el más reciente (2023) es, empatado con Brunson, el segundo más largo de la historia de las WSOP, justo por detrás de los treinta y cuatro años de Phil Hellmuth. Al igual que Brunson, Seidel se adelantó a algunas estrategias modernas en su juego. Pero Seidel cree que el póquer en las décadas de 1980 y 1990 aún estaba en su fase de caldo primigenio. «Si tomases a un aficionado de hoy en día y le hicieras retroceder quince o veinte años, probablemente ganaría de manera aplastante en esas partidas», decía Seidel.

La última mano del Evento Principal de las Series de 1988, inmortalizada en la película *Rounders*, no fue precisamente el mejor momento de Seidel. Delgado como un palo y con una visera de golf de color naranja, se enfrentó a Johnny Chan, que iba a por su segundo título tras ganar el Evento Principal de 1987. Chan hizo una escalera y provocó a Seidel para que apostara todas sus fichas con una simple pareja. Si se ve el vídeo ahora, parece increíblemente obvio que Chan está sobreactuando, moviendo la cabeza e incluso poniendo los ojos en blanco en señal de falsa contemplación (la regla clásica de las indicaciones de póquer es que fuerte significa débil y débil significa fuerte: si un jugador está actuando como si tuviera una mala mano, como estaba haciendo Chan, probablemente tenga una mano buena). Pero Seidel —que entonces contaba veintiocho años y trabajaba como operador de opciones en Nueva York, entre sesiones de *backgammon* en el Mayfair Club— cayó en la trampa. «Entonces no había tanto engaño como ahora», dijo.

En otros aspectos, sin embargo, el hecho de que Seidel fuese un novato en el juego le supuso buenos dividendos. «Como era joven y no lo sabía», decía, no sintió necesidad alguna de copiar el estilo predecible y pasivo dominante en aquella época. «Tenía mucha agresividad pura. Y, en aquel tiempo, parecía funcionar. Luego encontré otras cosas, muchas situaciones de farol que las personas no necesariamente practicaban».

En otras palabras, hasta hace poco, gran parte de la estrategia de póquer se aprendía por ensayo y error. El enfoque de Seidel, con muchas subidas y muchos faroles, era novedoso en 1988, pero hoy en día se consideraría normal o incluso conservador. Del mismo modo, muchos de los consejos que Brunson ofrece en *Super/System*, como apostar normalmente de nuevo después de que se reparta el *flop* si habías subido de antemano, anticipa la teoría y la práctica modernas.

Pero este ritmo de innovación estaba a punto de aumentar de forma brusca. El póquer existe desde hace aproximadamente dos siglos, pero la inmensa mayoría de las manos de póquer jugadas por humanos —probablemente al menos el 95 %, si no el 99 %—[*] se han jugado en los últimos veinte o veinticinco años. Andrew Brokos, copresentador del pódcast *Thinking Poker* y jugador y entrenador de póquer entre cuyos alumnos se encuentra este servidor, afirma: «Incluso antes de que existieran las redes informáticas y las redes neuronales, la comunidad del póquer era como una red que atacaba el problema, trabajaba unida y compartía información». Así que a medida que aumentaba el número de partidas de póquer, «el número de nodos de esa red se disparaba».

Y entonces llegaron los ordenadores.

En 2008, un programa informático asistido por IA llamado Polaris, desarrollado por un equipo de la Universidad de Alberta, ganó tres de seis partidas de Hold'em con límite contra un grupo de los mejores profesionales. Esto requiere algunas matizaciones: el Hold'em *heads-up* con límite, en el que la cantidad que se puede apostar es fija, es considerablemente menos complejo que el Hold'em sin límite, en el que se puede apostar cualquier cantidad de fichas, hasta el número que se tenga delante. Y el póquer *heads-up*, es decir, una partida de dos jugadores, es mucho menos complejo que el póquer multijugador, en cuyas partidas suele haber entre seis y diez jugadores. Sin embargo, en 2017, otro robot de póquer de IA, un descendiente de Polaris llamado Libratus, ganó un desafío *heads-up* sin límite en 2017. Y, finalmente, otro hermano menor llamado Pluribus venció a los humanos en una partida multijugador sin límite en 2019.

Entonces ¿está totalmente desacreditada la afirmación de Brunson de que «nunca va a haber un ordenador que juegue al póquer con ca-

---

[*] Sobre todo si contamos las manos en línea. El ritmo de juego es mucho más rápido en línea, y un jugador puede jugar en varias partidas a la vez.

tegoría de campeonato mundial»? Por respeto a Brunson, que falleció dos semanas antes de las Series de 2023, ofrezcámosle una defensa.

Una objeción es que los ordenadores están diseñados para vencer a otros ordenadores y no a seres humanos. Hay algo de verdad en esto: estos programas se entrenan esencialmente jugando contra sí mismos. Y están pensados para alcanzar un equilibrio de Nash o un estilo de juego óptimo (GTO, por sus siglas en inglés) según la teoría de juegos. El «equilibrio de Nash» debe su nombre al matemático estadounidense John Nash, un descubrimiento por el que fue galardonado (de forma compartida) con el Premio Nobel (Nash también es famoso a raíz de la interpretación que hizo de él Russell Crowe en la película *Una mente maravillosa*). Hablaré mucho más sobre teoría de juegos más adelante en este capítulo, pero la idea de un equilibrio de Nash es que es un enfoque defensivo, imposible de superar a largo plazo porque «impide que tus oponentes saquen provecho de nuestros errores». Esto no es lo mismo que maximizar sus ganancias contra un jugador humano adoptando una estrategia de explotación que saque partido de *sus* errores.

No obstante, los algoritmos informáticos de póquer serían bastante buenos explotando a los humanos si lo intentaran. Consideremos el juego de piedra, papel o tijera (ya sabe: la piedra aplasta a las tijeras, las tijeras cortan el papel, el papel cubre a la piedra). Dado que ninguna jugada domina sobre todas las demás, la estrategia de equilibrio de Nash para este juego consiste simplemente en aleatorizar y hacer cada jugada un tercio de las veces. Sin embargo, los humanos son tan predecibles y tan malos en la aleatorización que un algoritmo diseñado en 2001[*] ha ganado el 45 % de sus partidas de piedra, papel o tijera contra humanos en más de tres millones de intentos, mucho más que el 33 % que ganaría si los humanos se limitasen a decidir una jugada al azar. Y ni que decir tiene que los algoritmos son buenos hasta niveles inquietantes prediciendo nuestro comportamiento en otros contextos: por ejemplo, qué vídeo de YouTube queremos ver a continuación o, mediante grandes modelos lingüísticos, qué palabras o frases componen una conversación natural. En una lucha entre seres humanos y ordenadores en la comparación de patrones, los humanos saldrían muy mal parados.

Brunson puede plantear otra posible defensa: se refirió a un ordenador que «se sentase cara a cara» en la mesa. ¿Podría una máquina jugar

---

[*] Puede jugar contra él en essentially.net/rsp.

físicamente al póquer, es decir, un robot que manejara las fichas y las cartas, siguiera la acción e incluso participara en las bromas de la mesa y leyera las indicaciones verbales y visuales de los jugadores? Hoy en día no existe ninguna máquina comercial capaz de ello, así que enhorabuena, seres humanos: os quedan unos cuantos años hasta que perdáis contra C-3PO. Pero, aunque es casi seguro que el robot tendría que estar personalizado para el póquer, probablemente no haya barreras insalvables, y, si las hay ahora, no será por mucho tiempo. Nuestro robot (¿C-3PO-quer?) también podría llegar a ser bastante bueno leyendo las indicaciones. En 2018, se informó de que un algoritmo de aprendizaje automático era mejor que los humanos prediciendo la orientación sexual de una persona a partir de su expresión facial. Si un ordenador puede saber quién le atrae, ¿cree usted que no puede saber cuándo va de farol? Buena suerte.

Pero la mayoría de los profesionales del póquer ya ni siquiera debaten estas cuestiones: se han rendido a los ordenadores.

Daniel Negreanu, un profesional canadiense que en 2023 fue elegido por votación el tercer mejor jugador de todos los tiempos (Brunson quedó segundo en la votación y Seidel quinto; otro jugador estadounidense, Phil Ivey, quedó primero), había sido conocido sobre todo por dos atributos. En primer lugar, su omnipresente charla en la mesa, un monólogo continuo de comentarios sobre el póquer y chistes subidos de tono. Y en segundo lugar, un estilo de juego que se alejaba significativamente del enfoque *tight*-agresivo que prefieren Brunson y la mayoría de los jugadores de élite. En ocasiones, Negreanu se ha referido de manera sarcástica a sí mismo como un «calling station», es decir, un jugador reacio a abandonar. Para la mayoría de los jugadores de póquer, jugar demasiadas manos es la forma más rápida de arruinarse. Para Negreanu, la cosa es más complicada: quedarse en una mano te da la oportunidad de superar a tu oponente más adelante.

Pero esta estrategia había dejado de funcionarle a Negreanu, que perdió dinero en torneos tanto en 2016 como en 2017 y tuvo una larga racha, desde 2015 hasta 2021, en la que no había logrado terminar primero en ningún torneo. El jugador apodado Kid Poker, que había abandonado la escuela secundaria para jugar al póquer y al *snooker* y se había mudado a Las Vegas con veintidós años, estaba siendo superado por competidores más jóvenes.

Hablé con Negreanu en el estudio de PokerGO situado junto al Aria de Las Vegas. Este estudio, de elegante diseño, es el lugar favorito de muchos jugadores para jugar al póquer, incluido el mío (no en vano, algunos de mis mejores resultados en torneos de toda la vida sucedieron en ese estudio). Hay licores de primera calidad gratis (aunque la mayoría de los jugadores no beben mientras juegan) y comida gratis procedente de la sucursal en Las Vegas del restaurante taiwanés de dumplings Din Tai Fung, galardonado con estrellas Michelin. Además, la última mesa de cada torneo de PokerGO se retransmite en directo por PokerGO, y a la mayoría de los jugadores les gusta la oportunidad de darse a conocer. Cuando Negreanu empezó a jugar al póquer, este refinamiento no existía. «Se veía fumar en la mesa. Whisky. Donuts. Gente con sobrepeso», dice.

¿Dónde está el truco? Es casi seguro que se encontrará con un par de docenas de los mejores jugadores del mundo en cualquier torneo de PokerGO. Así que el estudio sirve como campo de pruebas: si su estrategia no es buena, no sobrevivirá mucho tiempo.

«Estuve aquí en el estudio durante el Poker Masters, hace unos años —me contaba Negreanu— y no sabía de qué coño estaban hablando». Negreanu se refería a una serie de jugadores alemanes como Dominik Nitsche y Christoph Vogelsang. Como corresponde al estereotipo cultural, los jugadores alemanes son conocidos por su juego muy preciso, y fueron los primeros en adoptar la teoría de juegos y las soluciones informáticas. Estos jugadores utilizaban términos técnicos, como «bloqueadores» y «combos»,* que para Negreanu eran un galimatías.

«Entonces me di cuenta de que, jugando esa semana, me habían superado en cuatro o cinco puntos clave, y yo no me había dado ni cuenta. Así que tuve claro que, si quería seguir siendo relevante, tenía que empezar a aprender y entender lo que ellos sabían». Negreanu me contó que le ha dado por completo la vuelta a su juego, deshaciéndose de los hábitos que, sin embargo, habían sido lo bastante buenos como para convertirle en uno de los mejores jugadores del mundo. «Es muy difícil para alguien como yo, porque me he pasado más de veinte años jugando al póquer de una determinada manera», me dijo. Por suerte, las nuevas estrategias han dado sus frutos. Entre julio de 2021 y enero de 2024, Negreanu ganó ocho torneos de PokerGO, incluido el Super High Roller Bowl de 2022, dotado con 3,3 millones de dólares.

* Se trata de términos de póquer relativamente avanzados. Si tiene curiosidad, encontrará sus definiciones en el glosario.

Pero ¿de dónde vienen exactamente estas nuevas estrategias? Es hora de meterse un poco en la teoría de juegos.

El cerebro de la teoría de juegos

Puede que el término «genio» se utilice en exceso, pero es la única etiqueta apropiada para John von Neumann. Nacido en Hungría, donde fue un niño prodigio —a los seis años sabía leer griego y latín antiguos y dividir de cabeza números de ocho cifras—, Von Neumann se trasladó a Estados Unidos a los veintinueve años. Trabajó en el Proyecto Manhattan durante la Segunda Guerra Mundial, donde ayudó a desarrollar la bomba atómica. Formó parte del equipo que construyó el primer ordenador electrónico. Fue pionero en inteligencia artificial y ayudó a sentar las bases matemáticas de la mecánica cuántica. Incluso formó parte del equipo que creó la primera previsión meteorológica computarizada.

Pero lo más importante para nosotros es que Von Neumann fue la persona más importante en el desarrollo de la teoría de juegos. También era un miembro de pleno derecho del Río o del equivalente que existiera en aquella época, un amante del riesgo, aficionado a los coches rápidos a pesar de ser un pésimo conductor, y un entusiasta participante en «partidas de póquer que duraban toda la noche y en las gloriosas discusiones alimentadas por el alcohol y los cigarrillos» que a menudo tenían lugar en ellas. De hecho, a pesar de ser un jugador de ajedrez prodigioso, Von Neumann pensaba que el póquer representaba mucho mejor la condición humana:

> El ajedrez no es un juego. El ajedrez es una forma bien definida de computación. Puede que no seas capaz de hallar las respuestas, pero en teoría debe haber una solución, un procedimiento correcto en cualquier posición. Los juegos de verdad no son así. La vida real no es así. La vida real consiste en ir de farol, en usar pequeñas tácticas de engaño, en preguntarse qué va a hacer el otro. Y en mi teoría, los juegos consisten en eso.

¿Qué es exactamente la teoría de juegos? Bueno, el nombre es la parte fácil: está inspirada en el estudio de los juegos, incluido el póquer.

OPTIMIZACIÓN

«El póquer real es un tema demasiado complicado», escribieron Von Neumann y Oskar Morgenstern en *Theory of Games and Economic Behavior*, su obra germinal de 1944. Pero el libro contiene amplios ejemplos de una forma simplificada de póquer que incluye el elemento más esencial del juego: el farol. Von Neumann y Morgenstern reconocieron lo que Brunson y todos los demás jugadores de póquer hacen: a menos que a veces vayas de farol, tu oponente no tiene ningún incentivo para darte dinero cuando tengas una buena mano.

Sin embargo, las aplicaciones de la teoría de juegos van mucho más allá de lo que solemos considerar «juegos». En cierto modo, la teoría de juegos es el núcleo de la teoría económica moderna, ya que describe de qué modo las personas eligen la opción más racional cuando todos los demás compiten por los mismos escasos recursos. A menudo me sorprende cómo la teoría de juegos predice comportamientos del mundo real, desde la disuasión nuclear a los patrones de tráfico o cómo se establecen los precios en una economía de mercado. Intentaré dar una definición precisa:

> La teoría de juegos es el estudio matemático de la conducta estratégica de dos o más agentes («jugadores») en situaciones en las que sus acciones repercuten dinámicamente unas sobre otras. Su objetivo es predecir el resultado de esas interacciones y modelizar qué estrategia debe emplear cada jugador para maximizar su valor esperado teniendo en cuenta las acciones de los demás jugadores.

En la introducción, utilicé la expresión «maximizador de VE» (abreviatura de «maximizador de valor esperado») para describir un tipo de personalidad habitual en el Río: adoptar un enfoque analítico y estratégico del juego, la inversión y otros aspectos de la vida, tratando de calcular la «jugada» óptima en cualquier situación. A veces, la vida está en modalidad fácil y se toman decisiones que solo afectan a uno mismo, lo que Von Neumann llama el «modelo Robinson Crusoe», como si se estuviera solo en una isla desierta. No puedo decir si maximizar el VE es comer patatas fritas con el sándwich u optar por una saludable ensalada; puede depender de lo buenas que estén las patatas, pero su decisión no se ve afectada por la de nadie más y no afecta a nadie más.

No obstante, en la mayoría de los escenarios de la vida real, interactuamos con otros 8.000 millones de personas; sus decisiones afectan a las nuestras, y viceversa. Y eso es mucho más difícil. Nosotros intentamos vivir la vida lo mejor que podemos, pero ellos también. ¿Cuál es el equilibrio que surge cuando todos siguen su mejor estrategia? De eso trata la teoría de juegos.

La teoría de juegos me resulta atractiva porque, como otras personas en el Río, con frecuencia me encuentro en entornos muy competitivos. ¿Cómo debes jugar tus cartas si los demás también juegan bien las suyas? Obviamente, las personas no siempre siguen una estrategia óptima, ni siquiera racional. Pero creo que es bueno reconocer el mérito de los demás, en lugar de tratarlos como personajes no jugadores, o PNJ, el término de los videojuegos para designar a los personajes de relleno que no tienen entidad propia y cuyo comportamiento es simple y predeterminado. Pienso en la teoría de juegos como Frank Sinatra piensa en Nueva York: «Si puedo triunfar allí, triunfaré en cualquier parte». Si puede competir contra personas que rinden al máximo, saldrá ganando en casi cualquier juego. Pero si construye una estrategia basada en sacar provecho de una competencia inferior, no es muy probable que sea un enfoque ganador fuera de un entorno específico y limitado. Lo que funciona bien en Peoria no tiene por qué funcionar bien en Nueva York.

Pero vamos a aclarar algunos conceptos erróneos. Uno es que la teoría de juegos solo se aplica a problemas de suma cero. Por el contrario, el ejemplo más famoso de la teoría de juegos trata del fracaso a la hora de lograr la cooperación. El dilema del prisionero, descrito por primera vez en 1950 por Melvin Dresher y Merrill Flood, se refería a dos miembros de una banda criminal que eran arrestados y encarcelados. Pero voy a darles una versión actualizada, más contemporánea y matemáticamente idéntica a la original:

> **El dilema del prisionero, versión 2020**: Dos hermanos, Isabella y Wyatt Blackwood, son acusados de dirigir una Bolsa de criptomonedas fraudulenta en la que se robaron miles de millones de dólares de activos de clientes para hacer apuestas arriesgadas en monedas basura. Los Blackwood quedan en arresto domiciliario en casas separadas frente al mar en Santa Bárbara, California, y se les impide comunicarse entre sí.
>
> Sin embargo, los detalles del caso son opacos, y Wyatt e Isabella han sido muy cuidadosos a la hora de cubrir sus huellas. Cada hermano posee

la información necesaria para probar un delito contra el otro, pero nadie más la tiene. Sin una confesión, el Gobierno solo puede condenarlos por un cargo menor de dos años: venta de valores no registrados. En medio de una intensa presión política —es año de elecciones y el presidente en funciones quiere que alguien rinda cuentas—, se les ofrece un trato a cada uno: si te chivas, te dejaremos en libertad con un simple tirón de orejas, pero condenaremos a tu hermano o hermana a diez años de cárcel. Si tanto Wyatt como Isabella se chivan, ambos irán a la cárcel, pero el Gobierno reducirá su condena a siete años por su cooperación. ¿Qué deberían hacer?

Normalmente, el dilema del prisionero se ilustra con una matriz de resultados como esta, que indica las cuatro permutaciones posibles de los resultados en función de la decisión de cada jugador:

El dilema del prisionero moderno

	ISABELLA SE CHIVA	ISABELLA SE CALLA
WYATT SE CHIVA	• A Isabella la condenan a siete años • A Wyatt le condenan a siete años	• A Isabella la condenan a diez años • A Wyatt le condenan a cero años
WYATT SE CALLA	• A Isabella la condenan a cero años • A Wyatt le condenan a diez años	• A Isabella la condenan a dos años • A Wyatt le condenan a dos años

Intuitivamente, uno pensaría que los hermanos preferirían la casilla inferior derecha. Preferirían estar dos años en la cárcel y minimizar sus pérdidas antes que tirar una moneda al aire para elegir entre cero y diez años. Y sin duda preferirían dos años de cárcel a siete, como en la casilla superior izquierda. Pero la casilla inferior derecha exige que cooperen y guarden silencio, y eso es más difícil de lo que parece. Vamos a considerar la decisión desde el punto de vista de Wyatt:

- Si Isabella se chiva, a Wyatt le condenarán a diez años de cárcel si guarda silencio (abajo a la izquierda). Pero puede reducirlo a siete si también se chiva (arriba a la izquierda). Así que, en lugar de cooperar, debería chivarse.

- Si Isabella guarda silencio, a Wyatt le pueden condenar a dos años si también guarda silencio (abajo a la derecha). Pero puede librarse con un tirón de orejas y seguir disfrutando de paseos por la playa y tacos de pescado en Santa Bárbara si se chiva (arriba a la derecha). Así que, una vez más, lo mejor que puede hacer es chivarse.

De manera que a Wyatt le conviene chivarse haga lo que haga Isabella. Esto se denomina «estrategia dominante». Por supuesto, se pueden invertir los nombres y ver la decisión desde el punto de vista de Isabella; sus situaciones son simétricas. Su estrategia dominante también es chivarse. Pero mire lo que pasa: si ambos maximizan el VE, ambos se chivan y acaban en la temida casilla superior izquierda —siete años de cárcel—, mientras que, si hubieran podido coordinarse, podrían haber mantenido sus condenas en dos años.

El dilema del prisionero es un ejemplo de equilibrio de Nash. Ningún jugador puede mejorar su posición cambiando unilateralmente su estrategia. Por ejemplo, no importa lo que haga Isabella, Wyatt sale mejor parado si se chiva.

Sin embargo, el término «unilateralmente» es importante. El dilema del prisionero se describe a veces como una paradoja, pero en realidad no lo es. Se trata más bien de lo que puede ocurrir si los individuos responden de forma estrictamente racional cuando no tienen la posibilidad de coordinar sus estrategias. Ahora bien, otra cuestión es hasta qué punto se sostiene en condiciones reales: empíricamente, los seres humanos cooperan más de lo que se supone según el dilema del prisionero. De hecho, esta tendencia predeterminada a la cooperación es probablemente racional a largo plazo. Los códigos éticos que desarrollan las sociedades —pensemos en el contrato social de Jean-Jacques Rousseau o en la regla de oro de Immanuel Kant— pueden considerarse intentos de hacer que las personas cooperen y de disuadirlas de chivarse. Apúntese esta idea; volveremos sobre ella más adelante.

Sin embargo, la cooperación puede ser difícil de mantener cuando hay dinero u otras formas de valor esperado al alcance. Y el dilema del prisionero puede surgir a veces donde no se espera necesariamente. Tomemos el ejemplo (hipotético) de dos pizzerías rivales, Lupo's y Francisco's, situadas en esquinas adyacentes en Greenwich Village (Nueva York) y regentadas por una pareja de hermanos, cada uno de los cuales reivindica que utiliza la receta original de su *nonna*. Cuesta un dólar hacer una porción de pizza normal (para los no neoyorquinos, esta incluye solo queso y salsa). Pero la demanda es rápida en Greenwich Village, donde abundan los estudiantes universitarios, los bares y las tiendas de marihuana. Así que las porciones se venden a 3 dólares y cada tienda vende 5.000 porciones cada noche, lo que supone unos pingües beneficios de 10.000 dólares (2 dólares de margen × 5.000 porciones).

Es una situación agradable para los hermanos, pero no es un equilibrio de Nash. ¿Por qué? Bueno, cualquiera de las dos tiendas puede mejorar unilateralmente sus resultados cambiando de estrategia. Por ejemplo, ¿qué pasa si Lupo's decide presionar a Francisco's y vender porciones a 2,50 dólares en lugar de 3? Ahora vende 12.000 porciones por noche: las 5.000 que vendía antes, las 5.000 que le quita a Francisco's, más alguna cantidad adicional, ya que la gente comprará más pizza a 2,50 euros, mientras que Francisco's vende cero.[*] Lupo's gana ahora mucho más que antes, 18.000 dólares de beneficio por noche. Sin embargo, Francisco's puede igualar la bajada de precios y, de hecho, su mejor opción es hacerlo. Ahora las dos tiendas se reparten los 18.000 dólares de beneficio. Pero mire lo que ha pasado: en lugar de ganar 10.000 dólares por noche como al principio, cada hermano gana 9.000 dólares. Como en el dilema del prisionero, ambos hermanos están peor a pesar de seguir su estrategia dominante.

[*] Esto supone que las porciones son idénticas y que a los clientes solo les importa el precio. En el Nueva York real, aunque las porciones fueran idénticas, habría artículos de cinco mil palabras en la revista *New York* ensalzando las virtudes de cada una. Además, habría que hacer una larga cola en Lupo's.

Guerra de precios de pizza en Greenwich Village

	LUPO'S BAJA EL PRECIO A 2,50 DÓLARES	LUPO'S MANTIENE EL PRECIO EN 3 DÓLARES
FRANCISCO'S BAJA EL PRECIO A 2,50 DÓLARES	• Lupo's gana 9.000 dólares • Francisco's gana 9.000 dólares	• Lupo's gana 0 dólares • Francisco's gana 18.000 dólares
FRANCISCO'S MANTIENE EL PRECIO EN 3 DÓLARES	• Lupo's gana 18.000 dólares • Francisco's gana 0 dólares	• Lupo's gana 10.000 dólares • Francisco's gana 10.000 dólares

Y la guerra de precios no acaba ahí. Lupo's podría responder bajando aún más su precio, a 2 dólares. Entonces Francisco's baja a 1,50 dólares. El tira y afloja continúa hasta que ambas tiendas venden porciones a un precio ligeramente superior a su coste, lo que da lugar a dos hermanos gruñones que se ganan la vida a duras penas y a un montón de fumetas felices comiendo pizza barata. Esto es un equilibrio de Nash y, no por casualidad, es el aspecto que tiene la economía en el mundo real: el restaurante medio solo obtiene un margen de beneficio del 3 al 5%.

Otra idea errónea es que el dilema del prisionero refleja una visión egoísta o cínica de la naturaleza humana. De hecho, el dilema del prisionero solo se plantea en situaciones que no son de suma cero. Es lo que ocurre cuando las personas son incapaces de cooperar, aunque estarían mejor si lo hicieran. La existencia de un dilema del prisionero tampoco es siempre mala, porque a veces su cooperación se produciría a expensas del resto de la sociedad. Tomando el ejemplo canónico, la sociedad probablemente no quiera que los acusados retenidos en prisión preventiva se coordinen en una estrategia legal. Y no queremos que las empresas competidoras fijen sus precios: quizá no nos parezca tan mal que Lupo's y Francisco's cobren un poco más por una porción, pero probablemente pensemos de otro modo cuando la OPEP se ponga de acuerdo para fijar el precio del petróleo.

El póquer tampoco es siempre de suma cero

¿Y el póquer? Se podría pensar que es estrictamente un juego de suma cero. Si es así, el dilema del prisionero no es aplicable. Pero hay algunas situaciones en el póquer en las que los jugadores tienen un incentivo para cooperar. La más común es acerca del dinero del premio en un torneo. Un torneo finaliza cuando un jugador ha ganado literalmente todas las fichas y es el último que queda. Sin embargo, este jugador no gana todo el bote de premio; normalmente, se lleva algo así como el 20% de este, y otros premios se dan a entre el 10 y el 15% de los jugadores, en función de cuánto tiempo hayan permanecido en el torneo. La consecuencia es que las fichas tienen rendimientos decrecientes: sus primeras diez mil fichas valen mucho más que las siguientes diez mil. Una de las implicaciones es que, avanzado el torneo, dos jugadores con grandes pilas de fichas quieren evitar enfrentarse entre sí; tienen más que perder que ganar si ponen en peligro sus pilas.

En póquer, confabularse o formar una alianza va estrictamente en contra de las reglas. Sin embargo, a veces se dan situaciones incómodas. En 2022, participé en un torneo en Houston y quedábamos solo diez jugadores. Un jugador con talento y apasionado por la teoría de juegos —llamémosle Holden— y yo teníamos dos de las tres mejores pilas de fichas. En una determinada mano, Holden empezó subiendo la apuesta, yo volví a subir (los jugadores lo llaman «three-bet») y él abandonó. Todo esto es muy habitual. Poco después, el torneo se suspendió y Holden se me acercó y me dijo que había abandonado con una mano bastante buena. Esto también es charla habitual en la mesa. Pero, con razón o sin ella, lo que yo entendí fue que debíamos tomárnoslo con calma el uno con el otro hasta que otros jugadores tuvieran que retirarse y ambos hubiésemos ganado algo de dinero. No tenía intención de acordar nada, así que me encogí de hombros y no dije nada.

Media hora más tarde, Holden subió la apuesta y yo volví a hacer 3-bet, pero esta vez él volvió a subir («4-bet») con todas sus fichas («all-in»). Yo tenía una buena mano, A♦Q♦, y las probabilidades eran bastante buenas; no era una situación fantástica, pero en

> teoría de juegos habría visto. Pero recordé lo que había dicho en el descanso y abandoné. Holden me dijo más tarde que iba de farol con una mano contra la que yo habría tenido unas probabilidades fantásticas. Para que quede claro, no abandoné por ningún sentimiento de reciprocidad, sino más bien porque pensé que jugaría muy ajustado contra mí y que solo lo haría con una mano muy fuerte. Pero quién sabe. Tal vez Holden estaba tratando de engañarme haciéndome creer que teníamos un «acuerdo» y luego se aprovechó de eso con un farol. Tal vez pensó que en realidad teníamos un acuerdo y que yo lo había traicionado al subir. O puede que mintiera al decir que se había tirado un farol. La cuestión es que un «acuerdo» no vale de mucho cuando no se ha establecido una confianza, no hay un mecanismo para imponerlo y cada jugador se beneficiaría de joder al otro.

Que sea indiferente no significa que no me importe

Si juegas suficientes torneos de póquer, a veces te darás cuenta de algo que sucede: en medio de una decisión importante, una jugadora apartará la mirada de la mesa, mirará fijamente al espacio durante unos segundos, se serenará como si hubiera sacado algo del éter y, unos instantes después, actuará según su mano (ver, abandonar o subir).

¿Ha tenido la jugadora un momento «¡Ajá!»? Buena suposición, pero no. Probablemente está aleatorizando.

La solución de equilibrio de Nash para el póquer —sí, hay una solución para el póquer, aunque como pronto verá es excepcionalmente complicada— implica mucha aleatoriedad. Aleatoriedad entre ver y subir, entre ver y abandonar, o a veces entre las tres cosas. No se trata solo de que juegue manos diferentes de distintas maneras, sino de que juegue la misma mano de distintas maneras. A veces, si su oponente sube, debe hacer 3-bet con A♦Q♦ y a veces debería simplemente ver. Eso es lo que dice la teoría.

Así que la jugadora no se limitaba a mirar al espacio; probablemente estaba mirando el reloj del torneo. Por ejemplo, podría aleatorizar optando por una acción agresiva si el último dígito era un número impar o una acción pasiva si era par. Otros jugadores han ideado métodos de aleatorización basados en la rotación de sus fichas de póquer.

La aleatoriedad de la estrategia no solo es esencial en el póquer, sino también en la teoría de juegos en general. El concepto de destrucción mutua asegurada, por ejemplo —la doctrina de la teoría de juegos que postula que una guerra entre dos potencias nucleares totalmente armadas es improbable porque acabarían aniquilándose la una a la otra— se basa en parte en lo que el economista Thomas Schelling llamó «la amenaza que deja algo al azar». En palabras sencillas, nunca se sabe lo que ocurrirá en la niebla de la guerra, así que es mejor no provocar al oso. El artículo más famoso de Nash fue una demostración relativamente sencilla de dos páginas, escrita en 1950, de que existe un equilibrio estable para una amplia variedad de juegos sujetos a algunas condiciones adicionales. El problema es que el equilibrio a menudo implica aleatorización. Ya hemos presentado un ejemplo: piedra, papel o tijera. El papel gana a la piedra. Las tijeras ganan al papel. La piedra gana a las tijeras. Damos vueltas en círculo. Entonces ¿cómo alcanzamos el equilibrio prometido por Nash? Lo hacemos mediante la aleatorización: cada jugador realiza uno de los tres «lanzamientos» un tercio de las veces, eligiendo la jugada puramente por azar. Esto se denomina «estrategia mixta».

En este juego de piedra, papel o tijera, ningún símbolo es intrínsecamente más valioso que otro. Pero este no tiene por qué ser el caso para que una estrategia mixta sea aplicable. Esto se debe a que hay mucho valor en otra cosa: el engaño. Volvamos a otro de mis juegos favoritos, el béisbol.

Justin Verlander es lanzador de los Houston Astros (y anteriormente del equipo de mi ciudad natal, los Detroit Tigers). En 2022, a pesar de tener casi cuarenta años, tenía la tercera bola rápida más efectiva del béisbol, según los datos de Statcast de la Major League Baseball. En cambio, los lanzamientos de ruptura de Verlander (*sliders* y bolas curvas) están solo ligeramente por encima de la media.

Sin embargo, Verlander solo lanza su bola rápida alrededor del 50 % de las veces. ¿Por qué? Bueno, los bateadores de la Major League son bastante buenos. Y aunque la bola rápida de Verlander es difícil de golpear, es más fácil si sabes que viene.

Imagine que Verlander se enfrenta a un gran bateador como Mookie Betts, de los Dodgers de Los Ángeles. Antes de cada lanzamiento, Betts intenta anticiparse a lo que lanzará Verlander: una bola rápida o una bola curva (para simplificar, limitaremos el arsenal de Verlander a dos lanzamientos para el resto de este ejemplo). Aunque el promedio de bateo de un jugador de la Major League Ligas es de 0,200[*] contra la bola rápida de Verlander, imagine que Betts puede batear 0,260 contra él si acierta el lanzamiento. Y, si Betts adivina la bola curva y acierta, es recompensado por ello con un promedio de bateo de 0,350. Sin embargo, si Betts predice el lanzamiento equivocado, será castigado:

Promedio de bateo en la batalla bateador contra lanzador

	VERLANDER LANZA BOLA RÁPIDA	VERLANDER LANZA BOLA CURVA
BETTS ADIVINA BOLA RÁPIDA	0,260	0,240
BETTS ADIVINA BOLA CURVA	0,180	0,350

¿Cuál es el equilibrio de Nash? Se puede resolver con un poco de álgebra y, como probablemente habrá adivinado, implica aleatorización. Resulta que Verlander debería lanzar la bola rápida alrededor del 58 % de las veces y Betts debería adivinar la bola rápida alrededor del 89 % de las veces. Con esta combinación, Betts batea para un promedio de 0,252. Es mejor de lo que podría hacer con una «estrategia pura» en la que siempre eligiera la misma jugada. Si Betts siempre adivinara la bola rápida, la jugada de Verlander sería lanzar siempre la curva, por ejemplo. Esto se denomina «estrategia de explotación»: Verlander se aprovecha del hecho de que Betts es predecible. Un promedio de bateo de 0,252 no es gran cosa, pero al dejar algo al azar, es lo mejor que Betts puede hacer.

Y lo que es más importante, si Betts está utilizando la combinación adecuada, tendrá la misma media de bateo tanto contra la bola rápida como contra la curva (0,252). El término preciso para esto es que Betts

---

[*] Como alguien a quien le gustaban las estadísticas de béisbol antes de que *Moneyball* estuviera de moda, sé muy bien que la media de bateo es una estadística pasada de moda. Pero sigamos con ella. Los principios son exactamente los mismos si se utiliza OPS, wOBA o alguna otra métrica avanzada.

ha hecho a Verlander «indiferente» respecto a lo que lanza: la bola rápida y la curva tienen el mismo valor esperado. Por eso a los lanzadores —como a los jugadores de póquer— a veces les va literalmente mejor si eligen sus lanzamientos al azar. Se dice que el lanzador de los Atlanta Braves Greg Maddux, miembro del Hall of Fame, uno de los lanzadores más cerebrales de todos los tiempos, hizo exactamente esto, utilizando datos casi aleatorios como el reloj del estadio para decidir qué lanzamiento utilizar. (Quizá no sea casualidad que Maddux sea un jugador de póquer muy hábil que se crio en Las Vegas).

En juegos como el póquer, en los que es importante ser impredecible, el valor de una opción estratégica concreta se compone de una combinación de lo que yo llamo «valor intrínseco» y «valor de engaño», y suele haber un término medio entre ambos. En fútbol americano, una jugada como una patada falsa o *fake punt* es terrible si el otro equipo lo sabe, pero puede ser una gran jugada si el oponente no se lo espera. El engaño es muy importante en el póquer, por lo que implica muchas estrategias mixtas para evitar revelar demasiada información sobre tu mano. Esto no solo significa ir de farol, sino también jugar mansamente (*slowplaying*) con una buena mano.

Descifrar el código del póquer

Piotr Lopusiewicz, un polaco que abandonó la universidad y se convirtió en jugador de póquer en línea, estaba frustrado por la falta de herramientas informáticas para el póquer en comparación con otros juegos que conocía bien, como el ajedrez y el bridge. El superordenador de IBM Deep Blue había derrotado al campeón mundial de ajedrez Garry Kasparov en 1997 —esta historia se relata con detalle en *The Signal and the Noise*— y, a principios de la década de los 2000, los ordenadores domésticos ya disponían de motores de ajedrez que jugaban al nivel de los grandes maestros. El póquer se había quedado atrás. Cierto, estaba el trabajo de la Universidad de Alberta sobre IA, pero aquello había exigido entrenar a miles de ordenadores durante meses. Lopusiewicz quería algo que se pudiera ejecutar en un portátil.

Así que, a pesar de ser un programador mediocre, decidió intentarlo él mismo. Lopusiewicz intentó crear un «solucionador» de póquer: un programa informático que encontrara literalmente el equilibrio de

Nash para el póquer. Era un objetivo ambicioso; incluso Von Neumann había pensado que el póquer era demasiado complicado para resolverlo a partir de los principios fundamentales. «Parecía que el problema era muy difícil desde la perspectiva computacional», afirma Lopusiewicz. Uno de los inconvenientes es que el árbol de juego del póquer —el conjunto de todos los resultados posibles— es muy grande. Una baraja de póquer de 52 cartas presenta tantas posibilidades que es probable que no haya dos barajas en la historia del mundo exactamente en el mismo orden, si se barajan de forma justa. En Hold'em, hay 1.326 posibles manos iniciales de dos cartas y 42.375.200 secuencias posibles de las cinco cartas comunitarias. Además, a lo largo de la mano, los jugadores tienen múltiples oportunidades de tomar decisiones: ver, abandonar o subir diferentes cantidades. Incluso en el Hold'em con límite para dos jugadores, un juego mucho más sencillo que el Hold'em sin límite, existen 319.365.922.522.608 (319 billones) de combinaciones posibles de cartas y secuencias de apuestas. En el Hold'em sin límite para varios jugadores, las cifras son exponencialmente mayores.

Aunque parezca mentira, esto es solo la mitad del problema. Los programadores pueden hacer suposiciones simplificadoras: por ejemplo, a menudo los palos de las cartas no importan. Y los ordenadores modernos son muy rápidos, capaces de realizar billones de cálculos por segundo. Si tuviera una guía de cómo juega exactamente su rival, un ordenador podría calcular con rapidez su mejor jugada con un alto grado de precisión en cada situación.

El reto consiste en que, en el póquer real, el oponente puede contraatacar. Así que los solucionadores pasan por un proceso en bucle llamado «iteración». El primer jugador, llamémosle Alice, empieza con una estrategia literalmente aleatoria. Su oponente, Bob, elige una que contrarreste la terrible estrategia de Alice. Pero entonces Alice revisa su estrategia teniendo en cuenta la de Bob. Sigue cometiendo algunos errores garrafales, pero probablemente se ha librado de las peores jugadas, como abandonar con ases antes de que se haya efectuado ninguna apuesta. Bob, a su vez, responde a la nueva estrategia de Alice y así sucesivamente, durante miles o incluso miles de millones de iteraciones, dependiendo de la precisión que se desee. A medida que las mejoras estratégicas se hacen cada vez menores —en la interacción número dos mil millones, Alice hace solo cambios muy pequeños, como subir con A♦Q♦ el 77% en lugar del 76% de las veces—, la solución converge en

OPTIMIZACIÓN

un equilibrio de Nash, ya que la definición de equilibrio de Nash es el momento en que no hay más mejoras estratégicas unilaterales.

En principio, es un planteamiento elegante, aunque estoy dejando de lado buena parte de la sangre, el sudor y las lágrimas que Lopusiewicz y otros han invertido en hacer sus algoritmos más eficientes, por no hablar de las empresas de semiconductores que han construido chips informáticos cada vez más rápidos.

Los jugadores de póquer llaman a lo que resulta un enfoque «GTO», u «óptimo según la teoría de juegos», por sus siglas en inglés. El inconveniente es que los resultados del solucionador parecen salidos del cerebro de John von Neumann: pueden resultar intimidatorios, incluso para jugadores experimentados. He aquí, por ejemplo, una mano de muestra de PioSOLVER, el solucionador creado por Lopusiewicz:

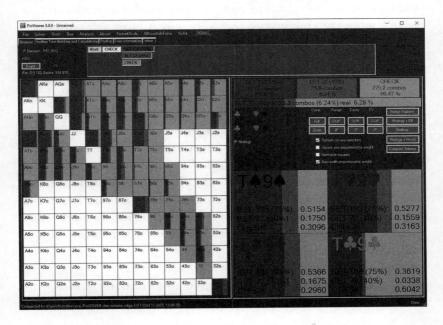

No se preocupe si no entiende este gráfico. La forma de usar un solucionador es un tema avanzado; solo quería darle una idea de hasta qué punto son complicadas estas soluciones. Pero muy brevemente: la matriz de 13 × 13 casillas de la parte izquierda de la pantalla representa el universo de posibles manos iniciales de póquer. En este ejemplo, el solucionador da a elegir al jugador entre cuatro opciones: puede pasar, hacer una apuesta pequeña, una apuesta media o una apuesta grande. Por complicado que parezca, en realidad es una simplificación: en el Hold'em sin límite real, los jugadores tienen, en esencia, un número infinito de tamaños de apuesta entre los que elegir. Sin embargo, si se fija bien, verá que casi todas las manos de los jugadores utilizan una estrategia mixta. Por ejemplo, la mano T9s —un diez y un nueve del mismo palo, que tiene una escalera interior, pero no mucho más— a veces pasa, a veces hace un farol pequeño y barato, y a veces hace un farol grande.

La frecuencia con la que el ordenador prefería las estrategias mixtas sorprendió a Lopusiewicz, que nunca había estudiado formalmente teoría de juegos. «Sabía que iba a haber muchas mixtas, pero no me di cuenta de que iba a ser en casi todas las manos», decía. Desde la intuición, cabría esperar que una máquina prefiriera una solución más determinista. En cambio, a los solucionadores les gusta la aleatoriedad. Esta tendencia también me supuso una profunda visión del póquer, así como de otros aspectos de la vida: a menudo pasamos más tiempo debatiendo las decisiones menos importantes. A mis veintipico, cuando me gané la vida sobre todo con el póquer durante unos años, me pasaba horas cada semana debatiendo los entresijos de la estrategia del póquer en Two Plus Two, un foro público muy popular por aquel entonces.[*] Publicabas una mano y se desataba una guerra encarnizada de veinte páginas: «¡Deberías haber abandonado inmediatamente, novato!». La ironía era que ambas partes del debate probablemente tenían razón. El engaño es tan importante en el póquer que en cualquier decisión razonablemente igualada, la estrategia GTO suele ser una estrategia mixta. La gente del Río sabemos lo pequeñas que son nuestras ventajas. Pero a veces no hay ninguna ventaja en absoluto; la situación es literalmente indiferente y podrías elegir al azar.

> **A veces también hay que lanzar una moneda al aire en la vida cotidiana**
>
> Algunas veces hago enfadar a mi pareja sugiriéndole que lancemos una moneda al aire para decidir dónde ir a cenar. Pero hay una teoría

---

[*] Estos foros de estrategia son ahora una sombra de lo que fueron. Los jugadores se han vuelto mucho más circunspectos a la hora de dar consejos estratégicos gratuitos a sus oponentes, dado que hoy en día las partidas son mucho más despiadadas.

detrás: la teoría de juegos. Si nos es indiferente el restaurante italiano o el indio, no hay razón para perder el tiempo desesperándose para tomar una decisión.*

Esto es aún más cierto cuando se encuentra en una situación del día a día en la que compite con otras personas. Si intenta volver a Manhattan desde el aeropuerto JFK en hora punta, es probable que su aplicación GPS le sugiera varias alternativas —algunas por la autopista, otras por calles secundarias—, todas ellas igual de molestas y lentas. Quizá no lo vea como una competición, pero lo es: hay miles de conductores que se enfrentan al mismo problema y utilizan el mismo software. El resultado es un equilibrio de Nash en el que hay indiferencia entre las distintas rutas lógicas. Así que probablemente no merezca la pena estresarse demasiado por encontrar un atajo. Siéntese y disfrute del viaje, en la medida en que eso sea posible en la autopista Van Wyck.

Hubo otras cosas que sorprendieron a Lopusiewicz cuando construyó el primer prototipo de PioSOLVER en 2014. Por ejemplo, lo agresivo que era, aunque de forma distinta a como suelen serlo los humanos. Los ordenadores van de farol cuando juegan al póquer porque eso es lo que dice la teoría de juegos. Esto puede incluir grandes faroles, como un golpe de gracia. Pero lo más habitual es que prefieran los faroles pequeños y tácticos, como apostar 20 dólares en un bote de 100, el equivalente al *jab* de un boxeador. El término que Brunson utilizaba para este tipo de apuestas pequeñas era «farol posroble», en referencia a una pequeña especie de roble, *Quercus stellata*, que crece en Texas y produce una madera barata y sin valor. Brunson consideraba que estas apuestas no tenían «agallas». Pero los ordenadores no tratan de demostrar su hombría, sino de ganar su dinero, y estas apuestas pequeñas tienen mucho a su favor.** En

---

* Aunque lo que suele ocurrir en la práctica es que al lanzar la moneda se revelan nuestras preferencias ocultas: la moneda sale cruz, restaurante indio, pero «Oye, la verdad es me apetece un poco de pasta».

** Por ejemplo, evitan dar información sobre su mano. Puede hacerlas con casi cualquier mano, sin limitar demasiado sus opciones futuras (podrá hacer apuestas mayores más adelante en la mano si tiene algo realmente bueno). La otra es que permiten aban-

la actualidad, casi todos los jugadores de primera línea las incorporan.

Así que Lopusiewicz ayudó a iniciar una revolución. Muchos de los mejores jugadores pasan cientos de horas al año estudiando los solucionadores. Los solucionadores y el juego GTO tienen sus limitaciones, entre ellas que las estrategias son demasiado complejas para memorizarlas, por lo que los jugadores aún necesitan desarrollar buenas intuiciones sobre el póquer. Pero en ningún momento de la historia de la humanidad los seres humanos han aplicado de un modo tan explícito la teoría de juegos como lo hacen actualmente los jugadores de póquer. No todo se presta tan bien a la optimización algorítmica como el póquer, pero los vertiginosos avances en este demuestran que la teoría de juegos suele traducirse razonablemente bien en la práctica.

El juego de alto riesgo de GTO frente al juego de explotación

Si explotas, te arriesgas a ser explotado.

Esta puede ser la idea más importante de la teoría de juegos relacionada con el póquer. Se puede adoptar una estrategia que busque sacar provecho de los errores del oponente. Pero eso permite a su oponente aprovecharse de usted si se da cuenta. Por ejemplo, si está jugando contra un tipo mayor que supone que rara vez va de farol, sus faroles serán muy rentables si es capaz de cambiar su forma de jugar.

Así que los jugadores varían en el grado en que prefieren los estilos de juego GTO frente a los «explotadores». Uno de los mayores defensores del enfoque GTO es Doug Polk, que ahora vive en Austin (Texas), donde es copropietario de un club de póquer llamado Lodge, pero aún conserva rastros del acento de surfista de su California natal. Polk ha logrado hazañas impresionantes como jugador de torneos, incluidos más de 10 millones de dólares en ganancias, pero es sobre todo un jugador de partidas por dinero, y su mejor juego es el Hold'em sin límite mano a mano.

---

donar barato. Si está arriesgando solo 20 dólares para ganar un bote de 100, no hace falta que un farol funcione muy a menudo para ser +VE.

OPTIMIZACIÓN

En julio de 2020, Polk, que puede ser tan agresivo en las redes sociales como en la mesa de póquer,* desafió a Negreanu, con el que mantenía una larga rivalidad, a un mano a mano sin límite, en su mayoría en línea. La partida se jugó con apuestas muy altas (ciegas de 200/400 dólares), y podía convertirse en un premio de siete cifras para el ganador.

Negreanu aceptó, una jugada que sabía que probablemente no fuera +VE. A pesar de que Negreanu tiene un currículum de póquer más completo que Polk (de hecho, uno de los mejores currículos de cualquier jugador de póquer de la historia), estaba jugando al juego en el que Polk era más experto, y las probabilidades de las apuestas establecieron rápidamente a Polk como favorito 5 a 1. «Desde luego, no fue por motivos monetarios, porque sabía que, para empezar, yo estaba por debajo», me dijo Negreanu. Pero esperaba utilizar el enfrentamiento para promocionarse a sí mismo y a sus productos, y, como mucha gente en el Río, es intensamente competitivo y no se echa atrás ante un desafío. «Una vez que acepté, me dije: "Mierda, tengo que hacerlo"».

Si la partida se hubiera jugado cinco años antes, se habría anunciado como un épico choque de estilos: el robótico enfoque GTO de Polk contra el juego intuitivo y explotador de Negreanu. Sin embargo, como he mencionado antes, Negreanu ha cambiado su juego para adaptarlo más a la estrategia GTO moderna. Me dijo que tenía algunos trucos contra Polk (de hecho, él y su equipo compartieron una vez, sin darse cuenta, un documento titulado «Trucos contra Doug Polk» en una videollamada con Polk), pero que se trataba de trucos menores.

Por su parte, Polk pretendía jugar lo más próximo posible a GTO. «Mi planteamiento era que, si jugaba correctamente (y me paso todo el tiempo memorizando las estrategias correctas y practicándolas contra un ordenador), no perdería. Le derrotaré», me dijo Polk cuando le entrevisté en el Lodge. Antes afirmé que los rangos de póquer GTO son demasiado complejos para memorizarlos. Bueno, quizá eso sea cierto el 99,999 % de las veces. Pero una partida mano a mano por dinero es bastante más sencilla que otras formas de póquer, por lo que hay menos situaciones que memorizar. Y Polk probablemente ha pasado tanto tiempo mirando rangos de GTO mano a mano como cualquier jugador del mundo; sin duda, más que Negreanu, por más que este se pusiera a

---

* Aunque debo decir que no estoy en posición de criticar a alguien por tuitear agresivamente.

empollar antes de la partida. «El conjunto de habilidades necesarias para el póquer ha cambiado drásticamente en los últimos diez o quince años —me comentó Polk—. Se ha pasado del pensamiento crítico, la resolución de problemas y la creatividad a la memorización y a averiguar cómo aplicar en tiempo real las teorías que uno ha aprendido». No es que Polk faltara al respeto al juego de Negreanu, sino que ahí estaba su ventaja comparativa. Por el contrario, si Polk hubiera intentado explotar los errores de Negreanu, podría haber salido —al menos teóricamente— perdiendo, ya que Negreanu siempre había destacado en los juegos mentales de piedra, papel o tijera. «Básicamente no pensé en él para nada», me dijo Polk.

También ayudó el hecho de que la partida se jugara en línea y no en persona. Eso no solo impidió que Negreanu se percatara de cualquier indicación física, sino que también facilitó la aleatoriedad de Polk. Polk me dijo que en ocasiones hace jugadas que el solucionador solo utiliza un 2% de las veces como parte de una combinación GTO. «La cuestión es que el Hold'em sin límite es un juego muy preciso. Muy preciso. Y a veces tienes que estar dispuesto a apostar todo tu dinero en situaciones que, según tu intuición, no parecen adecuadas». Si utilizas un generador de números aleatorios informatizado y este genera un número del uno al cien, se puede hacer esa jugada rara y antiintuitiva cuando sale noventa y nueve o cien. Pero «que te vaya bien si lo haces en la mesa», dice Polk.

Todo esto le salió muy bien a Polk. Ganó 1,2 millones de dólares contra Negreanu, además de otras importantes apuestas paralelas. Aun así, que fuera el enfoque correcto para esta situación no significa que el juego consista solo en GTO. Las batallas de póquer más emocionantes se producen cuando los jugadores se inspiran en la teoría de juegos, pero la utilizan para sacar partido unos de los errores de otros, y solo uno de ellos puede tener razón.

Vanessa Selbst es un caso atípico. Puede que acabe siendo la única persona de la historia que se licenció en Derecho en Yale y que llegó a ser la jugadora número uno del Global Poker Index. Es lesbiana declarada y llevó a su novia (y futura esposa), Miranda Foster, a los torneos, cuando el mundo del póquer siempre ha sufrido su cuota de misoginia y homofobia. Es, con diferencia, la jugadora de póquer con mayores ganancias de todos los tiempos —casi 12 millones de dólares en ganancias de torneos a lo largo de su vida— y alcanzó esa distinción cuando solo tenía veintiocho años. Cuando dejó el póquer para trabajar en el fondo de cobertura Bridgewater Associates en 2018 —un movimiento inesperado para alguien que una vez se llamó a sí misma «anticapitalista de corazón»— fue una noticia tan grande que apareció en *The New York Times*.

Aunque los solucionadores podrían parecer algo natural para Selbst, cuya madre la adiestró para resolver los rompecabezas lógicos mientras se criaba en Brooklyn, ella cree profundamente en el juego de explotación: averigua qué hacen mal tus oponentes y aprovéchate de ello.

«A la mayoría de la gente, salvo las cien mejores personas del mundo —me contaba un día durante la *happy hour* en un bar de vinos de Manhattan— no se les da tan bien la teoría de juegos». Según Selbst, lo que sucede en realidad es que los jugadores tienen mucha experiencia en situaciones que se dan con frecuencia en el póquer. Pero memorizar solo los lleva hasta cierto punto. «Eran muy buenos jugando una situación mil veces y sabiendo qué hacer en ese punto», dijo. Pero se dio cuenta de que «con el tiempo, cada vez que ponía a alguien en una situación nueva, la cagaba estrepitosamente».

Selbst descubrió el póquer cuando estudiaba en la Universidad de Yale, como parte de la explosión de interés por el juego que siguió a la victoria de Moneymaker en las Series Mundiales de Póquer de 2003. En las partidas clandestinas de Yale había un número asombroso de jugadores que más tarde alcanzarían fama y fortuna friki, como el futuro ganador del torneo de campeones de *Jeopardy!*, Alex Jacob. De hecho, las partidas fueron lo bastante famosas para aparecer en *Sports Illustrated*. En el artículo, se describía a Selbst como una «jugadora de rugby afable y robusta [que] lleva un pendiente de plata en la fosa nasal derecha» y un ejemplar del ensayo *Nationalism and Sexuality* para leer entre mano y mano de póquer.

Para Selbst, jugar un estilo de póquer explotador es tanto una elección como una necesidad. Es una elección porque Selbst tiene un don para leer a las personas. No necesariamente leyendo sus indicaciones físicas —eso es una habilidad distinta—, sino leyendo su situación vital y cómo puede influir en su juego. «Puedes agrupar y clasificar a la gente como un conjunto de datos en tu cabeza —me explicaba—. La mayoría de los jugadores cometen el error de suponer que todo el mundo juega como ellos. Pero en la vida real, la gente trae a la mesa todo tipo de equipajes». Selbst puso el ejemplo de un jugador que se presenta al Evento Principal de las Series Mundiales de Póquer y te cuenta que su mujer ahorró durante diez años para que él pudiera hacer el viaje de sus sueños el día de su cincuenta cumpleaños. Después de haber estado callado durante varias horas, de repente va *all-in*. ¿Qué haces ahora?

Seguro que no consultas a ningún solucionador sobre el equilibrio de Nash. Este jugador está haciendo todo lo que está en su mano para indicar que quiere quedarse un poco más, lo que significa jugar sus mejores manos de forma agresiva para echar a todos los demás del bote y evitar posibles derrotas. Así que uno debería retirarse a menos que sea mano y tenga ases o reyes, y quizá reyes sea demasiado bajo. Tenga cuidado: este es un ejemplo extremo y en la mayoría de las circunstancias será peligroso asumir que un oponente nunca va de farol. Pero sería incumplimiento del deber ignorar a la persona que está detrás de la apuesta.

La sensación que se obtiene al pasar unos minutos con Selbst es que se siente muy cómoda consigo misma y haciendo que otras personas se sientan incómodas en situaciones a las que no esperaban enfrentarse. No busca la aprobación social cuando juega. En vez de eso, «hizo muchas jugadas que parecían una estupidez». Haber sido a menudo la inadaptada de la sala genera cierta resiliencia ante una jugada atrevida que sale mal.

A veces, las osadas jugadas de Selbst han salido mal de forma espectacular e infame. Llegó a la mesa final televisada en el segundo torneo en el que participaba, un evento con inscripción de 2.000 dólares en las Series Mundiales de 2006. Selbst subió la apuesta con una mano mediocre, 5♣2♠, otro jugador, llamado Willard Chang, vio la apuesta, y un tercero, Kevin Petersen, volvió a subir. Selbst fue *all-in*. Chang abandonó, pero Petersen vio y ganó con ases. Por supuesto, la jugada se ve fatal en televisión. «¿En qué estaría ella pensando?», dijo Norman Chad, uno de los presentadores de ESPN.

Aunque hoy en día Selbst considera que la jugada no fue buena, creo que sé lo que estaba pensando: «Nadie hace esto».

En primer lugar, en 2006, la mayoría de la gente no se tiraba faroles de ningún tipo, y menos con sus dos cartas iniciales. Como dijo Seidel, la gente jugaba de manera directa. Una vez que se empezaron a ver apuestas y subidas múltiples, todo eran ases, reyes, reinas, AK y poco más. Nadie hacía faroles enormes y poco ortodoxos en su segundo torneo de póquer cuando aparecía por primera vez en la televisión nacional. Así que Selbst tenía motivos para pensar que sus rivales le darían reconocimiento por tener una mano fuerte.

Después de la mano 5♣2♣, Selbst no tuvo más remedio que adoptar un estilo más explotador. Para empezar, los hombres no suelen sacar su mejor juego contra las mujeres, a veces tratando de intimidarlas para que abandonen. Pero, desde luego, no iban a jugar GTO contra Selbst, ya que supondrían que estaba loca y que siempre iba de farol. «Después de esa mano, nadie volvió a abandonar conmigo —me dijo—. A decir verdad, la cantidad de dinero que probablemente gané con eso en toda mi vida fue tremenda». Así que sus hazañas consistían sobre todo en jugar más *tight* de lo que decía su reputación y tratar de inducir a sus rivales a apostar mucho dinero con manos pobres, aunque seguía haciendo algunos alocados faroles cuando jugaba en televisión para mantener su imagen.*

El ejemplo favorito de Selbst es el de una mano que jugó en un evento con límites altos de 25.000 dólares en el torneo PokerStars Caribbean Adventure en las Bahamas en 2013. Su oponente era Ole Schemion, un prometedor jugador alemán que entonces solo tenía veinte años. Mientras otros jugadores estaban de fiesta en el complejo Atlantis, Selbst había estudiado el vídeo de Schemion y sus otros oponentes en la mesa final.

Selbst se dio cuenta de que Schemion había hecho una jugada inusual dos veces en una situación similar de apuestas altas. Una situación habitual en el póquer es cuando un jugador que ha subido antes del *flop* tiene que decidir si hace otra apuesta una vez que llega el *flop*. Un caso complicado son los *flops* que están «coordinados», es decir, tres cartas que encajan bien juntas, como Q♠J♦7♦. Este *flop* tiene un poco de todo. Las dos cartas de diez o más han hecho un proyecto de escalera, una pareja o algo mejor. Dos diamantes cualesquiera han hecho un proyecto de color. Si apuesta, a menudo se enfrentará a una subida.

Así que lo que hacen la mayoría de los jugadores es apostar con sus mejores manos (como Q♦Q♥, que hacía un trío), con sus mejores pro-

---

* ¿Estoy plenamente convencido de que estas eran solo «jugadas de imagen» pensadas para provocar acción en manos futuras? La verdad es que no. Está claro que a Selbst, como a la mayoría de los jugadores, le divierte jugar de forma agresiva y lanzar grandes faroles. Pero sigue siendo mucho más difícil jugar contra un jugador muy agresivo que contra uno predecible y pasivo.

yectos (como K♦T♦, que tiene tanto un proyecto de escalera como uno de color), y también con manos muy flojas, que no tienen forma de ganar excepto faroleando. Por el contrario, las manos de fuerza media, como una pareja, pasarán, con la esperanza de cubrir sus apuestas y jugar un bote más bajo.

Este enfoque no está mal como estrategia de póquer básico. Pero, si ha pillado lo esencial de la teoría de juegos, puede que usted detecte un problema: es predecible y, por tanto, explotable. Los jugadores de póquer casi nunca asignan a sus oponentes una mano exacta, sino un «rango» probabilístico de posibilidades. En este ejemplo, el rango de apuestas del jugador es impredecible y bien equilibrado, ya que contiene una mezcla de manos fuertes, proyectos y faroles. Sin embargo, los pases del jugador son muy predecibles y consisten solo en manos mediocres; es casi como si hubieran puesto su mano al descubierto. El término para esto es estar *capped* o «limitado», es decir, que lo buena que puede ser tu mano tiene un límite. Los solucionadores y los mejores jugadores, como Selbst, atacan implacablemente a sus oponentes cuando están *capped*. Si saben que nunca podrás tener una mano de primer nivel, pueden ponerte en una mala situación faroleando para conseguir todas tus fichas. El mecanismo de defensa de un solucionador contra esto es lanzar un bucle pasando de vez en cuando con sus mejores manos.[*] Pero a los humanos les cuesta hacer esto. Cuando tienes la mejor mano —aunque puede que no la tengas durante mucho más tiempo si alguien hace una escalera o un color— a menudo estás literalmente demasiado excitado[**] a fin de conseguir que tus fichas lleguen al centro del bote para pensar siquiera en pasar.

En sus sesiones de revisión de vídeo, Selbst se dio cuenta de que Schemion era especialmente agresivo a la hora de atacar los rangos *capped*, tan seguro de sí mismo que estaba dispuesto a arriesgarlo todo. Dos veces en un torneo anterior que acabaría ganando, había hecho un farol *all-in* contra un jugador que había pasado con un *flop* coordinado. Pero

---

[*] Por ejemplo, si tiene una pareja de reinas con un *flop* de Q♠J♦7♦, un solucionador podría pasar el 15 o 20 % de las veces.

[**] Lo digo en sentido literal. Los jugadores experimentan una reacción neurológica cuando consiguen una gran mano. Si no se tiene cuidado, esto puede bloquear el pensamiento de alto nivel. Hará la jugada obvia —apostar ahora que puede conseguir el dinero—, pero puede que no se serene lo suficiente para tener en cuenta otras alternativas, como pasar. Hablaremos más sobre esto en el capítulo siguiente.

al jugar de forma explotadora, Schemion se estaba abriendo a ser explotado, y Selbst estaba lista para atacar. Además, conocía bien la mentalidad de Schemion. «Su confianza está por las nubes. Así que me dije: "Si le pongo en una de estas situaciones, seguro que cae"».

K♦T♥6♥	T♣	2♦	K♥K♣	A♥8♠
Flop	Turn	River	Selbst	Schemion

[CARTAS COMUNITARIAS] [CARTAS OCULTAS]

Así que le tendió una trampa a Schemion y, en efecto, este cayó en ella. Selbst subió la apuesta con K♥K♣ —pareja de reyes de mano— y Schemion vio en la ciega grande con A♥8♠. El *flop* fue K♦T♥6♥ —Selbst había sacado un *flop* alto y había muchos proyectos en una mesa coordinada, justo la situación que estaba buscando—. Schemion pasó y ella pasó. «Nadie hace una cosa así —me la imagino pensando—. Nadie pasa en una situación como esta». El *turn* (la cuarta carta) fue un T♣. Ahora Selbst tenía full. Schemion apostó y Selbst subió la apuesta. «Es bastante extraño que Vanessa no continuara en el *flop* —dijo uno de los comentaristas, reflejando la opinión general en aquel momento—. Yo diría que para la mayoría de los jugadores pasar en el *flop* y subir en el *turn* parece un farol». Evidentemente, Schemion pensó lo mismo. A pesar de tener una mano muy mediocre, vio. El *river* fue un irrelevante 2♦. Selbst apostó, Schemion fue *all-in* en un desesperado farol, Selbst vio y ganó un inmenso bote con su full. Y, más tarde, ganó el torneo, 1,4 millones de dólares.

FAROLEAR CON UN PAÑAL SUCIO

La mano de Vanessa Selbst resume buena parte de lo que me gusta del póquer y de la teoría de juegos. El cáustico periodista H. L. Mencken es famoso por decir que «nadie ha perdido nunca dinero subestimando la inteligencia del público estadounidense». En el póquer, uno puede desviarse de la teoría del juego y tratar de explotar a sus oponentes, y a veces esa es la jugada correcta. Pero perderá dinero si subestima a sus oponentes. He aquí otro ejemplo que nos toca más de cerca.

Cuando yo juego al póquer, no tengo el problema de Selbst de que la gente siempre piense que voy de farol. Más bien al contrario, en realidad. Puedo conseguir muchos abandonos, tanto cuando los quiero como cuando no. Como cuarentón con barba, mochila y gorra de béisbol, aún me quedan algunos años para encajar en el estereotipo del «viejo del café», un tipo conservador que solo juega con ases y reyes, pero poco a poco voy entrando —por edad— en ese grupo demográfico. Y si mis oponentes me conocen como «el estadístico y escritor Nate Silver», pero no conocen mis antecedentes como jugador de póquer, asumirán en general que mi juego es cerrado y conservador. La gente tiende a interpretar «estadístico» como «calculador y preciso», sin darse cuenta de que uno puede ser calculador y preciso en sus faroles.

Sin embargo, esa reputación puede estar cambiando, porque una de las manos de póquer por las que soy más conocido es un farol. Con el título «El mejor estadístico de Estados Unidos, Nate Silver hace un farol épico en un torneo de póquer de 10.000 dólares» en el canal de YouTube de PokerGO, el vídeo de ese farol ha recibido decenas de miles de visitas en diversas plataformas de redes sociales.

La mano en cuestión procede de un evento del Poker Masters 2022 en el estudio de PokerGO. Con el tiempo, los eventos de PokerGO habían ido atrayendo a más «VIP» —amateurs ricos en busca de la gloria del póquer— y yo me sentía menos intimidado por jugar en el estudio. Los VIP tenían habilidades de póquer entre sólidas y decentes, pero yo me imaginaba que yo sería mejor que ellos. Los niños prodigio eran un problema, pero me guardaba algunos trucos en la manga por si me subestimaban.

Por suerte, había llegado a la mesa final de este evento, que contaba con una mezcla típica de VIP, profesionales de la vieja escuela, como Seidel, y otros de la nueva escuela, como Adam Hendrix, un afable jugador de Alaska que se parece un poco al jugador de la NBA Luka Dončić. Las buenas noticias: tras una montaña rusa de manos, llegué a la fase de los dos últimos jugadores. Me había asegurado el segundo puesto, 140.600 dólares, con otros 51.800 dólares para el ganador. Las malas: el oponente que quedaba era Hendrix, que en ese momento ocupaba el segundo puesto en el Global Poker Index y pasaría a ocupar el primer puesto al final del torneo. Para complicar las cosas, el mano a mano era uno de mis puntos débiles. El juego mano a mano es complicado: la teoría de juegos dice que debes jugar la gran mayoría de tus manos, pero la gran mayoría de tus manos no son más que basura aleatoria. A menos que hayas estudiado el mano a mano (y yo no lo había hecho), cuesta acostumbrarse. Y ahora me enfrentaba a uno de los mejores jugadores del mundo, que estaba totalmente preparado para aprovecharse de mi imprecisión.

Después de abandonar muchas veces al principio de nuestra batalla mano a mano, pensé que Hendrix me vería demasiado cerrado y decidí que tenía que variar las cosas y buscar oportunidades para farolear. Entonces llegó la siguiente mano. Con ciegas de 75.000/150.000, yo tenía 3,75 millones de fichas y él, 5,5 millones (son fichas, no dinero; jugábamos con apuestas altas, pero no tanto. Cada millón de fichas equivalía a 5.600 dólares en efectivo). Hendrix vio en la ciega pequeña, renunciando a la opción de subir la apuesta. Esto probablemente significaba que tenía una mano débil, aunque quizá tuviera algún truco oculto. Yo también tenía la opción de subir, pero miré hacia abajo y me encontré con un tres dos de distintos palos —3♥2♦— que es, literalmente, la mano más baja del Hold'em. De hecho, la mano es tan mala que tiene un apodo: «el pañal sucio», es decir, «nada más que un montón de mierda». Sin embargo, era difícil obtener un mejor precio, ya que Hendrix acababa de ver y me podía llevar un *flop* gratis. Así que pasé y aparecieron estas tres cartas:

J♠8♠2♠

Una sota, un ocho y un dos, todos del mismo palo, picas. Si alguien tenía dos picas, ya tenía color. Pasé y Hendrix apostó 150.000 al bote de 450.000, la apuesta más pequeña permitida. Era una jugada sacada directamente del solucionador. Recuerde que ambos tenemos un montón de basura aleatoria. Su objetivo era abandonar por poco dinero. También tenía «posición» sobre mí en esta mano, lo que significa que hablaba el último, viendo lo que yo hacía antes de elegir su jugada. El póquer es un juego de información, así que representa una gran ventaja disponer de más información que tu rival. Cuando uno está fuera de posición, es difícil contraatacar. Pero esta vez tenía algo mejor que basura aleatoria: ¡mi pañal sucio se había convertido en una pareja de doses! Era una pareja cutre, la peor pareja posible en una mesa en la que era posible un color, pero era una pareja de todos modos, y mis probabilidades eran buenas, así que...

Subí. Subí a 450.000 fichas. Subí con mi basura de pareja. Lo crea o no usted, esta jugada le gusta al solucionador. ¿Por qué? A veces el ataque es la mejor defensa. Recuerde, el equilibrio de Nash trata de evitar que Hendrix se aproveche de mí. Si Hendrix puede hacer una apuesta baja en el *flop* y ganar cada vez que ninguno de los dos tiene nada, es una situación extremadamente rentable para él. Por tanto, tenía que hacérselo más caro con un *check-raise** «pasar-subir» a su apuesta, tanto cuando mi basura acaba por tener suerte y convertirse en una buena mano como con mis faroles.

Pero esta es también una situación en la que los ordenadores y los humanos divergen. Con este *flop*, los faroles no son muy intuitivos. Normalmente, la gente se tira faroles con proyectos de color o escalera. En esta mano, sin embargo, ya hay un posible color en la mesa. En estas situaciones, los jugadores tienden a cerrarse y jugar de manera directa. Así que tuve que canalizar mi Vanessa Selbst interior y hacer zig donde otros hacían zag. Subir con una mano como la mía era una jugada con una doble finalidad. Si mi pareja de doses era la mejor mano en ese momento, era extremadamente vulnerable, así que no me importaba que Hendrix abandonase de inmediato. Eso era lo que esperaba, francamente. Pero si Hendrix veía, yo también tenía la opción de seguir apostando con mi mano; estaría convirtiendo mi mano en un farol, con la esperanza de que Hendrix abandonase con una mano un poco mejor, como una pareja de ochos.

Por desgracia, Hendrix vio: ganar este bote no me iba a salir barato. La siguiente carta fue J♣, lo que ponía dos sotas en la mesa. Eso era bueno y malo a la vez. En principio, era una buena carta para mí. Si hubiera tenido una mano como J♥2♦, habría tenido suerte y me habría hecho con un full. Pero un solucionador ve las cosas de otra manera. Recuerde que los ordenadores van de farol con mucha frecuencia. Y como se entrenan jugando contra sí mismos, odian abandonar, ya que sospechan faroles constantemente. Según la forma de pensar del solucionador, el hecho de que una segunda sota aparezca en la mesa hacía matemáticamente menos probable que yo tuviera una sota y más probable que fuera de farol. Así que el solucionador me habría recomendado que me rindiera con mi farol, aunque creyera que fuera por poco.

---

* Como ya habrá adivinado, este es el término de póquer para subir la apuesta de alguien después de haber pasado.

Otro concepto fluvial clave: opcionalidad

«Opcionalidad» es un término utilizado en teoría de juegos y finanzas para describir el «valor de sacar partido de oportunidades futuras que puedan surgir». Está relacionado con la idea del coste de oportunidad, pero significa algo un poco más específico. Se refiere a una situación en la que hay una bifurcación en el camino, pero una rama de la bifurcación contiene otras ramas que podrían darle una oportunidad afortunada.

Supongamos que visita una ciudad europea de playa de tamaño medio. Se aloja en un hotel económico cerca de la plaza mayor. Tiene hambre y lo que más le apetece es hacer un pícnic en la playa. Pero hay un 70% de posibilidades de que llueva. Y, si llueve, se verá obligado a comer en uno de los restaurantes turísticos y de precio hinchado que hay cerca de la playa. Los restaurantes de la plaza también son trampas para turistas, pero le gustan un poco más. Así que debería quedarse en el pueblo, ¿no?

No necesariamente. Es muy posible que deba ir a la playa. Debido a la posibilidad de que el tiempo se despeje y al final pueda hacer su pícnic, podría ser la jugada con mayor VE (por ejemplo, si el VE de un pícnic en la playa es 10, comer en un restaurante cerca de la playa es 5, y comer en un restaurante en la ciudad es 6; ir a la playa es la opción con mayor VE si hay un 30% de posibilidades de lluvia). Ese es el valor de la opcionalidad. Una forma heurística de pensar en la opcionalidad es la siguiente: cuando se enfrente a una decisión difícil, elija la opción que mantenga el mayor número de opciones abiertas.

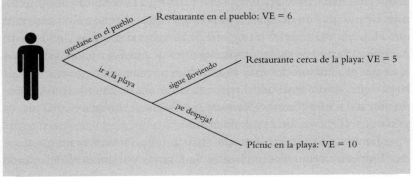

> La opcionalidad es, con frecuencia, el factor oculto que explica por qué los solucionadores de póquer se comportan como lo hacen: lo que quiere es mantener abiertas opciones favorables mientras limita las opciones de su oponente. En la mano contra Hendrix, pensé que subir suponía una mayor opcionalidad. Podía rendirme si me salían cartas malas, o seguir faroleando —mi versión de un pícnic en la playa— si me salían cartas buenas.

Recordemos que no estaba jugando contra un solucionador. Estaba jugando contra Hendrix, y no esperaba que fuera tan desconfiado. Existía el factor «esto no lo hace nadie»: para empezar, los jugadores no suelen tener suficientes faroles en esta situación, y menos en su primera mesa final de PokerGO. También estaba lo de una mano que habíamos jugado antes: yo había intentado farolear a Hendrix, y él había tardado mucho tiempo en poner sus fichas con una mano que un solucionador habría visto sin pensárselo. Eso me pareció una señal de que él no creía que estuviera faroleando lo suficiente. Así que proseguí con una apuesta de 600.000 fichas. Y, vaya, volvió a ver.

J♠8♣2♠	J♣	K♠	3♥2♦	??
Flop	Turn	River	Selbst	Hendrix

[CARTAS COMUNITARIAS]   [CARTAS OCULTAS]

El *river* fue una de las mejores cartas de la baraja para mí: el rey de picas, lo que puso una cuarta pica sobre la mesa. Esto no mejoró mi mano para nada, pero era una buena carta para farolear; incluso mis faroles de mierda con una pica al azar ahora habían hecho color. Esperaba que Hendrix abandonara la mayoría de las veces si es que no tenía color. Así que me armé de valor y aposté el resto de mis 2,4 millones de fichas (esta vez el solucionador está de acuerdo; piensa que, después de llegar hasta aquí, seguir faroleando con esta carta era de cajón). En ese momento, me sentía cómodo. Pensaba que había hecho una buena jugada y, si no, al menos habría caído luchando.

Hendrix no se sentía cómodo. Parecía como si tuviera un pañal sucio. Empezó a removerse en la silla. Se levantó y se encorvó, apoyando los codos en la mesa. Utilizó una placa de prórroga a fin de tener más tiempo para tomar una decisión. Finalmente, hizo un gesto con la mano delante de sí, como diciéndole *adieu*, y la tiró. Ahora yo estaba en primer lugar en el torneo.

Por desgracia, este primer puesto solo duró una mano. Justo en la siguiente, conseguí una buena pareja, pero Hendrix hizo un trío y perdí la mayoría de las fichas que acababa de ganar con mi pañal sucio. Nos enfrentamos en varios botes *all-in* antes de que me eliminara. Era la segunda vez que llegaba a la mesa final de un gran torneo televisado (la primera vez había sido un evento de las WSOP, un año antes) y la segunda vez que terminaba segundo.

Me sentí un poco deprimido, hasta que más tarde supe con qué mano había abandonado Hendrix: Q♠3♠. Había conseguido un color. No cualquier color, sino un buen color. Al principio, me tenía atrapado. Y en el *river*, seguía teniendo una buena mano, que perdía solo contra una escalera al as o un full. Su jugada se desviaba enormemente del equilibrio de Nash; según un solucionador, habría sido un error de unos 20.000 dólares si Hendrix hubiera jugado contra un ordenador.

Pero no pretendo sugerir que Hendrix jugara mal. Creo que su juego es mucho más defendible que el de Schemion contra Selbst, por ejemplo. Cuando llegamos al *river*, Hendrix podía derrotar un farol, pero poco más. Dado el tamaño del bote, necesitaba que yo fuera de farol aproximadamente un tercio de las veces para justificar una jugada de «ver», y hay muchos jugadores que no llegarían con un farol a esta situación. Hendrix me juzgó mal, pero él y yo no habíamos jugado mucho juntos.

Esta mano ilustra, más bien, lo amplia que sigue siendo la divergencia entre humanos y ordenadores. Los jugadores de póquer se enzarzarán en furiosas discusiones sobre resultados de solucionadores en los que las diferencias entre jugadas se reduzcan a una fracción de punto porcentual. Pero las decisiones sobre si sacar provecho o no de un jugador conllevan, en potencia, muchos más beneficios o pérdidas:[*] este es un punto en el que coincide una fuente sorprendente: Lopusiewicz, creador

---

[*] Por ejemplo, en mi mano contra Hendrix, el solucionador consideró mi decisión de seguir faroleando en el *turn* como una desviación del GTO, pero solo por 0,07 ciegas grandes, o el equivalente a unos 50 dólares. Por el contrario, la jugada de Hendrix se desvió del GTO en 28,3 ciegas grandes, unos 20.000 dólares, lo que la hace unas cuatrocientas veces más relevante.

de PioSOLVER. «En mi opinión, luchar por esas fracciones de porcentaje es un esfuerzo inútil. Pero, si alguien es explotable, se está perdiendo las enormes ventajas —me dijo—. Sigue siendo un juego psicológico».

Doyle Brunson tiene razón y se equivoca a partes iguales. Está totalmente equivocado al afirmar que un ordenador no podría jugar al póquer a nivel mundial. Los ordenadores ya dominan de calle los aspectos técnicos del póquer. Y dentro de unos años probablemente también serán capaces de manejar muy bien los aspectos humanos del juego. Pero las personas no juegan contra ordenadores, sino entre sí. Y mientras esto sea así, el póquer seguirá siendo un juego de personas.

Percepción

Parecía como si Garrett Adelstein hubiese visto un fantasma.

Su oponente en la mano que acababa de jugar —que estaba a punto de convertirse en la de más infausta fama de la historia del póquer— interpretó su expresión de otra manera. «Parece como si quisieras matarme, Garrett», le dijo Robbi Jade Lew, una exejecutiva de marketing farmacéutico nacida en Arabia Saudí, que, según su propia descripción, vestía «con cierto aire de Hollywood falso» y se había aficionado al póquer hacía pocos años. El tono de Lew era burlón, juguetón. Sonreía y se acariciaba la barbilla. Acababa de ganar a Adelstein un bote de 269.000 dólares con decenas de miles de personas conectadas a la retransmisión en directo de póquer *Hustler Casino Live*.

Los ojos de Adelstein iban de un lado a otro, buscando un lugar en el que fijar su atención mientras intentaba reconstruir la acción. «No entiendo qué está pasando ahora mismo», comentó. No se trataba de dinero. La retransmisión de Hustler es una de las partidas más importantes del mundo, y los botes de seis cifras son habituales. Incluso después de perder la mano, Adelstein seguía teniendo 682.000 dólares frente a él.

Más bien, Adelstein pensó que le habían engañado. No solo engañado, sino engañado en su propio juego. Vale, técnicamente era el juego del Hustler, no el de Adelstein. Pero Adelstein, que había sido concursante del *reality show Survivor*, era la estrella del programa, hasta el punto de que la valla publicitaria electrónica de una de las entradas del Hustler mostraba la foto sonriente de Adelstein. Adelstein tenía una influencia significativa sobre qué otros jugadores participaban en la partida. Era el mayor ganador de la historia de la retransmisión en directo de Hustler en ese momento, con unas ganancias en directo de más de 1,5 millones de dólares cuando llegó aquel día a la sala de juego, además de una cantidad adicional no revelada una vez que se apagaban las cámaras. Aunque uno de los otros jugadores en la alineación de aquel día era Phil Ivey —que recientemente había sido votado como el mejor jugador de póquer de todos los tiempos y está también entre los jugadores más populares del juego por su intrépida intensidad—, el Hustler era el reino de Adelstein.

Hasta que Lew hizo su impactante jugada. Con T♥T♣9♣3♥ en la mesa, había visto la enorme subida *all-in* de 109.000 dólares de Adelstein con J♣4♥. Si usted es nuevo en el mundo del póquer y trata de entender esto, no se moleste: no tiene mucho sentido. El jugador que comentaba la retransmisión, Bart Hanson, estaba tan confuso que se preguntaba en voz alta si las imágenes en pantalla que mostraban la mano de ella funcionaban correctamente. Lew no tenía pareja propia, ni proyecto, ni siquiera un as. Solo podía ganarle a un farol. Es más, ni siquiera podía superar muchos de los faroles de Adelstein. Por ejemplo, si Adelstein se hubiera tirado un farol con una reina alta —como en la mano Q♥J♥, que tiene tanto un proyecto de escalera como un proyecto de color— Lew estaba por detrás y solo tenía un 7% de posibilidades de ganar.

Pero pudo vencer el farol que se marcó Adelstein: 8♣7♣. Al igual que Q♥J♥, incluía tanto un proyecto de escalera como uno de color. A diferencia de la mano a la reina, no tenía ninguna carta que superase a la J♣ de Lew. Los jugadores acordaron repartir la última carta, el *river*, dos veces, y cada una de ellas determinaría el resultado de la mitad del bote (esta opción, llamada «repartir dos veces», es una forma de reducir la cantidad de suerte en el juego). A pesar de no tener nada todavía, las probabilidades de Adelstein en cada ronda eran de alrededor del 50/50, ya que cualquier trébol le daría color, cualquier diez o seis le daría escalera y cualquier siete u ocho le daría pareja. El primer *river* fue el 9♦, que no era una de las cartas que ayudaban a Adelstein. «Esa seguro que es para ti», dijo Adelstein jovial: Lew aún no había dado la vuelta a su mano y Adelstein supuso que se enfrentaba a algo mucho más fuerte. El segundo *river* fue el A♠; tampoco era una de las cartas que le convenían. No fue hasta entonces, después de haber ganado todo el bote, cuando Lew dio la vuelta a su J4, una mano que permanece en los anales del póquer, hasta el punto de que, si entras en casi cualquier partida de póquer hoy en día y dices que jugaste «el Robbi», todos sabrán que te refieres a J4.

PERCEPCIÓN

Enseguida la mano tuvo un efecto sísmico en el panorama del póquer en Los Ángeles y más allá. La retransmisión en directo de Hustler no es solo una partida de póquer, sino también un *reality show*. Adelstein era el chico de oro del juego, un jugador de élite admirado por la numerosa audiencia del programa. Ayudaba su sensatez: nadie quiere apoyar a un idiota. Pero la mente de Adelstein daba vueltas. Mientras tanto, otros jugadores empezaron a reírse y a felicitar a Lew por su decisión. «¡Eso sí que es póquer!». «¡Eso estuvo genial!». «¡Guau!». No hay mejor sensación en el póquer que ver un farol grande y tener razón, sobre todo si consideras que tu oponente es un matón. Mire el vídeo y verá que Lew estaba eufórica. Había conseguido algo que es difícil de conseguir en un mundo del póquer compuesto por hombres en un 95 %: ganarse la admiración de los hombres de la sala, incluido Ivey, el mejor jugador de póquer de todos los tiempos. Incluso se metió ella misma en la juerga, burlándose de Adelstein por haber perdido la calma. «¿Se podrá traer aquí a un terapeuta?», bromeó. No era un comentario amable. Adelstein había hablado públicamente de sus problemas de depresión, algo nada fácil en una profesión que se caracteriza por el estoicismo y el machismo.

Sin embargo, Adelstein ha sido el último jugador en aprender una de las verdades cardinales del Río: las mayores ventajas nunca duran mucho.

Cierto, Garrett era un Gran Jugador. Sí, era un buen tipo, aunque algunos de sus rivales del grupo de jugadores de Hustler estaban resentidos con él porque normalmente se llevaba su dinero. Sí, era «bueno para el juego». Iba más allá que la mayoría de los jugadores, animaba a la mesa a apostar, a veces haciendo jugadas que eran –VE a corto plazo porque le ayudaban a mantener una imagen activa. «Es un jugador profesional divertido, no es un novato, aún juega del treinta y cinco al cuarenta por ciento de las manos. Hace unos faroles enormes —dijo Hanson al respecto de Adelstein—. Es muy divertido verle».

Pero Adelstein también estaba en una posición privilegiada. Una de las cosas que me encantan del póquer es que es meritocrático, a diferencia de la mayoría de los aspectos de la vida. Como he mencionado en la introducción, por ejemplo, en un evento de las Series Mundiales de Póquer de 2022 me tocó por casualidad sentarme al lado de Neymar, uno de los mejores futbolistas del mundo. Dos asientos más allá había un tipo con una camiseta verde fluorescente que dirigía un negocio de reparación de carrocerías en los suburbios de Chicago. En la mesa había varios profesionales de talla mundial. Todos habíamos pagado nuestra inscripción de 10.000 dólares y estábamos en igualdad de condiciones.

Pero eso es el póquer de torneos. Para la especialidad de Adelstein, las partidas por dinero, cada vez es más difícil encontrar una partida favorable. El póquer de dinero se está pareciendo cada vez más al resto de la sociedad: ayuda tener contactos. Si te presentas en una gran sala de póquer, como el Bellagio de Las Vegas, podrás jugar Hold'em sin límite de 5/10 dólares, o quizá 10/20 dólares, sin que te hagan preguntas. Estas son partidas de apuestas medias; de vez en cuando, puedes ganar o perder 10.000 dólares en una sesión. Sin embargo, una vez que se superan estas cantidades —más o menos hasta el punto en que un jugador podría ganar o perder el valor de un coche nuevo razonablemente bueno en una sola sesión de póquer—, las partidas públicas empiezan a agotarse.

Esto se debe a que los jugadores luchan por un recurso escaso: las ballenas. Un «pez» es un mal jugador de póquer; una «ballena» es un jugador de póquer malo y muy rico.[*] Estos jugadores también tienen otros apodos: «VIP», «jugadores divertidos», «recs» o «jugadores recreativos». Se les llame como se les llame, no hay mucha gente que sea mala jugando al póquer y que también esté dispuesta a perder regularmente el dinero equivalente a un coche nuevo.

Así que la economía de los juegos por dinero con apuestas altas funciona de la siguiente manera: un jugador profesional se hace amigo de una ballena y trabajan juntos para poner en marcha un juego privado (por confuso que parezca, los juegos privados suelen jugarse en casinos,[**] aunque también pueden jugarse en casa de alguien). Lo ideal es que la ballena conozca a otras ballenas, pero si la ballena es lo bastante mala, esto no es estrictamente necesario. El jugador profesional invita a sus amigos, quizá a cambio de una parte de sus ganancias. Es probable que estos amigos también sean jugadores profesionales, aunque no pueden ser novatos: tendrán que ser personas con las que la ballena disfrute

---

[*] Aunque la mayoría de las ballenas, al menos, te pondrán a prueba mediante un juego agresivo, a la larga ganarás dinero con ellos, pero debes estar dispuesto a apostar.

[**] Las políticas de los casinos al respecto varían. Puede que técnicamente el juego esté abierto al público, pero resulta que nunca hay un asiento libre. O, si lo hay, es posible que uno no lo quiera: probablemente sea porque la ballena se ha ido.

jugando. Así que en una partida privada típica pueden participar entre una y tres ballenas y entre cinco y siete profesionales.

Las partidas de póquer por dinero televisadas intercambian esta proporción: pueden tener de uno a tres profesionales y de cinco a siete ballenas.* Por ensayo y error, las retransmisiones han aprendido que las ballenas con grandes personalidades suelen ser más simpáticas que los profesionales que juegan como ordenadores.

«Se construye una alineación a partir de los recs», dice Nick Vertucci, parte de la extraña pareja que dirige los juegos de Hustler. (Vertucci es fornido y tatuado; Ryan Feldman, el copropietario y productor, es bajito y delgado). «Los jugadores recreativos divertidos tienen que ser la base de tu retransmisión. Y luego, si añades profesionales, tienen que ser grandes nombres, y no puedes atiborrar la alineación de profesionales». Por eso, asientos como el que solía ocupar Adelstein en Hustler son muy valiosos. No se trata solo de una propiedad de primera categoría, sino del ático de un edificio de pisos diseñado por Zaha Hadid en el barrio más caro de la ciudad.

Así que cuando Lew dio la vuelta a sus cartas, fue como un golpe de Estado en palacio: el presidente de la junta de propietarios acababa de irrumpir en el ático con una orden de desahucio. La mano contra Lew «casi provocó una pequeña crisis existencial», me dijo Adelstein. Siempre le habían preocupado las trampas, por lo que visitó la sala de control de Hustler y formuló una serie de preguntas técnicas antes de aceptar jugar. La mano se jugó en septiembre de 2022, y las trampas estaban en el aire. Pocos días antes, el ajedrecista número uno del mundo, Magnus Carlsen, había acusado a un rival de hacer trampas. Y, supuestamente, un jugador llamado Mike Postle había hecho trampas —digo «supuestamente» porque la persona acusada es muy pleiteadora— en otra transmisión en directo en California unos años antes. La confusión se generalizó.

Hay cuatro teorías sobre la jugada de Lew:

- Una es que hizo una lectura brillante. Sin embargo, son pocos los jugadores profesionales que sostienen esta afirmación; en su ma-

---

* Existe una categoría intermedia: los jugadores con muchos seguidores en las redes sociales suelen ser invitados a partidas retransmitidas en directo, ya sean buenos, malos o indiferentes en póquer. Yo entro en esta categoría y he jugado en partidas privadas por televisión en algunas ocasiones.

yoría, ha sido sobre todo gente ajena al póquer la que ha intentado convertir la mano en un referéndum sobre el trato que reciben las mujeres en el juego. Es un tema que merece la pena: a las mujeres en el póquer se las trata mal. Pero, aun así, no fue una jugada brillante. El problema es que, aunque Lew supiera que Adelstein siempre iba de farol —y no solo eso, sino que además iba de farol con exactamente el tipo de mano que él tenía, una mano con proyecto de escalera y proyecto de color—, seguiría perdiendo alrededor del 70% de las veces, porque la mayoría de sus faroles le ganaban a su jugada a la sota.* Incluso contra un rango formado únicamente por estos faroles, su apuesta tenía un valor esperado negativo, lo que teóricamente le costaría unos 27.000 dólares.

- La segunda posibilidad es que recordara mal su mano, pensando que tenía una sota y un tres en lugar de una sota y un cuatro. En ese caso, habría tenido una pareja de treses, lo que la habría puesto por delante de los faroles de Adelstein; así, habría sido una «vista» liberal, pero dentro del dominio del póquer «normal». Esta fue la explicación que finalmente dio Lew, aunque no la mantuvo sistemáticamente. El problema es que es incongruente con su reacción en la mesa. No solo se ve que vuelve a comprobar sus cartas justo antes de ver, sino que no pone expresión de sorpresa cuando da la vuelta a su mano. Normalmente, los jugadores saltan casi literalmente de su asiento y exclaman «¡Oh, mierda!» cuando se dan cuenta de que han visto mal su mano, y hacen cuanto pueden para mostrar por qué han hecho una jugada aparentemente inusual.
- La tercera opción es que cometiera un enorme error estratégico al no darse cuenta del todo de que ni siquiera podía derrotar algunos de los faroles de Adelstein. Unas cuantas veces al año juego en torneos benéficos en Nueva York contra personas que, literalmente, nunca han jugado al póquer. No me sorprendería ver una jugada como esa de un chaval de diecisiete años del instituto cuyo padre, banquero de inversiones, le compró la inscripción al torneo.

---

* Adelstein tiene muchas de estas manos porque hay dos posibles proyectos de color en la mesa, de diamantes y de corazones. La lista de manos con «proyectos combinados» (proyectos de escalera y de color) es K♥Q♥ , K♥J♥, Q♥J♥, Q♥8♥, J♥8♥, 8♥7♥, 8♥6♥, 7♥6♥, K♣Q♣, Q♣8♣, 8♣7♣, 8♣6♣ y 7♣6♣. Obsérvese que Adelstein no puede tener manos que contengan J♣ porque Lew tiene esa carta.

PERCEPCIÓN

Pero Lew estaba varios niveles por encima de eso. Había recibido entrenamiento de un profesional de primera. Había ganado varios torneos, incluido el Evento Principal de las Series Mundiales de Póquer. Si el chico de instituto es un 0 y Phil Ivey es un 10, Lew estaba probablemente alrededor del 4. Superada en esa partida, pero presumiblemente demasiado avanzada para hacer una jugada de esa naturaleza.
- La cuarta posibilidad es que hiciera trampas. Y esa parecía la explicación más probable en aquel momento.

«Yo habría tenido la misma reacción que Garrett. Si hubiera estado en su lugar y me hubieran visto con un juego a la sota, habría pensado que había una posibilidad increíblemente alta de que hubiera pasado algo —dijo Hanson, que también ha jugado en los juegos de Hustler, además de ser un comentarista frecuente—. Se trata de una retransmisión, ya antes ha habido trampas durante retransmisiones, estás jugando una partida a vida o muerte con esta chica a quien nadie ha visto nunca, y en esa mano te quedas a cero. Son todas esas cosas juntas; habría pensado de inmediato que había trampas».

Pero cuando hablé con Hanson, seis meses después de que se jugara la mano, se inclinaba por la posibilidad de que a fin de cuentas Lew hubiera jugado mal su mano. No habían aparecido pruebas legales de que hubiese trampas ni había otros ejemplos en los que Lew pareciera sacar provecho de trampas en las diecinueve horas de grabaciones de *Hustler Casino Live* que la comunidad del póquer había analizado. Cuando hay tanto humo, suele haber fuego. Pero la comunidad entera ha ido en busca del fuego y no lo ha encontrado. Varios jugadores importantes ofrecieron incluso una recompensa de 250.000 dólares, para que un denunciante saliera a la luz. Nadie lo hizo. «Cuanto más tiempo pasa sin que ocurra nada —dijo Hanson— más me inclino hacia una serie de acontecimientos muy muy extraños».

Yo también me inclino hacia esa dirección.[*] No me malinterprete: vivo con el temor de que aparezcan nuevas pruebas en el momento en

---

[*] Mi evaluación de la mano J4 en este capítulo se basa en información disponible públicamente o que se me facilitó de manera oficial. No he tenido en cuenta rumores ni insinuaciones no verificables que las personas no estaban dispuestas a apoyar con su nombre.

que el libro se envíe a imprenta. Las trampas son totalmente plausibles; también hay algunas pruebas circunstanciales sospechosas en la retransmisión de Hustler que aún no he examinado. Pero creo que la explicación más probable es que Adelstein sufriera un enorme *cooler*, el término que utilizan los jugadores de póquer para describir una situación en la que, a pesar de jugar bien tus cartas, estás condenado a perder de todos modos (como cuando tienes una mano de reyes y tu oponente tiene ases). Si uno analiza con mucha atención las ventajas en el póquer (el tipo de ventajas que uno está predispuesto a buscar como jugador de apuestas altas), a menudo tendrá problemas.

Riesgo, recompensa y corazones acelerados

En enero de 2023 viajé a las Bahamas para jugar en el Campeonato de Jugadores de PokerStars. El evento principal de la serie, celebrado en el lujoso casino Baha Mar, tenía una inscripción de 25.000 dólares, inusualmente alta. En una serie de póquer normal, los torneos denominados «principales» tienen una cuota de inscripción de entre 1.500 y 10.000 dólares. Pero el PSPC no era un torneo cualquiera. A lo largo de varios años —el evento se había retrasado varias veces debido a la pandemia de COVID-19—, más de cuatrocientos jugadores habían ganado una inscripción gratuita en el torneo a través del sitio en línea PokerStars, sobre todo por ganar torneos de inscripción reducida en los que el precio de inscripción podía ser de solo unos cientos de dólares, pero también como parte de otras promociones aleatorias; por ejemplo, un amigo mío se había clasificado ganando un concurso de redacción sobre póquer. Con un terreno tan poco exigente, lleno de jugadores recreativos que competían por apuestas cientos de veces superiores a las que estaban acostumbrados, el evento parecía ser enormemente +VE, al menos si se ignoraba que un plato de tacos en Baha Mar costaba 42 dólares.

A decir verdad, yo tampoco había jugado nunca en un torneo de 25.000 dólares. Pero mentalmente me sentía cómodo con las apuestas; relajado, incluso: Baha Mar, en consonancia con su animada ubicación, es más espacioso y relajado que los frenéticos casinos de Florida y Las Vegas. Además, en la mesa a la que se me asignó de manera aleatoria había dos amigos míos: Maria Konnikova,* autora de *The Biggest Bluff* [hay trad. cast.: *El gran farol: cómo aprendí a prestar atención, dominarme y ganar*, Libros del Asteroide, Barcelona, 2021], y John Juanda, un profesional indonesio de grandes apuestas que ahora vive en Japón y con el que había coincidido (y me lo había pasado muy bien) en Tokio unos años antes. Jugar contra amigos puede ser complicado: a veces te puede entrar tal paranoia de que tu amigo se está aprovechando de ti que acabas compensando en exceso. Pero Konnikova y Juanda son personas rigurosas, y el resto de la mesa no era demasiado difícil. Si iba a jugar un torneo de 25.000 dólares, aquella era la versión menos estresante posible.

Sin embargo, bajo la apariencia, mi cuerpo estaba excitado: notaba palpitaciones cada vez que tenía que tomar una decisión. No era necesariamente una mala sensación; me sentía alerta, con un alto nivel de atención a los detalles, y estaba jugando con la suficiente agresividad para que, al cabo de un par de horas, Konnikova y Juanda me miraran de reojo con expresión de «qué te está pasando hoy». Sin embargo, uno de los riesgos del póquer es que tu cuerpo dé indicaciones, es decir, que muestre señales de nerviosismo o estimulación que preferirías guardarte para ti. Algunos jugadores llegan a llevar pañuelos para evitar que los jugadores detecten que se les acelera el pulso en la arteria carótida.** Así que me sentía cohibido por ello. Cuando jugaba una mano, trataba de imaginarme un lugar tranquilo y relajante para calmarme: una de las plácidas piscinas de Baha Mar o una pista forestal cerca del río Hudson en otoño. Pero no funcionaba. De algún modo, estaba procesando esta experiencia en dos niveles completamente distintos: mi mente consciente se sentía en calma, pero mi cuerpo no.

Unos días más tarde, después de perder los 25.000 dólares en el segundo día del torneo, jugué en un evento mucho más pequeño, de 2.200 dólares. Esperaba que volviera el estrés, pero no fue así: incluso después de que me repartieran una pareja de ases, estaba tan tranquilo como el mar Caribe. A los jugadores de póquer se les enseña a no pensar en las apuestas, a tratar sus fichas como dinero del Monopoly. La mayor parte del tiempo, eso se me da bastante bien y he tenido un éxito

---

* También lancé un pódcast, *Risky Business*, con Konnikova, en mayo de 2024.

** Una alternativa más sutil es una sudadera con capucha. Puedes llevar una si tienes tendencia a ponerte nervioso.

razonable cuando he jugado en torneos con apuestas altas o en partidas por dinero. Mi umbral del dolor —la cantidad que puedo perder jugando sin preocuparme al día siguiente— ha ido aumentando de manera constante con el tiempo.

Pero, fundamentalmente, jugar por grandes cantidades de dinero —el suficiente como para rozar el umbral del dolor— es una experiencia que afecta a todo el cuerpo. Puedes cabalgar en la ola de diferentes maneras. La primera vez que jugué una partida por dinero de 100/200 dólares me sentí literalmente como si estuviera bajo los efectos de los narcóticos que solía consumir cuando tenía veintipico años. Otras veces, jugando al póquer, he entrado en un estado de flujo, lo que coloquialmente se conoce como estar «en la zona».

Aparte de haberme dado cuenta en algún momento de que es muy mala idea jugar al póquer cuando tienes hambre.[*] Nunca había pensado mucho en la fisiología del póquer, pero resulta que estaba leyendo un libro importante justo durante el viaje a las Bahamas. De hecho, puede que *The Hour Between Dog and Wolf* sea el libro de póquer más importante que he leído nunca, aunque en apariencia no tenga nada que ver con el póquer.

John Coates es un canadiense reflexivo pero un poco cascarrabias que describe su carrera profesional como una serie de errores. Fue a Cambridge con una beca académica, le colocaron en el departamento de economía, aunque él no quería, y terminó su doctorado en economía bajo la amenaza de que le retiraran la beca. Como no quería saber nada de la economía académica —«Desde el principio, pensaba que era una pseudociencia», me dijo—, Coates se fue a Wall Street, donde trabajó como operador en Goldman Sachs y terminó por dirigir la mesa de operaciones de derivados del Deutsche Bank. Después, gracias a un encuentro casual con un estudiante de neurociencia en un avión, volvió al mundo académico, pero esa vez como neurocientífico en Cambridge. Su intención era comprender la biología de la asunción de riesgos y explicar lo que había visto en Wall Street, donde el comportamiento de los operadores con los que se había topado distaba mucho de los mode-

---

[*] Son las ocho de la tarde. Te has saltado el almuerzo y el torneo no tiene descanso para cenar. Tu amigo te manda un mensaje y te pregunta si quieres unirte a la cena. Te imaginas un filete y una copa de cabernet. Puedo prometerle que, un porcentaje desmesuradamente alto de las veces, uno encuentra la manera de derrochar su pila de fichas.

los académicos de racionalidad que había estudiado en su programa de doctorado.

De eso trata el libro de Coates *The Hour Between Dog and Wolf*. El título procede de la expresión francesa *l'heure entre chien et loup*, la hora crepuscular en la que resulta difícil distinguir a un perro de un lobo. Metafóricamente, la frase se refiere a la transformación física que sufrimos cuando nos enfrentamos a un riesgo considerable. Sobre todo cuando nos enfrentamos a situaciones nuevas e inciertas —«cuando se rompe una correlación entre los acontecimientos o surge un nuevo patrón, cuando algo simplemente no va bien, esta parte primitiva del cerebro registra el cambio mucho antes de que llegue a la conciencia»— y pasamos de ser seres predecibles y domesticados a criaturas salvajes que viven de la astucia, las hormonas y el instinto animal. Para ver un ejemplo, si aún no lo ha hecho, vuelva a visionar el vídeo de la mano entre Garrett y Robbi. Adelstein experimenta una transformación física instantánea al ver sus cartas, como si hubiera visto un fantasma, aunque tarda quince minutos en comprender lo que acaba de ocurrir.

Experiencias como las que tuve en las Bahamas —en las que mi cuerpo registraba un estrés que mi mente consciente negaba— son habituales, según Coates. De acuerdo con sus estudios sobre operadores e inversores, el estado emocional exterior no revela necesariamente mucho. «Hemos conectado cables a operadores de gran éxito, y tenían cara de póquer», me contó; ocasionalmente, los operadores se enfadaban cuando las cosas iban mal, pero en general mantenían una actitud tranquila. «Pero incluso cuando tenían cara de póquer, lo que ocurría bajo la superficie era mucho más importante, porque su sistema endocrino ardía cuando asumían riesgos».

En un determinado experimento, por ejemplo, Coates estudió los niveles de testosterona de un grupo de operadores de una sala de negociación de alta frecuencia londinense. Comprobó que su testosterona era significativamente más alta al final de los días en que habían obtenido un beneficio superior a la media. Pero lo contrario asimismo era cierto. Coates también había controlado su testosterona por la mañana y descubrió que tenían días de negociación sustancialmente mejores cuando se despertaban con niveles más altos de testosterona. En otras palabras, un nivel mayor predecía un mayor éxito comercial.

Más testosterona, más beneficios. ¿Qué podría salir mal?

De hecho, todo esto probablemente estaba bien hasta cierto punto. Voy a hacer una generalización audaz y atrevida. En su mayor parte, al menos cuando se trata de decisiones financieras y profesionales, las personas no asumen suficientes riesgos. Esto es, sin duda, cierto en el póquer. Por cada jugador demasiado agresivo, hay diez que no lo son lo suficiente. Lo mismo ocurre en las finanzas, según Coates. «Muchos gestores de activos y fondos de cobertura con los que he tratado tienen problemas para conseguir que sus mejores operadores y gestores de cartera utilicen toda su asignación de riesgo —me contaba—. No asumen suficiente riesgo». Lo mismo ocurre cuando la gente se plantea cambios personales. El libro de Annie Duke *Quit* —Duke es una exjugadora profesional de póquer que dejó el juego en 2012 para estudiar la toma de decisiones— ofrece multitud de pruebas sobre ello. Un experimento realizado por el economista Steven Levitt, por ejemplo, descubrió que cuando las personas se ofrecían voluntarias para tomar decisiones importantes en la vida, como permanecer en un trabajo o en una relación, en función del resultado de lanzar una moneda al aire, eran —de promedio— más felices de media cuando efectuaban el cambio.

La transformación corporal que experimentaron los operadores de Coates creó un bucle de retroalimentación positiva. Si tenían un día de ganancias, acumulaban más testosterona y asumían más riesgos. Como la mayoría de los operadores empiezan siendo demasiado reacios al riesgo, al principio esto los ayudaba, ya que se acercaban al nivel de riesgo óptimo para maximizar los beneficios. Así que tenían más días ganadores, conseguían más testosterona y asumían más riesgo. Probablemente ya se imagina lo que ocurrió a continuación. Al poco tiempo, eran como cabezas de chorlito con esteroides, que superaban el nivel óptimo hasta alcanzar niveles de riesgo peligrosos, potencialmente catastróficos, como los de Sam Bankman-Fried.

Coates cree que estos factores biológicos explican en gran medida el «entusiasmo irracional» de las burbujas financieras. Los operadores pueden experimentar euforia. Un mercado alcista «libera cortisol y, en combinación con la dopamina, una de las drogas más adictivas para el cerebro humano que se conocen, produce un efecto narcótico, un subidón, y convence a los operadores de que no hay otro trabajo posible en el mundo».

¿Y si pudiéramos sustituir a los operadores —o a los jugadores de póquer— por sistemas de inteligencia artificial y no tuviéramos que preocuparnos de toda esa asquerosa química corporal?

En realidad, quizá eso no sea tan buena idea. Recibimos mucha retroalimentación de nuestros seres físicos; esta es una de las razones por las que algunos expertos se muestran escépticos ante la posibilidad de que los sistemas de IA puedan alcanzar una inteligencia similar a la humana sin poseer cuerpos humanos. De hecho, según los estudios de Coates, los operadores con más éxito experimentaban más cambios en su química corporal en respuesta al riesgo. «Lo descubrimos en los mejores operadores. Su respuesta endocrina era opuesta a la que yo esperaba cuando entré —afirma—. Se podría pensar que alguien que realmente posee control tendría una reacción fisiológica muy apagada a la hora de asumir riesgos. Pero, de hecho, es al revés».

Así que la respuesta física que experimenté en las Bahamas no era algo de lo que avergonzarse. Por mucho que intentara mantener una actitud de frío-como-un-témpano, mi cuerpo me estaba preparando para el combate. Sabía que un torneo de 25.000 dólares era mucho más importante que uno ordinario, literalmente cientos de veces más importante que un torneo en línea de 80 dólares al que podría jugar un martes por la noche cuando me aburro.

Jared Tendler se autodenomina entrenador de «juego mental» para jugadores de póquer y operadores de Bolsa. Pero lo que realmente le gusta es el golf. Cuando le entrevisté, había un juego de palos de golf Callaway en un lugar destacado del fondo de su pantalla de Zoom. Sin embargo, Tendler dejó escapar su oportunidad de convertirse en golfista profesional. Tres veces All-American en el Skidmore College, perdió la clasificación para el Open de Estados Unidos por un golpe a pesar de «jugar la mejor ronda de mi vida», después de fallar una serie de *putts* cortos y muy posibles. Luego le volvió a ocurrir casi lo mismo cuando trataba de obtener la clasificación para el US Amateur. Esto provocó que Tendler decidiera estudiar la ciencia del rendimiento bajo presión.

Tendler enseña a sus alumnos que no pueden hacer que la ansiedad desaparezca con solo quererlo. «Una mala percepción de la ansiedad es un error fundamental de muchos jugadores de póquer, sobre todo los que no han participado antes en torneos grandes —me comentó—. No saben que sentirse así está bien. Y, al pensar que es algo malo, de repente generas mucha más ansiedad, y a partir de ahí se crea una espiral».

Esta puede ser una de las causas del peor temor de todo jugador de póquer: el *tilt*, el fenómeno en el que su percepción de lo que está ocurriendo en la mesa se ha torcido por completo y comete un error tras otro. Los jugadores de póquer tienden a pensar en el *tilt* como un estado emocional: cólera tras una mala racha, aburrimiento tras una racha demasiado lenta o exceso de confianza tras una racha ganadora. Pero también puede tener causas biológicas. En los grandes momentos, cuando uno se enfrenta a una decisión de alto riesgo, está trabajando en esencia con un sistema operativo diferente al que está acostumbrado. Si un jugador reacciona entrando en una espiral de ansiedad, «es como una pantalla azul en el ordenador, en la que tu mente se queda congelada o está tan ocupada por las emociones que ya no piensas con claridad», explica Tendler.

Sin embargo, la práctica en estas condiciones es útil. De hecho, tener una respuesta física ante el riesgo puede ser una señal saludable. En una ocasión, un grupo de investigadores del equipo olímpico de Gran Bretaña se puso en contacto con Coates. Le dijeron que sus mejores atletas eran como los mejores operadores de él, con bajos niveles basales de respuesta al estrés que luego se disparaban de un modo espectacular cuando llegaba el momento de una gran competición. Esto se aplica incluso al golf. Los golfistas del PGA Tour —adultos atléticos que normalmente tendrían una frecuencia cardiaca en reposo de sesenta o menos— tienen en cambio una «que oscila entre los noventa y los ciento diez, como cifra de base durante todo el torneo y que, por supuesto, se desboca en diferentes situaciones», afirmó Tendler.

Esa respuesta al riesgo «en la zona» que describía da la sensación de haber entrado en una de esas telenovelas oníricas con una mayor frecuencia de imágenes. Estás totalmente inmerso en la tarea que tienes entre manos, con una mayor atención al detalle y un dominio procedente de un lugar profundamente intuitivo: sabes lo que tienes que hacer sin «pensarlo». No es una sensación de calma, sino más bien de claridad.

Cuando pienso en las veces que he estado en la zona o en estado de flujo, a menudo ha sido en respuesta al estrés. Me ha ocurrido en grandes momentos de torneos de póquer, de forma ocasional al hablar en público e incluso un par de veces al escribir o programar bajo una gran presión de plazos. También me ha ocurrido en noches de elecciones, cuando cubría la información sobre los resultados. Lo que todos estos momentos tenían en común es que eran momentos de alto riesgo, en los que me jugaba miles de dólares o futuras ganancias.

Pero ese sistema operativo alternativo que se activa en condiciones de alto riesgo es muy potente. Tendler me remitió a una investigación denominada Iowa Gambling Task, llamada así porque la llevaron a cabo profesores de la Facultad de Medicina de la Universidad de Iowa. Funciona así: se pide a los participantes que elijan entre cuatro barajas de cartas (A, B, C y D). Cada carta da al jugador una recompensa o una penalización financieras. Dos de las barajas —digamos A y B— son arriesgadas, con grandes ganancias ocasionales pero muchas penalizaciones y un valor esperado global bajo. Las otras dos —C y D— son más seguras, con un rendimiento esperado positivo. El patrón no es muy sutil y, tras dar la vuelta a un par de docenas de cartas, el jugador suele optar por evitar las barajas perdedoras. No obstante, la investigación descubrió que los jugadores tienen una respuesta fisiológica a las barajas arriesgadas antes de detectar el patrón de un modo consciente. Su cuerpo les proporciona información útil, si deciden escucharla.

Tendler me contaba que cuando una jugadora entra en un estado de flujo, está sacando partido del conocimiento intuitivo, algo así como una versión potenciada de la Iowa Gambling Task. «El factor diferenciador más común es la capacidad de acceder a ese tipo de conocimiento intuitivo y tomar una decisión que no se puede explicar de manera cognitiva en ese momento». Pero hay que tener cuidado con estos superpoderes. Los expertos en asumir riesgos físicos con los que hablé para escribir el capítulo 13, como astronautas y pilotos de caza, me dijeron que querer «ser un héroe» a veces puede interferir con el recuerdo del entrenamiento y con la ejecución calmada de los planes.

Esta investigación ha cambiado mi forma de pensar sobre un par de asuntos. Uno de ellos es el rendimiento bajo presión en el deporte. Los frikis de las estadísticas como yo solíamos pensar que calificar a los deportistas de «buenos o malos bajo presión» no era más que un montón de mentiras, narrativas inventadas a partir de ruido aleatorio. Sin duda, a veces ese es el caso, sobre todo en deportes como el béisbol, sujetos a un alto grado de aleatoriedad. Pero investigaciones más recientes demuestran que algunos deportistas tienen mejor rendimiento que otros bajo presión, sobre todo si tienen experiencia en ello. Por ejemplo, los golfistas con más experiencia obtienen mejores resultados en el Masters, sin tomar en consideración su nivel de habilidad general. Mi propia investigación muestra que la experiencia tiene una importancia considerable en los *playoffs* de la NBA. Y no debemos pasar por alto el testimonio de los propios deportistas, desde Michael Jordan hasta el gran portero de los Montreal Canadiens Ken Dryden, que describen experiencias similares de estar en la zona bajo una presión intensa. Precisamente por el hecho de que es raro experimentar momentos de alto riesgo, sirve de ayuda haber pasado por ellos unas cuantas veces antes y aprender a canalizar el estrés para un uso productivo.

Y he aquí una buena noticia: es posible aprender a subirse a la ola.

En 2023, me quedé entre los 100 primeros en el Evento Principal de las Series Mundiales de Póquer. El acontecimiento había empezado a aparecer en las noticias nacionales y varias veces estuve en la mesa principal de televisión, lo que empecé a ver como una ventaja. En el Evento Principal, hay tantos jugadores —más de diez mil participantes en 2023— que incluso al final del torneo la mayoría de mis oponentes eran aficionados que nunca habían vivido un momento así. Por el contrario, yo había salido mucho en la tele, tanto por el póquer como en la olla a presión de las noches de elecciones presidenciales en los informativos de las cadenas.

Si uno se mete de lleno en el Evento Principal, que dura casi dos semanas de principio a fin, verá que hay rivales que se hunden bajo la presión. Puede que estén cansados después de jugar durante días, pero contentos de haber llegado tan lejos. Tal vez tengan el síndrome del impostor, o incluso el sentimiento de culpa del superviviente, porque todos sus amigos han abandonado el torneo y se han ido a casa. Enfrentados a una respuesta de lucha o huida ante el estrés, huyen. Soy capaz de empatizar con esos impulsos y, si hubiera sido dos años antes, yo también los habría sentido.

Pero aquella vez no. Cuando volvía a la mesa de televisión tras un descanso, un jugador llamado Shaun Deeb, ganador de seis brazaletes de las WSOP, me preguntó cuál era mi objetivo. ¿Jugaba para sobrevivir o para ganar? Jugaba para ganar, le dije. La mitad de mis oponentes estaban tan nerviosos que apenas podían llevar su apuesta al bote sin volcar sus fichas. Pero yo tenía una sensación de claridad. ¿Había mucho en juego? Sí. Cuando llegamos a los cien jugadores finales, con el premio máximo de 12,1 millones de dólares a la vista, cada bote tenía potencialmente un valor esperado de cientos de miles de dólares. De hecho, las apuestas eran tan altas que resultaban casi incomprensibles, lo que puede haber sido útil. Mi cuerpo había registrado la diferencia entre un torneo de 2.200 dólares y uno de 25.000 dólares en las Bahamas. Pero ahora estaba jugando el equivalente a un torneo de 500.000 dólares, algo tan extravagante que, de alguna manera, tanto mi cerebro como mi cuerpo empezaron a tratar mis fichas como dinero del Monopoly.

El día 6 de mi Evento Principal fue casi un momento del *Show de Truman*. La mesa se retransmitía casi en tiempo real (con un retraso de quince minutos) a los miles de jugadores que se habían quedado para asistir a otros eventos de las WSOP en los salones de París y Bally's. Pero yo me sentía en mi elemento; tal vez incluso «en la zona». Y al enfrentarme a un gran dilema, había tomado una gran decisión. Tony Dunst, un agresivo jugador que es también presentador del World Poker Tour y que seguramente se sentía confiado bajo las brillantes luces, subió la apuesta y yo la vi con A♥ J♥. Un tercer jugador, un simpático virginiano con camisa a cuadros llamado Stephen Friedrich, que nunca había ganado más de 750 dólares en un torneo de póquer, fue enseguida *all-in*. Tony abandonó, y la decisión volvió a recaer sobre mí. Habría sido bastante fácil abandonar y seguir viviendo para luchar un día más. Pero me serené y me tomé unos momentos para decidirme. Había algo en la historia de Friedrich que no encajaba. Después de proyectar confianza al principio —había dicho despreocupadamente «todo» mientras empujaba enérgicamente sus fichas al centro del bote—, Friedrich se había desplomado, con la cabeza gacha y las manos cruzadas, como si rezara. A cada momento que pasaba, parecía más acurrucado en un caparazón de tortuga, como si estuviera esperando que pase una alerta de tornado, aguardando a oír la señal de «todo despejado». En ese momento no supe por qué, pero mi cerebro había escaneado su base de datos interna y había detectado un patrón:[*] aquello parecía débil, y quería que yo abandonase. Y entonces recordé lo que le había dicho a Deeb: estaba jugando para ganar, no solo para pasar el rato con los chicos. Así que vi la apuesta. Y, en efecto, Friedrich tenía una mano mediocre, A♦T♠,

---

[*] Más tarde me di cuenta de que me recordaba a una del legendario jugador de póquer Tom Dwan en la retransmisión en directo de Hustler, en la que había visto —correctamente— un farol contra un oponente llamado Wesley en un bote récord de 3,1 millones de dólares. La conducta de Wesley había sido similar a la de Friedrich: un rápido *all-in* seguido de un caparazón de tortuga en un momento de extrema presión en el que podría ser difícil ocultar tu estado emocional. Hacía poco había hablado largo y tendido con Dwan sobre aquella mano, que vuelve a aparecer en el capítulo 13, así que estoy seguro de que me rondaba por la cabeza.

PRIMERA PARTE: JUEGO

contra la que yo era casi un 75 % favorito. Mi mano aguantó al mostrar las cartas y, de repente, tenía más de 5 millones de fichas.

Por desgracia, en la siguiente mano, recibí un *cooler*. En un *flop* de 6♥7♥2♠, hice la segunda mejor mano posible, un trío de seises con 6♦6♣. Me apresuré a apostar todas mis fichas en un *all-in*, la única jugada que podía haber hecho. Si tienes miedo de jugar un gran bote con una mano tan fuerte como esta, cuando solo hay otra mano que pueda ganarte, el póquer no es tu juego. El problema fue que mi oponente, un ciudadano de Chicago llamado Henry Chan, tenía exactamente esa mano mejor, 7♦7♣ para un trío de sietes. Si hubiera ganado aquel bote, habría tenido 11 millones de fichas, y mi pila habría valido el equivalente a unos 900.000 dólares en premios esperados. En lugar de eso, me quedé en el puesto 87 por 92.600 dólares. Encontré un sitio para tomarme una copa bien cargada justo antes de que mis amigos, que estaban viendo la mano en el diferido de quince minutos, empezaran a enviarme mensajes de texto dándome el pésame.

Fue desgarrador. Puede que no vuelva a jugar un bote tan grande en mi vida. Pero le diré una cosa: desde aquella mano, en la que perdí el equivalente a un bote de casi un millón de dólares que, por una fracción de segundo, supuse que era el favorito para ganar, una mala jugada de 300 o 3.000 dólares, o incluso de 30.000, no me ha parecido para tanto en comparación. No hay nada como el dolor para aumentar la tolerancia al dolor.

Sexto sentido y magia blanca

Phil Hellmuth se pasó unos cuarenta minutos enseñándome su sala de trofeos. Debería haber sacado alguna foto, pero me preocupaba que eso pudiera inflar su ego. Sin embargo, esto es lo que recuerdo: además de trofeos de póquer de todas las formas y tamaños —Hellmuth ha ganado más de setenta torneos de póquer, entre ellos diecisiete eventos de las Series Mundiales de Póquer, récord mundial—, había fotos firmadas de casi todos los atletas que uno pueda imaginar, blocs llenos de viejos recortes de periódico y libros de cuentas de torneos de póquer, y montones de productos con la marca de Phil Hellmuth, incluido el sueño de todo niño de Wisconsin: una serie de latas de cerveza Milwaukee's Best con la cara sonriente de Hellmuth.

PERCEPCIÓN

Cuando más tarde nos sentamos a la mesa del comedor de su confortable casa de Palo Alto, California, estaba claro que mis esfuerzos por aplacar el ego de Hellmuth habían fracasado. Habló en soliloquios de quince minutos, tal como le venía a la cabeza, en los que no pude colar ni una palabra. En un momento dado, recordó que se burlaba de Michael Jordan por haber ganado más brazaletes de las Series Mundiales (quince, en aquel momento) que campeonatos de la NBA había ganado Jordan (seis); en realidad, no es una comparación justa, porque solo hay un título de la NBA por temporada, mientras que las WSOP reparten brazaletes en docenas de eventos cada año (el Evento Principal es solo uno de los cerca de cien eventos que hay ahora en el calendario de las WSOP).

Pero, de alguna manera, todo aquello era casi encantador. Hellmuth recibe el apodo de «Poker Brat» por sus frecuentes fanfarronadas y diatribas: en las Series Mundiales de Póquer de 2021, amenazó con «quemar este puto sitio si no gano esta mierda de torneo...». Y sin embargo —aunque no creo que lo haga de forma deliberada ni que esté interpretando a un personaje—, si le caes bien a Hellmuth, te sentirás parte de la broma.

Y Hellmuth tiene mucho de lo que presumir cuando se trata de póquer. Es difícil hacer una comparación estadística fidedigna de los jugadores de póquer, porque no hay registros de cuántos torneos ha disputado un jugador —solo de cuántas veces ha ganado dinero en ellos—, y hay escasos los registros públicos de partidas por dinero. Aun así, los diecisiete brazaletes de Hellmuth en las WSOP son, con diferencia, los más numerosos de la historia (Phil Ivey, Johnny Chan, Doyle Brunson y Erik Seidel están empatados en el segundo puesto con diez). Y a pesar de las críticas de otros jugadores que afirman que su estilo de juego está pasado de moda —a diferencia de Negreanu, Hellmuth no ha intentado adaptar su juego para que sea más GTO—, también ha tenido su cuota de éxito reciente, incluyendo un 9-2 en High Stakes Duel, una serie de enfrentamientos mano a mano contra jugadores de élite. ¿El mejor de todos los tiempos? Es difícil de decir, porque hay tantos formatos diferentes de póquer que las comparaciones son, inevitablemente, como comparar manzanas con naranjas. Pero se podría argumentar a su favor.

Hellmuth también tiene un lado más tierno si se traspasa su cara de póquer. Como muchas personas sumamente competitivas, tuvo una infancia difícil. En su libro, escribió que «en primer curso, en segundo, mis notas eran malas, tenía granos, tenía verrugas en las manos... Lo difícil que era no tener amigos».

«Siempre he sido una especie de mocoso del póquer; el origen: cuando era joven, soy el mayor de cinco hermanos y era el único que no sacaba buenas notas —me dijo—. Fui el único que no tuvo un rendimiento atlético tradicional. A mi padre le enseñaron que las notas lo eran todo, así que no recibía ninguna validación de su parte». De manera que Hellmuth se decantó por el póquer. «Al menos tenía que ser bueno jugando».

En los torneos, Hellmuth prefiere un estilo de juego táctico, de bajo riesgo (*small ball*), en lugar de la agresividad a capa y espada que gusta a los jugadores modernos. El defecto típico de un jugador de póquer inexperto es tomar acciones pasivas —pasar o ver— en lugar de acciones más decisivas, como apostar, subir o abandonar. Pues bien, Hellmuth juega más o menos así. Le gusta pasar y ver, con la esperanza de derrotar a sus oponentes en un juego de muerte por mil cortes (también le gusta abandonar muy a menudo). Esto hace que algunos jugadores con un enfoque más moderno del juego lo confundan con un *fish*. Pero este estilo tiene algunas ventajas. En primer lugar, evita arriesgar todas sus fichas. Si crees que eres uno de los mejores jugadores del mundo —y Hellmuth obviamente se considera así—, el coste de oportunidad de una apuesta *all-in* o de ver un *all-in* es alto, ya que más tarde puede surgir una oportunidad mejor. En segundo lugar, precisamente porque casi todos los demás profesionales han abandonado el enfoque de *small ball*, es posible que otros jugadores no estén habituados a él. Y en tercer lugar, jugar botes pequeños en los que hay muchos puntos de decisión en cada mano[*] permite a Hellmuth utilizar su mayor fortaleza: la magia blanca.

«Magia blanca» es la expresión con la que Hellmuth se refiere a su habilidad para leer las indicaciones que dan otros jugadores, ya sean

---

[*] Una forma de decirlo es que Hellmuth protege sus opciones. Ir *all-in* termina la mano: o tu oponente ve, o se retira, y ya no hay más decisiones que tomar. Las apuestas más pequeñas te dan la oportunidad de quedarte y, tal vez, descubrir una indicación que te permita abandonar o ver una apuesta más adelante. Los partidarios del GTO a menudo critican el juego de Hellmuth, pero puede ser óptimo dada su particular destreza para captar señales.

señales físicas o interacciones verbales. Incluso los rivales de Hellmuth le reconocen su destreza para meterse en la cabeza de los jugadores; Negreanu dijo de él una vez que era «el mejor jugador de explotación de todos los tiempos». Aunque Hellmuth me dijo que no trata de poner nerviosos a sus oponentes deliberadamente, es probable que le ayude el hecho de ser locuaz hasta el punto de resultar molesto, ya que muchos jugadores revelan algún tipo de reacción que delata la fuerza de su mano.

No estoy seguro de que ni siquiera Hellmuth sea plenamente consciente del origen de esta habilidad. Mi teoría favorita es que el acoso que sufrió de niño le hizo hipersensible a la lectura de las señales sociales, no de una forma que le haga ser educado (es el mocoso del póquer, después de todo), sino de otra que le permite deducir las intenciones de las personas y saber si le están amenazando. Una conexión importante que estableció Hellmuth es que su magia blanca va y viene según su nivel de energía. La idea de que la capacidad de leer a las personas proviene del cuerpo más que de la mente —de modo que, cuando estamos cansados, nuestras habilidades sociales se resienten más que, por ejemplo, nuestra capacidad para resolver una ecuación— es algo sacado directamente de Coates.

«A veces estoy al máximo de mi puta capacidad de lectura. Y cuando estoy a tope, soy peligroso. ¿Por qué no tengo más brazaletes de los que tengo? Sí, soy el que más tiene de todos los tiempos. Pero podría tener otros diez —se jactaba con falsa humildad; Hellmuth rara vez se sale de su personaje—. Lo que pasa es que la fatiga me mata. Me canso demasiado. Y pierdo el control. Y juego mal».

También es posible adoptar un enfoque más estudiado y deliberado a la hora de leer a los jugadores. Tanto Adelstein como Negreanu me contaron que ven obsesivamente vídeos de sus oponentes más frecuentes. «Tenía una base de datos solo para un jugador, Jake Schindler —me puso como ejemplo Negreanu—. Tenía cinco mil manos de Jake Schindler. Y le he observado, y he contado, vale, ocho de cada diez veces que cortó sus fichas de esta manera, tenía una mano marginal». No hace falta decir que hay que ir con mucho cuidado cuando se juega contra un oponente que te estudia de esta manera.

Pero para la mayoría de los jugadores, captar las señales y las vibraciones emocionales es algo profundamente intuitivo.

«Una cosa que descubrí muy pronto cuando empecé a jugar fue que tenía un instinto muy fuerte para saber cuándo mis oponentes eran débiles o fuertes —me confesó Maria Ho, otra de las mejores profesionales, que juzga con especial agudeza el comportamiento de otros jugadores de póquer, tanto que a menudo colabora como comentarista en el World Poker Tour y otras retransmisiones de póquer por televisión—. Y eso se basaba puramente en la lectura física, además de, ya sabes, los más pequeños gestos en la forma en que colocaban sus fichas». Ho me dijo que tiene una ventaja adicional: la mayoría de los jugadores de póquer son hombres, y a los hombres se les da fatal ocultar su estado emocional. Las mujeres, por el contrario, son más difíciles de leer. «Las mujeres suelen ser buenas comunicadoras, pero solo te comunican lo que quieren que sepas —explicaba Ho—. Solo dejamos entrar a la gente cuando estamos preparados para contarles toda la historia. Creo que las mujeres siempre han sido mejores y más engañosas que sus homólogos hombres».

En 2023, Ho ganó el *reality show* de póquer *Game of Gold* por 456.000 dólares, derrotando a quince oponentes que iban desde carismáticas promesas hasta grandes candidatos de todos los tiempos como Negreanu. Era un entorno perfectamente adaptado a Ho, que, como Adelstein, contaba con experiencia en *realities* televisivos (había sido concursante de *The Amazing Race*). Pero *Game of Gold* se redujo sobre todo a ver quién tenía más habilidad para el póquer en una serie de partidas mano a mano. Y, si se observa a Ho, se puede ver que su habilidad para leer a sus oponentes es asombrosa.[*] Es más prudente que alguien como Hellmuth; triangula su objetivo a medida que combina la matemática subyacente de la mano, las sutiles señales físicas que los oponentes muestran y su percepción de la situación. La teoría GTO dice que, en cualquier situación del póquer, al menos algunas de tus apuestas deberían ser faroles. Pero muchos jugadores carecen de la presencia de ánimo necesaria para encontrar estos faroles en los momentos más importantes. Si usted es uno de ellos, Ho suele calibrar las deficiencias de su valor.

Scott Seiver, otro profesional conocido por sus bromas en la mesa y su habilidad para convencer a sus oponentes de que hagan exactamente lo que él quiere que hagan, señaló que el póquer implica dos habilidades que rara vez están presentes en la misma persona: el pen-

---

[*] Para ver a Ho en todo su esplendor, recomiendo especialmente el episodio 8 de *Game of Gold*, «The Queen».

samiento sistémico y la empatía.* «El póquer, en su esencia más allá de las matemáticas, es un juego sobre la empatía —comentaba—. Se trata de ser capaz de entender, si yo fuera la persona y supiera quién es X (que acaba de experimentar solo unas cuantas cosas en el pasado), ¿qué es más probable que haga en la próxima situación que se le presente?».

Aunque se han escrito muchos libros sobre las indicaciones del póquer, Seiver no cree que puedan reducirse a una ciencia. «Es como poner el carro delante de los bueyes, atribuyendo una razón a una sensación subconsciente», afirma. Coates me dijo algo parecido: en general, deberíamos prestar atención a las señales que nos envía nuestro cuerpo, aunque no sepamos muy bien por qué. «Nuestra fisiología es muy inteligente —me dijo—. Pero mucho. Es muy difícil engañarla. [...] Vivimos y nos movemos en un mundo tridimensional. Así que, si cometemos errores en nuestro movimiento, morimos. Nuestra fisiología es mucho más exigente que nuestra psicología. Así que estas señales pueden ser increíblemente valiosas».

Si jugadores como Ho, Seiver y Hellmuth son especialmente hábiles en ello, la mayoría de los jugadores de póquer tienen al menos una habilidad intangible para percibir la fuerza de la mano de un oponente. A veces simplemente no lo sabrás, aunque no pueda precisar con exactitud por qué o cómo. El término «sexto sentido» es un tópico, pero, una vez que se ha adquirido suficiente experiencia jugando al póquer en vivo, eso es en realidad lo que se siente. La agudeza de ese sentido puede ir y venir según tu nivel de concentración. Pero, puesto que muchas decisiones en el póquer implican estrategias mixtas (por ejemplo, el valor esperado de ver y el de abandonar es, en teoría, justo el mismo), está muy bien «seguir tu instinto» para desempatar. Sin embargo, de vez en cuando tendrá una sensación intensa de lo que su oponente tiene, tanto que bien podría estar brillando en verde, y usted será capaz de desviarse en gran medida del juego GTO.

Así que, si está leyendo este libro como aspirante a jugador de póquer, ¿tiene mi permiso para abandonar, ver o farolear como un héroe a partir de las sensaciones subconscientes que le transmite un jugador?

---

* Estos rasgos de la personalidad —la sistematización y la empatía— también han mostrado una correlación negativa en investigaciones académicas, como la de Simon Baron-Cohen.

No. Por favor, no lo haga. Al menos, no mientras no gane más experiencia sobre el uso de su sexto sentido. E incluso entonces, deberá recopilar suficientes datos para hacer deducciones fiables. «Incluso contra malos jugadores, el peso relativo de lo físico suele ser bastante bajo —me dijo Adelstein—. Se necesita información realmente buena, como que hagan esa cosa física casi siempre que tienen la jugada, o casi siempre cuando no la tienen, sobre una muestra bastante amplia».

Por ejemplo, un tema recurrente en las indicaciones de póquer es si un oponente está relajado o tenso. Esto no suele ser tan difícil de saber, aunque los jugadores profesionales tienen mucha práctica en ocultar su comportamiento (o fingirlo para engañarte). Pero incluso en ese caso hay que averiguar por qué están relajados o tensos. Seiver recordó una mano que jugó en 2014 contra un profesional alemán llamado Tobias Reinkemeier en un torneo especial de las WSOP con inscripción de un millón de dólares. En la mano, Seiver fue *all-in* en el *turn* (era un farol), representando que había ligado un color cuando en realidad tenía un proyecto de escalera. Reinkemeier tenía ases en la mano y había estado haciendo apuestas bajas con ellos, con la esperanza de provocar exactamente este tipo de paso por parte de Seiver. Los jugadores charlaban, bromeando, y Reinkemeier le hizo saber a Seiver que llevaba ases. Seiver parecía increíblemente relajado y despreocupado para tratarse de un torneo de un millón de dólares. Le dijo a Reinkemeier que, por supuesto, con una mano tan fuerte como los ases, iba a tener que ver. Reinkemeier, intuyendo un truco, ¡tiró la mano!

El caso es que Seiver se sentía relajado, me contó, porque se había resignado a quedar eliminado del evento. «Dije que tenía ases. Y se supone que, con ases, hay que ver no el 99 % de las veces, sino literalmente el 100 %. Y Tobias era un jugador de póquer bastante bueno, alguien a quien yo respetaba mucho. Así que yo estaba muy calmado, porque sabía que iba a quedar fuera del torneo. Sabía que Tobias iba a ver, pasara lo que pasara».

La otra cara de la moneda es cuando tu oponente tiene una muestra de tu juego lo bastante grande para predecir tu comportamiento basándose en datos. En octubre de 2021, estuve a punto de hacer realidad un sueño: ganar mi propio brazalete de las Series Mundiales de Póquer. Estaba jugando el evento $10,000 Limit Hold'em Championship; el Hold'em con límite ha pasado de moda, pero era el juego más popular en aquel momento, a mediados de la década de 2000, en el que el póquer era mi principal fuente de ingresos. Aunque hacía quince años que yo apenas jugaba al Hold'em con límite, tampoco los demás jugadores lo habían hecho, y yo tenía mucha memoria muscular para el juego. Llegué a ser uno de los dos últimos jugadores, con la sensación de haber jugado un póquer casi perfecto. Solo quedaba un hombre en mi camino: «Angry» John Monnette.

Monnette, que había ganado tres brazaletes de las WSOP cuando me enfrenté a él, era la peor persona del mundo para jugar en esa situación. Su pan de cada día eran las partidas por dinero con límite de apuestas altas, por lo que no ha dejado de mejorar sus habilidades en el juego con límite mientras el resto del mundo del póquer ha dejado que se atrofiasen. También es increíblemente observador y no teme expresar sus quejas en voz alta, a veces de forma agresiva —de ahí su apodo—. Por ejemplo, no paraba de llamar al personal del torneo para señalar que algunas de las cartas tenían pequeños defectos, sutiles arrugas o abolladuras que eran visibles bajo el resplandor de las brillantes luces de la última mesa, que era televisada.

Si se fijaba en detalles tan pequeños, ¿en qué se fijaba de mí? Jugamos durante varias horas, pero la batalla se hacía cada vez más cuesta arriba y, cuando perdí, me sentí completamente superado,[*] como si Monnette pudiera ver mis cartas. Tengo un amigo que, cada vez que sale a relucir este torneo, me «sugiere» que visione el vídeo porque parece que Monnette se había dado cuenta de que yo tenía una *tell,* y que veía o abandonaba con una precisión increíble. La verdad es que no necesito ver el vídeo, porque estoy seguro de que Monnette se había dado cuenta de un par de cosas. De hecho, tengo una idea de cuál era esa señal. Había intentado evitar las redes sociales durante la partida, así que no me había dado cuenta de que un jugador de talla mundial me había enviado un mensaje privado por Twitter alertándome de un posible problema. Como creo que ya lo he solucionado, le diré cuál era. Mi «reparto del tiempo era un poco demasiado honrado», en palabras del jugador: tardaba más en hacer apuestas y en ver cuando iba de farol que cuando tenía

---

[*] Si hubiéramos jugado al Hold'em sin límite, habría tenido algunas estrategias para combatirlo. En concreto, podría haber jugado al póquer *big ball,* lo contrario del enfoque hellmuthiano, intentando forzar a Angry John a jugar con grandes apuestas y *all-ins.* Sin embargo, se trataba de Hold'em con límite, así que era una muerte por mil pequeños cortes.

manos fuertes. La cuestión es que se trata de una indicación relativamente sutil, y lo contrario de lo que se suele esperar (el estereotipo es que los jugadores actúan con más rapidez y decisión con los faroles para representar fuerza, mientras que se toman su tiempo en una falsa contemplación cuando tienen manos fuertes, como hizo Johnny Chan contra Erik Seidel). Pero en el transcurso de varias horas, Monnette había sido capaz de darse cuenta. No me favoreció que la mesa final se retransmitiera en PokerGO (con un ligero retraso). Así que si alguno de los amigos de Monnette se había dado cuenta, también pudo haberle alertado.

Aun así, no solo hay que descubrirlo, sino también darle algún tipo de peso matemático. Con el tiempo, los jugadores de póquer desarrollan una intuición matemática extremadamente bien calibrada. «Si hay algo que descubres después de jugar muchas muchas muchas muchas manos, es que sabes lo que significa 52/48 —opinaba Annie Duke, refiriéndose a un jugador que puede distinguir una posibilidad del 52% de una del 50%—. Es el tipo de distinción que a la mayoría de las personas se les da muy mal. Pero los jugadores de póquer son muy buenos haciendo esa distinción, y son capaces de sentirla».

Estas palabras fueron música para mis oídos, siendo alguien que pasa la mayor parte de cada ciclo electoral mesándose los cabellos (lo que me queda de ellos) para conseguir que la gente del Village piense de forma más probabilística. Pero me interesó en especial la forma en que Duke formuló su observación: que se trata de algo que los jugadores sienten en su interior, en lugar de tratar de calcular las probabilidades de forma consciente.

En nuestra conversación, Duke sacó a colación la obra de su amigo, el difunto economista galardonado con el Premio Nobel Daniel Kahneman. En su libro *Thinking, Fast and Slow* [hay trad. cast.: *Pensar rápido, pensar despacio*, Punto de Lectura, Barcelona, 2021], Kahneman planteaba una distinción entre el pensamiento «rápido» o Sistema 1, en el que actuamos intuitivamente con poco o ningún esfuerzo consciente, y el pensamiento «lento» o Sistema 2, en el que seguimos un proceso de pensamiento deliberado y estructurado:

TAREAS DEL SISTEMA 1	TAREAS DEL SISTEMA 2
Reaccionar cuando un perro salta delante de su coche	Planificar una ruta en coche a casa de la abuela
Caminar por la Quinta Avenida mientras mira el móvil	Realizar un análisis coste-beneficio sobre el cierre de la Quinta Avenida al tráfico de automóviles de un solo pasajero
Determinar si alguien está flirteando con usted	Negociar un acuerdo prenupcial
Identificar cuándo un objeto parece fuera de lugar en una habitación que le resulta familiar	Trabajar con un decorador de interiores para diseñar un salón con poco presupuesto
Estimar el número de personas de un grupo pequeño	Estimar la asistencia a un gran estadio deportivo

Dada la complejidad matemática del juego, cabría esperar que el póquer entrara en el Sistema 2. Y, de hecho, así es como los ordenadores lo abordan. A pesar de las constantes mejoras en la capacidad de procesamiento, los solucionadores siguen tardando varios minutos en dar con una solución aproximada a una sola mano de póquer. Y, sin embargo, los jugadores humanos experimentados, que deben sopesar más factores que los ordenadores —no solo las matemáticas, sino también la psicología—, a menudo llegan a una conclusión en cuestión de segundos. Así que quizá la distinción entre el Sistema 2 y el Sistema 1 es más difusa de lo que se cree. Las tareas del Sistema 2 pueden convertirse en tareas del Sistema 1 con la práctica suficiente.

Ese es uno de los factores que hacen especiales a los jugadores de póquer y a las personas como ellos: ser capaces de hacer cálculos matemáticos aproximadamente correctos sobre la marcha, utilizando no solo su mente, sino también las señales de su cuerpo. Pero eso es solo una parte. Incluso en relación con otras actividades del Río, el póquer es un juego cuyo riesgo crece exponencialmente. Así que hablemos de la varianza y del efecto psicológico que tiene en los jugadores de póquer.

El póquer por dinero es una locura. El de torneo es diez veces peor

No creo que haya otra actividad popular en la que el fracaso total sea un resultado tan común.

En la mayoría de los torneos de póquer, solo se reparte entre el 10% y el 15% del dinero aportado por los participantes. Los buenos jugadores obtendrán un porcentaje mayor que ese, pero no necesariamente mucho mayor: su ventaja radica en ser capaces de acumular muchas fichas y ser uno de los pocos primeros clasificados, no en limitarse a hacerse con un *min-cash*, esto es, el premio mínimo. De hecho, en los grandes torneos, el dinero real solo va a parar aproximadamente al 2% de los jugadores. La mayor parte del tiempo, solo se pierde, se pierde, *min-cash*, se pierde, se pierde.

Por eso los jugadores de torneos están intrínsecamente un poco locos. Los torneos son demasiado arriesgados incluso para el célebremente temerario Garrett Adelstein. «Me di cuenta de que si el póquer en metálico es una locura, el póquer de torneo es diez veces peor. Es como estar aislado en un psiquiátrico toda tu vida», me dijo.

Vamos a cuantificar la locura.

A Ryan Laplante, un profesional del póquer afincado en Las Vegas que también dirige el sitio web de formación LearnProPoker.com, le gustan los torneos de póquer más que a nadie. Le gustan tanto que está dispuesto a jugar con una amplia gama de inscripciones, desde menos de 350 dólares hasta 50.000 dólares. Así que sabe bastante bien cuánto puede esperar ganar un jugador en los distintos niveles. Le pedí ayuda a Laplante para elaborar un calendario plausible para un «profesional de torneos en vivo» típico. Especificamos que ese jugador está un paso por detrás de la élite, pero estaría entre el centésimo y el bicentésimo mejor jugador de la escena de torneos en vivo, un buen habitual al que uno nunca se alegra de ver en su mesa. Llamémosla Penélope la Bastante Buena.

El objetivo de Penélope es participar en doscientos torneos de póquer en vivo al año, con una inscripción media de unos 5.000 dólares (Penélope probablemente diría «disparar doscientas balas», ya que una bala es una inscripción en un torneo; mucha jerga del póquer evoca imágenes del Lejano Oeste). No es tan fácil como parece conseguir el dinero. Probablemente querrá vivir en Las Vegas, donde no hay impuesto estatal sobre los ingresos y la vivienda es relativamente asequible. Tendrá que jugar casi todas las siete semanas de las Series Mundiales de Póquer entre mayo y julio.[*] Además, hay otras series de póquer en Las Vegas a lo largo del año: el Wynn acoge algunas de las mejores, incluida una serie en diciembre con un evento principal de 10.400 dólares que en 2023 alcanzó la asombrosa cifra de 40 millones de dólares en premios.

Luego tendrá que viajar. Sin duda querrá ir al Hard Rock de Florida varias veces al año, donde se celebran los mejores torneos de póquer fuera de Las Vegas. También querrá ir al PSPC en las Bahamas. Aparte de eso, tiene varias opciones para llegar a las doscientas balas. Puede jugar algunos de los torneos más desconocidos del World Poker Tour en lugares como el Choctaw Casino & Resort de Durant, Oklahoma, o puede ir a los lugares más glamurosos del European Poker Tour, como Montecarlo y Barcelona, pero a costa de gastos de viaje, *jet lag* y las inevitables molestias de entrar y salir con grandes cantidades de dinero en un país extranjero (sugerencia: no lleve encima más de 10.000 dólares en efectivo en un vuelo internacional). Pero he aquí, a grandes rasgos, cómo podría ser la agenda de Penélope al final del año, incluidas las estimaciones de rentabilidad (ROI) en diferentes eventos, que formulé con ayuda de Laplante.

---

[*] Si usted es como mucha gente que conozco, un aficionado al póquer con un trabajo de oficina, esto puede parecer un sueño hecho realidad. Pero cuando jugué en las WSOP durante unas cinco semanas seguidas en 2021, la cosa fue un poco pesada. Los horarios de comienzo de las WSOP se escalonan entre el final de la mañana y la tarde —nunca a primera hora de la mañana, ya que eso se consideraría un sacrilegio en el póquer— y los torneos tienen como objetivo unas doce horas de juego al día. Si estás tratando de disparar tantas balas como sea posible, habrá algunos días en los que participará en un evento por la mañana, se retirará y luego entrará en un torneo por la tarde que durará hasta las dos o las tres de la madrugada. Esto puede convertirse fácilmente en una semana laboral de setenta u ochenta horas.

Calendario de torneos de Penélope

ENTRADAS	INSCRIPCIÓN	JUGADORES	PREMIO MÁS ALTO	DESCRIPCIÓN	RENTABILIDAD
25	1.000 dólares	4.000	500.000 dólares	WSOP muy grande de fin de semana	60%
40	1.500 dólares	200	60.000 dólares	Torneo menor de uno o dos días en Las Vegas durante la parte más tranquila del calendario, como en el Venetian	50%
40	3.500 dólares	2.500	1.3 millones de dólares	Evento principal de grandes torneos (WSOP, WPT, EPT, etc.)	40%
35	5.000 dólares	700	600.000 dólares	Gran torneo de 5.000 dólares	30%
30	10.000 dólares	700	1,2M dólares	Gran torneo de 10.000 dólares	20%

20	10.000 dólares	50	170.000 dólares	PokerGO 10.000 dólares o evento paralelo en un gran torneo	10%
6	25.000 dólares	125	700.000 dólares	25.000 dólares de apuestas altas en Florida o en las WSOP	10%
1	10.000 dólares	9.000	10M dólares	Evento principal de las WSOP	100%
2	10.400 dólares	4.000	4M dólares	Evento principal del Wynn WPT (también conocido como «Winter Main»); se permiten entradas múltiples	30%
1	25.000 dólares	1.000	3M dólares	Evento principal del PSPC, Bahamas	40%
200	1,1M dólares			Total	25%

¿Cuál es el resultado final? Calculo que en un año normal, Penélope ganará unos 240.000 dólares con los torneos. «¡Vaya, no está nada mal», se podría decir: viajar por el mundo, ganarse la vida jugando a las cartas y ganar varias veces el salario medio de los estadounidenses. Pero eso no es todo. En primer lugar, hay que tener en cuenta los impuestos (un gran problema si consideramos la forma en que la Hacienda de

Estados Unidos grava a los jugadores de póquer) y los gastos (elevados, ya que suponemos que Penélope viaja unos cien días al año).

Pero el mayor problema es que la cifra de 240.000 dólares es, en cierto modo, ficticia. Es un cálculo del valor esperado a largo plazo, y Penélope nunca va a llegar al largo plazo. Hay tanta varianza en los torneos de póquer que, aunque Penélope jugara durante cincuenta años, las oscilaciones nunca se compensarían.

De hecho, a pesar de estar entre los doscientos mejores jugadores de torneos del mundo, tendrá un año perdedor casi la mitad de las veces. Lo descubrí simulando el calendario de Penélope diez mil veces, utilizando tablas de pagos de torneos de póquer reales.*

Pero podría formular otra pregunta: Penélope pretende gastar más de un millón de dólares al año en inscripciones a torneos, así que ¿de dónde demonios saca todo ese dinero? En el póquer, esa pregunta puede tener diversas respuestas. Muchos profesionales en gira tuvieron un gran éxito al principio de su carrera. Otros tienen negocios paralelos o acuerdos de patrocinio. Mucho dinero llegó a la comunidad del póquer durante el auge de las criptomonedas: los jugadores de póquer fueron de los primeros en adoptar Bitcoin y Ethereum, en parte porque las criptomonedas en realidad tienen algunos usos prácticos en el póquer.** Y hay jugadores a quienes se les da muy bien hacer las conexiones correctas. El póquer atrae a muchos bichos raros inteligentes con planes creativos para ganar dinero, bichos raros que entran en una de tres categorías —algo ricos, sumamente ricos y arruinados—, y nunca está del todo claro quién pertenece a cada cual. Pero también hay personas en el Río a quienes les gusta derrochar dinero, y nunca es mala idea estar en la «zona de derroche».

---

* Por ejemplo, si había cuatro mil entradas en un torneo determinado, yo elegía al azar un puesto para Penélope entre el uno y el cuatro mil, y buscaba el premio asociado, con la salvedad de que ponderaría el sorteo ligeramente a su favor para que coincidiera con su rentabilidad prevista.

** Los jugadores de póquer necesitan mucha liquidez, a veces a través de fronteras internacionales, y a muchos bancos estadounidenses no les gustan los jugadores. Por ello, las criptomonedas son una forma importante de saldar deudas en la comunidad del póquer. También las utilizan muchos sitios en línea del mercado gris como una forma de eludir las leyes de Estados Unidos sobre el procesamiento de depósitos procedentes del juego.

PERCEPCIÓN

Así que, a efectos de la simulación, supongamos que Penélope empieza el año con un fondo de financiación de 500.000 dólares y que no participará en un torneo si le cuesta más del 5% del fondo restante. Con esta restricción en mente, he aquí un conjunto representativo de diez de esas diez mil simulaciones:

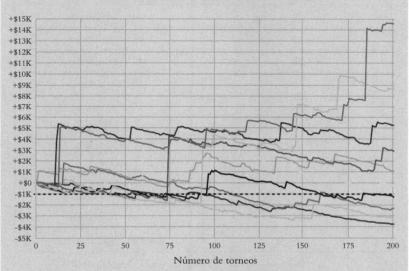

Qué locura, ¿verdad? En esta serie de simulaciones, Penélope tiene de todo, desde una pérdida de 377.000 dólares hasta una ganancia de casi 1,5 millones de dólares. Por supuesto, los resultados aún más extremos son posibles. En una simulación, ganó el Evento Principal de las Series Mundiales de Póquer, además de otros premios, y se llevó en el bolsillo más de 11,2 millones de dólares. Pero Penélope tiene un año perdedor el 47% de las veces. La mediana de sus resultados es ganar solo 33.000 dólares.

Así que, sobre todo, la vida en los torneos de póquer refleja mucho dolor. Si te fijas en las líneas en forma de espaguetis del gráfico, verás que Penélope se pasa la mayor parte del tiempo perdiendo, pero se salva de vez en cuando por algunos resultados muy buenos. Si no obtiene una de las grandes puntuaciones, sus rachas perdedoras pueden continuar durante mucho tiempo. De hecho, según las simulaciones, hay un 11% de probabilidades de que

Resultados de Penélope a final de año

PERCENTIL	GANANCIAS NETAS
0	–442.000 dólares
1	–416.000 dólares
5	–377.000 dólares
10	–346.000 dólares
20	–288.000 dólares
30	–174.000 dólares
40	–76.000 dólares
50	–33.000 dólares
60	–197.000 dólares
70	–400.000 dólares
80	–681.000 dólares
90	–1.094.000 dólares
95	–1.456.000 dólares
99	–2.442.000 dólares
100	–11.200.000 dólares

Penélope pierda dinero en cualquier periodo de diez años. Imagine usted que es una de las doscientas mejores personas del mundo en su profesión ¡y que pierde dinero en el transcurso de una década! Incluso calculo que Penélope tendrá un periodo de cincuenta años con pérdidas una de cada doscientas simulaciones. Y todo esto suponiendo que su nivel de juego sea constante, lo que tampoco es realista. Probablemente las oscilaciones serán aún más locas porque, como los operadores de mercado de Coates, rendirá peor cuando esté en racha perdedora y mejor cuando esté ganando.

Los ingredientes esenciales de una personalidad de póquer

¿Quién está dispuesto a soportar todo esto? A decir verdad, hay formas de jugar al póquer profesionalmente sin tener que sufrir tanta varianza. En torneos con inscripciones más bajas —por ejemplo, 600 u 800 dólares—, la ventaja de la habilidad para un jugador profesional puede ser tan grande que las malas rachas prolongadas son menos probables. También puede centrarse en las partidas por dinero en lugar de en los torneos. Si dedica cincuenta horas a la semana a las partidas de 2/5 dólares en el Bellagio, puede obtener un valor esperado de 80.000 a 100.000 dólares al año con poco riesgo de arruinarse.

Pero la idea de tener un horario regular y un sueldo fijo frustra el propósito de jugar al póquer. Eso es lo paradójico de los jugadores. A pesar de ser un campo que ensalza la toma de decisiones hiperracionales, a muchas personas que juegan al póquer para ganarse la vida les iría mejor —al menos económicamente— si hicieran otra cosa. La combinación de conocimientos matemáticos y de capacidad para «leer» a las personas necesaria para triunfar en el póquer debería traducirse también, por lo general, en oportunidades lucrativas en los campos de la tecnología, las finanzas u otras profesiones relacionadas con el Río, normalmente en trabajos con prestaciones sanitarias y mucha menos varianza.

Sin embargo, gran parte de lo que atrae a la gente al póquer es una vena antiautoritaria. Es una de las pocas profesiones en las que uno puede ser realmente un lobo solitario. «Los jugadores de póquer son personas que han hecho todo lo posible para evitar tener un jefe, y a las que a menudo se ha señalado con el dedo por esa decisión, lo han tolerado y han seguido adelante», dice Isaac Haxton, un profesional de las apuestas altas que abandonó sus estudios de informática en la Universidad de Brown para jugar a las cartas durante el boom del póquer de mediados de la década de 2000. Haxton, del que se solían burlar en sus primeros tiempos de jugador de torneos por su parecido con Harry Potter, es un ejemplo del tipo de actitud antiautoritaria que describe. Orgulloso de ser de izquierdas, se desilusionó con la informática después de considerar sus posibles empleadores. «Facebook, Google, Raytheon o Boeing, las fuerzas más destructivas de la Tierra», me dijo. Haxton regresó a Brown para licenciarse en Filosofía, pero desde entonces ha jugado al póquer, hasta alcanzar unas ganancias de más de 35 millones de dólares en torneos a lo largo de su vida.

Pero si uno de los factores que definen a los jugadores de póquer es no haber hecho nunca las paces con el *establishment*, deberíamos ser sinceros sobre otro atractivo factor: es un juego que selecciona a gente a la que le gusta jugar.

«Incluso los jugadores de póquer más disciplinados libran una batalla entre su mente racional y la parte de su mente que elige el juego», decía Brian Koppelman. Me reuní con Koppelman en su caravana, en el Upper West Side de Manhattan, donde estaba rodando un episodio de su serie *Billions*. Aunque el mundo de *Billions*, centrado en el fondo de alto riesgo Axe Capital, es una de las más fieles representaciones ficticias del Río, Koppelman es más conocido entre los jugadores de póquer por haber coescrito la película *Rounders* (1998), inspirada en sus visitas al legendario club de póquer Mayfair de Nueva York. «Está literalmente bajo tierra y el resto de la ciudad duerme —recuerda Koppelman—. Y tú estás despierto, enfrentándote a otras personas con algo real en juego. Y está el elemento de la varianza. Para los no religiosos, es como una forma de lidiar con Dios».

Admito que nunca había pensado en las implicaciones teológicas del póquer. La gente que uno encuentra en el Río tiene una necesidad irresistible de competir, y la competición requiere dos elementos para ser divertida. En primer lugar, tiene que ser real; no se puede garantizar nada. Hay una razón por la que más gente va a ver a los New York Knicks que a los Harlem Globetrotters. Y en segundo lugar, las apuestas tienen que ser lo bastante altas para que perder haga daño. El póquer atrae a personas que realmente están dispuestas a dejar que el destino determine su lugar en el universo.

La otra cosa que necesita un jugador de póquer de apuestas altas, como aprendí a las malas en el Evento Principal de 2023, es una gran tolerancia al dolor. Es necesario no tener miedo. Y aparte de la experiencia, hay tres formas de adquirir osadía en el póquer: la crianza, la naturaleza y la buena suerte.

Jason Koon, por ejemplo, que ocupa el tercer puesto en la lista histórica de ganancias de póquer, con más de 55 millones de dólares en torneos durante toda su vida, es un ejemplo de crianza. Su accidentada educación le ha preparado para enfrentarse a situaciones de una tensión increíblemente alta. Se crio en la pobreza en las montañas de West Virginia, con un padre que le pegaba a menudo antes de abandonar a la familia y, finalmente, acabar en la cárcel. La difícil infancia de Koon tuvo una ventaja: le ayudó a adaptarse a los momentos de lucha o huida que temen la mayoría de los jugadores de póquer. Koon puede tener mal genio: en el West Virginia Wesleyan College, donde fue el primer miembro de su familia en ir a la universidad —con una beca de atletismo—, era famoso por meterse en peleas de bar. Pero en el póquer, lo que más importa son los grandes momentos. Y cuando hay presión es cuando Koon se concentra al máximo. «Se produce un efecto extraño: si pasa algo muy muy malo en la vida real, me siento extrañamente cómodo y tranquilo —explicaba—. Porque he pasado por eso muchas veces».

Para otros jugadores, la alta tolerancia al riesgo puede tener una base más biológica. Dan Smith —apodado «Cowboy» a pesar de ser de New Jersey, por el sombrero de vaquero que suele llevar (su primer sombrero de vaquero «de verdad» se lo regaló Koon)— apuesta prácticamente por cualquier cosa, desde criptomonedas hasta una cena de sushi[*] o sus habilidades atléticas. En 2023, Smith apostó con otro jugador llamado Markus Gonsalves sobre el resultado de un partido de tenis; el truco consistía en que Gonsalves, un jugador mejor que él, tenía que utilizar una sartén en lugar de una raqueta de tenis; pero ganó de todos modos.

«Una vez hablaba con un nutricionista que me preguntó: "¿Crees que te atraen los comportamientos de riesgo? ¿Como la búsqueda de emociones, en la que descargas adrenalina, o ligar con mujeres o beber o consumir drogas o apostar y ese tipo de cosas?" —me contaba Smith—. Y yo le dije: "¡Pues claro!"».

Smith ha hablado públicamente de su lucha contra la depresión y sus tendencias de jugador degenerado: en su biografía de Twitter se autodenomina «entusiasta de las obras benéficas adicto al juego» (ser considerado un jugador degenerado es a veces como una condecoración en el Río, siempre y cuando no seas el tipo de jugador que hace daño a los demás. Mejor un degenerado que un *nit*, desde luego). Dijo que la teoría de su nutricionista era que «a las personas que tienen de manera natural un nivel bajo de serotonina las atraen las conductas de riesgo», una afirmación que se comprueba en la literatura académica. Según me ex-

---

[*] Cuando Smith y yo fuimos a un caro restaurante de sushi en Nueva York, elegimos quién pagaba en función de quién podía hacer la mejor mano de póquer con los números de serie de un billete de cien dólares. Yo ni siquiera conseguí una pareja o una escalera —eso es bastante mala suerte con ocho números— y tuve que soltar la mosca.

plicó Smith, su necesidad de riesgo y de competición le ayudan a mantener una especie de equilibrio precario en lo que se refiere al póquer. «Por mucho que me guste jugar, también odio perder y no quiero darle VE a mi oponente».

Smith asimismo hace donación de una cantidad significativa de sus ingresos y dirige una organización benéfica similar al altruismo eficaz llamada Double Up Drive, que ha recaudado más de 26 millones de dólares de jugadores de póquer. Esta es otra de las cosas que uno no se espera de los jugadores de apuestas altas:[*] tienden a ser generosos con su dinero: dan buenas propinas, prestan a sus amigos, se ofrecen a pagar cuentas, etc. En comparación con otras personas afortunadas que he conocido, son más conscientes de la naturaleza efímera del dinero y del papel que ha desempeñado la suerte en su éxito.

Por último, aunque quiero ser prudente al afirmar esto —no creo que algunas personas tengan suerte por naturaleza—, puede haber algo de cierto en la idea de que una primera racha de buena suerte cultive hábitos que pongan a las personas en el camino de acceso al éxito continuado.

Cuando hablé con Ethan «Rampage» Yau en diciembre de 2022, se había convertido quizá en el vídeo-blogger de póquer más conocido de Estados Unidos; algunos de sus vídeos tienen más de un millón de visitas. Pero cuando Rampage comenzó a publicar vídeos en 2018, vivía con sus padres y jugaba en mesas por solo 200 dólares en casinos destartalados de Rhode Island. En la primera mano del primer vídeo de Rampage, jugó mal un par de ases y fue *all-in* contra dos oponentes a pesar de tener la peor mano de los tres. Aun así, acabó ganando 270 dólares en la sesión, el comienzo de lo que él llama una «racha de sol», que persistiría durante la mayor parte del año. («Buen tiempo» significa, en póquer, «buena suerte», así que una «racha de sol» significa muy buen tiempo). «Si no hubiera sobrevivido a aquel periodo —me contaba—, ahora no estaría aquí. Así que tuve mucha suerte por el camino, sobre todo al principio».

Yau se mostraba sorprendentemente despreocupado ante la posibilidad de arruinarse. Cuando hablé con él, acababa de grabar una retransmisión que había empezado como una partida de 25/50 dólares, pero

---

[*] Esto se refiere específicamente a los jugadores de apuestas altas; en las apuestas más bajas, es habitual encontrarse con un montón de *nits*.

—como suele ocurrir en las partidas por dinero de apuestas altas— se había salido de madre por completo, con botes que alcanzaban las seis cifras. Yau me dijo que no tenía para nada fondos suficientes para jugar y que se estaba jugando una gran parte de su patrimonio neto. «Soy lo bastante joven y estúpido para no fijarme en esas cifras».

Durante la entrevista, esperaba que Rampage se saliera de su personaje y dijera: «Mira, te lo digo extraoficialmente, contraté a un equipo de seis supergenios húngaros, entre ellos la nieta de John von Neumann, para programar un solucionador de póquer por dinero en vivo, pero, por favor, no se lo digas a nadie, porque debo mantener mi reputación». Pero aunque creo que está subestimando sus habilidades en el póquer, eso nunca sucedió. En cambio, hizo muchos comentarios como este: «Es más divertido jugar. Así que no importa lo mucho que intente ser estricto o lo que sea, y jugar GTO no importa porque volveré a ser como soy. "Vamos a por esta puta jugada, porque solo se vive una vez"».

Y, sin embargo, de alguna manera, esto le ha funcionado bastante bien. Apenas una semana después de que hablásemos, ganó un primer premio de 900.000 dólares en un torneo Wynn de apuestas altas de 25.000 dólares. A continuación, ganó dos veces más de 500.000 dólares en *Hustler Casino Live* a principios de 2023, incluida una mano en la que ganó —con un farol— a su rival un bote de 1,1 millones de dólares. El punto fuerte de Rampage es su intrepidez. Si nota que te preocupa perder tus fichas más que a él, le sacará provecho a la primera ocasión.

Uno de los problemas inevitables de un libro como este es que adolece de un sesgo de supervivencia. Si recorres el mundo diez mil veces, algún jugador afortunado acabará con la simulación del 99,99 %, tendrá una racha de buen tiempo que persistirá durante años y se convertirá en un héroe popular del póquer. Tal vez ese jugador sea Yau. Pero al hablar con Rampage, empecé a preguntarme: ¿realmente cree que tiene suerte? ¿Y podría esto beneficiar, de alguna manera, a su juego?

El libro de Richard Wiseman de 2003, *The Luck Factor* (hay trad. cast.: *Nadie nace con suerte*, Temas de Hoy, Madrid, 2003), afirma que las personas que se consideran afortunadas sacan partido de ello de varias maneras. Soy escéptico sobre el planteamiento de Wiseman: en concreto, creo que lo que él llama «suerte» podría considerarse más bien como una combinación de optimismo, resiliencia, confianza, extroversión y apertura a la experiencia. También creo que es difícil separar su definición de suerte del estatus socioeconómico o del privilegio. No obstante, he aquí una versión de sus afirmaciones:

1. Las personas con suerte «encuentran constantemente oportunidades fortuitas» y prueban cosas nuevas.
2. Las personas con suerte «toman buenas decisiones sin saber por qué». Prestan atención a su intuición.
3. Las personas con suerte tienen expectativas positivas, por lo que sus «sueños, ambiciones y objetivos tienen un extraño talento para hacerse realidad».
4. Las personas con suerte «tienen la capacidad de convertir su mala suerte en buena fortuna» gracias a su resiliencia.

Si se prescinde de las paparruchas que aparecen en todos los libros de autoayuda, en esto hay algo de verdad. ¿Cómo se pueden «encontrar oportunidades fortuitas» más a menudo? En realidad, se trata de una reformulación de la opcionalidad, que significa tomar decisiones que te pongan en una posición en la que, más adelante, puedas elegir entre más opciones. Personalmente, yo lo llamaría maximizar el VE. Pero, en el lenguaje de la autoayuda, sería: si eliges caminar por el pasillo donde hay más puertas, es más probable que encuentres una abierta.

Y, en efecto, la resistencia es esencial para un jugador de póquer. Es un juego en el que se pierde mucho. Todos los jugadores de póquer conocen a algunos personajes tristones (como el burro Ígor de Winnie the Pooh) que se regodean en su desgracia real o percibida. El problema de estos jugadores es que nunca parecen salir de esa situación: un Ígor es siempre un Ígor. Recuerde lo que hemos aprendido de John Coates, Annie Duke y otros: la mayoría de las personas tienen alergia al riesgo, al menos en lo que se refiere a las decisiones financieras y profesionales. Un poco de suerte al principio de su trayectoria podría animarlos a asumir una cantidad adecuada de riesgo más adelante. Que quede claro, no recomiendo las prácticas de gestión de fondos de Rampage. Puede que en algún momento se arruine (de hecho, admitió haber perdido una cantidad sustancial en torneos en 2023). Pero aun así es preferible ser Rampage que Ígor.

¿Por qué no hay más mujeres en el póquer?

El mundo del póquer es diverso en algunos aspectos. En una época de creciente polarización política, en él hallaremos una amplia gama de opiniones. Hay una gran mezcla de edades, desde jóvenes de diecinueve años con carnés falsos hasta el centenario Eugene Calden, que llamó la atención por ganar regularmente torneos de póquer durante todo 2023. En términos raciales y étnicos, el póquer es más variopinto que muchos sectores de la sociedad estadounidense, aunque dista mucho de ser una muestra representativa de la población. Los jugadores blancos y de Asia oriental representan la mayoría, al igual que diversos grupos de inmigrantes, debido a la popularidad internacional del juego. Los jugadores negros están infrarrepresentados, aunque con algunas excepciones destacadas: Phil Ivey, al que se suele considerar el mejor jugador de todos los tiempos, es negro.

Pero el póquer es muy muy masculino, incluso en comparación con otras partes del Río, que es también un entorno centrado en los hombres. Según los cálculos más comunes, del 95 % al 97 % de los jugadores son hombres; en una de cada dos o tres mesas puede haber una mujer. Así que, antes de concluir la historia de Garrett y Robbi —una mano en la que la percepción pública puede haberse visto influida por el sexo de Lew—, quiero tomarme un poco de tiempo para pensar en lo siguiente.

Me limitaré, sobre todo, a relatar lo que me contaron las mujeres y los jugadores de minorías con los que hablé. No pretendo tener ningún conocimiento especial, salvo quizá el hecho de que voy y vengo entre la Aldea, donde las discusiones sobre raza y género son una fuerza estimulante, y el Río, donde estos temas a menudo se tratan con desdén.

Permítanme empezar por rechazar una de las explicaciones para el sesgo masculino en el póquer. No creo que los hombres sean mejores que las mujeres en el póquer, en general. No lo digo para hacerme el *woke*. Por término medio, hay diferencias psicológicas y fisiológicas entre los géneros, y algunas de ellas son relevantes para el póquer. Sin embargo, no es obvio que los hombres tengan las de ganar. Como espero haber establecido, el póquer requiere no solo inteligencia matemática, sino también empatía e inteligencia emocional, unos factores en los que, según la mayoría de los estudios, las mujeres son, de media, mejores. Las mujeres también son mejores por término medio en cosas como deducir el estado emocional de alguien a partir de su expresión facial.

Entonces ¿cómo se explica la diferencia de género en el póquer? Las explicaciones que he encontrado se dividen en cinco categorías.

1. A menudo se da un comportamiento abiertamente abusivo y misógino hacia las mujeres, agravado por la actitud de «lo que pasa en Las Vegas se queda en Las Vegas».

LoriAnn Persinger tiene la piel gruesa. Es veterana de la Marina y «siempre ha sido una empollona». Ha aparecido varias veces en la televisión nacional como concursante semiprofesional en programas que van de *La ruleta de la fortuna* a *El precio justo*. También destaca en las salas de póquer. No hay muchas mujeres en el póquer en general, pero aún hay menos mujeres negras de cincuenta y pico años. No es de las que se quejan a la ligera.

Pero, además de jugadora profesional, Persinger también ha sido crupier de póquer y ha sufrido muchos abusos por parte de los jugadores. La sala de póquer es un entorno propicio para el abuso: el juego atrae a personas sumamente competitivas que han elegido este estilo de vida en parte porque en su vida no quieren ni jefe ni otras figuras de autoridad. En una mesa cualquiera, algunos de ellos están perdiendo dinero, y otros pueden estar borrachos, colocados o llevar treinta y seis horas en una sesión maratoniana.

Lo que hace que las cosas sean aún peores es que el personal del casino casi siempre está entrenado para calmar la situación en lugar de agravarla, especialmente si el agresor es un VIP y puede cruzar la calle y llevar sus negocios a otro lugar. Por ejemplo, Hellmuth no recibió ni siquiera una leve amonestación después de —según él, bromeando— amenazar con quemar el casino Rio durante las WSOP de 2021. «No se hace nada al respecto. Es una mierda. Una verdadera mierda —me contaba Persinger—. Te gustaría decir algo, y sabes que, si lo haces, te van a despedir, porque esa persona gasta mucho dinero en el casino».

De hecho, los comportamientos misóginos y abusivos se suelen dar a la vista de todos. En 2023, un jugador hombre se inscribió y ganó un torneo femenino en Florida, mirando fijamente de manera deliberada a las mujeres para incomodarlas, según otras jugadoras del evento. Los problemas suelen ser peores en los niveles más bajos, que determinan si los jugadores se quedan con el póquer y pueden convertirlo en un pasatiempo o una carrera para toda la vida. «He experimentado la peor misoginia en las apuestas más bajas. La gente está allí para divertirse y para beber, y sienten que les estoy molestando», decía Maria Konnikova. Sin embargo, también he oído historias terribles de mal comportamiento por parte de jugadores muy respetados en las apuestas altas, pero las peores historias se suelen contar después de que apagues la grabadora.

2. Los hombres tratan de hacer amistades adultas, y el póquer proporciona un medio de vinculación social masculina que atrae a un amplio sector de hombres, pero las mujeres no siempre están invitadas a la fiesta.

Cuando en abril de 2021 se presentó un número récord de jugadores (en su mayoría hombres) para jugar en el evento del WPT en el Seminole Hard Rock, a la sombra de los cierres provocados por la COVID-19, me pregunté cuántos de ellos estaban allí simplemente porque echaban de menos la compañía de sus amigotes. Porque he aquí un estereotipo que se confirma tanto en mi vida personal como en la investigación empírica: las mujeres, por término medio, son más propensas a formar vínculos mediante la conversación, mientras que los hombres tienden más bien a formarlos haciendo cosas juntos. En una época en la que las amistades masculinas disminuyen —el 15 % de los hombres estadounidenses afirma no tener amigos íntimos, y cerca de la mitad tiene tres o menos—, el póquer proporciona un salvavidas social. Si te presentas en una mesa de póquer, te encontrarás en un entorno en el que la torpeza social se tolera razonablemente bien y en el que tendrás garantizado al menos un interés común (el póquer) con tus compañeros de mesa. Para la mayoría de los hombres, es fácil encajar.

No creo que haya nada intrínsecamente malo en ello. De hecho, creo que el mundo iría mejor si los hombres dedicaran más tiempo a pasatiempos sociables y menos a ponerse furiosos por internet. Pero cuando se trata de póquer, no siempre se invita a las mujeres a participar.

Maria Ho, por ejemplo, tuvo que sobornar con alcohol para entrar en la partida de su universidad. «Tenía un grupo de amigos que jugaban al póquer en la residencia universitaria y todos los viernes por la noche organizaban una partida. Y esa era la única noche en la que no me invitaban a salir con ellos, lo que me parecía raro. Me dije: "Vale, voy a tener que forzar la entrada". Así que me presenté con un barril de cerveza, porque pensé: "Bueno, no pueden decir que no a esto"».

3. *Los hombres, ya sea por crianza, cultura o naturaleza, tienden —de promedio— a ser más competitivos y agresivos, atributos esenciales para triunfar en el póquer.*

Según la American Time Use Survey, los hombres pasan más del doble de tiempo jugando que las mujeres. También hay estudios que demuestran que, por término medio, los hombres tienen una menor aversión al riesgo que las mujeres en diversos ámbitos. Así que no es de extrañar que el póquer —un juego en el que incluso la mayoría de los profesionales no son tan agresivos como los ordenadores dicen que deberían ser— no empiece con una proporción perfecta de 50/50 entre hombres y mujeres. Pero, aunque no dudo de que estos rasgos poseen una base parcialmente genética, también tengo claro que las expectativas culturales los exageran.

«Muchas de las cualidades que te convierten en un buen jugador de póquer tienen un valor positivo cuando las usas para describir a un hombre —dice Duke—. Y cuando describen a una mujer, lo tienen negativo. Características como intenso, competitivo, ambicioso, etc., son malas cualidades para una mujer, pero buenas para un hombre».

En el póquer hay mujeres ferozmente competitivas, pero tienen que buscar el póquer de forma más intencionada y estar dispuestas a ir contra corriente. A muchas mujeres se les enseña a no ser agresivas, dice Ho. «Y para ser una buena jugadora de póquer tienes que inclinarte de forma natural hacia ese lado agresivo... Es necesario que realmente no te importe lo que piensen otras personas y no tener miedo de tener opiniones diferentes y de salirte de estas líneas».

«Voy a hacer una confesión. Como demuestra mi experiencia en concursos, me gusta la competición. La verdad es que solía decir que me gustaba ganar a los chicos», me dijo Persinger.

4. *Los hombres tienen más capital financiero y social con el que jugar.*

También hay ciertas realidades económicas simples en lo que respecta al póquer, sobre todo en las partidas de apuestas altas. Teóricamente, para jugar partidas por dinero y torneos de póquer de apuestas altas se necesita una financiación muy grande, de más de seis cifras. ¿Quién tiene tanto dinero para gastar? Según la Encuesta de Población Activa, aproximadamente entre el 20 % y el 25 % de los hombres blancos con empleo y entre el 35 % y el 40 % de los hombres asiáticos con empleo ganaron al menos 100.000 dólares en 2022, frente a aproximadamente el 15 % de las mujeres blancas, el 15 % de los hombres negros y menos del 10 % de las mujeres negras.

Puede ser fácil dar por sentado que tener dinero para jugar es un lujo. Carlos Welch, copresentador del pódcast *Thinking Poker* junto a Andrew Brokos, creció en un hogar negro, monoparental y pobre de Georgia. Welch es un Gran Jugador que en 2021 ganó un brazalete en un evento en línea de las WSOP por 125.000 dólares. No me cabe la menor duda de que podría ser un súper en eventos de apuestas altas si quisiera. Sin embargo, Welch se ciñe a eventos con inscripciones relativamente bajas y, hasta que se casó con la también jugadora de póquer Gloria Jackson en 2023, a menudo dormía en su coche en los aparcamientos de los casinos. Está orgulloso de ser un *nit* —el término puede referirse a un juego de póquer conservador y ajustado, pero también a una tendencia a la frugalidad— porque no asume que podría reconstruir su financiación si se arruinara. «Cada dólar que ahorro es un día más que no tengo que ir a trabajar —me contaba—. Y así, a medida que consigo más dinero, me vuelvo aún más *nit*».

El comportamiento de Welch se puede considerar racional si se compara con el de Rampage y otros jugadores que a menudo apuestan por encima de sus posibilidades financieras. Aun así, las expectativas culturales varían en cuanto a quién se espera que se comporte de forma responsable con su dinero y a quién se le confía para que juegue con él, y estas expectativas varían según la raza y el género. «La sociedad no anima a las mujeres a arriesgarse desde jóvenes. Al ir haciéndonos adultas se nos enseña a ser siempre más responsables», afirma Ho.

5. Es una ventaja tener la opción de pasar desapercibido, y eso es más fácil cuando eres blanco.

En el Evento Principal de las WSOP de 2022, me enfrenté a Ebony Kenney. Desde el mismo momento en que nos sentamos, dominó la conversación en la mesa, preguntando a los jugadores por sus nombres y sus historias personales, a veces flirteando un poco. Kenney no iba a la busca de información; era el segundo día del torneo, y ella y todo el mundo sabían de antemano quién iba a estar en la mesa y, probablemente, había buscado sus biografías en Google. Más bien, Kenney intentaba desarmar a sus oponentes con humor y encanto. Es una estrategia que ha funcionado. Kenney es una jugadora excelente; unos meses después de las WSOP, en Chipre, se hizo con la victoria en dos eventos de alto nivel por un total combinado de casi dos millones de dólares.

El show de Ebony Kenney me pareció entretenido. Pero también pensé: «¡Joder, esto da mucho trabajo!». Como cuarentón blanco, calvo y barbudo —básicamente el fenotipo modal de jugador de póquer— siempre tengo la opción de recostarme y pasar a formar parte del mobiliario. Esa opción no existe para mujeres negras como Kenney o Persinger. «No sé si me pongo bajo un exceso de presión por el hecho de que haya tan pocas mujeres como yo —afirmaba Persinger—. Incluso cuando fuimos a Commerce, hay un salón de baile en el que pueden caber más de ochocientas personas y había poquísimas mujeres negras».

Las mujeres también pueden esperar muchos comentarios sobre su aspecto. «Soy menos sensible a ese tipo de cosas que muchas otras —me dijo Cate Hall, que tuvo una breve racha de éxito en torneos de póquer entre 2015 y 2018 antes de dejarlo para dedicarse a trabajos relacionados con el altruismo eficaz—. Pero sí que ocasiona un nivel de interés mucho mayor y más intenso que el de un jugador medio. Y, por eso, no me entusiasmaba demasiado el hecho de tener mucha atención sobre mí, ya que soy más bien introvertida».

Si eres introvertido, puedes optar por cerrarte al mundo. Welch, un negro corpulento que suele ver vídeos de batallas de rap en la mesa de póquer, atrae todo tipo de miradas, positivas y negativas, de los demás jugadores. Se ha adaptado a ello y casi nunca entabla conversación en la mesa. «Solía llevar gafas de sol. Y era como un puto Terminator. Hasta mis movimientos eran robóticos. Porque no quería transmitir nada», me dijo.

Sin embargo, todo esto tiene un precio. No solo está renunciando a información potencialmente útil al negarse a conversar con sus oponentes, sino que tener una relación de enfrentamiento a ellos en los torneos es una mala estrategia. En general, cuando dos jugadores se enzarzan en una gran confrontación en los torneos, es −VE para ellos y +VE para el resto de la mesa. No es bueno que tus oponentes vayan a por ti por despecho.

A Welch no le importa. «Siempre hay un precio que pagar por las cosas. Y para mí hay cosas que no merecen la pena. Por ejemplo, probablemente podría mejorar mi VE si fuese más hablador. Pero entonces disminuiría mi felicidad».

Sin embargo, hay un aspecto positivo en el póquer, que lo hace único entre casi todas las actividades que se me ocurren. Si las personas adoptan estereotipos incorrectos sobre ti por tu raza, género, edad o aspecto, puedes sacar partido de ello. «Los estereotipos son un buen punto de partida —afirmaba Welch—. El problema es cuando no estás dispuesto a adaptarte, porque es un juego de información limitada. Así que tienes que aprovechar todo lo que puedas. Y diré que la mayoría de estos estereotipos son correctos el 70% de las veces. Pero, si no te puedes adaptar, y caen en ese 30%, te van a destruir».

El beneficio de la duda

Me reuní con Robbi Jade Lew en noviembre de 2022, unas siete semanas después de su mano con Garrett Adelstein, en uno de mis muchos viajes al Seminole Hard Rock de Florida. Fue durante su desafiante reaparición en la escena del póquer. Estaba ansiosa por que le contara su historia, y había confirmado conmigo para asegurarse de que teníamos tiempo para hablar. Mencionó a jugadores famosos que habían sido amigos suyos. No le importaba llamar la atención: estábamos sentados en un lugar muy público, en un sofá del ala más lujosa del Hard Rock, y llevaba un vestido blanco y muchas joyas.

Lew también sabe contar bien una historia. «Soy una persona arriesgada. Siempre lo he sido, en todo aquello en lo que me he metido. Siempre he querido hacer lo que otros no han hecho. Siempre he querido ser una mujer en un sector dominado por los hombres. Siempre he querido ir contra la norma. Nací en Arabia Saudí y vi cómo mi madre no podía conducir un coche al hospital para dar a luz».

Pero mi sentido arácnido percibía una vibración extraña. A veces, Lew miraba al vacío como si estuviera leyendo un teleprompter. Y Lew tiene la costumbre de transmitir información superflua o que no encaja del todo. Dos fuentes con las que hablé utilizaron el término «mentirosa patológica» para describir la costumbre de Lew de meterse en complicados nudos narrativos. Sugirió, por ejemplo, que Adelstein había acudido al Hustler ese día de mal humor, pero hay pocas pruebas de ello; en el vídeo, está tranquilo y alegre hasta el momento en que ella muestra su J4.

Poco después de reunirme con Lew, hablé con Konnikova, que literalmente escribió el libro sobre estafadores: *The Confidence Game*, que precedió a *The Biggest Bluff*. ¿Qué opinaba de la afirmación de Lew, por ejemplo, de que ella veía las apuestas como «dinero del Monopoly» y no tenía ninguna motivación financiera para hacer trampas?[*] «Yo siempre digo que los estafadores no están motivados por el dinero. Están motivados por el poder», repuso Konnikova. El hecho de que Lew buscara ansiosamente la atención de la prensa tampoco era precisamente una buena señal. Konnikova conoció a muchos estafadores carismáticos cuan-

---

[*] El marido de Lew, Charles Lew, es socio director de un bufete de abogados de Los Ángeles y seguro que gana mucho dinero, de modo que esta afirmación es creíble.

do escribía su libro. Eran tan carismáticos que Konnikova acabó dejando de hacerles entrevistas porque sentía que simpatizaba demasiado con ellos. ¿Por qué los estafadores estaban tan dispuestos a hablar de comportamientos poco éticos y a menudo ilegales? «Porque están muy orgullosos de lo que han hecho».

Así que me mostré escéptico ante las afirmaciones de Lew. Y, sin embargo, me pregunto si yo mismo no me había vuelto demasiado confiado o la estaba juzgando a partir de estereotipos. En el momento en que me senté a hablar con ella, pensé que lo más probable era que hubiera hecho trampas. Era fácil interpretarlo todo a través de esa lente. En el Río —y fuera de él— encontrará mucha gente propensa a la exageración ingeniosa. A quién concedemos el beneficio de la duda y a quién escudriñamos cada palabra depende a menudo de nuestras ideas preconcebidas sobre la persona. El Río tiene estos sesgos tanto como cualquier otro lugar. ¿Por qué Sam Bankman-Fried se salió con la suya durante tanto tiempo después de cometer un fraude de 10.000 millones de dólares cuando Robbi Jade Lew fue vilipendiada por una mano de póquer de 269.000 dólares?

También me pregunté si Adelstein no se habría confiado en exceso. Hablé con él dos veces, la primera unas seis semanas después del incidente y otra siete meses más tarde. En nuestra segunda conversación, me dijo que con el tiempo estaba más seguro de que le habían engañado. Eso me preocupó. No me malinterprete: Adelstein estaba en la sala en ese momento y yo no. Es público y notorio que se le da muy bien captar las vibraciones de las personas, así que doy crédito a la misteriosa sensación que tuvo en ese momento de que le habían engañado. Pero cada día que pasa, la mano Robbi-Garrett se ha convertido menos en una situación de póquer y más en algo parecido a una novela de misterio y crímenes: una serie de extrañas coincidencias para las que no hay una explicación clara.

También se da un aspecto confuso en la mano de Garrett-Robbi: puede que ella mintiera aunque no hubiera hecho trampas. Las dos explicaciones más probables de su jugada son que se equivocó de mano y que hizo trampas (son pocos los jugadores que se creen la historia oficial de Lew de que no recordaba bien su mano. «No. Ninguna posibilidad. Ninguna posibilidad. Ninguna. Cero por ciento», dijo K. L. Cleeton, que ha trabajado en productos de software para detectar trampas en juegos en línea). En ese caso, Lew está mintiendo de cualquier manera, aunque quizá por la —comprensible— razón de querer evitar la vergüenza.

Aunque es la estrategia de Robbi la que ha sido criticada, la jugada de Garrett de ir *all-in* con su proyecto tampoco gustó nada al solucionador informático con el que la probé. No es que fuera intrínsecamente una mala idea que se marcara un farol; los jugadores siempre necesitan lanzar faroles,* pero la cantidad que apostó (109.000 dólares para ganar un bote de solo 35.000) fue exagerada. No hay razón para arriesgar tanto cuando puedes ver la última carta por poco dinero, conservar tus opciones y luego decidir qué hacer. Adelstein era plenamente consciente de ello, ya que su intención era realizar una jugada de explotación, basándose en su análisis de vídeo de las manos anteriores de la jugadora. «Había estudiado religiosamente sus grabaciones y había visto algunas líneas parecidas que había tomado que me llevaron a creer que su rango era definitivamente muy débil», señaló.

Pero incluso aunque su lectura era correcta, el momento elegido no fue bueno. Robbi se había sentido intimidada por el juego de Adelstein en las últimas manos y lo había dicho en la retransmisión. Incluso si uno sospecha que su oponente tiene una mano débil, no debe tirarse un farol si va a estar inclinado a hacer un *hero call*, es decir, a ver con una mano débil que, sin embargo, puede ser mejor que la tuya.

Si uno supone que Lew hizo trampa, entonces nada de esto importa, supongo. Pero si le concede el beneficio de la duda, puede empezar a ver una explicación coherente a su jugada. Después de todo, el sentido arácnido de Lew estaba en lo cierto: Adelstein iba de farol.

He aquí la explicación que ella me dio en el Hard Rock. Le pregunté a Lew cómo había sido la experiencia de jugar al póquer en televisión con apuestas altas, y lo hice porque había aprendido de primera mano que es una experiencia muy parecida al modo de lucha o huida descrito por Coates y Tendler, en el que tienes la posibilidad de entrar en un estado de calma o sufrir una espiral de ansiedad.

«Fue una partida realmente emocionante, con la retransmisión en directo y aquellos jugadores en la mesa. Todo sucedía mucho más

---

* La jugada que hizo Adelstein es técnicamente un semifarol, un proyecto que puede ganar la mano inmediatamente haciendo que el oponente abandone, o que puede ganar el bote si consigue hacer realidad el proyecto.

deprisa de lo que parece, tienes que tomar decisiones rápidas —me contó Lew—. Y es una decisión de una fracción de segundo en la que dices "a la mierda, voy a ver"».

Todo esto parece plausible. La alteración de la noción del tiempo («todo sucedía mucho más deprisa de lo que parece») es una experiencia común en un estado de flujo o en otros momentos en los que experimentamos una respuesta física a un riesgo intenso. Y cuando estamos en una de esas situaciones, no pensamos de manera consciente y nos volvemos muy intuitivos. La intuición de Lew le dijo —¡y tenía razón!— que Adelstein iba de farol. Ahora bien, ¿dio el paso siguiente de hacer cuentas, calcular cuáles eran los faroles posibles y si podía derrotarlos? No, no lo hizo. Fue un gran descuido que un jugador más experimentado no habría cometido; Robbi no es Maria Ho. Pero su reacción fue comprensible. Todos los jugadores se han encontrado alguna vez en la situación de pensar que un rival va de farol, pero tener una mano tan débil que no se puede ver el farol; es tentador igualar las fichas casi por despecho, y eso puede explicar el juego de Robbi. Estaba experimentando la emoción de jugar al póquer de altas apuestas en la televisión, había pasado por una racha ganadora y se sentía como si Garrett la estuviese intimidando. Fue impulsivo, fue –VE; pero no era tan descabellado.

¿Y la posibilidad de que hiciese trampas? Tampoco se puede descartar. Un par de años antes hubo acusaciones muy creíbles de trampas en otra retransmisión en directo en California. Los procedimientos de seguridad de Hustler eran laxos; varios productores tenían acceso en tiempo real a las cartas de los jugadores. Y las trampas han sido frecuentes a lo largo de la historia del póquer, más de lo que algunos jugadores están dispuestos a admitir. No voy a repetir todas las acusaciones no verificadas que les he oído decir a los veteranos a lo largo de los años, pero hasta los años del boom del póquer, la actitud predominante era que un jugador de póquer ganaría por cualquier medio.

También se dieron varias circunstancias extrañas. Lew recibió el dinero para jugar de otro jugador de la partida, Jacob «Rip» Chávez, una información que no se comunicó claramente a los demás jugadores. Las motivaciones de Chávez son difíciles de determinar: no era probable que financiarla en la partida fuera +VE, dada su inexperiencia en el juego de apuestas altas y las condiciones desfavorables en las que él le prestó el dinero. Tras la mano J4, Adelstein le pidió a Lew (Lew y Adelstein tienen versiones distintas sobre la agresividad de la «petición») que le devolviera el dinero que había ganado en la mano. Ella accedió, lo que provocó una furiosa reacción de Chávez (más tarde, Adelstein donó el dinero a obras benéficas). Lo más extraño de todo es que, mientras Hustler investigaba el incidente, descubrió que un empleado del programa que tenía acceso a las cartas de los jugadores, Bryan Sagbigsal, se había llevado 15.000 dólares de la pila de Lew una vez terminada la emisión. Lew había sido inicialmente indulgente con Sagbigsal y había decidido no presentar cargos y compartir un mensaje comprensivo en nombre de él que contenía tics de estilo similares a la escritura de ella. Más tarde cambió de opinión y compartió los registros de sus llamadas telefónicas con la policía tras la reacción negativa de la comunidad del póquer, aunque Sagbigsal se ocultó y nunca lo localizaron.

No culpo a Adelstein por pensar que Lew hizo trampa. Hay muchas pruebas circunstanciales que no favorecen a Lew, aunque el propio Garrett me admitió que no había «ninguna prueba irrefutable». Pero los jugadores de póquer están entrenados para pensar probabilísticamente, no para buscar pruebas más allá de toda sombra de duda. En nuestra conversación, Adelstein equiparó su proceso de pensamiento a los pronósticos electorales que yo realizaba para FiveThirtyEight: hay que hacerlo lo mejor posible con la información de la que dispones. Aunque había consecuencias por acusarla falsamente de hacer trampas, también las había por no decir nada si las había hecho, pensó. Como mínimo, Adelstein no podía seguir jugando a los juegos de Hustler con confianza, y le preocupaba que les pudiera hacer trampas a otros también.

Aun así, me inclino por la posibilidad de que Lew no hiciera trampas; no por lo que ocurrió durante la mano J4 en sí, sino por lo que ocurrió antes y después.

Lo que ocurrió antes es que hubo varios casos —tanto durante la grabación de aquel día como en dos episodios anteriores de *Hustler Casino Live*— en los que Lew se habría beneficiado de hacer trampas, pero no lo hizo. La mayoría de los tramposos no son así. En otros casos famosos de trampas, los jugadores implicados se dieron el gusto de ganar a ritmos increíbles que, por pura estadística, era astronómicamente improbable que se hubieran producido por casualidad.* «La naturaleza

---

* Por supuesto, podría tratarse de sesgo de selección: solo nos fijamos en los casos de trampas más flagrantes. Tenga cuidado cuando juegue al póquer: los torneos en vivo

humana es lo único que impide que los tramposos se salgan con la suya. Lo que quiero decir es que, por lo general, los seres humanos son avariciosos; no se limitan a hacer trampas en los casos límite», afirmó Cleeton.

Pero en diecinueve horas de manos retransmitidas en directo a lo largo de tres sesiones, no hay ninguna mano —aparte de J4— que parezca trampa, incluso después de que miles de jugadores de póquer obsesionados con los detalles hayan examinado las imágenes de Lew en busca de señales de incorrección.[*] También está el hecho de que, si Lew hizo trampas, eligió una situación terrible para ello. Si uno tuviera el poder de conocer mágicamente las cartas de su oponente, ¿por qué lo invocaría una sola vez? ¿Y por qué iba a usarlo en un punto donde parecería extremadamente sospechoso, y donde apenas sería rentable? La subida de Adelstein en la mano J4 fue tan grande, y él tenía tantas formas de completar su proyecto, que el valor esperado de Lew al ver la apuesta era solo de unos +18.000 dólares. En una partida como aquella, se podría esperar fácilmente un momento con un bote de seis cifras en el que tuvieras garantizada la victoria y nunca parecería que estás haciendo trampas.

También está lo que pasó después de la mano. De nuevo, le animo a ver el vídeo y sacar sus propias conclusiones. Pero a menos que la esté malinterpretando en serio, Lew parece eufórica y actúa como tal durante varios minutos después de derrotar a Adelstein. Se burla de él, y los otros chicos de la mesa se unen a la diversión. Parece la reacción propia de un giro fortuito de los acontecimientos, no de un intento premeditado de hacer trampas. «El golpe de dopamina lo recibes con una victoria inesperada —me decía Coates—. Es una especie de recompensa narcótica por hacer algo novedoso que produjo una recompensa imprevista».

Solo cuando Adelstein abandonó la sala unos quince minutos después de la mano J4, sin explicarse aún qué había pasado, cambió el

---

o las partidas por dinero en casinos o salas de juego muy regulados son, con diferencia, el entorno más seguro.

[*] Hubo una mano entre ella y Chávez en la que jugaron con una conspicua timidez —un «juego suave» que a veces ocurre cuando los jugadores tienen algún tipo de relación financiera o personal y no quieren arriesgar sus fichas el uno contra el otro—, pero esto se considera un pecado venial en una partida por dinero. Y hay manos que ella jugó mal o de forma poco convencional, pero nada fuera de lo normal para un jugador inexperto.

ambiente en Hustler. «La sensación es como si alguien hubiera reventado un gran globo aquí en la mesa», comentó Hanson en la retransmisión. Solamente entonces se había hecho realidad la gravedad de la situación. Robbi se dio cuenta de que Garrett estaba muy alterado, no solo de que fuese mal perdedor. Momentos antes estaba en las nubes después de haber visto la apuesta más épica de todos los tiempos contra el puto Garrett Adelstein, con el puto Phil Ivey observando, por 279.000 dólares. Ahora temía que todo el mundo del póquer fuese a pensar que era una tramposa o un pez.

Mi teoría es que todas las acciones aparentemente extrañas de Lew a partir de ese momento pueden explicarse por querer salvar el honor y evitar la vergüenza. No digo que sea la única teoría: si tuviera que evaluar probabilidades, seguiría considerando que hay un 35% o 40% de probabilidades de que hubiera hecho trampas. Pero es una teoría coherente con las pruebas. Está claro que a Lew le preocupa mucho su posición en la comunidad del póquer.

¿Por qué Lew insistió de repente, después de no haber dicho nada al respecto en un principio, en que no recordaba bien su mano? Porque no recordar bien la mano le ocurre a todo el mundo de vez en cuando. Es embarazoso, pero en el nivel de eructar o tener hipo; mucho menos embarazoso que ser un pez. ¿Por qué le devolvió el dinero a Adelstein? Porque es una forma de restablecer el orden y porque Adelstein insinuó —algo en falso— que volvería a la mesa y empezaría a jugar de nuevo si ella lo hacía.

Si mi teoría es correcta, tenemos una tragedia entre manos: un jugador acusado falsamente de hacer trampas y otro al que expulsaron del nivel más alto del póquer mientras intentaba hacer lo correcto. Nunca han vuelto a invitar a Adelstein a la partida de Hustler, aunque jugó de nuevo al póquer después de más de un año de interrupción, en diciembre de 2023.

Los tipos de personalidad que se encuentran en el Río son variados. Sí, hay algunos tramposos, algunos Sam Bankman-Frieds, gente dispuesta a todo para aumentar su VE.

Pero la gente del Río también es buena en el pensamiento abstracto, experta en tomar puntos de datos y extraer de ellos principios generales. A veces, aunque no siempre, esto se traduce en principios éticos. Jugadores de póquer como Dan «Jungleman» Cates han mencionado que se sienten especialmente molestos por la hipocresía, y creo que hay una razón para ello. Cuando uno se desvía de la estrategia óptima en el póquer, esto puede volverse en su contra. Si intenta aprovecharse de alguien, corre el riesgo de que se aprovechen de usted. Por eso, los jugadores de póquer suelen evaluar la jugada correcta en abstracto, suponiendo que sus oponentes también tratan de hacer la mejor jugada. En teoría de juegos, hay un sentido de reciprocidad, de tratar a los demás como uno desea que le traten. Con esto no quiero decir que haya que aprender ética interpersonal al estudiar los solucionadores de póquer. Se trata más bien de que hay cierto tipo de personalidad riveriana a la que le atrae el pensamiento con principios casi hasta la exageración, y que se siente constantemente decepcionada por un mundo que a menudo se inventa las reglas sobre la marcha.

Adelstein pertenece a este último grupo. Me dijo que tiene «tendencia al perfeccionismo» y que durante la mayor parte de su carrera en el póquer «nunca fue capaz de incorporar el póquer a una existencia que, en otros sentidos, era tranquila». Para Garrett, la mejor jugada desde el punto de vista del VE habría sido irse a casa, hablarlo con los productores y mostrarse un poco más conciliador con Robbi en público de lo que sentía en privado. A pesar de que Adelstein estaba muy seguro de que había sido víctima de trampas, podría haber alardeado de que no era así. «Después de que se aclarara la situación, creo que se atrincheró demasiado —dijo Vertucci—. Creo que cometió una injusticia al mantenerse firme en sus principios».

Pero Adelstein no contempla la vida como Vertucci. Adelstein se mantuvo fiel a sus principios, aunque posiblemente se equivocara en los hechos. Su reinado como rey del Hustler había terminado.

3
Consumo

Contar cartas es fácil.

«Puedo enseñar a cualquiera a hacerlo», dice Jeff Ma, antiguo miembro del Equipo de Blackjack del MIT, que inspiró el libro *Bringing Down the House* [hay trad. cast.: *21, Black Jack: seis estudiantes que cambiaron el juego para siempre*, de Ben Mezrich, Medialive Content, Barcelona, 2008] y la película *21 blackjack*. «Podría enseñarte a ti a hacerlo en una hora». En efecto, después de una hora de práctica con una simulación por ordenador que repartía seis manos de blackjack a la vez a un ritmo medio-rápido, fui capaz de acertar la cuenta el 95% de las veces.

Por supuesto, hacer esto en la comodidad de mi apartamento era mucho más fácil de lo que podría haberlo sido en un brumoso casino. En la vida real, por ejemplo, habría que atender a la posibilidad de errores del crupier. En las largas sesiones de práctica en las aulas del MIT, después de que los profesores se hubieran ido a casa, Ma y sus compañeros de equipo se ponían deliberadamente la zancadilla unos a otros; puede que el estudiante que hacía de «crupier» le dijera al «jugador» que había perdido una mano que en realidad había ganado. Y en un casino hay que mantener la calma y evitar ponerse en evidencia. «Tienes que sentirte tan cómodo como para poder hacerlo sin que nadie sepa que lo haces», me dijo Ma.

Pero ¿comparado con la mayoría de las otras formas de ganar dinero en los juegos de azar de las que hablaremos en este libro? Es fácil. En principio, contar cartas significa que puede ir a cualquier casino que ofrezca un juego de blackjack decente y hacer una apuesta de valor esperado positivo: ganará dinero a largo plazo. Pero, por razones que quedarán claras dentro de un momento, le desaconsejo *encarecidamente* que lo intente. Pero deje que le explique la lógica que hay detrás.

Por un lado, el blackjack ofrece una ventaja relativamente baja a la casa. Extremadamente baja, de hecho, si se encuentra el juego adecuado. A principios de 2024, por ejemplo, el mejor juego de apuestas bajas que conozco en Las Vegas está en El Cortez, en el centro de la ciudad, un establecimiento que lleva funcionando desde 1941 y que tiene las marcas de batalla y las fotos del Rat Pack que lo demuestran. Su juego de blackjack de un solo mazo —en el que, en una noche tranquila, podrás jugar por solo 15 dólares— supone una ventaja para la casa de solo el 0,18%, suponiendo que juegue con una estrategia básica perfecta.*
En otras palabras, si apuesta 100 dólares, puede esperar obtener 99,81 dólares a cambio. La mayoría de los juegos no son tan buenos, sobre todo en el Strip; los mejores tienen una ventaja para la casa del orden del 0,5%. Y, si no presta atención, la ventaja para la casa puede ser mucho mayor, quizá del 2 o 2,5%. Un consejo profesional: busque juegos en los que el blackjack se pague 3:2 (de modo que gane 75 dólares si consigue blackjack con una apuesta de 50 dólares) en lugar de 6:5 (de modo que solo ganaría 60 dólares). Esto supone, a largo plazo, una gran diferencia en su VE.**

Así que el **paso 1** para ser contador de cartas ganador es encontrar un juego con reglas razonablemente favorables, algo con una ventaja para la casa de 0,5 o inferior. El **paso 2** para contar cartas es... contar cartas. Cuente todas las cartas que se reparten en la mesa: las suyas, las del crupier y las de cualquier otro jugador. Si utiliza el sistema más básico, denominado sistema Hi-Lo, el recuento empieza en cero. Reste un punto por cada carta de diez o más (diez, sota, rey, reina, as) y sume un punto por cada carta de seis o menos (dos, tres, cuatro, cinco, seis). Lleve la cuenta hasta que el mazo se haya barajado y, a continuación, póngala a cero. Es bueno para el jugador que queden muchas cartas altas en la baraja por diversas razones: conseguirá más blackjacks y ten-

---

* No voy a hablar de la estrategia básica del blackjack en este libro, pero no es difícil de aprender. También puede pedir ayuda al crupier o al jefe de mesa; en la mayoría de los casinos le dirán amablemente cuál es la jugada correcta.

** Por desgracia, los juegos 3:2 baratos son cada vez más difíciles de encontrar, al menos en las zonas más atractivas del Strip de Las Vegas. Sin embargo, podrá encontrarlo si se aventura por el centro de la ciudad o si está dispuesto a jugar con límites más altos.

PRIMERA PARTE: JUEGO

drá más oportunidades de hacer maniobras rentables como dividir y doblar, y el crupier se pasará con más frecuencia. Si la cuenta es lo bastante alta, es decir, ha visto muchas cartas bajas y lo que queda en la baraja son mayoritariamente cartas altas, una apuesta puede convertirse en +VE.

Sistema Hi-Lo

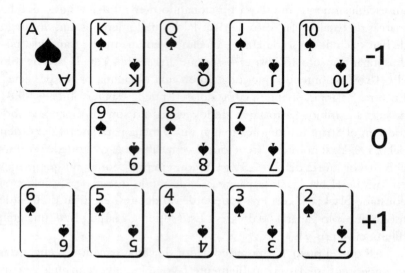

El **paso 3** es apostar mucho dinero cuando se dan estas situaciones favorables. En algunas mesas de blackjack, la apuesta máxima puede variar respecto de la mínima hasta en un factor 300. Por ejemplo, el Venetian de Las Vegas ofrece una mesa en la que la apuesta mínima es de 50 dólares y la máxima de 15.000. Digamos que está en el Venetian. Se acerca a la mesa y le entrega a la crupier 500 dólares. Ella le devuelve unas fichas verdes de 25 dólares y unas negras de 100 dólares. Apuesta el mínimo de la mesa, 50 dólares. Estas apuestas le hacen perder dinero, pero solo un poco. Pide una cerveza Michelob Ultra y se la bebe despacio porque está intentando concentrarse en contar las cartas mientras aparenta ser un tipo normal que mata el rato esperando a sus colegas. Salen un montón de cartas bajas de la baraja y, en poco tiempo, el recuento se vuelve sustancialmente positivo. Sus apuestas son +VE y está listo para atacar. Busca en su mochila y saca un taco (100.000 dólares) de billetes de 100. «Disculpe, señora —le dice a la crupier—. ¡Caramba, me siento afortunado! Me gustaría comprar más fichas».

No, no, no, no, no, no.

No haga eso. Al menos no si quiere volver a jugar al blackjack en el Venetian.

Porque el **paso 4** es la parte difícil. El paso 4 es librarse de los pasos 1, 2 y 3 y hacerlo de manera que parezca increíblemente obvio, como hizo Tipo normal (al menos podría haber pedido un cóctel y no una Michelob Ultra, Tipo normal). Contar cartas no es ilegal, y no te van a llevar a una habitación trasera para que la Sands Corporation, la empresa de 40.000 millones de dólares que cotiza en Bolsa y dirige el Venetian, te rompa los nudillos. El juego en los casinos es uno de los sectores más regulados del mundo. Pero la ley suele tratar el juego como un privilegio, no como un derecho. En la mayoría de las jurisdicciones, incluida Nevada, un casino puede negarse a que juegue al blackjack o incluso enviarle un aviso de allanamiento y prohibirle la entrada.

En otras palabras, lo difícil del trabajo de Jeff Ma no era contar cartas, sino el subterfugio. O, si lo prefiere, «el truco». Convencer al casino de que era un perdedor cuando en realidad era un ganador. Ganar lo suficiente para que él y el resto del Equipo de Blackjack del MIT obtuviera 4 o 5 millones de dólares en el transcurso de media docena de años, me contó.

De hecho, este es el dilema fundamental de la mayoría de las formas de juego. Tienes que persuadir a alguien para poder jugar —persuadir a la casa o persuadir a otro jugador— cuando está perdiendo dinero por ello. Esto es fácil en los torneos de póquer, pero no lo es en casi todas las demás formas de juego. Se necesita algo de astucia callejera y algo de empuje. Como dice Mike McDermott en la película *Rounders*: «Si no eres capaz de detectar al primo de la mesa en la primera media hora, entonces tú eres el primo».

¿Cree que puede ganar dinero como apostador deportivo profesional? Puede que sí (trataré este tema en el próximo capítulo). Pero la mayoría de los mayores sitios estadounidenses limitarán seriamente su acción si creen que es un jugador ganador. Mientras escribía este libro, aprendí a ser un apostador deportivo competente, o quizá algo mejor. Pero estoy muy lejos de ser un experto. No obstante, eso me bastó para estar limitado en media docena de sitios —entre ellos BetMGM, PointsBet y DraftKings—, en algunos casos a menos de 10 dólares por partida. Hay soluciones para estar limitado, pero requieren al menos tanto esfuerzo como aprender a saltarte las colas.

«Yo lo llamo "el enfoque del juego de feria"», dice Ed Miller, que escribió el libro definitivo sobre las apuestas deportivas (*The Logic of Sports Betting*, coescrito con Matthew Davidow; es quizá el mejor libro práctico sobre juegos de azar que he leído nunca). «Se ofrece toda una feria llena de juegos. Pero en cuanto muestras alguna tendencia a poder ganar peluches de forma regular, te dicen que vayas a buscar otro [juego]».

Para Ma, su truco implicaba el uso de disfraces o, en realidad, de personalidades completas. «Eras Kevin Lee, el tipo de California cuyo padre es cirujano plástico, o Jeff Chin, alguien que había ayudado a crear una empresa de internet», explicaba. Para Ma, de mandíbula cuadrada y seguro de sí mismo, era más fácil que para mucha gente. Y era más fácil antes de que, tras el 11-S, se introdujeran las normas «Conozca a su cliente» y otras leyes contra el blanqueo de dinero, y antes de que los casinos pusieran en marcha intrincados programas de tarjetas de fidelización para rastrear todos los aspectos de la actividad de sus clientes.

Los métodos tradicionales de recuento de cartas implican cambiar la cuantía de las apuestas: apostar tanto como se pueda cuando el recuento sea favorable y tan poco como se pueda cuando no lo sea. Pero Ma y sus compañeros de equipo utilizaban a menudo una técnica diferente que implicaba el uso de lo que él llama un Gran Jugador. Funcionaba más o menos así: digamos que yo, haciéndome pasar por un afable ingeniero de software, estoy trabajando duro con el mínimo de la mesa, jugando 50 dólares por mano. Mientras tanto, Jeff Ma (perdón, *Jeff Chin*) está merodeando por allá. Cuando el recuento se vuelve favorable, le hago una señal a Chin —quizá gire mi gorra de béisbol hacia atrás—. Entonces Chin se sienta, deja claro que es un gran apostador y apuesta 500 o 1.000 dólares por mano o más —él es el Gran Jugador—, hasta que se baraja el mazo y la cuenta vuelve a cero. Ni él ni yo tenemos que variar nunca el tamaño de nuestra apuesta, el signo más evidente de que están contando cartas.[*]

Pero aunque *21 blackjack* muestra la técnica del Gran Jugador con bastante precisión, por lo demás se toma muchas libertades. Por ejem-

---

[*] Muchos jugadores varían la cuantía de sus apuestas en el transcurso normal del juego, en general aumentándola cuando ganan y disminuyéndola cuando pierden. Las guías de conteo de cartas aconsejan a los jugadores ocultar así la variación de sus apuestas: si el conteo es favorable, espere hasta haber ganado un par de manos seguidas y entonces incremente la cuantía.

plo, convierte al chino-americano Ma en un hombre blanco, Kevin Lewis, que en la película interpreta Jim Sturgess. No me estoy quejando por corrección política, por la eliminación de un trabajo que podría haber recaído en un actor asiático. Se trata más bien de que una parte clave del truco de Ma se basaba en el estereotipo de los casinos del aspecto que tiene un Gran Jugador. Y los casinos ven el juego de los jugadores asiáticos de forma diferente al de los blancos. «Un Gran Jugador debe tener ciertas características —me observó Ma—. Asia es grande, ¿verdad? Un asiático tiene mucho mejor aspecto como jugador que un blanco». Cualquiera que haya pasado algún tiempo en un casino sabe que la empresa hace todo lo posible por atraer a los turistas de Asia oriental, sobre todo chinos, o a los estadounidenses con ascendencia asiática. Hay máquinas tragaperras y juegos de mesa de temática china (Pai Gow Poker) y a menudo un número desproporcionadamente alto de restaurantes asiáticos. Sea o no cierto el estereotipo, alguien como Ma despertará menos sospechas cuando haga grandes apuestas.

Otra gran ficción es que la película muestra a Kevin Lewis y a sus compañeros ganando prácticamente todas las manos, excepto en una escena en la que Lewis se frustra y las pierde casi todas. («Eso es probablemente lo que más me llamó la atención de la película —me dijo Ma—. Se frustra. Y eso nunca habría ocurrido. Ni en un millón de años»). En la escena del blackjack de *Rain Man* se da el mismo porcentaje improbable de victorias. Tom Cruise no puede perder mientras siga los consejos de su hermano, el sabelotodo autista Raymond Babbitt, interpretado por Dustin Hoffman.

Las apuestas reales no se parecen, ni remotamente, a eso. Casi nunca hay nada seguro. Incluso cuando se hace literalmente trampa, puede no ser algo seguro. En el famoso escándalo del robo de puntos en baloncesto en el Boston College de 1978-1979, cuando la mafia pagó a dos compañeros de equipo para perder partidos, solo cuatro de los nueve partidos en los que la mafia apostó ganaron dinero, con tres derrotas y dos empates.

Esto es en especial cierto en el blackjack. Incluso si, como Raymond Babbitt, pudiera recordar literalmente el rango y el palo de cada carta de un zapato de seis mazos, no le serviría de mucho. Más bien es suficiente para convertir una ligera desventaja en una ligera ventaja. En el libro *Professional Blackjack*, el contador de cartas Stanford Wong estima que su estrategia de referencia, ejecutada a la perfección en condiciones relativamente favorables, le reportará unos 60 centavos por cada 100 dólares que apueste, lo que supone una ventaja para el jugador de solo el 0,6 %.

Y el mayor mito de todos en *21 blackjack* es que Ma y sus compañeros llevaban un estilo de vida alocado y fiestero, lleno de borracheras diurnas y desenfreno en los clubes nocturnos. Contar cartas es un trabajo duro. «Es el trabajo más duro que existe», afirmó Ma. Durante la mayor parte de su permanencia en el equipo, «no bebíamos en absoluto, era una norma importante», y fue hace bastante tiempo (a mediados de la década de 1990), cuando apenas había clubes nocturnos en Las Vegas. El equipo ni siquiera estaba en Las Vegas la mayor parte del tiempo, sino en hervideros turísticos como Shreveport (Luisiana) y Elgin (Illinois). Muchas veces, a pesar de su habilidad y de sus trucos, volvían a Boston con menos dinero del que tenían al principio. «Todo el fin de semana podía reducirse, quizá, a cinco manos. Cinco manos que son, ¿qué, un dos por ciento mejores que lanzar una moneda al aire?».

Darle la vuelta a la tortilla

La narrativa tanto de *21 blackjack* (2008) como de la versión cinematográfica de *Moneyball* (2011) es la del Río como perturbador de un *statu quo* perezoso. Frikis relativamente agradables utilizan sus conocimientos de datos para asumir riesgos +VE y dar vueltas alrededor de desdichados directivos de béisbol, más preocupados por el aspecto de un jugador que lleva pantalones vaqueros que por su porcentaje de bases (OBP), o jefes de mesa que tienen tanto miedo de que alguno de sus clientes pueda tener en verdad una ventaja que llevan al personaje de Jeff Ma a un sótano oscuro y le dan una paliza. No se me escapa que mi propio ascenso a la fama se produjo exactamente durante este periodo, de 2008 a 2012. Sí, resultó útil que mis pronósticos electorales en esos años fueran acertados. Pero también ofrecí una última oportunidad para una secuela de *Moneyball*. Un friki[*] utiliza datos y estadísticas para desbaratar un objetivo relativamente desagradable: los expertos en carreras de caballos. Y gana el menos valorado, al predecir correctamente los resultados en todos los estados en las elecciones de 2012.

[*] Dejaré que usted decida por sí mismo si soy o no simpático.

Tras leer los dos primeros capítulos y medio de este libro —conocer jugadores de póquer y miembros del Equipo de Blackjack del MIT, cuyo estilo de vida es vanguardista y antisistema—, se puede caer en la tentación de pensar que esa es también la historia de *Al límite*. Ciertamente, hay un trasfondo de *Moneyball* en este libro: la aversión al riesgo de la Aldea la hace vulnerable a estar en el lado del perdedor en todo tipo de apuestas económicas y culturales. Pero el Río ya no es el minusvalorado. Como he dicho en el prólogo, el Río está ganando. No solo domina Silicon Valley y Wall Street, sino que los frikis se han hecho con el control de todo, desde los lugares más destacados del béisbol hasta el negocio de los casinos.

A partir de este punto del libro, empezará a ver pruebas más claras de ello. El resto de este capítulo trata de la evolución de la industria de los casinos. Siempre ha sido un negocio arriesgado, debido al enorme coste de los complejos de casinos. Después de haber atraído a excéntricos como Howard Hughes y Kirk Kerkorian, la industria se ha corporativizado y se ha hecho más rentable en gran parte porque se ha centrado más en los datos para averiguar cómo rastrear a sus clientes y conseguir que apuesten y gasten más. El negocio de los casinos no es el único en este sentido: la algoritmización está contribuyendo a aumentar los beneficios de las empresas hasta cifras récord, ya que los científicos de datos también averiguan cómo hacer que gastes más, por ejemplo, en un pedido de comida rápida. Pero el «juego» —el eufemismo que le gusta utilizar a la industria para referirse a los juegos— ofrece un caso de estudio especialmente claro del moderno capitalismo algorítmico estadounidense.

Además, como gran parte de este libro transcurre en los casinos, quiero prestarles la debida atención y no tratarlos solo como un decorado, en parte porque son lugares fascinantes y en parte porque, para alguien como yo, es fácil pasar de largo por las mesas de ruleta y las hileras de máquinas tragaperras[*] de camino a la sala de póquer y dar por sentada la experiencia que están viviendo otros clientes. Mis hábitos cuando visito los casinos, centrados en

---

[*] Tengo muchas compulsiones, pero jugar a las tragaperras o a los juegos de mesa nunca ha sido una de ellas.

las formas de juego de azar que implican más habilidad, son muy atípicos. Los casinos de Nevada obtienen unos 50 dólares de beneficio de las tragaperras por cada dólar que sacan de las partidas de póquer. La inmensa mayoría del dinero apostado en un casino es –VE.

Si se les pregunta, los ejecutivos del sector se lo dirán encantados. Tal vez porque el sector no pretende curar el cáncer ni lograr la autorrealización, tiende a ser transparente en sus motivaciones. «Entender por qué alguien se involucra en una actividad en la que sabe de antemano (con absoluta certeza, sin duda, con muchas más probabilidades [que no]) que va a perder su dinero... y aun así lo hace de buena gana, y lo hace una y otra vez, es algo que siempre me ha sorprendido», dijo Mike Rumbolz, ejecutivo de juego y expresidente de la Junta de Control del Juego de Nevada. Al final de la entrevista, Rumbolz me dijo que no jugaba a juegos de azar desde 1974.

Breve historia de Las Vegas

Una noche, caminando como un loco por el Strip de Las Vegas, en algún lugar entre la réplica del volcán frente al Mirage y la torre Eiffel de la mitad del tamaño incorporada al casino París, me envié a mí mismo un mensaje de texto: «Las Vegas como lugar sagrado». Si la Tierra quedara destruida en un apocalipsis nuclear o de la IA o de zombis, y un equipo de arqueólogos alienígenas encontrase más tarde los restos, estoy convencido de que pensarían que el Strip —un cúmulo de edificios de tamaño monumental, con elaborada decoración, llenos de símbolos y alusiones y de hombres disfrazados de Elvis— había sido una especie de altar para los dioses.

Y puede que no se equivocaran. Las Vegas es un santuario de la asunción de riesgos, los excesos, el progreso y el capitalismo, y un altar a Estados Unidos, un país que va tras estas cosas con fervor religioso. Es un lugar donde se trata a los jugadores expertos del Río con respeto sacerdotal, aunque la casta más alta de Las Vegas está formada por ballenas que han alcanzado el nivel más alto de los programas de fidelización del MGM (Noir) y de Caesar's (Seven Stars). Cuando me reuní con David Schwartz, uno de los relativamente escasos historiadores del juego del mundo, en su despacho de la UNLV, me dijo: «Una sociedad estructura el juego de una forma determinada con la que se siente cómoda. Así que, en la frontera, se sentían muy cómodos en los *saloons*. —Y continuó—: Me parece fascinante que ahora los estadounidenses prefieran hacerlo en estos grandes complejos que son propiedad de grandes corporaciones».

En un vuelo desde la Costa Este, las luces de Las Vegas surgen aparentemente de la nada, como un oasis en el desierto de Mojave. Pero hay pocas cosas en Las Vegas que sean casuales, desde su ubicación hasta su enfoque en el vicio, pasando por hasta qué punto se ha corporativizada hoy en día.

La historia del juego en Nevada se remonta a la fiebre del oro de California a finales de las décadas de 1840 y 1850. Quizá nunca en la historia del mundo moderno se dieron condiciones más favorables para el desarrollo de la cultura del juego. Los participantes en la fiebre del oro eran, en su inmensa mayoría (alrededor del 95%), hombres jóvenes solteros o a medio continente de distancia de sus familias. Los *saloones*, burdeles y casas de juego ofrecían la oportunidad de poner a prueba la propia valía, gastar las nuevas riquezas y buscar compañía femenina (o masculina).*

Tras el descubrimiento de oro en 1848, en San Francisco se jugaba más per cápita que en ninguna otra ciudad de Estados Unidos y, a finales de la década de 1850, la actividad se extendió por las montañas de Sierra Nevada hasta el estado de Nevada, donde los buscadores iban tras el oro y la plata (Nevada la poblaron colonos blancos del Oeste, no del Este; se anexionó a la Unión en 1864, antes que estados más orientales como Colorado y Utah). Pero California es una de las regiones más ricas del mundo desde el punto de vista geográfico y ecológico. No necesitaba oro para ser un lugar donde la gente quisiera vivir, y tampoco necesitaba el juego, que se prohibió (salvo el póquer) en 1872. Su explosión económica continuó a buen ritmo, y su población alcanzó los 5,7 millones de personas en 1930. Nevada, en cambio, no tenía mucho que ofrecer, aparte de desiertos y minas de plata. Sus paisajes son hermosos, pero áridos; incluso hoy, el 80% de la tierra de Nevada es propiedad del Gobierno federal. En 1930, solo tenía 90.000 habitantes, apenas el doble que sesenta años antes.

* La cultura gay de San Francisco también tiene raíces que se remontan a la fiebre del oro.

PRIMERA PARTE: JUEGO

El juego ha estado básicamente despenalizado en Nevada siempre, salvo dos años desde 1869, cuando el legislativo aprobó un proyecto de ley sobre el veto de un gobernador que lo había declarado «un vicio intolerable e inexcusable». Pero en medio de un tira y afloja entre las fuerzas a favor y en contra del juego, sus leyes impidieron al principio el desarrollo del juego comercial a gran escala. Al fin, durante el reto de la Gran Depresión, el estado legalizó totalmente el juego comercial en 1931. «Al final, el dinero habló», escribió Schwartz, como suele ocurrir en circunstancias como estas. Los casinos por lo general surgen durante condiciones económicas marginales, a menudo cerca de las fronteras estatales o nacionales, que pueden aprovechar el dinamismo de la industria turística.*

Las Vegas, que se había fundado como parada de ferrocarril en 1905, estaba totalmente preparada, y concedió sus primeras licencias de juego pocas semanas después de la aprobación de la nueva ley. Contaba con dos ventajas principales: su proximidad a la presa Hoover, que se construyó entre 1931 y 1936, y su distancia razonable desde Los Ángeles.** Animados además por el fin de la Ley Seca en 1933, los promotores de Las Vegas fueron explícitos sobre sus planes de convertirla en un patio de recreo nacional para el juego, las carreras de caballos, los combates de boxeo y prácticamente todo lo demás. Quizá «Lo que pasa en Las Vegas se queda en Las Vegas» sea un eslogan relativamente nuevo, pero es una actitud que se remonta a la fundación de la ciudad; el plan maestro original de la ciudad incluía un Barrio Rojo.

Pero ni siquiera el promotor más alocado podría haber imaginado el premio gordo que le había tocado, ya que la huella económica de Las Vegas se multiplicaría con creces. La población de Nevada creció un 3.400% entre 1930 y 2020, mucho más que la de cualquier otro es-

---

* De este modo, los aspectos externos negativos del juego, como la adicción, se trasladan sobre todo a los no residentes. En más jurisdicciones de las que podría pensarse, los nativos de la jurisdicción tienen prohibido el juego: los ciudadanos y residentes de las Bahamas no pueden jugar a juegos de azar en Baha Mar o Atlantis, por ejemplo.

** Algunas partes de Las Vegas Boulevard —incluido el tramo de seis kilómetros que conforma el Strip— se denominaban en su día «la autopista de Los Ángeles». El trayecto desde el ayuntamiento de Los Ángeles, en el centro, hasta el casino más meridional del Strip, el Mandalay Bay, es, casi literalmente, una línea recta; todo el viaje, salvo un kilómetro y medio, transcurre a lo largo de la Interestatal 15.

tado, mientras que el condado de Clark* creció más de un 25.000 % en el mismo periodo. Como estadounidenses, normalmente tenemos que ir a otros lugares del mundo para ver esa clase de crecimiento; la ciudad de Nueva York no parece tan diferente de lo que era hace cuarenta años. Pero en Las Vegas, de la noche a la mañana aparecen nuevas Maravillas del Mundo, como la gigantesca Esfera de 157 metros de diámetro recubierta de LED que se inauguró en 2023.

Hay varios años cruciales en la historia de Las Vegas. Se suele aceptar, en general, que el más importante fue 1989 y, en concreto, el 22 de noviembre de 1989; hablaremos de ello más adelante. Personalmente, creo que 2009 y 2021 merecen consideración como reflejo de la resiliencia de Las Vegas ante la crisis inmobiliaria y la pandemia de la COVID-19, respectivamente.

Pero se subestima la importancia de 1955. Fue el año en que la legislatura estatal creó la Junta de Control del Juego de Nevada, y Las Vegas empezó a luchar por ganarse a la opinión pública. En 2022, una encuesta de Gallup reveló que el 71 % de los estadounidenses, una cifra sin precedentes, consideraba que los juegos de azar eran moralmente aceptables, un singular punto de acuerdo de ambos partidos (amplias mayorías de liberales y conservadores estaban de acuerdo) en un país amargamente dividido.

No siempre había sido así. Mike Rumbolz llegó a Las Vegas en 1965, siendo adolescente, hace tanto tiempo que «en el Strip había más terrenos baldíos que otra cosa, así que solo había polvo y arbustos de artemisia». Empezó como botones y camarero en el Stardust y ha desempeñado prácticamente todos los trabajos del sector, incluido trabajar en la Organización Trump, con el objetivo de ayudar a Donald Trump a abrir un casino en Nevada (algo que no ocurrió porque en aquella época Trump «no tenía medios económicos para hacer nada en Nevada, salvo poner su nombre en un edificio»).

«Mientras me hacía adulto aquí —me contaba Rumbolz—, la gente de fuera del estado... todo el mundo en general veía el sector del juego

---

* ¿Quiere ser un pedante aguafiestas? Dígale a su amigo que presume de su viaje a Las Vegas que, en realidad, no va a Las Vegas; el aeropuerto y el Strip se encuentran al sur de los límites de la ciudad, en las localidades no incorporadas de Paradise y Winchester. El condado de Clark incluye estas poblaciones y coincide prácticamente con el área metropolitana de Las Vegas.

PRIMERA PARTE: JUEGO

como algo corrompido. Tenía la reputación, por los años cincuenta y por películas como *Ocean's 11*,* de pertenecer a mafias, pelearse con los malos y engañar a la gente».

En justicia, esta reputación no era del todo inmerecida. Muchos de los complejos turísticos más ambiciosos del Strip durante el primer periodo de auge de Las Vegas en la década de 1940 estaban relacionados con la mafia, como el Flamingo de Bugsy Siegel, que estuvo abierto menos de seis meses antes de que Siegel muriera tiroteado en su casa de Beverly Hills. La mafia tenía el capital, los conocimientos sobre el juego y el control del «cable de carreras», el mecanismo telegráfico por el que se hacían apuestas en las carreras de caballos —por aquel entonces uno de los deportes más populares de Estados Unidos— fuera del hipódromo. Una de las audiencias del Comité Kefauver, el comité especial del Senado de Estados Unidos encargado de investigar a la mafia, tuvo lugar, de manera espectacular, en el palacio de justicia del centro de Las Vegas.

La creación de la Junta de Juego no eliminó la influencia de la mafia de la noche a la mañana —a principios de los ochenta, el Stardust se vio envuelto en un escándalo en el que la mafia se llevaba parte de sus beneficios—, pero sí endureció sustancialmente la normativa sobre quién podía aspirar a una licencia de juego. Y marcó un hito, sobre todo a través de algo llamado Nevada Revised Statute 463.0129. J. Brin Gibson, otro expresidente de la Junta de Control del Juego, me lo describió como «la ley más importante que tenemos». La NRS 463.0129 es, para las voluminosas leyes sobre el juego de Nevada, lo que el preámbulo es para la Constitución de Estados Unidos:

> NRS 463.0129 Política pública del Estado en materia de juego; privilegio revocable de licencia o aprobación.
>
> 1. Por la presente, la legislatura halla, y declara ser la política pública de este estado, que:
> (a) La industria del juego es de vital importancia para la economía del Estado y el bienestar general de los habitantes.
> (b) El crecimiento y el éxito continuos del juego dependen de la confianza pública [...] y de que esté libre de elementos delictivos y corruptos.

---

* La película original de 1960, no el *remake* de George Clooney.

(c) La confianza pública solo puede mantenerse mediante una regulación estricta de todas las personas, ubicaciones, prácticas, asociaciones y actividades relacionadas con el funcionamiento de los establecimientos de juego autorizados.

En otras palabras: (a) el juego es vital para Nevada; (b) la confianza pública es vital para el juego; (c) deshacerse de la mafia es vital para la confianza pública. Puede que Las Vegas tenga un espíritu fronterizo, libertario y de «todo vale». Pero sin estas regulaciones no se parecería en nada a lo que es hoy.

Quizá en ningún otro sector sea tan importante la confianza. Cuando uno va a un casino, está en gran desventaja, porque no tiene ninguna forma evidente de saber si están jugando limpio. De hecho, durante la mayor parte de la historia primitiva del juego comercial, muchos establecimientos, si no la mayoría, eran turbios.

En realidad, las máquinas tragaperras no enumeran las probabilidades. E incluso en algo como el blackjack, sería difícil detectar trampas a favor del casino sin una gran muestra de datos. Por ejemplo, si un casino retirara un solo as de un zapato de blackjack de seis mazos, costaría muchísimo averiguar que solo había cinco ases de diamantes en la baraja en lugar de seis, a menos que se buscara específicamente (este es un caso en el que tener a Raymond Babbitt a nuestro lado podría ser muy útil).

Para que quede claro, en un casino estadounidense es muy poco probable que le engañe la casa hoy en día: el casino se queda con su dinero con toda justicia. Pero eso se debe a leyes como la NRS 463.0129. De hecho, al sector le conviene una regulación estricta. ¿Por qué? Por el dilema del prisionero. Si mi casino, el Silver Spike, empieza a eliminar ases de sus barajas de blackjack —aumentando los beneficios de mis accionistas, pero de un modo que para sus clientes es difícil de detectar—, la estrategia óptima para el Golden Nugget, que está en la misma manzana, es hacer lo mismo. Sin regulación —sabiendo que los demás al menos tienen que jugar con las mismas reglas— es probable que se produzca una carrera a la baja, y el sector se reduzca debido a que a los consumidores les resultará difícil identificar a los operadores fiables.*

* Esto guarda cierta semejanza con el concepto económico conocido como «mercado de limones», en el que hay un fallo en el mercado debido a las asimetrías de infor-

PRIMERA PARTE: JUEGO

La otra razón por la que la confianza es tan importante es que los modernos complejos de casinos se encuentran literalmente entre los proyectos de construcción más caros de la historia. Algunos son casi el equivalente a ciudades planificadas, con miles de lugares en los que vivir (en algunos casos, hasta siete mil habitaciones de hotel, además de residencias privadas) y todas las formas imaginables de ocio, entretenimiento, compras y restauración, todo en un mismo complejo. Cuando se terminó en 2009, el proyecto CityCenter de Las Vegas, por ejemplo, centrado en torno al casino Aria, habría costado 8.500 millones de dólares para su desarrollo y construcción. Los promotores cuentan los beneficios necesarios para recuperar sus inversiones en décadas. Una inversión de la prolongada tendencia hacia una mayor aceptación del juego comercial podría provocar una catástrofe financiera.

El resultado del éxito de Las Vegas a la hora de generar confianza es un mundo en el que la mayoría de los casinos son propiedad de grandes empresas como MGM y Caesars. Huelga decir que estos proyectos entrañan un riesgo real: no es difícil encontrar ejemplos de propiedades que se gestionaron mal o que nunca calaron entre el público y se convirtieron en problemas continuos que imposibilitaban cualquier acción o logro. Aun así, los ejecutivos de hoy están muy lejos de los Bugsy Siegel del mundo, o de los inconformistas como Kirk Kerkorian y Howard Hughes, que ayudaron a Las Vegas a salir de la era del dominio de la mafia.

Pero un hombre destaca singularmente en convertir a Las Vegas moderna en lo que es hoy: Steve Wynn.

El negocio de los casinos es tres mundos en uno

Nuestro recorrido por esta parte del Río empezará en un entorno exuberante antes de llegar a un lugar más deprimente. Deseaba avisarle de antemano, porque no quiero que haga el equivalente a

---

mación. Es difícil saber si un coche usado es defectuoso hasta que se ha comprado: una prueba de conducción no suele bastar para detectar todos los problemas y saber si se trata de un mal negocio (un mal coche, en este caso). Del mismo modo, la pequeña muestra de juego que obtenga en un casino concreto no será estadísticamente suficiente para saber si le han hecho trampas. En su lugar, deberá confiar en un tercero fiable.

juzgar un país basándose únicamente en una visita a su distrito comercial de lujo. En realidad, no hay un solo modelo de negocio de casinos, sino tres:

- Está el negocio de los complejos de lujo de gama alta, que describiré sobre todo a través de la historia del promotor que más sistemáticamente descifró el código (Steve Wynn) y del que de manera más famosa fracasó en el intento (Donald Trump). En estos establecimientos, el juego es solo una de las muchas fuentes de ingresos y a menudo representa menos de la mitad del negocio. En Estados Unidos hay mucha gente rica, y la industria del juego ha descubierto la manera de participar en la diversión.
- Luego está el mayor segmento del mercado por ingresos, un mercado medio-alto dominado por grandes compañías como MGM y Caesars. Estas empresas se dedican a crear perfiles de cliente muy complejos, en gran medida a través de programas de fidelización con los que los clientes pueden obtener ventas adicionales cada vez mayores. Esta es la parte del negocio que más ha cambiado en los últimos años, ya que las empresas de juego realizan análisis similares a los de *Moneyball* para averiguar cómo obtener más dinero de sus clientes.
- Por último, está el «mercado local», centrado en turistas con un presupuesto ajustado, jubilados y personas de clase media y trabajadora que visitan los casinos sobre todo para jugar a las tragaperras. No al blackjack, ni mucho menos al póquer. Quizá una cena decente a base de filete adquirida con los bonos del casino. Pero sobre todo tragaperras, que son la principal fuente de ingresos de estos establecimientos. Las tragaperras ofrecen unas probabilidades mucho peores que juegos como el blackjack y son más adictivas; como en muchos otros casos, los menos favorecidos suelen llevarse la peor parte.

PRIMERA PARTE: JUEGO

Hora de ganar

«Una mesa de blackjack no es más que un mueble».

Steve Wynn, probablemente el promotor de casinos con más éxito de todos los tiempos, estaba en medio de una épica perorata sobre cómo nunca había estado en el negocio del juego de azar.

«No soy más que un promotor. No me interesa hablar contigo de juegos de azar».

Wynn tiene una voz inconfundible, con una entonación áspera, un deje trumpiano (junto con su amigo-enemigo Sheldon Adelson, fue vicepresidente del comité de investidura de Trump en 2016) e indicios residuales del acento conocido como cambio vocálico de las ciudades del norte[*] (como yo nací en Míchigan, soy capaz de detectarlo incluso en cuantías minúsculas). Nacido como Stephen Alan Weinberg, en New Haven, Connecticut, pero criado en Utica, en el centro del estado de Nueva York, Wynn se hizo cargo del negocio de bingo de su padre y luego utilizó una parte de los beneficios para comprar una participación en el ya desaparecido New Frontier, en el Strip de Las Vegas.

Con el tiempo, empezó a comprar acciones del Golden Nugget, en el centro de Las Vegas, y pronto se convirtió en director y presidente. Su premisa era sencilla: hacer del mediocre Golden Nugget, que ni siquiera tenía un hotel adjunto en el momento de su compra, una propiedad de lujo, una novedad en el centro de Las Vegas, que entonces era y ahora es el hermano mayor, más sencillo y rudo, de la estrella que es el Strip. Pronto, Frank Sinatra se convirtió en uno de los cabezas de cartel más habituales y el Golden Nugget obtuvo la calificación de cuatro diamantes en la guía de viajes Mobil.

Tras desarrollar con éxito otro Golden Nugget en Atlantic City, Wynn vendió la propiedad en 1987 (un momento propicio: Atlantic City estaba a punto de entrar en una larga época de estancamiento) y luego aprovechó los beneficios para su proyecto más ambicioso: el Mirage, con 630 millones de dólares, el complejo turístico más caro del mundo en la época.

---

[*] Para una versión exagerada de esto, piense en los habitantes de clase trabajadora de Chicago retratados en la televisión o en películas de época, como los Chicago Bears Super Fans de *Saturday Night Live*. El cambio vocálico al este de los Grandes Lagos, como en Búfalo o Rochester (Nueva York), es más suave.

Wynn recuerda el día de la inauguración del Mirage con todo lujo de detalles. Describía lo que parece una escena caótica sacada de un cuadro de El Bosco, con la multitud tan ansiosa por entrar en el casino que estaba a punto de convertirse en una revuelta.

«El día es el veintidós de noviembre. El aniversario del asesinato de Kennedy, en 1989 —recordaba—. A las ocho de la mañana había diez u once mil personas. A mediodía no se veía el final de la multitud. Cuando avisé por walkie-talkie: "Seguridad, retirad las barreras, el hotel está abierto", la turba que cargó contra la puerta le dio un susto de muerte al gobernador, Bob Miller, mientras estábamos allí, de pie. Pero se detuvieron, justo en la *porte cochere*,* mientras Siegfried y Roy se acercaban con los tigres. Aquel día, setenta y cinco mil personas pasaron por el hotel. Mujeres, cochecitos, todo el mundo por todas partes, sobrecargando la zona pública».

Hoy en día, el Mirage está en las últimas, abandonado por su antiguo propietario, MGM, mientras se prepara para una segunda vida como Hard Rock Hotel & Casino Las Vegas. Pero en su momento fue revolucionario. Era el primer establecimiento nuevo que se abría en el Strip en dieciséis años. Tenía un número absurdo de atracciones: una réplica de un volcán, con «erupciones» cada hora por la noche; un hábitat para delfines; Siegfried y Roy y sus tigres blancos; y un hotel con más de tres mil habitaciones, entonces el mayor del mundo.

Era una apuesta audaz. Para ser financieramente viable, el Mirage iba a tener que ganar más dinero que cualquier casino nunca. «Las cuentas decían que tenía que ganar un millón de dólares al día. Y ningún establecimiento lo había conseguido nunca, ni de lejos —dijo Jon Ralston, el periodista más conocido de Las Vegas, que ahora dirige *The Nevada Independent*—. La gente se burlaba de ello, los llamados expertos, los analistas y las personas del sector. Y, desde la primera semana o el primer mes, estaba claro que superaba con creces esa cifra: ganaba uno o dos millones al día».

Según Wynn, el Mirage cambió Las Vegas literalmente de la noche a la mañana. «El presidente y el director de cada uno de los hoteles pasaron por el Mirage en veinticuatro horas. Así, los precios inmobiliarios del Strip cambiaron en una semana. Se corrió la voz de que

---

* Tuve que buscar esta expresión; significa «entrada cubierta para vehículos». Wynn puede ser rudo por un lado y elegante por otro.

Las Vegas podía recibir mucho dinero». Los datos respaldan básicamente lo que dijo Wynn. Entre 1988 y 2000, se produjo una explosión de los ingresos del Strip de Las Vegas, que pasaron de 3.000 millones de dólares a más de 10.000 millones (incluso ajustados a la inflación, aumentaron más del doble). La gran mayoría de las ganancias procedían de ingresos no relacionados con el juego: habitaciones de hotel, restaurantes, espectáculos con delfines…; en fin, de todo. Durante nuestra conversación, Wynn se enorgulleció de que los ingresos del juego representasen menos de la mitad de los ingresos de sus propiedades. Puede que las mesas de blackjack fueran algo más que un simple mueble, pero cada vez eran una parte más pequeña del negocio. Las Vegas moderna ya no se consideraba una curiosidad hortera o una perversidad de la mafia.

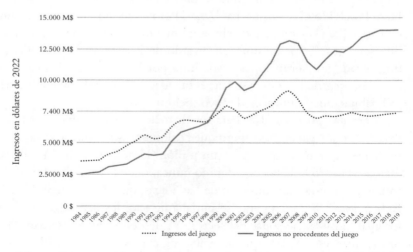

Cambios en la composición de los ingresos del Strip de Las Vegas

Wynn fue capaz de repetir la fórmula varias veces, con el Bellagio en 1998 y luego el Wynn homónimo en 2005. Con el paso del tiempo, sus propiedades se han basado menos en ardides *kitsch* y más en vender una imagen de lujo sin esfuerzo, con diseños luminosos y espaciosos, y costosas colecciones de arte[*] que desafían el estereotipo de los

---

[*] Wynn padece una enfermedad (retinitis pigmentaria) que le provoca visión de túnel; en cierta ocasión, atravesó con el codo un cuadro de Picasso que no pudo ver a

casinos lúgubres y laberínticos. «Todos se basaban en el mismo principio: hacer que las personas se sientan especiales. Vienen a Las Vegas a vivir a lo grande —me dijo—. Están contentos y se lo cuentan a sus amigos. Si los tratan bien, volverán el año que viene y pagarán más por el inevitable aumento. Así se resume toda mi filosofía empresarial y mi carrera».

Sin embargo, los atractivos establecimientos y el atento servicio de atención al cliente no logran ocultar el lado desfavorable de lo que puede ocurrir a puerta cerrada. «Lo que pasa en Las Vegas se queda en Las Vegas» es una actitud que a menudo se toma al pie de la letra, y la idea de que, en Las Vegas, todo vale tiene serias desventajas.

En 2018 y 2019, tras varias acusaciones y amplios informes de haber acosado sexualmente a empleadas y presionado para mantener relaciones sexuales, Steve Wynn y Wynn Resorts pagaron más de 100 millones de dólares en daños, multas y acuerdos, y Steve Wynn aceptó que se le prohibiera el acceso al sector del juego de Nevada. Sin embargo, el nombre de Wynn sigue figurando en las propiedades de Wynn Resorts en Las Vegas, Macao y en una propuesta de complejo turístico en los Emiratos Árabes Unidos (los representantes de Wynn Resorts declinaron una solicitud de entrevista).

No se trata de un problema aislado. Las agresiones sexuales son un problema importante en Las Vegas. En 2019, se denunciaron 1.439 violaciones al Departamento de Policía Metropolitana de Las Vegas, una tasa per cápita que duplica aproximadamente la de la jurisdicción media que comunica datos al FBI.

Tenga cuidado en Las Vegas, sobre todo si no sabe moverse en ella. En realidad, es una muestra representativa de Estados Unidos; en parte, por eso me gusta. Pero eso significa que incluye su cuota de elementos desagradables. Entre las multitudes, el alcohol, la naturaleza desorientadora de algunas de las propiedades, la gente que lleva encima grandes cantidades de fichas y dinero en efectivo, la tendencia de los visitantes a hacer cosas que no harían en casa y los clientes VIP que a menudo reciben un trato obsequioso por parte del personal de los casinos, hay muchas probabilidades de que una noche salga mal.

---

través de su visión periférica cuando lo mostraba a sus invitados, lo que provocó un descenso de 54 millones de dólares en su valoración.

Trump no pudo hacer más grande Atlantic City

Es difícil publicar un libro sobre el juego durante un año electoral y no tener nada que decir sobre el promotor de casinos más famoso/infame de todos los tiempos: el ex y quizá futuro presidente de Estados Unidos Donald Trump. Pero la verdad es que no sé muy bien dónde encaja. Si Trump es despreciado por la Aldea, tampoco es miembro del Río. Sí, Trump puede ser competitivo y arriesgado, e incluso puede tener una vena opositora, después de apostar correctamente en 2016 que podía repudiar a John McCain, Mitt Romney, George W. Bush y al resto del *establishment* republicano, y aun así obtener la nominación del partido. Pero eso por sí solo no lo convierte en riveriano. Ha demostrado poca capacidad para el razonamiento abstracto y analítico, que es lo que distingue a la gente del Río de aquellos que asumen apuestas +VE altas pero mal calculadas. La empresa que gestionaba sus casinos, Trump Entertainment Resorts, se declaró en quiebra en 2004, 2009 y 2014 antes de ser vendida, en 2016. A principios de 2024, no hay ningún casino en ningún lugar del mundo que lleve el nombre de Trump, aunque se las arregló para enriquecerse considerablemente en el proceso.

Pero, si no podemos aprender mucho nuevo sobre Trump a partir de su experiencia en la industria del juego, sí podemos aprender algo de él sobre la industria del juego. En cierto sentido, sí, los casinos tienen licencia para imprimir dinero: con las probabilidades garantizadas a su favor, es casi imposible que pierdan dinero en operaciones de juegos de azar. Sin embargo, los promotores asumen riesgos significativos cuando se trata de financiación, desarrollo inmobiliario y predicción de la futura demanda de juego de casino en sus mercados. No es fácil fracasar, pero, si te equivocas en un par de esos puntos, puedes hacerlo, y Trump es la prueba de ello.

Al igual que el Mirage, el Trump Taj Mahal de Atlantic City debutó en abril de 1990 en medio de un pandemónium. En muchos aspectos, superó al Mirage. Wynn tenía a Siegfried y Roy, pero Trump contaba con la mayor estrella del mundo, Michael Jackson, que se paseaba por el casino entre una multitud de admiradores. Al igual que el Mirage, el Taj era *kitsch*, con algunos detalles (porteros vestidos con turbantes) que hoy no encajarían. Pero el Taj también era lujoso. Quizá demasiado. *The New York Times* envió a su crítico de arquitectura, Paul Goldberger, para que lo revisara, y este comparó sus «arañas de cristal y... moqueta morada» con «dietas que solo consistieran en mousse de chocolate».

Pero el destino del Taj Mahal no se debió tanto a su diseño como a una planificación financiera catastrófica. El Taj Mahal se declaró en quiebra en 1991, solo un año después de su inauguración. Trump lo había financiado principalmente con bonos basura con un tipo de interés del 14%. Cuando un analista financiero llamado Marvin Roffman señaló cuánto tendría que ganar el Taj para devolver sus deudas —cantidades que parecían inverosímiles en un mercado de Atlantic City que ya registraba un descenso de visitantes anuales—, Trump presionó (con éxito) a la empresa de Roffman para que le despidiera.

Tras la inauguración del Taj, Trump se mostró triunfal, convencido de haber demostrado que Roffman y otros críticos se equivocaban. Pero las inauguraciones espectaculares no equivalen necesariamente a un éxito sostenido en el negocio de los casinos. En un complejo de lujo hay muchas cosas en marcha: todas las formas imaginables de juego, espectáculos, restaurantes, clubes nocturnos, spas, campos de golf. Pero también hay muchos escollos: normativas de juego, funcionarios corruptos, clientes difíciles, grandes dispendios de capital, trampas y actividades ilícitas. Es un sector que requiere voluntad para seguir las normas y una atención obsesiva al detalle, atributos que no eran un punto fuerte de Trump como jefe de un casino, igual que no lo fueron durante su primer mandato.

En establecimientos como el Wynn de Las Vegas, las cosas suelen ir bien la mayor parte del tiempo. En el Trump Taj Mahal, no fue así. Una semana después de la inauguración, las máquinas tragaperras dejaron de funcionar misteriosamente. El establecimiento carecía de personal con experiencia en la gestión de casinos, en parte debido a un trágico golpe de mala suerte: tres altos ejecutivos de Trump murieron en un accidente de helicóptero pocos meses antes de la inauguración del Taj. Cuando Trump quiso microgestionar el negocio, a menudo no fue de ayuda. Cuando un magnate inmobiliario de Tokio llamado Akio Kashiwagi fue a jugar al bacará por 200.000 dólares la mano —el tipo de ballena con el que soñaría cualquier casino—, Trump se paseó nervioso por la sala y sudó la gota gorda, haciendo que Kashiwagi se sintiera maltratado.

Atlantic City también resultó ser una mala apuesta.* Sus ingresos por el juego, de hecho, superaron a los de Las Vegas durante la mayor parte de la década de 1980 y principios de la de 1990, pero luego descendió más de la mitad. ¿Por qué Las Vegas demostró ser mucho más duradera? Quizá porque Atlantic City apostó por juego, juego y más juego, en lugar de ofrecer a sus clientes una experiencia de ocio completa (cerca del 75% de los ingresos brutos del Taj en 1990 procedían de la sala de juego). También provoca malas vibraciones. Las Vegas ofrece una sensación de libertad: los casinos se entremezclan, se puede pasear por el Strip y el tiempo es agradable durante gran parte del año. Atlantic City es más bien una ciudad amurallada, con casinos como fortalezas autónomas en una ciudad hueca y de alta criminalidad.**

De hecho, el éxito de Las Vegas ha sido difícil de replicar; en 2022, los ingresos del juego en Nevada superaron a los de los tres estados siguientes juntos. A lo largo de la historia, los establecimientos comerciales de juego han ofrecido a sus clientes diferentes arquetipos: antros de desigualdad por un lado, huidas de la realidad a modo de spas por otro. Lo que no se ha vendido es una experiencia de lujo en un parque de oficinas suburbano o en un entorno de miseria urbana. Trump no será el último en pensar que puede ser una excepción a la regla, y tampoco será el último en fracasar.

---

* Trump recibió una licencia de juego en Nevada en 2004, pero nunca ha operado un casino allí —el hotel Trump de Las Vegas no tiene sala de juegos; politifact.com/factchecks/2019/jul/09/viral-image/no-evidence-nevada-gaming-commission-said-donald-t.

** Atlantic City también ha visto su negocio canibalizado por otros casinos a lo largo y ancho de la Costa Este. Digamos que es enero en Nueva York y que uno tiene la opción de conducir más de dos horas hasta Atlantic City o tomar un vuelo de dos horas y media hasta la soleada Fort Lauderdale y jugar en el Hard Rock. Yo elijo Florida, no hay duda.

CONSUMO

La Moneyballización del negocio de los casinos

Los encuentros espontáneos en los ascensores de Las Vegas son siempre un riesgo. Los hombres suben con prostitutas; las parejas se enzarzan en discusiones; los padres agotados vuelven de la piscina con sus hijos hiperactivos. La gente es parlanchina, coqueta, está borracha —más de una vez he temido que alguien me vomitara encima— y dispuesta a contarle batallitas sobre sus experiencias en el juego.

Por suerte, la mayoría de los ascensores de Las Vegas son rápidos como el rayo, para que no pierda unos segundos preciosos que podría dedicar a jugar. Pero Gary Loveman tuvo un encuentro con un ascensor que quizá cambió para siempre el negocio de los casinos.

Loveman no encajaba bien en el sector del juego, que normalmente ha dependido de veteranos como Rumbolz, o de personas como Wynn, con un historial familiar en el negocio. Él, en cambio, era un riveriano, licenciado en el MIT y profesor de la Harvard Business School. Loveman había sido consultor para lo que entonces se denominaba Harrah's Entertainment (ahora Caesars Entertainment) cuando, para su sorpresa, le pidieron que se tomara dos años sabáticos para incorporarse como director de operaciones —y acabó quedándose diecisiete años—, y fue ascendido a consejero delegado en 2003, el año en que se publicó *Moneyball*.

Mientras el análisis se apoderaba del béisbol, a Loveman le sorprendió la diferencia entre la cantidad de datos que generaba el negocio de los casinos —«Es rico en datos, y se puede analizar prácticamente todo con gran rapidez, en mayor medida que en casi cualquier otro negocio que haya conocido»— y lo poco que se utilizaban esos datos para orientar las decisiones. En uno de sus primeros días de trabajo, Loveman estaba en un ascensor subiendo a su habitación en el Harrah's de Las Vegas cuando oyó quejarse a un grupo de turistas que venían de Atlantic City. «Decían: "Dios mío, no podemos ganar nada en las tragaperras aquí en Las Vegas. No puedo creer lo rácanas que son. Ojalá estuviera de vuelta en Atlantic City"». Loveman sabía que no era así. En aquella época, las tragaperras de Las Vegas eran relativamente generosas, con un porcentaje de retención de alrededor del 5%, es decir, la cantidad que el casino se queda como beneficio, por término medio, de cada tirada de la máquina. En cambio, las tragaperras de New Jersey eran mucho más tacañas, con un porcentaje de retención de alrededor del 7,5%.

A largo plazo, un beneficio del 7,5 % frente al 5 % supone una gran diferencia para los beneficios del casino. Pero, según Loveman, a corto plazo es casi imposible que el jugador note la diferencia.

«A la mañana siguiente, literalmente, empecé a trabajar con mi equipo de las tragaperras y a entender las distribuciones de probabilidad que se programan en ellas —me dice—. Entonces contraté a un grupo de matemáticos del MIT (la mayoría de ellos se habían formado en el grupo de aeronáutica y aeroespacial). Y determinamos que, para que una persona reconociera la diferencia entre una máquina tragaperras con una retención del cinco por ciento y otra con una retención del ocho por ciento, el jugador tenía que tirar de la palanca cuarenta mil veces en cada máquina».

Cuarenta mil tiradas son muchas. Según Loveman, el jugador medio solo juega en una máquina unos cientos de veces antes de probar otra cosa, lo cual no basta ni de lejos. Estadísticamente —en parte porque una gran parte del dinero que devuelven las tragaperras llega en forma de grandes botes que solo se consiguen muy de vez en cuando—, un jugador tarda mucho tiempo en estimar su valor esperado. Y, a diferencia del blackjack, no se pueden consultar las probabilidades, ¡no aparecen en ninguna parte! De hecho, la misma máquina puede tener pagos diferentes en distintas partes del casino, sin que el cliente lo note.*

Dada esta asimetría de información, los casinos dejaban dinero sobre la mesa; pero esto iba a cambiar pronto. En 1997, el año antes de que Loveman se incorporara a Caesars, las máquinas tragaperras del Strip de Las Vegas tenían un porcentaje medio de retención del 5,67 %. Cuando Loveman se fue, en 2015, el porcentaje había subido al 7,77 %, justo donde habían estado las cifras de Atlantic City. Si es jugador de tragaperras y cree que las máquinas son más tacañas que antes, está en lo cierto, y ahora ya sabe a quién culpar: Loveman no se oculta ni tiene reparos en atribuirse el mérito. «Verá que la retención media de las tragaperras en Estados Unidos subió de manera considerable en los últimos años, en gran parte porque las personas a las que contraté para que me ayudaran a empezar a hacer esto dirigen ahora todas las empresas de la competencia».

---

* En general, las máquinas situadas en lugares muy visibles pagan mejor, y los juegos muy temáticos, como los basados en concursos populares, pagan peor (cuanto más divertido sea un juego, más dinero le costará jugar). Pero, aunque solo sea eso, espero que este libro le convenza de no jugar a las tragaperras. Casi cualquier otro juego que ofrezca un casino será más generoso.

CONSUMO

Los casinos también pueden manipular la forma en que se paga el dinero: las distribuciones de probabilidad que hay detrás de las máquinas. Naturalmente, los clientes se inclinan por el patrón que mejor se adapta a su tolerancia al riesgo o que manipula con mayor eficacia su percepción de las probabilidades. Sin embargo, el estándar general del sector es una máquina que proporciona un gran bote de forma ocasional, pero también ganancias modestas regulares, de modo que el jugador tenga algún tipo de refuerzo positivo.[*]

Natasha Schüll, profesora de antropología de la NYU y autora del libro *Addiction by Design: Machine Gambling in Las Vegas*, recuerda lo que le dijo un ejecutivo del juego. «Dijo: "Queremos que te reclines en nuestros algoritmos igual que te reclinas en un cómodo sofá". Se trata de suavizar el viaje hasta cero para que no te des cuenta de que estás perdiendo a medida que llegas allí».

Parte de la casa en las tragaperras del Strip de Las Vegas

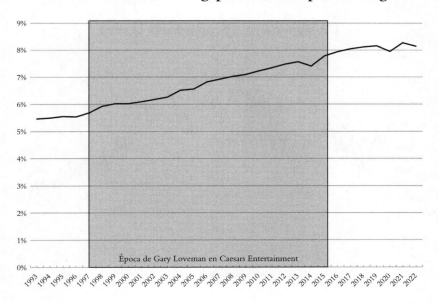

Época de Gary Loveman en Caesars Entertainment

---

[*] Quizá no sea casualidad que este modelo de pago sea similar al de los torneos de póquer, en los que entre el 10 y el 15% de los participantes reciben algún tipo de premio, pero el premio más sustancioso se reserva para el 1 o el 2%. Es la combinación de pequeños premios regulares y grandes premios ocasionales lo que hace que los jugadores vuelvan.

La diferencia entre una bajada suave hasta cero y una bajada brusca se ilustra en el gráfico siguiente. En él he simulado diez mil tiradas de dos máquinas tragaperras, cada una de las cuales tiene una retención para la casa del 8%. En la primera máquina, Thunder Canyon, un jugador gana un bote de 92 dólares una vez cada cien tiradas de 1 dólar, y ese es el único pago de cualquier tipo. En la segunda máquina, Lazy River, el bote máximo es de solo 25 dólares, pero hay muchos premios secundarios, desde 1 dólar hasta 15 dólares, y un jugador conseguirá algún tipo de premio alrededor de una sexta parte de las veces.

Intuitivamente, podría entender que se trata de estructuras de pago diferentes, pero incluso a mí me asombró hasta qué punto se muestran diferentes en el gráfico, a pesar de que ambas máquinas tienen el mismo VE (−8 dólares por cada 100 dólares apostados). Y créame, por mi experiencia con el póquer y las apuestas deportivas: cuando estás en medio de una de estas oscilaciones, puedes sentirlas, y van a influir enormemente en tu tendencia a seguir apostando.

Un viaje suave o brusco hacia el cero

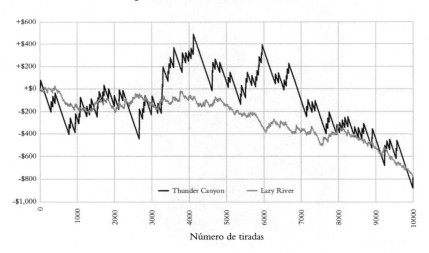

Si todo esto suena cínico, en fin, es la naturaleza de la bestia. «Si se dedica al negocio de los casinos, en cierto modo, su trabajo consiste en hacer que la gente pierda dinero», afirmó Schwartz.

Pero aquí está el asunto: con independencia de qué otras cosas esté haciendo, Las Vegas no se limita a masticar y escupir a sus clientes y a maximizar cierto equilibrio a corto plazo. Por el contrario, los visitantes de Las Vegas son muy leales. Disneyworld es un famoso caso de estudio empresarial, porque el 70% de los visitantes que acuden por primera vez acaban por repetir. Pues bien, generalmente el 80% de los visitantes de Las Vegas son clientes que repiten.

Parte de ello se debe a otra innovación de Loveman: la tarjeta de fidelización de clientes. No es que fuera una idea nueva exactamente. Los programas de fidelización de las líneas aéreas despegaron en la década de 1980 y se hicieron omnipresentes en la de 1990. Pero el sector de los casinos tardó en adoptar un programa similar hasta la década de 2000. A la mayoría de los veteranos «les parecía ridícula la idea de un programa de recompensas por niveles y de utilizar los datos para tomar decisiones en lugar de la experiencia —me decía Loveman—. La resistencia fue bastante considerable. Pero cuando los resultados se hicieron obvios [...] obtuvimos mucho impulso».

Esto se debe a que el negocio de los casinos está muy concentrado en la parte superior. Muchos ingresos proceden de un número muy reducido de ballenas. En el sector aéreo, un billete de clase *business* puede costar cuatro o cinco veces más que un asiento en clase turista. ¿Y en el negocio del juego? Algunos clientes gastan cientos o miles de veces más que otros. «Les decimos a nuestros empleados que, si pierden un cliente Diamante por un mal servicio, tienen que encontrar veinte clientes Oro para reemplazarlo», dice Loveman.

Las ventajas de tener un estatus alto en un programa de recompensas de un casino son ilimitadas. Oficialmente, los miembros de Caesars Seven Stars obtienen habitaciones gratuitas o con grandes descuentos en casi todos los establecimientos Caesars de todo el mundo, miles de dólares en créditos para restaurantes y viajes, e incluso un crucero gratuito. Extraoficialmente, su estatus puede llevarlos aún más lejos. Los VIP suelen tener anfitriones o conserjes personales y pueden negociar cambios en las reglas de juego, importantes reembolsos si pierden, comida y bebida gratis en cualquier lugar del establecimiento,[*] noches en clubes de

---

[*] Pero vaya con cuidado. Una noche, mientras cenaba con un grupo de degenerados en un restaurante del Aria, uno de ellos «dejó como propina» a la anfitriona 400 dólares, y nuestro camarero —que dedujo correctamente que el dinero no era un problema— nos ofreció un cabernet Hundred Acre de 1.300 dólares en lugar de la de 700 dólares que habíamos elegido. Los chicos, optimistas, pensaban que nos invitarían a comer, pero no fue así.

striptease e incluso aviones privados. No es buena idea pedir nada ilegal a un anfitrión de casino —en serio, mejor que no lo haga, son negocios muy regulados—, pero, si se porta mal, le darán más cuerda. «No debe sorprenderle que seamos más tolerantes con la mala conducta de los huéspedes más valiosos que con la de los menos valiosos», explicó Loveman.

No todo el mundo está de acuerdo con la agresividad con la que Caesars otorga privilegios a sus clientes de gama alta. Steve Wynn, por ejemplo, no lo está. La idea de que un cliente que ya está pagando por una experiencia de lujo se vea relegado a un segundo plano por alguien que tiene un estatus aún más alto le disgusta profundamente. Cuando Wynn expuso sus objeciones a Loveman, aceptaron que tenían diferencias de opinión. «Le dije a Gary: "¿No crees que eso, este trato preferente a la vista de todos genera hostilidad? ¿No los convierte en ciudadanos de segunda clase?" [...] Y [Loveman] respondió: "Al contrario, Steve, los convierte en aspirantes". Ven al tipo que se cuela y quieren formar parte de ese grupo».

Para mí, la intrincada selección de clientes puede resultar abrumadora. Hace unos minutos que abrí mi aplicación Caesars Rewards para buscar una habitación en Las Vegas dentro de unos meses, y podía elegir entre, literalmente, ciento noventa tipos de habitaciones diferentes en nueve propiedades del Caesars. Siempre hay una mejora. ¿Una habitación con vistas al Strip? ¿Una suite de esquina? ¿Una suite de esquina con vistas al Strip? ¿Una suite ejecutiva? ¿O incluso una villa privada? Cuanto más alto sea mi estatus, mejores ofertas conseguiré.

Y, sin embargo, Loveman probablemente tenía razón. El Wynn tenía un programa de tarjetas de fidelización cuando se inauguró en 2005 y sigue teniéndolo en la actualidad. Es menos intrusivo que17 el programa del Caesars, y el nivel de servicio es más alto. Pero aunque todos los clientes del Wynn son especiales, algunos son más especiales que otros.

> **Sí, el Río también ha encontrado la manera de ganar en las tragaperras**
>
> Cuando empecé a escribir este libro, no esperaba que una de mis experiencias más locas fuera pasar un tiempo con un jugador pro-

fesional de máquinas tragaperras. De hecho, no sabía que existieran jugadores profesionales de tragaperras.

Ma costó localizar a Carter Loomis —no es su verdadero nombre—. Pero habíamos acordado reunirnos en el descanso para cenar de un torneo de póquer en el Wynn. Mientras esperábamos una mesa en el restaurante de bocadillos junto a las apuestas deportivas, me excusé para subir corriendo a mi habitación y coger mi grabadora digital. No fueron más de cinco minutos. Y, sin embargo, Loomis se las arregló para ganar un bote de 2.000 dólares en la tragaperras.

Si hay alguna ventaja en algún lugar de un casino, puede estar seguro de que un riveriano la encontrará. El término que engloba a alguien como Loomis es «jugador de ventaja», que se utiliza para describir el juego +VE ejecutado mediante métodos que no impliquen trampas. El término no suele aplicarse al póquer ni a las apuestas deportivas, ya que se sabe que eso son juegos de habilidad. Es más bien cuando las personas encuentran una ventaja en juegos en los que normalmente se supone que estas no existen. Jeff Ma y el Equipo de Blackjack del MIT llevaban a cabo una especie de juego de ventaja. A veces, los botes progresivos pueden llegar a ser muy grandes en las máquinas tragaperras, el videopóquer u otros juegos, y puede ser rentable jugar: eso también es jugar con ventaja.

Loomis empieza a enseñarme la sala de juego del Wynn y señala diferentes máquinas tragaperras. Estaba a la caza de un juego +VE.

«Intentas encontrar un juego en el que alguien haya acumulado algo, y te aprovechas de ello. Así que este es el juego: los cerdos engordan cada vez más y luego explotan. Mientras, puedes salir por ahí de tiendas; y este es el mejor, pero aún no es lo bastante bueno. Tengo ciertos criterios».

Loomis estaba descorriendo la cortina de lo que para mí era un mundo nuevo; en aquel momento, solo entendí a medias lo que quería decir. Pero deje que lo explique con ejemplos.

Supongamos que hay una máquina tragaperras llamada El Afortunado Sr. Rana. Representa a una simpática rana de dibujos animados a la que un grupo de cocineros franceses de aspecto estereotipado cuecen lentamente en una olla de agua hirviendo. Jugar cuesta 1 dólar por tirada. Cada vez que juegas, el agua se calienta un poco más, lo que se nota por señales visuales como burbujas y vapor. No se preocupe, a nuestra rana no le pasará nada. En algún momento saltará fuera de la olla, y un algoritmo determinará cuándo. Y cuando lo haga, el Sr. Rana nos hará ganar dinero. Esto se debe a que el juego entrará en el modo Frenético, en el que obtendremos un montón de tiradas gratuitas mientras el Sr. Rana salta sobre algunos nenúfares, saquea el pícnic de los chefs y aún más cosas, descubriendo premios en metálico por el camino. El valor esperado del modo Frenético es de 200 dólares.

La ventaja general de la casa en El Afortunado Sr. Rana, promediada en todas las tiradas, es del 10 %, típica del Strip de Las Vegas; pero varía de una tirada a otra: cuanto más caliente esté el agua, más probabilidades tendremos de alcanzar el muy rentable modo Frenético.[*] De hecho, esto es lo que se conoce como un juego «que hay que acertar»; tal y como está programado, el modo Frenético debe activarse al menos antes de la milésima tirada si aún no se ha acertado.

Si el agua está tibia, este juego es terrible para el jugador. De hecho, me saltaré las matemáticas, el valor esperado de la primera tirada de 1 dólares de −0,30 dólares. Sin embargo, con cada tirada posterior, el agua se calienta más y el VE mejora (es como si la cuenta se volviera positiva en el blackjack). En la 602.ª tirada, El Afortunado Sr. Rana es un juego con +VE. Y si de alguna manera llegamos a la tirada 1.000 con el Sr. Rana todavía en la olla, el VE es de aproximadamente 200 dólares, porque tenemos garantizado que se activa el modo Frenético.

Si esto le parece una tontería inverosímil, debería ir a un casino y echar un vistazo a algunas de las tragaperras. Están llenas de temas absurdos, y algunas utilizan mecánicas similares, como el juego del cerdo explosivo al que se refería Loomis; en ese juego, al girar los rodillos caen monedas en una hucha hasta que esta explota y activa un modo de bonificación.

Se preguntará: ¿no podría una persona simplemente pasearse por ahí, buscando condiciones +VE: huchas que están a punto de explotar, ollas que están a punto de desbordarse? Pues sí, eso es bá-

---

[*] Para los cálculos de esta sección, estimo la probabilidad de que el Sr. Rana salte fuera de la olla en una tirada determinada como $1/(1001 - x)$, siendo x el número de tiradas desde que el modo Frenético se activó por última vez.

sicamente lo que hacía Loomis. Hay un chiste de frikis sobre un par de economistas que caminan por la acera y ven un billete de 20 dólares en el suelo. El primer economista dice: «¡Vaya, 20 pavos!». El segundo, con una fe inquebrantable en la eficiencia de los mercados, dice: «Eso no puede ser un billete de 20 dólares; si lo fuera, alguien ya lo habría pillado». Pues bien, a veces hay el equivalente a billetes de 20 dólares tirados por el suelo en los casinos, abandonados en las máquinas tragaperras por jugadores desprevenidos que no entendían la mecánica del juego. Los jugadores de ventaja los recogen. Pero no es tan fácil como parece. A algunos casinos no les gustan los jugadores como Loomis, aunque otros son más tolerantes. Básicamente, Loomis está sacando VE de otros jugadores y no del casino.* Sin embargo, si sus ganancias son directamente a costa del casino, a este no le hará ninguna gracia. Al jugador de póquer de talla mundial Phil Ivey le demandó el Borgata de Atlantic City, por ejemplo, por utilizar un método de juego de ventaja llamado *edge sorting*, en el que los jugadores identifican qué cartas tiene el crupier observando sutiles defectos en los dorsos de las cartas. Para mí, esto no es hacer trampas, y la culpa es del Borgata por no haber revisado sus barajas con más cuidado. Pero un juez de New Jersey no estuvo de acuerdo conmigo y ordenó que Ivey devolviera más de 10 millones de dólares al Borgata; finalmente, se llegó a un acuerdo antes de la apelación.

Y recuerde que el juego en las tragaperras suele ser sustancialmente –VE, por lo que pensar erróneamente que está en una situación de ventaja cuando no lo está le costará caro. Además, a veces las máquinas tragaperras van de farol. «Es cierto que hay algunos juegos en los que esto es falso, como ese juego de ahí», dice Loomis, señalando una máquina diferente, que se parecía mucho al juego de la hucha, pero era de otro fabricante. El uso del recurso de la hucha en ese juego era solo un truco; el bote tenía las mismas probabilidades de salir en cualquier tirada.

—¿Cómo sabes cuál es cuál? —le pregunto a Loomis.

---

* En el caso de las máquinas tragaperras y otros juegos progresivos, al final el casino tendrá que pagar el bote a alguien. ¿Preferiría pagárselo a una turista en su primer viaje a Las Vegas o a un tipo listo como Loomis? Probablemente a la turista. Por otro lado, Loomis genera un volumen total más alto de juego en las tragaperras.

—Lo sabes porque lo sabes. Hay que estar al tanto —contesta crípticamente.

El juego de tragaperras con ventaja es un terreno con secretos muy bien guardados (por eso acepté usar un seudónimo para Loomis). No hay muchos datos sobre ello en internet. Y eso es porque esencialmente hay un número finito de billetes de 20 dólares. Si encuentro uno, sale del bolsillo de otro jugador. De hecho, Loomis estaba a punto de que le diesen una buena lección.

—No sé por qué ese está mirando este juego —dice Loomis, señalando hacia otra máquina en la que está jugando un hombre asiático de treinta y tantos años, a quien Loomis reconoce como compañero jugador de ventaja—. Debo de estar perdiéndome algo. Es obvio que hay algo bueno en este juego.

Loomis no es una persona a quien se pueda describir como discreta, y el otro tipo oyó nuestra conversación.

—¡¿Qué tal si dejas de chivarte a la gente?! —dijo exasperado.

—¿Que deje de chivarme a la gente? ¿Chivarme de qué?

—¡Tú ya sabes lo que haces, tío! ¡Seguir a la gente!

—No te he seguido; solo paseamos mirando máquinas.

—¡No se lo chives a la gente, tío! ¡Arruinarás todo el negocio!

Loomis hizo un gesto hacia mí.

—No va a jugar.

—Sí, no voy a jugar —añadí tímidamente.

—Que no se lo digas, tío. Eres un estúpido por contárselo a la gente. Que te den.

Por suerte, en ese mismo momento recibí un mensaje de texto diciendo que nuestra mesa estaba lista. Pero, desde entonces, siempre he estado atento a los jugadores de ventaja. No son tan difíciles de detectar. Su postura es más erguida. Tienen una determinación de la que carece el típico turista que juega a las tragaperras. Y encuentran billetes de 20 dólares que no deberían existir.

¿En busca de acción o de evasión?

No es literalmente cierto que todas las sociedades humanas hayan tenido juegos de azar. Pero ha sido muy común, y se remonta a las culturas de cazadores y recolectores donde el riesgo formaba parte integral de la vida cotidiana. Sin embargo, el juego no ha sido objeto de demasiados estudios académicos o antropológicos serios. Muchos intelectuales consideran que el juego es un poco vergonzoso, pero no Natasha Schüll.

Schüll, profesora de antropología de la NYU, visitó Las Vegas por primera vez en una escala cuando se dirigía a California para asistir a la universidad. «Rara vez había estado por encima de la calle Catorce. Era así de neoyorquina provinciana». Enseguida se quedó prendada. «Cuando pensaba en cosas exóticas, era el aeropuerto de Las Vegas, donde la gente me intrigaba». Las Vegas era el escenario perfecto para un antropólogo.

Lo que pasa con el aeropuerto de Las Vegas es que es muy muy de Las Vegas. Hay máquinas tragaperras por todas partes. Hay salones para fumadores. Hay anuncios de restaurantes de carne, abogados de demandantes y espectáculos de boys. Es como si fueras al aeropuerto de Dallas y tuvieran una torre petrolífera en funcionamiento justo al lado de la cinta de recogida de equipajes número 6. Si está acostumbrado a ver el juego como algo bochornoso, el aeropuerto de Las Vegas confirmará sus peores sospechas.

Pero a Schüll le gusta Las Vegas. Es amiga de jugadores de póquer y no es ninguna mojigata.* Sin embargo, sabe que el glamur del Strip es un mundo aparte del Las Vegas que pasó la mayor parte del tiempo estudiando para *Addiction by Design*. «Pasaba ratos en la sala de póquer de apuestas altas del Bellagio —dice—. Pero hice toda mi investigación lejos del Strip, en casinos pequeños y en salas de Jugadores Anónimos. Y en esos casinos, el diseño del suelo es completamente diferente. Las alfombras son diferentes, las alturas de los techos son diferentes».

El libro canónico sobre diseño de casinos, *Designing Casinos to Dominate the Competition*, de Bill Friedman, de 629 páginas y publicado en el 2000, establecía una serie de principios que suponían un agresivo cambio de casi todos los principios de la teoría arquitectónica moderna y defendía que el entorno debía ser, en apariencia, desagradable para el cliente. «Los TECHOS BAJOS dominan a los TECHOS ALTOS», reza uno de ellos. «UNA DISTRIBUCIÓN DE EQUIPOS DE JUEGO COMPACTA Y CONGESTIONADA vence a una VACÍA Y ESPACIOSA», es otro. El ideal de Friedman es un laberinto de máquinas tragaperras —y nada más— hasta donde alcanza la vista.

---

* Cuando una camarera le trajo por error una versión alcohólica del cóctel Arnold Palmer que había pedido, se lo bebió de todos modos (era un viernes por la tarde, bastante tarde).

Por suerte, el mercado del lujo ha rechazado algunas de estas ideas. Edificios como el Wynn y el Bellagio de Las Vegas son amplios y luminosos, con techos altos y buenas líneas de visión. En Baha Mar, en las Bahamas, hay incluso ventanales que van del suelo al techo. Estos complejos también reservan sus zonas más concurridas a juegos de mesa como los dados y la ruleta, que tienen un gran atractivo visual. Pero en muchos casinos locales, los principios de Friedman siguen vigentes. En el Strip de Las Vegas, las máquinas tragaperras representan solo el 29 % de los ingresos totales (juego más no juego). En los casinos situados fuera del Strip, representan el 53 %, más que los juegos de mesa, las habitaciones, la comida, la bebida y todas las demás categorías juntas.

Desglose de los ingresos de los casinos del Strip de Las Vegas

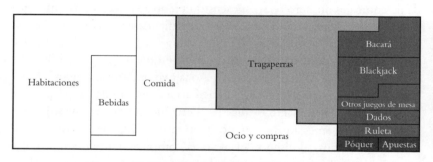

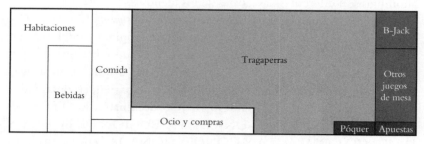

Para los ejecutivos del juego, las máquinas tragaperras poseen varios atractivos evidentes. Por ejemplo, tienen un bajo coste de mano de obra. «Los operadores más avispados —dice Rumbolz—, empezaron a darse cuenta de que podían dedicar una mayor parte de la superficie de sala a dispositivos que no se toman vacaciones, que no se sindicalizan, que no les cuestan más que el gasto inicial». Las máquinas tragaperras superaron por primera vez a los juegos de mesa en ingresos de juego en Las Vegas en 1983 y desde entonces han dominado el terreno.

También tienen una ventaja para la casa mucho mayor que los juegos de mesa. Si un jugador juega de forma óptima y elige mesas con reglas decentes, los dados, el blackjack y el bacará poseen una ventaja de la casa de alrededor del 1 % o menos. Sin embargo, la ventaja media de las tragaperras en el Strip de Las Vegas supera el 8 %. Y es aún más alta —alrededor del 11 %— en las tragaperras de un centavo, que son los juegos más habituales para los jugadores ocasionales. Entre las formas más comunes de juego autorizadas por el Gobierno, los únicos que son peor negocio para los jugadores son las carreras de caballos y las loterías estatales, que son esencialmente un impuesto regresivo sobre los ciudadanos de rentas bajas y medias (de promedio, el Gobierno se queda con unos 35 centavos de cada dólar que se gasta en un billete de lotería, y algunos estados se quedan con el 80 % o más). Los que compran billetes de lotería son, de forma desproporcionada, los pobres.

**Comparación de las probabilidades
de los juegos de azar más comunes**

JUEGO	VENTAJA TÍPICA DE LA CASA	RANGO HABITUAL
Dados	0,4 %	0,3 %–1,41 %
Blackjack	0,6 %	0,15 %–2,5 %
Bacará	1,06 %	1,06 %–1,24 %
Apuestas deportivas	5 %	2,5 %–10 %
Ruleta	5,26 %	2,70 %–7,69 %
Tragaperras	8 %	2 %–25 %
Carreras de caballos	18 %	10 %–25 %
Lotería del estado	35 %	20 %–80 %

Nota: Esta tabla asume un juego óptimo en el blackjack, que el jugador juega como la banca en el bacará, y que un jugador hace una apuesta en la línea de pase en los dados. Muchos juegos ofrecen apuestas paralelas que comportan una ventaja mucho mayor para la casa que las probabilidades aquí indicadas.

Y luego está la parte de la que a los ejecutivos de los casinos no les gusta hablar. Para cierto porcentaje de clientes, las tragaperras pueden ser muy adictivas: pueden crear adicción entre tres y cuatro veces más rápido que los juegos de cartas o las apuestas deportivas. Aunque el porcentaje de jugadores que se convierten en ludópatas es relativamente pequeño, estos jugadores pueden representar entre el 30% y el 60% de los ingresos de las tragaperras porque juegan con mucha frecuencia.

Estoy a punto de contarle lo que quizá sea lo más sorprendente que he aprendido en el transcurso de la escritura de este libro. Al principio puede parecer antiintuitivo, pero ayuda a explicar por qué las máquinas tragaperras pueden desencadenar una conducta tan compulsiva.

Ahí va: según Schüll, muchos de los ludópatas que conoció no querían ganar. «Durante un tiempo, no era capaz de entenderlo —me dijo Schüll—. Pero [...] me lo decían una y otra vez».

¿Por qué no iba a querer ganar un jugador? Bueno, cuando ganas un bote de tragaperras, la experiencia es perturbadora. Las luces parpadean. Suenan las alarmas. Los demás jugadores gritan. Un sonriente empleado se acerca para comprobar tu DNI y entregarte un formulario de impuestos. «Cuando ganaron un premio gordo, de repente, empezó a sonar música a todo volumen. La gente los miraba, invadiendo su espacio intersubjetivo. Volvían a su ser e incluso notaban sensaciones físicas. De repente, tenían ganas de orinar o sentían calambres».

Según Schüll, los jugadores compulsivos de máquinas tragaperras buscan escapar de las presiones de la vida diaria. Los casinos lo facilitan colocando a los jugadores en lo que ella llama la «zona máquina», un estado de flujo en el que pueden aislarse de las distracciones del mundo real.

Los sujetos de Schüll incumplen la sabiduría convencional sobre por qué juega la gente. Buscan comodidad, no emoción. Pero eso se debe a que la sabiduría convencional se formó, en parte, a partir de estudios de personas que juegan a juegos de mesa como los dados o el blackjack. Hay poca superposición entre los jugadores de tragaperras y los de juegos de mesa. Los jugadores de blackjack, dados y ruleta son adictos a la acción. Buscan la emoción, no la evasión. El famoso sociólogo Erving Goffman, que trabajó como crupier de blackjack en un estudio etnográfico de Las Vegas, escribió en 1967 un ensayo titulado «Where the Action Is». Sitúa el juego de casino en un estado de decaimiento posterior a la Segunda Guerra Mundial, en un mundo cada vez más seguro y próspero, y en el que cada vez había menos pruebas de coraje disponibles. El arquetipo de Goffman es algo así como Bob Miller, de Dubuque, Iowa, que una vez se imaginó alistándose en el ejército o realizando las hazañas de un hombre valeroso, pero que, en cambio, ahora tiene una mujer y dos hijos y un trabajo seguro de clase media-alta como director de banco. Así que vuela a Las Vegas para pasar el fin de semana y se empuja al límite de su tolerancia al riesgo. En un casino, «se asegura la oportunidad de enfrentarse a la excitación de un nivel de riesgo y oportunidad financieros superior a los que la mayoría de las personas de sus medios se sentirían a gusto».

La próxima vez que vaya a un casino, fíjese en lo que hacen los hombres* en una mesa de dados. A menudo tienen una postura trapezoidal: ancha en la base, marcando su territorio, con las manos o los codos apoyados en la barandilla acolchada de la mesa y la cabeza extendida sobre la mesa en un ángulo de 15 grados. Están literalmente inclinados hacia la acción para ver mejor la tirada de dados que determinará su destino. Quieren que se les vea, que se reconozca su valor.

Los jugadores compulsivos de tragaperras son justo lo contrario. Lo que quieren es esconderse, por eso los casinos locales suelen tener malas líneas de visión. ¿Esconderse de qué? Para los jugadores con los que habló Schüll, a menudo se trataba de esconderse de un mundo que se había vuelto demasiado complejo y arriesgado, un mundo en el que tenían demasiadas responsabilidades pero en el que todavía había demasiadas cosas fuera de su control. Era como si jugando a las tragaperras pudieran canalizar todos sus demás problemas en uno solo y muy grande: la ludopatía.

«Sabían que iban a perder, no son ilusos —me dijo Schüll—. Son muy diferentes de los jugadores de póquer estratégico. Pero no son ilusos en el sentido de que sean tontos y crean que van a ganar. Saben muy bien que lo que quieren (aquello por lo que juegan y que supera al premio gordo) es seguir jugando».

Los casinos ayudan a los jugadores a permanecer en la zona de máquina de formas obvias y no tan obvias. Una de ellas es el método que

---

* Una gran variedad de estudios —además, francamente, de lo que se puede encontrar si va a un casino y se da una vuelta— sugieren que los jugadores de juegos de mesa son, en su mayoría, hombres, y los de máquinas tragaperras, mujeres.

ya he descrito: modificar los algoritmos de pago para ofrecer a los jugadores ocasionales refuerzos positivos en forma de ganancias modestas y un recorrido más suave hacia el cero. Schüll comparaba las máquinas tragaperras con las cajas de Skinner, llamadas así por el psicólogo B. F. Skinner, los dispositivos que se utilizan para condicionar ratas u otros animales pequeños: si presionas la palanca, obtendrás un pedacito de queso. Tradicionalmente, se llegaba a estas estrategias por ensayo y error. Pero a medida que las actitudes del Río se imponen, las empresas de juego se vuelven más sofisticadas a la hora de optimizarlas; en Caesars, Loveman llegó a tener un equipo de análisis de tragaperras que realizaba ensayos de control aleatorios.

Pero eso hace que las máquinas tragaperras parezcan más miserables de lo que son. De hecho, las máquinas tragaperras modernas son inmersivas y muy divertidas. Están llenas de minijuegos, sonidos y animaciones: lobos aullando, búfalos pisando fuerte o una Vanna White virtual diciéndole que gire la Ruleta de la Fortuna. Gane o pierda, la máquina montará un espectáculo, quizá para convencerle de que ha estado muy cerca de ganar, aunque su destino ya esté decidido. «En el momento en que el jugador acciona la palanca, el ordenador decide si ha ganado o perdido. Y el generador de números aleatorios se activa y, microsegundos después, oh, ha perdido —explica Rumbolz, cuya empresa actual, Everi Holdings, fabrica equipos de juego, incluidas máquinas tragaperras—. Pero entonces podemos tardar quince o veinte segundos en mostrarle que ha perdido».

Los casinos intentan, sobre todo, reducir la fricción. En el blackjack, hay intervalos naturales; cada cambio de baraja o de crupier es una oportunidad para plantearse si se quiere seguir jugando. También hay muchos ojos que lo miran continuamente. Si está borracho o agresivo, puede que le pidan que se vaya; si está perdiendo mucho, puede que se marche por vergüenza. Todo eso crea fricciones. Pero nada le impide pulsar el botón de la máquina tragaperras una y otra vez hasta arruinarse. Las tragaperras crean un flujo continuo, lo que las hace adictivas literalmente de la misma forma que lo son las aplicaciones de redes sociales como Twitter. Un jugador puede fácilmente hacer girar los rodillos seiscientas veces en una hora o más.

Las sutiles opciones de diseño también ayudan a reducir la fricción. Schüll me ayudó a darme cuenta de una de ellas. Los casinos, incluso los de gama alta, como el Aria, tienen pocos ángulos rectos. Los ángulos rectos crean fricción: una oportunidad para irse. En vez de eso, los interiores de los casinos modernos son curvilíneos, con zonas de juego que fluyen unas hacia las otras. No son laberínticos como los casinos locales, pero pueden hacerle caminar en círculos, con una máquina tragaperras o una mesa de blackjack siempre en el horizonte.

Al igual que Schüll, no soy un mojigato. Los casinos de lujo venden diversión a sus clientes, y en la mayoría de los casos lo consiguen, al menos a juzgar por el alto índice de clientes que repiten. El visitante medio de Las Vegas solo sufre pérdidas modestas en el juego —unos 300 dólares por viaje— y el sector de los casinos crea muchos puestos de trabajo de clase media. En lo que a mí respecta, el hecho de que un producto pueda perjudicar a algunas personas no significa necesariamente que debamos prohibirlo. La gente tiene derecho a tomar decisiones tontas.

Pero hay algo en las máquinas tragaperras que hace que la transacción entre los casinos y sus clientes parezca fundamentalmente injusta.

Si juego al blackjack durante una hora, apostando 50 dólares por mano, el valor esperado de esa sesión es una pérdida de entre 25 y 100 dólares, según las reglas del juego, la velocidad y lo cerca que esté de la estrategia óptima. A cambio, obtengo bebidas gratis, una hora de entretenimiento, algunas buenas historias para compartir con mis amigos y algunos puntos de fidelización. Además, a menudo salgo ganando. De hecho, me parece una transacción en la que todos salen ganando.

Sin embargo, si juego a las tragaperras, puedo perder en potencia mucho más de lo que pienso. Por ejemplo, algunas «tragaperras de un centavo» te permiten apostar, en realidad, hasta 4 dólares por tirada o más. Si haces seiscientas tiradas a 4 dólares cada una en el transcurso de una hora, con una retención típica en el Strip de Las Vegas del 11% en las tragaperras de un centavo, esa hora te costará 264 dólares en valor esperado. Eso no parece justo para lo que se supone que es un producto básico, sobre todo si me han manipulado para creer que pierdo menos. Viola la confianza que ha ayudado a la industria de los casinos a prosperar.

Puede que Goffman tenga razón al calibrar la motivación de los tipos del Río. Incluso jugadores de póquer expertos como Dan Smith o Rampage pueden ver cierto encanto romántico en confiar su destino al giro de la siguiente carta. Pero los adictos a las tragaperras de Schüll no son riverianos, para los que la vida moderna se ha estancado. Por el contrario, buscan la huida de un mundo peligroso. Puede que incluso tengan una tolerancia al riesgo relativamente baja. Porque en las tragaperras una cosa es segura: a la larga, vas a perder.

PRIMERA PARTE: JUEGO

«Siempre me río cuando la gente me dice que las máquinas tragaperras son una cuestión de azar —recuerda Schüll que le dijo uno de sus jugadores adictos—. Porque, si se tratara de azar, debería quedarme en el mundo real, donde no tienes ningún control. Este es el único sitio donde sé exactamente lo que va a suceder».

4
Competencia

«Un tipo ascendente, por muy bueno que sea su modelo, por muy listo que sea, si no sabe apostar, no vale nada —dijo Gadoon Kyrollos—. ¿Yo? Lo único que sé hacer es apostar».

Había quedado con Kyrollos, más conocido como Spanky por su parecido con una versión adulta del actor infantil de *The Little Rascals*, en una pizzería de Brooklyn, con horno de ladrillo, situada más o menos entre mi casa de Manhattan y la suya de New Jersey. Su aspecto y su voz son los que cabría esperar de un apostador deportivo profesional llamado Spanky Kyrollos: un tipo grande, ruidoso, divertido, que no se reserva mucho para sí.

Pero Spanky es consciente de cuál es su ventaja. No es su capacidad analítica, aunque se licenció en informática y finanzas en Rutgers y trabajó en Wall Street. Tampoco es su afición a los deportes. «Antes era un gran seguidor de los Yankees. Ahora me importan una mierda —me dijo—. Hace más de una década que no veo un partido completo de nada». En cambio, sabe apostar. «Sé cómo ejecutar. Sé cómo bajar —dijo—. Sé cómo bajar a tiempo. Tengo suficientes contactos, que yo mismo he conseguido. Esa es mi ventaja».

En el mundo de Spanky, hay dos tipos de apostantes deportivos, los ascendentes y los descendentes:

- Los apostantes ascendentes intentan sacar provecho de los partidos desde cero, «utilizando datos estadísticos, modelos analíticos, etc.». En otras palabras, el enfoque *Moneyball*: esperar que tus habilidades superiores de modelización prevalezcan contra métodos menos sofisticados y la sabiduría convencional más rancia.

- El enfoque descendente, que es el que él prefiere, «asume que la línea es correcta» y que los modelos no pueden generar muchas ganancias. Pero los apostantes pueden obtener valor mediante el arbitraje, «información no reflejada en la línea, como las lesiones», y a través de tácticas de apuesta inteligentes.

El enfoque descendente está en consonancia con el equilibrio de la teoría de juegos, que asume que todo el que juega a las apuestas deportivas es bastante inteligente, lo que da lugar a un mercado en el que las líneas de apuestas son razonablemente eficientes y no hay grandes ventajas que obtener mediante el cálculo numérico o la minería de datos, sino que se necesita inteligencia callejera y trabajo duro.[*] Pero, en realidad, la distinción es más filosófica que práctica: los apostantes deportivos con más éxito utilizan una combinación de ambos enfoques. Puede que los que apuestan desde arriba, como Spanky, no construyan modelos estadísticos por sí mismos, pero conocen bien los datos y emplean modelos que otros han construido. Y los que apuestan desde abajo, por muy buenos estadísticos que sean, tienen que averiguar cómo hacer que el dinero baje.

Si cree que se trata de un problema trivial, puedo atestiguar personalmente que no lo es. En enero de 2022 se pusieron en marcha en Nueva York las apuestas deportivas por móvil. A pesar de haber creado una multitud de modelos deportivos, nunca había apostado de forma regular en deportes. Dado que estaba trabajando en este libro, era el momento perfecto para empezar. Así que empecé a apostar con regularidad, sobre todo en la NBA, utilizando una combinación de los modelos que había creado en FiveThirtyEight y mis conocimientos generales como aficionado obsesivo a los deportes.

En marzo de 2023, me costaba hacer bajar el dinero. Me habían impuesto serios límites cinco de los principales sitios de apuestas minoristas que operan en el estado, como BetMGM y DraftKings (estar «limitado» es justo lo que parece: hay un límite sobre cuánto puedes apostar en relación con otros clientes. Técnicamente, el casino aceptará tu

---

[*] Por eso, aunque lo he aceptado aquí, no me gusta especialmente la expresión «descendente». Porque, en realidad, lo que hace Spanky se parece más a hurgar a ras de suelo en busca de vulnerabilidades, cosas que pasan por alto a los constructores de modelos del mundo, que trabajan en lo alto de la torre.

acción, pero puede que solo sea por unos pocos dólares). No pretendo ser un apostador deportivo especialmente hábil, y no ganaba mucho: un sitio me limitaba aunque hubiera perdido dinero allí. Pero trataba de ganar y no hacía ningún esfuerzo por ocultarlo. Eso basta para que te limiten.

De hecho, casi cualquier persona que realmente sepa de apuestas deportivas le dirá lo mismo. Ganar a las líneas sobre el papel no es más que la mitad del trabajo, y es la mitad más fácil. «No es trivial encontrar ventajas —dice Ed Miller, autor de *The Logic of Sports Betting*—. Pero es mucho más difícil, una vez que las has encontrado, hallar personas dispuestas a apostar dinero real contigo durante un periodo prolongado».

No siempre fue así. Spanky descubrió el mundo, entonces incipiente, de las apuestas deportivas en línea a principios de la década del 2000, mientras trabajaba para el Deutsche Bank. Utilizó sus conocimientos como programador para crear un programa que exploraba continuamente docenas de casas de apuestas deportivas en busca de las últimas líneas y apostaba automáticamente. Por aquel entonces, las líneas de apuestas solían ser muy distintas entre sí para el mismo partido, lo que permitía puras jugadas de arbitraje que requerían poco o ningún riesgo financiero. «Podían ser discrepancias en las líneas que te permitían prepararte un bocadillo, ir al baño, volver veinte minutos más tarde y ahí seguía», explica Spanky.

Imagine, por ejemplo, que para la Super Bowl FanDuel tuviera a los Eagles como favoritos frente a los Chiefs por 2 puntos, mientras que DraftKings los tuviera como favoritos por 4 puntos. El arbitraje aquí, llamado *middling*, consiste en apostar por los Chiefs en FanDuel y por los Eagles en DraftKings. Tiene garantizado ganar al menos una apuesta, pero si los Eagles ganan por 3 puntos, acertará el punto medio y ganará las dos. El *middling* no está técnicamente exento de riesgo,[*] pero es lo más parecido que hay a la falta de riesgo en el Río.

Spanky afirmó que esto encajaba con su personalidad. «En realidad, no me gustan los juegos de azar. A nadie le gustan. Lo que nos gusta es

---

[*] Las casas de apuestas deportivas no devuelven el importe total de su apuesta cuando gana, sino que se quedan con una comisión denominada *vig*, *vigorish* o jugo. Por ejemplo, para ganar 100 dólares con los Eagles y superar la diferencia de puntos, tendría que apostar 110 dólares. Sin embargo, solo tiene que acertar el punto medio aproximadamente una de cada 20 veces para compensarlo.

ganar». No me creo ni por un segundo a Spanky cuando dice que no le gusta jugar; de hecho, le conocí cuando le vi jugando a los dados en el Encore Boston Harbor. Pero entiendo por qué añora una época en la que el mercado no era tan eficiente y su supervivencia diaria no requería asumir tantos riesgos. Hoy, la línea entre ganar y perder puede ser extremadamente fina. Kyrollos me dijo que la rentabilidad del dinero que invierte ronda el 3% o «a veces, incluso menos». «Prefiero conservar el 2% de mil millones que el 3% de un millón», comentó. Un margen de beneficio del 2 o 3% equivale a ganar solo el 53 o 54% de las veces. Es un margen peligrosamente estrecho: los apostantes tienen que ganar el 52,4% de las apuestas para alcanzar una situación de equilibrio. Y, sin embargo, eso es lo realista: en un mercado más eficiente, a menudo los apostantes tienen que recurrir a situaciones mucho más ajustadas.

Las apuestas deportivas, al igual que el sector del juego comercial del que forman parte, son una carrera de armamentos algorítmica, un microcosmos del capitalismo de principios y mediados del siglo XXI. Comparada con algo como las máquinas tragaperras, esta carrera es relativamente competitiva, con riverianos alineados a ambos lados: hay más ganadores a largo plazo en los deportes que en las tragaperras. Pero si las apuestas deportivas son el futuro del capitalismo, es un futuro bastante sombrío: ni muchos apostantes ni muchas casas de apuestas se enriquecen en realidad con él.

¿Se avecina una reacción violenta en las apuestas deportivas?

Justo cuando este libro estaba a punto de ir a imprenta, se desataron dos grandes escándalos de apuestas deportivas. A Jontay Porter, de los Toronto Raptors de la NBA, le acusaron de manipular sus estadísticas para ayudar a los apostantes a ganar sus apuestas. A Ippei Mizuhara, el intérprete de la megaestrella de los Dodgers de Los Ángeles Shohai Ohtani, le acusaron de robar millones de dólares a Ohtani para apostar en casas de apuestas ilegales.

Hasta ahora, Wall Street se ha limitado a encogerse de hombros ante los problemas (las cotizaciones bursátiles de empresas como DraftKings no se han visto afectadas). Pero hay un largo

> historial de altibajos en la tolerancia pública hacia los juegos de azar. Mi opinión es que la industria confía demasiado en la paciencia de la Aldea ante la reciente omnipresencia de las apuestas en la cultura deportiva estadounidense. La izquierda puede plantear inquietudes sobre el capitalismo depredador, mientras que la derecha puede considerar que el juego es moralmente dudoso. Como alguien a quien le gusta apostar en los deportes de vez en cuando, mi mensaje es simple: pongan orden en sus casas.

La magia detrás de las apuestas del Westgate

Era una tranquila mañana de junio en el Westgate SuperBook de Las Vegas. Las finales de la NBA estaban a punto de terminar. Faltaban meses para que diese inicio la temporada de la NFL. Había un par de partidos de béisbol de las Grandes Ligas ya en marcha en las pantallas LED gigantes del SuperBook (estar en la hora del Pacífico ofrece el placer de los deportes matinales), pero el béisbol no genera tantos ingresos como el fútbol y el baloncesto. A horas reposadas como estas, las casas de apuestas deportivas son un santuario de paz relativo, uno de los pocos lugares del casino donde uno puede sentarse sin estar directamente frente a un equipo de juego.

Pero en días de grandes partidos, como el fin de semana inaugural del torneo de baloncesto de la NCAA, se transforman en experiencias teatrales. Era fácil imaginarse SuperBook, que se autodenomina la mayor casa de apuestas deportivas del mundo, lleno de energía mientras esperanzados jugadores sudaban la gota gorda con sus apuestas. «Ese jueves, ese primer día, el lunes está a un siglo de distancia», dice John Murray, director ejecutivo de SuperBook, hablando del ambiente de fiesta universitaria durante los partidos de la NCAA. «Tienen su propia financiación... Es un verdadero caos».

«Los jueves, ya sabes, la gente va con cervezas o vodka-tonics en la mano. Son las nueve de la mañana y estos tíos ya están que se salen», añade Jay Kornegay, vicepresidente ejecutivo del SuperBook. Para cuando termina el fin de semana, el alcohol y las derrotas han pasado factura. «Llegado el domingo es como... ¿qué es eso, tíos, un café con leche?».

El Westgate se enorgullece de ofrecer un gran número de apuestas; la NFL, la NBA, la MLB y la NHL no son más que la punta del iceberg.

PRIMERA PARTE: JUEGO

También hay baloncesto universitario, fútbol americano universitario y ligas de fútbol de todo el mundo. Golf. Tenis. Automovilismo. MMA. Si alguien está dispuesto a apostar, el Westgate probablemente publicará una línea.

Pero cuando me colé por una puerta lateral para echar un vistazo entre bastidores al SuperBook, no pude evitar sentirme como Dorothy al descubrir que el Mago de Oz no era más que un tipo normal con un montón de caprichosos artilugios. Detrás del telón de la enorme pared de deportes del SuperBook —tiene casi cuatrocientos metros cuadrados de pantallas LED, casi tanto como una pantalla IMAX— la actividad era relativamente humilde. Había un equipo de unas diez personas, en su mayoría hombres de veintipico a treinta y pico años, en una sala estrecha y oscura con una legión de monitores, que revisan manualmente las apuestas de la aplicación móvil del Westgate y comparan las líneas del Westgate con las de todas las demás casas de apuestas deportivas del mundo.

No me malinterpreten: es un trabajo difícil y el Westgate goza de gran prestigio en el sector. Pero al no haber estado nunca entre bastidores en una casa de apuestas deportivas, no me había dado cuenta de hasta qué punto el negocio puede ser específico. Las casas de apuestas deportivas son cada vez más sofisticadas, pero también lo son sus clientes. Cada apuesta y cada movimiento de línea es un juego dentro de otro juego.

«El elemento humano es colosal —me dijo Kornegay después de que me retirara a su despacho para hablar con él y con Murray—. Me refiero a que, probablemente, cada uno de esos tipos de ahí haga, quizá, más de tres mil movimientos al día, por turno».

Tres mil movimientos de línea por turno. Kornegay me aclaró que esos son los movimientos que sus operadores[*] hacen a mano. Otros se ejecutan mediante algoritmos, pero los más importantes no. «Te sorprendería saber lo poco sofisticado que es el software», me dijo.

Un momento: ¿no es posible optimizar el camino hacia el nirvana de los algoritmos, como han hecho los casinos con sus máquinas tragaperras? Una mejor tecnología y una mejor gestión son de ayuda en el

---

[*] Las casas de apuestas deportivas toman prestados, cada vez más, términos del sector financiero; «operador» es el término que se utiliza en el sector para referirse a un empleado de una casa de apuestas deportivas que revisa las apuestas y las líneas.

margen (los casinos de Nevada obtienen ahora un mayor margen de beneficios con las apuestas deportivas que antes). Pero no es tan fácil, porque las apuestas deportivas son un juego de contrincantes: los apostantes pueden defenderse.

En las líneas de apuestas, tanto si se actualizan mediante algoritmos como a mano, se pueden introducir errores con mucha facilidad. Esto puede cambiar en el futuro, pero, por ahora, las IA carecen de la precisión necesaria para que los pronosticadores las utilicen de forma generalizada. «Hay demasiadas variables, demasiados detalles», afirma Kornegay. Puede que el algoritmo acierte nueve de cada diez veces, pero a la décima, si no tiene en cuenta que el *quarterback* estrella acaba de lesionarse, el público apostante se abalanzará sobre la línea errónea, lo que supondrá un gran lastre.

A los humanos —o al menos los humanos que se pasean por el Río— se les da bien hacer aproximaciones. Si viene conmigo a un partido de los Mets, los Knicks o los Rangers, puedo darle una estimación bastante buena de las posibilidades de victoria del equipo local en cualquier momento del partido. No lo suficientemente buena para apostar, pero sí bastante buena. Y desde luego que me daré cuenta si el *quarterback* está lesionado. Los algoritmos pueden ofrecer más precisión, pero también pueden estar precisamente equivocados. Precisamente y con confianza, de tal manera que podrá apostar contra ellos de manera muy rentable. Por eso los operadores de apuestas deportivas son reacios a dejar las cosas en manos de las máquinas. Este es un problema para las IA en situaciones de competición uno a uno: los humanos y otras IA pueden sondearlas en busca de vulnerabilidades, y luego atacarlas por el eslabón más débil. Tomemos el caso del juego go. Es bien sabido su uso como campo de pruebas para el avance de la IA, como en el desarrollo de AlphaGo por parte de Google. Pero en 2023 un grupo de programadores detectó un fallo en otro motor de IA, supuestamente sobrehumano, KataGo, y lo derrotó de forma repetida.

Así que hasta que las máquinas sean menos propensas a cometer errores, cada vez que ocurre algo en uno de la docena de deportes en los que Westgate permite apostar, uno de esos frikis de la sala de calderas del SuperBook tiene que tomar una decisión. ¿Un periodista de la NBA tuitea que LeBron James no jugará el partido de los Lakers de esa noche? Los operadores tienen que mover la línea rápidamente o retirarla del tablero. ¿Una peña de apuestas parece apostar fuerte por los Dallas

Cowboys? Eso es otro punto de decisión, y no uno que se pueda automatizar, porque a veces los grandes apostantes como Spanky hacen «fintas», intentando farolear a la casa de apuestas para que muevan sus líneas antes de darse la vuelta y tomar la dirección opuesta.

«Uno de nuestros ejecutivos llegó y comentó: "Oh, ustedes son como los controladores aéreos" —dijo Kornegay, que lleva treinta años en el sector—. Sí, sí, eso es más o menos lo que hacemos. Porque siempre estamos atentos, nunca cerramos. Estamos abiertos veinticuatro horas al día, trescientos sesenta y cinco días al año».

Pero los operadores humanos pueden equivocarse a su manera; por ejemplo, porque alguien se ha despistado o se basa en información incompleta o anticuada. Pocos días después de mi visita al Westgate, por ejemplo, se jugó el campeonato US Open de golf. Para las casas de apuestas, los torneos de golf suponen un desafío a la hora de calcular el hándicap en tiempo real, ya que puede haber acción simultánea hasta en dieciocho hoyos a la vez. Pero las casas de apuestas deportivas tienen ganas de ampliar su menú de apuestas durante el juego, es decir, eventos en los que se puede apostar mientras el juego está en marcha, cuando el control de los impulsos puede ser menor. Mientras jugaba en un evento de las WSOP, me di cuenta de que una de las aplicaciones móviles de Nevada iba medio minuto por detrás de FanDuel en la actualización de sus probabilidades en directo del Open de Estados Unidos Era como si pudiera ver treinta segundos hacia el futuro. Pude apostar lo suficiente para garantizarme un beneficio de 5.000 dólares ganase quien ganase, un beneficio sin riesgo, solo por ser observador.

La información privilegiada —o incluso la connivencia con los jugadores, como se acusó a Jon-Tay Porter de la NBA en 2024— también puede poner a las casas de apuestas deportivas a la defensiva. Y asimismo convertirse en un problema importante a medida que empresas de medios de comunicación como ESPN se asocian cada vez más con intereses relacionados con apuestas. Murray, por ejemplo, recordó una ocasión en la que un hombre al que nunca habían visto antes quiso apostar fuerte —muy fuerte— a que los Golden State Warriors ganarían la final de la NBA. «Este tipo nos pidió que le dejáramos apostar todo lo posible a que los Warriors ganarían el título. Y le dejamos hacer la apuesta. No recuerdo exactamente cuánto, veinte o veinticinco mil [dólares]». Tras su apuesta inicial, el Westgate movió agresivamente la línea a un precio menos favorable; pero el cliente quiso volver a apostar. «Nos miramos [y dijimos]: "Kevin Durant va a los Warriors"». Nada más podía explicar la confianza del desconocido. Durant fichó por Golden State y los Warriors arrasaron en la liga de camino al título.

«El objetivo número uno del corredor de apuestas es que no te maten», dijo Chris Bennett, director de apuestas deportivas de Circa Sports, señalando la fundamental asimetría entre los jugadores y la casa. Los jugadores van a la ofensiva, sondeando las casas de apuestas deportivas en busca de signos de debilidad. Los casinos están a la defensiva y tienen una gran superficie de ataque[*] que defender.

Al igual que en los deportes normales, el ataque suele obtener un beneficio mayor. «En este sector no prosperan los MBA de Harvard ni los doctorados en Estadística —dice Bennett—. Esas personas se dedican a crear modelos, a apostar por sí mismas. Juegan, sobre todo, a la ofensiva».

Si su modelo es tan inteligente, ¿por qué no apuesta por él?

Rufus Peabody juega a la ofensiva. No fue a Harvard, pero sí a Yale. El típico estudiante de último curso de Yale que hace prácticas de verano en Goldman Sachs o McKinsey. Peabody, en cambio, consiguió por teléfono unas prácticas en Las Vegas Sports Consultants, una empresa de apuestas de la vieja escuela fundada por el legendario Roxy Roxborough.

Quizá más que cualquier otro jugador con el que hablé para este libro, Peabody, un virginiano preciso pero afable, con «un vestuario sacado directamente de un catálogo de L. L. Bean», está interesado en las apuestas sobre todo como actividad intelectual, como un juego para ver si sus ideas son mejores. El dinero es, sobre todo, una forma de llevar la

---

[*] El término «superficie de ataque» tiene su origen en la piratería informática, pero también se ha aplicado a las apuestas deportivas por parte de analistas como Ed Miller. Esto me hará parecer aún más friki, pero, cuando pienso en una gran superficie de ataque, pienso en el USS Enterprise de *Star Trek*. Tiene un montón de piezas: la sección del platillo, con una gran superficie plana, un casco secundario, el núcleo de curvatura, etc. Por el contrario, una forma más compacta, como un cubo o una esfera (piense en la Estrella de la Muerte) tiene una superficie de ataque menor.

cuenta. «No me metí en este mundo para ganar mucho dinero —me decía—. Me mudé a Las Vegas por un trabajo que me encantaba, pero muy mal pagado».

Tras pasar el verano en LVSC, Peabody escribió su tesis de fin de carrera sobre las ineficiencias del mercado de apuestas de béisbol. «Este artículo ha demostrado, a través de la lente de los mercados de apuestas de béisbol, que los mercados se comportan de forma irracional», concluía. Es una afirmación de mucho peso para un estudiante universitario. Pero las apuestas deportivas, como señalaba la tesis de Peabody, ofrecen una excepcional abundancia de datos. Cada día se celebran cientos de eventos deportivos. Alguien gana y alguien pierde; no hay mucho margen para dar vueltas a los resultados. Se llega al largo plazo mucho más rápido que en el mercado bursátil, donde las estrategias corporativas pueden tardar años en desarrollarse. Así que, si las casas de apuestas deportivas publican líneas de apuestas que pueden ser batidas por un universitario de último curso, entonces quizá los mercados no sean tan eficientes como dicen los economistas.

Sin embargo, una cosa es afirmar que se ha encontrado una oportunidad de apuesta rentable cuando se hace una prueba retrospectiva de un modelo estadístico, y otra realmente apostar por ella, es decir, tener algo que perder en el juego, y ganar.

«Si su modelo es tan inteligente, ¿por qué no apuesta por él?» es un dicho habitual en el Río. A veces hay buenas razones para no hacerlo.[*] Como espero que usted vea en este capítulo, no es ni mucho menos trivial apostar su dinero aunque teóricamente tenga una apuesta rentable. Y apostar en deportes —o en casi cualquier otra cosa— requiere una tolerancia a los vaivenes financieros que no es para todo el mundo.

Pero, en general, comparto esa opinión. En los últimos años, los investigadores han descubierto que gran parte de los resultados experimentales publicados en revistas académicas —la mayoría de los resultados, en algunos campos— no pueden verificarse cuando otros investigadores intentan duplicarlos (es lo que se denomina «crisis de replicación»). En ocasiones, el motivo es un fraude, pero lo más frecuente es que la inferencia estadística sea difícil y la presión por publicar, intensa. Los acadé-

---

[*] También hay otro problema: si sus modelos, como los míos, se publican para el público en general, los corredores de apuestas y los apostantes pueden incorporarlos a sus precios, dando así a conocer su ventaja potencial.

micos tienen más incentivo para satisfacer los caprichos de los revisores y los jefes de departamento que para ser precisos. Sin embargo, cuando se apuesta, lo único que le importa a uno es la precisión. El material por el que la gente está dispuesta a apostar suele ser mejor. Como mínimo, una apuesta ayuda a alinear los incentivos. «Una apuesta es un impuesto sobre la estupidez», escribió el economista Alex Tabarrok en una publicación en la que salía en mi defensa después de haberme metido en problemas en *The New York Times* por desafiar al experto televisivo Joe Scarborough a una apuesta sobre el resultado de las elecciones de 2012.

Peabody regresó a LVSC en 2008 tras terminar la carrera. Puede que los de la vieja escuela de allí no fueran licenciados en Economía por Yale, pero estaban en el ajo: los casinos se creían sus probabilidades y recibían millones de dólares en apuestas sobre esa base. Y resulta que sabían un par de cosas al respecto. «Cuando me mudé a Las Vegas, creía que lo sabía todo. Ya sabes que quizá era un poco, bueno, arrogante. Y pensaba que podía cuantificar cualquier cosa y que estas personas son como el Art Howe[*] de *Moneyball* —dijo Peabody—. Es increíble lo buenos que eran, lo buena que era su intuición y hasta qué punto eran capaces de poner precio a las cosas sin haber hecho ninguna regresión ni nada por el estilo».

A Peabody lo motivaba saber si podía seguir el ritmo. Es una especie de purista, el arquetipo de lo que Spanky llamaría apostador ascendente. Pero a Peabody no le gusta ese término. Peabody se denomina a sí mismo «originador», es decir, alguien con una opinión informada y original sobre cuál debería ser la línea de apuesta, normalmente formulada a través de minuciosos modelos estadísticos.

Peabody se centra en el proceso: el pódcast que presenta junto a Jeff Ma (sí, el mismo Jeff Ma del Equipo de Blackjack del MIT del capítulo 3) se llama *Apuesta por el proceso*. Y Peabody se ciñe a su proceso. Si un jugador lo hace sistemáticamente mejor o peor de lo que sus modelos proyectan, puede «indagar y ver si hay algo que se me está escapando», algún principio generalizable que podría mejorar su hándicap.[**] Pero

---

[*] Howe, interpretado por Philip Seymour Hoffman, era esencialmente el papel del idiota babeante en *Moneyball*, frente al heroico y estadísticamente ilustrado Billy Beane. Howe quedó profundamente descontento con su representación, que calificó de «asesinato del personaje».

[**] Apoyo esta actitud hacia el modelado. Los modelos son, intrínsecamente, obras

no va a cambiar su proceso y volverse supersticioso en mitad de una racha de pérdidas. «No voy a limitarme a decir: "No, no voy a apostar por este tipo porque me ha quemado demasiadas veces"».

Sin embargo, Peabody elige sus batallas y se centra especialmente en apuestas paralelas en el golf, el baloncesto universitario y la Super Bowl. Una «apuesta paralela» es una apuesta sobre cualquier cosa que no sea el resultado final, desde la duración del himno nacional hasta, por ejemplo, si habrá un gol de campo en el último cuarto. Sus apuestas tienen algo en común: se hacen en áreas en las que cabría esperar que el mercado fuera menos eficiente y un originador tuviera más esperanzas de ganar. Existe una relación entre la popularidad de un acontecimiento y la rentabilidad para el jugador inteligente.

Imaginemos un gráfico al que yo llamo «U». Trace la popularidad del deporte entre el público estadounidense de apuestas deportivas en el eje de las x, y lo rentable que es apostar en el deporte en el eje de las y; forma un patrón en forma de «U». En el caso de deportes muy poco conocidos —el ping-pong ruso se puso de moda en cierto momento durante la pandemia—, no merece la pena (para las casas de apuestas) poner un precio a las apuestas con un alto grado de precisión. Estos deportes son batibles por grandes ventajas teóricas si está dispuesto a dedicarles tiempo. El problema es que las casas de apuestas le limitarán las apuestas tan pronto como haya demostrado una tendencia favorable.

La U de las apuestas deportivas

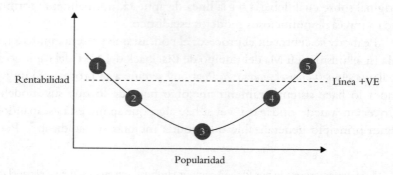

---

sin terminar: no es necesario atenerse a ellos contra viento y marea si hay algo que es claramente erróneo. Pero hay que evitar hacer cambios a propósito. Utilice las predicciones fallidas como inspiración para probar hipótesis que podrían mejorar su modelo.

NÚMERO	EJEMPLO
1	Fútbol americano y baloncesto universitarios (ligas menores); ping-pong; ligas internacionales poco conocidas
2	Baloncesto universitario medio; NASCAR; golf y tenis aparte de los grandes acontecimientos
3	Temporada regular de la NBA, la MLB y la NHL; grandes acontecimientos de golf y tenis; temporada regular de las principales conferencias de fútbol y baloncesto universitario
4	Temporada regular de la NFL; principales ligas europeas de fútbol; *playoffs* de la NBA; Series Mundiales; *playoffs* de fútbol universitario
5	Torneo masculino de la NCAA, combates deportivos masivos, mundiales de fútbol; final de la Liga de Campeones, Super Bowl; elecciones presidenciales

En el otro extremo de la U están los acontecimientos extremadamente famosos: por ejemplo, el torneo de la NCAA, los grandes combates de MMA o los mundiales de fútbol. En este tipo de eventos, «la cantidad de dinero apostada por el público acaba eclipsando la cantidad apostada por los profesionales», y el mercado no tiende necesariamente hacia un precio eficiente, explica Peabody. Estuve en Las Vegas durante el combate de la UFC entre Conor McGregor y Dustin Poirier, el segundo más taquillero de la UFC de todos los tiempos. McGregor es sumamente popular, y había carteles electrónicos de él anunciando whisky por todas partes, junto con no pocos irlandeses que habían cruzado el Atlántico para verle. Este es el tipo de circunstancias en las que se puede tener una apuesta +VE simplemente dejando de lado el público y apostando por el lado menos popular.

Sin embargo, con la posible excepción de las elecciones presidenciales,[*] el acontecimiento con más dinero tonto es la Super Bowl.

Todos los años, a finales de enero o principios de febrero, Peabody —junto con sus compañeros de apuestas y con mochilas con más

---

[*] Las elecciones presidenciales son únicas en el sentido de que hay mucha menos gente trabajando como corredores profesionales que en los deportes. En cambio, hay mucha gente que tiene vehementes opiniones políticas. Por tanto, la proporción entre dinero público y dinero inteligente es muy alta, lo que sitúa las elecciones en el extremo derecho de la U.

de 100.000 dólares en efectivo— peregrina al Westgate, que es la primera casa de apuestas deportivas que publica apuestas paralelas para la Super Bowl. El Westgate publica muchas apuestas paralelas para la Super Bowl; en 2023, ofrecieron un panfleto de treinta y ocho páginas. Kornegay es uno de los padres de este formato, que desarrolló las paralelas en la década de 1990, cuando el resultado final de las Super Bowls era a menudo desequilibrado y los apostantes necesitaban otra excusa para apostar. Ahora, las paralelas constituyen la mayor parte de la acción de la Super Bowl en el Westgate. Cuando el SuperBook publica por primera vez sus líneas de paralelas unos diez días antes del partido, los apostantes hacen cola para colocarlas, siguiendo un estricto conjunto de reglas: no se pueden hacer más de dos apuestas a la vez —es algo así como el equivalente en apuestas deportivas al Arca de Noé—, de no más de 2.000 dólares cada una.

Las apuestas paralelas son perfectas para Peabody, cuestiones muy técnicas que sacan partido de una modelización elaborada. Para estimar la probabilidad de que se marque un gol de campo en el último cuarto, por ejemplo, lo ideal sería contar con una simulación probabilística de todo el partido, algo mucho más allá de las capacidades del apostante medio, pero Peabody lleva años trabajando en modelos de este tipo.

Los frikis de la sala de calderas de SuperBook, por muy precoces que sean, tampoco son rivales a la altura de un especialista como Peabody. Y el caso es que Westgate lo sabe —y no le importa demasiado—. Sin duda, los apostantes inteligentes como Peabody «detectan algunos puntos débiles» en el menú de apuestas paralelas del Westgate, dice Kornegay, pero «tenemos tanto dinero público que no nos preocupa demasiado».

Además, cuando un originador como Peabody apuesta, el SuperBook obtiene al menos información valiosa: uno de los mejores apostantes del mundo ha dado su opinión y el Westgate puede utilizarla para ajustar sus líneas. Así pues, con las apuestas paralelas de la Super Bowl todos ganan: Peabody consigue una apuesta +VE y el Westgate se entera de lo que opinaba cuando aún le quedan diez días para llevarse millones en dinero del público. El público sale perdiendo, pero al menos se divierte. Si todos los días fueran la Super Bowl, las apuestas deportivas serían una industria en auge; pero, por supuesto, no lo son.

Cómo leer el menú de una casa de apuestas deportivas

Navegar por la matriz de números que verá en una casa de apuestas deportivas puede resultar intimidatorio para los no iniciados, pero se vuelve intuitivo en poco tiempo; he aquí un tutorial básico. Por ejemplo, estas son algunas líneas de apuestas para un partido de la primera semana de la temporada de la NFL:

10 SEP | 16.25	DIFERENCIA	GANADOR	TOTAL
Las Vegas Raiders	+ 4,5 −110	+185	O 44,5 −110
@ Denver Broncos	−4,5 −110	−225	U 44,5 −110

Hay tres tipos básicos de apuestas deportivas: la diferencia de puntos, el ganador y el total. El **ganador** es la más sencilla: simplemente apuesta a qué equipo va a ganar. Sin embargo, obtendrá un mejor precio si apuesta por el equipo no favorito, el *underdog*, en este caso los Raiders. Su lado se cotiza a +185. ¿Qué significa esto? Los *underdogs* aparecen con números positivos. Específicamente, el +185 significa que ganará 185 dólares si apuesta 100 y los Raiders ganan. Me saltaré el álgebra, pero para que esa apuesta alcance el punto de equilibrio, los Raiders tienen que ganar al menos el 35,1% de las veces. Los números negativos, por el contrario, ilustran un favorito: cuánto dinero tendría que *apostar* para ganar 100 dólares. En este caso, el +225 significa que tendría que apostar 225 dólares para obtener 100 dólares de beneficio si ganan los Broncos. Esa apuesta necesita ganar el 69,2% de las veces para alcanzar el punto de equilibrio.

En las apuestas de **diferencia**, el no favorito recibe un hándicap. Por ejemplo, los Raiders tienen un +4,5, lo que significa que hay que sumar 4,5 puntos al resultado final. Si el partido termina Broncos 24, Raiders 20, por ejemplo, significa que cubrió la diferencia y que su apuesta ganó, aunque los Raiders no lo hicieran. Pero no descuide el pequeño −110 que aparece debajo de la diferen-

> cia de puntos; significa que está aceptando la apuesta con unas probabilidades ligeramente desfavorables. Hay un millón de términos en inglés para esto: el **hold**, el *vig* o *vigorish*, el *juice* o el *rake*: la comisión, en español. Lo llame como lo llame, así es como las casas de apuestas deportivas ganan dinero.* El −110 indica que está apostando 110 dólares para ganar 100. Eso significa que su apuesta tiene que ganar el 52,4 % de las veces para alcanzar el punto de equilibrio. Como verá en este capítulo, esa cifra está tentadoramente cerca del 50 % que ganaría simplemente apostando al azar, aunque sigue siendo bastante difícil de lograr.
>
> Por último, está el **total**, a veces también llamado *over-under*, que no es más que el número combinado de puntos entre los dos equipos. El *over* («O») gana si se anotan más de 44,5 puntos y el *under* («U») gana en caso contrario. Si alguna vez está en una casa de apuestas deportivas y ve a un tipo animando sin que le importe qué equipo marque, no es solo un entusiasta del fútbol: tiene el *over*.

Los dos tipos de apuestas deportivas

El consejero delegado de DraftKings, Jason Robbins, tocó la campana de apertura en el Nasdaq el 11 de junio de 2021. En aquel momento, sus acciones cotizaban a algo menos de 54 dólares por título. Pero había muchas razones para el optimismo: la legislatura del estado de Nueva York acababa de votar a favor de legalizar las apuestas deportivas en línea, convirtiéndose en el mayor estado en hacerlo. El sector trató el evento como una fiebre del oro. Cuando se abrieron las apuestas en enero siguiente, personas como yo ganaron más de 5.000 dólares en apuestas gratuitas solo por inscribirse en el mayor número posible de los ocho sitios de apuestas legales. En un momento dado, en los paneles publicitarios laterales de los partidos de hockey de los New York Ran-

---

* Pregunta por puntos extra: ¿se quedó el casino con alguna comisión en la apuesta de ganador? Por supuesto que sí. Si comprueba las cifras de la tabla, verá que la probabilidad implícita combinada de que los Broncos y los Raiders ganaran el partido era del 104,2 %. Sin embargo, mis cálculos no están equivocados: ese 4,2 % extra es la comisión del casino.

gers se anunciaban tres casas de apuestas deportivas en línea a la vez; las empresas estaban tan ansiosas por captar clientes que les daba igual.

Hoy en día, el elevado precio de $DKNG parece otra moda de la era pandémica. Su cotización caería hasta los 11 dólares por acción (aunque había repuntado hasta los 49 dólares para principios de 2024). Y DraftKings no era la única. Caesars, que se había jactado de gastar más de mil millones de dólares en la captación de clientes, también vio caer el precio de sus acciones. La realidad de la industria le estaba pasando factura. Al poco tiempo, los representantes de DraftKings y FanDuel se quejaban de la elevada tasa impositiva que cobra Nueva York.

Los veteranos del sector con los que hablé para este libro no se sorprendieron de que la confianza de Wall Street en las apuestas deportivas estuviera fuera de lugar. Más de uno de ellos utilizó para describirlas la palabra «amenidad».

«En Nevada, debido a la PASPA, teníamos un monopolio», dijo J. Brin Gibson, presidente de la Junta de Control del Juego de Nevada cuando hablé con él a mediados de 2022. Gibson se refería a la Ley de Protección del Deporte Profesional y Amateur (PASPA por sus siglas en inglés) de 1992, que limitaba las apuestas deportivas al territorio de Nevada hasta que el Tribunal Supremo declaró inconstitucional la ley en 2018. «Estuvimos viendo apuestas deportivas durante muchos años. Las teníamos para nosotros. Las consideramos, en muchos casos, una amenidad».

Una «amenidad» es algo que los casinos ofrecen a sus clientes para satisfacer sus expectativas. No es necesariamente un generador de pérdidas, pero tampoco de beneficios. Un gimnasio y una piscina, un mostrador de información que funcione veinticuatro horas al día, siete días por semana, son algunas de las amenidades mínimas de cualquier complejo turístico —o casa de apuestas deportivas— de Las Vegas que se precie. No será por falta de espacio, estamos en medio del desierto. Y aunque algunos casinos esconden sus apuestas deportivas en un rincón, otros, como el Wynn y el Caesars Palace, las colocan en un lugar privilegiado porque pueden resultar visualmente muy atractivas. «Era parte de la emoción. Tener una casa de apuestas deportivas y una sala de póquer formaba parte de la decoración interior de los casinos», afirmaba Steve Wynn.

Pero las apuestas deportivas y de caballos solo representan el 2% de los ingresos de los casinos del Strip de Las Vegas y el 1% de los ingresos totales. Pueden ser una parte más importante del negocio en establecimientos fuera del Strip, como Westgate y Circa, donde las apuestas deportivas ayudan a atraer a grandes multitudes los fines de semana en los que hay fútbol americano. En última instancia, sin embargo, las apuestas deportivas son un negocio de tamaño medio. En 2022, el mercado legal de apuestas deportivas en línea generó unos 7.500 millones de dólares en ingresos netos por apuestas. No es moco de pavo, y el mercado crecerá a medida que más estados lo legalicen. Pero el Strip de Las Vegas por sí solo genera más ingresos que eso. Qué demonios, el mercado de la pizza congelada en Estados Unidos asciende a unos 20.000 millones de dólares anuales.

«El único lugar en el que se puede encontrar a operadores nerviosos, aunque aun así seguirán difundiendo el juego, es en las apuestas deportivas —dijo Mike Rumbolz, otro expresidente de la Junta de Control del Juego de Nevada que ahora dirige la empresa Everi Holdings—. Porque ahí es donde realmente se puede perder, y se puede perder mucho dinero en un fin de semana». Por ejemplo, los casinos del estado de Colorado perdieron casi 11 millones de dólares en apuestas de sus clientes sobre la NBA en junio de 2023. ¿Por qué? Porque los Denver Nuggets ganaron el campeonato de la NBA ese mes. Vale, claro, el equipo local lo gana todo y tú tienes un mal mes. Es un riesgo tolerable. Un problema más persistente es que no es tan difícil para los clientes astutos[*] superar el umbral mágico de 52,4 que necesitan para ser +VE. No es fácil, pero si puedes elegir qué apuestas, cuándo apuestas, dónde apuestas y cuánto apuestas, es factible.

¿Dónde está el truco? Bueno, como ya hemos visto, algunas casas de apuestas deportivas limitan seriamente a quién dejan apostar. Robins, consejero delegado de DraftKings, lo dijo en 2022: «Estamos tratando de ser inteligentes y eliminar la acción astuta o, al menos, limitarla», le dijo a un grupo de inversores.

Quiero cuidar de qué forma hablo de esto, porque depende exactamente de la casa de apuestas deportivas a que nos refiramos; ahora iremos a ello. Pero el amplísimo menú que encontrará en algunas de las mayores casas de apuestas deportivas es una especie de fachada falsa. «Dan la impresión de ofrecer muchas [apuestas]. Pero si realmente tratas

---

[*] «Astuto» es un término que utilizaremos mucho en este capítulo. Es el mayor cumplido que un apostante puede hacer a otro. Significa inteligente, ganador, +VE.

de apostar dinero real en muchas de ellas, enseguida te encuentras con fricciones», explicaba Miller. Es como si uno fuera a TGI Fridays, que había anunciado su amplio menú, pero una vez allí te dijeran que muchos de los platos más apetecibles estaban agotados o limitados a uno por cliente. Quince minutos más tarde, ves que en la mesa VIP de al lado se están atiborrando de las mismas alitas de pollo con mango y pimiento picante que te habían dicho que estaban agotadas.

Pero un momento. ¿Por qué DraftKings limita a todos los que parecen estar a un paso de convertirse en apostantes ganadores, mientras que Westgate permite que Rufus Peabody, el mejor apostador de apuestas paralelas del mundo, apueste a las paralelas de la Super Bowl? Las casas de apuestas deportivas se dividen en dos grandes grupos. El libro de Miller las llama «minoristas» y «creadoras de mercado».

Las casas de apuestas deportivas que ve anunciadas en televisión son minoristas. Destinan mucho dinero a la captación de clientes; DraftKings gastó casi 1.200 millones de dólares en ventas y marketing en 2022, una suma gigantesca teniendo en cuenta que solo obtuvo 2.200 millones de dólares en ingresos. Y hacen un perfil exhaustivo de esos clientes. Si creen que es una ballena, obtendrá los mismos beneficios que un cliente VIP de casino. ¿Cuatro asientos en primera fila en un partido de los New York Rangers? ¿Una apuesta extra de 5.000 dólares depositada en su cuenta porque hace tiempo que no juega? ¿Una caja de su cabernet favorito enviada a su casa? Un amigo mío que es VIP de DraftKings recibe todo esto y más.

Características de las casas de apuestas creadoras de mercado y las minoristas

CREADORA DE MERCADO	MINORISTA
Tolera la acción astuta, hasta cierto punto, para mejorar la fijación de precios	Limita agresivamente a los clientes que considera ganadores
Suele ser transparente en cuanto a la cantidad que se puede apostar; todos los jugadores pueden tener límites relativamente similares	Los límites de las apuestas pueden variar en un factor cien o mil de veces de un cliente a otro, con escasa transparencia: los percibidos como ballenas reciben el tratamiento VIP

Gasta poco en captación de clientes	Gasta mucho en marketing y captación de clientes
Ofrece una superficie de ataque más limitada; reacio a publicar líneas sobre mercados que podrían batirse mediante información privilegiada*	Ofrece un amplísimo menú de apuestas, pero algunas de ellas son fachadas falsas; los percibidos como VIP pueden apostar por ellas, pero despertarán sospechas entre los demás apostantes
No les preocupa equilibrar el dinero: les parece bien aceptar más apuestas de un lado, sobre todo si creen que el otro lado es *astuto*	En principio, es posible que prefieran equilibrar el dinero en diferentes lados de la línea, aunque esto es difícil en la práctica
Las apuestas deportivas son el negocio principal	A veces, una «amenidad» es parte de un negocio mayor
Mueve las líneas en respuesta a los apostantes *astutos*	Se apoya en los creadores de mercado y mueve las líneas en respuesta a ellos

No me cabe duda de que empresas como DraftKings saben lo que se hacen; ellos y FanDuel están superando al resto de las empresas del mercado de Estados Unidos en cuota de mercado. Mi amigo VIP a veces apuesta hasta 25.000 dólares a los Rangers solo para tener un poco de acción. Eso es un cliente valioso, que vale unas cuantas cajas de cabernet. Pero a las casas de apuestas minoristas no se les da especialmente bien hacer apuestas. Ahí es donde entran las creadoras de mercado.

Permítame ponerle un ejemplo del mundo real de cómo funciona esto. El 20 de febrero de 2023, aposté 1.100 dólares a los Toronto Raptors como favoritos por 3,5 puntos en casa contra los New Orleans Pelicans en un partido que se iba a jugar tres días después, tras la pausa del All-Star de la NBA. Esta apuesta se realizó en una casa de apuestas en

---

* Las apuestas sobre qué jugador será elegido el primero en el draft de la NFL son muy vulnerables a la información privilegiada: si trabaja para un equipo de la NFL, o es reportero de la NFL para ESPN, es posible que lo sepa directamente. Perderá su trabajo si se descubre que es de dentro y ha hecho una de esas apuestas, pero la información acaba por filtrarse. Cuando asistía a un partido de la Liga de Verano de la NBA 2023 en Las Vegas, por ejemplo, vi un mensaje de texto en el teléfono de un ejecutivo de la NBA sentado unas filas delante de mí, que sugería que los New York Knicks iban a fichar a OG Anunoby, de los Toronto Raptors. El rumor era prematuro, pero cierto: los Knicks ficharon a Anunoby en diciembre.

COMPETENCIA

línea relativamente astuta y creadora de mercado que identificaré como BOSS (Gran Casa de Apuestas en Línea, por sus siglas en inglés). La línea acababa de aparecer en mi pantalla de DonBest, un servicio que ofrece un seguimiento en tiempo real de las líneas de decenas de casas de apuestas deportivas de todo el mundo. El software de DonBest no es bonito —la interfaz de usuario parece el hijo bastardo de una hoja de cálculo de Microsoft Excel y un adorno navideño—, pero es rápido y eso es lo que cuenta. BOSS había sido una de las primeras casas de apuestas deportivas del mundo en publicar la línea, y no hacía mucho tiempo que se mostraba. Puede que yo fuese uno de los primeros en apostar.

Una apuesta de 1.100 dólares es poco en términos de apuestas deportivas: los profesionales suelen querer apostar decenas de miles en un partido. Pero 1.100 dólares era lo máximo que BOSS estaba dispuesto a permitirme apostar a mí —o a cualquier otra persona— en ese partido y momento concretos. Y cuando aposté, enseguida cambiaron la línea. En lugar de Raptors −3,5, ahora ofrecían Raptors −4,5: yo había influido en el precio para todos los demás apostantes del mundo. En ese momento, el BOSS me ofreció apostar 1.100 dólares más al nuevo precio, pero no creí que fuera un buen trato, así que rehusé.* Mientras tanto, pude ver cómo otras casas de apuestas deportivas empezaban a publicar el partido en DonBest. Con frecuencia, esto sucede en cuestión de minutos; una casa creadora de mercado mete los deditos en el agua y, de repente, se produce una cascada. Todos se lanzan de cabeza a la piscina, a menudo copiando su precio.

Muy bien, vamos a aclarar esto. ¿Por qué BOSS movió su línea a partir de mi mísera apuesta de 1.100 dólares? Bueno, probablemente piensan que soy astuto. Muy a menudo, BOSS movía las líneas de apertura de la NBA cuando yo apostaba en ellas. Pero no deben de pensar que soy tan astuto: me están sacando información barata.

Retrocedamos un paso más. ¿Cómo llegó BOSS a Raptors −3,5? Algún friki en una sala de calderas se inventó un número. No se lo in-

---

* Muchas casas de apuestas también le permitirán apostar de nuevo al mismo precio con una demora, incluso aunque no muevan las cifras tras su apuesta inicial. Esto subraya la naturaleza conversacional del proceso de creación de apuestas. Usted puede ver exactamente el grado de seguridad en sí mismas de las casas de apuestas, y ellas pueden ver exactamente el suyo.

ventó de la nada, probablemente miró algunas clasificaciones en su ordenador y puede que incluso hablara con otro friki al otro lado de la mesa. Pero se trata de un proceso mucho menos refinado de lo que puede parecer.

«Solemos ser los primeros en sacar al mercado las líneas de la NFL —me contaba Kornegay sobre cómo fija Westgate sus líneas de apertura—. Ese proceso es muy poco sofisticado. Es algo así como... Cinco, tres y medio, cuatro... Vale, pues cuatro. Y luego a veces debatimos un poco sobre ello».

Básicamente, ese friki de BOSS me estaba invitando a entrar en la conversación:

—Hmm... Raptors-Pellies, tres y medio, ¿vale?

—Oh, no, los Raptors han ido muy bien desde ese fichaje, tiene que ser al menos cuatro y medio, cinco.

—Vale, parece que está muy convencido, vayamos con cuatro y medio.

—Sí, podría presionarte para cinco contra cuatro y medio, pero ya está bien.

Por participar en esta conversación, me pagan en valor esperado. Pero tampoco es que me paguen muy bien. Digamos que tenía razón en que la línea del friki estaba equivocada por un punto o punto y medio. En ese caso, mi apuesta debería ganar, más o menos, el 55% de las veces. Pero BOSS me está cobrando comisión cuando mi apuesta acierta. Así, el 55% de las veces ganaré 1.000 dólares y el 45% de las veces perderé 1.100 dólares. Si hacemos el cálculo, mi VE es +55 dólares. Esa es mi tarifa de consultoría. Es bastante barato, teniendo en cuenta que BOSS va a aumentar sus límites a medida que nos acerquemos a la hora del partido; al inicio de este pueden estar aceptando apuestas de 25.000 dólares o más.

«El objetivo de cualquier corredor de apuestas es llegar a la línea de cierre lo antes posible, lo más rápido posible y lo más barato posible», me dijo Spanky. Esa es la definición de una buena casa de apuestas, que es exactamente lo que hacía Westgate cuando aceptaba las apuestas de Peabody. Él pudo apostar más que yo (2.000 dólares en lugar de 1.100) y es mucho mejor que yo, así que su VE será mayor que el mío, quizá de 250 dólares. Eso sigue siendo barato como comisión de consultoría, lo bastante barato para que Peabody tenga que decidir qué apuestas efectúa inmediatamente y cuáles deja en reserva. Los límites de las apuestas aumentan a lo largo de la semana, así que si puede conseguir 20.000 dólares por una buena línea en lugar de 2.000 por una línea excelente, la espera puede significar un VE mayor.

Así que vamos a aclarar una idea errónea común sobre las apuestas deportivas. A menudo oirá a la gente decir cosas como: «Oh, es muy difícil ganar a Las Vegas. Esos tipos son astutos de verdad». No, en realidad no es tan difícil. Si me enfrento a ese friki de la sala de calderas en algo en lo que esté especializado, como los diferenciales de puntos de la NBA, me irá bastante bien. Recuerde, el apostante juega al ataque, buscando vulnerabilidades en la gran superficie de ataque de la casa de apuestas deportivas. Con un menú tan amplio, no es difícil encontrar ventajas en las líneas de apertura.

No. Lo que es difícil de batir es el mercado. Porque en algún momento Spanky va a apostar. Rufus Peabody va a apostar. Algún puto fondo de cobertura en Dublín va a apostar. Y si el proceso de apuestas funciona correctamente, tengo que vencer a esos tipos. «Básicamente, las personas más inteligentes del mundo que se ganan la vida con esto, que intentan ganar dinero de verdad, apuestan en estos creadores de mercado y mueven los mercados en tiempo real —explica Miller—. En esencia, está compitiendo indirectamente contra los grupos más astutos y mejor informados del mundo».

Las cuatro habilidades clave de los apostantes deportivos

¿Qué es exactamente lo que hace que estos apostantes sean expertos? Es difícil hallar talento en las apuestas deportivas porque el juego implica tres habilidades distintas, me explicó Miller, y «el número de personas que las poseen las tres es muy reducido».

- En primer lugar, hay que **saber apostar**, «entender los mercados y el riesgo comercial y de contrapartida», en palabras de Miller.
- En segundo lugar, está la **capacidad analítica**, es decir, la habilidad para probar hipótesis estadísticas y construir modelos.
- En tercer lugar, está el **conocimiento del ámbito deportivo**: no te va a ir bien si apuestas en un deporte que nunca has visto antes.

También hay una cuarta área que se vuelve cada vez más importante a medida que aumenta la escala de tus ambiciones: la **habilidad para crear contactos**. Los apostantes deportivos más astutos que he conocido no son necesariamente superextrovertidos, pero tampoco son lobos solitarios: son de los que conocen a mucha gente. Suelen delegar su trabajo y necesitan redes de personas que les proporcionen modelos e información. También ayuda tener los oídos abiertos para captar posibles oportunidades, el equivalente en apuestas deportivas de lo que los capitalistas de riesgo llaman «flujo de operaciones». Y como inevitablemente se enfrentan a estrictas limitaciones por parte de las casas de apuestas deportivas, también necesitarán personas que los ayuden a colocar las apuestas.

Si tuviera que desarrollar una colección de figuritas del mundo de las apuestas deportivas, ya tendría dos de ellas y sus respectivos superpoderes: Spanky Kyrollos (el Mejor Apostador)* y Rufus Peabody (el Modelador). Vamos a completar la colección.

Bob Voulgaris: el buscador de ventajas

Haralabos «Bob» Voulgaris ha recorrido un largo camino desde que publiqué su perfil en *La señal y el ruido*. Ya se había abierto camino desde su posición como maletero de aeropuerto que hizo un par de apuestas atrevidas sobre Los Ángeles Lakers hasta la cima literal del paisaje del juego con una casa de 12.500 dólares al mes en Hollywood Hills. Luego, en 2018, tras una larga racha durante la cual Voulgaris dice que a veces ganó ocho cifras al año haciendo apuestas deportivas, aceptó un puesto a tiempo completo como director de investigación y desarrollo cuantitativos para los Dallas Mavericks. Ocupó esta posición durante tres años, hasta que se desencadenó una lucha de poder interna, pero fue una señal inequívoca de cómo la NBA no solo toleraba, sino que acogía la mentalidad del apostador.

Impertérrito, Voulgaris compró un equipo de fútbol español de tercera división, el CD Castellón, en 2022. Para marzo de 2024, los jugadores del Castellón están valorados en «solo» unos 7 millones de euros

---

* El pódcast de Spanky se llama *Be Better Bettors* (en inglés, Sed Mejores Apostantes).

por el sitio web de análisis futbolístico Transfermarkt. Pero Voulgaris, como siempre, apuesta al alza: el Castellón está a solo dos ascensos de la máxima división española, La Liga, donde la franquicia media tiene jugadores por un valor estimado de 250 millones de euros. No es un salto tan descabellado como parece: el club inglés Brentford FC pasó de la tercera división a la Premier League bajo la propiedad del magnate del juego Matthew Benham. Yo diría que es la mayor apuesta de Voulgaris hasta la fecha, aunque, dadas las historias que he oído sobre él, puede que no sea una hipótesis segura.

El estilo de apuesta de Voulgaris no encaja bien en el paradigma de Spanky de descendente/ascendente. Lo que más busca son enfoques; en esencia, diamantes en bruto como el Castellón, oportunidades de juego muy provechosas que, por alguna razón, el mercado ha pasado por alto. Su enfoque más famoso fue apostar totales (el número combinado de puntos anotados por ambos equipos) en los partidos de la NBA. Hoy en día, un total típico de la NBA es de 220 puntos. Pero las casas de apuestas deportivas, en su interminable búsqueda de la mayor cantidad de acción posible, también le permiten apostar sobre cuántos puntos se anotarán en cada mitad. Esto parece sencillo para un corredor de apuestas: si el total es de 220 puntos para todo el partido, divídalo por dos y obtendrá 110 para cada mitad, ¿verdad? Pues no. Las primeras mitades suelen tener una puntuación más alta en unos 3 puntos; los jugadores están más descansados y la defensa tiende a ser menos vigorosa. Pero las casas de apuestas tardaron años en darse cuenta de ello, durante los cuales Voulgaris podía ganar prodigiosamente apostando *overs* en el primer tiempo y *unders* en el segundo.*

Los diamantes en bruto de hoy en día no son tan grandes y brillantes como los que Voulgaris encontró hace veinte años. Sin embargo, a menudo es un misterio por qué hay cosas que se incluyen en una línea de apuestas y otras no, y la única forma de encontrar enfoques es pasarse mucho tiempo buscándolos. A diferencia de Spanky y Peabody, que

---

* Esto infravalora en cierto modo la complejidad del enfoque de Voulgaris. También se dio cuenta de que diferentes entrenadores están relativamente más o menos inclinados a indicar a los jugadores que cometan faltas intencionadas cuando van por detrás en el marcador, avanzado el partido. Dado que los tiros libres suben puntos al marcador sin quitar tiempo al reloj, esto supone una gran diferencia a la hora de decidir los *over*.

afirman no pasar mucho tiempo viendo partidos, Voulgaris es un obseso de la NBA. «Se trata de tener la habilidad muy muy específica de poder sentarse a ver algo durante horas y captar cosas —me contaba—. Cuando apuestas un total de media parte, estás concentrado, hiperconcentrado: cada jugada es clave».

Un enfoque puede ser muchas cosas. Puede tratarse de una hipótesis estadística elaborada a partir de la observación del deporte. Puede ser que haya invertido más esfuerzo o recopilado más datos sobre un aspecto concreto del juego —Voulgaris pasó años tratando de cuantificar la defensa de los jugadores de la NBA, por ejemplo—. O puede ser que tenga acceso a información de la que el público apostante no dispone.

En cada momento, hay que preguntarse: ¿qué probabilidades hay de que me haya tropezado con algo que los demás desconocen, o a lo que al menos no le dan importancia? En 2022, vi un partido del US Open entre Serena Williams y la segunda cabeza de serie, Anett Kontaveit. El público, neoyorquinos alborotados que veían a su jugadora favorita en una eléctrica tarde de finales de verano, apoyaba con ganas a Williams, que se abrió paso trabajosamente hasta lograr una victoria en tres sets, la última de su carrera. Durante el partido, sintiendo el impulso de Williams, aposté repetidamente por ella. ¿Me estaba dando cuenta de algo que los demás no veían? No, probablemente tuve suerte: el partido se retransmitía por la televisión nacional y se jugaba ante casi treinta mil espectadores.

En el otro extremo, tengo un amigo que es un astuto apostador de tenis que, casi por casualidad,[*] se encontraba en el restaurante Nobu del casino Crown de Melbourne (Australia) después de que Roger Federer cayera eliminado en una agotadora semifinal del Open de Australia de 2013 contra Andy Murray. Se dio cuenta de que el maniático Federer estaba achispado, algo que le pareció fuera de lo normal y que sugería que el jugador no se encontraba en su mejor momento. Por lo menos, se trataba de un enfoque potencialmente útil al que el público en general no tenía acceso (por lo que sé, nunca se publicó nada en la prensa sobre la noche de juerga de Federer). En general, apostó contra Federer durante el resto del año; y, de hecho, Federer entró en una

---

[*] Mi amigo sabe que a menudo se adquiere información frecuentando los lugares donde suelen reunirse los tenistas, aunque no espere necesariamente un encuentro en un caso concreto.

mala racha y no pasó de cuartos de final en sus tres siguientes torneos del Grand Slam.

Tras pasar de ser un extraño a un alto ejecutivo de un equipo, Voulgaris sigue pensando que las personas que se juegan el dinero son las mejores para detectar estos enfoques. «Hay personas muy astutas [en la liga] a las que, si se dedicaran a las apuestas deportivas, les podría ir muy bien», me dijo. El problema, opinaba, es que sus incentivos aún no están bien alineados. Incluso en una industria tan competitiva como la moderna NBA, puede que la jugada de mayor valor añadido sea quedar bien con tu jefe o proteger tu reputación, en lugar de obtener necesariamente la respuesta más precisa. «Nadie arriesga su dinero. Hay mucho sesgo de confirmación —afirma Voulgaris—. Quizá sean más astutos en otros aspectos de la vida, o de los deportes, pero en términos de predicción bruta, ni de lejos».

Billy Walters: el jefe final

Billy Walters, considerado en general como el mejor apostador deportivo de la historia, ha sido durante mucho tiempo un imán para las apuestas altas. Su primer compañero de apuestas en Las Vegas después de mudarse desde Kentucky —donde se había criado, tan pobre que había perdido todos los dientes de abajo a los veinte años— no fue otro que Doyle Brunson. Walters llegó a Las Vegas endeudado y tuvo una racha tan loca que ni siquiera Brunson podía seguirle el ritmo. «Esa asociación solo duró un par de semanas —me contó Walters—. No estaba preparado para la cantidad de riesgo que implicaba el deporte y lo que yo ganaba en aquel momento». Aun así, siguieron siendo amigos para toda la vida. «Me levantaba cada día y era literalmente como un niño en el arenero. No hacía más que apostar en deportes, jugar al golf, jugar al póquer, al backgammon, al gin rummy y recibir clases de los mejores jugadores del mundo —recuerda Walters de sus primeros años en Las Vegas—. Fue la época más feliz de toda mi vida».

Fue durante ese periodo de 1983 cuando Walters tuvo lo que podría haber sido el encuentro más fatídico de su vida: fue con el doctor Ivan «Doc» Mindlin, del llamado Computer Group. Mindlin era un canadiense que se había mudado a Las Vegas a principios de la década de 1970 para hacerse cirujano ortopédico, pero pronto se quedó enamorado del juego. Tras empezar perdiendo dinero en las mesas, Mindlin comenzó a experimentar con modelos informáticos para el pronóstico de partidos de béisbol y de fútbol universitario. No está claro si los modelos de Doc tuvieron éxito y cuánto, pero no importaba, porque Mindlin no era tanto el cerebro del Computer Group como su carismático líder.

El cerebro pertenecía a Michael Kent, un matemático apacible y de pocas aptitudes sociales que había trabajado en Westinghouse en un equipo de diseño de submarinos nucleares. Kent había desarrollado un algoritmo para evaluar el rendimiento del equipo de softball de la empresa, que ejecutaba en los ordenadores de alta velocidad de Westinghouse, y pronto adaptó sus métodos al fútbol universitario y al baloncesto, perfeccionando en silencio sus algoritmos y ahorrando dinero durante siete años, hasta que tuvo la confianza suficiente para dejar su trabajo y trasladarse a Las Vegas en 1979. Era una especie de precursor de Rufus Peabody, pero carecía del aplomo y el carisma de este, y se vio desbordado al tratar de conseguir dinero como operador individual. El desenvuelto Mindlin era el socio perfecto. Fue una relación provechosa: los informes de Kent mostraban que el Computer Group batía el diferencial hasta un 60% de las veces en el fútbol universitario, una tasa de éxito tan alta que hoy en día es casi imposible.

Walters, por su parte, desempeñaba un papel más parecido al de un Spanky Kyrollos hiperconectado. Su trabajo consistía en conseguir la mayor cantidad de dinero posible para el Computer Group en tantos lugares como fuera posible, cosa que se le daba bien, dado su insaciable apetito por el riesgo y su estilo de vida amante de la diversión, que le convertían en un tipo muy popular en la ciudad. Sin embargo, Walters también apostaba por su cuenta, y en una ocasión apostó 1,5 millones de dólares —prácticamente todo su patrimonio neto— a los Michigan Wolverines como perdedores por 4,5 puntos en la Sugar Bowl de 1984 contra los Auburn Tigers. Auburn ganó con un gol de campo en el último minuto, pero Michigan cubrió la diferencia. De repente, Walters pasó a valer el equivalente a 10 millones de dólares actuales.

Walters probablemente habría agotado su recién adquirida fortuna tarde o temprano si en 1989 no hubiera dejado de beber de un día para otro. Hasta ese momento, escribiría en sus memorias, había «vivido al límite y pavoneándose de ello» y «arriesgado la vida prácticamente todos los días de mi existencia de auge y caída».

COMPETENCIA

La línea que separa la obsesión de la adicción puede ser muy delgada en el Río, y Walters canalizó sus tendencias obsesivas en perfeccionar el arte de las apuestas deportivas. No hay necesariamente truco en lo que hace una buena apuesta de Walters, aparte de la atención a cada detalle. En un partido de *playoffs* de la NFL de 2022 entre Los Angeles Rams y Tampa Bay Buccaneers, por ejemplo, el *tackle* ofensivo de los Bucs Tristan Wirfs se lesionó. En condiciones normales, no habría sido para tanto. Sin embargo, varios factores se unieron para magnificar la importancia del hecho. El suplente de Wirfs también estaba lesionado, los Rams tenían una gran *pass rush* y el *quarterback* de los Bucs, Tom Brady —por muy legendario que fuera— contaba cuarenta y cuatro años y estaba en las últimas. La lesión, que normalmente tendría un valor de unos 1,5 puntos, valía en cambio hasta 6 puntos para los Rams en el modelo de Walters, suficiente para marcar la diferencia en un partido que los Rams ganaron con un gol de campo cuando el tiempo se agotaba.

Lo que Walters predica más que nada —aparte del valor del trabajo duro— es la importancia de buscar el consenso. ¿Conocimiento del sector? ¿Conocimientos de apuestas? ¿Capacidad analítica? Él acepta todo lo anterior, y con placer. Incluso a sus setenta y tantos años, Walters y sus socios «experimentaban con algoritmos de aprendizaje profundo» y «echaban un vistazo a los bosques aleatorios», me dijo, algunas de las técnicas de aprendizaje automático que se utilizan para impulsar sistemas de IA como ChatGPT. No le parecía que tuvieran muchas opciones: o te mantienes al día, o te adelanta la competencia. «Nunca hemos dejado de buscar enfoques diferentes —afirmaba—. Porque de una cosa estoy seguro: compites contra las personas más inteligentes del mundo».

No es el propio Walters quien ejecuta estos modelos o recopila toda esta información, sino que cuenta con una red de modeladores financieros, jugadores astutos e informantes con los que ha estado trabajando durante décadas y que le han sido leales incluso después de que lo condenaran a cinco años por tráfico de información privilegiada en 2018.[*] Aunque muchos de los apostantes con los que hablé para este li-

---

[*] La sentencia de Walters la conmutó el 20 de enero de 2021 el presidente Trump en su último día en el cargo, después de que Walters hubiera cumplido dos años de prisión y dos de arresto domiciliario. En sus memorias, Walters mantiene su inocencia y culpa al golfista Phil Mickelson —que también se vio implicado en el escándalo y

bro utilizan múltiples fuentes —por ejemplo, promediando dos o más modelos—, Walters va un paso más allá: sus fuentes solo hablan con Walters, no entre ellas. De hecho, Walters me dijo que sus fuentes ni siquiera se conocen entre sí. Esto cumple dos objetivos. En primer lugar, le protege en caso de que una fuente se vea comprometida. Walters no ve con buenos ojos la deslealtad; tiene una disputa con Mindlin desde que este se desentendió de una deuda en 1986. En segundo lugar —de forma intencionada o no—, Walters sigue las investigaciones académicas sobre la sabiduría de las multitudes. Es más probable que la toma de decisiones en grupo sea más sabia cuando los miembros del grupo pueden actuar de manera independiente, reduciendo así el potencial de pensamiento de grupo. «Busco opiniones independientes —afirma—. No busco algo que pueda estar sesgado por otra persona».

Los ganadores no son bienvenidos

Se podría suponer —razonablemente— que el peor momento para ver la televisión es cuando has estado indeciso en la semana anterior a unas elecciones importantes; de un modo literal, cada anuncio es un anuncio político. Pero se me ocurre una notable excepción: si eras aficionado a los deportes a finales de 2015. Fue entonces cuando DraftKings y FanDuel, impulsados por una avalancha de inversiones de capital riesgo, inundaron las ondas con más de 220 millones de dólares en anuncios durante el cuarto mes de la temporada de la NFL.

«Hay un juego dentro de un juego que requiere un conjunto de habilidades distinto —rezaba uno de los guiones típicos de DraftKings de aquella época, que mostraba un montaje de frikis de mediana edad pegados a su aplicación de DraftKings, en entornos sociales (en cierta

---

aceptó renunciar a la posibilidad de comerciar con acciones— de no haber salido en su defensa. No he tratado de evaluar los pormenores del caso, en el que Walters recibió supuestamente información de un miembro del consejo de administración de Dean Foods. Sin embargo, diré que los apostantes deportivos suelen adoptar una actitud displicente hacia la información privilegiada en el deporte: si uno recibe un chivatazo de un empleado de un equipo sobre la lesión de un jugador, por ejemplo, puede que el empleado se esté poniendo en peligro, pero eso suele considerarse problema del equipo, no del empleado. Es mucho menos probable que la Comisión del Mercado de Valores le conceda el beneficio de la duda si apuesta en Bolsa.

forma, se suponía que aquel era un anuncio para su producto)—. Y no solo jugamos: Somos jugadores. Entrenamos. Y ganamos».

No era un discurso sutil: anunciaban un juego de habilidad. Si haces el trabajo y los cálculos necesarios, podrás ser más listo que tus amigos y convertirte en el próximo tipo que abandone su aburrido trabajo de cubículo para ganar mucho dinero. ¡Quizá hasta puedas echar un polvo! En otro anuncio de DraftKings, ambientado en el «Fantasy Sports Hall of Fame», había una estatua de un «antiguo contable» llamado Derek Bradley. «El béisbol de fantasía de un día de DraftKings le llevó de ser un tipo con agujeros en los calzoncillos a ser un tipo con modelos en biquini en ellos», explicaba el anuncio.

Los anuncios de apuestas deportivas de hoy no suenan igual. Anuncian que las apuestas deportivas son muy divertidas o que hay muchas formas diferentes de apostar, o muestran a famosos o exdeportistas que utilizan su producto. Pero suelen tener cuidado de no insinuar que las apuestas deportivas son un juego de habilidad o que se puede ganar a largo plazo, porque no quieren que usted lo haga.

En las apuestas deportivas que he descrito hasta ahora, se apuesta contra la casa. Pero en 2015 estas empresas anunciaban un producto diferente llamado deportes de fantasía diarios (DFS, por sus siglas en inglés). Funciona así: tienes un presupuesto, reclutas a un equipo de jugadores y acumulas puntos en función de sus estadísticas reales. Pero compites en un torneo contra otros jugadores, no contra la casa. DraftKings y FanDuel ganan dinero llevándose una parte fija del bote de premios: uno u otro va a ganar, así que no les importa si eres tú u otro friki de mediana edad.

De hecho, querían resaltar que DFS era un juego de habilidad, y la presencia de ganadores a largo plazo los ayudaba a demostrarlo. FanDuel y DraftKings preferían el argumento del juego de habilidad porque era la base legal de los DFS. La UIGEA, la ley de 2006 que prohibía a los procesadores de pagos facilitar depósitos en cuentas de póquer en línea, incluía una excepción para los deportes de fantasía sobre la base de que eran un juego de habilidad. Así que, irónicamente, el empeño por prohibir el póquer en línea condujo a la proliferación de las apuestas en deportes de fantasía.*

---

* Puede que incluso haya contribuido a la presencia de apuestas deportivas en línea totalmente legales. A partir de la Major League Baseball en 2013, varias de las prin-

Con la legalización total de las apuestas deportivas en muchos estados, DraftKings y otros sitios ya no dependen de la laguna legal de los «juegos de habilidad». Así que, en algunos casos, su actitud hacia las apuestas deportivas es completamente opuesta de la que tenían para los DFS. En lugar de anunciar que los jugadores más hábiles pueden ganar, DraftKings dice de manera explícita que no quieren ganadores en el lado de las apuestas deportivas de su negocio. «Si gran parte de ese dinero se va por la puerta lateral a los astutos que ni siquiera disfrutan de tu producto, desconocen por completo la plataforma y no tienen ninguna lealtad, entonces ¿por qué no íbamos a hacer algo para controlarlo?», dijo Jon Aguiar, ejecutivo de DraftKings.

Bueno, una posible respuesta a la pregunta de Aguiar es que declaraciones públicas como estas ponen en peligro la herramienta de marketing más potente de DraftKings: su atractivo para el ego masculino. Es del todo plausible que DraftKings esté perdiendo más acción de los chicos que creen erróneamente que pueden ganar de la que se están ahorrando al no tomar medidas drásticas.

«Está diseñado para que pierdas dinero —afirma Kelly Stewart, alias Kelly in Vegas, una de las mujeres más destacadas del sector y también una de las personas con una actitud más descarada y que no acepta argumentos enclenques—. Se lo digo a la gente todo el tiempo. Si por cada apuesta de diez dólares que hago, tengo que darle once dólares para hacer esa apuesta, eso no va a hacer que pueda ganar a largo plazo. Es decir, las probabilidades se acumulan literalmente en tu contra. Y que alguien piense que puede ganar a largo plazo sin esforzarse mucho es bastante cínico. Quizá la gente se está engañando a sí misma».

Aunque las casas de apuestas deportivas y los apostantes tienen una relación de enfrentamiento, también comparten un interés común:

---

cipales ligas deportivas invirtieron en empresas iniciales de DFS. Y en 2014, el comisionado de la NBA, Adam Silver, escribió un artículo de opinión en *The New York Times* defendiendo la legalización total de las apuestas deportivas. La decisión del Tribunal Supremo de 2018 que derogó la ley PASPA no mencionaba específicamente los DFS, pero el Tribunal Supremo suele responder a los cambios en la opinión pública y la de las élites. En este caso, el cambio ha sido drástico: en 2012, la NBA fue uno de los querellantes en el caso PASPA y demandó al estado de New Jersey por su intento de legalizar las apuestas deportivas. En el momento en que el tribunal dictó sentencia, la NBA estaba animando en contra de su propio caso.

ambos dependen de los apostantes recreativos para obtener beneficios. A largo plazo, el tamaño del sector lo determina la cantidad de dinero que las personas estén dispuestas a invertir en malas apuestas. Por ejemplo, si el boxeador Floyd Mayweather, conocido por ser un gran apostador, está dispuesto a apostar un millón de dólares en el equipo «equivocado» de la Super Bowl con un VE de −50.000 dólares, eso equivale a 50.000 dólares de ingresos lanzados desde un helicóptero para que las casas de apuestas y los apostantes astutos se peleen por ellos.

Hay dos razones principales[*] por las que alguien puede hacer una apuesta −VE: en primer lugar, porque le parece entretenida, y en segundo lugar, porque cree que está haciendo una buena apuesta, cuando no es así. Las casas de apuestas deportivas como DraftKings se autodenominan «productos de entretenimiento» y tratan así de sacar partido del primer tipo de cliente. Pero no están fomentando demasiado el segundo tipo. De hecho, si una casa de apuestas deportivas conocida por su limitación agresiva a los jugadores que ganan es la que acepta tu juego, deberías preguntarte por qué: básicamente te están diciendo que creen que eres un perdedor.

No obstante, la actitud de DraftKings es habitual en todo el sector, y yo no tardé en sentir su impacto. Para abril de 2023, apenas un año después de haber empezado a apostar en serio, ya me habían limitado en DraftKings, BetMGM, Points Bet y Resorts World Bet. No hay datos concretos sobre la agresividad de las distintas casas de apuestas deportivas a la hora de limitar a los jugadores, aunque un artículo de *The Washington Post* de 2022 coincidía con mi experiencia y sugería que DraftKings, BetMGM y PointsBet eran más agresivas a la hora de limitar a los jugadores, y que Caesars y WynnBet no lo son tanto (sigo teniendo el visto bueno en Caesars, aunque WynnBet me limitó en marzo de 2024).

Eso deja a FanDuel, la mayor casa de apuestas deportivas de Estados Unidos por cuota de mercado, en una categoría intermedia. Fue una de

---

[*] Una tercera motivación potencial es que alguien que está aprendiendo puede estar dispuesto a hacer apuestas −EV a corto plazo para tener la oportunidad de convertirse en un apostante ganador a largo plazo. Esta motivación también la desalientan los sitios que limitan de forma agresiva a los jugadores: si en el momento en que te haces buen jugador te van a limitar, eso es, de primeras, un fuerte desincentivo para invertir tu tiempo en aprender a apostar en deportes.

las primeras casas de apuestas en las que me registré cuando se pusieron en marcha las apuestas deportivas en Nueva York, y me parecía que teníamos una buena relación. Cuando comenzó la temporada 2022-2023 de la NBA, ya me tomaba las apuestas de la NBA bastante en serio, pero antes de eso me había estado mezclando en algunas jugadas semiastutas, como apostar unos cientos de dólares a los Rangers si iba a un partido o a los *playoffs* de la NFL si los veía por televisión. Parecía el patrón de apuestas de un jugador recreativo, y FanDuel incluso me preguntó en un momento dado si estaría interesado en unirme a su programa VIP: en otras palabras, pensaban que era un pez.

FanDuel también me ayudó a organizar una serie de reuniones en sus elegantes oficinas de Manhattan. Hablé con algunos de sus ejecutivos, pero lo que más me interesaba era hablar con Conor Farren, entonces vicepresidente senior de productos y precios deportivos. Esencialmente, Farren, que ya ha dejado la empresa, dirigía la mesa de operaciones de FanDuel, a la que llegó cuando la empresa irlandesa Paddy Power Betfair (ahora Flutter) adquirió FanDuel apenas diez días después de la decisión del Tribunal Supremo en 2018.

Farren, que tiene el porte tranquilo e intenso de un jugador de póquer y conserva su acento irlandés, afirmó que FanDuel estaba más dispuesta a tomar aceptar el juego de jugadores astuto que sus competidores. «Tengo la sensación de que somos mucho más justos que otras casas de apuestas en cuanto a lo que permitimos apostar regularmente a los clientes astutos», afirmaba. Aunque, añadió, les había costado mucho trabajo llegar a ese punto.

«Cuando empecé a trabajar aquí, hace cuatro años y pico, no disponíamos de personal. Tuvimos que contratar a gente, organizarnos y empezar a fijar precios de forma más precisa —explicaba—. La mejor solución para la gestión de riesgos es una tarificación perfecta. No siempre es fácil, porque tenemos dos millones de cosas que poner en el sitio cada mes... Pero, filosóficamente, si alguien está haciendo su trabajo y, simplemente, es astuto, se le debería permitir hacer una apuesta justa».

Estoy seguro de que es difícil establecer precios precisos para dos millones de apuestas al mes, pero no hay nada que obligue a FanDuel a tener un menú tan extenso. Circa, la casa de apuestas ampliamente considerada como la más astuta de Estados Unidos, adopta esencialmente el enfoque de In-N-Out Burger en comparación con el de McDonald's

COMPETENCIA

de FanDuel, ofreciendo un menú mucho más limitado pero selecto.*
Y Circa confía lo suficiente en sus líneas para ser conocida por no poner casi nunca límites a sus clientes. No obstante, está claro que FanDuel está haciendo algo bien. No solo está jugando cada vez mejor a la defensiva, sino que también va a la ofensiva, haciendo sus propias apuestas de alto riesgo si cree que son +EV.

Súbase al coche, porque nos vamos de compras de líneas, que es el término que utilizan los apostantes deportivos cuando buscan el precio más favorable entre distintos sitios de apuestas. Son las tres de la tarde del domingo de la Super Bowl; en unas horas dará comienzo la Super Bowl LVII entre los Kansas City Chiefs y los Philadelphia Eagles. Estas son las líneas de ganador en las mayores casas de apuestas de Estados Unidos:

Líneas de ganador de la Super Bowl

Equipo	FanDuel	PointsBet	Caesars	DraftKings	BetMGM
Chiefs	-104	+100	+110	+100	+100
Eagles	-112	-120	-130	-120	-120

Si no está acostumbrado a leer líneas de apuestas, no se preocupe: basta con quedarse con la información de que FanDuel ofrecía un precio mucho mejor para los Eagles (y peor para los Chiefs) que el resto de las casas de apuestas deportivas. Si hubiera apostado 100 dólares a los Eagles en FanDuel y estos hubieran ganado, habría obtenido un beneficio de 89 dólares. La misma apuesta le reportaría solo 83 dólares en DraftKings y 77 dólares en Caesars.

---

* Es mucho más rápido retirar líneas del tablero en caso de lesiones de jugadores cuando una persona con información interna podría hacer apuestas +EV, por ejemplo. También ofrece muchas menos apuestas paralelas de jugadores y apuestas durante el partido más limitadas.

De hecho, FanDuel estaba invitando a sabiendas a apostar por los Eagles. ¿Lo hacían para equilibrar sus libros? No, todo lo contrario.* La mayor parte del dinero del público ya era para Filadelfia. «Una conjetura, y yo diría que bastante bien fundamentada, es que entre el 75 y el 80 % del dinero estaba en los Eagles», reveló Farren. En cambio, dijo, ellos estaban «manteniendo lo que pensábamos que era el precio real», lo que sus modelos les decían. El público podría preferir Filadelfia, pero hay mucho dinero tonto en la Super Bowl, así que a Farren le daba igual. A sus modelos les gustaban los Chiefs, y tenían razón; KC hizo una remontada espectacular y acabó ganando 38-35.

Seguir ofreciendo a los apostantes un precio favorable por los Eagles fue una decisión verdaderamente arriesgada. Farren me dijo que FanDuel había hecho modelos de los casos más desfavorables para la Super Bowl y que eran malos de verdad. Muchos jugadores apuestan a los llamados *parlays* de un solo partido, que suelen incluir una combinación del rendimiento del equipo y del jugador. (Por ejemplo, la victoria de los Eagles, el *over* y que su *quarterback* Jalen Hurts consiga al menos trescientas yardas de pase). «Si todos los jugadores estrella marcaran [en un] partido de alta puntuación» y los Eagles ganaran, FanDuel podría haber perdido potencialmente del orden de 400 a 500 millones de dólares, dijo Farren. No se trataba de un «riesgo empresarial, no de un riesgo del tipo "no podemos pagar las facturas"», pero «teníamos que asegurarnos de que teníamos el dinero para pagar». Fue una decisión digna del Río, muy alejada del modelo de apuesta-deportiva-como-espectáculo.

Sin embargo, aquí viene el giro. El 4 de abril de 2023, la misma noche después de mis entrevistas con FanDuel y toda la charla de Farren sobre las medidas astutas, traté de hacer una apuesta de 2.500 dólares con ellos en el partido de la NBA Nets-Pistons del día siguiente. La

---

* Es hora de romper más mitos: suele ser un mito que las casas de apuestas deportivas traten de equilibrar sus libros. De hecho, a menudo es imposible hacerlo. El dinero del público es intrínsecamente asimétrico; al público le gusta apostar por el *over*, y le gustan los favoritos, en especial como parte de *parlays*. Y el público puede obsesionarse con una determinada narrativa mediática. «En teoría, eso de equilibrar ambos lados suena bien. Pero yo casi lo llamaría leyenda urbana, porque muy rara vez ocurre», me contó Jay Kornegay.

transacción fue rechazada. El borde de la ventana de apuesta se volvió rojo y recibí una nota: «APUESTA MÁXIMA 2.475,37 DÓLARES». Esto no me había pasado jamás antes cuando había intentado apostar en FanDuel. Es posible que el momento fuera una coincidencia, ya que la última vez que hice una apuesta lo bastante grande para activar este límite había sido hacía unas semanas, así que no puedo asegurar que ocurriese debido a mi visita. Pero la conclusión es la misma en cualquier caso: había sido limitado por otra casa de apuestas deportivas más.

En el caso de FanDuel, los límites, al menos, son razonables: un par de miles de dólares. De hecho, aunque en el momento de hablar con él no me había dado cuenta de que me habían limitado, Farren había dicho algo que lo presagiaba cuando le pregunté cómo trataba FanDuel a los ganadores. «Has hecho una apuesta para ganar, una noche razonable, ya sabes, un par de miles o así —prosiguió—. Nos informamos, revisamos nuestros precios. Hay algo ahí: un lugar en el que todos podemos vivir».

En esencia, FanDuel ofrecía un compromiso a los apostantes astutos: puedes apostar hasta el valor de tu información. Para alguien como yo, que considero las apuestas deportivas como un negocio secundario con una rentabilidad positiva marginal, eso podría funcionar razonablemente bien; un par de miles suele ser lo máximo que querría apostar de todos modos.

Pero ese trato no funciona para un Spanky o un Bob Voulgaris y, desde luego, no para un Billy Walters. Para ellos, ni siquiera las apuestas de cinco cifras son necesariamente suficientes. «No me interesa apostar diez, veinte, treinta, cuarenta, cincuenta mil dólares. No estoy interesado ni de lejos», me confesó Walters. Poseen información que vale mucho más de lo que FanDuel está dispuesto a pagar por ella, así que tienen que recurrir a otras tácticas para conseguir apostar todo el dinero que quieren.

Cómo poder apostar el dinero

«Lo que me separaba del resto de estos chicos es que el noventa y cinco por ciento de todas las apuestas que hacía, las hacía el día del partido —me dijo Walters—. Una vez que llega el día del partido, puedes apostar mucho dinero. Dígame alguien que pueda ganar a esto de forma continua. No quiero parecer fanfarrón, pero yo soy el único que conozco».

Tal vez fuera por su acento de Kentucky, o tal vez por los elogios que le dedicaban otros apostantes, pero Walters no sonaba fanfarrón. Los diferenciales de puntos de la NFL el domingo, antes del saque inicial, se consideran las cifras más imbatibles del sector. En la actualidad, los estadounidenses apuestan legalmente unos 50 millones de dólares en el partido medio de la NFL, una cantidad tan elevada que las casas de apuestas deportivas casi se atreven a retar a los astutos a batir sus líneas. Pero casi nadie puede, excepto Walters.

Los apostantes más astutos —Walters en fútbol, Voulgaris en la NBA, Peabody en golf o en paralelas de la Super Bowl— pueden incluso canibalizar su propio mercado cuando apuestan. En el momento en que apuesten dinero por primera vez, afectan potencialmente al precio de mercado hasta que empiece el partido. Así que tienen que saber cuándo retenerse. Voulgaris me contó que, en su época de esplendor, los apostantes influyentes compartían su apreciación por la teoría de juegos que respaldaba su apuesta. «Se daba por descontado que ni yo ni los otros grupos competidores no íbamos a apostar demasiado pronto», dijo. Esperaban hasta las diez de la mañana para empezar a apostar, momento en el que generalmente se les permitía apostar los límites máximos. «Alguien podía entrar y conseguir límites menores, pero en realidad nadie lo hacía nunca». Hoy en día, hay demasiados apostantes expertos para que la coordinación sea eficaz. Predomina el dilema del prisionero: alguien razonablemente astuto desertará de la coalición y apostará por una línea antes que usted.

Aun así, se trata de un problema de alto nivel. Si es tan astuto como para ser el centro de gravedad de todo el mercado en un deporte en particular, enhorabuena: va a ganar mucho dinero apostando en deportes. Tal vez no tanto como hace veinte años, pero mucho.

Al resto de los mortales nos queda perseguir las siguientes palabras mágicas: «Valor de línea de cierre».

El valor de línea de cierre es cómo se compara la línea a la que ha apostado con la línea final antes de que empezara el partido. Por ejemplo, para el partido de los Toronto Raptors que he descrito antes, aposté por los Raptors a −3,5 y la línea se cerró en Raptors −4,5. Eso significa que obtuve un sólido valor de línea de cierre: los Raptors se convirtieron en grandes favoritos y la línea se movió en la dirección de mi apuesta. Como resultado, tendría una apuesta ganadora más a menudo. Si los Raptors ganaran por 4 puntos, mi apuesta ganaría, mientras que alguien que hubiera apostado justo antes del comienzo perdería.

Hay varias formas de conseguir valor de línea de cierre, y casi todas ellas están relacionadas con ser un apostante ganador a largo plazo. Si tiene un don para detectar líneas de apertura débiles cuando los frikis las acaban de publicar, obtendrá un buen valor de línea de cierre. Si lee bien la situación en el caso de una lesión, o tiene información privilegiada sobre ella, también lo obtendrá. También puede conseguir valor de línea de cierre a través de una práctica llamada *steam chasing*, aunque las casas de apuestas deportivas no soportan a los apostantes que lo hacen.*

A las casas de apuestas les gusta fijarse en el valor de la línea de cierre porque es un indicador con menos ruido que su historial de victorias y derrotas. Incluso después de cien apuestas, por ejemplo, la cantidad que has ganado o perdido es un reflejo abrumador del ruido, no de la señal. Sin embargo, un apostante hábil puede obtener el valor de la línea de cierre una gran mayoría de las veces, y alguien que obtiene el valor de la línea de cierre de forma consistente es casi seguro que tendrá resultados ganadores a largo plazo.

---

* El *steam chasing* consiste en realizar una apuesta en una casa de apuestas cuando esta tarda en actualizar sus líneas. Por ejemplo, digamos que una gran peña de apuestas hace una apuesta por los Green Bay Packers en un lejano paraíso fiscal en plena noche, moviendo el precio de consenso de Packers −3,5 a Packers −4; pero el friki que gestiona la línea para PointsBet estaba dormido durante el cambio y todavía tienen el partido en −3,5. Esta cifra normalmente tendrá un valor de línea favorable al cierre y es un buen candidato para una apuesta. Pero esto no se puede hacer demasiado a menudo sin verse limitado. Cuando eres un originador, que apuesta sobre la base de un modelo propio, al menos proporcionas información útil a la casa de apuestas deportivas. Pero cuando está haciendo *steam chasing*, no es así: las casas de apuestas deportivas saben muy bien cuándo tardan en actualizar una línea.

Número de apuestas ganadas después de 100 apuestas independientes

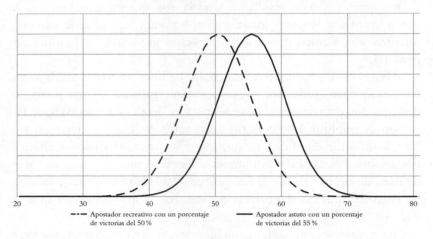

--- Apostador recreativo con un porcentaje de victorias del 50 %
— Apostador astuto con un porcentaje de victorias del 55 %

Por eso es difícil dar consejos infalibles sobre cómo ganar en las apuestas deportivas. Las prácticas más rentables, las que te permiten obtener el valor de línea de cierre con mayor fiabilidad, son también aquellas en que las casas de apuestas se apresuran a limitarte.

Por tanto, los apostantes —en especial los de arriba abajo como Spanky, que utilizan tácticas de arbitraje como *steam chasing*— están constantemente envueltos en acciones de subterfugio. La mayoría de estas tácticas entran en una de estas dos categorías: puedes hacer apuestas tontas con cuentas que la casa de apuestas deportivas considera astutas, o apuestas astutas con cuentas que ellos consideran tontas. En realidad, es más o menos el mismo juego al que jugaban Jeff Ma y el equipo de Blackjack del MIT: tienes que disimular que eres un jugador astuto.

Una táctica es el *head fake*. ¿Recuerda que dije que BOSS solía mover sus líneas de apertura de la NBA cuando yo apostaba por tan solo 1.100 dólares? Pues bien, eso genera una potencial oportunidad para mí.* Digamos que BOSS abre su línea con los Nuggets +4 a domicilio contra los Lakers. A este precio, me gustan los Nuggets. Así que voy a BOSS y apuesto mis 1.100 dólares a... ¡los Lakers! Recuerde, BOSS

---

* No, en realidad nunca he intentado un *head fake*. Es necesario que se alineen muchos factores para que funcione y debería considerarse una técnica de alto grado de dificultad.

piensa que soy astuto, así que mueven la línea a Nuggets +5, lo que significa que el precio es ahora aún más atractivo. Unos minutos más tarde, DraftKings abre para apostar en el partido, copiando la línea de BOSS de Nuggets +5. DraftKings me permite apostar 10.000 dólares, así que le doy a los Nuggets allí. He hecho un *head fake*, el equivalente a un farol en apuestas deportivas. Al apostar inicialmente en sentido contrario, pude apostar mucho dinero por el lado que me gustaba a un precio aún mejor.

Aunque este ejemplo reviste un problema. DraftKings probablemente no me va a dejar apostar 10.000 dólares en las líneas de apertura de la NBA durante cualquier periodo de tiempo. Ese no es el tipo de cosas que hacen los apostantes recreativos. Pero digamos que soy un tipo que conoce a algunos tipos. Un «barba» (*beard,* en inglés) es, en la jerga del sector, alguien que hace una apuesta en tu nombre. Digamos que conozco a un tipo con una gran cuenta en DraftKings, un jugador al que consideran VIP, y que apuesta 10.000 dólares por mí. Acordamos compartir los beneficios.* Eso es *bearding*.

Así que Spanky y otros apostantes están constantemente a la caza de lo mismo que buscan los jugadores de póquer: ballenas, es decir, ricachones o degenerados con un historial creíble de apostar a lo grande, a los que se les dará mucha cuerda antes de descubrir que son unos barbas. «Publicaron un artículo sobre mí en *Cigar Aficionado*. Es una publicación muy buena que leen las ballenas», me dijo Spanky. Otros apostantes cultivan relaciones con las ballenas jugando al póquer, o simplemente viviendo la buena vida en lo que yo llamo la «zona de chapoteo». Voulgaris incluso utilizó una vez al boxeador Floyd Mayweather como barba, me contó, «pero solo por un día, o dos días, porque era muy difícil trabajar con él».

Una vez que tenga una ballena haciendo de barba para usted, tendrá que proteger esa cuenta con cuidado. Su cálculo del valor esperado ya no se refiere solo a la probabilidad de que la apuesta gane o pierda, sino al efecto a largo plazo que tendrá en la percepción que la casa de apues-

---

* Voulgaris me dijo que daba a sus «beards» dos opciones. Podían participar al 50% en las apuestas, lo que significaba que podían ganar o perder, o podían participar en un cuarto de un *freeroll*, lo que significaba que compartirían el 25% de los beneficios, pero no tendrían que pagar las pérdidas. «Siempre los animábamos a que se quedaran con el *freeroll* porque así nunca perdíamos», me dijo.

tas deportivas tiene del cliente, porque las casas de apuestas deportivas son plenamente conscientes de que sus ballenas pueden pasarse al otro bando. «Nos ha pasado muchas veces. Tenemos un VIP, alguien capta su atención —me relataba John Murray, del Westgate—. Ahora sus patrones de apuestas han cambiado, y nosotros tenemos que bajar sus límites». No voy a repasar las tácticas una por una, pero en realidad querrá evitar que su ballena obtenga sistemáticamente un buen valor de línea de cierre. Puede hacer que haga apuestas neutrales o ligeramente –VE justo antes del comienzo de partidos aleatorios de la NFL, por ejemplo.

Descargo de responsabilidad: el uso de un barba vulnera, casi con toda seguridad, las condiciones de servicio del sitio, sea el que sea, en el que esté apostando su ballena. Bah, a quién le importan las condiciones de servicio, ¿no? La ilegalidad del barba depende de muchos factores: yo no estoy cualificado para aconsejarle en ese sentido, así que será mejor que consulte con un abogado si está pensando seriamente en hacer esto. Las acusaciones por las llamadas «apuestas de mensajería» son raras, pero no inexistentes.

Y el hecho de que mucho dinero cambie de manos por motivos relacionados con el juego siempre puede traer problemas. Kyrollos, por ejemplo, fue acusado de manipular la contabilidad por el fiscal del distrito de Queens en 2012. Del mismo modo, el Computer Group fue objeto de una serie de redadas del FBI a partir de 1985. En estas situaciones, los acusados suelen rebatir los cargos argumentando —a menudo, con razón— que se limitaban a apostar en deportes y no a aceptar apuestas como hace un corredor de apuestas. Pero fiscales, jueces y jurados verán mucho dinero en efectivo cambiando de manos en una compleja red de transacciones financieras —más de un apostante con el que hablé para este libro me contó historias de grandes pagos en efectivo en maletines o bolsas de papel— y puede que no comprendan la diferencia. Las probabilidades de evitar sanciones graves o incluso la cárcel en estas circunstancias no suelen ser mejores que las de lanzar una moneda al aire. Por ejemplo, aunque el Computer Group fue finalmente absuelto, Spanky se declaró culpable de un delito grave de «promover el juego de azar».

Aunque, para empezar, no creo que procesar a los apostantes deportivos sea un buen uso de los recursos del Gobierno, el mercado minorista estadounidense en su estado actual no acabará con estas argucias.

De hecho, la amplia difusión de los límites en las apuestas en los sitios minoristas de Estados Unidos pueden empeorar la situación. La información puede o no querer ser libre, pero si una ballena puede apostar un millón de dólares en un partido en DraftKings y un apostante astuto solo puede apostar unos pocos dólares, hay incentivos obvios para que la información supere cualquier fricción que haya y fluya del apostante astuto a la ballena.*

Aposté 1,8 millones de dólares a la NBA. Esto es lo que aprendí

Era inevitable que en algún momento me metiese en las apuestas deportivas. Me gustan los deportes, me gustan las apuestas y vivo tan cerca del Madison Square Garden que puedo ver su brillante marquesina electrónica desde la ventana de mi apartamento; así que tenía anuncios de Caesars Sportsbook directamente en mi salón las veinticuatro horas del día.

Al principio, mis apuestas eran bastante informales, pero cuando comenzó la temporada 2022-2023 de la NBA, decidí tomármelo más en serio, desarrollar una rutina y hacer un seguimiento diligente de mis apuestas. Llegué a la temporada con algunas ventajas: (1) soy un gran friki de la NBA, y ya dedicaba mucho tiempo a seguir el deporte; (2) había construido un modelo de la NBA y un sistema de pronóstico llamado RAPTOR; (3) cuando empezó la temporada, no tenía problema alguno con las casas de apuestas deportivas y podía apostar libremente en todos los sitios minoristas del estado de Nueva York, menos en uno. También tenía algunas desventajas: (1) RAPTOR era público, por lo que en la medida en que es astuto, su información podía haber sido ya incorporada en las líneas de apuestas;

---

* Si yo estuviera redactando la legislación sobre apuestas deportivas, pondría límites a estos diferenciales, lo que se conoce en el sector como «factores de stake». Por ejemplo, hasta el más astuto podría apostar un mínimo de 2.500 dólares en una línea de apertura de la NBA, e incluso el mayor ballena no podría apostar más de 10.000 dólares, un diferencial de 4x. Si una casa de apuestas deportivas no es capaz de obtener beneficios en esas circunstancias, aunque esté cobrando comisión en cada apuesta ganadora, entonces quizá no debería estar en este negocio.

(2) en poco tiempo me vería limitado por bastantes sitios; (3) tenía un montón de otras distracciones, entre ellas el trabajo en este libro.

Gané dinero, aunque no mucho en relación con la cantidad que apostaba.* En concreto, fueron 18.513 dólares netos en una serie de apuestas de las denominadas de futuros realizadas justo antes de que empezaran los *playoffs* de la NBA, porque los Denver Nuggets ganaron la Conferencia Oeste y el título de la NBA con unas probabilidades bastante bajas, lo que me permitió compensar con creces las apuestas fallidas a los Boston Celtics y otros equipos.

Pero ¿y las apuestas regulares, partido a partido, a las que dediqué tanto tiempo? Bueno, seamos precisos. Aposté un total de 1.809.006 dólares. Y terminé el año con la friolera de 5.242 dólares de ventaja, lo que supone una mísera rentabilidad del 0,3 %.

Pero en fin, no pasa nada; la mayoría de los apostantes pierden. Aun así, el valor del ejercicio no radicó tanto en el (pequeño) beneficio que obtuve como en lo que aprendí por el camino. Probablemente me habría tropezado con algunas de estas conclusiones de todos modos, pero el hecho de haber participado en el juego me ayudó a comprenderlas.

Me sorprendió lo poco que tardaron las casas de apuestas deportivas en limitarme.

Ya hemos hablado de esto, pero ojalá hubiera sido más consciente al principio de lo rápido que te puedes ver limitado. En realidad, no me esforzaba mucho por cubrir mis huellas. Por ejemplo, en general, PointsBet tardaba mucho en actualizar sus líneas cuando los jugadores se lesionaban: un periodista de la NBA tuiteaba que un jugador se había lesionado y yo podía apostar durante uno o dos minutos antes de que se actualizara la línea. Sabía que a PointsBet no le iba a gustar esto, e intentaba no aprovecharlo demasiado, pero no me sorprendió que me limitaran. Sin embargo, también me limitaron sitios como DraftKings, donde no me aprovechaba de ninguna de esas anomalías.

---

* También me fue muy bien en una liga de fantasía de la NBA con apuestas altas en la temporada 2022-2023, pero no lo cuento porque considero que ese resultado fue cuestión de suerte, ya que los deportes de fantasía quedan en gran medida fuera del alcance de este capítulo, y perdí dinero en la misma liga en 2023-2024.

Me sorprendió la frecuencia con la que mis primeras apuestas movían las líneas.

También hemos hablado de esto, pero mis apuestas en las líneas de apertura muy a menudo movían la línea en dos sitios, y de forma ocasional en otros. Debo admitir que era una sensación genial cuando mis apuestas, relativamente pequeñas, se extendían por todo el mercado de apuestas en mi pantalla de DonBest, afectando al precio de consenso. Las apuestas más cercanas al inicio casi nunca tenían ese efecto.

No me había dado cuenta de lo intensivas en capital que son las apuestas deportivas.

Aposté 1,8 millones de dólares a lo largo de la temporada de la NBA, pero eso no significa que necesitara ni de lejos tener esa cantidad en mis cuentas en una noche determinada. En lugar de eso, apostaba una media de 10.000 dólares cada noche, y a veces reservaba la misma cantidad para la noche siguiente. Se pierden algunas apuestas, pero también se ganan otras, y los beneficios volverán a su cuenta. Aun así, a veces las mejores líneas de apuestas solo duran unos segundos. Si quiere disponer de dinero para disparar en un momento dado en media docena de plataformas de apuestas, necesita liquidez de verdad, sobre todo si está combatiendo una de sus inevitables rachas perdedoras.

Me sorprendió la irregularidad, aunque no debería haberme sorprendido.

Empecé la temporada con una buena racha tremenda, ganando casi 42.000 dólares en poco más de un mes. ¿Quizá fuera un don divino para las apuestas deportivas? Seguro que no tardaría en comprarme mi propio equipo de fútbol español para competir con Bob Voulgaris. Pues no. Enseguida inicié una racha perdedora que acabó con casi todos esos beneficios. No voy a narrar cada punto del gráfico,* pero habla por sí solo:

---

* ¿Y el tramo largo y plano hacia el final? Se debe a que, básicamente, decidí poner fin al experimento a finales de abril de 2023, después de que Disney anunciara que despediría a la mayor parte del personal de FiveThirtyEight; necesitaba mi ancho de banda mental para otras cosas. Pero hice una última apuesta en un partido de *playoffs* entre los Celtics y los 76ers en mayo, y perdí.

¿Ocurre algo aquí aparte del mero azar? Puede ser. Dos de mis mejores rachas fueron al principio de la temporada y justo después de la fecha límite de fichajes de la NBA, en febrero. Son momentos en los que había muchos jugadores nuevos en equipos nuevos, y en los que un modelo estadístico como RAPTOR, que evalúa el rendimiento individual de los jugadores, tiene potencialmente el mayor valor.

Sin embargo, algo frustrante que descubrí es que, incluso después de haber apostado en unos 1.250 partidos y de haber guardado mucha información asociada a cada apuesta, no había un tamaño de muestra lo bastante grande para sacar conclusiones estadísticamente significativas. Si ganar el 55% de tus apuestas te convierte en un gran ganador y el 50% te convierte en un pez, ni siquiera una temporada completa de apuestas te dirá necesariamente a qué categoría perteneces.

Si usted es más técnico, permítame mostrarle algunas cifras para recalcar lo delgada que puede ser la línea entre ganar y perder. Los datos de la siguiente tabla describen cuál habría sido su registro si hubiera apostado en todos los partidos de la temporada 2022-2023 de la NBA pero hubiera obtenido el equivalente a puntos extra cuando lo hizo. Por ejemplo, si obtuvo un punto extra por partido —es decir, si en lugar de la línea de consenso de Celtics +2, pudiera apostar en el partido a Celtics +3— habría ganado el 53,7% de sus apuestas y habría obtenido un sólido +VE.

La importancia de cada punto

PUNTOS DE BONIFICACIÓN FRENTE A LÍNEA DE CIERRE	REGISTRO	PORCENTAJE DE VICTORIAS	MARGEN DE BENEFICIO (ROI)
0 puntos	1289-1289-62	50,0%	-4,9%
½ punto	1351-1245-44	52,0%	-0,9%
1 punto	1395-1202-43	53,7%	+2,8%
1½ puntos	1438-1150-52	55,5%	+6,6%
2 puntos	1490-1104-46	57,3%	+10,4%
2½ puntos	1536-1070-34	58,8%	+13,6%
3 puntos	1570-1034-36	60,2%	+16,4%

¿Tan difícil puede ser encontrar un mísero punto de valor por partido —el equivalente a que un jugador lance un tiro libre más— cuando eso es todo lo que se necesita para ser un ganador sólido? Según mi experiencia, lo es.

Me sorprendió lo rápidas que pueden ser las apuestas deportivas.

Al igual que en el póquer, muchas decisiones de apuestas deportivas se hacen con información incompleta. Verá una línea que parece favorable y le gustaría examinarla un poco mejor, como es debido; quizá haya una lesión de la que no estaba al tanto, por ejemplo. Pero una buena línea puede desaparecer al cabo de cinco o diez segundos. Y si la línea sigue disponible, puede que, después de todo, no sea una apuesta tan buena. Esto es lo que los economistas llaman «selección adversa»: si te ofrecen comprar una apuesta a un precio que parece demasiado bueno para ser cierto, tienes que preguntarte por qué la casa de apuestas deportivas está dispuesta a vendértela.

No me había dado cuenta de hasta qué punto las lesiones —y otras situaciones en las que puedes sacar ventaja gracias a la información privilegiada— pueden pasar por encima de otros problemas.

Esta cuestión es especialmente importante en el baloncesto, un deporte en el que las estrellas tienen un impacto desproporcionado. Jugadores con categoría de MVP, como Nikola Jokić, Giannis Antetokounmpo o Steph Curry, pueden suponer fácilmente de 6 a 8 puntos en la diferencia de puntos. Además, estos jugadores suelen aparecer como «dudosos» en los informes oficiales de lesiones, lo que implica que su probabilidad de jugar es aproximadamente del 50 %. Si dispusiera de información fiable de que uno de estos jugadores va a jugar —o de que no va a hacerlo—, tendría una apuesta que ganaría entre el 60 y el 65 % de las veces, lo que le convertiría al instante en uno de los mejores apostantes deportivos del mundo.

Incluso en ausencia de información privilegiada, es muy útil descifrar las declaraciones de los periodistas, entrenadores o directivos de los equipos sobre las lesiones de los jugadores. Yo creía que tenía un don para captar algo de esto, hasta que hablé con Spanky, que me dijo que tiene tres empleados a tiempo completo cuyo trabajo consiste en clasificar las noticias sobre lesiones. La mitad de la temporada de la NBA no se centra tanto en los conocimientos sobre baloncesto como en la búsqueda de información para averiguar quién va a jugar.

Las apuestas deportivas requerían más ancho de banda mental de lo que esperaba, incluso cuando no estaba «al loro».

De media, pasaba entre una hora y una hora y media al día mirando las líneas de apuestas y haciendo apuestas, además del tiempo considerable que ya dedicaba a seguir la NBA. Pero eso minimiza el grado de preocupación que pueden generar las apuestas deportivas. Consultar las líneas de apuestas era a menudo lo primero que hacía al levantarme y lo último que hacía antes de acostarme. Mientras tanto, mi adicción a las apuestas deportivas y mi adicción a Twitter se retroalimentaban uno a otro, ya que buscaba constantemente pepitas de oro de información nueva. Y luego está lo de sudar la gota gorda con las apuestas; hay partidos de la NBA continuamente, desde las siete de la tarde hasta la una de la madrugada, casi todos los días; sin duda, era una persona peor con la que pasar el rato cuando había un partido de fondo.

Las apuestas deportivas exigieron más ancho de banda emocional del que esperaba.

No creo que me haya vuelto majara[*] ni adicto a las apuestas deportivas en ningún momento, pero a veces es difícil saberlo. Para obtener una perspectiva externa, hablé con Dom Luszczyszyn, comentarista de hockey de *The Athletic*, que publicó una columna diaria de pronósticos durante la temporada 2021-2022 de la NHL. Al igual que yo, Luszczyszyn sufrió algunas rachas tremendas de victorias y derrotas, solo que él sufría la presión añadida de hacer sus pronósticos en público, así que, cuando tenía una semana perdedora, también la tenían los lectores que los seguían.

«No es raro desarrollar una adicción al juego o un problema de ludopatía, aunque sepas lo que estás haciendo —me dijo Luszczyszyn—. Es solo que recibes un golpe de dopamina cuando ganas y te vuelves adicto a él con bastante facilidad».

El hecho de que te dediques a una forma de apostar que exige habilidad no lo hace necesariamente mejor, sino que puede ser otra racionalización para seguir apostando. «Es difícil cuando se trata de algo que se te da bien, cuando me resulta fácil decir que debería cambiar, que debería retroceder —afirma Luszczyszyn—. Pero esa misma [actitud] también puede llevarte por un camino peligroso en el que sientes la compulsión de apostar porque no quieres perderte el cambio de rumbo».

«Una persona que recurre a una matriz de teoría de juegos cuando se enfrenta a una decisión vital está reduciendo un riesgo doloroso a uno calculado —escribió Erving Goffman, el célebre sociólogo que se formó en Las Vegas como crupier de blackjack—. Igual que un cirujano competente, puede sentir que está haciendo todo lo que es posible hacer y, por tanto, puede esperar el resultado sin congoja ni recriminación». Sin embargo, Goffman

---

[*] Puede ser útil anotar todas sus apuestas, como hacía yo: es menos probable que cometa una estupidez si va a quedar registrada de forma permanente

no veía este rasgo necesariamente como algo admirable, sino como un mecanismo de supervivencia, una forma de superstición. En los juegos de azar puro, al menos se puede culpar a la mala suerte cuando se tiene una racha perdedora. En los juegos de habilidad, como el póquer y las apuestas deportivas, también hay buena parte de suerte, pero puede ser difícil no culparse a uno mismo.

DESCANSO

13

Inspiración: Trece hábitos de los que asumen riesgos con éxito

Un momento. ¿Es algún tipo de error de imprenta? ¿Qué hace el capítulo 13 en mitad del libro? Los casinos de todo el mundo se saltan el piso 13 porque se considera de mala suerte, y ahora estoy mostrándole directamente el 13 en un lugar donde no le toca?

Préstame unos segundos de atención: la mayoría de las personas que conocerá en este libro son de tipo cuantitativo, como jugadores de póquer o inversores. Sin embargo, no son estas las únicas personas que asumen riesgos. Por eso, quiero presentarle a cinco personas excepcionales que asumen riesgos físicos: un astronauta, un atleta, un explorador, un teniente general y un inventor.* Si este libro fuera (incluso) más largo, podríamos llenar varios capítulos más con estas personas. Así que el capítulo 13 podría considerarse el único capítulo superviviente de una tercera parte perdida de *Al límite*.**

En la introducción, he esbozado dos conjuntos de atributos que son típicos de las personas del Río: el «grupo cognitivo», caracterizado por una pronunciada capacidad para el razonamiento abstracto y analítico, y el «grupo de personalidad», caracterizado por una gran competitividad, mentalidad independiente y tolerancia al riesgo. ¿Dónde encajan estas personas con tendencia al riesgo físico dentro de este esquema? En rea-

---

* En el último caso, estoy forzando un poco la definición de «físico», pero esta persona durmió en su laboratorio durante nueve meses para evitar la amenaza de deportación mientras trabajaba en el invento que finalmente le valdría el Premio Nobel. Yo creo que se acerca bastante.

** Además, el 13 es mi número de la suerte. Nací un viernes 13.

lidad, encajan mejor de lo que me hubiera imaginado cuando decidí hablar con ellos. Como verá, cada uno traza su propio camino en la vida, desde luego. E incluso si no son cuantitativos *per se*, son pensadores muy rigurosos, meticulosos cuando se trata de la actividad que han elegido. Una cosa es segura: nuestros arriesgados físicos no forman parte de la Aldea. De hecho, algunos de ellos tuvieron que huir de allí, ya que la consideraban demasiado reacia al riesgo y demasiado lenta.

Además, tienen grandes historias que compartir. Creo que es un buen momento para ello, porque nos vendría bien un poco de inspiración. Es mi obligación advertirle: nuestro recorrido va a oscurecerse cuando dejemos Río Abajo y sus espectaculares casinos.

Este es el programa: mientras mis asistentes le sirven el almuerzo, le presentaré a nuestro panel de expertos que asumen riesgos físicos. Le daré ideas y veremos en qué coinciden con nuestros modeladores financieros. La conversación resultante es lo que yo llamo «Los trece hábitos de los que asumen riesgos con éxito».

Kathryn Sullivan, nuestra primera panelista, superó notables obstáculos para convertirse en astronauta, uno de los treinta y cinco candidatos elegidos entre casi diez mil aspirantes como parte del Grupo 8 de Astronautas de la NASA en 1978. No parecía la elección más intuitiva: en el momento de ser seleccionada, Sullivan estaba cursando un doctorado en el Instituto Bedford de Oceanografía de Nueva Escocia. Sin embargo, la NASA no busca necesariamente expertos en la materia: nadie es experto en el espacio exterior. «Incluso con SpaceX o un transbordador en su vuelo número ciento veinte, sigue habiendo seres humanos que hacen algo por primera vez», afirmó Sullivan. Y Sullivan, como verán, es una persona extraordinaria. El Grupo de Astronautas 8 fue la primera clase de la NASA abierta a las mujeres (otra de las graduadas fue Sally Ride), y Sullivan se convirtió más tarde en la primera mujer estadounidense en realizar un paseo espacial. Compitiendo en Houston contra hombres con historial militar y que parecían conocerse entre sí —«Pensé, bueno, cariño, disfruta de tu semana»—, Sullivan persistió a pesar de la baja probabilidad. «Tenía claras un par de cosas. Había adquirido la confianza de que podía hacer este trabajo —me dijo—, [y] sabía que me encantaría hacerlo».

Katalin Karikó lleva toda la vida asumiendo riesgos. Creció en Hungría, cuando este país formaba parte del bloque comunista, y emigró a Estados Unidos en 1985 con su marido, su hija de dos años y 900 libras esterlinas que introdujo de contrabando dentro del oso de peluche para evitar que las detectaran por las autoridades húngaras. Persiguió tenazmente la idea que más tarde le valdría el Premio Nobel —la tecnología del ARNm, que dio lugar a las vacunas que se implementarían a un ritmo sin precedentes en la pandemia de COVID-19— a pesar de recibir, de manera uniforme, respuestas escépticas por parte de la jerarquía académica. Amenazada con la deportación por su supervisor en la Universidad de Temple tras aceptar un puesto en la Johns Hopkins, que rescindió la oferta al desafiar Karikó una orden de extradición, tuvo que «huir» para aceptar un puesto en la Uniformed Services University de Bethesda, Maryland, y pasó nueve meses sin domicilio fijo y durmiendo en su despacho. Aislada de su familia, Karikó no tenía «nada que hacer, aparte de leer, leer, leer y pensar», me contó; pensar en el ARNm, que más tarde desarrollaría en el sector privado después de que la degradaran repetidamente de un trabajo posterior en la Universidad de Pensilvania.

Dave Anderson fue receptor abierto de la NFL, principalmente en los Houston Texans. Como muchos jugadores de la NFL, Anderson aún recuerda su posición exacta en el draft: era el 251, a solo cuatro jugadores del número 255, el llamado Sr. Irrelevante, que es la última elección del draft. Relativamente bajo para un jugador de la NFL, con 1,80 m de estatura, aunque fornido y bien formado, Anderson era un *slot receiver*,* una posición que requiere coraje físico porque implica atrapar balones en el centro del campo, donde hay apoyadores como T. J. Watt, de 1,90 m de estatura y 116 kg de peso, que se abalanzan sobre ti. «En última instancia, lo que diferencia a los jugadores es su disposición a golpear y ser golpeados —afirmaba Anderson—. Puedes tener un jugador de fútbol americano grande y hermoso que no quiera chocar con la gente, y la verdad es que no le culpo. No es una cosa normal». En cada partido, alrededor del 2% de los jugadores de la NFL se lesionan. Quizá no parezca un gran riesgo, pero entre una pretemporada de tres partidos, una temporada regular de diecisiete y, potencialmente, los partidos de los *playoffs*, eso se traduce en un 40% de posibilidades de

---

* Los aficionados de la NFL reconocerán el arquetipo del otrora All-Pro de los New England Patriots Wes Welker.

lesionarse cada año. El efecto acumulativo de las conmociones cerebrales y otras lesiones puede ser aún peor. «De los diez amigos que tengo en nuestro grupo de los Texans que juegan al fantasy football [...] más de la mitad no pueden hacer cosas normales de cada día», como correr o entrenar con pesas, me dijo Anderson. No estoy en contra del fútbol, y obviamente Anderson tampoco lo está «ahora es el director general de la empresa de software de seguimiento de jugadores Break-Away Data», pero los jugadores de fútbol son, en realidad, nuestros gladiadores de hoy en día, que se arriesgan a una incapacidad permanente en una simulación de guerra cada semana para entretenernos.*

Por supuesto, también existe la guerra real. **H. R. McMaster** es el antiguo consejero de Seguridad Nacional de Estados Unidos y teniente general del ejército. A menudo ha puesto en juego su reputación —criticó con frecuencia al presidente Trump, tanto antes como después de ser despedido del puesto de la NSA con un tuit—, así como su vida. «He estado en peligro diversas veces —dijo—. La primera vez fue en la operación Tormenta del Desierto, cuando nos tropezamos con una fuerza enemiga mucho mayor, unas cuatro o cinco veces nuestro tamaño, en mitad de una tormenta de arena». Fue condecorado con una Estrella de Plata en 1991 por «gallardía en acción» tras la batalla, que ganó con una agresiva maniobra por sorpresa cuando todo el campo de batalla estaba envuelto en humo.

Por último, **Víctor Vescovo**, al que presento en último lugar porque es el que tiene una relación más explícita con el Río: su trabajo diario es como inversor de capital privado. Pero su pasión es la exploración. Si leemos cualquier biografía de Vescovo, la expresión «primera persona» aparece a menudo. Fue la primera persona en alcanzar el punto más alto de la Tierra (el Everest) y el más bajo (Challenger Deep, en la fosa de las Marianas). Fue la primera persona en sumergirse hasta el fondo de cada uno de los océanos del mundo. También es una de las

---

* Dice algo de la sociedad estadounidense que los índices de audiencia televisiva de la NFL se hayan mantenido estables mientras que los de otros deportes han caído en picado. A pesar de la creciente cobertura mediática sobre la seguridad de los jugadores, puede que a los aficionados les guste la NFL precisamente porque es violenta. Al igual que Erving Goffman consideraba que los juegos de azar eran una forma de demostrar la valentía de los hombres que tienen trabajos no manuales, nos ponemos camisetas de Travis Kelce y Jalen Hurts mientras ellos se juegan el pellejo por nosotros.

menos de setenta y cinco personas que han completado el Grand Slam del Explorador al alcanzar tanto el pico más alto de todos los continentes, como los Polos Norte y Sur. Y en 2022 se convirtió en una de las primeras cincuenta personas en viajar en la nave espacial orbital Blue Origin. Vescovo, que también fue comandante de la Reserva de la Marina de Estados Unidos, me dijo que la mentalidad necesaria en la exploración, el ejército y la inversión es más parecida de lo que podría pensarse. «Se trata de evaluar los riesgos y asumir riesgos calculados —me explicó—. Y luego tratar de adaptarse a las circunstancias. Quiero decir con esto que no se puede ser humano y no asumir cierto grado de riesgo en el día a día, pero yo lo llevo a otro nivel».

Así que vamos a enumerar exactamente lo que implica esa mentalidad.

1. **Para los que asumen riesgos con éxito, la presión no es un problema.** No intentan ser héroes, pero saben actuar cuando las cosas se ponen feas.

Mantener la calma cuando los demás pierden los papeles es una cualidad poco común y esencial para un jugador ganador. En el póquer, nunca sabes cuándo te encontrarás de repente jugando en el Día 6 del Evento Principal con apuestas miles de veces superiores a las de tu partida del martes por la noche en la liga de cerveza. No importa lo bien que lo hagas en situaciones cotidianas: nunca llegarás a la cima de tu arte si te paralizas cuando la presión aumenta.

También en el fútbol americano algunas jugadas son mucho más importantes que otras, y Anderson me dijo que las lesiones se producen con más frecuencia en momentos no programados en los que hay mucho en juego: saques y devoluciones de balones, intercepciones y pérdidas de balón. El problema es que los jugadores se apartan con demasiada frecuencia del procedimiento habitual ante miles de aficionados que gritan. «Ante un estadio lleno de gente, tienes que recordarte a ti mismo el control básico estándar. No intentes hacer demasiado. Si yo hago mi trabajo y todos hacen el suyo, todo irá bien. No trates de ir a lo tuyo y hacer una jugada delante de siete mil personas para ser un héroe».

No intentes ser un héroe, limítate a hacer tu trabajo. Vescovo, que entrenó a pilotos navales en la versión real del programa militar que a veces, de manera informal, se denominaba Top Gun, utilizaba una frase casi idéntica: «Cualquiera que esté en el ejército sabe que lo último que se debe hacer es obligar a alguien a hacer algo heroico». Vescovo me dijo que le gustó mucho la película de 2022 Top Gun: Maverick: «Era una película extraordinariamente entretenida», pero pensó que transmitía una impresión falsa. «Había muchos momentos de vergüenza ajena, porque yo fui oficial de tiro en la Marina. No es así como se hace».

Esta actitud también es útil a la hora de asumir riesgos financieros. «Soy extremadamente ecuánime. Por decirlo con una metáfora de póquer, no tengo un botón de *tilt*», dijo David Einhorn, fundador del fondo de cobertura Greenlight Capital (y jugador de póquer de apuestas altas) cuando le pregunté qué rasgo era el más importante para su éxito. Una respuesta interesante, porque, cuando me reuní con él en las oficinas de Greenlight, me pareció que Einhorn entraba en la entrevista un poco acalorado, la sensación que se tiene al hablar con un jugador de póquer cuando acaba de perder una gran mano. Más tarde, Einhorn reveló la razón: había hecho una mala apuesta sobre los tipos de interés. «Me ha sucedido literalmente hoy mismo. Pensé que la Reserva Federal iba a decir una cosa, e hice algunas inversiones en esa línea. Y ahora mismo estaba viendo hablar a [el presidente de la Reserva Federal, Jerome] Powell. Y no estaba diciendo en absoluto lo que yo pensaba que iba a decir. Así que retiré esas apuestas y perdimos algo de dinero».

Lo importante aquí no es que Einhorn se sintiera acalorado. De hecho, como hemos visto en el capítulo 2, la asunción de riesgos financieros desencadena una respuesta innata de estrés físico, una reacción de lucha o huida no muy diferente de cuando nos encontramos en peligro físico. Esto puede hacer que las personas que no están familiarizadas con esta sensación se pongan en *tilt*. Pero si usted ya ha sentido antes este tipo de presión, y tiene el don de mantener la frialdad bajo el fuego, será capaz de pensar con claridad a pesar de ello; en el caso de Einhorn, por ejemplo, retirar sus operaciones en lugar de ser testarudo y mantenerlas.[*]

---

[*] La razón por la que digo que esto refleja un pensamiento claro es porque la mayoría de las personas sufren lo que se denomina «sesgo de anclaje», la tendencia a dejarse llevar por la información que se obtiene en las primeras fases del proceso de toma de decisiones. Es difícil cambiar de rumbo, sobre todo en situaciones de estrés.

2. **Los que asumen riesgos con éxito son valerosos.** Son increíblemente competitivos y su actitud es: adelante.

En el póquer y en las apuestas deportivas, la inmensa mayoría de los jugadores pierden dinero. No queda más remedio que estar entre los mejores de su campo; de lo contrario, no ganará nada de dinero. Y estar en lo más alto requiere un cuidadoso equilibrio. El exceso de confianza puede ser mortal en el juego, pero jugar al póquer contra los mejores jugadores del mundo no es para los débiles de corazón.

«Hay una correlación extrema: para ser capaz de jugar contra los mejores todos los días, para ser un jugador de talla mundial, se necesita mucha arrogancia», dijo Scott Seiver, ex número uno del mundo en el Global Poker Index. «Hay que tener mucha confianza en uno mismo para ser uno de los cien mejores jugadores de póquer. Es simplemente obligatorio; tienes que tenerlo realmente interiorizado».

La cualidad interiorizada a la que se refiere Seiver está a medio camino entre la competitividad y la confianza, pero una palabra más adecuada sería coraje. Cada persona lo manifiesta de una manera. Está Sullivan, con su tranquila confianza en que podía ser astronauta, en una situación en la que muchas personas habrían desarrollado el síndrome del impostor y sentido que no pertenecían al grupo. Está Maria Ho, con su actitud de «que se jodan los que me odian», de que «realmente no le importa lo que piensen los demás» sobre las expectativas sociales para las mujeres.

Son los hombres del Río los que a veces tienen un ego más frágil y necesitan más validación externa, como Poker Brat, el «mocoso del póquer», Phil Hellmuth. Aun así, se diga lo que se diga de Hellmuth, entra en la arena, gana brazaletes de las WSOP y se enfrenta en partidas mano a mano contra gente que tiene la mitad de su edad. Y cuando hablé con él, Hellmuth era lo bastante consciente de sí mismo para saber que su «atención obsesiva al detalle» se debe a que «perder afecta a mi autoestima». No es el único riveriano motivado por cierto sentimiento de inferioridad; es también un tipo de carácter común en Silicon Valley, como se verá en el capítulo siguiente. El coraje obtenido por querer demostrar a las personas que se equivoca es, aun así, mejor que la cobardía.

Sin embargo, incluso las personas extremadamente competitivas necesitan encontrar un lugar donde se recompense su afán. Karikó lo encontró más en Estados Unidos que en la Hungría de la era comunista.

«Si me hubiera quedado en Hungría —me dijo—,* ¿te imaginas que me habría ido a dormir a la oficina?». En Estados Unidos, descubrió que «la presión se ejerce sobre cosas diferentes, por eso es genial». También encontró más oportunidades de ejercer su valor en el sector privado, donde las recompensas están más directamente ligadas a los resultados que en el mundo académico. En lugar de intentar complacer a burócratas o editores de revistas, «tenemos que irnos a casa si no tenemos algo que ayude a alguien», dijo.

3. **Los que asumen riesgos con éxito tienen empatía estratégica.** Se ponen en el lugar del adversario.

De acuerdo, las personas que apuestan fuerte son competitivas, valientes y frías bajo el fuego. Tampoco es que sea una sorpresa. Pero también tienen otro rasgo que yo no habría incluido en mi lista al iniciar este proyecto, pero que surgió una y otra vez en diferentes contextos: la empatía.

No se trata del tipo de empatía sensiblera que se asocia normalmente con este término. Eso puede ser difícil para los riverianos. En los estudios psicológicos, hay una correlación negativa entre el pensamiento sistemático —que es lo que se les da bien a los riverianos— y el comportamiento empático. Imagínelo de este modo: si se te da bien el razonamiento abstracto y analítico, tiendes a atenerte a principios coherentes en lugar de hacer demasiadas excepciones para casos —o incluso personas— especiales.

Pero no me refiero a encontrarte con un cachorro herido y que te toque la fibra sensible. Me refiero a situaciones de conflicto como el póquer (o la guerra). McMaster me habló de la importancia de la empatía estratégica, un término que atribuyó al libro del historiador militar Zachary Shore *A Sense of the Enemy*. McMaster opina que los planificadores militares carecen a menudo de este sentido, de cómo es la guerra para el enemigo sobre el terreno. Por ejemplo, criticó lo que denominó la «estrategia de la bolsa de mierda en llamas» de Estados Unidos en la

---

* Karikó creció en una pequeña ciudad húngara donde no había profesores de inglés y, según sus propias palabras, su inglés sigue siendo un poco chapurreado, algo que ella consideraba un obstáculo para triunfar en la universidad. He procurado no limpiar demasiado sus citas.

guerra de Irak cuando él estaba sirviendo allí en 2006: «Basta con dar a los iraquíes una bolsa de mierda en llamas y salir corriendo», era la teoría, que ignoraba las crecientes amenazas de los insurgentes. «El problema es que en Washington escriben políticas y estrategias para "mi Irak" —dijo, citando un comentario que le había hecho un colega del ejército—. "Mi Irak" puede ser lo que tú quieras que sea. Nosotros estamos aquí, en Irak, donde tenemos que enfrentarnos a las realidades».

La empatía estratégica también surge en los negocios. Le pregunté a Mark Cuban, cofundador de Broadcast.com y antiguo propietario principal de los Dallas Mavericks, cómo clasifica los lanzamientos rápidos de los inversores que escucha en *Shark Tank*, el programa de telerrealidad en el que participa desde hace más de una década. Cuban me dijo que *Shark Tank* se parece más a las reuniones de inversores reales de lo que uno podría creer; en las primeras fases de inversión, uno trata de filtrar rápidamente las propuestas, y las primeras impresiones cuentan mucho. La mejor heurística de Cuban es observar la empresa desde el punto de vista del empresario. «Suelo hacerme una buena idea de lo que una empresa necesita para tener éxito. Así que puedo sentarme allí y escuchar su discurso, ponerme en su lugar como si fuera mi empresa y formular las preguntas [difíciles] que tendría que responder», afirma. Utiliza la misma táctica con sus propias empresas, pero a la inversa: las mira desde el punto de vista de la competencia. «Con mis propias empresas, siempre intento preguntarme: "¿Cómo podría patearme mi propio culo?"».

Y, por supuesto, la empatía estratégica aparece en el póquer, que, como hemos visto, es tanto un juego matemático como un juego de personas. Algunos jugadores, como el parlanchín Seiver, tienen lo que él llama un «don innato [...] para conectar con la gente». Sin embargo, a diferencia de algunos de nuestros trece rasgos, la empatía estratégica puede practicarse y aprenderse. A Daniel «Jungleman» Cates, que tiene dos brazaletes de las WSOP y más de 14 millones de dólares en ganancias en torneos en vivo, no le sale de forma natural ponerse en el lugar del otro. Le diagnosticaron autismo a los doce años, y una vez describió su infancia como «rara, un poco distante y casi siempre pasada en soledad». Pero Jungleman me dijo que ha hecho «grandes avances» para superar su introversión. A veces, esto implica una estrategia poco habitual: cuando juega, suele disfrazarse de algún personaje, desde el «Macho Man» Randy Savage hasta Son Goku, de la serie de anime japonesa *Dragon Ball Z*. Cates me dijo que, al adoptar estos personajes, le resulta más fácil relacionarse con sus oponentes, porque se ve obligado a ser más consciente, a pensar en cómo se comportarían sus personajes en cada situación. «Quizá por eso ser actor es bueno para mí. Porque tengo que pensar en todos esos detalles. Pensar qué hacer con mi rostro. Soy bastante estoico, así que no es algo natural para mí».

4. **Los que asumen riesgos con éxito están orientados al proceso, no a los resultados.** Juegan a largo plazo.

«No te guíes por los resultados» es un mantra habitual de los jugadores de póquer. Todos hemos pasado por miles de *coolers* y *bad beats*, situaciones en las que jugamos nuestra mano perfectamente bien, las probabilidades estaban a nuestro favor y no obtuvimos el resultado que esperábamos. Sí, los resultados a la larga son lo que cuenta, y algo bueno del Río es que nuestra compensación depende, en última instancia, de medidas objetivas y no de los caprichos de la Aldea.* Pero el largo plazo puede llevar mucho tiempo, así que, mientras tanto, nos centramos en nuestro proceso.

Phil Galfond, uno de los mayores ganadores de la historia del póquer en línea, regresó al juego en 2019 después de tomarse un tiempo para centrarse en su sitio de entrenamiento Run It Once. Y lo hizo con valentía, retando a cualquier persona del mundo a jugar contra él en la modalidad Omaha mano a mano, con límite de bote, su especialidad. Galfond consiguió seis contrincantes, entre ellos Daniel Cates y un anónimo profesional europeo en línea llamado VeniVidi1993.

Inicialmente perdió más de 900.000 euros frente a VeniVidi1993 —quizá los peores temores de Galfond eran ciertos y en realidad solo era un «exprofesional acabado»—, así que se tomó un descanso para «descomprimirse» y evaluar su juego, revisar sus manos y jugar partidas de apuestas más bajas. Seguía pensando que era mejor jugador, pero le dedicó la atención debida a la cuestión, estudiando simulaciones para ver lo improbable que era que hubiera perdido tanto dinero si realmente tenía la ventaja que pensaba. «Aunque sea muy pequeña, sigue siendo

---

* Esta es una de las razones por las que Sullivan dejó atrás una carrera académica en la Aldea. «Puedes ser la persona más lenta del planeta y pasarte dieciocho años en la escuela de posgrado y aun así salir con un doctorado —dijo—. Como piloto, o completas la misión y aterrizas el avión, o no».

muy posible», concluyó. Las simulaciones le decían que había un 1 o un 2% de posibilidades de perder por 900.000 euros, aunque fuera el gran favorito frente a VeniVidi1993. La mayoría de las personas redondearían a cero y se darían por vencidas, pero los jugadores de póquer saben que las probabilidades del 2% ocurren; no es más que una parte del proceso. Así que Galfond volvió al tapete de póquer virtual y remontó hasta terminar por ganar la partida, aunque por solo 1.472 euros. «Lo que siempre he dicho: lógica, psicología y estadística, en ese orden», declaró Galfond, refiriéndose a lo que solía pensar que eran las habilidades más importantes para un jugador de póquer. Pero experiencias como esta le han hecho cambiar su clasificación. «Creo que, probablemente, más importantes que la psicología y la estadística son la autoconciencia y la humildad».

Los que asumen riesgos físicos también centran su atención en el proceso. Lo más cerca que estuvo Vescovo de la muerte fue cuando escalaba el Aconcagua en Argentina, la montaña más alta del hemisferio occidental, apodada la Montaña de la Muerte por su alto índice de mortalidad. Tuvo «una especie de accidente extraño, en el que puse el pie sobre una gran roca. Parecía sólida, y daba esa sensación. Pero cuando cargué todo mi peso sobre ella, di una voltereta hacia atrás», cuenta Vescovo. Había provocado un desprendimiento de rocas, y se desmayó después de que una roca de más de treinta kilos le golpeara la columna vertebral. Podría haber quedado paralítico o resultar muerto; estaban cerca de la cumbre, a casi 7.000 metros de altura, y su equipo de escalada no tenía fuerzas para llevarlo de vuelta al campamento. Por suerte, un equipo de escaladores franceses había visto el accidente y bajó a prestar su ayuda.

La mayoría de la gente habría evitado la escalada —o al menos el Aconcagua— durante un tiempo después de un accidente así, pero Vescovo hizo cumbre en el pico dos años después. Se puede reducir el riesgo con una preparación cuidadosa, y eso es esencial. Pero a 7.000 metros de altura, es imposible eliminar los riesgos por completo. Vescovo no se hizo mala sangre por el accidente. No creía que fuera un riesgo que pudiera haber evitado; a veces, esas posibilidades del 2% ocurren. Citó el ejemplo del alpinista Ueli Steck. «Fue el primero en escalar en solitario el Annapurna, probablemente la montaña más peligrosa del mundo» (el Annapurna, también en Nepal, tiene una tasa de mortalidad cinco veces superior a la del Everest). «Y lo escaló solo, como en setenta y dos horas, una locura. ¿Y qué pasó? Que murió en el Everest, en una escalada de práctica. Siempre hay un pequeño porcentaje por ahí que puede venir a morderte el culo. Y eso es lo que me pasó allí».

5. **Las personas que asumen riesgos con éxito se tiran a la piscina.** Son conscientes de manera explícita de los riesgos que asumen y se sienten cómodos con el fracaso.

Hay un meme de la versión estadounidense de *The Office* en el que el jefe, Michael Scott, un imbécil encantador, se apropia indebidamente de una cita del jugador de hockey Wayne Gretzky, garabateando su propio nombre debajo del de Gretzky en una pizarra de borrado en seco bajo la cita original «Fallas el cien por cien de los tiros que no haces». Por mucho que me resista a apropiarme indebidamente de la apropiación indebida que Scott hace de Gretzky o a respaldar el tipo de eslogan motivador que se puede ver en un deprimente complejo de oficinas de Scranton, se puede decir algo al respecto.

No pretendo sugerir que se deba disparar indiscriminadamente. Pero las personas que asumen riesgos con éxito están siempre en busca de oportunidades +VE y dispuestas a apretar el gatillo. Esas oportunidades no se presentan muy a menudo. Probablemente es preferible que no todos los miembros de la sociedad hagan apuestas a largo plazo. Pero sí es preferible que algunas personas estén dispuestas a arriesgarlo todo en apuestas que pueden reportar un enorme beneficio para la sociedad.

Se trata de una actitud que distingue a Estados Unidos de gran parte del resto del mundo. «Aquí se dice: "¿Cómo puedo obtener una rentabilidad de 100 veces mi dinero sin siquiera pensar en las 3 veces?"», afirmó Vinod Khosla, fundador de Khosla Ventures, que invierte en tecnologías a largo plazo, desde la carne artificial hasta la inteligencia artificial. Khosla opina que esto no es así en la mayoría de los países, incluida su India natal, donde las presiones sociales animan a la gente a protegerse contra las desventajas. «Las cosas siguen siendo, bueno, ¿cuál es tu cargo? ¿La empresa es estable? En lugar de operar en esta zona ambigua en la que las ventajas son grandes, pero las desventajas también».

Tomemos a Karikó, por ejemplo. A pesar de su persistencia en proseguir con la investigación del ARNm, no se hacía ilusiones de que fuera a funcionar. ¿Cómo iba a ser así, si se había pasado la mayor parte de su carrera en un mundo académico reacio al riesgo —un lugar más preocupado, en su opinión, por conseguir la siguiente subvención que por desarrollar tecnologías que realmente ayudaran a la gente— y solo había empezado a recibir un amplio reconocimiento público por su trabajo al final de su vida? «No creo que algo sea fruto del destino, como si tuviera que ocurrir», afirmaba. Pero pensó que el ARNm era su mejor oportunidad, así que se unió a la entonces desconocida empresa BioNTech en 2013. «No [había] ni página web, ni nada». Pero lo que sí tenía BioNTech eran vacunas de ARNm en ensayos clínicos. «Eso fue importante para mí, que ya conocían la producción [de ARNm]. Porque tengo cincuenta y ocho años [...] así que no puedo esperar. Para cuando descubra cómo fabricar [ARNm por mi cuenta], ya estaré muerta».

Y aunque hay algunas excepciones —Elon Musk, por ejemplo, a menudo parece felizmente inconsciente de los riesgos a los que se expone, aunque incluso él creía que solo estaba a un fracaso más en el lanzamiento de SpaceX para arruinarse—, la mayoría de los que asumen riesgos son plenamente conscientes de la posibilidad de fracasar. Sullivan sabía que se jugaba la vida cada vez que subía al transbordador, sobre todo después del desastre del Challenger en 1986, en mitad de su carrera en la NASA.

«Hay un momento clásico, dos días antes del lanzamiento, en el que te visita tu familia por última vez —recuerda Sullivan—. Me llevé a mi hermano aparte y le dije sin rodeos: "Mira, sé que pasado mañana me meteré en una bomba. Y que quiero que mis amigos la enciendan. Lo entiendo, voy encima de una bomba"». Pero Sullivan sabía exactamente lo que hacía. «Si algo sale terriblemente mal, no te lamentes pensando que yo no lo sabía —le dijo a su hermano—. Lo sabía. Lo sabía y estoy aquí. Porque creo en el propósito, creo en el valor de lo que estamos haciendo aquí para el país, para la humanidad».

6. **Las personas que asumen riesgos con éxito adoptan una actitud ante la vida de apostar o abandonar.** Aborrecen la mediocridad y saben cuándo abandonar.

Me revocarían la tarjeta MGM Rewards Platinum si no citara a Kenny Rogers en algún momento de este libro:

> *Tienes que saber cuándo aguantar y cuándo retirarte,*
> *saber cuándo marcharte y cuándo huir.*
>
> Kenny Rogers, «The Gambler»

Al igual que «fallas el cien por cien de los tiros que no haces», este tópico es, en realidad, un buen consejo. Pero no es del todo correcto. Eso es porque el pecado capital del póquer es que la mayoría de los jugadores aguantan demasiado a menudo. En el póquer hay tres acciones básicas: ver, abandonar y subir. La gente pulsa el botón de Ver con demasiada frecuencia. Ven porque quieren jugar. Ven porque les puede la curiosidad. Y, a veces, cuanto más aprenden sobre el póquer, más excusas tienen para ver. Carlos Welch, el ganador de un brazalete de las WSOP que usted ha conocido en el capítulo 2, es entrenador de póquer cuando no está jugando; sus alumnos van desde simples amateurs a profesionales de categoría mundial: «Cuando los entrenadores dicen: "Oh, tener un buen bloqueador es una buena razón para ver"», dice Welch, refiriéndose a un concepto avanzado de teoría de juegos,[*] sus alumnos «se aferran a esa idea para satisfacer su propio deseo natural de ver de todos modos».

Pero, aunque los jugadores ven cuando deberían retirarse, también ven cuando deberían subir. Así que permítanme sugerir un pequeño cambio en «The Gambler»:

> *Tienes que saber cuándo aguantar y cuándo retirarte,*
> *saber cuándo marcahrte y cuándo **subir**.*
>
> Nate Silver, *Al límite*

Como Doyle Brunson descubrió hace cincuenta años, el Texas Hold'em sin límite es un juego de agresión, y los solucionadores de póquer modernos lo confirman. La teoría de juegos suele dictar una estrategia mixta que implica dos o más opciones. En algunas circunstan-

---

[*] Un bloqueador es una carta que afecta a la distribución estadística del rango de manos del oponente. Por ejemplo, si tiene el A♠, es menos probable que su oponente tenga color en picas porque usted «bloquea» el color. Eso podría darle una buena razón —o excusa— para ver.

cias, sin embargo, las opciones son subir la apuesta o abandonar: la opción intermedia de igualar la apuesta es la peor opción.*

Los jugadores de póquer llaman a esto una situación de subir o abandonar. Y estas situaciones se dan más a menudo de lo que se piensa fuera de las mesas de póquer. En mi opinión, por ejemplo, al mundo le habría ido mejor si hubiera tratado la pandemia de COVID-19 como una situación de subir o abandonar. La mayoría de los países tomaron medidas tibias que realmente no bastaron para suprimir el virus o evitar numerosas muertes, pero que también alteraron sustancialmente la vida cotidiana durante un año o más, con enormes costes para el bienestar. Los pocos países, como Nueva Zelanda y Suecia, que siguieron estrategias más coherentes —en esencia, Nueva Zelanda subió y Suecia abandonó—** obtuvieron mejores resultados que los muchos que adoptaron un enfoque de compromiso.

Los que adoptan riesgos físicos también comprenden este principio. «Hay que reconocer que uno tiene capacidad de acción y autoría, y que a veces lo mejor es actuar con coraje, aunque las condiciones y el resultado sean inciertos. El curso de acción más arriesgado es, a menudo, permanecer pasivo —dijo McMaster, reflejando la actitud que había adoptado en la batalla de tanques de la guerra del Golfo—. Estoy parafraseando [al general prusiano Carl von Clausewitz], pero, una vez que has tenido en cuenta todos los factores que se pueden considerar, entonces debes avanzar marchando audazmente hacia las sombras de la incertidumbre».

Pero, si no estás en un verdadero campo de batalla, siempre puedes abandonar. Y, como se argumenta de manera convincente en *Quit*, de

---

* La situación típica es cuando su mano tiene cierto capital en el bote (alguna posibilidad de ganar si empata), pero no consigue el precio adecuado para ver. Subir en lugar de ver le ofrece una segunda forma de ganar, básicamente convirtiendo su mano en un farol y, ocasionalmente, haciendo que su oponente abandone. El valor combinado de este abandono y, en ocasiones, ver puede hacer que subir sea una jugada +VE incluso cuando ver no lo sea.

** Nueva Zelanda aplicó enérgicos controles fronterizos para suprimir la COVID casi hasta cero hasta que se dispuso de vacunas —es cierto que ayudó el hecho de que es un país insular en mitad del Pacífico Sur—, mientras que Suecia aceptó que la COVID se iba a propagar y permitió cierta vida escolar y social con contacto personal durante todo el proceso. Ambos países acabaron con un incremento de la mortalidad mucho menor que la mayor parte del mundo industrializado *y* también permitieron mayor libertad a sus ciudadanos.

Annie Duke, renunciar es a menudo la opción más audaz. A veces, los futbolistas lo aprenden por las malas. Entre la naturaleza despiadada de este deporte y las mediciones brutalmente objetivas que los equipos de la NFL hacen del rendimiento de sus atletas, la mediocridad no es suficiente. Anderson colgó sus zapatillas de clavos a la relativamente joven edad de veintiocho años. «Antes de que te des cuenta, miras hacia arriba y ya eres el noventa por ciento del atleta que eras», me dijo. Para empezar, Anderson nunca fue un atleta de élite, y los efectos acumulados de toda una vida jugando al fútbol le habían pasado factura. «Mi primera conmoción cerebral fue en el instituto. En el Dos Pueblos High School había un defensa que iba a ir a UCLA o algo así. Me golpeó fuerte. Y me puse a llorar en la línea de banda sin saber por qué, porque te sientes borracho, como si no pudieras conectar con alguien».

Sin embargo, algunos jugadores de la NFL renunciaron cuando aún tenían otra opción, como John Urschel, liniero ofensivo de los Baltimore Ravens, que se retiró después de solo tres años para comenzar un programa de doctorado en Matemáticas en el MIT (donde ahora es profesor adjunto de matemáticas), y Andrew Luck, *exquarterback* de los Indianapolis Colts, que se retiró de repente a los veintinueve años después de una temporada en el Pro Bowl. Anderson no menosprecia a Luck. «Que Dios te bendiga. Bien por ti —dijo—. Un tipo como Andrew Luck, ese tipo es un guerrero. Y le pateaban el trasero todo el tiempo, y estaba dispuesto a recibir golpes en el mismo pecho, volver a levantarse y hacerlo de nuevo». Aun así, Luck había ganado más de 100 millones de dólares en su carrera en la NFL y tenía una buena vida por delante, incluido un hijo recién nacido. A veces hay que saber cuándo retirarse.

7. **Las personas que asumen riesgos con éxito están preparadas.** Toman buenas decisiones intuitivas porque están bien entrenadas, no porque «improvisen».

Lo que más molestó a Vescovo de *Top Gun: Maverick* fue la insistencia de Tom Cruise en que uno debe confiar en su instinto e improvisar la forma de salir de una situación peliaguda. «Las mejores operaciones militares son las más aburridas, en las que todo ocurre exactamente según el plan. Nadie corre peligro —afirma—. Lo que uno quiere es minimizar los riesgos. Así que, vale, *Top Gun* queda muy bien en película. Pero no es así como se intenta acabar con un objetivo».

Las misiones militares, en realidad, requieren una preparación meticulosa, como escalar las montañas más altas del mundo o llevar sumergibles a los mares más profundos. «Michael Jordan, el mejor de todos los tiempos, ¿verdad? Practicaba tiros libres durante horas y horas —explicaba Vescovo—. Ese tipo de repeticiones que aturden la mente; o investigar para entender bien los riesgos de una situación nueva, todas esas cosas exigen mucho trabajo. Yo me he partido el culo trabajando toda mi vida. Y sigo haciéndolo. De ahí es de donde viene la excelencia».

Entonces ¿no hay lugar para confiar en el instinto? ¿Nunca? No es eso exactamente lo que dice Vescovo. Más bien dice que, cuanto más te entrenes, mejores serán tus instintos. «Cuántas veces has oído decir a la gente, cuando se trata de una emergencia real: "Oh, ya sabes, el entrenamiento hizo efecto"». El entrenamiento, irónicamente, es a menudo la mejor preparación para manejar las situaciones para las que no te entrenas. «El Apolo 13 es el mejor ejemplo de astronautas muy bien entrenados en una situación increíblemente grave», explicaba Vescovo, refiriéndose al alunizaje que se canceló después de que se rompiera un depósito de oxígeno, inutilizando el sistema de soporte vital y otros sistemas críticos, pero los astronautas regresaron a la Tierra sanos y salvos.

Galfond, el jugador de póquer, tiene una teoría al respecto, que expuso en una entrada de su blog de 2023 sobre el pensamiento del Sistema 1 (rápido, instintivo) y del Sistema 2 (lento, deliberativo) de Daniel Kahneman. «Los mejores jugadores estudiarán tanto los solucionadores que sus movimientos fundamentales se volverán automáticos», escribía: las soluciones complejas del Sistema 2 que proponen los ordenadores se incorporan, con suficiente práctica, a tu Sistema 1 instintivo. Eso libera ancho de banda mental para cuando te enfrentes de verdad a una situación peliaguda o a una gran oportunidad. Ahora bien, los jugadores menos experimentados deben tener cuidado con esto: Galfond recomienda que la mayoría de los jugadores simplifiquen su estrategia para centrarse en una buena ejecución. Por el contrario, los mejores jugadores pueden tener cierto margen para maniobras aventureras, aprovechando su relativa comodidad con la situación. El problema de *Top Gun: Maverick* no era Maverick —que probablemente tenía instintos bastante buenos—, sino el hecho de que pidiese a otros pilotos que confiaran en su instinto y fueran héroes cuando no tenían la misma base de experiencia.

8. **Las personas que asumen riesgos con éxito prestan una gran y selectiva atención a los detalles.** Entienden que la atención es un recurso escaso y piensan cuidadosamente cómo asignarla.

Si lleva suficiente tiempo en la escena del póquer, probablemente habrá oído la máxima «El póquer son horas de aburrimiento interrumpidas por momentos de puro terror». Describe una de las características poco habituales del póquer: la mayor parte del tiempo, no tienes nada que hacer exactamente. Los mejores profesionales suelen jugar solo el 25 % de sus manos, descartando el resto antes del *flop*. E incluso cuando juegan una mano, es raro que aparezcan grandes botes. Puede que tenga que tomar una decisión de alto riesgo cada hora. Debe calibrar con cuidado su ancho de banda mental, ahorrando energía, pero estando preparado para entrar en acción en cualquier momento.

Por supuesto, hay cosas en las que fijarse incluso cuando no tiene cartas delante. En particular, puede estar atento a las *tells* o a los patrones de apuesta de sus oponentes, informaciones de las que podrá sacar partido más adelante. Hay algunos chalados que parecen estar siempre «conectados», como Jason Koon, que no solo es muy parlanchín en la mesa, sino también muy observador. «Hay mucho que ver. Si no está en la cara, o en el cuello, está en las manos— decía, describiendo su proceso para captar los *tells*—. No hace falta que mires fijamente a la gente, tío. Hay casi un aura que rodea a una persona. Todos nos movemos como nos movemos, nuestro cerebro hace lo que hace, y no pensamos mucho en ello. Si eres capaz de [...] sentir un cambio de energía o un movimiento que no es natural, hay ciertas cosas que puedes aprender de ello».

A Koon le ayuda el hecho de ser un fanático del fitness y exatleta universitario: prestar atención todo el tiempo es físicamente exigente. La mayoría de los jugadores no tienen esa capacidad; yo, desde luego, no la tengo, y a juzgar por la cantidad de tiempo que los veo concentrados en sus teléfonos, la mayoría de los profesionales tampoco. Pero la práctica y el entrenamiento pueden ayudarte a parecerte un poco más a Koon: como dice Galfond, cuanta más experiencia tengas, más fácil será que incluso las tareas relativamente difíciles se conviertan en algo natural, liberando ancho de banda, un bien escaso.

Resulta que muchas actividades de riesgo son así. El dicho «aburrimiento interrumpido por momentos de puro terror» no es original del póquer, como yo había supuesto. Se remonta al menos a la Primera Guerra Mundial —la guerra se describía como «meses de aburrimiento interrumpidos por momentos de terror»— y también se ha aplicado a los viajes en avión y a los vuelos espaciales.

¿Cómo se aplica esto en el contexto de una misión del transbordador espacial? Por un lado, sobre todo en las fases más peligrosas, como el lanzamiento, la reentrada o un paseo espacial,* hay que concentrarse en la tarea más importante en cada momento. «Uno de nuestros adagios favoritos era "Lo principal es que lo principal siga siendo lo principal" —decía Sullivan—. Lo que significa que lo que realmente importa es entender qué es lo principal, en una situación en la que hay ochenta y cuatro síntomas e indicadores por todos lados: ¿qué es realmente lo principal? Y asegurarse de que uno se concentra adecuadamente en ello, en lugar de dejarse llevar de un lado a otro».

Por otro lado, si alguna de esas ochenta y cuatro bombillas empieza a parpadear en rojo, hay que evaluar rápidamente la situación para determinar si el problema es crítico para la misión. En caso afirmativo, eso debe convertirse en lo principal. Cuando pilotas una aeronave de alto rendimiento. «Eres absoluta y plenamente consciente de todo lo que ocurre a tu alrededor, y cambias ese enfoque casi instantáneamente hacia donde sea necesario», decía Vescovo.

Pero una cosa que uno no quiere es verse consumido por lo que está en juego en la misión; eso es una pérdida de ancho de banda. Por muy consciente que fuera Sullivan de los riesgos intrínsecos de volar en el transbordador espacial, «no sirve de nada estar pensando en ello mientras lo estás haciendo», decía. «Tienes que centrar toda tu atención en dónde estás y en lo que puedes hacer para asegurarte de que todo va bien [...] y adaptarte y ajustarte si empieza a no ir bien». De nuevo, es natural sentir ansiedad física en situaciones de alto riesgo, que producen profundos cambios fisiológicos en el cuerpo. Confundir estas sensaciones con estar fuera de control puede generar un círculo vicioso autocumplido. Si no quieres que eso ocurra durante un torneo de póquer,

---

* A pesar de ser la primera mujer estadounidense en realizar un paseo espacial, Sullivan era tan fan de la película *Gravity* —nominada a Mejor Película y centrada en un paseo espacial (que efectuaba Sandra Bullock) que sale mal— como Vescovo de *Top Gun*. «Olvídate de *Gravity* —dijo Sullivan—. Los efectos visuales eran geniales. Todo lo relacionado con su funcionamiento y con la física es una mierda. Olvídalo».

seguro que tampoco quieres que ocurra cuando vuelas a trescientos kilómetros por encima de la superficie de la Tierra.

Cierto es que es más fácil decirlo que hacerlo; por eso Sullivan fue elegida astronauta cuando diez mil de sus competidores no lo fueron. Lo bueno es que, para la mayoría de las personas, esto mejora con la experiencia; incluso se puede entrar en un estado de flujo, la conciencia hiperatenta de todo lo que te rodea que describió Vescovo.

9. **Las personas que asumen riesgos con éxito son adaptables.** Son buenas generalistas, aprovechan las nuevas oportunidades y responden a las nuevas amenazas.

En el capítulo 4, he vuelto a presentarle a Bob Voulgaris, el jugador greco-canadiense cuya estrategia de apuestas deportivas se centra en encontrar enfoques, oportunidades explotables que otros apostantes han pasado por alto. El problema con los enfoques es que no suelen durar mucho; el mercado es demasiado eficiente. Por eso Voulgaris lanza una red amplia. Su primer éxito en las apuestas no se produjo en la NBA, sino en la CFL, la liga de fútbol canadiense, según me contó. Y, después de una temporada infructuosa apostando en la NFL, se pasó al baloncesto. Desde entonces, ha dejado de apostar en la NBA para dedicarse a otras cosas: trabaja para los Dallas Mavericks, gana lo suficiente con las criptomonedas para pasar los veranos en un yate en el Mediterráneo y ahora es propietario de un equipo de fútbol español.

Yo llamo zorro a este tipo de personalidad, que también aparece de forma destacada en *La señal y el ruido*. El zorro es uno de los dos arquetipos articulados en el proverbio del poeta griego Arquíloco: «El zorro sabe muchas cosas, pero el erizo sabe una sola y grande». El zorro hurga en busca de oportunidades, desconfiando de la autocomplacencia y de establecerse demasiado.

Ahora bien, hay algunas excepciones a este hábito. En particular, los fundadores de empresas emergentes deben centrarse en una gran cosa y estar preparados para llevarla a cabo durante una década o más. Probablemente también ayude tener cierta astucia de zorro para elegir la gran cosa adecuada. Pero no es estrictamente necesario si se tropieza con la idea correcta.

Sin embargo, a medida que el mundo se complica, suelen ser los generalistas los que dominan el cotarro,* ya que tienen más probabilidades de adaptarse con éxito a lo desconocido. Eso es lo que busca la NASA en sus astronautas, por ejemplo, y la razón por la que eligieron a Sullivan a pesar de su formación en oceanografía. «En general, buscan generalistas —afirmaba—. No una persona que se sumerja en un estrecho conducto académico o algo así. La capacidad de reconocer o anticipar conexiones o pensar de una forma más lateral es muy importante». Durante sus entrevistas en Houston, a Sullivan le hicieron un montón de preguntas imprecisas, como «Háblanos de ti, empezando por el instituto»; la NASA quería ver si tenía recursos en una situación sin una orientación clara. «Todas esas experiencias les dan una idea de tu carácter y de cómo afrontas las cosas inesperadas y desconocidas. Por muy repetitivas que las misiones de los transbordadores hayan podido parecer a los medios de comunicación, en realidad todas se crearon prácticamente a partir de cero. Y como cualquier evolución compleja, nunca sale del todo como se planea».

10. **Los que asumen riesgos con éxito son buenos haciendo estimaciones.** Son bayesianos, se sienten cómodos cuantificando sus intuiciones y trabajando con información incompleta.

En el póquer, los jugadores pueden calcular probabilidades con una precisión increíble. Tom Dwan es un profesional de las apuestas altas con una agresividad legendaria que empezó en internet (a menudo se le sigue conociendo por su nombre de usuario en Full Tilt Poker, «durrrr»), pero ahora es el segundo mayor ganador de todos los tiempos en partidas por dinero televisadas de apuestas altas, con unas ganancias netas de 4,8 millones de dólares. durrrr, como él mismo reconoce, puede ser un cadete espacial. «Si vamos por la calle, en comparación con mucha gente, creo que me fijo menos en las cosas que la mayoría», me dijo. Pero las mesas de póquer son diferentes. «Una de las pocas palmaditas en la espalda que me doy a mí mismo es que creo que soy un poco más consciente de mi nivel de confianza. Si digo que tengo un 93 % de

---

* Aunque esto podría cambiar con el desarrollo de la IAG o inteligencia artificial general, así que guarde esta página para ver si sigue siendo válida dentro de veinte años.

confianza (si me dieran una probabilidad de nueve a uno)» o del 90%, «en realidad podrías perder dinero» si intentas colar una apuesta.

¿Realmente importa la diferencia entre el 90% y el 93%? Bueno, si estás jugando por un bote de un millón de dólares, sí importa. Digamos que el bote es de 900.000 dólares y tu oponente hace una apuesta descarada de 100.000 dólares en el *river*, con la esperanza de sacarte un poco más de beneficio. Solo puedes vencer un farol, pero tienes las probabilidades adecuadas para igualar ver si tu oponente va de farol aunque sea el 10% de las veces. Sin embargo, si va de farol solo el 7% de las veces, deberías abandonar: ver tiene un valor esperado de −30.000 dólares. Es muy difícil abandonar, pero los jugadores como Dwan pueden hacerlo.

¿De dónde viene esta habilidad? Principalmente de que Dwan ha jugado cientos de miles de manos de póquer y, por tanto, se siente cómodo cuantificando sus intuiciones. Pasé la mayor parte de mi conversación de una hora con Dwan hablando de una mano que había jugado recientemente, una mano bastante importante, el mayor bote de la historia del póquer televisado, en la que Dwan vio de forma acertada contra un jugador llamado Wesley con una relativamente débil pareja de reinas, calculando que Wesley tenía bastantes probabilidades de ir de farol. Había unos veinte «puntos de datos» que influyeron en esta decisión, dijo Dwan. Por ejemplo, Dwan pensó que Wesley —que suele ser un jugador cerrado—, había llegado a la sesión «no tanto con el plan de ganar dinero» como de hacer jugadas que quedasen bien en la tele. Wesley tenía que ir de farol el 25% de las veces para que el «veo» de Dwan fuera correcto; su lectura de la mentalidad de Wesley era titubeante, pero quizá eso bastó para que pasara del 20 al 24% (ir de farol con un bote así de grande queda bien en la tele). Y quizá los gestos físicos de Wesley —como la rapidez con la que apostaba sus fichas en el *river*, a veces un signo de debilidad— hicieron que Dwan pasara del 24 al 29%. Eso fue suficiente: Dwan se tomó su tiempo, bebió tranquilamente de una botella de agua y puso las fichas para ganar un bote de 3,1 millones de dólares.[*]

---

[*] Aunque Dwan me hizo entender que estaba relativamente confiado —considerablemente por encima del 29%— en el momento en que decidió ver. Era un bote enorme y quería dar tiempo a Wesley para que revelara otra *tell* que pudiera obligarle a reevaluar.

Si este tipo de proceso de pensamiento le parece extraño, lo siento, pero su solicitud de ingreso al Río ha sido rechazada. En el póquer, hay que ser capaz de convertir los sentimientos subjetivos en probabilidades y actuar en consecuencia. Y en otras empresas de riesgo, hay que estar dispuesto a hacer al menos una buena estimación inicial. «No se trata de sacar una hoja de cálculo y tratar de determinarlo matemáticamente, porque creo que hay arrogancia de la precisión —decía Vescovo acerca de su proceso para calcular los peligros de pilotar aviones de combate o escalar montañas—. Pero ciertamente hay tendencias que dicen: esto es realmente peligroso o aquello no lo es».

También hay que reconocer que —como consecuencia del teorema de Bayes, que funciona revisando las creencias probabilísticas a medida que se recopila más información— las estimaciones se harán más precisas según se vayan acumulando datos. Pero, a veces, la ventaja consiste en estar dispuesto a actuar sobre la base de una estimación relativamente rudimentaria para sacar partido de una oportunidad cuando los demás aún están inmersos en la fase de recopilación de datos. «Siempre evalúo el riesgo frente a la recompensa en todo lo que hago. Siempre sopeso los pros y los contras de cada situación —afirmaba Maria Ho—. Mientras que otros pueden necesitar razones un noventa por ciento buenas para hacer algo, [...] en mi caso, si son buenas en una proporción cincuenta y cinco/cuarenta y cinco, entonces estaría encantada de correr el riesgo».

11. **Los que asumen riesgos con éxito intentan destacar, no encajar.** Tienen independencia mental y de propósito.

Empecemos por el mundo del Juego profesional con mayúsculas, porque siempre ha sido una elección profesional poco habitual. En la época de Doyle Brunson, muchos jugadores eran exdeportistas de instituto, me dijo, personas a las que les gustaba la competición, pero que no estaban cualificadas para un trabajo de cuello blanco. Daniel Negreanu, una generación más tarde, abandonó el instituto para dedicarse al billar porque pensaba que su profesor de matemáticas «era un imbécil» y que el camino recto no era el adecuado para un hijo de inmigrantes pobre pero social e intelectualmente precoz. Erik Seidel nunca terminó la universidad, y pasó del backgammon a la negociación de opciones en Bolsa antes de encontrar el póquer; dijo que no le gustaba tener que llevar corbata todos los días, ni la cultura agresiva de las salas de negociación. Sin embargo, cada vez son más los licenciados universitarios e incluso doctores que eligen jugar al póquer, personas que podrían dedicarse a una ocupación más convencional, pero que deciden no hacerlo. Isaac Haxton (licenciado en Filosofía por Brown) eligió el póquer porque no quería trabajar para una gran empresa capitalista. Ho (licenciada en Comunicación por la UCSD) quería rebelarse contra los estereotipos profesionales que sus padres podrían haber preferido para ella. «Siempre me han atraído las cosas que iban contracorriente o eran poco convencionales, probablemente para provocar la reacción de mis padres», me confesó.

A estas personas también les gusta competir, obviamente (véase el punto número 2). Pero no quieren pasar por el mismo aro que el resto de la sociedad. Y, en realidad, ese es un rasgo que define a la mayoría de los que asumen riesgos. Así es: si tienes una mentalidad cuantitativa, pero no la urgencia de rebelarte contra la sociedad, la banca de inversión te atrae. Pero Silicon Valley valora el inconformismo, aunque sea una monocultura a su manera. Incluso los fondos de cobertura están dispuestos a apostar por personas poco convencionales como Vanessa Selbst, ya que la arrogante idea del sector es que pueden obtener abundantes beneficios por el procedimiento de no seguir al rebaño —aunque Selbst consideraba que su trabajo en Bridgewater Associates era demasiado «jerárquico» y que no tenía suficiente espacio para el pensamiento creativo.

Karikó tenía problemas similares con el mundo académico, que le parecía asfixiante y demasiado obsesionado con sus autoproclamadas marcas de prestigio. «Los que están en la periferia como yo, donde no hay dinero, fama ni prestigio, son los que tienen la libertad, los que piensan libremente», afirmaba. Cuando habla con los estudiantes, Karikó los anima a trazar su propio camino en la vida; a menudo «se desaniman porque están constantemente [...] comparándose con los demás. Hay que encontrar lo que cada uno puede hacer —les dice—. Nada de "Oh, si el jefe hiciera eso". No, no puedes cambiar a ese jefe. No puedes cambiar a tu mujer, a tus hijos. No puedes cambiar. Lo que tienes que hacer es averiguar qué puedes hacer».

12. **Los que asumen riesgos con éxito llevan concienzudamente la contraria.** Tienen teorías sobre por qué y cuándo la sabiduría convencional es errónea.

Existe una diferencia, a menudo olvidada, entre ser independiente y llevar la contraria. Si yo elijo vainilla y tú eliges chocolate porque te gusta más, estás siendo independiente. Si eliges chocolate porque yo he elegido vainilla, estás llevando la contraria. La mayoría de la gente es bastante conformista —los humanos somos animales sociales— y a veces se acusa a los riverianos de llevar la contraria cuando solo están siendo independientes. Si yo hago lo convencional el 99 % de las veces y usted el 85 %, parecerá rebelde en comparación, pero en general está siguiendo la corriente.

Pero hay partes del Río que tienen el mandato explícito de llevar la contraria. Las apuestas deportivas son un ejemplo: si uno se limita a seguir el dinero del público, perderá el mismo 5 % de la comisión de la casa que todos los demás.* Los fondos de cobertura son otro ejemplo: cobran a los inversores comisiones exorbitantes con la premisa de lograr rendimientos muy superiores a los que Pepito podría obtener en cualquier fondo del índice S&P 500.

«Lo que pasa con los fondos de cobertura es que es el único sector en el mundo en el que no solo tienes que estar en lo cierto, sino que todos los demás tienen que estar equivocados —decía Galen Hall, que ganó más de 4 millones de dólares en torneos de póquer entre 2011 y 2015, pero sin embargo se fue a trabajar a Bridgewater Associates (él fue quien reclutó a su amiga Selbst allí)—. Mientras que, si eres médico, sigues las reglas, haces lo aceptado, sigues siempre la convención, eres un médico jodidamente bueno, ¿verdad?».

Hall es una de esas personas que son buenas en todo. Es bueno en póquer. Es bueno en finanzas. En 2023, llegó a semifinales en el Campeonato Mundial de Backgammon a pesar de que acababa de empezar a jugar. Cuando, durante las Series Mundiales de Póquer de 2022, hubo una falsa noticia de un asesino en masa que disparaba en el Strip de Las Vegas, se coló por un conducto de ventilación del techo para llevar a la

---

* Si no más; los apostantes deportivos recreativos suelen hacerlo ligeramente peor que si eligieran los pronósticos al azar, por lo que, de forma predeterminada, a veces es mejor «olvidarse del público» y hacer pronósticos impopulares.

gente a un escondite seguro. De rasgos oscuros, también es sumamente guapo. Sin embargo, resulta que Hall tiene algunos defectos. Bridgewater está obsesionado con cuantificar la personalidad y el rendimiento de sus operadores, a los que asigna «tarjetas de béisbol» como si fueran *shortstops* de las Grandes Ligas. «Mi calificación de Organizado y Fiable era de tres sobre cien. Mi puntuación de Sigue las Reglas era de dos sobre cien —explicaba Hall—. La única persona por debajo de mí era mi jefe de entonces».

Pero esa vena rebelde le viene bien a Hall en su nueva empresa DFT (Dark Forest Technologies), que cofundó junto con Jacob Kline, su antiguo jefe en Bridgewater (Kline obtuvo un uno sobre cien en Sigue las Reglas). DFT aplica una estrategia que voy a denominar «contrarianismo consciente». Hacen apuestas llevando la contraria, pero siempre los guía una tesis para hacerlo, que no tiene nada que ver con las cualidades intrínsecas del activo, sino más bien con los incentivos desalineados de otros participantes en el mercado.

«Cada cosa que hacemos, puedo señalarla, como "aquí está la persona que estaba haciendo una cosa mal" —decía Hall—. Construimos un mapa de todos los agentes del mundo [...] que operan por motivos distintos a la generación de alfa.[*] O sea, alguien fue añadido al S&P 500. Así que ahora todos los ETF del S&P 500 tienen que comprar esta empresa. O es un CEO de una empresa emergente, que ahora es multimillonario. Tiene el noventa y nueve por ciento de su patrimonio neto en la empresa. Se le permite vender sus acciones en este día y probablemente va a vender un montón de ellas».

Me gusta esta estrategia porque no insulta la inteligencia de los demás agentes del mercado; es cierto que Hall es inteligente, pero también lo es mucha gente en Wall Street. En un equilibrio de teoría de juegos, es difícil que cualquiera tenga alfa. Pero no todo el mundo está jugando el mismo juego. Las personas tienen diferentes incentivos y pueden estar siguiéndolos racionalmente, pero, sin embargo, se crean oportunidades rentables para DFT, que solo quiere ganar dinero.

Puede que el contrarianismo consciente tenga impacto en mí porque me recuerda lo que es discutir con la gente sobre política en internet. Puede que no lo parezca al ver mis respuestas en Twitter, pero mi

---

[*] «Alfa» se refiere a generar un exceso de rentabilidad, el objetivo de maximización del VE de la mayoría de los inversores activos.

objetivo cuando lo hago, en consonancia con mi formación en previsión, es buscar la exactitud y, con suerte, que los acontecimientos posteriores me den la razón[*] (por eso a veces me frustro e incluso desafío a la gente a hacer apuestas sobre los resultados políticos, para que se jueguen su dinero en lo que dicen). Pero otras personas intentan defender una causa, reunir a las tropas, mejorar su imagen o buscar aprobación en las redes sociales. Todo eso está muy bien, pero tienen objetivos diferentes. Es más fácil conseguir el alfa en tu propio objetivo cuando los demás no juegan a lo mismo.

Esto también ayuda a explicar por qué tantos de sus colegas académicos pasaron por alto la brillante idea de Karikó. Sus vacunas de ARNm eran una apuesta de alto rendimiento, pero también de alto riesgo, que podría tardar años en desarrollarse; incluso Karikó pensó que solo darían fruto después de su muerte. Silicon Valley está diseñado específicamente para hacer este tipo de apuestas, pero el mundo académico no. Al contrario, según Karikó: tiende a optimizar las ideas convencionales que tienen muchas probabilidades de obtener una propuesta de subvención, pero no demasiados beneficios.

Así que sea un opositor consciente —busque errores en los incentivos de las personas más que en su inteligencia— y luego busque un lugar donde sus propios incentivos estén bien alineados con sus objetivos.

13. **A los que asumen riesgos con éxito no los mueve el dinero.** Viven al límite porque es su forma de vida.

Una cosa irónica que he aprendido de mi tiempo en el Río es que las personas que se ganan la vida con el juego a menudo no están motivadas por el dinero, y los mejores jugadores tienden a estarlo aún menos. Ahora bien, no son ascetas; esto no quiere decir que no disfruten de los frutos de su trabajo.

Pero los jugadores de póquer son distintos por dos razones. En primer lugar, son tan ferozmente competitivos que el dinero sirve sobre todo para llevar la cuenta. «Está claro que no es una cuestión de dinero. No soy una persona que necesite mucho dinero. Comemos bien, vivimos bien —decía Koon, que ha pasado de una crianza empobrecida en

---

[*] Eso no quiere decir que mi motivación sea la búsqueda desapasionada de la verdad; también es divertido que te den la razón.

Virginia Occidental a una moderna casa multimillonaria cerca de Red Rock Canyon, al oeste de Las Vegas—. En realidad, he llegado al punto en el que juego porque me encanta competir. Me siento como en casa cuando juego al póquer, y muchas de las personas que más quiero en este mundo son también jugadores de póquer».

En segundo lugar, jugar con apuestas tan altas requiere cierta desensibilización. «Hubo un tiempo en que jugaba 200/400 dólares en la Bobby's Room —relataba Koon, refiriéndose a la zona acristalada del Bellagio que lleva el nombre de la leyenda del póquer Bobby Baldwin, donde se celebran las partidas más importantes de la ciudad—. Recuerdo poner la ciega grande con cuatro fichas negras [de 100 dólares]. Lo miré y se me saltaron las lágrimas, porque mi padrastro Buck era techador y ganaba 400 dólares a la semana. Y aquí estoy yo poniendo todo eso en una ciega grande —dijo—. Se rompió literalmente la espalda, se cayó de un tejado […] para ganarse la vida y ayudarnos a salir adelante».

Ser astronauta o explorador no es tan lucrativo como jugar en Bobby's Room,[*] pero las personas que asumen riesgos físicos con las que hablé también parecían estar motivadas por un deseo intrínseco de arriesgarse, y expresaron su afinidad con otras personas que sienten lo mismo. «La sensación que tengo es que es algo innato en mí —afirmaba Vescovo—. He hablado con algunos médicos y otras personas del mundo de la exploración, y creen que existe un componente genético. En la distribución normal de personas, algunos de nosotros estamos en un extremo del espectro, y luego están los que nunca salen de su casa».

---

[*] Y si, de algún modo, les toca la lotería —como le ocurrió a Karikó al ganar el Breakthrough Prize de 3 millones de dólares en 2022—, no necesariamente les importa. Ella devolvió la mayor parte del dinero, dijo. «Vivo en la misma casa, tengo el mismo marido para siempre. Nada de cambios».

SEGUNDA PARTE
Riesgo

Aceleración

> El hombre razonable se adapta al mundo: el irracional insiste en tratar de adaptar el mundo a sí mismo. Por tanto, todo el progreso depende del hombre irracional.
>
> GEORGE BERNARD SHAW

«Giró en un bucle horizontal de 360 grados en el aire —explicó Peter Thiel—. Un objeto volador no identificado volando a dos metros sobre Sand Hill Road».

Thiel recordaba un incidente del año 2000, cuando él y Elon Musk se dirigían a entrevistarse con el legendario inversor de capital riesgo Michael Moritz. Necesitaban dinero con desesperación. Sus empresas recién fusionadas (x.com, de Musk, y Confinity, de Thiel, que más tarde se convertiría en PayPal) tenían 15 millones de dólares en el banco, pero consumían 10 millones en gastos cada mes, lo que les daba solo seis semanas de margen. Pero la mente de Musk estaba en otra parte. Acababa de comprarse un deportivo McLaren F1 plateado por un millón de dólares, como recompensa a sí mismo por haber vendido su primera empresa, Zip2. «Mi temor es que nos convirtamos en unos mocosos consentidos, que perdamos el sentido de la gratitud y la perspectiva», dijo la entonces prometida de Musk, Justine Wilson, en una entrevista que la pareja concedió a la CNN. Poco podía saber ella que Musk acabaría convirtiendo sus 22 millones de dólares en un patrimonio neto que llegaría a ser diez mil veces mayor.

Aunque las personalidades de los dos hombres eran, siendo optimistas, un caso de atracción de opuestos, Musk quería impresionar a Thiel, era obvio. «¿De qué es capaz este trasto?», preguntó Thiel. «¡Fíjate!», dijo Musk, antes de pisar el acelerador mientras trataba de cambiar de carril. *¡Bruuuuum!* El coche se descontroló, chocó contra un terraplén y llevaba tanto impulso que salió volando por los aires y dio varias vueltas de campana antes de aterrizar sobre las ruedas.

Thiel y Musk estaban bien —y llegaron a la reunión haciendo autostop—, pero el McLaren de un millón de dólares quedó hecho trizas. Y no estaba asegurado. No es que Musk hubiese hecho un cálculo racional —si tienes un patrimonio neto de 22 millones de dólares, puedes permitirte comprar uno nuevo—. Más bien, reflexionaba Thiel, Musk no se había molestado en considerar la posibilidad de un accidente. «Lo primero que me dijo Elon mientras estábamos en este coche destrozado fue: "Vaya, eso ha sido realmente fuerte, Peter. Había leído historias sobre gente que ganaba mucho dinero en Silicon Valley, compraban coches deportivos y los estrellaban. Y sabía que esto nunca me pasaría a mí"».

Thiel pensó en cierto momento en escribir un libro sobre Musk y su época en PayPal. «El título provisional que tenía era *Risky Business*, como la película de los ochenta. Y el capítulo sobre Elon era "El hombre que no sabía nada sobre el riesgo"».

Y, sin embargo, cuando se trata de riesgo, es Thiel el que más se aleja de la norma en Silicon Valley. «Peter no es una persona que asuma riesgos. Para nada. Es un tipo configurado para proteger su lado negativo», dijo Moritz, el socio de Sequoia Capital con el que Thiel y Musk iban a reunirse ese día en Sand Hill Road.[*] «Se pasó horas intentando convencerme de que vendiera PayPal. El chiste sería que el inversor quisiera vender el negocio, no el director general».

En general, Silicon Valley entiende algo sobre el riesgo, algo que la mayoría de la sociedad no entiende. Entiende que vale la pena correr un riesgo relativamente remoto si la recompensa es lo bastante alta. De hecho, algunos de los inversores de capital riesgo con los que hablé para este capítulo sonaban muy parecido a los jugadores de póquer. «Siempre digo que el valor esperado es la probabilidad de éxito multiplicada por el grado de impacto. Estas matemáticas funcionan fácilmente, pero la gente se siente muy incómoda en los ámbitos de baja probabilidad», afirmaba Vinod Khosla, fundador de Khosla Ventures, conocido por

---

[*] Moritz se jubiló en 2023, tras treinta y ocho años de trabajo.

sus inversiones a largo plazo en campos como la carne artificial y las energías alternativas.

Cuando propuse por primera vez este libro, parecía que el capital riesgo iba a desempeñar más bien un papel secundario, junto con los fondos de cobertura, en un capítulo que trataba sobre todo de Wall Street. Sin embargo, resultó ser el protagonista. Seguí la corriente del Río hasta donde me llevó, y me llevó a Palo Alto. Muchos de los capitalistas de riesgo estaban deseosos de hablar conmigo, y en general lo hacían con franqueza. En parte, esto se debe a que los capitalistas de riesgo son vendedores natos que pueden hacer negocio creando expectación en torno a sus ideas, mientras que los capitalistas de fondos de cobertura son más como jugadores de ventaja en un casino, en busca de pequeñas ventajas —billetes de 20 dólares tirados en el suelo— que pueden desaparecer si alguien más oye hablar de ellas primero. Pero también se debe a que los capitalistas de riesgo son la encarnación más fiel del espíritu del Río. Quizá Wall Street esté ligeramente por delante de Silicon Valley en lo que yo llamo el «grupo cognitivo» de los atributos del Río, es decir, la capacidad para el razonamiento abstracto y analítico. Wall Street es más explícitamente cuantitativo que Silicon Valley —aunque, por otra parte, la tecnología básica de Silicon Valley es la informática, que abstrae la cognición hasta el punto de que puede representarse mediante una serie de unos y ceros.

Pero en el «grupo de personalidad» —competitividad, tolerancia al riesgo, mentalidad independiente, a menudo hasta el punto de la oposición sistemática—, Silicon Valley se sale de la media, incluso en comparación con Wall Street. Y se enorgullece de ello. Marc Andreessen, cofundador de Netscape reconvertido en inversor de capital riesgo, cuya cabeza en forma de huevo es sinónimo en el Valley de «solución dura y obstinada», escribió en su *Manifiesto tecnooptimista* de octubre de 2023: «Creemos en la diversidad, en el aumento del interés. Creemos en el riesgo, en los saltos hacia lo desconocido».

Aunque no tenía ningún tipo de red de contactos en Silicon Valley, los capitalistas de riesgo parecían reconocerme como un paisano del Río,[*] alguien que compartía su tendencia a «abrazar la diversidad» y «au-

---

[*] Entre ellos se encontraba Thiel, por ejemplo, de quien en un principio esperaba que fuera una persona difícil de entrevistar porque soy amigo de Nick Denton, el fundador de Gawker Media, cuya empresa quebró a causa de una demanda impulsada por

mentar el interés». Y la verdad es que tienen razón. Como verá, no estoy de acuerdo con todo lo que hace Silicon Valley, pero sí con el 80 o 90% de ello. Lo digo porque me he autoexaminado. El *Manifiesto tecnooptimista* de Andreessen incluye 108 aseveraciones que afirman las creencias de los tecnooptimistas, como «Los tecnooptimistas creen que las sociedades, como los tiburones, crecen o mueren». Repasé cada afirmación y marqué si estaba mayoritariamente de acuerdo o en desacuerdo con ella. En general, estaba de acuerdo con el 84% de las afirmaciones. Las excepciones eran sobre todo cosas que me parecían exageradas («Creemos que todo lo bueno es consecuencia del crecimiento»), a veces hasta el punto de provocar bochorno («Creemos en el romanticismo de la tecnología [...] El eros del tren, del coche, de la luz eléctrica, del rascacielos»).

Tengo un gran reproche: me preocupa que Andreessen adopte explícitamente el «aceleracionismo», un término que se refiere al desarrollo rápido y sin paliativos de la IA, sin tener en cuenta las consecuencias. En cambio, estoy de acuerdo con el fundador de Ethereum, Vitalik Buterin, que escribió en respuesta a Andreessen que «la IA es fundamentalmente diferente de otras tecnologías, y merece la pena ser especialmente cuidadoso». La IA no es la primera tecnología que tiene el potencial de destruir la civilización, pero a diferencia de las armas nucleares, que fueron diseñadas por los gobiernos, la IA está siendo desarrollada por Silicon Valley, con su paradigma de «moverse rápido y romper cosas». Se trata de una cuestión lo bastante importante para que haya un capítulo entero dedicado a ella más adelante, al que llamaré, de forma simpática, capítulo ∞, hacia el final del libro. Puede concebir los siguientes capítulos como los necesarios para ponernos en órbita en torno a esta cuestión del riesgo existencial.

Pero ahora vayamos más despacio. Si usted cree en la competencia y en la asunción de riesgos —y si cree que el desarrollo tecnológico ha mejorado profundamente la condición humana en general— estará de acuerdo con la mayor parte del *Manifiesto tecnooptimista*. De hecho, muchas

---

Thiel. Pero la entrevista fue relativamente fácil de concertar, y la conversación fue larga y amable. Aunque Thiel y yo discrepamos en muchas cuestiones políticas, hay cierta camaradería entre la gente del Río.

de las afirmaciones reflejan valores clásicos estadounidenses, como la libertad de expresión y la meritocracia, que no son demasiado controvertidos —aunque algunos lo han sido más últimamente en la Aldea, en parte debido a su asociación con Silicon Valley.

Sin embargo, existe una diferencia fundamental entre los inversores de capital riesgo como Khosla y los fundadores como Musk.* Desde luego, no es fácil encontrar empresas que rinden 10, 100 o 1000 veces más. Pero los capitalistas de riesgo realizan muchas inversiones a la vez: un fondo determinado puede hacer un par de docenas de apuestas. Y, en contra de lo que se suele pensar, las inversiones que no dan unos resultados excepcionales pueden generar unos rendimientos muy buenos: de un factor 2, 3 o 5. «Se trata de eliminar riesgos. Y asumir el menor número de riesgos posible —me dijo Moritz—. Toda esa palabrería de que "Silicon Valley es un mundo de espadachines, bucaneros y arriesgados, y que si fracasas es una muesca en la culata y te premian por fracasar", creo que son tonterías».

Los fundadores, por el contrario, tienen tendencia a apostarlo todo, a veces literalmente. Cuando leí *Elon Musk*, de Walter Isaacson, no me sorprendió conocer la estrategia de póquer kamikaze de Elon:

> Muchos años después, [el cofundador de PayPal, Max] Levchin estaba en el piso de soltero de un amigo pasando el rato con Musk. Algunas personas estaban jugando una partida de Texas Hold'em de apuestas altas. Aunque Musk no era jugador de cartas, se acercó a la mesa. «Había un montón de frikis y expertos en memorizar las cartas y calcular las probabilidades», cuenta Levchin. «Elon apostaba *all-in* en cada mano y perdía. Luego compraba más fichas y jugaba a doble o nada la apuesta. Al final, después de perder muchas manos, apostó *all-in* y ganó. Entonces dijo: "Vale, bien, he terminado"».

He jugado en un puñado de partidas de póquer de apuestas altas contra tipos ricos, incluida una partida frecuentada por capitalistas de riesgo, fundadores de Silicon Valley y los presentadores del pódcast

---

* Para complicar un poco las cosas, algunos de los inversores de capital riesgo de este capítulo, como Khosla, Thiel y Marc Andreessen, empezaron su vida como fundadores. Pero es raro que la tendencia vaya en sentido contrario. Los capitalistas de riesgo no suelen apostarlo todo a una sola empresa.

All-in, que son amigos de Musk.* Me hicieron jurar que guardaría el secreto sobre los detalles [de la partida], aunque como uno de los anfitriones de *All-in*, Jason Calacanis, lo dijo públicamente, puedo confirmar que la primera vez que jugué en la partida gané suficiente dinero para comprarme un Tesla. La otra cosa que puedo decir —solo en términos generales— es que, cuanto más altas son las apuestas, más loca es la acción. Las partidas de póquer más grandes están pensadas para los jugadores que quieren correr riesgos locos, irracionales, –VE. Puede que no sea literalmente ir *all-in* en cada mano —aunque he visto estrategias que no están muy lejos de ello—, pero sí aceptar la diferencia, como diría el *Manifiesto tecnooptimista*.

Musk dirige sus negocios igual que juega al póquer. Una de las razones por las que se convirtió en el hombre más rico del mundo es porque llegó a un acuerdo de compensación excepcionalmente agresivo con Tesla que, según la sabiduría convencional, «sería imposible de alcanzar».

«Tesla y esta empresa de cohetes, SpaceX, eran dos proyectos extremadamente arriesgados —dijo Thiel, cuya empresa, Founders Fund, renunció a una inversión inicial en Tesla, aunque sí invirtió en SpaceX—. ¿Cómo evaluarlas desde el punto de vista probabilístico? Quizá no iban a funcionar. Y lo de Tesla parecía una especie de falsa empresa de tecnología limpia», dijo Thiel.

SpaceX era aún más arriesgada. Los tres primeros lanzamientos de la empresa fracasaron, y Elon tuvo que gorronear para conseguir dinero para un cuarto intento. El cuarto intento fue una maravilla: «Ha sido la hostia», dijo Musk, aliviado, a su equipo del Falcon 1. Esperaba otro accidente que lo habría arruinado. «No podríamos conseguir nuevos fondos para Tesla —dijo Musk más tarde a Isaacson—. La gente diría: "Mira a ese tipo de la empresa de cohetes que fracasó, es un perdedor"».

Aunque la reputación de Musk en la Aldea ha seguido una trayectoria negativa desde su adquisición de Twitter —a la que rebautizó como X—, sigue siendo muy estimado en Silicon Valley, donde la mayoría de las personas con las que hablé estaban dispuestas a dejar de lado sus defectos. Silicon Valley es un lugar de búsqueda de patrones: funda-

---

* Y Phil Hellmuth, residente en Palo Alto y otro amigo de los anfitriones del pódcast *All-In*. Dentro del Río hay una cantidad asombrosa de cruces entre diferentes comunidades.

dores icónicos como Musk, Steve Jobs y Mark Zuckerberg son arquetipos cuyos ejemplos se seguirán durante décadas. Entonces ¿qué pensar del hecho de que si ese cuarto cohete Falcon se hubiera estrellado —o si ese McLaren hubiera aterrizado sobre el capó en lugar de sobre las ruedas, quizá hiriendo gravemente a Musk y Thiel—, el mundo tal y como lo conoce Silicon Valley habría resultado increíblemente diferente?

Cuando hablé con Thiel, la primera pregunta que le formulé fue: «Si simularas el mundo mil veces, Peter, ¿cuántas veces acabarías en una posición parecida a la que tienes hoy en día?». La pregunta pretendía ser algo entre una bola suave y una bola curva, un inicio de conversación inesperado pero relativamente poco amenazador.

La respuesta de Thiel se extendió durante casi treinta minutos. Empezó oponiéndose a mi premisa. «Si el mundo es determinista, siempre acabarás en el mismo sitio. Y si no lo es, casi nunca acabarías en el mismo sitio», dijo.

Era una objeción justa. Básicamente, solo preguntaba a Thiel si había tenido suerte. Pero saber si el mundo es o no determinista es una importante cuestión existencial que llevan mucho tiempo debatiendo tanto los metafísicos como los físicos de verdad.* La mayoría de las personas que residen en el Río —yo me incluyo— son probabilistas. Puede que las preguntas acerca de la naturaleza del universo nos parezcan filosóficamente interesantes, pero en realidad no importan para nuestro trabajo cotidiano. El mundo puede o no ser intrínsecamente aleatorio, pero entre la teoría del caos y nuestra relativa ignorancia, muchos fenómenos importantes son muy inciertos en la práctica. Así que recopilamos datos, los agrupamos en lo que llamamos clases de referencia, formulamos hipótesis y las ponemos a prueba, todo ello para averiguar qué sucesos son relativamente más predecibles y cuáles menos. Este es el método empírico. La metafísica está por encima de nuestra posición.

Thiel, que había recibido una educación fuertemente religiosa, se confesaba, en cambio, determinista. Recordó un pasaje de Joseph Con-

---

* Los recientes avances de la mecánica cuántica han movido la tendencia hacia la idea de que el universo contiene algún grado intrínseco de aleatoriedad, pero hay muchas interpretaciones de estos fenómenos y no existe un consenso científico claro. En *La señal y el ruido* hay un extenso tratamiento del demonio de Laplace —la conjetura de que, si conociéramos la ubicación y el momento de cada partícula del universo, podríamos predecir perfectamente el futuro.

rad: «Como si la palabra inicial de cada uno de nuestros destinos no estuviese grabada en caracteres imperecederos en la superficie de una roca». Sugirió incluso algo que se podría considerar un sacrilegio en el Río: que estaba corrigiendo el exceso de compromiso del resto del mundo con el análisis estadístico.

«Hubo [una vez] un lugar en el que el conocimiento estadístico nos daba una visión frente a las personas que no tenían acceso a él —dijo, mencionando innovaciones como el desarrollo de los seguros de vida y el modelo Black-Scholes para fijar el precio de las opciones sobre acciones—. Pero en el mundo de 2016, o de 2022, si nos centramos demasiado en los conocimientos estadísticos o matemáticos, acabamos perdiéndonos muchas cosas».

Analicemos esto con más detenimiento, porque Thiel hace una afirmación empírica y otra filosófica. La empírica es que la mayor parte de los frutos maduros del análisis estadístico ya han sido recogidos. Los equipos de béisbol ya no se benefician de la selección de jugadores con altos porcentajes *on-base* porque han pasado veinte años desde que se publicó *Moneyball* y todo el mundo lo hace ahora. La fórmula Black-Scholes mencionada por Thiel, una ecuación que incluye datos como el tipo de interés sin riesgo y el tiempo que transcurre hasta que vence la opción, pueden haber reportado en su momento grandes beneficios en Wall Street. Pero cuando todo el mundo utiliza Black-Scholes, empiezan a aparecer sus defectos: las suposiciones simplistas que hace pueden incluso haber ayudado a los operadores a racionalizar operaciones arriesgadas que contribuyeron a la crisis financiera mundial.

En otras palabras, han ganado los expertos. Vivimos en su mundo. Así que si vas a ser un *contrarian*, un opositor, como muchos del Río tienden a ser —incluido Thiel, que es famoso por llevar la contraria aunque no le guste el término—,[*] eso podría significar buscar información que es difícil de cuantificar. O podría significar apostar por una corazonada sobre cuándo se trata de un nuevo régimen en el que las viejas reglas ya no se pueden aplicar. Thiel se refirió a la elección de Donald Trump y bromeó sobre la confianza de la gente en previsiones estadísticas como la que yo publiqué en FiveThirtyEight como ejemplo

---

[*] «No me gusta la palabra "contrarian", no quiere decir más que poner un signo menos delante de cualquier pensamiento de sabiduría popular —me dijo Thiel—. No puede ser tan sencillo».

de ello.* «En cierto nivel, las personas sabían que el conocimiento estadístico no bastaba», explicó. La razón por la que visitaban «como maniacos tu sitio web» y recargaban la página una y otra vez era porque en el fondo sabían que «algo más estaba pasando» y que sus conocimientos estadísticos no eran suficientes, teorizó.

Pero también hay algo más. Los fundadores de más éxito, como Musk, triunfaron a pesar de lo que parecían probabilidades extremadamente bajas. Thiel, recordando los desafíos que Musk superó para construir SpaceX, pensó que ningún obstáculo al que Musk se enfrentara constituiría una barrera insuperable. Pero los expertos habían hecho números: si hay que saltar 10 obstáculos y hay un 50% de posibilidades de tropezar con cada uno, las probabilidades de llegar al final del recorrido son de 1 sobre 2^{10}, o sea, una posibilidad entre 1.024, y concluyeron que el proyecto era imprudente. Musk no había pensado lo mismo. «Estaba decidido a hacerlos realidad —me dijo Thiel—. Era cuestión de reunir las piezas y ponerlas juntas, y entonces funcionaría. Estamos en un mundo extraño en el que nadie lo hace porque todos piensan de forma probabilística».

El pensamiento probabilístico funciona mejor en ensayos repetidos. Si voy *all-in* con una pareja de ases en el póquer y mi oponente hace color, me sentiré bien porque voy a jugar miles de manos más y a la larga ganaré dinero con ella. Sin embargo, las tecnologías que pueden cambiar el mundo entran en una categoría curiosa. Si las agrupas en una cartera de apuestas de baja probabilidad, como hacen las empresas de capital riesgo, puedes adoptar una perspectiva probabilística; y, si eres una de las mejores empresas de capital riesgo, tendrás casi garantizado un beneficio a largo plazo. Sin embargo, para un fundador, su sustento puede estar en juego. Silicon Valley necesita probabilistas, personas razonables que calculen las probabilidades. Pero también necesita gente irracional: deterministas, verdaderos creyentes, personas que escriben manifiestos de cinco mil palabras.

---

* Thiel fue un destacado partidario de Trump que habló en la Convención Nacional Republicana de 2016. Mi sensación es que esta afinidad por Trump reflejaba tanto la política de Thiel como su pensamiento de que era una buena apuesta para llevar la contraria, pero puede haber habido un elemento de ambos factores.

Breve historia de Silicon Valley

El Área de la Bahía de San Francisco —los condados de Alameda, Contra Costa, Marin, Napa, San Mateo, Santa Clara, Solano, Sonoma y San Francisco, California— albergaban a 7,76 millones de personas según el Censo de Estados Unidos de 2020, o aproximadamente el 0,1 % de la población mundial.[*] Sin embargo, en octubre de 2023, es la sede de casi el 25 % de las empresas unicornio del mundo (definidas como empresas privadas con una valoración de al menos mil millones de dólares). Es difícil exagerar la intensidad de esta concentración de capital. La ciudad de San Francisco por sí sola, a pesar de sus dificultades tras la epidemia de COVID, es la sede de 171 unicornios, aproximadamente tantos como Pekín, Shanghái, Bengaluru y Londres juntos.

Número de empresas unicornio

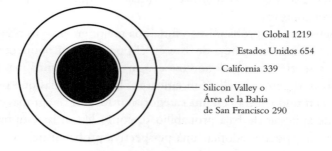

Global 1219
Estados Unidos 654
California 339
Silicon Valley o
Área de la Bahía
de San Francisco 290

Puede que no le gusten personas como Thiel o Musk. Quizá tampoco le gusten los productos que Silicon Valley le ha endosado al mundo, aunque piense cuánto tendrían que pagarle para que no volviese a utilizar un ordenador (incluido su iPhone, que es mucho más potente

---

[*] El término «Silicon Valley» es flexible. A veces se utiliza de forma restringida, para referirse al Valle de Santa Clara, al sur de San Francisco, o amplia, como una metonimia (es decir, un término como «Hollywood», que se refiere a un sector o fenómeno cultural más amplio y no necesariamente a un lugar concreto). Mi definición se sitúa en un punto intermedio, más o menos «el ecosistema de empresas tecnológicas, en gran parte respaldadas por capital riesgo, centradas en el Área de la Bahía de San Francisco o con estrechos vínculos con ella».

que los primeros superordenadores). Puede que no le guste en absoluto el capitalismo, y no pasa nada. Pero Silicon Valley tiene un éxito tremendo en sus propios términos, términos que han sido más o menos constantes durante varias décadas, a pesar de la reputación de cambio incesante del valle.

Por ejemplo, la historia del origen del Silicon Valley moderno comienza con una tradición familiar: jóvenes frikis inteligentes que se rebelan contra un fundador que era un gilipollas vanidoso. Ese gilipollas era William Shockley, galardonado con el Premio Nobel de Física en 1956. Un año antes, Shockley había montado una planta de semiconductores en Mountain View (California), cerca de donde vivía su anciana madre, en la vecina Palo Alto. Shockley contrató a jóvenes ingenieros (que pudo elegir de entre un grupo numeroso), como podrían haber hecho años después Steve Jobs o Mark Zuckerberg. Pero era un directivo difícil. Exponía los salarios de todos en un tablón de anuncios. Hacía que los empleados se puntuaran unos a otros. Grababa sus llamadas telefónicas e incluso los hacía pasar por el detector de mentiras.

Tampoco les pagaba especialmente bien: entre 90.000 y 135.000 dólares anuales, en dólares de 2023. Así era la vida antes del capital riesgo. Un científico joven y ambicioso podía trabajar muchas horas en una empresa puntera a cambio de un cómodo salario de clase media-alta, pero sin poder obtener participación en la empresa ni nada parecido al valor que generaba para sus jefes.

Finalmente, ocho de los ingenieros de Shockley abandonaron la empresa. Los llamados «Ocho Traidores» se unieron a una empresa rival llamada Fairchild Semiconductor, fundada por el empresario Sherman Fairchild y por un pionero del «capital riesgo», Arthur Rock. Lograron sustanciosos aumentos de sueldo y, lo que es más importante, cien acciones de la empresa cada uno.

Pero pronto tuvo lugar otro tipo de traición. En 1959, Fairchild ejerció una opción de compra de las acciones de los ingenieros. Estaba en su derecho contractual de hacerlo, y los empleados obtuvieron un beneficio sustancial, el equivalente a unos 4 millones de dólares (en dólares actuales) cada uno. Sin embargo, después de haber probado lo que era ser dueño de sus propias ventajas, era difícil volver atrás. Tarde o temprano, todos se marcharon, como en una diáspora. Uno de ellos, Robert Noyce, se convertiría en cofundador de Intel. Otro, Eugene Kleiner, formaría la empresa de capital riesgo Kleiner Perkins. Estoy omitiendo partes importantes de la historia, como la fundación de Hewlett-Packard en 1939 o la proximidad de Silicon Valley a Stanford y Berkeley. La cuestión es que, a estas alturas, se había iniciado un ciclo virtuoso.

Muchos de los rasgos que asociamos con Silicon Valley se establecieron enseguida. Por ejemplo, su cultura de adicción al trabajo y obsesión por la juventud. «En Silicon Valley existía un fenómeno conocido como "quemarse" —escribió el legendario autor Tom Wolfe en un perfil de Noyce para la revista *Esquire* en 1983—. Tras cinco o diez años de carrera obsesiva por los grandes intereses de los semiconductores [...] un ingeniero llegaba a los treinta y pico y un día se despertaba [...] y estaba acabado. El juego había terminado».

Los Ocho Traidores también habían contribuido a establecer otra tradición de Silicon Valley: la falta de lealtad a los actores titulares. California, desde la fiebre del oro, siempre ha sido un lugar para gente que busca su propio camino. No, los Ocho Traidores no eran figuras de la contracultura, incluso mientras la cultura hippie estaba arraigando en otras partes del Área de la Bahía como Berkeley y Haight-Ashbury. Pero la noción de que eran disruptivos no es del todo una tontería, y es una actitud que se mantiene hoy en día.

«¿Por qué iba alguien de Facebook a crear algo que, quizá, en teoría, nunca se sabe, va a hacer saltar por los aires Google o Facebook?», decía Antonio García Martínez, que fundó una empresa respaldada por capital riesgo llamada AdGrok y más tarde trabajó en Facebook, antes de escribir sobre todo ello en el libro *Chaos Monkeys*. «Se debe a este sentimiento religioso de la destrucción creativa por sí misma. Esa es nuestra religión. Tenemos que hacerlo. ¿Como el inconformismo de presentarse en el Burning Man como todo el mundo, con un disfraz estúpido? Bueno, eso. Sí, tal vez es un poco de mentira. Pero ¿el asunto de quemar instituciones? Sí, creo que eso sí que es real».

Los dos rasgos esenciales de Silicon Valley

Retrocedamos un segundo, porque quiero establecer por qué estos rasgos culturales tienen un fundamento económico subyacente. Me han repetido versiones de estos mantras con tanta frecuencia que creo que son las fuerzas gravitatorias que rigen prácticamente todo lo que ocurre en el

Valley: por ejemplo, por qué atrae a tanta gente extraña y desagradable. El capital riesgo es una empresa singular por dos razones esenciales:

1. **Tiene un horizonte temporal muy largo.** «Tomas muy pocas decisiones y estás preparado para vivir con las consecuencias de esa decisión durante mucho tiempo —afirma Moritz—. Google, financiamos Google en 1999. Y aquí estamos, veintitrés años, casi un cuarto de siglo. Todavía poseo la mayor parte de aquello».
2. **Ofrece probabilidades asimétricas que compensan la asunción de riesgos al alza.** «Hay un conjunto asimétrico de rendimientos. Solo vas a perder tu dinero una vez —afirma Bill Gurley, socio de Benchmark que no compartía el entusiasmo inicial de Moritz por Larry Page y Sergey Brin—. Y cuando te pierdes Google, como me pasó a mí, te pierdes un factor 10.000».

¿Son estos principios que el resto del mundo debería emular? El primero, sí. Muchas veces se puede hacer una apuesta +VE por el simple método de ser más paciente que la persona de al lado. Y esto representa una ventaja comparativa, porque la paciencia no es un rasgo común en Estados Unidos. Aunque es un país relativamente tolerante al riesgo, está lleno de gente que quiere hacerse rica rápido, no lentamente. «El tiempo o la motivación en la marca no son muy estadounidenses —afirma Wen Zhou, cofundadora de la empresa de moda de alta gama 3.1 Phillip Lim, que se trasladó de China a Nueva York cuando tenía doce años—. No sé si es una afirmación controvertida, porque creo que Estados Unidos es un país muy capitalista. [Pero] es la forma más rápida de ganar la mayor cantidad de dinero posible». Probablemente no sea una coincidencia que un número desmesurado de inversores de capital riesgo y fundadores sean inmigrantes, como Khosla (India), Musk (Sudáfrica) y Thiel (Alemania).

Además, el valor de mantener una visión a largo plazo puede aumentar en un mundo en el que —y en esto sueno parecido a Thiel— los datos y los análisis pueden, a veces, llevarnos a la miopía. A menudo es fácil optimizar mediante algoritmos para lograr una solución a corto plazo, y mucho más difícil saber qué es lo que producirá valor de marca a largo plazo. Incluso en los deportes, los equipos de la época posterior a *Moneyball* siguen aplicando tasas de descuento increíblemente elevadas al éxito futuro del equipo, y con frecuencia están dispuestos a quemar el futuro por una probabilidad ligeramente mayor de ganar en el presente.* Sin una cultura que haga hincapié específicamente en la planificación a largo plazo, el equilibrio competitivo que surge puede ser desagradable, brutal y corto.

Pero, desde luego, un sector que quiere a gente que planifique a diez o más años vista atrae necesariamente a muchas personalidades testarudas. No es para nada el caso en que se conocen los grandes éxitos de inmediato; SpaceX, por ejemplo, tardó seis años en lanzar con éxito su primer cohete y más de una década en obtener beneficios. De hecho, los capitalistas de riesgo veteranos están acostumbrados a un patrón llamado Curva en J: se conocen los fracasos antes que los éxitos, por lo que tu fondo tiende a tener un rendimiento negativo al principio. «Existe un fenómeno llamado "los limones maduran pronto", que consiste en que las empresas que fracasan lo hacen antes de que triunfen las que triunfan —explica Andreessen—. Porque tienes un montón de empresas que se están derrumbando, y los grandes ganadores aún no han aparecido. Y te quedas como diciendo: "Estoy en una puta zanja, y ahora mismo nada está saliendo bien"».

La Curva en J del capital riesgo

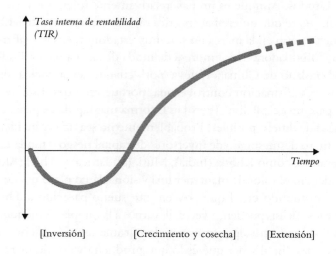

* Eso no significa que su comportamiento sea irracional, sino que refleja las estructuras de incentivos de los responsables de la toma de decisiones, que impulsan a pensar a corto plazo. De los treinta directores generales de las Grandes Ligas de Béisbol en octubre de 2013, solo dos mantenían su puesto diez años más tarde.

El segundo rasgo —la naturaleza asimétrica de las compensaciones en Silicon Valley— es aún más esencial para entender su mentalidad. Pero sus implicaciones son más ambiguas que la primera. En general, a la sociedad le iría mejor —no me cabe duda— si las personas comprendieran la naturaleza del valor esperado y, en concreto, la importancia de los acontecimientos de baja probabilidad y gran impacto, ya sea en forma de beneficios potenciales fabulosos o de riesgos catastróficos.

Sin embargo, cuando los beneficios adoptan la forma de inversiones financieras, pueden surgir dos tipos de problemas. El primero es el riesgo moral: que la empresa que asume los riesgos, que solo arriesga 1× de su inversión, no cargue con todas las consecuencias, que recaen en el público. Se trata de un problema clásico de Wall Street, por ejemplo en forma de rescates bancarios,* pero también puede plantearse cada vez que una empresa impone externalidades negativas (un término económico elegante para decir «efectos secundarios») a la sociedad. Es cierto que el crecimiento tecnológico suele tener externalidades positivas; por ejemplo, los nuevos productos biomédicos pueden prolongar la vida humana. En la psicología del capital riesgo está muy arraigada la idea de que pueden dormir tranquilos porque no solo se enriquecen ellos mismos, sino que también hacen del mundo un lugar mejor. Sin embargo, en el caso de algunos avances tecnológicos recientes, la propuesta de valor ha sido más cuestionable. Las redes sociales pueden haber tenido efectos negativos netos en la sociedad. Las criptomonedas dieron lugar a muchas estafas y fraudes, como el FTX de Sam Bankman-Fried —en el que invirtieron en gran cantidad Sequoia y otras empresas de capital riesgo—, que costó a los propietarios de criptomonedas al menos 10.000 millones de dólares. Y con la IA, la perturbación podría ser profunda y dar lugar a una reorganización masiva de la economía, incluso aunque siga estando relativamente bien alineada con los valores humanos.

El segundo problema es que los beneficios enormes contribuyen a una economía en la que el ganador se lo lleva todo. La comunidad de capital riesgo y fundadores es pequeña. Las principales empresas de ca-

---

* Por supuesto, cuando el Silicon Valley Bank quebró, en marzo de 2023, las empresas de capital riesgo exigieron ayuda a gritos y el Gobierno intervino para proteger a los inversores. (Según algunas definiciones, esto se considera poco menos que un rescate total, porque los accionistas de SVB fueron aniquilados cuando se vendió a otra empresa).

pital riesgo tienen entre un puñado y un par de docenas de socios cada una, al contrario que las empresas de Wall Street, que tienen cientos. Silicon Valley no fue, en su día, un lugar especialmente ostentoso —muchos de los primeros fundadores procedían del Medio Oeste, y Wolfe pensaba que sus valores reflejaban la modestia calvinista del centro del país— e incluso ahora, las mansiones del Valley adoptan principalmente la forma de estructuras bajas ocultas tras arbustos, no opulentas casas junto a la playa o en la ladera de una colina, como en el sur de Los Ángeles. Pero detrás de esos arbustos hay personas con riqueza, poder e influencia exponencialmente crecientes. Aunque el grado en que los alcanzan es objeto de considerable debate, la élite de las empresas de capital riesgo de Silicon Valley se fijan como objetivo unas TIR (tasas internas de rentabilidad) de entre el 20 y el 30% anual. Supongamos que alcanzan el extremo inferior de esa horquilla, el 20%; ¡eso significa que su riqueza se duplica cada cuatro años!

Y, sin embargo, a pesar de su éxito, casi todos los inversores de capital riesgo con los que hablé seguían viviendo con miedo a perderse algo. En concreto, miedo al fundador que se escapó. «Los errores por omisión son mucho más graves —afirmaba Andreessen—. Casi nunca nos culpamos de los errores de perpetración, pero sí lo hacemos, y con fuerza, de los de omisión. Llega un momento en que tienes que decir que sí. Como si, por ejemplo, Mark Zuckerberg entra por la puerta. Solo tienes que no ser tan tonto como para decir que no».

Patrick Collison, cofundador de Stripe (y otro inmigrante: nació en Irlanda), cree que es este miedo a la omisión —y la correspondiente falta de miedo a la perpetración— lo que distingue a Silicon Valley. Las matemáticas que subyacen al valor esperado —un 5% de probabilidad de éxito multiplicado por un beneficio de 100× es una apuesta que merece la pena— no son difíciles de entender. Silicon Valley no tiene ninguna poción matemática secreta. El capital riesgo, en sus primeras fases, no es un proceso especialmente cuantitativo. «No creo que a los habitantes de Silicon Valley se les dé mejor calcular», afirma Collison. Más bien, son mejores ejecutando estas apuestas, apretando el gatillo en inversiones que a menudo fracasan, a veces de forma vergonzosa. «Creo que son mejores en algún tipo de disposición subyacente», manifiesta Collison.

A la mayoría de las personas les cuesta hacer apuestas que saben que normalmente fracasarán. Muchos de los rasgos distintivos de Silicon

Valley —desde el consumo cada vez más abierto de drogas psicodélicas, pasando por la tolerancia hacia los fundadores difíciles, hasta la tendencia de los capitalistas de riesgo a pontificar sobre cuestiones políticas— reflejan la falta de miedo a parecer estúpido. El ser humano es un animal social, por lo que la mayoría de las personas, de un modo natural, no tienen miedo a la desaprobación social.* La razón por la que Silicon Valley está a menudo dispuesto a llegar a situaciones extremas en defensa de su sistema de valores es porque teme que, si estos valores no se refuerzan de forma activa, perderá aquello que lo hace diferente.

LOS FONDOS DE CAPITAL RIESGO SON ZORROS, LOS FUNDADORES SON ERIZOS

Aun así, nada de esto parece demasiado fácil de mantener en equilibrio. Silicon Valley tiene su parte de visionarios y su parte de imitadores; su parte de gente que quiere cambiar el mundo y su parte de mocosos malcriados. Y tiene montones de personas socialmente incapaces que han alcanzado una enorme riqueza y notoriedad a una edad temprana. Mi teoría es que, para que todo esto funcione, se necesita una simbiosis entre dos tipos de personalidad que, en general, chocan. Esto se corresponde con lo que he escrito antes sobre la necesidad de personas razonables e irracionales, pero querría ser más preciso.

Si ha leído *La señal y el ruido*, quizá recuerde a nuestros amigos peludos, los zorros y los erizos. La terminología procede del poeta griego Arquíloco —«El zorro sabe muchas cosas, pero el erizo sabe una sola y grande»— a través del politólogo Phil Tetlock, que realizó un estudio a largo plazo sobre la capacidad de predicción de los politólogos y otros expertos. El estudio, publicado en el libro *Expert Political Judgment: How Good Is It? How Can We Know?*, halló que, en su mayor parte, los expertos eran pésimos haciendo predicciones. Sin embargo, los expertos con una serie de rasgos de personalidad que Tetlock consideraba propios de los zorros —saber muchas cosas pequeñas— eran comparativamente más precisos. Esos ladinos zorritos eran los héroes de *La señal y el ruido*.

---

* En especial, no en la Aldea, donde el ostracismo (o si lo prefiere, la «cancelación») se considera el castigo definitivo.

Pero ¿son los zorros buenos fundadores?

Se me ocurren excepciones a la regla (el erudito Collison tiende bastante al zorro, por ejemplo). Pero, en general, los capitalistas de capital riesgo buscan gente con una idea grande y loca con la que se comprometan durante una década o más. Una idea que podría fracasar, pero que tiene una pequeña probabilidad de ser revolucionaria. Y eso entra de lleno en la esfera de personalidad del erizo.

Actitudes de zorros y erizos[*]

CÓMO PIENSAN LOS ZORROS	CÓMO PIENSAN LOS ERIZOS
Tolerantes al riesgo: Piensan en términos de valor esperado y están dispuestos a actuar en consecuencia. No se ven necesariamente a sí mismos como personas que asumen riesgos; sin embargo, su capacidad para asumir riesgos calculados los distingue de la mayoría de la gente.	**Ignorantes del riesgo**: No son necesariamente arriesgados por naturaleza. Sin embargo, debido a que pueden calcular mal o sobrestimar sus capacidades, a veces pueden tomar decisiones que otros considerarían increíblemente arriesgadas.
Probabilistas: Piensan como los jugadores de póquer, es decir, están dispuestos a hacer apuestas basándose en información incompleta.	**Deterministas**: Piensan como los jugadores de ajedrez, es decir, los resultados son prácticamente seguros una vez resuelta la posición.
Multidisciplinares: Incorporan ideas de diferentes disciplinas y lecturas amplias de todo el espectro político.	**Especializados**: A menudo han dedicado la mayor parte de su carrera a uno o dos grandes problemas.
Adaptables: Encuentran un nuevo enfoque —o siguen varios caminos al mismo tiempo— si no están seguros de que el original funcione.	**Inquebrantables**: Se ciñen al mismo enfoque de «apostarlo todo». Con tendencia al sesgo de confirmación. Pero dobla la apuesta cuando otros renunciarían.

[*] En caso de que le resulte familiar, esta tabla se ha reproducido de *La señal y el ruido*, con algunas revisiones y adiciones para centrarla más en las actitudes hacia la asunción de riesgos.

Autocríticos: A veces dispuestos (aunque no les suele gustar) a reconocer errores en sus predicciones y asumir la culpa de ellos.	**Testarudos:** Los errores se achacan a la mala suerte o a circunstancias idiosincrásicas: una buena idea, pero un mal día.
Tolerantes con la complejidad: Perciben el universo como complicado, quizá hasta el punto de que muchos problemas fundamentales son, de manera inherente, impredecibles.	**Buscadores del orden:** Tienen cerebro de ingeniero. Esperan que se descubra que el mundo se rige por relaciones relativamente sencillas, una vez que se separe la señal del ruido.
Empíricos: Se basan más en la observación y en estrategias probadas que en la teoría.	**De principios:** Esperan que las soluciones a muchos problemas cotidianos sean manifestaciones de alguna teoría o lucha ideológica de envergadura. Puede que crean que la civilización se encuentra en un punto de inflexión.

Piense en alguien como Elon Musk. Casi todos los rasgos de la lista de erizos le describen a la perfección. Es extremadamente testarudo o, si lo prefiere, extremadamente decidido. Piensa como un ingeniero y busca el orden, otro rasgo propio de los erizos.

Thiel, un exfundador, también es mayoritariamente del Equipo Erizo, buscador de orden e ideológico. Puede que no tenga la tolerancia al riesgo de Musk —poca gente la tiene—, aunque los erizos mantienen una relación curiosa con el riesgo. Como no son muy buenos estimándolo, pueden emprender proyectos que otras personas considerarían arriesgados en grado sumo porque no calculan las probabilidades de la misma manera. O puede que se comprometan con un proyecto como si fuera el trabajo de su vida, sin querer siquiera saber cuáles son las probabilidades.

Por otra parte, los hábitos similares a los del zorro pueden ser muy útiles para los capitalistas de riesgo. Al decidir dónde invertir, están haciendo pronósticos, y sabemos por el estudio de Tetlock que los zorros son mejores pronosticadores. Los capitalistas de riesgo no realizan necesariamente previsiones con un alto componente estadístico; pero al escuchar cientos de argumentos de empresas de sectores muy diferentes, necesitan saber un poco de muchas cosas.

Consideremos a Moritz, por ejemplo. A diferencia de Thiel, nunca fue realmente[*] un fundador. Moritz se había trasladado a Detroit desde Gales en 1976, para trabajar como periodista que cubría la industria del automóvil para la revista *Time*. (Cuando le visité en su apartamento de San Francisco —con unas vistas impresionantes de la bahía—, Moritz elogió la gorra de los Detroit Tigers que yo llevaba). Con el tiempo se mudó a Los Ángeles y luego más al norte de California. Silicon Valley y sus jóvenes fundadores le fascinaron desde el primer momento. «Donde yo crecí, nadie fundaba una empresa, y mucho menos alguien de diecinueve o veinte años. A no ser que se tratara de un limpiacristales o algo así».

Después de publicar historias sobre el Valley, incluido uno de los primeros libros sobre Steve Jobs titulado *The Little Kingdom* —el tempestuoso Jobs cortó la comunicación con Moritz a mitad de lo que se suponía que iba a ser una biografía autorizada—, Moritz había desarrollado relaciones con las principales empresas de capital riesgo y decidió que él también quería una parte de la acción. «Así que escribí a cinco de ellas. Cuatro me dijeron: "Mira, eres licenciado en Historia, no sabes nada de tecnología. No tienes estudios de informática ni de ingeniería. Nunca has trabajado en Hewlett-Packard. Eres periodista. ¿Qué demonios vamos a hacer contigo?"». Pero hubo una excepción: Don Valentine, fundador de Sequoia Capital, que apostó por Moritz. Fue una buena apuesta: Moritz ocupó dos veces el primer puesto de la lista Midas de Forbes por su capacidad para convertir en oro todo lo que tocaba.

«Murió hace un par de años. Pero, si estuvieras entrevistándole, [a Don] diría: "Bueno, Mike escuchaba muy bien y hacía muy buenas preguntas"». Esa es la relación que Moritz ve entre el periodismo y el capital riesgo: hacer buenas preguntas. Y estar dispuesto a trabajar con información limitada, otro rasgo propio de un zorro. «Yo era reportero de información general. Me enviaban de aquí para allá y me lanzaban en paracaídas sobre una noticia de la que no sabía nada y tenía que convertirme en una autoridad sobre ella al cabo de un par de días. Ya sabes de qué va. No es muy diferente del negocio del capital riesgo. Siempre

---

[*] Moritz fundó un boletín dedicado a la tecnología, una empresa que en cierto modo se adelantó a su tiempo. «Hoy podríamos hacerlo. Se llamaría The Information o Tech Crunch o PitchBook —me dijo—. El mercado está ahí hoy, solo que nos adelantamos cuarenta años».

he sido una de esas personas que se sienten bastante cómodas tomando una decisión sobre algo con información imperfecta. Y creo que eso ha sido una verdadera ventaja».

Los zorros no son necesariamente amantes del riesgo en el sentido en que lo definiría un economista, es decir, personas que harían de forma deliberada una apuesta con VE neutro solo por la emoción de la carrera. Pero se les da bien medir el riesgo, y las personas que son buenas midiendo el riesgo tienden a ser bastante tolerantes a él. Al menos saben hacer apuestas con VE positivo.

Esta es, pues, mi teoría sobre el secreto del éxito de Silicon Valley. Une a capitalistas de riesgo tolerantes al riesgo, como Moritz, con fundadores ignorantes del riesgo, como Musk: se trata de una combinación perfecta de zorros y erizos. Los fundadores pueden asumir riesgos, en cierto modo, irracionales, no porque no haya recompensa, sino por la disminución de los rendimientos marginales. (Si su patrimonio neto fuera de un millón de dólares, ¿lo apostaría todo a una probabilidad entre 50 de ganar 200 millones y un 98 % de tener que empezar de cero? El VE de la apuesta es +3 millones de dólares, pero probablemente yo no lo haría). Pero si las sociedades de capital riesgo pueden reunir suficientes erizos en un fondo y hacer muchas de estas apuestas, pueden hacerse con el VE sin mucho riesgo de arruinarse.

Por qué el Valley odia a la Aldea

En la introducción, he hablado de la rivalidad cada vez más intensa —en parte choque de personalidades, en parte lucha ideológica— entre el Río y la Aldea, el término que utilizo para el grupo de ocupaciones intelectuales en la administración pública, los medios de comunicación y el mundo académico que se concentra en el este de Estados Unidos y suele asociarse con la política progresista. Silicon Valley siempre ha estado en primera línea de este conflicto. Muchos de los capitalistas de riesgo y fundadores que aparecen en este este capítulo hablan con franqueza de asuntos políticos.[*] Y hones-

---

[*] Esto es especialmente cierto en el caso de erizos como Musk y Thiel. A veces me gustaría que no fuera así: creo que un zorro, con su moderación inherente, sería un mejor emisario del Río.

tamente, no es difícil ver por qué el Valle y la Aldea están enfrentados: los motivos del conflicto están perfectamente determinados:

- **Todos se enfadaron mucho entre sí por lo de 2016.** Los ocho años de presidencia de Barack Obama fueron una época de relativa distensión entre Silicon Valley y la Aldea. La victoria de Obama en 2008 se bautizó como la «elección de Facebook», y se atribuyó a su equipo de asesores expertos en el mundo digital —como el cofundador de Facebook Chris Hughes, que construyó un sitio web para el establecimiento de redes para la campaña de Obama— la responsabilidad del éxito de la campaña. Pero aunque las tendencias subyacentes podían haber sido evidentes antes, lo que quedaba de los cálidos sentimientos de los años de Obama se esfumó abruptamente en la madrugada del 9 de noviembre de 2016, cuando las redes declararon que Trump había sido elegido presidente.

  Desde la perspectiva de Silicon Valley, la elección fue un momento de «el emperador está desnudo», que demostraba la miopía de la Aldea por nominar a una candidata tan fallida como Hillary Clinton y su petulancia por no tomarse en serio las posibilidades de Trump. No muchos en el Valle —aparte de Thiel— esperaban que Trump ganara.
  «No creía que Trump fuera a ganar la nominación. No creía que fuera a ganar las elecciones. Me creí la estúpida mierda de *The New York Times*, como lo del noventa y tantos, noventa y seis o noventa y dos por ciento,[*] a las seis de la tarde de la noche electoral —dijo Andreessen, que había apoyado a Clinton frente a Trump ese año—. Me tragué toda aquella narrativa». Así que cuando ganó Trump, «me quedé de piedra. Me decía: "A ver, no entiendo al mundo. No entiendo cómo funcionan las cosas. Está claro que mi modelo mental es erróneo"».

---

[*] Andreessen se refería al modelo electoral de *The New York Times*, aunque su previsión final en realidad «solo» daba a Clinton un 85 % de posibilidades de ganar, no un noventa y pico. En comparación, la previsión final de FiveThirtyEight daba a Clinton un 71 % de posibilidades.

Mientras tanto, para la Aldea, Silicon Valley fue un chivo expiatorio muy conveniente. Menos de una semana después de las elecciones, *The New York Times* publicó un artículo en la portada de la sección de economía sobre cómo Facebook estaba en el «punto de mira» por su papel en la difusión de desinformación durante la campaña. Este es un largo capítulo de un largo libro, y no quiero que nos desviemos demasiado de 2016. Pero, siendo una persona que sabe un par de cosas sobre elecciones, baste decir que nunca me ha parecido convincente la afirmación de que Trump ganó gracias a la desinformación de Facebook. El *Times* le dio mucha importancia al hecho de que los hackers rusos compraran anuncios digitales en Facebook por valor de 100.000 dólares, por ejemplo, pero esto era una pequeña fracción de los 2.400 millones de dólares gastados durante las elecciones en total. En cambio, la propia cobertura de la Aldea de asuntos como el escándalo de los correos electrónicos de Clinton tuvo probablemente más impacto.

- **La Aldea va de lealtad al grupo, mientras que Silicon Valley es individualista.** Aunque Silicon Valley no es tan de llevar la contraria como pretende, al menos trata el individualismo como algo a lo que aspirar (piense en el famoso eslogan publicitario de Apple, «Think Different»). Por el contrario, la vida en la Aldea se define a menudo por cómo uno se alinea con los dos grandes partidos u otros grupos políticos, ideológicos e identitarios. En una época de intenso partidismo en Estados Unidos, esto tiende a hacer de la Aldea un lugar reacio al riesgo, sobre todo cuando se trata de decir cosas que puedan ofender a otros de tu «equipo».

«Si alguna vez has pasado un tiempo en Washington, sabrás que es como una ciudad de seguidores de las normas», afirma David Shor, científico de datos y consultor político que trabaja para las campañas demócratas. Shor tiene una teoría al respecto. Las campañas electorales son como las ligas menores de la jerarquía social de Washington: jóvenes brillantes de veintipico años que aspiran a ascender y conseguir un puesto en la Casa Blanca a los treinta y pico, antes de forrarse con una vida acomodada en los grupos de presión, la consultoría o los medios de comunicación. Pero las campañas no siempre son demasiado meritocráticas. «Es muy raro poder evaluar realmente si alguien ha hecho un buen trabajo», afirma Shor. Las campañas tienen cientos de empleados y, en última instancia, una única prueba real —la noche de las elecciones— de lo bien que lo han hecho, que a menudo viene determinada por circunstancias que escapan al control de la campaña. Las relaciones importan más que los méritos. Así que la gente sale adelante siguiendo el programa.

Shor lo aprendió por las malas. En 2020, en medio de protestas —a veces violentas— por el asesinato de George Floyd, fue despedido de su trabajo en la empresa de datos demócrata Civis Analytics. ¿Qué delito cometió Shor? Había enviado un tuit en el que señalaba un artículo académico de un profesor de Princeton según el cual los disturbios raciales habían tendido a reducir la proporción de votos demócratas, mientras que las protestas pacíficas la habían incrementado.

En retrospectiva, puede resultar complicado explicar por qué la publicación de Shor causó tanto revuelo. En parte se debió al momento elegido: el de una protesta política masiva en todo el país en medio de una pandemia y en plenas elecciones presidenciales. El objetivo principal de la Aldea, especialmente en años electorales, es mantener la cohesión del grupo. Si puedes conseguirlo convirtiendo a alguien en chivo expiatorio, en fin, es parte del juego. Y quiero decir «juego» literalmente, como en «coherente con las expectativas de la teoría de juegos». Castigar a alguien como Shor, que meaba desde dentro de la tienda, servía para disuadir a los demás.

- **Hay guerras territoriales —y filosóficas— entre Silicon Valley y Washington a causa de la reglamentación.** «La razón por la que Silicon Valley ha tenido tanto éxito es porque está a tomar por culo de Washington DC», dijo Bill Gurley entre vítores estridentes en la Cumbre *All-in* de 2023. Era el remate de una charla que había titulado «2.851 millas», porque esa es la distancia en coche desde la Casa Blanca hasta Sand Hill Road. El tema de la charla era la captura del regulador, la creencia de Kurley de que «la regulación es amiga del que ya está en el poder» y tiende a favorecer a los grandes actores ya establecidos frente a los potenciales advenedizos.

Le pregunté a Gurley, a quien no se suele considerar alguien que lanza bombas dialécticas sin ton ni son, si le preocupaba enemistarse aún más con Washington. Me dijo que sabía que era un provocador, y que básicamente le daba igual porque el conflicto ya había salido a la luz después de que Biden nombrara a Lina Khan, una crítica declarada de las grandes tecnológicas, directora de la Comisión Federal de Comercio. ¿Por qué le preocupaba esto tanto a Gurley? Bueno, aunque Khan ha perseguido a los nombres más importantes de la tecnología —presentando demandas contra Amazon, Meta y Google—, no es descabellado que a Gurley le preocupe que la captura del regulador ayude a obtener titulares. (Su tesis está bien considerada en la literatura académica). Y uno de los conceptos inamovibles en Silicon Valley es que las ideas grandes y nuevas nunca proceden de los actores ya establecidos.

«Llevo más de cuarenta años dedicándome a la innovación. No se me ocurre ni un solo ejemplo de una gran innovación que proceda de uno de los grandes actores, o uno de los esperados», me dijo Vinod Khosla. Si lo tomamos al pie de la letra, es una exageración: una consulta en ChatGPT encontró contraejemplos de productos como el Walkman de Sony, el PC de IBM y el iPhone,[*] que fueron desarrollados por marcas bien establecidas. Pero la historia de David contra Goliat, del pequeño disruptor que conquista al gigante titular, está muy arraigada en el sistema de creencias de Silicon Valley, una reliquia transmitida de una generación de fundadores a la siguiente.

O, al menos, así lo ve Silicon Valley. Para Washington, la actitud de Mark Zuckerberg de «moverse rápido y romper cosas» está en directa contradicción con su deseo de cambios graduales. Muchas empresas emergentes —como Uber, donde Gurley fue inversor en las primeras fases— comienzan su andadura en una zona jurídica gris y apuestan por disipar el riesgo normativo. A menudo

---

[*] Y el propio ChatGPT fue financiado en gran medida por Microsoft y otros actores establecidos que formaron OpenAI.

resulta ser una buena jugada, bien porque sus productos se han hecho lo bastante populares para que los reguladores se vean obligados a adaptarse a ellos, bien porque los acuerdos legales que acaban pagando a Lina Khan son una gota de agua en el océano comparados con la magnitud de sus beneficios.

Pero ha habido excepciones importantes. El negocio de Napster, por ejemplo, fue básicamente destruido por una serie de demandas. Kara Swisher, cofundadora de Recode, que se ha dedicado a cubrir la industria tecnológica desde 1984, me dijo que la aversión intrínseca del sector por Washington es una larga tradición, que con frecuencia la ha convertido en su propio peor enemigo. «Despreciaban a Washington. Lo despreciaban. Decían: "¿Para qué los necesitamos?". Y yo les decía: "Van a por vosotros. Sois ricos"».

Silicon Valley tiene el potencial de repetir estos errores, ahora sobre la regulación de la IA. «Nuestro enemigo es la corrupción, la captura del regulador, los monopolios, los cárteles», escribió Andreessen en el *Manifiesto tecnooptimista*. Obsérvese la palabra elegida: «enemigo». Puede que Silicon Valley tenga razón en lo que respecta a la regulación de la IA; por ejemplo, que los torpes esfuerzos de los gobiernos por controlar la IA podrían dar lugar a una captura del regulador, o a que Estados Unidos pierda la carrera de la IA frente a China, o a que el desarrollo de la IA se viera forzado a pasar a la clandestinidad, donde podría ser más peligroso. Pero esta no es necesariamente una decisión que deba tomar Silicon Valley. El sistema político y el judicial también tendrán algo que decir, como en el caso de la demanda por infracción de derechos de autor presentada contra OpenAI por *The New York Times* en diciembre de 2023.

- **Silicon Valley se muestra escéptico ante el mantra de «confiar en los expertos» que tanto gusta a la Aldea.** Este es uno de los puntos en los que simpatizo más con los argumentos que escuché de los inversores de capital riesgo y fundadores. Como me he pasado la vida alternando temas como los deportes, los pronósticos electorales y el tipo de información empresarial y científica que está leyendo en este libro, estoy bastante acostumbrado a que se cuestionen mis conocimientos o a que me digan que no me salga de mi campo. Pero esto se ha vuelto mucho más habitual en los últimos años, un periodo en el que, debido a la creciente polarización educativa, una gran mayoría de la población de la Aldea vota a un partido político, los demócratas.

No me malinterpreten: creo que los conocimientos especializados son muy necesarios en la sociedad y que nos volveríamos locos si no cediéramos al consenso de los expertos la mayoría de las veces. Pero, cada vez más, «confía en los expertos» o «confía en la ciencia» se utiliza como arma política, como ocurrió durante muchas controversias sobre la pandemia de la COVID-19. Mientras, como descubrió David Shor, citar a los expertos no siempre es bienvenido si no coincide con los objetivos políticos de la Aldea. Algo ha cambiado cuando el escepticismo —algo que siempre había considerado patrimonio de los liberales— está siendo, en cambio, promovido por conservadores como Thiel. «En teoría, la ciencia debería librar una guerra en dos frentes: contra el exceso de dogmatismo excesivo y contra el exceso de escepticismo», me decía Thiel. Decía que la Aldea lleva años alejándose del escepticismo para acercarse al dogmatismo, pero que la COVID lo había dejado especialmente claro. «Me parece que están luchando contra el escepticismo mucho más que contra el dogmatismo».

Lo irónico es que si uno se fía de los expertos en ser expertos —es decir, de gente como Tetlock—, estos le dirán que debería ser bastante escéptico con los expertos, que están sujetos a todo tipo de sesgos cognitivos, incluso cuando su política no se interpone en el camino.

Muchas empresas de capital riesgo han aprendido esta lección por sí mismas. Por ejemplo, los zorros que tienen menos conocimientos técnicos, pero un proceso de pensamiento más riguroso suelen evaluar mejor el talento de los fundadores. Moritz cree que a veces puede ser un lastre poseer demasiados conocimientos técnicos. «Muchos de ellos tienen una grave desventaja, y es que necesitan conocer hasta el último detalle. Los científicos, ingenieros y matemáticos han de llegar a la raíz de todo y sentir que entienden a la perfección cómo funciona la mecánica. Eso quiere decir que a menudo pierden la perspectiva».

Chamath Palihapitiya —director general de Social Capital, a quien no le duelen prendas de lanzar opiniones sobre los temas más diversos, y uno de los copresentadores del podcast *All-in*— me dijo que, como la polarización política hace más difícil saber en quién confiar, no queda más remedio que ser un zorro. «Ya no hay expertos. Solo hay expertos percibidos. Y ni siquiera eso es ya verificable —dijo cuando le mencioné el trabajo de Tetlock—. Creo que el ser experto es un arte perdido hoy en día. Así que tienes que ser un poco zorro y ser capaz de escabullirte y calibrar lo que consigues».

- **Los líderes tecnológicos mantienen un enfrentamiento ideológico con sus empleados y culpan de ello a la Aldea.** Al describir la política de «Silicon Valley», tenemos que ser precisos sobre lo que queremos decir. La región de nueve condados del Área de la Bahía votó firmemente por los demócratas en las elecciones de 2020, como suele hacer, dando el 76 % de sus votos a Joe Biden y el 22 % a Trump. Si entorna los ojos, tal vez pueda ver los primeros indicios de un cambio conservador: en el condado de Santa Clara, el más estrechamente asociado con el corazón geográfico de Silicon Valley, la proporción de votos de Trump aumentó 5 puntos respecto a 2016. (Esta fue, de hecho, una de las mayores oscilaciones del país, aparte del sur de Florida o el sur de Texas). Aun así, la región en su conjunto es abrumadoramente azul. También lo son los empleados de las principales empresas tecnológicas, cuyas contribuciones políticas se inclinan de manera desproporcionada al lado demócrata.

Pero ¿qué hay de las élites de Silicon Valley, los cien principales inversores de capital riesgo, directores generales y fundadores? No hay un catálogo exhaustivo de sus opiniones políticas, así que me limitaré a exponer mis impresiones como periodista que ha mantenido numerosas conversaciones con ellos.

No hay que olvidar que los ricos suelen ser conservadores. Si las élites de Silicon Valley votaran solo con su bolsillo, votarían a los republicanos a favor de menos impuestos y menos regulaciones, especialmente con Khan al frente de la Comisión Federal de

Comercio. Aun así, gente como Thiel —que tiene opiniones tremendamente conservadoras sobre muchos temas— son bastante atípicos, e imagino que la mayoría de los líderes de Silicon Valley no votarían a Trump.

Sin embargo, a muchos de ellos les encanta comerte la oreja con de las guerras culturales, es decir, de temas como la *woke*, la cultura de la cancelación y la libertad de expresión. Para algunos de ellos, esto puede ser una píldora roja hacia las opiniones conservadoras sobre otros temas, y para otros no lo es, pero las cuestiones de libertad de expresión tienden a unir a los liberales, libertarios y conservadores de Silicon Valley.

Una de las razones es que estos temas crean tensiones entre las direcciones y los trabajadores, más jóvenes y progresistas. En 2017, por ejemplo, un ingeniero de Google llamado James Damore difundió un memorando titulado *La cámara de resonancia ideológica de Google*, en el que criticaba las prácticas de contratación de diversidad de Google y argumentaba que existía una base biológica para las diferencias de género. Ante las amenazas de otros empleados de renunciar si Damore se quedaba, Google lo despidió.

El mejor argumento que he oído para explicar por qué Silicon Valley debería preocuparse por las guerras culturales es que este tipo de censura —reprimir opiniones impopulares o incluso despedir a gente por ellas— es una amenaza para su arraigada creencia de que los pecados de omisión son peores que los pecados de obra. El ideal platónico de Silicon Valley ha sido durante mucho tiempo lo que el escritor Tim Urban llama un «Laboratorio de Ideas». «El Laboratorio de Ideas es una cultura en la que la discrepancia mola —afirma Urban, cuyo libro *What's Our Problem?*, publicado en 2023, trata ampliamente este tema—. En la que discrepar de los líderes está muy bien, donde nadie se toma el desacuerdo como algo personal. Y donde valoremos la diversidad de puntos de vista».

En Silicon Valley, se supone que tienes permiso para expresar ideas impopulares y posiblemente equivocadas o incluso estúpidas. Así que el despido de Damore representó un cambio. Sus puntos de vista no eran demasiado radicales: son posiciones relativamente ordinarias en las encuestas de la población estadounidense en general. Ni siquiera eran muy impopulares en Google, donde una encuesta anónima reveló que el 36% de los empleados estaba de acuerdo con el memorando, mientras que el 48% estaba en desacuerdo. Sin embargo, despidieron a Damore.

Las críticas a Google ganaron credibilidad tras el lanzamiento, en febrero de 2024, de su modelo de inteligencia artificial Gemini, que casi parecía una parodia conservadora del movimiento *woke*: su motor de imagen dibujaba soldados nazis multirraciales, jugadoras de la NHL con mascarillas quirúrgicas y presentaba una imagen de los fundadores (blancos) de Google, Page y Brin, como asiáticos, incluso cuando los usuarios no habían pedido nada parecido. El incidente reforzó tanto el temor tecnolibertario a una incursión progresista en Silicon Valley como la opinión de que empresas tan grandes como Google pueden tener demasiados grupos representados y compromisos políticos para mantener culturas tan distintivas como la del Laboratorio de Ideas y, por tanto, son propensas a ser superadas por competidores menos diversos.[*]

- **Silicon Valley tiene muchos «malos ganadores».** En 2016, un jurado de Florida concedió 140 millones de dólares por daños y perjuicios a un hombre llamado Terry G. Bollea, más conocido como el luchador Hulk Hogan. Bollea había demandado a Gawker Media por publicar un vídeo sexual en el que aparecían Bollea y la esposa de un conocido personaje radiofónico llamado Bubba the Love Sponge.

Esto ya se está poniendo extraño, lo sé. Pero el siguiente giro es que el carísimo equipo legal de Bollea había sido financiado en secreto por un hombre que no tenía absolutamente nada que ver con el caso: Peter Thiel. Thiel se había enfadado por un artículo que Gawker había publicado años antes, en 2007, en el que se le sacaba del armario como gay, y había pasado años planeando su

---

[*] Esto está relacionado con la idea de Clayton Christensen del dilema del innovador, expuesta en su libro *The Innovator's Dilemma*. A Christensen le preocupaban especialmente los compromisos con los clientes —que las grandes empresas mantuvieran demasiadas líneas de productos y características para tener contentos a los clientes existentes—, pero la metáfora puede extenderse a otros compromisos, como los adquiridos con accionistas, empleados, aliados políticos y reguladores.

venganza. Y lo consiguió: Gawker se vio obligada a declararse en quiebra por el veredicto del jurado y su fundador, Nick Denton, vendió la empresa.

Hay una frase en el libro de Thiel de 2014, *Zero to One*,[*] [hay trad. cast.: *De cero a uno: cómo inventar el futuro*, Gestión 2000 Barcelona, 2019] que regaña a los fundadores por dejarse llevar por dramas personales:

En el mundo de los negocios, al menos, Shakespeare demuestra ser un guía excepcional. Dentro de una empresa, las personas se obsesionan con sus competidores para progresar en su carrera. Luego las propias empresas se obsesionan con sus competidores en el mercado. En medio de todo el drama humano, la gente pierde de vista lo que realmente importa y se centra en sus rivales.

Le pregunté a Thiel sobre este párrafo. ¿No había sido él mismo un hipócrita al centrarse en destruir a un rival, Denton, a medio continente de distancia —en Nueva York—, en un negocio completamente ajeno, todo por el pecado de sacar del armario a un gay que vivía en la ciudad más gay del mundo, San Francisco? Thiel no dudó en admitirlo. «En cualquier contexto intensamente competitivo, es casi imposible centrarse simplemente en un objeto trascendente y no dedicar mucho tiempo a las personalidades de los rivales».

Las élites de Silicon Valley tienen mucho, muchísimo, a su favor. Tanta riqueza que nunca se ha visto nada igual en el mundo. Poder. Influencia. Fabrican productos geniales, como cohetes, y trabajan en ideas que podrían cambiar el mundo. Tienen esposas atractivas —a veces más de una a la vez—, poseen bellas casas y asisten a fiestas fabulosas (la modestia calvinista ya casi ha desaparecido). Y, sin embargo, muchos de ellos están enfadados la mayor parte del tiempo, sobre todo con los medios de comunicación y otras partes de la Aldea.

Le pregunté a Swisher por qué líderes tecnológicos como Thiel y Musk están tan obsesionados con su cobertura mediática. No meditó su respuesta durante mucho tiempo: «Porque son unos narcisistas. Unos malignos narcisistas, todos ellos», respondió.

---

[*] Escrito en colaboración con Blake Masters, futuro candidato al Senado de Arizona con el apoyo de Theil.

El caso contra Silicon Valley

Hasta ahora he simpatizado bastante con Silicon Valley. Pero la verdad es que estoy de acuerdo con una serie de críticas habituales sobre él. No son necesariamente las primeras críticas que se oyen en la Aldea, cuyas inquietudes suelen ser más provincianas. Sin embargo, hay muchas preguntas que deberíamos hacernos:

- ¿Seleccionan intencionadamente los fondos de capital riesgo a fundadores gilipollas?
- ¿Es Silicon Valley realmente tan opositor como afirma?
- ¿Discriminan las empresas de capital riesgo a las mujeres, los negros y los hispanos?
- ¿Es el éxito del capital riesgo una profecía autocumplida?

Vayamos por partes.

¿Seleccionan intencionadamente los fondos de capital riesgo a fundadores gilipollas?

He aquí una estadística que quizá le sorprenda; a mí me sorprendió cuando me enteré. De los multimillonarios de la lista Forbes 400 de 2023 —las cuatrocientas personas más ricas de Estados Unidos—, el 70 % son básicamente* hechos a sí mismos. Y el 59 % procede de un entorno de clase media-alta o inferior. Este fenómeno es aún más cierto cuanto más se avanza en la cola de la curva de la riqueza. Las diez personas más ricas de Estados Unidos son «hechas a sí mismas».

Esta fracción es significativamente superior a la de antaño. En 1982, solo el 40 % de la lista Forbes 400 habían creado su propia empresa; la mayoría eran simplemente descendientes de riqueza heredada. ¿El dinero viejo está pasado de moda, el dinero nuevo está de moda? Bueno, es esencial tener presente que esto no es un indicador de la movilidad social general en Estados Unidos. De hecho, según la mayoría de los estudios, como la obra detallada del economista Raj Chetty, la mo-

---

* Forbes trata la pregunta como una escala móvil del 1 al 10; el 70 % de los multimillonarios tenían puntuaciones de 6 o más.

vilidad general de los ingresos y la riqueza ha disminuido en Estados Unidos desde hace una generación. Los Forbes 400, sin embargo, constituyen el extremo derecho de la curva. Para terminar en ese lugar, es de ayuda haber hecho apuestas muy arriesgadas que hayan merecido la pena, apuestas que uno tiene menos incentivos para hacer si ya es rico.

Supongamos que hereda un fondo fiduciario de 25 millones de dólares el día de su decimoctavo cumpleaños. ¿Va a montar un negocio con él? Tal vez debería hacerlo. Pero es mucho más fácil retirar un millón de dólares al año para vivir, viajar por el mundo y celebrar algunas fiestas salvajes, y poner el resto en fondos indexados al S&P 500 que ganen un 7% al año. A los sesenta y cinco años, su patrimonio neto será de unos 250 millones de dólares, además de un montón de kilómetros de viajero frecuente. ¡Qué bien! Es muy muy rico. Pero no está en la lista Forbes 400, donde la puja empieza a partir de unos 3.000 millones de dólares.

En cambio, en Estados Unidos se fundan unos 5 millones de nuevas empresas al año. Es una estadística ligeramente engañosa, porque incluye cosas como —páreme si conoce a alguien así— un escritor/estadístico/jugador de póquer autónomo que crea una *S corp* personal a efectos fiscales. Aun así, si el 1% de esas empresas emergentes tiene potencial para crecer, son cincuenta mil billetes de lotería al año. Algunos de ellos van a dar en el clavo, y la recompensa por ello es tan grande hoy en día que los pocos afortunados que lo hagan van a dejar atrás a todos los niñatos de fondos fiduciarios.

Ahora bien, esto no significa que uno quiera crecer en la más absoluta pobreza; solo un puñado de los multimillonarios de la lista Forbes 400 lo hicieron. Tener un entorno de vida cómodo ayuda. También ayuda pertenecer a una de las clases demográficas en las que a las sociedades de capital riesgo les gusta invertir (por ejemplo, un friki joven de ascendencia europea o asiática). Pero la gente que ya nace forrada tiende a ser bastante reacia al riesgo.

«¿Por qué los hijos de segunda generación nunca tienen tanto éxito?», se pregunta Palihapitiya, director general de Social Capital, que se trasladó con su familia de Sri Lanka a Canadá y trabajó en un Burger King para ayudar a su sustento. En lugar de una madre o padre emprendedores, que «solo optimizaban para una curva, la de qué-tengo-que-perder», el hijo empieza «con la curva exactamente inversa, trabajando en su contra, que es el riesgo de bochorno», me contó Palihapitiya. «No importa lo que los padres le digan a ese niño, esa persona está funcionando desde una perspectiva en la que la percepción es que tienen mucho que perder».

También puede ayudar tener algo más: cierto sentimiento de inferioridad. A Josh Wolfe, de Lux Capital, le gusta la frase «el sentimiento de inferioridad te llena de fichas los bolsillos». Sentirse marginado, excluido o distanciado puede hacerte sumamente competitivo. Recuerde, los fondos de capital riesgo quieren fundadores que estén dispuestos a comprometerse con ideas de baja probabilidad —ideas sobre las que creen que el resto del mundo está equivocado— durante una década o más. ¿Qué es lo que motiva a una persona a hacer una cosa así? Wolfe, que creció en un hogar monoparental en el despiadado barrio neoyorquino de Coney Island, me dijo que cree que hay una respuesta común: la venganza.

«Quizá fuera porque los dejaron en adopción. Puede que fuese un hogar roto —dice—. A lo mejor es por ser la única minoría en un barrio mayoritariamente blanco y homogéneo, o el niño obeso en una ciudad con mucha afición al fútbol americano. Personas que, por necesidad, crían una piel gruesa por no encajar y a las que no les importa destacar. Y que sienten una rabia que no los lleva al abatimiento, sino a la venganza motivada».

Permítame aclarar un par de cosas. En primer lugar, solo se quiere la adversidad hasta cierto punto. Es casi seguro que hay un umbral a partir del cual hay demasiadas desventajas que superar. Elon Musk tuvo una infancia difícil y se distanció de su padre; Thiel era gay y no había salido del armario; Jeff Bezos era adoptado; pero todos ellos también eran privilegiados en otros aspectos. Tenían sentimientos de inferioridad, pero contaban con suficiente capital social para ser tomados en serio por inversores, empleados y clientes.

Y en segundo lugar, esto no siempre sale bien. Ese fuego competitivo puede canalizarse tanto de forma constructiva como autodestructiva, y es casi seguro de promedio los traumas infantiles tienen efectos negativos en el curso de la vida. Pero no estamos hablando del promedio: estamos hablando de quién acaba en la cola de la extrema derecha, el 0,0001 %. Suele tratarse de personas que, o bien son irracionalmente amantes del riesgo porque sienten que no tienen nada que perder, o bien están extraordinariamente motivadas por la misión y quieren demostrar a los demás que están equivocados, o ambas cosas, como en el caso de Musk.

Habilidad, sesgo de supervivencia y resultados sesgados hacia la derecha; o ¿Elon Musk solo tuvo suerte?

Es difícil resaltar hasta qué punto el resultado medio puede diferir de los extremos, y lo sensibles que son las colas al ansia de riesgo de una persona. Permítanme, por tanto, que lo explique de otra forma: con un ejemplo de un hipotético torneo de póquer.

Se trata de un torneo *all-in* o abandonar, que es justo como suena. En cada mano, puede apostar todas sus fichas o retirarse y esperar a la siguiente. Cada vez que se retira, paga una penalización del 1% de sus fichas como *ante*. Si va *all-in* pero nadie ve, aumentará su pila en un 10% porque ganará los *ante* de los demás. Si va *all-in* y le ven, se enfrentará y doblará su pila o se arruinará y quedará fuera del torneo (no puede seguir recomprando, como Elon Musk). Considere dos estrategias posibles:

- **Prudente.** Va *all-in* el 20% de las veces y abandona el resto de las manos. Cuando va *all-in*, ven su apuesta el 25% de las veces. Gana el 50% de las veces que le ven.
- **Degenerado.** Va *all-in* el 100% de las veces. Cuando va *all-in*, ven su apuesta el 50% de las veces (las personas están más dispuestas a arriesgarse con usted que en el caso de la estrategia Prudente, porque saben que, literalmente, solo tiene una mano aleatoria). Como la mayoría de sus manos son débiles, solo ganará el 40% de las veces que vean su apuesta.

Supongamos que cada jugador empieza con 60.000 fichas y que el torneo dura seis manos. ¿Qué estrategia es mejor? Bueno, he hecho los números por nosotros, y Prudente le dejará con un promedio de unas 62.500 fichas, en comparación con solo 44.000 para Degenerado. Prudente es, con diferencia, la mejor estrategia, si lo que le importa es la media.

Pero Degenerado tiene *muchas* más probabilidades tanto de llevarle a la bancarrota como de hacerle inmensamente rico. Aquí están las probabilidades, redondeadas a números enteros:

Resultados de los torneos de póquer

RESULTADO	PRUDENTE	DEGENERADO	DEGENERADO EXPERTO
En quiebra	1 de cada 7	7 de cada 8	3 de cada 4
Obtener algún beneficio	3 de cada 5	1 de cada 8	1 de cada 4
Acabar con más de 100.000 fichas	1 de cada 8	1 de cada 8	1 de cada 4
Acabar con más de 500.000 fichas	1 de cada 9.000	1 de cada 40	1 de cada 10
Acabar con más de 1 millón de fichas	1 de cada 600.000	1 de cada 150	1 de cada 25
Acabar con 3,84 millones de fichas (máximo posible)	1 de cada 4.000 millones	1 de cada 15.000	1 de cada 1.400

Degenerado se arruina más del 85% de las veces. Pero, en ocasiones, consigue un éxito espectacular. Por ejemplo, es unas cuatro mil veces más probable que Prudente le haga usted millonario. Cuando termine el torneo, todos los jugadores en la parte alta de la clasificación habrán utilizado la estrategia Degenerado.

¿Es esta mi forma de decir que los fundadores más ricos del mundo no son más que jugadores degenerados que tuvieron suerte?

No, no es eso lo que digo eso. Creo que son jugadores degenerados *muy hábiles* que tuvieron suerte.

Supongamos que en nuestro torneo hay unos cuantos Degenerados que tienen un frasco de «magia blanca» de Phil Hellmuth. Aunque van *all-in* en todas las manos y les ven la apuesta la mitad de las veces, consiguen ganar el 60% de esos *all-ins*. (¿Cómo lo consiguen? Use la imaginación. Quizá convencen con su dulce charla a sus rivales para que tomen decisiones no óptimas). Estos expertos degenerados acaban sin blanca el 75% de las veces; pero tienen cinco veces más probabilidades que los degenerados normales de terminar con al menos un millón de fichas, y once veces más probabilidades de terminar con 3,84 millones de fichas, el máximo posible.

Casi por definición, las personas que se encuentran en lo más alto de cualquier clasificación son buenas y afortunadas. ¿Qué componente es el que predomina? En este ejemplo de póquer, la suerte sigue siendo el factor más importante, y sospecho que eso también es cierto en Silicon Valley, al menos en lo que se refiere a conseguir una riqueza tipo unicornio. Todas las personas con las que hablé o sobre las que escribí para este capítulo son evidentemente inteligentes. Algunos son, sin duda, genios. Desde luego, alguien como Musk, se diga lo que se diga de él, tiene excelentes dotes para la ingeniería, una capacidad asombrosa para conseguir que las personas que le rodean persigan objetivos ambiciosos y una ética del trabajo demencial.

Pero en un mundo de 8.000 millones de habitantes, hay ocho mil personas con una capacidad de una entre un millón. Tendrá que tener mucha suerte para ser el más rico de todos.

Naturalmente, todo esto va a dar lugar a personalidades difíciles. Algunas sociedades de capital riesgo parecen incluso considerar que un fundador poco adaptado es una ventaja. «¿Quién es mi verdadero cliente? Es un joven emprendedor, desencantado y excluido —dice Palihapitiya, refiriéndose al tipo de personas que podrían acudir a él en busca de inversión u orientación—. Y utilizo específicamente esas palabras porque, si estás cómodo y eres feliz —prosigue— no eres el tipo de persona con la que a fin de cuentas quiero trabajar, porque probablemente no vas a tener éxito».

Parece un juego peligroso. Por término medio, los fundadores de éxito pueden ser discrepantes, porque ese rasgo correlaciona con la competitividad y la independencia mental. Pero la discrepancia sigue siendo un error, no una característica. Si se empieza a seleccionar a los fundadores porque son discrepantes, se puede acabar con las personas equivocadas. Sobre todo si los fundadores interpretan de forma deliberada los estereotipos que creen que gustarán a los inversores, como hizo Sam Bankman-Fried (hablaré de él en el capítulo siguiente).

Y, sin embargo, si lo único que a usted le importa es la cola adecuada, el proceso de selección se hace extraño. Supongamos que está emprendiendo un pequeño negocio, por ejemplo, una heladería. Solo quieres vender helados en una o dos tiendas y ganarse la vida decentemente, no perturbar el negocio mundial del helado. Tiene el dinero necesario y busca a alguien que dirija la operación. ¿Qué características debe reunir esa persona? Me vienen a la mente palabras como «fiable», «leal», «trabajador» y «agradable» para lograr la mayor probabilidad de éxito.

Pero ¿y si quiere un negocio que pueda crecer cien veces o mil veces? Eso es mucho más difícil de saber. No creo que los fondos de capital riesgo elijan deliberadamente a fundadores que consideran poco fiables, aunque a veces lo parezca.

En agosto de 2022, Andreessen Horowitz (a16z) anunció su última inversión: iba a invertir 350 millones de dólares en una empresa llamada Flow, que «pretende crear un entorno vital superior que mejore la vida de nuestros residentes y comunidades», es decir, bienes inmuebles de alquiler. La empresa la fundó un carismático israelí de origen estadounidense llamado Adam Neumann.

Si el nombre le resulta familiar, es porque Neumann fue también el fundador de WeWork, una empresa que llegó a tener un valor de unos 47.000 millones de dólares antes de implosionar estrepitosamente entre acusaciones de que Neumann, entre otras cosas, había transportado una «cantidad considerable» de marihuana a través de fronteras internacionales en un jet privado, había despedido a una empleada embarazada y, lo que es más importante, se había expandido demasiado deprisa, provocando enormes pérdidas anuales (Neumann, tras remitirme a un portavoz, no respondió a mi solicitud de entrevista).

¿Le gustaría hacer negocios con alguien así? Bueno, a mí probablemente no, aunque los viajes en avión parecen divertidos. Pero en términos de Silicon Valley, la idea puede ser más o menos esta: es preferible invertir en alguien que ha creado una empresa de 47.000 millones de dólares y ha visto cómo se hundía catastróficamente que en alguien que nunca lo ha hecho.

Y Andreessen Horowitz está orgulloso de su inversión en Flow. En febrero de 2023, Marc Andreessen me invitó a una conferencia de a16z en el espectacular y bello hotel Amangiri de Canyon Point, Utah. Me pareció que valdría la pena ir para hacer contactos y por los paisajes nevados del desierto, aunque esperaba que me dijeran que el evento era extraoficial. Efectivamente, en la primera mesa redonda, Ben Horowitz dijo que el acto era extraoficial. Muy bien. Pero como hasta ese momento no se había acordado nada, estoy en mi derecho periodístico de informar sobre la existencia de la conferencia en sí (de lo que también se ha informado en algún otro lugar), así como de la persona que compartía escenario con Horowitz en el momento en que hizo el anuncio. Como probablemente habrán adivinado, se trataba de Neumann. En una sala repleta de la élite de Silicon Valley, a16z se estaba exhibiendo y enviaba un mensaje.

«¿Por qué iban a salir corriendo para darle un montón de dinero a Adam Neumann después de todo lo que habían visto? ¿Qué narices estaba pasando? —dijo Gurley, de Benchmark—.* Si me pidieran que analizara lo que estaban haciendo, diría que querían enviar una señal a todo el mundo». La señal era que no les importaba la fiabilidad: querían fundadores que les ofrecieran riesgo al alza. Aceptaban la variabilidad. «Si son ese tipo de personas, están abiertos a los negocios, la puerta está abierta de par en par y estamos dispuestos a hablar contigo, pase lo que pase».

En el Río ¿todo el mundo está en el espectro autista?

En el Río es habitual encontrar a personas, como Elon Musk o el jugador de póquer Daniel «Jungleman» Cates, que se autoidentifican como personas que padecen síndrome de Asperger o autismo. También es habitual oír a personas que se refieren a sí mismas o a otras con términos como «Aspie», «del espectro» o «autista», sin que ello implique necesariamente un diagnóstico formal. Según el contexto, esto puede ser despectivo, pero no siempre es así.

Menciono esto aquí porque cuando surge el tema de fundadores como Musk, a veces se ofrece el Asperger como explicación —o excusa— de su conducta difícil. De hecho, puede incluso verse como algo positivo. Thiel, por ejemplo, ha dicho que cree que el Asperger puede ser una ventaja para los fundadores porque lo asocia con la dedicación absoluta a una tarea y la falta de adhesión a las convenciones sociales.

---

* Gurley mencionó la inversión de a16z en Flow de forma independiente en nuestra conversación; no habíamos estado hablando de la conferencia y no sé si él había asistido.

A veces, mientras trabajaba en este libro, me planteaba hacer del Asperger un tema más amplio. ¿Quizá fuera una llave maestra que explicara los rasgos comunes de la personalidad en el Río y cómo su forma de pensar se aparta de la del resto de la sociedad? Sin embargo, después de leer sobre el asunto y hablar con el que quizá sea el investigador del autismo más importante del mundo, el profesor Simon Baron-Cohen, de la Universidad de Cambridge,[*] creo que plantea tantas preguntas como respuestas da. No me cabe duda de que la prevalencia del autismo es mayor en el Río que en la población general, pero no creo que baste para explicar qué lo hace diferente.

Por un lado, está claro que hay algunas personas en el Río —como el extrovertido, fiestero y poco preocupado por los detalles Adam Neumann— a las que nadie identificaría como autistas. Pero también hay un problema mayor: es difícil precisar qué es exactamente el autismo. «La enorme variabilidad de este diagnóstico significa que dos individuos pueden no tener casi nada en común», afirma Baron-Cohen.

El espectro autista abarca desde personas con graves deficiencias mentales y físicas hasta —según diagnósticos posteriores— John von Neumann, quizá el mayor genio que jamás haya existido. Y se asocia a diferentes estereotipos, a veces contradictorios, desde el sabelotodo creativo hasta el ingeniero de mentalidad rígida. Tampoco está claro si el autismo y el Asperger deberían formar parte del mismo diagnóstico. No lo fueron hasta 2013, pero ahora lo son bajo el esquema de clasificación *DSM-5* de la Asociación Americana de Psiquiatría.

Además, el autismo es un conjunto de rasgos de personalidad y desarrollo moderadamente correlacionados, más que un trastorno concreto. El cociente del espectro autista, un cuestionario diseñado por Baron-Cohen y sus colegas, divide el diagnóstico en cinco subcategorías:

- **Habilidades sociales:** Las interacciones sociales le resultan difíciles y tiene dificultades para leer las señales sociales y comprender las normas sociales.

---

[*] En efecto, es el primo del cómico Sacha Baron-Cohen.

- **Conmutación de la atención:** Prefiere centrarse intensamente en una cosa a la vez.
- **Atención al detalle:** Tiene buen ojo para los detalles y los patrones que otros podrían pasar por alto.
- **Comunicación:** Le cuesta leer a la gente, se toma las cosas al pie de la letra y le cuesta entender el lenguaje corporal y las expresiones faciales.
- **Imaginación:** Tiene dificultades para visualizar objetos o personas y para predecir las acciones de los demás.

Espero que entienda por qué es tan complicado: esos cinco rasgos no necesariamente casan. Alguien como Musk posee, está claro, una gran capacidad de visualización. Los jugadores de póquer como Cates, que son un poco torpes socialmente, pueden utilizar sus habilidades de reconocimiento de patrones para desarrollar una aguda capacidad para leer a otras personas en el contexto de una mano de póquer.

El estereotipo del autista que necesita orden y rutina también se cruza de forma problemática con la noción de asunción de riesgos, el tema de este libro. «Uno se imagina que algunos autistas son muy reacios al riesgo —dice Baron-Cohen—. Es cierto que tienen una preferencia, si es que se puede generalizar, por la previsibilidad, la rutina y la familiaridad. Y la idea de asumir riesgos es casi como salir de tu zona de confort. Así que puede que eso no sea atractivo para demasiados autistas».

Esto puede ayudar a explicar por qué Musk es una persona tan singular. Su concentración y su falta de gracia social son rasgos autistas clásicos. Pero su apetito por el riesgo no. No es fácil encontrar estos rasgos agrupados en el mismo individuo.

¿Es Silicon Valley realmente tan opositor como se afirma?

Me reuní con Keith Rabois en 2022 en las nuevas oficinas de Founders Fund en Miami, elegantemente amuebladas y aún vacías en su mayor parte. El edificio se hallaba en Wynwood, un antiguo barrio industrial cada vez más repleto de boutiques de ropa, bares de ceviche y clubes nocturnos, un barrio de moda donde los haya.

Rabois y su marido se habían trasladado a Miami durante la pandemia y se habían convertido en evangelizadores de la ciudad. «Mi pareja y yo teníamos unos criterios muy sencillos. Clima cálido. Aeropuerto internacional. Tipo impositivo del cuatro y medio por ciento o inferior. Y algo que hacer, es decir, comida cosmopolita, compras, algo», explicó. Eso redujo rápidamente las posibilidades. Quizá Phoenix cumplía los requisitos, pero Miami definitivamente los cumplía, y además tenía playa y un Barry's Bootcamp, el gimnasio favorito de Rabois.

No se me escapaba la ironía de todo esto. Por un lado, cabía destacar el hecho de que Rabois se pusiera en marcha para abandonar California. A pesar de todas las quejas que he oído de los californianos —sobre los impuestos, el *woke*, la delincuencia y las condiciones de vida en San Francisco—, la mayoría de ellos se quedaron. Por otro lado, Miami no era exactamente una propuesta opositora. Mudarse a Miami fue una especie de moda durante la pandemia —quizá no entre la población en general,[*] sino entre cierto tipo de personas: fundadores de empresas tecnológicas y gestores de activos y fondos de cobertura, sobre todo si eran conservadores o de centro derecha. Los chicos de las criptomonedas. Gays de mediana edad (mi compañero y yo nos lo planteamos e incluso llegamos a pujar por un piso).

Todo esto tiene más que ver con el capital riesgo de lo que se podría imaginar.

¿Quieren realmente los fondos de capital riesgo llevar la contraria? Founders Fund —la empresa de Thiel— tiene fama de ello. Pero, según Rabois, hay que hallar un delicado equilibrio. «Cuando haces una inversión inicial o fundas una empresa, quieres que sea ridícula y que lleve la contraria —afirmaba—. Pero quieres que vaya pasando al consenso, porque necesitas el dinero de otras personas, público o privado. Necesitas contratar empleados que sean más normales que el tipo fundador. Así que el arte consiste en apretar un gatillo y luego cambiar. Y si la diferencia es demasiado grande, entonces tienes un problema».

En otras palabras, las sociedades de capital riesgo están desempeñando el papel de creadores de tendencias, como los *influencers* de Instagram que buscan el nuevo club de moda. ¿*Ese* sitio? Ni hablar. *Ese* lugar está agotado. Pero hay un sitio *nuevo*, en un barrio *nuevo*. Muy pronto, ahí

---

[*] El condado de Miami-Dade, en realidad, perdió población de 2020 a 2022, mientras que el resto de Florida la ganó.

es donde va a estar *todo* el mundo. Así que tenemos que entrar *primero*. Pero Rabois tampoco puede adelantarse demasiado a la manada y guiarlos a un club donde no hay nadie. «El capital riesgo, a un nivel importante, es un conjunto muy muy reducido de personas. Quizá solo compita con cinco personas. Lo que hagan los demás no tiene importancia para mi trabajo», afirma.*

El proceso se asemeja a lo que los economistas denominan un concurso de belleza keynesiano, por el economista John Maynard Keynes, que pensaba que era una de las razones por las que los mercados bursátiles sufren burbujas. La idea —ligeramente modernizada a nuestros días— es la siguiente. Imaginemos que BuzzFeed organiza un concurso en el que se le pide que elija a las seis personas más atractivas de un conjunto de cien fotos. Ofrecen un premio de un millón de dólares a quien consiga hacer las seis selecciones «correctas», es decir, las seis fotos más elegidas por los demás. El proceso se hace rápidamente recursivo, una forma elegante de decir que empieza a retroalimentarse. Si quiero ganar, ya no se trata de quién me parece atractivo a mí, sino de quién creo que les parecerá atractivo a los demás. Una belleza poco convencional puede no ser una buena elección.

Pero como todo el mundo intenta prever los gustos de los demás, la teoría de juegos dice que el equilibrio puede cambiar rápidamente. (Esta misma dinámica ayuda a explicar las rápidas fluctuaciones de los precios de los criptoactivos, de lo que hablaremos en el capítulo 6). Así que Rabois siempre está intentando calibrar las preferencias de sus amigos. «Una cosa que es una especie de secreto en el sector —me dijo—, es que la mayoría de la gente con la que compito son en realidad entre amigos y muy buenos amigos míos. Así que parte de lo que hago es cartografiar su cerebro. ¿Valorarán ellos, o su fondo, esto? ¿Van a ver las mismas señales que veo yo?».

Sebastian Mallaby, autor de un excelente libro sobre Silicon Valley titulado *The Power Law*, opina que en ciertos aspectos es un lugar extremadamente conformista.

«En cierto modo, los inversores de capital riesgo son los pastores por excelencia —afirma—. Vas a Sand Hill Road y ves que todos tienen oficinas en la misma calle. Y hay un buen restaurante en esa calle, en el

---

* Realmente, es un mundo muy reducido. En enero de 2024, Rabois anunció su regreso a la empresa de Khosla, Khosla Ventures, aunque se quedará en Miami.

hotel Rosewood, así que todos se encuentran en el mismo bar. Además, unos participan en las operaciones de otros, Serie A, Serie B, Serie C». También hay una característica peculiar de Silicon Valley que fomenta especialmente el pensamiento de grupo: no puedes vender en corto. «No es un mercado público, no se puede vender en corto. Y como estás agremiado y quieres que fluyan las operaciones, ni siquiera puedes hablar en corto, no puedes decir cosas negativas sobre las operaciones de los demás».*

Sin embargo, a pesar de parecerse a la película *Chicas malas* —Rabois tratando de averiguar qué pensarán sus cinco mejores amigo-enemigos—, las opiniones de Silicon Valley siguen estando bastante desvinculadas de las del mundo exterior. «¿Sigue siendo perturbador? Sí, creo que es considerablemente perturbador en el sentido de que este rebaño se encuentra en un lugar diferente del planeta intelectual —afirma—. Las industrias consolidadas que gestionan empresas públicas materiales, como el mundo de las navieras, el transporte, el automóvil o lo que sea..., se van a ver perturbadas por esta extraña tribu. Así que, de forma interna, es un rebaño. Pero el rebaño corre en una dirección que podría ser perpendicular a la del resto de la economía».

Y este rasgo no corre en absoluto peligro de desaparecer. Incluso he oído decir que, a medida que la Aldea se vuelve más conformista, Silicon Valley tiene más oportunidades de sacar provecho de ello tomando una dirección diferente. «En la sociedad en general, probar cosas nuevas se ha convertido en una actitud contraria —argumenta Andreessen—. Todos nos sentimos contrarios de una manera que, como clase, no lo hacíamos hace diez años».

¿Discriminan las empresas de capital riesgo a las mujeres, los negros y los hispanos?

Según PitchBook, solo el 2% de la financiación de capital riesgo en Estados Unidos se destina a fundadoras o equipos fundadores exclusi-

---

* Esta es otra de las razones por las que las empresas de capital riesgo tienden a ser especialmente sensibles a las críticas públicas. En la mayoría de los sectores del Río —por ejemplo, las apuestas deportivas o los fondos de cobertura— se gana dinero esencialmente criticando las opiniones de los competidores. En el capital riesgo no es así; no es una cultura que esté acostumbrada a recibir comentarios negativos.

vamente femeninos. Otro 16,5 % se destina a mujeres emparejadas con hombres. Esta última cifra ha aumentado en los últimos años, pero no es así en el caso de la primera.

Mientras tanto, los fundadores negros suelen recibir alrededor del 1 % del capital riesgo en Estados Unidos, según Crunchbase. Y alrededor del 2 % corresponde a fundadores hispanos. Es difícil saber si se ha producido algún aumento, porque los porcentajes globales son tan pequeños que están sujetos a una considerable variación estadística aleatoria de un año a otro.

Como he analizado en el capítulo 2, muchas partes del Río son muy masculinas, y gran parte de ellas también carecen de demasiada representación negra o hispana. Así que Silicon Valley no es único en este sentido, y es justo señalar la diversidad de las empresas tecnológicas en otros aspectos, con una proporción mucho mayor de financiación de capital riesgo destinada a inmigrantes y fundadores de ascendencia asiática de lo que corresponde a su proporción poblacional en Estados Unidos. Pero se hace difícil no pensar que las sociedades de capital riesgo están dejando escapar potencialmente a muchos fundadores negros, hispanos y mujeres con talento. Y el concurso keynesiano es parte de la razón.

Hablé con Jean Brownhill, fundadora y directora general de Sweeten, una empresa que pone en contacto a propietarios de viviendas con contratistas generales (algo así como Tinder, pero para cuando necesitas un porche nuevo). Finalmente consiguió recaudar 8 millones de dólares para su idea, pero para ello tuvo que hablar con más de 250 inversores. Y tiene muchas anécdotas de ese proceso. «Probablemente más de las que te imaginas», me dijo.

Esta es la historia que más le llamó la atención. Se reunió con un inversor —que, en un principio, no se había dado cuenta de que era negra, explica Brownhill—. El inversor, como muchos otros, la rechazó. «Es increíble, me encanta, bla, bla, bla, pero no voy a invertir —recuerda que le dijo—. He aquí la razón: como mujer negra, te va a costar más recaudar fondos, retener talento y vender —le dijo el inversor—. Cada parte de este proceso va a ser más difícil para ti, y ya ahora es un proceso imposible».

En esencia, lo que el inversor le decía a Brownhill era que había perdido el concurso de belleza keynesiano por ser negra y mujer. Hay que recordar que un inversor inicial de capital riesgo no solo apuesta por el fundador. Él* espera catalizar una reacción en cadena de otros inversores. Apuesta por las preferencias de sus amigos. El inversor que la rechazó «pensaba que estaba siendo noble, o algo así» al decírselo, explica Brownhill, y eso es lo que más la irritó. Porque lo que este inversor creyera en el fondo de su corazón no es especialmente importante. Si los fondos de capital riesgo no invierten en fundadores negros o mujeres porque piensan que sus amigos son racistas o sexistas —aunque ellos en sí no lo sean—, a efectos prácticos, para fundadoras como Brownhill es lo mismo.

Además, todo esto puede tener un efecto acumulativo. Como el «noble» inversor le dijo a Brownhill, las probabilidades de éxito de los fundadores son bajas (y no es que Brownhill necesitara que se lo recordaran. «Si hubiera consultado cualquier dato sobre las chicas pobres de color de New London, Connecticut, lo habría dejado correr haría mucho tiempo», me dijo). Supongamos que un fundador tiene que pasar por cinco etapas de recaudación de fondos —digamos, una etapa de amigos y familiares, financiación inicial, y luego Series A, B y C— antes de tener una salida al mercado rentable. En el caso de un fundador hombre perteneciente a uno de los grupos demográficos privilegiados de Silicon Valley, digamos que tiene una probabilidad del 50% de convencer a suficientes personas para que inviertan en cada etapa. Su probabilidad total de salida rentable es de 0,5 a la quinta potencia, lo que equivale al 3,1%:

$$50\% \times 50\% \times 50\% \times 50\% \times 50\% = 3{,}125\%$$

Supongamos que la fundadora es una mujer negra. En cualquier fase, tiene un 40% de probabilidades de encontrar suficientes inversores. «Bueno, eso no está tan mal», se podría decir; el 40% no es mucho menos que el 50%. Pero el efecto acumulativo es muy grande. Si se eleva 0,4 a la quinta potencia, la probabilidad de salida rentable de la empresa se reduce al 1%, es decir, menos de un tercio de las posibilidades del fundador hombre:

$$40\% \times 40\% \times 40\% \times 40\% \times 40\% = 1{,}024\%$$

---

* Sí, probablemente «él». Las mujeres representan menos del 10% de los socios de las empresas de capital riesgo.

ACELERACIÓN

Lo que resulta especialmente irónico de Silicon Valley es que afirma que favorece las apuestas de alto riesgo y alta variabilidad y no las seguras. Afirma que busca activamente fundadores que vean el mundo de forma diferente y que incluso hayan demostrado tener agallas para superar una infancia difícil. Y se preocupa por los pecados de omisión. Se podría pensar que el Valley está muy interesado en gente como Brownhill, pero a menudo no es así.

Kara Swisher cree que parte del problema es que las principales empresas de capital riesgo tienen tantas opciones que pueden permitirse el lujo de no tener que buscar talento de una manera especialmente rigurosa. Es «como pescar en un barril», afirma.*

Las sociedades de capital riesgo son tan intensas en la búsqueda de patrones que unos pocos fundadores negros o mujeres que hayan tenido un éxito simbólico podrían engendrar a otros, y el equilibrio del concurso de belleza keynesiano cambiaría. Pero, de momento, la situación no es buena. «Hay discriminación contra las mujeres y contra los afroamericanos. Y eso, obviamente, es malo —dice Mallaby—. Si se trata de un sector que pretende estar inventando el futuro para toda la sociedad, debería parecerse a la sociedad. Y creo que podemos dejarlo ahí».

---

* Franklin Leonard, el fundador de la Lista Negra —que empezó como una encuesta anónima a ejecutivos de estudios sobre guiones de Hollywood desatendidos y más tarde dio lugar al desarrollo de películas como *Argo*, *Spotlight* y *Slumdog Millionaire*— me ofreció una metáfora distinta. La dejo en las notas a pie de página, porque Leonard hablaba de Hollywood y no de Silicon Valley. Sin embargo, se me quedó grabada, y los procesos de selección son lo bastante parecidos —un gran número de aspirantes evaluados por, esencialmente, un número reducido de cazatalentos— para que me pareciera oportuno compartirla.

«La industria es un poco como imaginarse la NBA, pero la gente confeccionaba las listas basándose únicamente en las personas que los propietarios de los equipos conocían —explica Leonard—. Y si le preguntabas a uno de esos propietarios "¿Cómo consigo que me tengan en cuenta para la lista de los Lakers?", la respuesta era "Múdate a Los Ángeles, consigue un empleo en Starbucks y luego juega en las canastas de las canchas más cercanas al Staples Center. Y si te lo montas bien, probablemente te veremos"».

SEGUNDA PARTE: RIESGO

¿Es el éxito del capital riesgo una profecía autocumplida?

Andreessen Horowitz se parece mucho a Harvard. Y Founders Fund se parece mucho a Stanford.

Marc Andreessen y Peter Thiel probablemente se resistirían a la comparación, entre la aversión de Andreessen por la Aldea y el escepticismo de Thiel hacia la educación postsecundaria.[*] Pero las similitudes son obvias una vez que se ven. Las principales empresas de capital riesgo, como las mejores universidades, son instituciones excepcionalmente pegajosas. Una vez que se entra en la élite, se tiende a permanecer en ella. Y por mucho que algunos capitalistas de riesgo se vean a sí mismos como «espadachines, bucaneros y arriesgados» —la imagen de sí mismos que Moritz criticó como «palabrería»—, en realidad obtienen lo mejor de ambos mundos: altos rendimientos sin tener que preocuparse demasiado por el riesgo a la baja.

A eso me refiero con «pegajoso». Cuando *US News* publicó su primera clasificación de universidades en 1983, Stanford y Harvard encabezaban la lista. Cuarenta años después, siguen ocupando puestos destacados. Pero eso infravalora su poder de permanencia. Harvard asimismo estaba en lo más alto de las clasificaciones académicas hace cien años. Por no hablar de Oxford, que existe desde hace casi un milenio.

Las empresas de capital riesgo también muestran una gran longevidad. Sequoia Capital y Kleiner Perkins figuran entre las principales firmas desde su fundación en 1972. Aunque a16z y Founders Fund son más recientes, en esencia forman parte de la misma cadena, ya que Kleiner Perkins fue uno de los primeros inversores en Netscape de Andreessen y Sequoia lo fue en PayPal de Thiel. Esta permanencia no es común en otros tipos de empresas. Por ejemplo, solo una empresa que figuraba entre las diez primeras de la lista Fortune 500 en 1972, ExxonMobil, seguía en ella en 2022.

Lo que une a las principales empresas de capital riesgo y a las mejores universidades es que son empresas impulsadas por la contratación. Y la contratación puede convertirse en un recurso renovable. Con cada

---

[*] Thiel incluso puso en marcha un programa llamado Thiel Fellowship, que ofrece becas de 100.000 dólares a estudiantes para que abandonen los estudios y persigan una idea de negocio. El programa ha dado lugar a bastantes fundadores de éxito, entre ellos Buterin, el cocreador de Ethereum.

nueva cosecha de estudiantes o fundadores están las semillas del éxito en el futuro. Si tiene la oportunidad de elegir entre los mejores y los más brillantes, tendrá la garantía de elegir a algunos ganadores que reforzarán aún más su reputación, mejorarán su red de contactos y contribuirán a su reserva de capital, ya esté gestionando sus activos o la dotación de su universidad.

En poco tiempo, se alcanza un punto en el que si las principales empresas te contratan, tendrías que estar loco para rechazarlas. Y son pocos los que lo hacen. Harvard y Stanford tienen índices de rendimiento —el porcentaje de estudiantes admitidos que aceptan— de alrededor del 84%. Para las principales empresas de capital riesgo, las cifras son probablemente similares. «En capital riesgo, el noventa por ciento de la lucha ya ha terminado antes de empezar —me dijo Andreessen sobre el proceso de reclutamiento de fundadores—. Cuando entramos en contacto con un emprendedor, llevamos a cabo todo el proceso de ventas y tratamos de conseguir el acuerdo... el noventa por ciento del combate ya ha concluido sin haber siquiera empezado, porque tiene que ver con la reputación que hemos establecido, el historial... O sea, la marca».

Recuerdo que durante nuestra conversación me sorprendió un poco que Andreessen lo hubiera dicho tan claramente. No es que no esté de acuerdo con su análisis; tiene mucho sentido. Pero ¿estaba diciendo básicamente que el éxito de a16z era una profecía autocumplida? Unos instantes después, dijo exactamente eso. «Es una especie de profecía autocumplida. Puede haber mil maneras diferentes de entrar en el bucle de retroalimentación positiva —continuó—. Pero la realidad es que o se está en él o no se está. Y si estás en él y puedes seguir estando, es genial. Y si te caes, es muy difícil volver».

Por tanto, aunque la bibliografía académica respalda en general la idea de que las empresas de capital riesgo obtienen rendimientos duraderos —lo que significa que les va mucho mejor (y de forma sistemática) de lo que nos podría ir a usted o a mí invirtiendo en fondos indexados—, esto no debería sorprendernos, como tampoco debería ser una sorpresa que Harvard se sitúe sistemáticamente entre las mejores universidades de Estados Unidos. En los negocios basados en la reputación, los titulares son difíciles de desalojar.

Pero ¿no es arriesgado invertir en empresas emergentes? ¿No podría incluso Andreessen Horowitz —la mayor empresa de capital riesgo por activos gestionados— tener una mala cosecha de inversiones? Antes de empezar a trabajar en este libro, creía que el capital riesgo se parecía mucho a los torneos de póquer, en los que los grandes resultados ocurrían de vez en cuando, entre largas rachas de sequía. Como hemos visto en el capítulo 2, los torneos de póquer son una forma excepcionalmente difícil de ganarse la vida. Puede que teóricamente tengas +VE, pero puedes arruinarte mucho antes de alcanzar el largo plazo.

Resulta que la CV no es así. Sí, hay algunos resultados muy muy grandes, como Google. Pero también hay muchos resultados pequeños. No es como los torneos de póquer, en los que solo se gana un premio el 15% de las veces. Andreessen recitó de memoria datos sobre una cartera de rentabilidad típica, que luego confirmó por correo electrónico:

- El 25% de las inversiones tienen un rendimiento cero.
- El 25% produce un rendimiento superior a 0 pero inferior a 1×.
- El 25% produce un rendimiento entre 1× y 3×.
- El 15% siguiente produce un rendimiento de entre 3× y 10×.
- Por último, el 10% superior produce un rendimiento de 10× o más.

Es importante aclarar que estos datos se refieren únicamente a lo que Andreessen denomina empresas de riesgo de «primer decil», como a16z, y no a cualquiera que alquile una sala en un polígono de oficinas de Sand Hill Road. El sector en su conjunto no genera rendimientos en especial atractivos. Pero las mejores empresas pueden ser extremadamente rentables, apuntando a una TIR del 20% y subiendo a partir de ahí, quizá incluso al 25% o 30% o más en sectores de alto riesgo.*

---

* Aunque las empresas son selectivas en cuanto a los datos que hacen públicos, hay suficientes indicios que confirman cifras elevadas. Los datos de la dotación de la Universidad de California, por ejemplo, muestran una serie de inversiones a largo plazo de Sequoia que obtienen TIR de entre el 25 y el 30%. Cuando se informó de que dos fondos de a16z obtuvieron rendimientos provisionales de entre el 12 y el 16%, la prensa especializada lo consideró una decepción, ya que el fondo anterior había obtenido una TIR del 44%. Pero incluso el 12% es bastante mejor que los rendimientos a largo plazo del mercado de valores.

La teoría económica clásica dice que hay que arriesgarse mucho para obtener rendimientos tan altos. Y, sin embargo, cuando simulé los datos utilizando las cifras de Andreessen, descubrí que en realidad es bastante difícil perder dinero cuando se obtienen tanto grandes como pequeñas ganancias.

Voy a dejar los detalles para las notas finales, pero así es como configuré la simulación: supongamos que un fondo invierte en veinticinco empresas y las mantiene durante diez años. Esto equivale a sacar veinticinco números de un bombo de pelotas de ping-pong blancas correspondientes al calendario de rendimiento descrito por Andreessen. Tal y como programé las simulaciones, el rendimiento de algunas bolas puede llegar a 500×. El fondo también saca una única bola roja de un bombo diferente, que corresponde a la volatilidad de todo el sector basada en los rendimientos históricos del Nasdaq. Esto refleja el hecho de que el sector es cíclico (a veces se eligen las empresas adecuadas en el clima de inversión equivocado, o viceversa), aunque diez años suelen ser suficientes para equilibrar los ciclos.

Los resultados son los siguientes:

- El fondo medio obtiene una TIR del 24%. Eso está muy bien, aproximadamente el triple de la rentabilidad anual que se obtendría en el mercado bursátil. Esto es coherente con la literatura sobre lo que ganan las mejores empresas.
- Sin embargo, no hay tanto riesgo a la baja:
    ○ Alrededor del 98% de los fondos ganan dinero nominalmente.
    ○ Alrededor del 96% gana lo suficiente para superar la inflación.
    ○ Y alrededor del 90% gana lo suficiente para superar los rendimientos que obtendría del S&P 500.

SEGUNDA PARTE: RIESGO

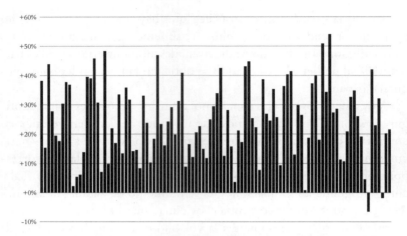

Rentabilidad anualizada (TIR) de una muestra de cien extracciones aleatorias utilizando mi interpretación de los datos de Andreessen. La mayoría de los resultados son altamente positivos.

Es un negocio bueno de verdad; y, en todo caso, esto exagera el riesgo, porque las empresas gestionan varios fondos a la vez para hacer un conjunto más diversificado de apuestas.

La Aldea y el Río entran en guerra

Entre el momento en que presenté el primer borrador de este capítulo y la fecha de entrega de la versión final, Harvard y otras universidades de élite empezaron a parecer una apuesta menos segura.

Durante mucho tiempo, Silicon Valley se ha enorgullecido de cuestionar el valor de un título universitario: es notorio que Mark Zuckerberg y Steve Jobs abandonaron la universidad.

Aun así, en los años de Obama, el Valley había utilizado alegremente las universidades de élite como su propio sistema de ligas menores en béisbol; en 2017, el 89% de los puestos de trabajo en Google exigían un título universitario.

Pero en diciembre de 2023, una audiencia en el Congreso con los rectores de Harvard, Penn y el MIT se convirtió en una guerra abierta después de que se acusara a los rectores de tibieza al denunciar el antisemitismo y por ser incoherentes en su aplicación de los principios de libertad de expresión. La rectora de Penn, Liz Magill, no tardó en dimitir bajo la presión del gestor de fondos de cobertura Bill Ackman y de la junta de Penn. Claudine Gay, de Harvard, sobrevivió en un principio, pero dimitió en enero de 2024 después de que se presentaran contra ella varias acusaciones plausibles de plagio.

Aunque fue Ackman, inversor pero no capitalista, quien lideró la ofensiva, Musk, Andreessen y gran parte del resto de Silicon Valley le animaron. Harvard es la gran catedral en lo alto de la colina: no hay institución que represente más la quintaesencia de la Aldea. Así que la destitución de su rector fue un golpe simbólico (¿otra señal de que la Aldea y el Río están explícitamente en guerra? La demanda de *The New York Times* contra OpenAI por derechos de autor).*

Pero lo que debería preocupar a la Aldea es que la opinión pública comparte cada vez más el escepticismo del Río. De hecho, la Aldea ha empezado a parecerse a una pequeña isla amenazada por una creciente marea de desaprobación. La Casa Blanca demócrata, normalmente aliada de la Aldea, había criticado duramente la gestión de los rectores universitarios. Y aunque los dirigentes de Harvard defendieron en primera instancia a Gay, el periódico de los estudiantes, el *Crimson,* publicó un severo reportaje sobre su plagio, y antiguos alumnos de Harvard de diversas tendencias políticas se preguntaron si la universidad estaba haciendo honor a su lema: *Veritas* (verdad). La Aldea también tiene un problema de percepción con el público estadounidense en general: incluso antes de las audiencias del Congreso, la confianza en la educación superior caía en picado. En una encuesta Gallup de 2015, el 57 %

---

* Tengo sentimientos encontrados respecto a *The New York Times*, ya que trabajaba en él (aunque no me fui en muy buenos términos) y ahora colaboro ocasionalmente como *freelance*. Al igual que Harvard, *The New York Times* es una institución de la Aldea por excelencia y puede encarnar algunos de los peores rasgos de la Aldea. Pero *The New York Times* también ha demostrado su capacidad para el cambio (como en su *Informe de Innovación* de 2014) y la asunción de riesgos (como en la probablemente costosa demanda contra OpenAI). Puede que no sea una coincidencia que el periódico haya crecido mientras que casi todos sus competidores periodísticos se han reducido.

de los estadounidenses afirmaba tener «bastante» o «mucha» confianza en la educación superior. Pero en 2023 esa cifra se había desplomado hasta el 36 %, y el descenso se registraba entre los votantes de todos los partidos políticos, no solo entre los republicanos. La confianza en otra de las instituciones canónicas de la Aldea —en la que yo trabajo, los medios de comunicación— asimismo alcanzó mínimos históricos en 2023.

A decir verdad, la confianza en las grandes tecnológicas también se ha desplomado en las encuestas. Pero Silicon Valley no depende especialmente de la confianza pública, mientras siga contratando talentos y la gente siga comprando sus productos. Por el contrario, si la Aldea pierde la confianza pública en su capacidad para proporcionar una experiencia imparcial o una educación que merezca la pena, no tiene mucho más en lo que apoyarse. Aunque espero que Harvard y otras universidades de élite sean relativamente resilientes —seguirán existiendo dentro de cincuenta años y muchas personas inteligentes seguirán queriendo asociarse a ellas—, ahora es más fácil imaginar que estas universidades desempeñen un papel menor en la vida estadounidense.

Mentes finitas y ambiciones sin límites

Si ha notado que tengo dudas sobre el capital riesgo, ahora le explico la razón. Estoy de acuerdo con el argumento tecnooptimista de que la tecnología ha contribuido enormemente al bienestar humano, aunque esto es más evidente en el caso de algunos inventos (semiconductores) que en el de otros (redes sociales).[*] Y creo que Silicon Valley acierta en las grandes cuestiones sobre riesgo y escala —cuestiones en las que son muchos los que se equivocan—, lo que le ayuda a compensar muchos de sus otros defectos.

Sin embargo, si el éxito se concentra solo en unas pocas empresas de élite, y esas ventajas se acumulan hasta el punto de que, en esencia, no pueden perder, entonces el capital riesgo se parece cada vez más a las instituciones tradicionales que Silicon Valley se dignaría a perturbar. Arthur Rock, Don Valentine y Eugene Kleiner, pioneros del capital

---

[*] Abordaremos esta cuestión con más detenimiento en los últimos capítulos.

riesgo, hicieron apuestas excepcionalmente inteligentes. Pero en el resto del Río, ni siquiera las apuestas más astutas dan resultado una y otra vez. No se puede decir que el éxito en Silicon Valley se conceda por derecho divino, porque no viene determinado por la cuna y, de hecho, la mayoría de los fundadores se hicieron a sí mismos y no eran especialmente ricos en su época de desarrollo. Aun así, ¿qué se debe sentir al conseguir un billete dorado para montarse en el bucle de retroalimentación positiva?

Cuando le pregunté a Peter Thiel sobre la naturaleza contingente de su éxito y se echó atrás ante la pregunta, tuve la sensación de que pensaba que estaba predestinado. Y sospecho que muchos de los símbolos de Silicon Valley se hacen la misma pregunta en el fondo, aunque algunos la disimulen preguntándose si viven en una simulación en la que ellos son los protagonistas.

Diablos, si ganara el Evento Principal de las Series Mundiales de Póquer —aproximadamente una posibilidad entre 10.000— empezaría a plantearme algunas preguntas existenciales (cuando llegué a estar entre los últimos cien jugadores en 2023, ya había empezado a sentirme raro). Si te despertaras cada mañana siendo Elon Musk, la persona más rica de los aproximadamente 120.000 millones de seres humanos que han existido, ¿pensarías que ha sido una casualidad? ¿O pensarías que eres uno de los elegidos?

Silicon Valley, al fin y al cabo, se plantea literalmente cuestiones existenciales: desde «curar» la muerte hasta que la IA destruya a la humanidad o transforme al hombre en *Übermensch*. Quizá la religiosidad y el determinismo de Thiel le sirvan de algo. Otros fundadores reaccionan a sus dudas metafísicas donando grandes cantidades de dinero a obras benéficas o eligiendo categorías de inversión que consideran buenas causas. O puede que sientan que tienen la obligación moral de invertir, pasando desapercibidos y trabajando mucho, incluso después de haber conseguido más riqueza de la que jamás necesitarán.

Pero otros nunca se han librado del resentimiento, y esto puede derivar en un comportamiento autodestructivo. Si has ganado cantidades ingentes de dinero haciendo unas cuantas apuestas ganadoras, y quizá no estás del todo seguro de merecerlo, siempre puedes tentar a la suerte continuando con las apuestas, como el fundador convertido en delincuente que conoceremos en el próximo capítulo.

Ilusión

Acto 1: Isla de Nueva Providencia, Bahamas, diciembre de 2022

La habitación estaba cada vez más oscura, el portátil de Sam Bankman-Fried se quedaba sin carga y este me contaba cosas cada vez más desquiciadas. Estaba sentado a solas con Bankman-Fried —SBF— en la planta baja de un lujoso piso en las Bahamas. El lugar, lleno de acabados de porcelana, tenía eco, quizá para subrayar el vacío del imperio de SBF, que en su momento fue de 32.000 millones de dólares. Habían pasado cuatro semanas desde que la empresa de Bankman-Fried, FTX, se declaró en quiebra, y casi todos sus empleados habían huido de la isla. En menos de una semana detendrían a SBF en este mismo complejo, le encarcelarían y le extraditarían a Estados Unidos. Y menos de un año después, doce jurados en un tribunal de Nueva York condenarían a SBF por siete delitos graves y fallarían que FTX había defraudado a clientes, prestamistas e inversores al «prestar» miles de millones de dólares de depósitos de clientes a su empresa hermana, Alameda Research, para hacer apuestas arriesgadas —y perdedoras— en el mercado de las criptomonedas.

No pretendo sugerir que se deba simpatizar con SBF, pero no es exagerado decir que acababa de sufrir uno de los reveses más rápidos de la historia de la humanidad. En cuestión de unos pocos días de noviembre, Sam pasó de tener un ostensible valor de 26.500 millones de dólares, rodar anuncios con publicitarios con Tom Brady, ser tan importante como para permitirse rechazar la invitación de Anna Wintour a la gala de los Met y vivir aparentemente en la cúspide de un mundo feliz de *blockchains* e inteligencias artificiales a ser tristemente famoso, abandonado y enfrentarse potencialmente a años de cárcel. Y, sin embargo, ahí estaba, en un apartamento de 35 millones de dólares, acunado por la brisa de la isla. Cuando le pregunté a SBF si creía que vivía en una simulación, me dijo que las probabilidades eran del 50 %.

La primera vez que hablé con Sam fue en enero de 2022. Me había hecho algunas revelaciones —que presagiaban su extremo afán por el riesgo y su propensión a calcular mal—, pero no esperaba necesariamente que desempeñara un papel importante en este libro. Sin embargo, al poco tiempo, se veía a SBF por todas partes del Río. No solo en criptomonedas, sino también en altruismo eficaz, inteligencia artificial (era inversor en la empresa de IA Anthropic), apuestas deportivas (una categoría en la que FTX pretendía expandirse) y capital riesgo. SBF incluso se estaba convirtiendo en un actor más en mi trabajo cotidiano de cubrir las noticias políticas, al ser un importante donante de las campañas tanto demócratas como republicanas (en este último caso, subrepticiamente). A lo largo de este libro, he abordado algunos casos polémicos en nuestro censo del Río. ¿Es Donald Trump un riveriano? No, no es lo suficientemente analítico, a pesar de su historial en el negocio de los casinos. ¿Elon Musk? Sí; aunque su impulsividad no es demasiado riveriana, su asunción de riesgos sí lo es, y cuenta con la admiración de demasiados riverianos para excluirlo. Pero con SBF no había ambigüedad. No solo era un ciudadano del Río, sino que podría haber sido su presidente. Eso no significa que todos en el Río sean como SBF: él es un caso atípico por su falta de orientación moral unida a una propensión al juego que hace que incluso Elon Musk parezca un *nit*. Pero es un caso atípico que el Río debe asumir.

En cierto momento, SBF me invitó a visitarle en las Bahamas. Lo retrasé cuanto pude, aunque recuerdo que le dije a mi socio que probablemente debía ir; parecía que todo el mundo pensaba que SBF iba camino de convertirse en una de las personas más ricas e influyentes del mundo, quizá el próximo Musk. Entonces, el día de las elecciones intermedias, empecé a recibir mensajes de texto de un amigo del ámbito cripto que tenía buenos contactos y me decía que algo estaba pasando en FTX. Al terminar la semana, FTX se había declarado en quiebra. Una semana más tarde, le envié un mensaje a SBF, que estaba concediendo entrevistas a otros periodistas. Yo tenía planeado viajar pronto a Florida; ¿qué le parecía si aceptaba su oferta y me pasaba por las Bahamas? «¡Estaré encantado de charlar contigo!», me respondió, alegre. Me sorprendió, pero en un nivel intuitivo era la respuesta que esperaba.

Así que en una agradable tarde de diciembre en las Bahamas me hallaba solo con SBF. No tenía ningún motivo racional para pensar que yo estaba en peligro. Sin embargo, tras dos días de entrevistas y con SBF cada vez menos vigilante, me puse a pensar en lo peor que podía pasar. ¿Necesitaba un plan de fuga? ¿Y si decía algo en la cinta que sabía que era incriminatorio y me arrebataba la grabadora? El piso de Bankman-Fried se hallaba en una urbanización relativamente aislada llamada Albany, en la zona suroeste de la isla de Nueva Providencia, en el lado opuesto de Nassau y de los dos principales casinos, Baha Mar y Atlantis. Pero yo estaba seguro de que podría correr más rápido que SBF si se diera el caso.

El sol se pone rápidamente cerca del ecuador, y a cada momento que pasaba, la habitación se volvía un poco más oscura.

«Dame un momento», dijo SBF. Como de costumbre —Bankman-Fried era famoso por jugar a videojuegos mientras realizaba entrevistas televisivas e incluso reuniones con inversores—, SBF estaba realizando varias tareas a la vez, consultando su correo electrónico al mismo tiempo que hablaba conmigo. «Este correo es interesante —comentó—. Pero ¿qué dice?», murmuró, al parecer no muy seguro de si debía expresar su monólogo interior.

«Vaya...», dijo Sam. Pasaron otros quince segundos. Era como si se pudieran oír girar sus engranajes, el mercado de predicción de su cabeza subiendo y bajando mientras intentaba calcular la probabilidad de que este correo electrónico pudiera ser su salvación. «Vaya, vaya», volvió a decir, pero esta vez con una entonación completamente distinta a la de su típico acento neutro del norte de California, elevando el timbre y casi cantando la palabra «vaya».

Hubo otra larga pausa. «¿Puedes describirlo?», dije, soltando una risotada ante lo incómodo de la situación.

«¿Es un correo electrónico real? No puede ser real. Pero ¿qué coño...?», susurró.

En mis conversaciones con él, SBF había estado intentando calcular su vía de escape. No una ruta era literal, aunque cabe señalar que, tras la detención de Sam, un juez de las Bahamas consideró que existía suficiente riesgo de fuga para denegarle la libertad bajo fianza. Más bien, SBF buscaba alguna forma —cualquier forma— de racionalizar para sí mismo que todo iría bien. O, al menos, que había alguna posibilidad de que todo saliera bien. La cifra concreta que me daría más tarde era el 35 %: un 35 % de posibilidades de salir de la situación con algo que los entendidos considerarían «una victoria». «Sé que mucha gente dirá que estoy loco por dar esta cifra. Es una cifra increíblemente alta. Y es imposible que sea correcta», había matizado.

Siendo realistas, dadas las pruebas que se presentaron en el juicio, sus posibilidades de cualquier clase de victoria eran muy inferiores al 35 %. Todos los jugadores sienten a veces el impulso de recuperar sus pérdidas, y SBF había estado buscando lo que un jugador de póquer llamaría una carta milagrosa: una carta de la baraja que pudiera darle un póquer, superando al full. Pero en su mente, él ya había superado grandes probabilidades en contra antes. SBF solo había dado a FTX un 20 % de posibilidades de éxito cuando fundó la empresa, según me dijo en una entrevista anterior. «Pero pensé que, si tenía éxito, valdría muchísimo».

«Acabo de recibir un correo electrónico muy extraño. Es casi seguro que es falso. Salvo que... —dijo SBF, dejando la última palabra en el aire como si fuera Sherlock Holmes haciendo una deducción antiintuitiva—. Implica información que no creo que mucha gente tenga. Déjame enseñarte el correo electrónico. Bueno, joder, mi ordenador está a punto de quedarse sin batería».

Las esperanzas de SBF también se quedaban sin batería. «Esto es cien por cien falso. Joder, no me he traído el cable de alimentación. Bueno, que acabo de recibir un correo electrónico de john.j.ray@gmail.com en el que dimite como director general de FTX».

John J. Ray III, un veterano de Enron y otros casos de quiebra, se había convertido en director general de FTX después de que SBF firmara los papeles de quiebra de la empresa. Los padres de SBF también habían recibido copia del correo, junto con Kevin O'Leary, el personaje de *Shark Tank* que había cobrado más de 15 millones de dólares para ejecutar obligaciones promocionales de minimis para FTX. No tenía sentido esta repentina dimisión de Ray, y aún menos que lo hiciera de ese modo, enviando un correo de Gmail al ex director general caído en desgracia, a los padres del ex director general y a un invitado de un *reality show* de televisión. Además, SBF nunca había recibido un correo electrónico de esa dirección ni se había comunicado con Ray por correo electrónico en absoluto. La aguja probabilística en la cabeza de SBF señalaba claramente a cero. «Vale, no importa», cedió.

SEGUNDA PARTE: RIESGO

En mis diversas conversaciones con él —cinco entrevistas formales, dos de ellas en tardes consecutivas en las Bahamas—, Bankman-Fried había adoptado lo que yo llamaba diferentes personajes.[*] Estaba el modo predeterminado defecto al que me había acostumbrado en los días anteriores a la bancarrota, al que yo llamaba Sam-que-habla-sin-tapujos, que hablaba rápidamente con frases atropelladas, con mucha jerga sobre arbitraje y valor esperado. Me gustaba Sam-que-habla-sin-tapujos. Hablábamos el mismo idioma y teníamos camaradería; podía imaginarnos siendo amigos.

Luego estaba el Sam-a-quien-todo-le-da-igual, una personalidad más sincera y en apariencia más honesta, un Sam que precedía sus respuestas dando a entender que ahora sí te iba a dar la respuesta verdadera. Sam-a-quien-todo-le-da-igual podía volverse oscuro y errático: era la versión que me preocupaba un poco que de repente se abalanzara sobre mi grabadora digital.

Por último, estaba Sam el Escurridizo. Esta iteración de SBF era pedante y con tendencia de abogado. Así como Sam-que-habla-sin-tapujos me consideraba un igual, Sam el Escurridizo me hacía preguntas con la intención de pillarme, como si yo fuera su becario en Jane Street Capital. Tenía la sensación de que Sam el Escurridizo me utilizaba para ensayar sus argumentos: si era capaz de burlarme, tal vez podría burlar a los medios de comunicación, a los fiscales y a un jurado.

—Por cierto, tengo curiosidad; ¿qué opinas de eso? —me preguntó Sam el Escurridizo después de afirmar que FTX podría haber evitado el desastre si no se hubiera declarado en quiebra y hubiese podido reunir más capital. Parecía una afirmación ridícula, pero no estaba muy seguro de cómo jugar mis cartas: a veces se obtiene más de un entrevistado si se le sigue la corriente, y a veces si se le replica. Decidí ser lo más sincero posible.[**]

—Mi opinión general es que la mayoría de las cosas en la vida están completamente determinadas —dije—. Parece que tienes muchas operaciones realmente correlacionadas. ¿Hay peligro de algún tipo de desastre? No me sorprendería que estuviera por encima del cincuenta por ciento o algo así.

---

[*] Con esto no quiero decir que Sam tenga un trastorno de personalidad múltiple ni nada por el estilo.

[**] También supuse que existía la posibilidad de que mi entrevista acabara siendo citada en el proceso.

—¿Más del cincuenta por ciento en qué escala de tiempo? —presionó SBF.
—¿En un año o dos? No sé, algo así.
—Creo que podría ser correcto. Pero no sé si es un cálculo relevante, porque un año o dos es mucho tiempo —dijo.
¿Cómo que no es un cálculo relevante? ¿Admites que FTX era un castillo de naipes —con muchas probabilidades de derrumbarse en algún momento— y eso no es un cálculo relevante? Pero antes de que tuviera la oportunidad de continuar, SBF ya había pasado a la siguiente sección del concurso de preguntas y respuestas.
—¿Qué probabilidades crees que hay de que, dentro de un año, FTX sea una plataforma operativa? ¿Y cuáles crees que son las probabilidades de que, dentro de cinco años, los clientes se hayan resarcido?
—A la primera pregunta, diría que menos del diez por ciento. A la segunda, un treinta por ciento. No tengo ni idea.
¡Uy! Había caído en la trampa de Sam el Escurridizo.
—¿Qué crees que es más probable: que los clientes se recuperen o que la plataforma resucite? —dijo, asaltando mi lógica. Mi opinión era que no tenía ni idea de los montones de dinero que había por ahí: el mismo día en que FTX se declaró en quiebra, ya había habido un hackeo de 477 millones de dólares. Tal vez SBF tenía suficientes fondos en una cuenta en un banco suizo para cubrir los depósitos que faltaban. Y FTX había hecho algunas inversiones valiosas en otros negocios. Por otro lado, volver a poner en marcha FTX parecía imposible; ¿operarían los clientes con sus saldos fantasma? ¿Cómo iban a volver a confiar en la plataforma?
La verdad es que no es tan descabellado como parece. En los procedimientos de quiebra, las empresas intentan recuperar el dinero como pueden, y Ray habló más tarde acerca de la reapertura de FTX. Pero el argumento de SBF era que, a menos que se reiniciara FTX, sus clientes estaban totalmente jodidos. «Puede que consigas 500 millones por los pedazos. Pero, siendo realistas, esos 500 millones no llegan demasiado lejos». Calculaba que los clientes de FTX tenían un agujero de unos 8.000 millones.[*] «Así que, básicamente, creo que la única manera de

---
[*] Los fiscales estadounidenses citaron una cifra mayor en su caso contra SBF: entre 10.000 y 14.000 millones de dólares. Larry Neumeister, «FTX Founder Sam Bankman-Fried Convicted of Stealing Billions from Customers and Investors», *USA Today*,

que los clientes se recuperen es volver a poner en marcha FTX. Me sorprendería que las probabilidades de que se recuperasen fueran más altas».

Pero sí que había una parte que era una locura: SBF imaginaba un escenario en el que FTX no solo volvía a funcionar, sino que él volvía a desempeñar un papel esencial en sus operaciones. De hecho, me aseguró que FTX ya estaba funcionando de nuevo y que la última operación había tenido lugar a las «diez cincuenta y seis y cuarenta y tres segundos de la mañana de hoy». Era obvio que SBF quería que esto fuera una especie de gran revelación, su as en la manga. «Para que quede bien claro, esto no puede hacerse público ahora. Está perfecto para dentro de un año.[*] Pero, sin duda, no en los próximos tres días».

No estaba claro qué era lo que describía exactamente SBF. Empezó a responder con evasivas. «Así que supongo que es un poco ambiguo si FTX se ha activado recientemente. FTX Digital Markets se ha activado hoy —dijo, refiriéndose a una de las filiales de FTX—. Así que, con ciertas salvedades, el motor de comparación está en marcha. La interfaz de usuario vuelve a funcionar. De hecho, ahora mismo tengo una copia en mi ordenador».

Bankman-Fried probablemente no debería haberme contado esto. Y, desde luego, no debería haber tenido ningún tipo de acceso a la plataforma FTX: había dimitido como director general como parte del proceso de quiebra y no tenía ningún cargo oficial en la empresa. «Tecnológicamente, creo que hay una probabilidad como del cincuenta por ciento de que los proyectos vuelvan a arrancar. Hay personas que lo están intentando. Y están cerca de conseguirlo según muchas definiciones», afirmó.

La hipótesis de SBF era que, una vez iniciado este proceso, catalizaría un círculo virtuoso, con FTX obteniendo gradualmente ingresos por comisiones de negociación para cubrir el agujero de 8.000 millones

---

3 de noviembre de 2023, usatoday.com/story/money/2023/11/02/sam-bankman-fried-convicted-fraud/71429793007.

[*] Para las entrevistas que realizamos después de la quiebra de FTX —una por Zoom, dos en las Bahamas y una en Stanford, California—, acordamos que el material podría utilizarse de forma oficial para este libro (con raras excepciones extraoficiales), pero no antes. Por esta razón, SBF se mostró dispuesto a ser más sincero sobre algunos temas.

de dólares, y quizá también lograra nuevas rondas de inversión. «Digamos que inicias sesión y te muestra los números, pero las retiradas están paradas. Digamos luego que entran mil millones de dólares en financiación», explicaba. Probablemente, a la gente le preocuparía eso, ¿no? Si hay financiación vinculada a esta plataforma, la gente querrá acceder a ella. Y si se combina el arranque tecnológico de la plataforma con una cantidad no trivial de financiación, creo que a los usuarios les importará. Esa es la tesis. Y eso arranca un volante de inercia.

Planteé todo tipo de objeciones. ¿Por qué querría la gente operar —y pagar comisiones adicionales a FTX— si no podía retirar dinero? En un momento dado, lo comparé con un restaurante de comida rápida que tuvo un brote de hepatitis y volvió a abrir a pesar de no haber hecho ningún esfuerzo por resolver su problema de hepatitis. ¿Y cuánto tardaría este volante de inercia en detenerse? «Creo que, si se hacen hipótesis razonables sobre los activos restantes y se asume que no habrá más financiación, probablemente serán... ¿veinte años?», dijo SBF.

¿Veinte años? ¿Los clientes de criptomonedas, con su filosofía de enriquecerse rápidamente, iban a operar en esta empresa de intercambio en quiebra hasta que —aproximadamente en 2042— se recuperasen? ¿Este era el plan que SBF pensaba que tenía un 35 % de posibilidades de funcionar? El único problema insalvable en su mente era la presencia de Ray, que era la razón por la que SBF se había emocionado tanto con el correo electrónico de broma. Todo esto —el impulso riveriano de calcular todos los puntos de vista hasta el amargo final, sin reconocer que era Fin de partida— me recordaba a una gallina que sigue corriendo después de que le hayan cortado la cabeza.

Ha habido una tendencia en la cobertura mediática de SBF que lo retrata como a un niño genio, una especie de superinteligencia desalineada. Sin embargo, conozco a muchos niños genio. ¿Un joven blanco, friki, demasiado confiado, adicto a las anfetaminas y a los videojuegos, que tiene un grave problema con el juego y probablemente se encuentra en algún punto del espectro autista? En el Río, esa es una tipología común.

No quiero decir que SBF no me haya impresionado en absoluto. Está claro que es un tipo inteligente. Sabe pensar con la cabeza. Incluso puede resultar, en cierta extraña manera, encantador. Sin embargo, lo más impresionante de SBF es que todo el mundo estaba impresionado por él. ¿Cómo se había convertido este tipo —con su pelo encrespado, su dudosa ética y su cuestionable comprensión de la realidad— en el rey de los frikis?

Acto 2: Miami, Florida, noviembre-diciembre de 2021

Me encontraba en una zona VIP en algún lugar de las profundidades del FTX Arena. Era un momento feliz para las criptomonedas; tres semanas antes, Bitcoin había alcanzado su precio máximo histórico (superado más tarde a principios de 2024) de 67.566,83 dólares, superior al salario medio anual de un estadounidense. El alcalde de Miami, Francis Suárez, estaba en escena como parte de un evento llamado NFT BZL, un festival que se celebraba a caballo de la famosa feria de arte Art Basel de Miami. Como casi todo en Miami aquella semana, la zona VIP era un caos que servía a la vez de antesala para los ponentes cuando entraban y salían del escenario, de lugar para que los periodistas convivieran e hicieran entrevistas, y de zona de fiesta donde una elegante marca francesa regalaba champán.

No es correcto decir que la industria de las criptomonedas haya surgido de la nada. Los bitcoins se pusieron a disposición del público por primera vez en 2009. Soy lo bastante friki para conocer a gente que había adoptado la tecnología a principios de 2010, aunque yo no era uno de ellos. Pero durante esa semana en Miami, era difícil saber si era el principio de algo grande o el principio del fin, el punto álgido de una burbuja.

Por un lado, el ambiente era de tal confianza —FTX, que apenas existía dos años antes, había gastado 135 millones de dólares para poner su nombre en el estadio de baloncesto de los Miami Heat— que casi se podría perdonar que uno pensara que las criptomonedas habían formado parte del paisaje desde el principio. Las fastuosas fiestas y la eufórica publicidad, así como los intentos de asociarse con marcas consolidadas como Art Basel, eran un juego para crear legitimidad institucional y un sentimiento de ubicuidad, y para inspirar miedo a perderse algo en quienes aún no se habían unido a la fiesta.

Por otro lado, algunas cosas eran obviamente ridículas. Fui a una fiesta en un yate que nunca salió de la costa, donde los criptodegenerados daban 20 dólares de propina a los camareros por botellas de agua, en algunos casos porque estaban colocados con sustancias blancas en polvo y en otros porque los primeros que adoptaron las criptomonedas sentían que les había tocado la lotería y que tenían dinero infinito para gastar. Los novatos de las cripto, por su parte, hacían contactos de las formas más burdas imaginables con la esperanza de entrar en las primeras fases de los proyectos de NFT de los demás o de que los invitaran a unirse a una DAO, una organización autónoma descentralizada, en esencia un «grupo de chat con una cuenta bancaria» que invierte en criptoproyectos de forma conjunta. Nada en aquel ambiente de bacanal sugería una sostenibilidad a largo plazo y, al final del fin de semana de Art Basel, los precios del Bitcoin se habían desplomado un 25%.*

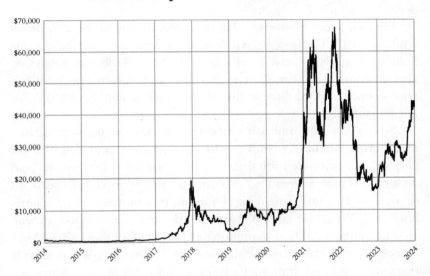

Diez años de precios de cierre de Bitcoin

Había acudido al FTX Arena para conocer a Alex Mashinsky, un inmigrante de la Unión Soviética que había servido como piloto en las Fuerzas de Defensa de Israel antes de trasladarse a Estados Unidos y convertirse en empresario de internet. Mashinsky afirmaba ser el creador de VoIP (Voice over internet Protocol), una tecnología que permite hacer llamadas telefónicas por banda ancha, aunque su papel real es

---

* No quiero decir que no me divirtiera; más tarde fui a otra fiesta en la opulenta Star Island como invitado de un invitado del jugador de póquer Phil Hellmuth, donde actuaba la cantante Jewel; aquel ambiente era mucho más relajado.

polémico y esta afirmación se considera dudosa. En cualquier caso, ahora era director general de Celsius Network, una empresa de préstamos de criptomoneda.

Si «empresa de préstamos de criptomoneda» parece una idea poco clara, es porque lo era. Celsius quebraría más tarde y Mashinsky sería acusado de fraude. En un movimiento que presagiaba a SBF seis meses más tarde, Mashinsky había publicado una serie de tuits afirmando que todo iba bien, pero, treinta días más tarde la empresa bloqueó la retirada de fondos de los clientes. (El proceso judicial de Mashinsky —que está siendo instruido por el Distrito Sur de Nueva York, la misma jurisdicción que presentó los cargos contra SBF— está programado para dar comienzo después de que este libro entre en imprenta. Mashinsky se declaró inocente).

Pero en aquel momento Mashinsky pasaba por un erudito de las criptomonedas. Un asistente nos llevó a una especie de vestíbulo, donde le expliqué la premisa de este libro. Hablaba de formas hábiles de apostar, como el póquer, y me preguntaba sobre el comercio hábil con criptomonedas. ¿Qué diferenciaba a los operadores con más éxito de los que tenían menos?

Su respuesta fue sombríamente cínica, aunque con un toque de humor, porque Mashinsky tendía a reírse de sí mismo cuando hablaba. «El póquer es cuestión de habilidad. Esto no va de habilidad. Se trata solo de subirse al tren. El tren llegó a la estación y la mayoría de la gente no se subió en él. La mayoría dijo: "Uf, es un tren muy extraño y además huele mal. Yo no me subo. ¡Qué gente más rara!"». Señaló su camiseta, en la que ponía HODL —acrónimo de Hold On for Dear Life («agárrate si estimas tu vida»)—, esencialmente una advertencia para no aguar la fiesta vendiendo tus criptomonedas demasiado pronto. «No tienes que conducir el autobús. No tienes que saber adónde va. Puedes dormir en el autobús. Mira mi camiseta: ¡HODL! HODL es que puedes quedarte dormido en tu asiento. Te despiertas. Y en la última estación, eres millonario».

Presioné repetidamente a Mashinsky sobre este punto: ¿no deberían los primeros en adoptar las criptomonedas recibir al menos un poco de crédito por su previsión? Se negó a ceder.

—Compara al tipo que compró pizza con su bitcoin con el que olvidó que estaba en su ordenador, y se da cuenta diez años después de que vale algo y ahora es multimillonario. Es la misma persona, solo que uno sabía dónde estaban las monedas y el otro no —cuenta—. ¡La habilidad no tiene nada que ver en absoluto! ¡Nada!

También le pregunté a Mashinsky por su modelo de negocio.

—Entonces, si deposito mi bitcoin contigo, ¿qué vas a hacer con ese bitcoin?

—Se lo prestaré a FTX. FTX necesita liquidez —respondió al momento—. Puedes dárselo [directamente] a FTX. ¿Van a pagar algo? No. Pero, si lo haces a través de mí, les apretaré para que me den tres, cuatro o cinco veces más de lo que te pagarán a ti. Porque tengo un millón y medio de personas marchando como una sola.

—Eso es razonable —respondí, no muy seguro de que lo fuese.

—Es muy sencillo —repuso Mashinsky.

Lo que está claro es que a FTX/Alameda tenía avidez por toda la criptomoneda que pudiera conseguir, y a veces lo pedía prestado a Celsius a tipos de interés de hasta el 6 %, mucho menos de lo que pagaba de otras fuentes. La quiebra de Celsius precedió a la de FTX y no fue causada directamente por ella: los planes de la empresa eran tan arriesgados que incluso SBF se negó a rescatarlos. Pero, si no quebró antes, probablemente lo habría hecho después. Celsius intentaba convertir la paja en oro, comprometiéndose a pagar a los clientes tipos de interés de hasta el 18 % en un momento en que los tipos de los depósitos bancarios seguían cercanos a cero.

Así pues, si el modelo de negocio de Celsius era tan sencillo como afirmaba Mashinsky, lo era en el mismo sentido en que lo es un esquema Ponzi (de hecho, el Gobierno estadounidense acusó literalmente a Celsius de «operaciones comerciales [que] equivalían a un esquema Ponzi»). La base de un esquema Ponzi, llamado así por el estafador italiano Charles Ponzi, es pagar a los inversores existentes con fondos obtenidos de nuevos inversores.

«Como con todo lo que se parece a un esquema Ponzi, funciona hasta que deja de hacerlo», dijo Maria Konnikova, la jugadora de póquer y autora que escribió un libro en 2016 sobre los estafadores llamado *The Confidence Game*. «Así que mientras la gente crea en ello, funcionará. Y en el momento en que la gente deje de creer es cuando se derrumbará».

De ahí el entusiasmo de Mashinsky por HODL-Hold On for Dear Life. Mientras nadie se retire y las personas conserven la suficiente confianza en el esquema para atraer a nuevos inversores, el Ponzi se podría

SEGUNDA PARTE: RIESGO

sostener. Pero en el momento en que se pierda la confianza, se producirá una carrera hacia los bancos.

Quiero dejar claro que no creo que todas las criptomonedas o proyectos criptoderivados sean una estafa. Y, a diferencia de Mashinsky, creo que debemos dar crédito a los primeros en adoptarlo: cualquiera que haya comprado Bitcoin antes de diciembre de 2017 (y haya aplicado HODL) ha obtenido rendimientos sumamente saludables. Más adelante en este capítulo, presentaré a los que considero inversores en criptomonedas inteligentes y de éxito. Tal vez no sea casualidad que estos inversores tuvieran experiencia en campos como la planificación financiera o la gestión de pequeñas empresas antes de meterse en las criptomonedas.

Pero esta parte del Río —a la que yo llamo el Archipiélago—, carente de regulación, es un lugar peligroso para los jugadores inexpertos. Y muchas personas que empezaron a operar con criptomonedas durante el boom de 2020-2021 carecían de entrenamiento o de sofisticación. Hablé con Matt Levine, autor del boletín *Money Stuff* de Bloomberg. Levine es un divertido observador de lo que él llama la «hipótesis de los mercados del aburrimiento», la idea de que el aburrimiento relacionado con la pandemia de COVID-19, junto con una inyección de dinero de estímulo durante la COVID, fue responsable, al menos en parte, de la subida de los criptoactivos, junto con las acciones meme como GameStop. La cronología es relativamente correcta. Bitcoin alcanzó por primera vez un máximo en marzo y abril de 2021, justo cuando las vacunas se hicieron ampliamente disponibles y muchas de las restricciones restantes de la era COVID sobre la actividad interpersonal se estaban relajando. Después, Bitcoin cayó rápidamente a medida que la vida social volvía a la normalidad, antes de volver a subir a finales de 2021, durante la inquietud por las variantes Delta y Omicron. El pico mundial histórico de nuevos casos de COVID diagnosticados se produjo en enero de 2022, solo dos meses después del pico histórico del bitcoin.

Los inversores que entraron en las cripto durante este periodo a menudo carecían de conocimientos financieros básicos, es decir, no entendían conceptos como que el mercado suele ser eficiente y que los altos rendimientos —como un tipo de interés del 18% en los criptodepósitos— implican necesariamente un alto riesgo. Los inversores veteranos intuyen que lo que parece demasiado bueno para ser cierto suele serlo, pero los novatos quizá no. «La forma clásica [de ser estafado] es creer, ser propenso a creer o querer creer que tienes algún conocimiento secreto que nadie más tiene —explicaba Levine—, que te digan que tienes el truco verdadero para desbloquear el mercado». Por ejemplo, ¿los novatos de las criptomonedas que se agolpaban en la fiesta del yate de Miami en busca de consejos internos u oportunidades especiales de personas a quienes apenas conocían? Ese tipo de conducta es una ingenuidad. Un amigo mío que es un experimentado apostador deportivo suele decir que nunca te enteras de las mejores oportunidades hasta que es demasiado tarde (la gente apuesta por ellas hasta la muerte antes de dar consejos). Ahora bien, si eres muy perspicaz y tienes exactamente los amigos adecuados, puede que te enteres de algunas oportunidades de segunda categoría que, sin embargo, son +VE. Pero ¿de un desconocido colocado en una fiesta en un yate de Miami? De eso nada. En esa transacción, casi siempre eres tú el pringado.

La tormenta perfecta para una burbuja

Si hubiera un monte Rushmore de las burbujas financieras, la burbuja de las criptomonedas de 2020-2021 merecería un lugar junto a la manía de los tulipanes que se apoderó de Holanda en el siglo XVII, la burbuja de los mares del Sur de 1719-1720 —que se podría calificar de esquema Ponzi— y el auge de las puntocom de finales de la década de 1990 y principios de la de 2000. De hecho, los criptoactivos siguieron una trayectoria similar a la de los valores tecnológicos. El Nasdaq cayó un 77 % desde su máximo hasta su mínimo tras el estallido de la burbuja tecnológica a principios de la década de 2000; en comparación, Bitcoin y Ethereum cayeron entre un 75 % y un 80 % antes de recuperarse. Los proyectos de NFT sufrieron una caída aún peor. El precio mínimo de un CryptoPunk —la colección de NFT más prestigiosa— cayó casi un 85 % en términos de dólares estadounidenses.

Cabe mencionar que la burbuja tecnológica acabó por tener un final feliz. Empresas como Amazon resurgieron de sus cenizas y el Nasdaq creció en un factor de más de diez entre 2002 y 2021. Los defensores de las criptomonedas predicen que en su mercado ocurrirá algo similar. A principios de abril de 2022, cuando hablé con Gary Vaynerchuk —alias Gary Vee, un hombre cuya mejor descripción es la de cruce entre un gurú de la autoayuda para empresarios en ciernes y un criptoevangelista— predijo una caída seguida de un rebote. «Creo sinceramente que (en este preciso instante) el noventa y ocho por ciento de los precios por NFT bajarán en algún momento de forma significativa. Porque es una burbuja —afirmaba—. Pero lo micro es una burbuja. Lo macro es la mayor oportunidad desde las acciones de Amazon e eBay en 2000».

La predicción de Vaynerchuk puede resultar profética: mientras escribo esto, a principios de 2024, los criptoactivos de primera categoría como Bitcoin y CryptoPunk se han recuperado considerablemente de sus mínimos, y Bitcoin ha alcanzado nuevos máximos históricos, incluso cuando una gran mayoría de NFT carecen esencialmente de valor. Aun así, merece la pena reflexionar sobre por qué se produjo tal burbuja y por qué tantos inversores se dejaron engañar por estafas de las que no hay esperanza de recuperación.

Jóvenes aburridos con escasas perspectivas económicas. Como la mayor parte de las zonas del Río, las criptomonedas están dominadas por hombres, en particular hombres jóvenes. Y los jóvenes se enfrentan ahora a peores perspectivas económicas que hace una generación. En 1979, el 76 % de los hombres estadounidenses de entre veinte y veinticuatro años tenían trabajo. A principios de 2020, esa fracción se había reducido al 66 % —y se desplomó aún más, al 47 %, durante el pico de cierres de empresa relacionados con la COVID-19, en abril de 2020. Parte de esto refleja el hecho de que un mayor número de jóvenes aplazan el empleo para ir a la universidad o realizar estudios de posgrado, pero el número de hombres que terminan la universidad también ha comenzado a disminuir. En otras palabras, en Estados Unidos hay muchos jóvenes aburridos y frustrados con perspectivas económicas dudosas, y nunca han estado más aburridos o frustrados que durante la pandemia.

Las criptomonedas, junto con las operaciones bursátiles y las apuestas deportivas, ofrecían la posibilidad de enriquecerse rápidamente. Y personas como Mashinsky estuvieron encantadas de sacar partido de ello. Parte de su argumento era que todo era muy sencillo. No había que hacer más que comprar y HODL, ¡incluso se ganaban intereses de Celsius! Y todo ello sin las complejidades de, por ejemplo, el póquer o el comercio de opciones.

Incluso ahora, simpatizo a medias con la caracterización de Mashinsky de las criptomonedas como la forma de apostar del proletariado.

«No son los ya ricos los que se lanzan a la próxima novedad, que es lo que suele ocurrir. Es un grupo de gente nuevo —me dijo en Miami—. Es un tipo que hace cinco años vivía en su coche y que resulta que ha comprado mil bitcoins. Que les dice a todos sus amigos: "¡Eh, miradme! Vosotros también deberíais meteros en esto"».

Miedo a la incertidumbre y miedo a perderse algo. La burbuja de las criptomonedas se produjo en un momento de enorme ansiedad debido a la pandemia de la COVID-19 y el entorno incierto que surgiría de ella, por no mencionar todas las demás cosas que preocupan a los jóvenes, como el cambio climático y la agitación política. Es difícil subestimar hasta qué punto se sentía inquieto el mundo en 2020 y principios de 2021. Y eso puede resultar muy oportuno para los estafadores.

«Una de las cosas de las que sacan provecho los estafadores es de que el cerebro humano odia la incertidumbre y siempre busca algún tipo de historia: causa y efecto, algo que tenga sentido. Y cuando el mundo está cambiando y suceden muchas cosas a la vez, es difícil para la mente promedio lidiar con ello», me dijo Maria Konnikova. Los gurús de las criptomonedas, como Mashinsky y Bankman-Fried, ofrecían la autoridad que las personas deseaban desesperadamente. Según Konnikova, los estafadores «te ofrecen una bonita narrativa para dar sentido» al mundo. «Aprovechan ese momento para darte la certeza que precisas».

También había otro factor: el miedo a perderse algo. «La otra cara de la moneda es que tampoco queremos perdernos oportunidades. Es el miedo a perderse algo (o FOMO, por sus siglas en inglés)», me dijo Konnikova. Las criptomonedas se presentaron al público estadounidense como la gran novedad. Esto no podría haber sido más explícito; los anuncios eran tan descarados como los de DraftKings en 2015. En un anuncio ahora tristemente famoso, para la Super Bowl LVI —que FTX pagó 25 millones de dólares para producir, más otros 10 millones por los honorarios de David—, al comediante Larry David se le representó como un ludita que se burlaba de la invención de la rueda, la Declaración de Independencia y la bombilla. Sí, en serio: FTX comparaba la invención de las criptomonedas con el uso de la electricidad. El eslogan al final del anuncio era literalmente —en mayúsculas—: «NO TE PIERDAS LA GRAN NOVEDAD».

Konnikova me dijo que siempre que hay una nueva tecnología que parece marcar el inicio de una nueva era, tanto los tontos como los mercachifles salen corriendo hacia ella. «La fiebre del oro, las revoluciones tecnológicas, la Revolución Industrial, novedades que no acabas de entender. Sientes que esto puede ser interesante. Y si alguien te lo explica con claridad, le pone un lacito y te dice que en realidad es muy sencillo y muy fácil, puedes participar».

Compare el discurso del timador canónico de Konnikova («¡Es muy sencillo y muy fácil!») con lo que me dijo Mashinsky: «Es muy simple». Son palabras que los inversores y los jugadores siempre deberían considerar una señal de alarma.

La creación de valor en memes. Como dice Konnikova, los estafadores y las empresas fraudulentas suelen ofrecer algún tipo de explicación sobre cómo están creando valor. Incluso Celsius tenía una historia, por muy mal que resistiera el escrutinio.

Pero la burbuja de 2020-2021 también presentaba valoraciones que nadie pretendía siquiera que tuvieran base alguna en la realidad. Por ejemplo, GameStop, una empresa que cotiza en Bolsa y vende videojuegos y consolas. GameStop no tiene literalmente un valor cero; tiene varios miles de puntos de venta, y el juego es una gran industria. Pero en enero de 2021, su capitalización bursátil se disparó repentinamente hasta los 22.600 millones de dólares tras haber estado por debajo de los mil millones a mediados de diciembre. Nada en absoluto había cambiado que justificase aquello: GameStop es un negocio minorista a la vieja usanza, en un sector en el que la mayoría de las ventas de videojuegos han tenido lugar en línea, y la compañía ha sufrido pérdidas netas cada año desde 2018. Pero las acciones se habían vuelto populares en el foro de Reddit r/wallstreetbets, un foro para operadores diarios y operadores de opciones. Es difícil decir por qué GameStop en particular se hizo popular. En parte se debió a que muchos fondos de cobertura la estaban vendiendo en corto y los operadores diarios querían contraatacar, y en parte porque se percibía como una empresa arcaica, un dinosaurio del tipo Blockbuster Video. Apoyarla era intrínsecamente gracioso, un meme de los de «OK boomer» hecho realidad.

El siguiente nivel de ridiculez después de GameStop fue Dogecoin, una criptomoneda creada deliberadamente para ser una bobada. Billy Markus, cofundador de Dogecoin, me dijo que intentaba burlarse un poco de las criptomonedas, en un momento en el que «la principal utilidad de las criptomonedas, en 2013, era comprar drogas de forma anónima en Silk Road o apostar ilegalmente en internet». Markus me dijo que solo le debió de llevar diez minutos completar la programación de

Dogecoin, pero empleó un par de horas en personalizar las imágenes (*doge* es un error ortográfico deliberado de *dog*, perro, a veces asociado con imágenes de un simpático perro japonés llamado Kabosu) y los tipos de letra (Comic Sans).

Y, sin embargo, Dogecoin se hizo viral y se ganó los elogios de r/wallstreetbets y de Elon Musk. Valorada en 0,00026 dólares poco después de su creación en 2013, finalmente alcanzó un máximo de 0,74 dólares en mayo de 2021, lo que supone un aumento de aproximadamente un factor 3.000. En teoría, se supone que empresas como Apple y Google producen ocasionalmente un rendimiento de un factor 3.000 basado en la creación de tecnologías de consumo revolucionarias que se adoptan en todo el mundo. No se supone que esto vaya a ocurrir con las *shitcoins*[*] con un perrito de dibujos animados.

Markus, cuyo trabajo habitual es hacer software educativo, vendió sus dogecoins y el resto de sus criptomonedas por unos 10.000 dólares después de perder su trabajo en 2015. Me dijo que eso no podía disgustarle demasiado, porque, si no lo hubiera hecho antes, lo habría hecho después. Era imposible llevar un control temporal del mercado de Dogecoin cuando la valoración subyacente estaba, para empezar, tan alejada de la realidad.

«Si llevas mucho tiempo en el mundo de las criptomonedas y eres codicioso, te estafarán seguro —afirma—. Es como ir a un casino, salvo que hay juegos normales y luego está el callejón, que promete mayores beneficios. Una persona racional debería pensar algo como: "Bueno, eso parece turbio y ridículo". Cualquiera que participe en eso debería entender que lo que hace es jugar una partida de póquer amañada». Pero en 2021, el número de usuarios de criptomonedas crecía tan deprisa que la inmensa mayoría eran nuevos en el sector. En el boom del póquer de 2004-2007, el aluvión de nuevos clientes hizo que los jugadores más experimentados pudieran ganar dinero a toneladas con solo jugar un póquer sólido, ajustado y predecible. En las criptomonedas, también había muchos primos.

Le pregunté a Matt Levine si cree que habrá más burbujas como las de Dogecoin y GameStop en el futuro. «Mi instinto me dice que sí, que habrá más. Lo que ha ocurrido en general es que la gente se ha dado

---

[*] Investopedia define bien este término: «Shitcoin hace referencia a una criptomoneda con poco o ningún valor o sin un propósito inmediato y discernible».

cuenta de que las comunidades en línea pueden coordinar la subida de un activo». Levine se refirió a esto como la «creación meme de valor». Ya no importaba si lo que negociabas tenía una utilidad intrínseca. No lo comprabas para HODL, a menos que fueras un primo. Lo que hacías era jugar a un juego de adivinanzas, una versión del dilema del prisionero en la que se te permitía comunicarte y confabular con los otros reclusos.

Sí, así es. Es el momento de la teoría de juegos de las shitcoins.

Digamos que hago una shitcoin llamada NateCoin, designada por el símbolo ₦. Vamos a jugar a un juego que, al menos en cierto modo, se asemeja a la dinámica de una burbuja de shitcoin. Estas son las reglas:

- El valor fundamental de la ₦ es 0 dólares. Es una shitcoin sin utilidad intrínseca. Su único valor deriva del hecho de que puedes conseguir que otra persona la compre a un precio más alto.
- Sin embargo, la ₦ se ha hecho inexplicablemente popular porque Elon Musk tuiteó sobre ella.
- Dos operadores, Satoshi y Pepe,[*] compraron ₦ a 50 dólares. Desde entonces, su valor no ha hecho más que aumentar. Actualmente vale 150 dólares.
- Todo el mundo sabe que esto es ridículo. Cualquier venta desencadenará una cascada, y ₦ se desplomará instantáneamente hasta su valor fundamental de 0 dólares.
- Si Satoshi y Pepe venden en el mismo momento, un algoritmo de cadena de bloques determinará al azar quién hizo la primera venta. El que gane el sorteo se lleva el precio de mercado (150 dólares). El otro se queda con su NateCoin sin valor (0 dólares).
- ₦ está siendo fuertemente vendida en corto por un fondo de cobertura. Si Satoshi y Pepe conservan la ₦ durante otras veinticuatro horas, los vendedores en corto son expulsados del mercado y el valor de la ₦ aumentará a 200 dólares.

¿Cuál es la estrategia óptima? Si Pepe y Satoshi no pueden coordinarse o comunicarse, esto se convierte en un dilema del prisionero clásico. No importa lo que haga el otro, la mejor estrategia individual de cada jugador es vender. Miremos esto desde la perspectiva de Satoshi, por

---

[*] Satoshi por Satoshi Nakamoto, el fundador de Bitcoin, y Pepe por Rare Pepe, uno de los primeros proyectos de NFT.

ejemplo. Si Pepe conserva, Satoshi debería vender. Obtendrá un beneficio de 100 dólares, que es mayor que el valor esperado (50 dólares, como en el recuadro inferior derecho) de aceptar el dinero del que vende en corto y luego hacerse el chulo con Pepe para ver quién vende primero. Y si Pepe vende, seguro que Satoshi también quiere vender. De lo contrario, será él quien se quede con la bolsa y sus ₦ perderán todo su valor.

La teoría de juegos de una burbuja de shitcoin

	SATOSHI VENDE	SATOSHI MANTIENE
PEPE VENDE	El orden de venta se determina al azar. Uno de ellos logra un beneficio de 100 dólares y el otro pierde sus 50 dólares de inversión. VE: Pepe +25 dólares, Satoshi +25 dólares	Pepe obtiene un beneficio de 100 dólares. Satoshi pierde 50 dólares. VE: Pepe +100 dólares, Satoshi −50 dólares
	Satoshi obtiene un beneficio de 100 dólares. Pepe pierde 50 dólares. VE: Pepe −50 dólares, Satoshi +100 dólares	El valor de ₦ aumenta a 200 dólares. Sin embargo, solo uno de ellos podrá realmente hacer realidad este precio. Uno de ellos acabará vendiendo por 200 dólares (obteniendo un beneficio de 150 dólares) y el otro no obtendrá nada (perdiendo su inversión inicial de 50 dólares). VE: Pepe +50 dólares, Satoshi +50 dólares

Pero ¿y si Pepe y Satoshi pueden coordinarse —por ejemplo, en un grupo de chat al que se unieron durante la fiesta del yate de Miami, o en un foro como r/wallstreetbets—? Entonces es cuando las cosas se ponen interesantes. Podrían apostar por mantener viva la carrera del Natecoin. Si pueden aguantar veinticuatro horas más, eliminarán al vendedor en corto y el valor de su ₦ aumentará. Esta es, por supuesto, una jugada peligrosa, porque, si uno de ellos vende, el otro está jodido. Pero, en realidad, mantener es en su propio interés mutuo. Su VE combinado es más alto si practican el HODL, se quedan con el dinero del vendedor en corto, y luego ven quién hace algún movimiento. El dilema es que, si eres Pepe o Satoshi, normalmente no hay ninguna forma racional de asegurarse que el otro no deserte y te joda.

Excepto que, en el contexto de r/wallstreetbets, podría haber razones para confiar en el otro. Existe la camaradería entre operadores debido al hecho de que se ven interpretando el papel de David (contra Goliat). Existe el hecho de que los jóvenes suelen comportarse como una colmena y protegen la solidaridad del grupo. También está el *ethos* de HODL, un valor cultural predeterminado según el cual hay que cooperar, no desertar. La burbuja estallará tarde o temprano: cuanto más se aleje el valor de la ₦ de su valor fundamental, más incentivos tendrán Satoshi y Pepe para recoger sus beneficios y salir corriendo. Pero en un mundo memificado, las burbujas serán más largas, de pendiente más pronunciada y más comunes.

El juego hábil sigue siendo juego: La historia de Runbo Li

Runbo Li ganó a lo grande en su primera gran operación de opciones. Había visto una pista en r/wallstreetbets según la cual Nvidia, el fabricante de semiconductores, estaba a punto de anunciar una nueva GPU.[*] Aproximadamente un año antes, Li había comprado algunas acciones en la plataforma de operaciones bursátiles Robinhood con el dinero que había ahorrado en su primer trabajo: grandes valores de consumo que él conocía, como Nike y JetBlue. Las acciones habían tenido un rendimiento modesto. Pero lo que estaba ocurriendo en r/wallstreetbets era mucho más emocionante.

«Vi que algunas personas ganaban tremendas cantidades de dinero con las opciones sobre acciones», afirma. Más tarde se dio cuenta de lo engañosos que podían ser estos ejemplos elegidos expresamente. Pero ese consejo en concreto resultó ser acertado. Li

---

[*] GPU son las siglas de *graphics processing unit* («unidad de procesamiento gráfico»), un tipo de chip informático optimizado originalmente para mostrar gráficos de videojuegos, pero que también es muy eficiente para cálculos matemáticos generales. Así, las GPU se utilizan con frecuencia para otros problemas de alta carga computacional, como el entrenamiento de modelos de IA.

compró opciones de compra de Nvidia (NVDA). Una opción de compra es una apuesta alcista que permite ganar dinero si las acciones de una empresa suben por encima de un determinado umbral. En efecto, Nvidia anunció una nueva GPU, sus acciones se dispararon y Li ganó su apuesta. Estaba tan orgulloso de su victoria que compartió una captura de pantalla con sus padres inmigrantes, y los convenció para que le dejaran invertir decenas de miles de dólares de sus propios ahorros.

La victoria de NVDA podría haber sido lo más desafortunado que le hubiese ocurrido a Li. Siguió doblando la apuesta, comprando más opciones de compra sobre NVDA. Pero el valor de la acción bajó, como parte del llamado naufragio tecnológico del mercado en el verano de 2017. También hizo otras apuestas perdedoras y, de hecho, prácticamente ha estado persiguiendo ese subidón inicial desde entonces. Es obvio que Li es un tipo inteligente: tiene un máster en Economía por la Universidad de Toronto y ha trabajado como científico de datos en Meta y otras empresas. Pero ha perdido alrededor de un millón de dólares en el comercio de opciones, según me dijo (Li se puso en contacto conmigo por correo electrónico, en frío, cuando se enteró de la existencia de mi libro; quería que compartiera su historia. «Creo que, si puedo ayudar al menos a otra persona a evitar los escollos a los que yo me enfrento, sería una victoria para mí. Creo que la espiral en la que yo caí es particularmente perniciosa, y el camino de bajada es muy duro».

Esto es lo que hay que saber sobre la negociación de opciones: es *mucho* más arriesgada que la inversión habitual en Bolsa. Es como si fueras a la feria del pueblo y hubiera atracciones aburridas, como un tiovivo y una noria: eso es, básicamente, el mercado de valores. Hay un poco de acción, pero no es para los que buscan emociones fuertes; de media, la Bolsa sube o baja entre un 15 y un 20% al año. El comercio de opciones es como si, al doblar una esquina, esperaras ver autos de choque, y en su lugar estuviera la MONTAÑA RUSA MAGNUM EPIC STEEL DRAGON, con una caída vertical de más de cien metros y vuela a más de doscientos kilómetros por hora.

Un rapidísimo manual sobre la negociación de opciones: una «opción de compra» es un contrato que da derecho a comprar una acción a un precio determinado (lo contrario de una opción de compra es una «opción de venta». Una opción de venta es una apuesta bajista: el derecho a vender una acción a un precio determinado). Por ejemplo, si NVDA cotiza actualmente a 98 dólares/acción, una opción de compra podría decir: «Puedo comprar cien acciones de NVDA a 100 dólares/acción en cualquier momento de los próximos treinta días». El precio de esto se llama *prima* —digamos que, en este caso, es de 3 dólares por acción— y la prima se paga tanto si se ejerce la opción como si no.

Supongamos que NVDA sube a 106 dólares ¡Bingo! Ejerce la opción y compra cien acciones a 100 dólares cada una, lo que supone un descuento considerable respecto al precio de mercado de 106 dólares. Acaba de obtener un beneficio bruto de 600 dólares —cien acciones a 6 dólares de beneficio por acción— y su beneficio neto después de pagar la prima es de 300 dólares. No ha sido un mal día de trabajo.

No se trata de ningún truco o juego de manos; la negociación de opciones es una actividad perfectamente legítima y legal. El problema es que la opción solo tiene valor si las acciones suben por encima del precio especificado en el contrato: no tiene ninguna utilidad poder comprar NVDA a 100 dólares si su valor cae a 95. Y esto le crea dos posibles problemas.

Uno de ellos es que hace que la negociación de opciones sea muy arriesgada. En este ejemplo, usted ha arriesgado un capital de 300 dólares (la prima) por una apuesta que, al final, le ha reportado un beneficio de 300 dólares, es decir, un rendimiento del 100% en treinta días. Eso está muy bien, pero, si no sabe lo que hace, obtendrá con la misma frecuencia un rendimiento del −100%. La varianza es un orden de magnitud mayor que cuando se invierte en fondos de índices bursátiles, donde algo como una oscilación del 25% a lo largo de todo un año se consideraría volátil.

De hecho, si mira un gráfico del Nasdaq, apenas se distingue el «naufragio tecnológico» que Li me describió. No duró mucho y solo afectó a un puñado de valores. Pero si se realizan operaciones con un apalancamiento tan elevado, se notará cada bache. «Todas las ganancias que obtuve solo con esa [apuesta en Nvidia] fueron mayores que las que obtuve el año pasado manteniendo las acciones que tenía. Y al instante pensé: ¿para qué voy a mantener acciones si puedo hacer esto?», me contó Li.

La otra cuestión es que la valoración de opciones es un problema notoriamente difícil, que probablemente es mejor dejar en manos de profesionales. Digamos que tiene motivos para pensar que NVDA está infravalorada. Vale, genial. Puede comprar más NVDA. Respeto su voluntad de mantener una posición. Tiene una hipótesis bastante simple: NVDA subirá.

Pero, si quiere comprar una opción de compra de NVDA, tendrá que resolver muchos otros parámetros. Su pregunta se convierte en algo parecido a esto: ¿cuál es la probabilidad de que las acciones de NVDA alcancen un valor X en cualquier momento antes de la fecha D y, en caso afirmativo, cuál es el momento óptimo T para ejercer la opción, y el valor esperado de esta es más o menos que la prima P? Le deseo buena suerte.* Puedo decirle de primera mano lo difícil que es hacer previsiones probabilísticas. Y aunque alguien como Runbo Li es un tipo listo con un máster y un empleo en ciencia de datos, está compitiendo con docenas de empresas de todo el mundo especializadas en el comercio de opciones.

Aun así, la percepción de que el comercio de opciones es una actividad especializada es parte de lo que le dificultó dejarlo, me dijo Li. Incluso pidió varios préstamos a interés alto para alimentar su hábito. También operaba con márgenes, es decir, pedía dinero prestado directamente a Robinhood para apalancar aún más sus apuestas.

«Podría haber sido fácilmente otra cosa, como las apuestas deportivas. Pero para mí tiene esa apariencia de inversión. Y esa es una de las peores cosas, porque creo que, con las opciones sobre acciones, el comercio se parece mucho a un juego de azar. Puedes racionalizarlo y decir, oye, con una buena diligencia debida, si haces estas cosas, puedes tener una tasa de éxito realmente alta. Pero creo que eso es más o menos un mito».

He aquí algo que aprendí al escribir este libro: si tienes un problema con el juego, *alguien* va a inventar *algún producto* que haga

---

* Incluso la fórmula Black-Scholes para fijar el precio de las opciones —aunque Peter Thiel y otros se burlan de ella por ser demasiado simplista— es relativamente compleja en comparación con otras fórmulas famosas. Es una ecuación diferencial en derivadas parciales que contiene seis variables; no es precisamente $E = mc^2$.

resonar tus cuerdas probabilísticas. Tal vez sea un «viaje suave hasta cero», como en el caso de los adictos a las máquinas tragaperras de Natasha Schüll. Quizá sea la montaña rusa de la negociación de opciones. A lo mejor es simplemente comprar y HODL y sudar la gota gorda con tus colegas en el chat. Para algunas personas, un juego de habilidad como el póquer o el comercio de opciones, que también es un juego de apuestas, puede ser algo más atractivo. Otros solo quieren reclinarse y pulsar un botón.

Y el producto que más atraiga al degenerado que llevas dentro se adaptará algorítmicamente para reducir la fricción y conseguir que juegues aún más. «La aplicación [Robinhood] está, en realidad, gamificada para que parezca que estás haciendo girar una ruleta», me dijo Li, citando técnicas como los gráficos de confeti cuando alcanzas un hito en las operaciones —aunque algunas de estas animaciones ya se han retirado—. Los datos demuestran que funciona: los clientes de Robinhood operan con opciones en volúmenes mucho mayores que los de sitios de negociación más tradicionales, como Charles Schwab.

Por último, está la influencia de foros como r/wallstreetbets: la camaradería y la competencia entre hombres, en su mayoría jóvenes, operadores inexpertos. No tengo ningún problema con hablar de negocios. Cuando era un jugador de póquer en desarrollo, pasaba horas sin fin en un foro en línea llamado Two Plus Two Forums, un tablón de mensajes de póquer, para compartir estrategias, memes y cotilleos. Sin duda, me ayudó a mejorar en el póquer. Pero también había que tomarse con escepticismo lo que la gente decía allí, en especial sobre sus victorias y derrotas personales. Un jugador que publicaba un gráfico alardeando de que había ganado 80.000 dólares en el último mes podía entrar en una racha perdedora y no volver a saber de él.

«En general, no creo que WallStreetBets sea hábil —afirma Li—. Las publicaciones de historias de éxito son una entre un millón. No muestra a las 999.000 personas que perdieron su dinero y no volvieron a jugar, o a las que son como yo».

ILUSIÓN

Bitcoin es de Marte, Ethereum es de Venus

El Bloque Génesis lo creó una persona de nombre de Satoshi Nakamoto el 3 de enero de 2009. Concedió 50 bitcoins (BTC) a la dirección 1A1zP1eP5QGefi2DMPTfTL5SLmv7DivfNa, creando así los primeros bitcoins de la historia. También venía con un mensaje escrito en hexadecimal:

> The Times 03/Jan/2009 Chancellor on brink of second bailout for banks

Era una referencia a un titular de ese día en *The Times* de Londres, y fue de inmediato el equivalente digital de una fotografía de prueba de vida —en la que se utiliza un periódico como prueba contemporánea del momento en que se tomó una imagen— y un guiño a la crisis financiera mundial. Esta crisis había inspirado a Nakamoto y le había convencido de que no se podía confiar en los gobiernos. «El problema de fondo de la moneda convencional es la confianza necesaria para que funcione —escribió—. Hay que confiar en que el banco central no devaluará la moneda, pero la historia de las monedas fiduciarias está llena de abusos de esa confianza». Nakamoto quería crear una moneda digital descentralizada que no dependiera de la confianza ni de la autoridad del Gobierno ni de ningún banco central.

El Bloque Génesis se sigue incluyendo en todas las copias de la cadena de bloques de Bitcoin, y todas las copias de la cadena de bloques son iguales, excepto en la forma en que describen transacciones muy recientes que aún no han sido verificadas. Una cadena de bloques es básicamente un libro de contabilidad digital compartido, cada vez más extenso, de todas las transacciones de la historia en orden cronológico, lo que significa algo como lo siguiente:*

---

* ¿No está cifrado este mensaje? No. Los datos de una cadena de bloques no están cifrados, aunque a menudo se representan en hexadecimal, un sistema de numeración de base 16 que incluye diez dígitos y las letras de la A a la F. De hecho, el principio básico de la tecnología de cadena de bloques es el registro público y transparente de la información de las transacciones, lo que elimina la necesidad de intermediarios. El término «cripto» en «criptomoneda» proviene del uso de la criptografía. Por ejemplo, la crip-

SEGUNDA PARTE: RIESGO

The Times 03/Jan/2009 Chancellor on brink of second bailout for banks•••
Alice-Paid-Bob-004.000BTC-On-Sept092009•••Bob-Paid-Carol-002.500-BTC-
On-Sept102009•••Carol-Paid-Alice-010.000BTC-On-Sept122009

Así que, en cierto sentido, la idea de Nakamoto era realmente radical: los bitcoins eran el primer activo digital que podía transferirse sin la aprobación de ningún Gobierno o autoridad central. En otro sentido, los problemas que Nakamoto intentaba resolver eran relativamente técnicos. Una cuestión especialmente peliaguda, descrita en su libro blanco, era el problema del doble gasto. Si te doy una moneda de oro por una barra de pan, no puedo gastar esa misma moneda en otro sitio. Pero, si fuera astuto, podría enviar la misma moneda digital a dos sitios a la vez: por ejemplo, a Carol por su Crypto-Punk y a Bob por su Bored Ape. ¿Cómo decidir qué transacción es válida?

No voy a detallar todos los aspectos de la ingeniosa solución de Nakamoto, pero el pilar es un consenso garantizado por lo que se denomina minería de «prueba de trabajo». La minería de bitcoins es el acto de verificar un nuevo bloque de transacciones resolviendo un rompecabezas que requiere cálculos intensivos. El proceso se ha comparado con intentar ganar un premio de un billete de lotería rasca y gana. Por su diseño, requiere un poco de trabajo —el trabajo computacional es la razón por la que la minería de Bitcoin tiene un impacto medioambiental sustancialmente negativo—, pero aun así no hay garantía de éxito. El proceso es aleatorio, aunque al igual que comprar más billetes de lotería te da más posibilidades de ganarla, disponer de más potencia de cálculo te da más posibilidades de ganar el gran premio de la minería: una recompensa por bloque, fijada en 6,25 bitcoins (aproximadamente 250.000 dólares) en el momento en que escribo esto, más las tasas de transacción.

Pero ¿cómo es posible que hayamos pasado de la primera cadena de bloques —un libro de contabilidad digital para registrar las transacciones de Bitcoin— a las escandalosas fiestas de Art Basel?

La línea de transmisión pasa por Vitalik Buterin, programador informático ruso-canadiense con aspecto de poca salud y que creó la ca-

---

tografía de clave pública-privada desempeña un papel crucial en la seguridad de las transacciones.

dena de bloques Ethereum.* La cadena de bloques de Ethereum tiene una moneda digital nativa, el Ether (ETH), que se pronuncia «eth» con una «e» larga, como en el nombre Ethan. Pero, al igual que uno de esos electrodomésticos que salen en los anuncios publicitarios nocturnos (corta, pica, hace patatas fritas en juliana), la cadena de bloques de Ethereum puede ir mucho más allá de registrar transacciones de ETH. En concreto, permite la creación de los denominados contratos inteligentes. Ethereum contiene un «lenguaje de programación Turing completo incorporado», por lo que las posibilidades son prácticamente ilimitadas. Podría, por ejemplo, escribir un contrato de opciones —tengo derecho a comprarte cien ETH si el precio sube por encima de 2.500 dólares— y la cadena de bloques trabajaría para ejecutar el contrato automáticamente.

En cierto modo, la historia del origen de Ethereum se parecía a la de una típica empresa emergente de Silicon Valley, surgida de un joven y brillante fundador inmigrante dispuesto a hacer una apuesta a largo plazo. A diferencia de Nakamoto, Buterin no tenía ninguna objeción ideológica contra el sistema bancario central. En cambio, es más bien un polímata: un programador galardonado que también fue cofundador de *Bitcoin Magazine* y que tenía solo diecinueve años cuando empezó a sentar las bases de Ethereum.

«Hasta más o menos 2014 o incluso 2016, estaba convencido de que todo este espacio solo tenía un diez o un veinte por ciento de posibilidades de convertirse en algo interesante», me dijo Buterin. Pero calculó el valor esperado. En aquel momento, Bitcoin tenía una capitalización bursátil de alrededor de 7.000 millones de dólares, mientras que la capitalización bursátil del oro era de 7 billones de dólares (billones con «b»). Si Bitcoin tuviera siquiera un 5 % de posibilidades de valer un 10 % más que el oro, la capitalización de mercado debería haber sido de 35.000 millones de dólares, unas cinco veces más del valor con el que se comerciaba. «Haciendo cuentas, parece que merece la pena arriesgarse», pensó Buterin. Así que se lanzó de cabeza a la criptomoneda, con la ayuda de una subvención de 100.000 dólares de la fundación

---

* Permítame aclarar algunos puntos. Satoshi Nakamoto inventó (1) la primera cadena de bloques funcional y (2) Bitcoin, una moneda digital cuyas transacciones se registran en la cadena de bloques de Bitcoin. Pero no es la única cadena de bloques. Buterin creó una diferente, Ethereum.

de Peter Thiel en 2014 para abandonar los estudios y seguir desarrollando Ethereum.

Su apuesta ha sido un éxito. ETH es la segunda criptomoneda más negociada, por detrás de BTC pero muy por delante de todo lo demás. Y aunque los contratos inteligentes son un invento relativamente reciente, ya tienen algunos usos interesantes. Los contratos inteligentes son la base de las DeFi, o finanzas descentralizadas, aunque algunos proyectos de DeFi han resultado ser estafas. También son la base de las DAO, u organizaciones autónomas descentralizadas, estructuras de autogobierno que a veces utilizan equipos de inversores para comprar criptoactivos juntos. Y luego está el caso de uso más famoso de los contratos inteligentes: el token no fungible, o NFT.

En el lenguaje informal, «NFT» se utiliza con frecuencia para referirse a una obra de arte digital, como un CryptoPunk (en este capítulo, en algunos casos, he adoptado el uso coloquial). Pero es más exacto decir que un NFT es un certificado de propiedad que todo el mundo puede ver en la cadena de bloques (la obra de arte en sí no suele almacenarse en la cadena de bloques, que a menudo solo contiene un enlace a una dirección web que contiene el archivo, aunque hay algunas excepciones entre los proyectos de gama alta). Las características distintivas de una NFT son que tiene un propietario único basado en la información revelada en su contrato inteligente y que —como su nombre indica— es no fungible, es decir, es única. La fungibilidad es la propiedad de la intercambiabilidad: los billetes de dólar son fungibles y los bitcoins son fungibles; cualquiera es igual que cualquier otro. Pero los CryptoPunks no lo son; el CryptoPunk #1111 y el CryptoPunk #1234 son activos diferentes.

Para artistas y coleccionistas, disponer de un método ampliamente aceptado de atribuir la propiedad es muy importante. Ni siquiera los activos físicos pueden siempre igualar el estándar de la cadena de bloques. «Por primera vez en la historia, existe una escasez demostrable y una procedencia incuestionable de un objeto de colección», afirma VonMises,[*] un destacado coleccionista de NFT que, como muchos otros en su sector, prefiere ocultarse tras un seudónimo y pasar desaper-

---

[*] Como muchos de los primeros en adoptar las criptomonedas, VonMises tiene inclinaciones políticas libertarias, y su nombre de usuario es un homenaje al economista austriaco Ludwig von Mises, defensor del libre mercado.

cibido. (Algunos propietarios de NFT han sido hackeados, víctimas de phishing o incluso secuestrados para obtener las claves de sus carteras digitales). VonMises ha coleccionado de todo, desde cromos de béisbol hasta fichas de póquer antiguas, de manera que sabe hasta qué punto es común la falsificación. «Hay obras de grandes maestros que son falsas y cuelgan de las paredes de los museos, y todo el mundo lo sabe —me dijo—. El Instituto Rothko y la Fundación Warhol han dejado de hacer verificaciones porque son incapaces de distinguir la diferencia».

Los contratos inteligentes NFT también pueden contener otras disposiciones, como derechos de autor que se acumulan automáticamente para el artista cuando el token cambia de manos. Algunos artistas han empezado incluso a aprovechar las características inteligentes de los contratos de NFT para crear arte que cambia, evoluciona o se regenera. Mike Winkelmann, más conocido en el criptomundo como Beeple, creó una NFT llamada *Crossroad* en 2020 que estaba diseñada para cambiar en función de si Donald Trump ganaba las elecciones presidenciales. Una vez que se declaró vencedor a Joe Biden, representó a un Trump gigante, caído, hinchado y sin camisa con palabras como «PERDEDOR» escritas sobre él en grafiti. Si Trump hubiera ganado, habría mostrado en cambio a un Trump dios-rey emergiendo de un ardiente inframundo —quizá, imaginé, las brasas de las encuestas de la Aldea que, una vez más, le habían declarado prematuramente muerto—. *Crossroad* se adquirió por la cifra récord de 6,6 millones de dólares, aunque pronto sería superada por otra NFT de Beeple, *Everydays: The First 5,000 Days*, que se vendió por 69 millones de dólares.

Seamos claros: nada de esto justifica necesariamente el bombo que recibió la cadena de bloques en el pico de la burbuja de las criptomonedas. Aun así, la cadena de bloques Ethereum tiene claramente más potencial para aplicaciones comerciales, tecnológicas y creativas del que tuvo nunca la cadena de bloques de Bitcoin.

Sin embargo, desde los inicios de Ethereum, Buterin se encontró con una intensa resistencia por parte de los entusiastas de Bitcoin. «Ya sabes, hace un montón de cosas increíbles —dijo—. Y todos formamos parte del equipo Criptomonedas y estamos juntos en esto. Pero me sorprendió mucho que la respuesta fuera de extremismo y hostilidad».

En parte, esto se debe a los orígenes de las respectivas cadenas de bloques y al bagaje cultural que llevan consigo: Ethereum era casi una empresa emergente de Silicon Valley, mientras que Bitcoin era una alternativa ciberlibertaria a la moneda fiduciaria. «Ethereum es un ecosistema en el que los capitalistas de riesgo apuestan por el futuro de la computación, la Web3, DeFi, los juegos, las NFT y todas esas mierdas —explica Levine—. Bitcoin es un lugar para hacer apuestas sobre la futura adopción institucional de una clase de activos económicos».

Pero eso no explica del todo las actitudes intensamente anti-Ethereum con las que se encontró Buterin. Comparó a los extremistas de Bitcoin —que suelen afirmar que Bitcoin es la única criptomoneda que merece la pena— con los adeptos religiosos. «Bitcoin no es realmente un proyecto tecnológico: es una especie de proyecto político, cultural y religioso donde la tecnología es un mal necesario», dijo.

Es habitual en el Río, un lugar altamente secular, insultar el movimiento de alguien comparándolo con una religión (por ejemplo, se podría decir que el movimiento *woke* es una religión o que lo es el altruismo eficaz). Pero en este caso, Buterin no estaba formulando un insulto político al uso. Lo que hacía era sugerir que Bitcoin —como una religión— depende profundamente de la idea de creencia. Fundamentalmente, Bitcoin no es tan distinta de una shitcoin como Dogecoin; ninguna de ellas tiene la funcionalidad de valor añadido de Ethereum. Pero mucha más gente cree en Bitcoin que en Dogecoin, y está dispuesta a comerciar con ella o aceptarla como pago. «La parte epistemológica de la religión es básicamente una profecía autocumplida, ¿verdad? —dijo Buterin—. Si consigues que un número suficiente de personas crean en ella y la compren, podría convertirse tal cual en realidad».

Sin embargo, nada de esto debería implicar que los partidarios de Bitcoin se comporten de forma irracional. La posición dominante de Bitcoin en el criptoecosistema puede explicarse mediante la teoría de juegos. Es hora de introducir un nuevo concepto, que relaciona el mundo de las criptomonedas con el del arte y ayuda a explicar por qué algunos objetos son extraordinariamente valiosos mientras que la gran mayoría carecen de valor.

Los puntos focales y la economía basada en la envidia

He aquí un famoso enigma planteado por el economista Thomas Schelling:

ILUSIÓN

Ha quedado con alguien en Nueva York. No le han dicho dónde se van a encontrar, no tiene ningún acuerdo previo con la persona sobre dónde se van a encontrar y no pueden comunicarse entre ustedes. Simplemente se le dice que tendrá que adivinar dónde se encontrarán y que a él se le dice lo mismo y que tendrá que procurar que sus conjeturas coincidan.

Si no se ha encontrado antes con este problema, tómese un momento para reflexionar sobre la respuesta. No querrá reunirse en un cruce cualquiera de Queens. Buscará algún punto de referencia obvio, y probablemente tenga sentido que esté situado en el centro. Sin embargo, Nueva York tiene muchos buenos candidatos. Central Park está en el centro. También Times Square y el Empire State Building. Todas ellas son alternativas lógicas. Pero esta pregunta tiene una única mejor respuesta.

La respuesta es la estación Grand Central Terminal, concretamente la caseta de información del Gran Salón de Grand Central Terminal. Un momento, ¿por qué? Bueno, se podrían dar algunos argumentos a favor de Grand Central. Es un lugar relativamente agradable para pasar el rato. Y es una ubicación más discreta que algo como Central Park (¿en qué lugar exacto de Central Park se encontraría?). Pero, a decir verdad, se trata de una elección relativamente arbitraria. Grand Central fue la respuesta más popular entre los estudiantes encuestados por Schelling. Según su teoría, esto se debía a que la clase que impartía era en Yale y la línea New Haven del ferrocarril Metro-North termina en Grand Central, por lo que desempeñaba un papel destacado en la experiencia de sus alumnos en la ciudad de Nueva York. Si hubiera dado clase en Princeton, Penn Station habría sido una respuesta más natural,[*] ya que los trenes procedentes de New Jersey terminan allí.

La razón por la que Grand Central Terminal es la respuesta correcta es que es obvio que es la respuesta correcta si se conoce la encuesta de Schelling. Y cada vez que alguien escribe sobre el experimento de Schelling, Grand Central se afianza como la respuesta correcta.

---

[*] Esto fue en los días anteriores a que Robert Moses destruyera los niveles superiores de Penn Station para construir el Madison Square Garden; Penn Station también era un lugar relativamente agradable para pasar el rato.

SEGUNDA PARTE: RIESGO

Si esto suena a profecía autocumplida, esa es precisamente la cuestión. Grand Central es lo que Schelling llama un «punto focal». Aunque el punto focal es una idea importante en teoría de juegos, es más intuitiva que algo como el dilema del prisionero, así que no se preocupe, no vamos a necesitar más de esas matrices de 2 × 2. En el «juego» al que estamos jugando (Schelling ganó el Premio Nobel, en parte, por ampliar la teoría de juegos de los juegos de suma cero a aquellos en los que los jugadores pueden beneficiarse de la cooperación, como evitar una guerra nuclear) ambos ganamos si hallamos un punto de encuentro y ambos perdemos si no lo hacemos. No importa si la elección es arbitraria, siempre que sea una elección que coordinamos de forma predecible.

Bitcoin funciona de forma muy parecida: es un punto focal. Como en el caso de Grand Central Terminal, no es una elección totalmente arbitraria. Bitcoin fue la primera criptomoneda, y ser el primero tiene mucho peso cuando se necesita un punto focal. También hay algunos atributos que le dan un aura de permanencia; hay un número fijo de bitcoins que se crearán jamás —21 millones— y los protocolos de Bitcoin son notoriamente difíciles de cambiar. Aun así, se beneficia del hecho de que alguna criptomoneda, o como mucho un par de ellas, tiene que ser el «patrón oro». Si yo quiero hacer transacciones en NateCoin, usted quiere hacer transacciones en Bitcoin y nuestro amigo común solo acepta Dogecoin, ninguno de nosotros podrá hacer negocios y todos perderemos la partida.*

Los puntos focales también ayudan a explicar el mundo del arte: por ellos una serigrafía de Marilyn Monroe realizada por Andy Warhol puede venderse por 195 millones de dólares, aunque haya muchos artistas muertos de hambre que estarían encantados de vender sus obras por 1.950 dólares. El mundo del arte es «una economía basada en la envidia», como me la describió Jerry Saltz, crítico de arte de la revista *New York*. «En mi mundo, el noventa y nueve coma nueve por ciento de nosotros nos las arreglamos como podemos. Y todos prestamos atención al uno por ciento del uno por ciento del uno por ciento».

---

* Por supuesto, Buterin podría haber estado esperando que ETH desplazase a BTC como punto focal, y en un momento parecía que podría hacerlo. Pero los extremistas que poseían una gran cantidad de BTC tenían mucho interés en defender su territorio; en parte, por eso eran tan hostiles a Buterin.

Una vez más, las obras de arte famosas no se hacen famosas por razones totalmente arbitrarias. Los puntos focales suelen tener algo que ver.* Pero el mundo del arte tradicional se esfuerza lo que no está escrito por intensificar los puntos focales creando una sensación de exclusividad y escasez. Cuanto más envidiosa sea la gente y menos oferta haya, más probable es que algún rico decida derrochar. De hecho, las casas de subastas suelen tener en mente a un comprador específico, y el proceso de subasta es, sobre todo, una farsa. «¿Cuánta gente se gastaría, digamos, cincuenta millones de dólares o más en un objeto? —dice Amy Cappellazzo, socia fundadora de Art Intelligence Global y una legendaria y sensata experta en el mundo del arte—. Hay que examinar con sumo cuidado quién podría ser un candidato a ese precio en el mercado en ese momento. Y si el tipo se operó de la espalda la semana pasada, quizá no sea el momento».

Cappellazzo no ve mucha diferencia entre el arte tradicional y las NFT. Al igual que las NFT, el arte es no fungible; no buscas cualquier pintura, sino una obra concreta que te diga algo. «La moneda de Andy Warhol es muy distinta de la de Marc Chagall —dice—. Son casi sus propias economías y sus propias monedas». Y aunque se pueden debatir las cualidades estéticas de las obras digitales, en última instancia cualquier arte vale lo que el mejor postor esté dispuesto a pagar por él. «Tengo muchas conversaciones con las divas de las casas de subastas. ¿Quieres ser conservador? Ve a trabajar a un museo. A nosotros lo que nos gusta es vender mierda».

Culturalmente hablando, el mundo de las NFT y el del arte difícilmente podrían ser más diferentes. Mi pareja es artista visual y cineasta, así que he pasado más tiempo del que cabría suponer en inauguraciones de galerías y exposiciones de arte. Algunos estereotipos son ciertos: en el mundo del arte tradicional, los mecenas de las galerías son en su mayoría mujeres muy a la moda, hombres homosexuales o personas pertenecientes al colectivo LGTBQ+, además de hombres mayores ricos y sus cónyuges (alguien tiene que comprar las obras). En cambio, el público de la NFT BZL estaba lleno de hombres heterosexuales o frikis que de repente habían encontrado oro digital. Aunque algunos de los coleccionistas de NFT con los que hablé se interesaron más tarde por el arte físico, no hay mucha zona de coincidencia.

---

* A título personal, creo que Warhol era un genio.

Y, sin embargo, la economía basada en la envidia se ha reproducido en NFTlandia. ¿Tiene algún amigo que posea una CryptoPunk? Yo tengo unos cuantos, y lo que puedo decirte es que es muy probable que te enseñen su CryptoPunk en cuanto surja la oportunidad. En cierto sentido, esa es la gracia de poseerla. Sea cual sea su valor estético, que depende de cada cual —algunos coleccionistas han comparado las CryptoPunks con los Warhols—, las CryptoPunks son deseables sobre todo porque otras personas las desean. La economía basada en la envidia es como un niño en una habitación llena de juguetes que quiere jugar justo con el juguete con el que está jugando su hermana o hermano, y nada más.

Según el historiador francés René Girard —el filósofo favorito de Peter Thiel—,* esta tendencia a codiciar lo que otras personas codician, lo que él llama «deseo mimético», está en el corazón mismo de la condición humana. Y cuando se combina el deseo mimético con la cultura moderna de los memes —«mimo» y «mimético» tienen la misma raíz griega, *mīmēma*, que significa «lo que se imita»—, uno acaba con los precios de las NFT fluctuando vertiginosamente a medida que los coleccionistas indican unos a otros qué debe ser un punto focal y qué está pasado de moda.

A ello contribuye la naturaleza descentralizada y sin líderes del mundo de las criptomonedas, que produce oscilaciones de precios aún más drásticas que en el mundo del arte tradicional. En su libro *The Strategy of Conflict* [hay trad. cast.: *La estrategia del conflicto*, Tecnos, Madrid, 1964] Schelling escribió sobre el comportamiento de las turbas sin líder. Las turbas son impredecibles, pensaba Schelling, porque son propensas a actuar en función de señales extremadamente sutiles. Cuando no hay una figura de autoridad, nadie de quien se puedan esperar instruccio-

---

* En *Zero to One*, Thiel defiende la creación empresas que tengan potencial para convertirse en monopolios. Y en algunos tipos de negocio, un monopolio *de facto* puede surgir por el hecho de que una empresa sea un punto focal. Las personas utilizan redes sociales como Facebook, Twitter y TikTok no necesariamente por las características intrínsecas de estas plataformas, sino porque muchos de sus amigos lo hacen. (Girard consideraría la cultura del *influencer* en Instagram como una increíble validación de sus ideas). Los efectos de interconexión que esto crea pueden ser difíciles de desplazar. Esta es una de las razones por las que las predicciones de que Elon Musk provocaría un éxodo masivo desde Twitter no se han hecho realidad hasta ahora, aunque, si ocurren, probablemente será rápido, y todo el rebaño se moverá a la vez.

nes fiables, no hay otro mecanismo de coordinación que la pura imitación.*

Por otra parte, si eres artista digital y estás en el lugar adecuado en el momento adecuado cuando la turba se dirige hacia ti, te puede tocar la criptolotería. Cuando hablé con Winkelmann —alias Beeple—, me esperaba a alguien con el aire engreído de ser un artista serio o, al menos, alguien a quien el éxito se le había subido a la cabeza. En cambio, Beeple tenía los pies en la tierra y soltaba palabrotas cada quince segundos con un marcado acento de Wisconsin. *Everydays*, un collage de cinco mil imágenes digitales de Beeple desde 2007, le había llevado unas diez mil horas de trabajo, dijo. Pero aun así le costaba procesar el precio de venta de 69 millones de dólares, que inicialmente le transfirieron íntegramente en ETH. «Fue como, vale, guau, guau, guau, tenemos que saltar de este tren. Porque, joder, cada vez que le doy a Actualizar, sube o baja un puto millón de dólares». Beeple lo convirtió en efectivo tan pronto como pudo. «Ninguna persona en su sano juicio te diría que pongas toda tu puta cartera en un activo altamente volátil que acababa de subir como ocho putas veces en los últimos cuatro meses».**

Los coleccionistas de NFT más inteligentes con los que hablé me contaron sus estrategias para navegar por esta locura de multitudes. Si hay alguien con buenas credenciales para ser coleccionista de NFT, ese es VonMises: no solo tiene experiencia con objetos de colección, sino también mucho sentido común financiero; antes de dejarlo para jugar al póquer, había tenido un trabajo corporativo en gestión de inversiones y una actividad paralela de planificación financiera. VonMises me dijo que es posible invertir en criptoactivos de forma responsable. «Siempre

---

* De hecho, la comunidad NFT aborrece las apelaciones a la autoridad o al control del mundo del arte tradicional. Saltz me contó que, cuando empezó a revisar los proyectos de las NFT —algo que, desde su punto de vista, consideraba una señal de respeto, una indicación de que las NFT tenían suficiente mérito artístico como para merecer una crítica seria—, las reacciones fueron muy poco comprensivas. «Cuando les decía lo que no me gustaba, se enfadaban *mucho*. Mucho *de verdad*». Esto culminó en un incidente cuando Saltz estaba dando un paseo cerca del Museo Whitney. «Cruzaba la calle. Hacía calor. Y un tipo me mira y me dice: "¡Yo hago putos NFT!". Y me golpea en la muñeca izquierda y rompe el cristal de mi reloj de Canal Street».

** Aunque, después de «recibir un montón de mierda de toda la puta gente de las criptomonedas», Winkelmann reinvirtió más tarde alrededor de un tercio de su botín en ETH.

SEGUNDA PARTE: RIESGO

he sido bastante conservador en lo que se refiere a mi perspectiva general de inversión —me dijo—. Entonces ¿cómo crecieron mis activos digitales? Fue como todo: el cálculo del valor esperado era muy alto». Compró por primera vez Bitcoin por valor de 5.000 dólares en 2011, cuando costaba solo 5 dólares por token, pensando que tenía un 1% de posibilidades de ganar 1.000 veces su dinero. De hecho, Bitcoin llegó a multiplicarse por más de 10.000, aunque VonMises, responsable, vendió muchos de sus BTC por el camino.

Sin embargo, ni siquiera VonMises estaba preparado para el Pico NFT. «Para serte sincero, el comercio de NFT era cien veces más loco que el de criptomonedas». Aun así, su estrategia consiste en encontrar proyectos que tengan potencial para convertirse en focos de atención. El término elegante que utiliza para esto es «ascendencia», que básicamente significa «de dónde viene». A VonMises le gustan los objetos de colección que sean originales, distintivos y únicos, y cuya propiedad puede rastrear para asegurarse de su autenticidad. (NFT hace que esto último sea comparativamente fácil). Se sintió atraído por los CryptoPunks porque fue uno de los primeros proyectos de NFT con la cadena de bloques de Ethereum, y pensó que tenían una cualidad simbólica reconocible. Así que compró cincuenta de ellos por un precio total de unos 100.000 dólares y vio cómo con el tiempo alcanzaban un valor máximo de casi 25 millones de dólares.

Otros coleccionistas juegan a seguir al líder. Johnny Betancourt, una de las personas más sensatas que he conocido en el mundo de las criptomonedas (y que utiliza su nombre real), me dijo que se sintió atraído por los CryptoPunks porque ahí era donde estaba el dinero inteligente. «¿Recuerdas el refrán del póquer? Si no puedes detectar al pez, tú eres el pez», refiriéndose a la famosa cita de *Rounders* («Si no puedes detectar al primo en tu primera media hora en la mesa, entonces el primo eres tú»)? Bueno, si estudias detenidamente a los demás jugadores de la mesa, tienes un alto cociente de inteligencia social y eres bueno formando contactos, no es tan malo ser el más tonto de la sala, me dijo Betancourt. «Es una sala muy buena en la que estar».

Pero una cosa es cultivar una red y otra seguir ciegamente el ejemplo de alguien. Otro reputado coleccionista de NFT, Vincent Van Dough, me dijo que «cuando el mercado estaba caliente», otros coleccionistas se limitaban a copiarle a él, como estudiantes que se fijan en el examen de un compañero. «La gente corría a comprar otras piezas de esa colección. Como yo lo compraba, esperaban que otros lo vieran y quisieran comprarlo [también]».

A Vincent Van Dough —no es su nombre real, claro—, esto le funcionó muy bien porque tendía a aumentar el valor de todo lo que compraba. Sin embargo, la estrategia de seguir al líder conlleva un riesgo considerable. Como mínimo, hace que los puntos focales sean más intensos, lo que contribuye a la volatilidad de los precios de las criptomonedas. También crea vulnerabilidad a las estafas de *pump-and-dump*, en las que coleccionistas sin escrúpulos dan bombo a un proyecto en el que realmente no creen y venden en un máximo artificial del mercado.

Y, a veces, las personas inteligentes pueden confiar demasiado en otras personas inteligentes. Esto es lo que Betancourt cree que ocurrió con FTX. «Hay mucho revisionismo ahora mismo», me dijo en diciembre de 2022, poco después de la quiebra de FTX. Algunos criptoinversores estaban afirmando que «sabían que era un fraude hacía seis o doce meses». Sin embargo, eso no coincidía con las observaciones de Betancourt. Por el contrario, FTX había sido una marca de confianza e incluso estimada. «Los operadores más ricos que conozco tenían ocho cifras en FTX. ¿Por qué? Porque tenía la liquidez, tenía el apalancamiento, tenía todo lo que necesitaban». De hecho, los operadores más inteligentes eran especialmente propensos a operar con FTX, afirma Betancourt. «En realidad, fueron muchos los operadores astutos que se vieron afectados negativamente por esto». El propio Betancourt no se vio muy afectado por FTX, pero dijo que fue cuestión de suerte, ya que él opera sobre todo con NFT en lugar de con criptomonedas propiamente dichas.

En el centro de todo estaba Sam Bankman-Fried. Según Betancourt, él fue el mayor punto focal. «Es casi como una historia autocumplida en la que quieres creer que se trata de un genio matemático financiero que entiende de negocios mejor que tú».

Me gustaría poder decirle que yo era una de esas personas que ya sabían de SBF con seis o doce meses de antelación. Sí sabía que era capaz de meterse en zonas demasiado profundas para él, como veremos en el capítulo siguiente. Y, como ya he dicho, su intelecto no es que me dejara estupefacto. Los jugadores de póquer desconfiamos de los más listos de la clase. Sabemos que algunos de ellos hablan mucho y no pueden respaldarlo. Sabemos que algunos de ellos simplemente tuvieron suerte. Y como somos tan competitivos, nos resistimos a darles crédito. Admitir que el éxito de otro riveriano es merecido es reconocer tus propios fracasos.

Pero ¿tenía idea de que SBF estaba en medio de la comisión de siete delitos graves? Ni la más remota idea. Sin embargo, aunque nada en mis conversaciones con SBF previas a la quiebra indicaba intenciones delictivas, sí que hizo algunas afirmaciones bastante disparatadas sobre el riesgo, afirmaciones que podrían haber destacado como más obviamente insensatas e incluso peligrosas si la reputación de niño genio de SBF no fuera tan imponente.

Por ejemplo, SBF insistió muy específicamente en que la gente debe estar dispuesta a arriesgarse a que su vida acabe en la ruina. Existe la idea, dijo cuando hablé con él en enero de 2022, de que «cuanto más grande eres, más riesgos puedes asumir sin poner en peligro lo que tienes». Esto es obviamente cierto, desde luego. Elon Musk puede coger 44.000 millones de dólares y quemar Twitter hasta los cimientos, y aún le quedarán 200.000 millones. Según algunas definiciones técnicas, se trata de una apuesta arriesgada, pero, según otras, Elon se juega mucho menos que un inmigrante que cruza el Río Grande para conseguir un trabajo en negro.

Según SBF, que los ricos cubran sus apuestas es «una forma muy razonable de concebir el riesgo, madura, profesional e incontestable». ¿Era esa la filosofía de gestión de riesgos que seguía SBF? Rotundamente no. Él pensaba que esta actitud era demasiado reacia al riesgo. «Creo que la gente es un poco cobardica y descarta por principio las opciones que implican ir a lo grande. Aunque partas de un punto mucho más alto [...] a menudo la decisión correcta es la que es lo bastante arriesgada para que haya una posibilidad no trivial de que, aun así, cause un daño realmente grave a tu posición».

SBF hizo entonces una analogía que uno pensaría que despertaría mis simpatías, pero que en realidad me hizo saltar las alarmas. «Si vas a tomar una decisión, como la de que no hay forma de que algo salga realmente mal, entonces siento como que, ya sabes, cero no es el número correcto de veces que se puede perder un vuelo. Si nunca pierdes un vuelo, estás pasando demasiado tiempo en los aeropuertos».

Yo solía pensar así sobre los viajes en avión. Incluso pasé por una fase en la que me divertía perversamente intentando llegar lo más cerca posible de la hora de salida y aun así tomar el vuelo. Ahora que soy más maduro y tengo una tarjeta de crédito que me da acceso al Delta Sky Club, ya no apuro tanto.

Pero la razón por la que debe estar dispuesto a arriesgarse a perder un vuelo es que las consecuencias suelen ser bastante tolerables. Puede que tenga que desembolsar unos cientos de dólares por un vuelo de última hora en otra compañía. O puede que llegue dos horas tarde a su primer día de vacaciones. Se trata de costes molestos pero finitos, de los que se pueden incluir en una hoja de cálculo mental implícita de VE sin plantear mayores problemas filosóficos.* Sin embargo, SBF equiparaba la estrategia de llegada al aeropuerto con cuestiones mucho más existenciales. Pensaba que, a menos que asumieras un riesgo tan grande que pudiera arruinarte la vida, lo estabas haciendo mal.

Volveré sobre la actitud de SBF hacia el riesgo en el capítulo 8, después de haber introducido más formalmente algunas ideas —como el utilitarismo y el altruismo eficaz— que desempeñaron un papel importante en el pensamiento de Sam. Por ahora, solo quiero señalar que esta no es una forma saludable de concebir el riesgo y que no es así como piensa la mayoría de la gente del Río. Lo que hacen es entender el concepto de rendimiento marginal decreciente: el milmillonésimo dólar no es tan valioso como el primero, y que el privilegio de haberlo conseguido es que ya nunca tienes que aceptar una apuesta que podría dejarte en la ruina. Hablé con David Einhorn, fundador del fondo de cobertura Greenlight Capital. Einhorn y yo coincidimos mucho en los círculos neoyorquinos del póquer y las finanzas, así que le conozco lo bastante para saber que no es un novato; de hecho, ha participado varias veces en torneos de póquer con entradas de un millón de dólares. Me recordó a una mano infausta que Vanessa Selbst jugó el primer día de las Series Mundiales de Póquer de 2017, cuando perdió con un *full* contra el póquer de otro jugador y fue eliminada inmediatamente del torneo. En el póquer, «tienes que estar preparado para eso», afirmó Einhorn. Siempre hay otro torneo. Pero «en la inversión, nunca estoy preparado para una cosa así. En la práctica, todas mis fichas están sobre la mesa». Si pierdes tu última ficha —quiebras, quiebras de verdad, el tipo de quiebra que SBF quiere que estés dispuesto a sufrir, en la que no solo se arruinan tus

---

* Si las consecuencias son más graves —por ejemplo, perderse la boda de su mejor amigo o una reunión de negocios con un valor esperado de miles de dólares—, probablemente debería llegar al aeropuerto con tiempo de sobra.

finanzas, sino tal vez tu reputación—, no puedes limitarte a acercarte a la ventanilla del cajero y volver al juego.

SBF también decía cosas públicamente que deberían haber suscitado la inquietud. En respuesta a una entrevista en abril de 2022 en el pódcast de Bloomberg *Odd Lots*, sobre la agricultura de rendimiento —una arriesgada técnica que Celsius había empleado—, SBF describió un ejemplo hipotético de una empresa DeFi que construyó una «caja» y afirmó que esta revolucionaría el mundo financiero. «Probablemente lo presenten como un protocolo que cambiará el mundo y la historia, y sustituirá a todos los grandes bancos al cabo de treinta y ocho días o algo así», dijo. A cambio de poner dinero en la caja, los inversores recibirían un rendimiento en tokens. ¿Había creado realmente esta empresa un producto que cambiaría el mundo? Pues no. Pero SBF creía que no importaba. Lo que importaba es que los inversores estaban convencidos de que sí, de que la caja debía tener algo valioso porque otras muchas personas guais estaban invirtiendo en ella. «¿Quiénes somos nosotros para decir que se equivocan?», decía SBF. Se imaginó que la cantidad de dinero que había en la caja se disparaba a medida que más y más inversores se convencían de su importancia. «Entonces van y meten otros trescientos millones de dólares en la caja y se queda uno flipando y luego va hasta el infinito. Y entonces todo el mundo gana dinero».

Matt Levine, invitado habitual del pódcast *Odd Lots*, se quedó sorprendido y señaló que ni la caja ni las fichas tenían valor intrínseco alguno, sino que SBF acababa de describir literalmente un esquema Ponzi. «Me considero una persona bastante cínica. Y eso era mucho más cínico de lo que yo habría descrito la agricultura de rendimiento. Dices algo como, bueno, tengo un negocio Ponzi y es bastante bueno», le dijo a Sam. SBF admitió que la postura de Levine tenía «una validez deprimente».

Podría pensarse que se trataba de una descortesía para SBF. Sin duda, le tocó de cerca. FTX había emitido su propio token de dudosa calidad, llamado FTT, que se utilizó para apuntalar el balance de Alameda, y una carrera sobre FTT precipitó el colapso de FTX. Pero no hubo ninguna consecuencia particular de los comentarios de SBF. Y me pregunto si no tendrían casi el efecto contrario, haciéndole parecer más digno de confianza. Los estafadores trabajan creando confianza. La transparencia —en especial la que parece ir en contra de los propios intereses— es una forma de transmitir confianza a la gente inteligente. Piense en un mago que le deja ojear una baraja de cartas antes de hacerle un truco.

ILUSIÓN

Cualquiera que fuera el truco que SBF ofrecía, Silicon Valley se lo llevaba a paladas, con una inversión de casi 2.000 millones de dólares de empresas de capital riesgo. En un perfil casi periodístico, y de una excepcional vergüenza ajena, de SBF en la página web de Sequoia Capital (perfil que ya se ha eliminado), los empresarios de capital riesgo casi se tropezaban unos con otros para ofrecerle cumplidos: «ME ENCANTA ESTE FUNDADOR», «Le doy un 10 sobre 10», «¡¡¡SÍ!!!».

Si ha leído el último capítulo, nada de esto le sorprenderá demasiado. Las sociedades de capital riesgo quieren fundadores que sean extremadamente —quizá incluso irracionalmente— amantes del riesgo. Aunque el fundador arruine su propia vida, lo peor que le puede pasar a la empresa de capital riesgo es perder su capital —214 millones de dólares, por ejemplo, en el caso de la inversión de Sequoia en FTX—, y tiene docenas de otras inversiones para compensarlo.* De hecho, Sequoia ni siquiera se disculpó por su asociación con FTX. «Probablemente habríamos vuelto a invertir», declaró Alfred Lin, socio de Sequoia, en una conferencia.

Pero también se da el caso de que SBF hackeó el algoritmo de capital riesgo y satisfizo algunos de sus peores prejuicios. Tara Mac Aulay, una de las cofundadoras originales de Alameda Research que abandonó la empresa (junto con gran parte del resto del equipo) en 2018, en medio del «enfoque poco ético e irresponsable de SBF hacia los negocios», me dijo que gran parte de la famosa apariencia descuidada de SBF —su cabello extremadamente rizado, sus camisetas y pantalones cortos incluso en eventos formales— respondía a una imagen que SBF había querido cultivar. «Antes de que empezáramos a trabajar en Alameda, es decir, antes de que SBF saliera siquiera a la luz pública, hablaba de parecerse a Zuckerberg y a otros fundadores de empresas tecnológicas, a quienes describía como personas que acudían a las reuniones en chándal —explica—. Ya sabes, el culto al fundador en Silicon Valley». No era exactamente falso: SBF nunca iba a ser un tipo de traje de tres piezas; pero sabía exactamente qué imagen estaba transmitiendo. «Fue una decisión explícita, no hay duda. No era una cuestión de ignorancia de las normas sociales», dijo Mac Aulay.

---

* Aunque en este caso, Sequoia y otros inversores en FTX han sido citados en una demanda colectiva por complicidad en el fraude de FTX, por lo que existe cierta posibilidad de responsabilidad adicional más allá de su inversión.

«[SBF] era el tipo de persona que Silicon Valley quería creer que se haría con el control del mercado —afirma Haseeb Qureshi, socio gestor del fondo de criptomonedas Dragonfly—. Era un graduado del MIT con el pelo alborotado, que decía las cosas que debía. Era totalmente inconformista y contracultural, y ellos pensaron: "Oh, ese es el que debería dirigir el mercado de las criptomonedas"». Qureshi me explicó que el mercado de cambio de criptomonedas había estado dominado por empresas con fundadores chinos, en particular Binance, dirigida por Changpeng Zhao, la némesis de SBF. Entre el riesgo político asociado a las inversiones chinas, la falta de lazos culturales y, en ocasiones, el sesgo absoluto, un fundador estadounidense tendría tendencia a obtener un mayor crédito. Y FTX parecía un refugio relativamente seguro en un sector peligroso que las empresas de capital riesgo temían perderse. El acuerdo de asociación de una empresa de capital riesgo podía impedir a la empresa invertir en tokens o «criptomonedas raras», afirma Qureshi. Pero FTX no era más que una empresa normal dirigida por un friki estadounidense que parecía creíble.

Dustin Moskovitz, cofundador de Facebook que ahora dirige la empresa de software de flujo de trabajo Asana y realiza inversiones de capital riesgo, me dijo que la falta de diligencia debida de empresas como Sequoia era sorprendente. «En un momento dado, [SBF] quería que invirtiera. Y yo me dije: "Caramba, esta valoración ha subido alto de verdad" —dijo—. Así que pedí los datos financieros, porque pensaba que se basaría en los ingresos». Pero SBF nunca se puso en contacto con él, así que no invirtió. Es de suponer que Sequoia había visto los datos financieros, según Moskovitz, y siguió adelante de todos modos.

En cierto modo, SBF es una versión viva y palpitante de la caja que le describió a Matt Levine. Es un tipo listo, pero como somos muchos de esos, su valor intrínseco no está claro. Sin embargo, estaba rodeado de una camarilla de confianza —¡Sequoia Capital! ¡Altruistas eficaces con doctorados en Oxford! ¡Tom Brady! ¡Anna Wintour! ¡Expresidentes de Estados Unidos que estaban dispuestos a subir al escenario con él, incluso cuando vestía pantalones cortos!—, de modo que todo el mundo asumió que todos los demás debían haber ejercido la debida cautela.

«Realmente, no lo entiendo. No lo entiendo —dijo Moskovitz—. Debe de haber sido el culto a la personalidad. Supongo que es la única explicación posible».

7

Cuantificación

Acto 3: Flatiron District, Nueva York, Nueva York, agosto de 2022

Estábamos en una suite privada con grandes ventanales que daban al majestuoso comedor del Eleven Madison Park, el primer restaurante vegano del mundo con tres estrellas Michelin. El invitado de honor era Will MacAskill, un profesor de filosofía de Oxford de aspecto juvenil, con un encantador acento escocés y un libro recién publicado, *What We Owe the Future*. MacAskill era uno de los fundadores del movimiento del altruismo eficaz, un término que tenía una connotación de prestigio debido a su premisa, aparentemente indiscutible: que la gente debería hacer más por el bien del mundo, y que debería hacerlo de forma eficaz, «utilizando las pruebas y la razón para averiguar cómo beneficiar a los demás tanto como sea posible».

Era discutible si un restaurante que cobra 335 dólares por persona por unos platos de verduras de lujo era un lugar apropiado para honrar el pensamiento racional y altruista. Muchos altruistas eficaces (AE) practican la austeridad, como MacAskill, que vive con unos 30.000 dólares al año y dona el resto de sus ingresos. Sin embargo, el lugar de la fiesta no había sido idea de MacAskill, sino de Sam Bankman-Fried, que se había convertido en uno de los mayores benefactores mundiales del altruismo eficaz a través de la Fundación para FTX, que en un momento dado había afirmado poder donar hasta mil millones de dólares al año a causas relacionadas con el AE (la cantidad real que donó fue mucho menor). Vestido como de costumbre y con un *spinner* en la mano, SBF reunió su corte en EMP, a la que invitó a una selección de periodistas, intelectuales públicos y dos congresistas demócratas. SBF pensó que se trataba de una inversión +VE en buenas relaciones públicas: desembolsar miles de dólares en una cena no era nada cuando había decisiones pendientes en el Congreso sobre la regulación de las criptomonedas, decisiones que podrían suponer una diferencia de mil millones de dólares en su cuenta de resultados.

A pesar de que Bankman-Fried es un narrador poco fiable, supongo, tras hablar con él[*] y muchas otras fuentes, que su interés por el altruismo eficaz era, al menos en parte, sincero. MacAskill me dijo que él había sido «una especie de punto de entrada para que Sam se adentrara en el altruismo eficaz». Conoció a SBF en 2012, cuando Bankman-Fried se acercó a él tras una conferencia que MacAskill dio en el MIT sobre el concepto de «ganar para dar», es decir, ganar todo el dinero que se pueda y donar una parte sustancial a obras benéficas. Se trata de una idea clásica del AE, que da prioridad al resultado actuarial de la utilidad neta por encima de la estética del «sentirse bien» de la caridad. ¿Quién hace más bien al mundo: un veinteañero idealista que trabaja por un salario de miseria para una ONG en algún país del tercer mundo o un tipo de un fondo de cobertura que gana 10 millones de dólares al año y luego dona la mitad de sus ganancias, lo suficiente para que la ONG contrate a cien veinteañeros idealistas? En mi opinión, creo que ganar para dar tiene una lógica convincente, aunque seguramente también se utilice a veces para racionalizar un comportamiento interesado. Y, por supuesto, también era convincente para Bankman-Fried, que se imaginaba a sí mismo como una especie de Robin Hood activado por la cadena de bloques. Bankman-Fried había trabajado brevemente en el Centre for Effective Altruism, pero acabó creando un fondo de cobertura de criptomonedas, Alameda Research. En los primeros días de las criptomonedas, era tan fácil ganar dinero que casi no habría sido ético no hacerlo, pensaba SBF. «Era algo así como, joder, si esto es real, estas cifras son grotescas», me dijo en enero de 2022. Ganar en el comercio de cripto-

---

[*] Bankman-Fried me dijo que su relación con el AE se había vuelto cada vez más incómoda, en parte debido a diferencias políticas: él pensaba que AE era demasiado *woke*, mientras que el AE se oponía a su implicación en la política convencional. Sin embargo, la única vez que SBF pareció realmente compungido en nuestras conversaciones fue cuando le pregunté qué impacto podrían tener sus acciones en el movimiento de AE.

monedas le permitiría potencialmente «donar mucho más de lo que jamás pensé que sería capaz de donar en toda mi vida».

Para cuando se celebró la cena en Eleven Madison Park, en agosto de 2022, yo empezaba a tener más dudas acerca de SBF. La elección del ostentoso local era una cosa; tenía mala pinta, pero, en última instancia, era un error menor. Sin embargo, SBF también había hecho recientemente una chapuza mucho mayor. En las primarias demócratas del recién creado 6.º Distrito del Congreso de Oregón —una pintoresca parcela de tierra que se extiende desde los bosques de hoja perenne de la Cordillera de la Costa hasta el Valle de Willamette—, el super PAC de SBF había gastado 12 millones de dólares en apoyar a Carrick Flynn, un neófito político amigo de AE que se presentaba a la Cámara de los Estados Unidos.

Se trataba de una cantidad absurda de dinero: los gastos de ocho cifras suelen reservarse para contiendas de ámbito estatal, como escaños en el Senado, y para elecciones generales, no primarias. Y el tiro salió por la culata de manera espectacular. Flynn nunca había pedido el apoyo de SBF ni se había comunicado con él en absoluto. Al principio asumió que era bueno que alguien gastara dinero por él. Pero el dinero tenía un límite antes de volverse superfluo o incluso molesto para los votantes. Además, la asociación con el despeinado rey de las criptomonedas no era positiva. «Atrajo mucha atención negativa y extraña», dijo Flynn. Flynn iba por delante en las encuestas antes de la intervención de SBF, pero acabó perdiendo por casi 20 puntos frente a otra demócrata llamada Andrea Salinas. La inversión de SBF tenía todas las características de una decisión arrogante, basada en una hoja de cálculo; alguien había calculado que gastar dinero en esta carrera era +VE. Pero nadie había pensado qué aspecto tendría en la práctica gastar 12 millones de dólares en un único distrito electoral al Congreso. «Me gustaba ir a llamar a la puerta de alguien —recuerda Flynn—. Y me decían: "¡Oh, tengo los papeles que necesita!". Y salían con una pila de quince folletos». Fue entonces cuando se dio cuenta de que iba a perder.

Bueno, lector, aquí es donde voy a romper la cuarta pared. Ha pagado por esta visita guiada por el Río —o, mejor dicho, ha pagado por este libro—, así que puede hacer lo que quiera con él. Sé —por haber hecho esta visita antes— que algunas personas prefieren saltar al capítulo 8, en el que SBF se enfrenta a su destino en un tribunal de Nueva York, y luego ponerse al día con el resto de nosotros. Sin embargo, mi recomendación es que se quede con el grupo. Voy a investigar algunos términos, como «utilitarismo», que son esenciales para entender la mentalidad de SBF. Y aunque no creo que el AE sea exactamente culpable de lo que hizo SBF, su relación con el movimiento tampoco es una parte incidental de la historia.

Pero también hay un objetivo más amplio. El altruismo eficaz, y el movimiento intelectual adyacente pero más vagamente definido como «racionalismo», son partes importantes del Río en sus propios términos. En cierto modo, de hecho, son las partes más importantes. Gran parte del Río se ocupa de lo que los filósofos llaman «problemas de mundo pequeño», es decir, rompecabezas manejables con parámetros relativamente bien definidos: cómo maximizar el valor esperado en un torneo de póquer o cómo invertir en una cartera de empresas emergentes que ofrezca beneficios con poco riesgo de arruinarse. Pero en esta parte final del libro vamos a visitar la parte del Río en la que la gente piensa en problemas de final abierto, los llamados problemas de gran mundo: desde dónde gastar mejor tus contribuciones benéficas hasta el propio futuro de la humanidad. Es mucho más fácil meter la pata en estos problemas, y las consecuencias de hacerlo son mucho mayores. Si un riveriano puede meter la pata hasta el fondo, como lo hizo SBF en unas primarias del Congreso —un problema de pequeño mundo—, imagínese uno con una tecnología potencialmente alteradora de la civilización, como la IA, en sus manos.

Sin embargo, la razón por la que algunos riverianos se han obsesionado con los problemas del gran mundo es porque la Aldea y el resto del mundo también los fastidian todo el tiempo, de formas que a menudo reflejan partidismo político, un sinfín de sesgos cognitivos, ignorancia numérica, hipocresía y una profunda miopía intelectual. Por poner un ejemplo flagrante que Flynn me recordó: el Congreso de Estados Unidos ha autorizado relativamente poco —solo unos 2.000 millones de dólares de gasto como parte de un acuerdo presupuestario para 2022-2023— para la prevención de futuras pandemias, a pesar de que la COVID-19 mató a más de un millón de estadounidenses y costó a la economía de Estados Unidos unos 14 billones de dólares. Reducir la posibilidad de una futura pandemia de este tipo en Estados Unidos aunque solo sea en un 1 por ciento sería +VE incluso con un coste de 140.000 millones de dólares y, sin embargo, el Congreso apenas gasta una centésima parte de esa cantidad.

Estas decisiones de alto riesgo son parte de la razón por la que el AE y el racionalismo atraen a gente rica y poderosa: la nueva élite que SBF pensó estar cultivando en Eleven Madison Park es solo la punta del iceberg. Las ideas en las que se basa el AE han influido en todo el mundo, desde Warren Buffett hasta Bill Gates, aunque no necesariamente utilizarían la etiqueta AE para describirse a sí mismos. Y los AE y los *rats* (racionalistas) han desempeñado durante mucho tiempo un papel destacado en la conceptualización y el desarrollo de la inteligencia artificial, una tecnología que los AE dedujeron —de modo correcto— que podría llegar a ser extremadamente importante años antes de que lo hiciera el público en general.

En algunos casos, el interés de las élites adineradas por estos asuntos surge de la creencia sincera de que pueden hacer más bien a más gente. Es fácil ser cínico, pero es inequívocamente bueno para el mundo que personas como Gates, Buffett y Mark Zuckerberg hagan donación de enormes cantidades de su fortuna a obras benéficas y hagan al menos un poco de esfuerzo para que su dinero tenga un buen uso.* Es más difícil caracterizar la motivación de Elon Musk y Jeff Bezos, con su interés en tecnologías como la exploración espacial. Algunos de ellos suscriben una versión de la teoría del gran hombre: que, debido a las deficiencias de la Aldea, deben tomar el futuro en sus manos. Es difícil decir si esto puede calificarse de altruista (la exploración espacial es sumamente cara, pero también tiene más potencial para hacer el bien a la humanidad que los típicos pasatiempos de multimillonarios, como poseer un equipo de la NBA). Musk ha coqueteado asimismo con el altruismo eficaz, habiendo apoyado el libro de MacAskill y, en un momento dado, contratado a un asesor de riqueza afín al AE, el exjugador de póquer Igor Kurganov.

En otras ocasiones, sin embargo, el supuesto altruismo puede tener una extraña forma de converger con el interés propio. Como en la esce-

---

* En 2022 me invitaron a una gran cena que organiza Gates en la que reúne a expertos de diversos campos para charlar sobre temas mundanos. Salí de allí impresionado por su dominio de los detalles sobre la eficacia de las diversas intervenciones de la Fundación Gates. Puede que Gates no se llame a sí mismo AE, pero estaba claro que pensaba en cómo gastar su dinero de forma eficaz.

na del final de *Dr. Strangelove*, en la que Strangelove propone una proporción de diez mujeres por cada hombre para repoblar la humanidad en búnkeres subterráneos en caso de guerra nuclear, e insiste en que, por supuesto, los altos mandos militares y gubernamentales como él deben incluirse entre los pocos afortunados: quienes elaboran planes para proteger el futuro de la humanidad rara vez no consiguen un asiento para sí mismos en la cápsula de escape.

Cómo cuantificar lo incuantificable

En una tarde inusualmente cálida de febrero de 2018, una caniche bien arreglada llamada Dakota se soltó de su dueña. Asustada por algo en un parque canino de Brooklyn, Dakota corrió cuatro manzanas, saltó a una estación de metro, bajó a las vías y empezó a seguir la ruta del tren F hacia Coney Island, adentrándose en Brooklyn. Todo esto fue muy poco oportuno: la hora punta no tardaría en llegar y Dakota había tomado el metro en York Street, la primera parada de Brooklyn para los pasajeros procedentes de Manhattan. Los responsables de tráfico se enfrentaban a una difícil decisión: podían cerrar el F, bloqueando un enlace vital entre los dos distritos más densamente poblados de Nueva York justo cuando los viajeros empezaban a salir del trabajo, o podían atropellar potencialmente al pobre Dakota. Decidieron cerrar el F durante más de una hora hasta que encontraron a Dakota.

La historia de Dakota era un ejemplo real de lo que los filósofos llaman el dilema del tranvía, un dilema moral planteado por primera vez por la filósofa Philippa Foot en 1967. La versión original era la siguiente: conduces un tranvía que circula a toda velocidad por las vías cuando, para tu horror, descubres que los frenos no funcionan. Si sigues adelante, morirán cinco trabajadores de la vía. También puedes desviar el tren hacia un ramal. Allí también hay un trabajador que morirá, pero solo es uno y no cinco personas. ¿Qué haces?

La intuición de la mayoría de la gente es accionar el interruptor y matar solo a ese trabajador. Y, con sinceridad, no parece un gran dilema. El razonamiento cae cómodamente dentro del ámbito del sentido común: la vida de ningún trabajador de tránsito vale más que la de otro, por lo que es estrictamente mejor matar a uno de ellos que a cinco. Pero se pueden añadir complicaciones para empeorar el aprieto. ¿Qué pasaría si, en lugar de un único trabajador en el ramal, una madre y sus dos hijas pequeñas estuvieran cruzando las vías, creyendo que no iba llegar un tranvía a esa hora? Esto es más difícil: ya no es una comparación entre iguales. Los trabajadores del transporte público, podría decir un experto en ética, aceptan implícitamente el riesgo de accidentes laborales como parte de su trabajo (de hecho, es una ocupación relativamente peligrosa), pero la madre y sus hijas no. ¿Sigue queriendo accionar el interruptor? Y, si lo hace, ¿le hace culpable de la muerte de la madre y las niñas? También podríamos plantearnos otras preguntas incómodas: ¿vale más la vida de las hijas porque les queda más tiempo de vida?

Imagine ahora el caso de Dakota. Dakota es una buena chica que no ha hecho nada malo. Pero desconectar el tren F durante una hora tiene un coste muy alto. Cientos de miles de personas viajan en el F cada día, lo que significa que decenas de miles de ellos se retrasarán si detiene el tren durante una hora. ¿Cómo debemos evaluar esto? Podríamos considerarlo desde una perspectiva económica: el salario medio por hora en Nueva York es de unos 40 dólares, así que, si retrasamos a 50.000 personas durante una hora, eso equivale a 2 millones de dólares en ingresos perdidos. La vida de Dakota ¿vale más o menos de 2 millones de dólares? Con la salvedad de que esto es una simplificación muy burda. Por un lado, no es que estemos borrando esta hora de las vidas de los viajeros: pueden jugar con sus teléfonos, y el sistema de metro de Nueva York tiene mucha redundancia, así que algunos de ellos encontrarán rutas alternativas para volver a casa. Por otra parte, no se trata solo de que desperdiciemos el tiempo de estas personas. En algunos casos, su ausencia puede poner en peligro a otras personas. Un trabajador de hospital puede estar de camino a atender a una víctima de accidente en estado crítico, o un padre puede tener que acompañar a un niño con necesidades especiales desde el centro donde está, u otro perro podría morir en algún lugar después de salir a vagabundear porque su dueño no había llegado a casa a tiempo.

Se podría decir que el trabajo de Will MacAskill consiste en reflexionar sobre cuestiones como estas y otras similares que son extraordinariamente más complejas. Y a veces eso significa cuantificar cosas que otras personas se sentirían incómodas cuantificando.

«De forma intuitiva, tú y tu bienestar contáis más que el bienestar de una hormiga. Y el pollo cuenta más que una hormiga, pero menos que tú», me dijo MacAskill cuando hablamos por primera vez, muchos meses antes de la cena en Eleven Madison Park. Vale, hasta ahora el asunto aún no se ha puesto demasiado raro. Queramos o no admitirlo, es inevitable que acabemos haciendo cálculos aproximados sobre el valor de la vida de los animales. Imaginemos esto: casi todo el mundo estaría de acuerdo en que no se debería cerrar el metro durante una hora si una ardilla se hubiera metido en las vías, mientras que casi todos estarían de acuerdo en que deberíamos hacerlo si lo hiciera un niño. En el caso de un caniche, la situación es lo bastante comprometida para que personas razonables puedan argumentar a favor y en contra. Hacemos algún tipo de cálculo, lo queramos admitir o no.

Sin embargo, los altruistas eficaces aspiran a ser más rigurosos que en esta perspectiva improvisada. Le pregunté a MacAskill qué distingue a los altruistas eficaces y qué los diferencia de otros tipos de personas que se encuentran en el Río. Los AE se parecen mucho más a los jugadores de póquer de lo que podría pensarse (de hecho, hay varios jugadores de póquer destacados —como Kurganov y su compañera, Liv Boeree, que se citan en el libro de MacAskill— que desde entonces se han convertido en AE). «Creo que coinciden en el estilo cognitivo —opinó MacAskill—. Personas dispuestas a tomarse en serio la idea de valor esperado. Personas dispuestas a, por decirlo así, cuantificar lo incuantificable. Personas dispuestas a rechazar el sentido común o su instinto primero sobre una idea». Por supuesto, también hay diferencias: el póquer no es exactamente una actividad altruista. «A muchos jugadores de póquer y a mucha gente del mundo de las finanzas les importan un bledo los demás. Pero a algunos sí. Y esas personas se involucran en el altruismo eficaz», me comentó MacAskill.

En el caso de la valoración de la vida de los animales, MacAskill propuso una heurística basada en datos: tener en cuenta el número de neuronas del cerebro del animal. «Eso da respuestas bastante cuerdas. Significaría que un pollo vale una trescientasava parte de un ser humano», afirmó.* Aunque es cierto que se llega a conclusiones poco ortodoxas. «Hay algunos resultados extraños, como que acabas poniendo a los elefantes por encima de los humanos. Los elefantes tienen más neuronas».

Es probable que se puedan plantear objeciones a clasificar a los animales por su número de neuronas. Si la implicación es que el valor moral está correlacionado con la inteligencia, ¿significa eso que un ser humano más inteligente vale más que uno más tonto? ¿Y qué consecuencia tiene esto sobre el valor de las máquinas altamente inteligentes? ¿Sería inmoral apagar una IA sensible y superinteligente? Algunos AE creen que sí.

Por supuesto, cuantificar lo incuantificable es, de manera inherente, una tarea ingrata. Incluso personas que, como yo, simpatizan relativamente con el AE, puede hacerlo pedazos apelando al razonamiento de sentido común: un momento, ¿la vida de un elefante vale realmente más que la de un ser humano? Y luego podemos seguir nuestro alegre camino abordando problemas de pequeño mundo, como el póquer.

Pero la mayoría de las cosas en el mundo no son como el póquer, sino que son grandes problemas que la sociedad no tiene más remedio que resolver. La primera vez que me di cuenta de esto fue durante la COVID. Emily Oster, una economista de Brown autora del boletín *ParentData*, fue muy criticada durante la COVID por sugerir que la gente tenía que llegar a sus rutinas de COVID mediante un análisis coste-beneficio en lugar de tratar el coronavirus como una sentencia de muerte que había que evitar a toda costa. Para Oster —economista de la Ivy League cuyos padres también eran economistas— esto era lo más natural del mundo. «Me estoy revelando como economista, y es que no concibo otra forma de tomar decisiones», me dijo.

---

* Un perro, por si sirve de algo, valdría aproximadamente una treintava parte de un humano según esta medida, dependiendo de la raza.

Oster también apuntaba a algo más profundo. La COVID dejó claro, quizá como nada que ninguno de nosotros hubiera experimentado antes, que las decisiones difíciles son a menudo inevitables. La cuestión era solo qué riesgos se quieren aceptar. Oster me puso el ejemplo de una madre soltera que era trabajadora esencial y no podía trabajar desde casa. La madre podía llevar a sus hijos a la guardería mientras trabajaba, pero estar cerca de otros niños aumentaría su riesgo de exposición a la COVID. Otra posibilidad era que sus abuelos hicieran de canguro, lo que supondría menos exposición a la COVID para los niños pero más para los abuelos —que por su avanzada edad corrían un riesgo mucho mayor de desarrollar un caso mortal de COVID—. O la madre podía dejar su trabajo y cerrar la casa, pero eso podría significar arruinarse o incluso la ejecución hipotecaria si no podía encontrar otro trabajo. Ninguna de estas opciones era buena: la COVID era como una serie interminable de dilemas del tranvía.

Para una mayor dificultad, resulta que a menudo nos vemos obligados a comparar cosas que no son semejantes. «No es fácil comparar "punto cinco por ciento de riesgo de enfermedad grave" con "alegría". Pero, al final, esto es lo que va a tener que hacer. Respire hondo, evalúe detenidamente sus riesgos y beneficios, y tome una decisión», escribió Oster en mayo de 2020, después de que muchas personas empezaran a preguntarse cómo se resolvía todo tras meses de distanciamiento social. Permanecer encerrado y aislado de la actividad social —que aporta alegría— implica una enorme reducción de la calidad de vida y, de hecho, las personas que intentaron cuantificar esto a menudo descubrieron que los costes del confinamiento superaban con creces los beneficios. (Si, por ejemplo, la vida en confinamiento estricto es un 25 % peor que la vida normal,* el coste acumulado de miles de millones de personas aisladas socialmente fue enorme. También se disputa la eficacia de los confinamientos para prevenir la COVID a largo plazo).

Puede que no esté de acuerdo conmigo sobre los confinamientos, y no pasa nada. Al igual que Oster, estoy acostumbrado a que la gente se enfade conmigo por mis puntos de vista economicistas sobre la COVID-19. Pero la pandemia puso al descubierto que vale la pena tratar de efectuar un análisis riguroso. De lo contrario, se acaba con un batiburri-

---

* De modo que, por ejemplo, estaría dispuesto a renunciar a un mes de vida normal para evitar un confinamiento de cuatro meses.

llo de rituales y contradicciones, como la gente que se ponía la mascarilla mientras pasaba por el puesto de camareras durante cinco segundos en un restaurante, para luego quitársela durante una cena de dos horas en una mesa abarrotada y rodeada de extraños. Incluso el doctor Anthony Fauci, cuando hablé con él en agosto de 2022, había llegado a cuestionar la confianza de algunos países en los confinamientos cuando no formaban parte de una estrategia global coherente. China, por ejemplo, «impuso el confinamiento, pero no vacunó a sus ancianos —dijo—. Si vas a utilizar el confinamiento, asegúrate de hacerlo de forma que te permita desconfinar. De eso se trata».

Otra cosa que probablemente oyó durante la COVID: no se puede poner precio a la vida humana. Salvo que se le pone precio continuamente. Desde el exceso de velocidad para llegar a destino un poco más rápido hasta la decisión de someterse o no a un procedimiento médico costoso, pasando por el consumo de cosas que producen placer (alcohol, drogas, comida grasienta, etc.) y que podrían acortar la vida, estamos sin cesar intercambiando algún riesgo de muerte por más dinero o por una mayor calidad de vida.

Juguemos a la ruleta rusa. Tengo un revólver con seis cartuchos. Cinco son de fogueo y el otro está cargado con una bala que te mata instantáneamente. ¿Por cuánto dinero aceptaría un riesgo de muerte de 1 entre 6? ¿Lo haría por 1.000 millones de dólares?

En mi opinión, una probabilidad de muerte de 1 entre 6 me parece demasiado alta para cualquier cantidad de dinero. Pero hay algunas posibilidades que sí aceptaría. En lugar de la ruleta rusa, por ejemplo, digamos que jugamos a la ruleta normal en un casino. He aquí el nuevo juego: hay treinta y ocho casillas en una ruleta americana, y si la bola cae en cualquier número excepto el 00, el casino le pagará mil millones de dólares. Pero si cae en el 00, el crupier sacará un revólver y le disparará mortalmente. ¿Está dispuesto a correr ese riesgo? ¿Una probabilidad de morir de 1 entre 38 por mil millones de dólares? Yo lo haría; para ser sinceros, por bastante menos de mil millones.

Pero en el momento en que acepta esa apuesta, está reconociendo que asigna algún tipo de valor monetario a la vida humana, o al menos a su propia vida. Los economistas lo llaman «valor de la vida estadística» (VSL, por sus siglas en inglés). En Estados Unidos, la cifra que utilizan para ello las agencias gubernamentales es de unos 10 millones de dólares. Esta cifra puede utilizarse para determinar, por ejemplo, si una nueva y costosa normativa ha merecido la pena. Digamos que cuesta 100 millones de dólares trasladar todo el amianto restante de los edificios de oficinas de Manhattan, pero se prevé que esto evitará veinte muertes por cáncer. Es un buen negocio; estamos salvando vidas por solo 5 millones de dólares por cabeza, justo la mitad del VSL.

Cuando la gente oye hablar de la VSL, se imagina que ha sido ideada por un grupo de burócratas nihilistas sentados en una estéril oficina. Pero no es así; refleja el comportamiento real de las personas, lo que los economistas llaman sus «preferencias reveladas». Una forma habitual de hacerlo, según Kip Viscusi, economista que fue pionero en el uso del VSL durante la administración Reagan, después de que le llamaran para resolver una disputa entre agencias federales enfrentadas, es fijarse en el sueldo adicional que se exige por realizar trabajos peligrosos. Las personas que realizan trabajos peligrosos, como la construcción de rascacielos, son muy conscientes de los riesgos a los que se enfrentan (los carteles de «X número de días transcurridos desde un accidente» son un claro recordatorio), pero, al igual que en nuestro ejemplo de la ruleta, las personas están dispuestas a jugarse la vida por una recompensa económica suficiente.

Cuando se extraen estos y otros muchos datos —por ejemplo, observando cuánto está dispuesta a pagar la gente por elementos de seguridad adicionales al comprar un coche nuevo—, el estadounidense medio valora implícitamente su vida en unos 10 millones de dólares.[*] De ahí es de donde viene el VSL. E irónicamente, esta cifra es mucho más alta de lo que el Gobierno había supuesto en su día. «Dijeron que la vida es demasiado sagrada para valorarla. Así que vamos a llamarlo coste de la muerte —me contó Viscusi—. En aquella época, el coste de la muerte era de unos trescientos mil dólares», lo que reflejaba los ingresos futuros esperados de un trabajador en la década de 1980. Así es: hasta los años ochenta, el Gobierno estadounidense no valoraba la vida de sus ciudadanos más allá de su potencial de ingresos futuros. Nunca deje que un burócrata le diga que algo no tiene precio. Probablemente solo signifique que van a redondear «inapreciable» a cero y a hacerle un mal negocio.

---

[*] Esto implica que el estadounidense medio estaría dispuesto a jugar a la ruleta rusa por 2 millones de dólares. El valor esperado de cobrar 2 millones de dólares 5 de cada 6 veces es de 1,67 millones de dólares, lo que equivale a una sexta parte del VSL de 10 millones de dólares para compensarle por las veces que tiene mala suerte.

Y ASÍ, ¿QUÉ ES EXACTAMENTE EL ALTRUISMO EFICAZ?

¿Es esta forma de pensar sobre el mundo —cuantificar cosas difíciles de cuantificar, realizar análisis de coste-beneficio en situaciones en las que a las personas no se les ocurriría aplicarlo— exclusiva del altruismo eficaz? No. Es habitual en todas partes del Río, un sello distintivo de lo que en la introducción he descrito como disociación, es decir, la tendencia a analizar una cuestión separándola de su contexto más amplio.

Entonces ¿qué es exactamente el altruismo eficaz? En cierto sentido, el altruismo eficaz no es más que una marca, creada por MacAskill y otro filósofo de Oxford, Toby Ord, en 2011. Es una buena marca, o al menos lo era hasta su asociación con SBF: «eficaz» y «altruismo» tienen unas pronunciadas connotaciones positivas (MacAskill me dijo que habían considerado muchos otros sinónimos, pero algo como «beneficencia eficiente» no habría sonado bien).

La respuesta más oficial —según afirma MacAskill en un ensayo titulado *The Definition of Effective Altruism*— es que el AE es un «movimiento que intenta averiguar, de entre todos los diferentes usos de nuestros recursos, qué usos harán el máximo bien, considerado de manera imparcial».

Para empezar, aquí hay mucho que desentrañar: ¿cómo definimos el bien? ¿Cómo podemos ser imparciales? ¿Realmente queremos serlo? ¿Qué hace que el AE sea un movimiento y no, digamos, una disciplina científica?

Pero no lleguemos aún a esas preguntas, porque también hay otro término que he estado utilizando, «racionalismo», que quiero explicar junto con AE. Este término es aún más confuso, porque el racionalismo se refería en origen a una escuela filosófica que surgió en el siglo XVII.[*] Sin embargo, los racionalistas modernos se remontan generalmente al escritor e investigador autodidacta de la inteligencia artificial Eliezer Yudkowsky, fundador del blog *LessWrong*, que escribió una larguísima serie de publicaciones llamadas «The Sequences» entre 2006 y 2009, en las que exponía sus ideas sobre la vida, el universo y prácticamente todo lo demás. Si esto suena un poco friki, en plan tíos que juegan a *Dragones y mazmorras* y dragones en el sótano, es porque lo es: Yudkowsky también es conocido por sus fanfics de Harry Potter, como *Harry Potter y los métodos de la racionalidad*, de 122 capítulos.

---

[*] Como René Descartes: «Pienso, luego existo».

El racionalismo es mucho más desaliñado que su primo formado en Oxford, el AE. «A los racionalistas no se les da muy bien tener aspecto profesional ni las relaciones públicas, y tienden a atraer a gente de esa cuerda. Y los altruistas eficaces son extremadamente profesionales y se les dan muy bien las relaciones públicas», decía Scott Alexander, autor del blog *Astral Codex Ten* y figura fundamental del movimiento racionalista, cuando le visité en su casa de Oakland en abril de 2022. Alexander tenía algunas opiniones propias sobre las relaciones públicas después de haberse sentido afectado por un perfil de *The New York Times* de 2021 en el que se revelaba su apellido, que él había tratado de mantener en secreto,[*] y que también incurría en un montón de temas recurrentes muy propios de la Aldea. El perfil sugería que el ansia de los racionalistas por el riesgo de la seguridad de la IA era equiparable a su interés por la ciencia ficción, y describía así su visión del mundo:

> Los racionalistas se veían a sí mismos como personas que aplicaban el pensamiento científico a casi cualquier tema. Esto implicaba a menudo el «razonamiento bayesiano», una forma de utilizar la estadística y la probabilidad para fundamentar las creencias.

El artículo de *The New York Times* intentaba claramente expresar esto como algo negativo (por ejemplo, poniendo «altruismo eficaz» y «razonamiento bayesiano» —un concepto fundamental en estadística— entre comillas).[**] Pero, en realidad, no es una mala definición de racionalismo. Y si nos guiamos por esta norma, probablemente a mí mismo se me considere racionalista, quiera o no admitirlo. (El razonamiento bayesiano, que toma su nombre del reverendo Thomas Bayes, es el acto de ver el mundo de forma probabilística y de actualizar con regularidad los puntos de vista propios a medida que se encuentran nuevas pruebas, es algo así como la pauta de mi primer libro, *La señal y el ruido*).

De hecho, aunque nunca hubiera solicitado unirme al Equipo Racionalista, Alexander —cuyos rasgos suaves, seco ingenio y calvicie

---

[*] «Scott» y «Alexander» son su nombre y segundo nombre reales. Sigo la política general de llamar a las personas según ellas quieran, a menos que haya una razón periodística de peso para no hacerlo.

[**] He sido objeto de suficientes artículos de ataque para reconocerlos a simple vista.

masculina me recordaban poco a la parte de la familia de mi padre (judío de la Costa Oeste)— ya me había convencido para ello. «Está claro que haces un gran trabajo difundiendo la racionalidad entre las masas. ¿Acaso tiene sentido pensar en nosotros como un movimiento que no te incluye?», me preguntó.

Algunos odiamos equivocarnos en internet

Alexander también tenía mis motivaciones muy claras. Ambos sentimos que tratamos de ser matizados y equívocos en nuestros escritos públicos —una publicación típica de *Astral Codex Ten* tiene miles de palabras—, pero también elocuentes y atractivos. Si bien creemos que este matiz a menudo no se aprecia, sobre todo porque no encajamos en ninguna de las principales tribus políticas. «Intentamos hacer las cosas bien y a nuestra manera, y entonces alguien se equivocó en internet», dice Alexander.

Que alguien se «equivoque en internet» se refería a una viñeta de xkcd, famoso entre cierto círculo de frikis, en el que un hombre de palo no podía dormir porque sentía que era su deber corregir a los idiotas en línea.

Esta referencia me tocaba muy de cerca. Una de las historias más populares en mi boletín de Substack, *Silver Bulletin*, surgió porque yo tenía jet lag, me desperté a medianoche, vi que un tipo había publicado una idiotez sobre mí en Twitter y no paré de escribir hasta que cumplí con mi deber de ponerle en su sitio. Supongo que pienso que estoy beneficiando al mundo cuando hago que las personas sean más racionales, entre comillas, y piensen de forma más crítica sobre temas que podrían dar por sentados. Pero eso no es necesariamente lo que me motiva. Lo que me suele motivar es que, en el fondo, para mí

> es intrínsecamente importante tener razón y ver el mundo con precisión. Siento que es mi deber sagrado denunciar a alguien que está equivocado en internet.

A menos que ya esté familiarizado con los perfiles del AE y el racionalismo, puede que se pregunte por qué estoy dejando caer un montón de nombres e ideas que no tienen una conexión clara entre sí. Y, en realidad, creo que la pregunta es justa. Ambos movimientos tienden a reunir a inadaptados de alto coeficiente intelectual que se sienten atraídos por los debates sobre temas frikis y abstractos. Y estos debates se llevan a cabo con relativa buena fe. Incluso los personajes públicos que critican los movimientos suelen ser escuchados en blogs como *LessWrong* y el *Effective Altruism Forum* (que es más o menos lo contrario de lo que suele ser discutir sobre asuntos públicos en internet). En cuanto se enteran, dicen: «Vaya, esto es lo que llevo buscando toda mi vida», dice Alexander del racionalismo. Al escribir este libro, empecé a hacerme una idea de cómo era esta comunidad relativamente pequeña y muy unida; Alexander incluso me organizó una cena después de nuestra entrevista, a la que invitó a una docena de personas de la escena racionalista del Área de la Bahía.

Los intereses del AE y los racionalistas se encuentran en algunos puntos —en particular, en tecnologías como la IA y las armas nucleares, que podrían suponer una amenaza existencial para la humanidad (tema que abordo en la conclusión de este libro) y en una jerga compartida en conceptos como valor esperado y razonamiento bayesiano, que también se utilizan en otras partes del Río. Pero la afinidad que el AE y los racionalistas sienten los unos por los otros oculta la gran cantidad de desacuerdos internos, e incluso contradicciones, entre los movimientos; en particular, hay dos corrientes principales de AE/racionalismo que no ven las cosas del mismo color. La primera se asocia con el filósofo australiano Peter Singer y un conjunto de temas que incluyen el bienestar animal, la reducción de la pobreza mundial, la donación eficaz y el no vivir por encima de las posibilidades, pero también el precepto ético conocido como utilitarismo. El segundo se asocia a Yudkowsky y al economista Robin Hanson, de la Universidad George Mason, y a toda una serie de asuntos diferentes: futurismo, inteligencia artificial, mercados de predicción y la disposición a discutir sobre casi cualquier cosa en internet, incluidos temas que otros suelen considerar tabú. Empecemos por la corriente Singer, que es más radical de lo que podría parecer a primera vista.

Guía de campo sobre AE y racionalismo

	CORRIENTE SINGER	CORRIENTE YUDKOWSKY-HANSON
Figuras clave	Peter Singer, Will MacAskill, Toby Ord	Robin Hanson, Eliezer Yudkowsky, Nick Bostrom, Scott Alexander
Temas favoritos	Bienestar animal, reducción de la pobreza mundial, donación eficaz, riesgo existencial	Inteligencia artificial, futurismo, mercados de predicción, sesgos cognitivos, riesgo existencial
Orientación política	Centro izquierda, progresista, relativamente alineado con el P=artido Demócrata de Estados Unidos	Libertario, ecléctico, desconfía de los grandes partidos
Filosofía ética	Generalmente, pero no siempre, explícitamente utilitarista	A veces de tendencia utilitarista, pero menos comprometido con una teoría ética concreta
Tipo de personalidad	Académico, reservado,* bien hablado	Inadaptado friki, extravagantes y provocador
¿Altruistas?	Sí, en teoría, y con frecuencia, pero no siempre, en la práctica	No necesariamente; piensan que una evaluación más rigurosa de las pruebas y el pensamiento probabilístico pueden utilizarse para diversos fines
Cómo se autodenominan	Altruistas eficaces	Racionalistas

* Aunque el propio Singer es una gran excepción y puede ser bastante franco en temas que van desde la zoofilia a la eugenesia. No es el típico AE bien educado.

El dilema del tranvía, en modo experto

Cuando empecé a trabajar en este libro, sabía que mantendría conversaciones con jugadores de póquer, inversores de capital riesgo y entusiastas de las criptomonedas. No pensaba que fuese a pasar mucho tiempo hablando con filósofos. Pero lo hice, entre ellos filósofos del movimiento del altruismo eficaz y otros que lo han criticado desde diversos ángulos. Eso supuso tomar el tren hasta Princeton un día para reunirme con Singer; allí hablamos durante un almuerzo vegano en una de las cafeterías de la universidad.

A su manera, Singer —aún intelectualmente activo a sus setenta y tantos años— es tan influyente en el Río como alguien como Doyle Brunson. Gran parte de esa influencia se remonta a un ensayo que publicó en 1972 titulado *Famine, Affluence and Morality*, que incluye esta famosa escena de un niño ahogándose:

> La aplicación de este principio sería la siguiente: si paso por delante de un estanque poco profundo y veo a un niño ahogándose en él, debo meterme en el estanque y sacarle. Para ello, tendré que mancharme la ropa de barro, pero eso es insignificante, mientras que la muerte del niño sería, probablemente, algo muy malo.

Se trata de una especie de dilema del tranvía, pero este es muy fácil. Pasas por delante de un niño que se está ahogando y puedes sacarle fácilmente sin ningún riesgo para ti, aunque te ensuciarás la ropa y es posible que llegues tarde al trabajo. La respuesta es: por supuesto que debes rescatarle; de hecho, casi todo el mundo estaría de acuerdo en que serías una especie de cretino malvado y sociópata si no lo hicieras. En sus obras posteriores, Singer imaginó otros escenarios en los que el coste era mayor —como destruir un coche deportivo carísimo para salvar a un niño—, pero nada que parezca un dilema moral especialmente complicado.

Antes de continuar, permítame decir —en el espíritu del AE de ser lo más justo posible incluso con las personas con las que no se está de acuerdo— que creo que deberían leer a Singer, y en particular su libro de 2009 (reeditado en 2019) *The Life You Can Save* [hay trad. cast.: *Salvar una vida: cómo terminar con la pobreza*, Katz Editores, Madrid, 2012]. Creo que el esfuerzo de Singer por centrar más la atención en los pobres del planeta ha supuesto un bien neto para el mundo. Y no hace falta ser un utilitarista empedernido para pensar que la gente debería ser considerablemente más altruista en el margen y más eficaz a la hora de dar. Es trágico que se donaran más de 500 millones de dólares para la dotación de Harvard en el año fiscal 2022 cuando ya se valoraba en más de 50.000 millones de dólares, en lugar de donar a verdaderas organizaciones benéficas (en serio, no dé ni un céntimo para la dotación de Harvard o de otra universidad privada de élite). GiveWell —fundada por Holden Karnofsky y Elie Hassenfeld, antiguos alumnos y empleados del fondo de cobertura Bridgewater Associates, a quienes Singer inspiró y que se indignaron al descubrir la escasez de la información sobre la eficacia de las organizaciones benéficas para alcanzar sus objetivos— es un buen punto de partida si se buscan alternativas.

Además, creo que es altruista que personas como Singer expresen puntos de vista impopulares que creen sinceramente que conducirán a una mejora social, y es egoísta suprimir estas ideas por miedo a la desaprobación social. Las personas que nunca expresan públicamente puntos de vista que serían impopulares dentro de sus grupos de iguales deberían suscitar recelo.

Entonces ¿por qué no me convence la parábola del niño que se ahoga? Bueno, en parte porque está pensada para jugarte una mala pasada, como Singer admite libremente. «La apariencia incontrovertible del principio que acabamos de enunciar es engañosa», escribe en *Famine, Affluence and Morality*. Una vez que ha establecido que debemos ser altruistas —hacer un pequeño sacrificio para salvar la vida de un niño—, sube la apuesta con un argumento mucho más polémico:

> Si se pusiera en práctica, incluso en su forma cualificada, nuestras vidas, nuestra sociedad y nuestro mundo cambiarían de manera radical. En primer lugar, el principio no tiene en cuenta la proximidad ni la distancia. No hay distinción moral alguna acerca de si la persona a la que puedo ayudar es el hijo de un vecino a diez metros de mí o un bengalí cuyo nombre nunca sabré, a dieciséis mil kilómetros.

Se trata del principio de imparcialidad, la idea de que debemos considerar a las personas más alejadas de nosotros (un niño desconocido en la India) tan moralmente dignas como un niño que se ahoga en nuestra ciudad, o incluso tanto como nuestros propios hijos.

Singer cree que la consecuencia es que alguien que derrocha en artículos de lujo —por ejemplo, en una cena cara a base de sushi— cuando ese dinero podría haberse utilizado para aliviar la pobreza mundial (salvando potencialmente una vida por una cantidad tan reducida como de 3.000 a 5.000 dólares) es moralmente culpable, del mismo modo que lo sería un hombre que se negara a salvar a un niño que se está ahogando. Este principio de imparcialidad puede extenderse en gran medida: en la formulación de Singer, se extiende no solo a los seres humanos de otros países, sino también a todos los animales sensibles. En el libro de MacAskill *What We Owe the Future*, también se extiende a las personas futuras: alguien nacido en el año 3024 tiene tanto valor como un bebé nacido hoy (esta idea, denominada «largoplacismo», es polémica incluso entre los AE). Singer también ha sugerido que la imparcialidad debería extenderse a las inteligencias artificiales que alcancen la capacidad de sentir.

La imparcialidad es también la base del utilitarismo de Singer, un término que he mencionado varias veces sin haberlo definido todavía. El utilitarismo es una rama del consecuencialismo, la idea de que las acciones deben juzgarse por sus consecuencias. Contrasta con la deontología (del prefijo griego *deon-*, que viene a significar «deber»), que afirma que las acciones pueden ser intrínsecamente buenas o malas en función de normas éticas. Singer recela de estas normas porque cree que conducen a la parcialidad: pensemos en máximas como «honrarás a tu padre y a tu madre», que dan prioridad a los que están cerca de nosotros sobre los que están lejos.

¿A qué viene este desvío relativamente largo hacia la filosofía moral en un libro sobre el juego y el riesgo? Bueno, en parte se debe a que Singer es muy influyente en el AE. Cuando MacAskill escribe que el AE debe perseguir el bien imparcialmente considerado, se refiere a Singer. Pero es sobre todo porque el utilitarismo —que a menudo se formula como «la mayor cantidad de bien para el mayor número de personas»— se presta a representaciones matemáticas, lo que lo convierte en algo tentadoramente próximo a las mentes cuantitativas del Río. Según el utilitarismo, la moralidad puede transformarse en una especie de problema de maximización de VE. Deberías salvar a la niña que se ahoga porque estropear tu traje solo te cuesta 800 «utils» (unidades de utilidad) —el coste de un traje nuevo en Brooks Brothers—, mientras que la vida de la niña vale 10 millones de utils (el valor de la vida estadística).

Hay algunos contextos en los que creo que el utilitarismo es un marco adecuado, sobre todo en problemas a media escala, como el establecimiento de políticas gubernamentales en las que la imparcialidad (no tener favoritos) es fundamental.* Por ejemplo, cuando un subcomité de los CDC se reunió en noviembre de 2020 para elaborar recomendaciones sobre quiénes serían los primeros en recibir las vacunas contra la COVID, rechazaron seguir un cálculo utilitarista de maximización de beneficios y minimización de daños para, en su lugar, tener también en cuenta objetivos como «promover la justicia» y «mitigar las desigualdades sanitarias». Sus recomendaciones se revisaron tras una importante protesta pública, incluso de personas que señalaron que sacrificar el impacto en la salud pública por la «equidad» provocaría en realidad más muertes y enfermedades entre las personas de grupos desfavorecidos. Pero, para empezar, un organismo no elegido como aquel no debería haber tenido favoritos basándose en preferencias políticas que muchos estadounidenses no comparten.

Pero si el utilitarismo es a menudo una buena primera aproximación a la mesoescala (para problemas de mediana escala), no confío demasiado en que funcione bien como marco para la ética personal: puede conducir directamente a la conclusión de Sam Bankman-Fried, revelada en su proceso penal, de que el fin justifica los medios. También desconfío de que funcione bien para problemas a muy gran escala (como intentar calcular toda la utilidad en el universo presente o futuro), lo que a veces se denomina «ética del infinito».

En las próximas páginas ofreceré una crítica más profunda del utilitarismo, pero le advierto de que entra en mucho detalle y de que algunos de ustedes querrán pasar al acto 4, que presenta una partida de póquer en una convención racionalista, a un investigador sexual utilitarista y a un hombre que cree que el futuro será casi incalculablemente extraño.

---

* Yo diría, sin embargo, que el altruismo eficaz tiene un ángulo muerto: no dedicar más tiempo a considerar cómo el Gobierno (en contraposición a la beneficencia privada) podría utilizar sus recursos de manera más eficaz. El gasto total en obras benéficas en Estados Unidos fue de unos 500.000 millones de dólares en 2022, mientras que el Gobierno gasta alrededor de 6 billones.

Por qué no soy utilitarista

Sentado junto a Will MacAskill en la cena de Eleven Madison Park, tuve una epifanía: la filosofía moral, o al menos el tipo de filosofía moral que les gusta practicar a los AE y a los racionalistas, tiene mucho en común con la construcción de un modelo estadístico (MacAskill refrendó esta comparación en una conversación posterior. «Creo que la analogía entre teorizar en filosofía moral y crear una línea de ajuste óptimo en un modelo es en realidad, diría yo, muy buena», me dijo). No es casualidad, por ejemplo, que los estudiantes de filosofía obtengan puntuaciones relativamente altas en las pruebas estandarizadas de matemáticas, tanto como las de estudiantes en algunas disciplinas de las ciencias duras, como la biología. Los filósofos hacen observaciones sobre el mundo, basándose en sus propias intuiciones morales o en las de otras personas, y en las reglas y normas éticas a partir de las cuales se desarrollan las sociedades. A continuación, elaboran principios genéricos a partir de estas observaciones en un nivel superior de abstracción. Esto se parece bastante a cuando un economista o un estadístico dispone de un conjunto de datos de observaciones del mundo real y pretende generalizar a partir de ellos. Por ejemplo, el economista podría construir un modelo mediante técnicas como el análisis de regresión, observando que en general existe una relación estadística fuerte entre el PIB y la esperanza de vida, a pesar de que también haya algunas excepciones.

Como yo mismo he creado unos cuantos modelos estadísticos, sé que es una tarea difícil, en parte porque se pueden cometer dos tipos de errores. Esto es un poco técnico —hay un análisis más extenso en *La señal y el ruido* si se quiere profundizar—, pero uno de los problemas se llama «sobreajuste». Consiste básicamente en tratar de acomodar hasta el último rincón del conjunto de datos, a veces mediante estrategias muy artificiosas. Por ejemplo, para explicar por qué Estados Unidos es un caso atípico en la relación PIB-esperanza de vida —tenemos un PIB per cápita muy alto, pero nuestra esperanza de vida es muy inferior a la de muchas otras naciones ricas— se puede inventar una variable llamada «estrellas-bandera», que es el número de estrellas que tiene un país en su bandera nacional (la bandera de Estados Unidos, con cincuenta estrellas, tiene más que la de cualquier otra nación). Técnicamente, esto podría mejorar el ajuste del modelo, pero también es bastante ridículo. Sean cuales sean las razones de nuestra relativamente baja esperanza de vida, no se debe a nuestras elecciones vexilológicas (relativas al diseño de banderas).

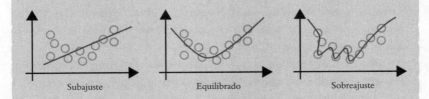

Subajuste   Equilibrado   Sobreajuste

Se podría decir que la moral convencional o de «sentido común» se parece mucho a esto: está llena de contradicciones. ¿Por qué comemos cerdos pero tenemos perros como mascotas, por ejemplo? Ni siquiera se puede utilizar aquí la estrategia de MacAskill de guiarse por el recuento de neuronas, ya que es prácticamente el mismo para perros y cerdos. Se trata simplemente de una de esas costumbres con las que todo el mundo está de acuerdo, y si haces demasiado ruido al respecto te pueden tratar de asesino de cachorros o de activista radical de PETA.

Sin embargo, también es posible que un modelo no se ajuste lo suficiente (*subajuste*). Tener muy pocos parámetros, de modo que se obtenga una simplificación excesiva que, en el mejor de los casos, solo sea vagamente correcta, y que no se ajuste en absoluto a la forma en que funciona el mundo real. No estoy del todo de acuerdo con esta crítica, pero a veces se acusa a los economistas de lo siguiente: que sus hipótesis sobre lo que hace que las personas sean «racionales» no tienen en cuenta todas las idiosincrasias de los consumidores reales y aúnan demasiados supuestos que no predicen bien el comportamiento real.

Tal vez se vea adónde quiero llegar con esto. Creo que el utilitarismo es análogo a un modelo de subajuste. En lugar de ser demasiado considerado con la moralidad del sentido común, no se acerca lo bastante al punto medio y concede que tal vez varias leyes y costumbres evolucionaron por alguna buena razón. En 2023, por ejemplo, Singer apoyó una controvertida defensa de la zoofilia sobre la base de que si pensamos que es éticamente aceptable comer animales, debería ser éticamente aceptable tener sexo con ellos, ya que el asesinato y la tortura (el estado en el que se mantiene a muchos animales es, de hecho, muy malo) se suelen considerar tan malos como la violación. Sin embargo, no es difícil explicar por qué la mayoría de las sociedades han desarrollado este aparente doble rasero. Comer proteína animal perpetúa la especie humana; tener relaciones sexuales con animales no.

No creo que sea malo que Singer plantee preguntas como estas; en general, creo que la sociedad corre más peligro de exceso de conformidad que de desmoronarse porque se desafíen demasiados tabúes. Aun así, el utilitarismo clásico, incluido específicamente la versión de Singer, es totalizador e inflexible. Yo prefiero encontrarme con la gente allá donde esté y permitirle algunas de sus aparentes contradicciones al tiempo que se la va empujando hacia un comportamiento más ético. El jugador de póquer Dan Smith, por ejemplo, ha contribuido a recaudar más de 26 millones de dólares para organizaciones benéficas eficaces, pero sé que también está dispuesto a darse un capricho en una cara cena de sushi o a apostar miles de dólares en un farol para evitar que alguien gane una apuesta con una mejor mano. «Creo que tenemos una visión extraña del dinero: la de que hay que insensibilizarse ante él. Si tuviéramos el punto de vista de: "Oooh, vale tres mil dólares salvar una vida, voy a apostar treinta y tres vidas en el Río aquí", eso no estaría nada bien», me dijo Smith.

Sin duda, Singer es consciente de que sus conclusiones no son intuitivas. En algunos momentos de su obra, parece incluso insinuar que los autistas son mejores razonadores morales porque no están tan sujetos a convenciones sociales lastradas por las emociones, como la empatía. Me dijo que la sociedad funciona básicamente con un software obsoleto que no admite el crecimiento tecnológico, y recurrió a otro ejemplo controvertido: el incesto. «Hemos desarrollado intuiciones contra el sexo con los hermanos. Hay una razón por la que esto podría haber evolucionado en el pasado, cuando no había anticonceptivos eficaces», dijo, ya que los niños engendrados a través de la endogamia tienen una alta tasa de defectos genéticos. En su opinión, ahora el tabú no está tan claro, al menos si la pareja utiliza anticonceptivos.*

Una vez más, me alegro de que los códigos morales de la sociedad evolucionen con el tiempo: como hombre gay, por ejemplo, mi vida sería mucho peor en un siglo anterior. Pero desconfío de imponer demasiados cambios a la sociedad, sobre todo cuando proceden de profesores de Oxford o Princeton, en lugar de llegar ellos democráticamente.** A veces los expertos se equivocan; que tuviéramos la capacidad tecnológica para practicar el aprendizaje a distancia durante la pandemia de COVID-19 no significaba necesariamente que fuera una buena idea. Tiendo a confiar más en los mecanismos de decisión descentralizados.

Debo señalar, sin embargo, que el utilitarismo, sobre todo en sus formas más estrictas, es de hecho relativamente impopular entre los filósofos. Kevin Zollman, un filósofo de Carnegie Mellon que también ha escrito libros sobre la aplicación de la teoría de juegos a la vida cotidiana, me dijo que cree que el utilitarismo puede seducir a las personas con inclinaciones cuantitativas por su promesa de precisión matemática. «Sin duda, soy una persona muy "explícita". Soy un filósofo matemático», afirmó. Pero «especialmente si algo es fácil de matematizar de una manera, es tentador decir: "Oh, esa debe de ser la mejor (o la única) manera de mate-

---

* Otros tabúes, en cambio, pueden fortalecerse. La evolución de la carne sintética podría llevar a un tabú más fuerte contra el consumo de proteínas animales, por ejemplo. Sin embargo, hasta ahora, la incidencia del vegetarianismo en Estados Unidos ha disminuido ligeramente en las encuestas. Es difícil saber cuándo llegará el momento adecuado para una idea. Mientras escribo esto, a principios de 2024, en medio de un creciente autoritarismo, la guerra en Oriente Medio y una reacción contra las ideas progresistas sobre raza y género, se ha vuelto más difícil decir que el arco de la historia se inclina hacia el progreso o que se puede conseguir que las personas se pongan de acuerdo sobre lo que constituye, para empezar, el progreso.

** Singer es partidario de una forma de utilitarismo llamado «utilitarismo hedonista», que es particularmente antidemocrático: básicamente, lo que es mejor para la gente es lo que les da la mayor utilidad, aunque no sea lo que hubieran elegido por sí mismos (la alternativa se llama «utilitarismo de preferencias»). Si un filósofo me quita una galleta de chocolate de la mano porque ha calculado que me costará utils (los costes a largo plazo del peso que ganaré superarán el placer de comer la galleta en ese momento), es un utilitarista hedonista.

matizarlo"». Cuando tienes un martillo, todo parece un clavo, y el utilitarismo puede ser un instrumento terriblemente contundente.

Pero hay alternativas, formas matemáticas de hacer filosofía que no se limitan a sumar todos los utils del universo conocido. El difunto filósofo de Princeton John Rawls, en *A Theory of Justice* [hay trad. cast.: *Una teoría de la justicia*, Papers amb Accent, Girona, 2010], propuso maximizar el bienestar de la persona menos favorecida de la sociedad. En principio, se podría construir algún tipo de modelo matemático para ello. Nick Bostrom, un filósofo de Oxford relacionado con el AE, aunque probablemente más próximo al terreno racionalista, me habló de su idea, a la que denominó «parlamento moral»: «Como no estoy seguro de qué teoría ética es la correcta, le daría a cada una un cierto peso. Es decir, los utilitaristas estarían con sus delegados en este parlamento, pero también habría otros marcos morales, así como el interés propio y el cuidado de los amigos y la familia». A mí también me gusta esta idea y creo que describe con bastante exactitud cómo piensan los seres humanos en los dilemas del tranvía. Quizá querría que hubiera varias clases de utilitaristas en mi parlamento moral personal, pero también unos cuantos libertarios preocupados por maximizar la libertad personal, algunos progresistas que trabajaran para garantizar que la sociedad evoluciona y se adapta, además de algunos pensadores «con sentido común» de diversos grupos políticos y religiosos contemporáneos. Ningún partido tendría mayoría ni podría desviarse demasiado de la línea sin la cooperación de los demás.

Lara Buchak, una profesora de filosofía de Princeton que escribió un libro titulado *Risk and Rationality*, me dijo que desconfía del énfasis que pone el utilitarismo en los casos atípicos o infinitos. Uno de esos casos famosos, propuesto por el difunto filósofo Derek Parfit, se denomina la Conclusión Repugnante. Para estudiar la Conclusión Repugnante, vamos a comparar dos mundos:

- Uno es el mundo que tenemos hoy, con unos 8.000 millones de personas, salvo que todo es mucho mejor. Hemos curado el cáncer y muchas otras enfermedades, erradicado la pobreza, acabado con el racismo y desarrollado una carne

sintética que sabe mil veces mejor que la proteína animal. La gente vive ciento cincuenta años y tiene un nivel de vida equivalente al de una supermodelo sueca.*
- Por otra parte, imaginemos un mundo en el que hay infinitas personas que se ganan la vida —si se puede llamar siquiera así— a duras penas. En la formulación de Parfit, se trataría de personas que viven unos cuantos días, escuchando música de ascensor y comiendo unas patatas ligeramente sabrosas antes de perecer (quizá también les den kétchup).

La Conclusión Repugnante es que el segundo mundo es mejor porque, aunque el primero tiene muchísima utilidad —8.000 millones de personas multiplicadas por un número muy alto, como 100 millones de utils per cápita—, sigue siendo menor que la utilidad infinita del mundo repugnante, porque infinito multiplicado por cualquier número positivo sigue siendo infinito.

«Creo que es un gran error pensar que una teoría no es buena si no puede manejar infinitos casos», afirma Buchak. En su opinión, las teorías morales deberían probarse en situaciones de toma de decisiones prácticas, del día a día. «Casi todas las decisiones implican un riesgo —afirma—. ¿Me preocupa más algo como, ya sabes, si debería llevar mi paraguas hoy?». Si una teoría moral no puede gestionar casos cotidianos como estos —si se aleja demasiado del sentido común—, entonces probablemente no deberíamos confiar en ella, tanto si proporciona una respuesta elegante a la Conclusión Repugnante como si no.

Apoyo la idea de Buchak, en parte porque sé que cuando se construye un modelo estadístico, este puede ser muy sensible a los casos extremos y atípicos. Es estupendo poder construir un modelo inteligente que tenga en cuenta tanto los valores atípicos como los aburridos puntos de datos cotidianos. Pero, si no puedes hacer ambas cosas, a veces la mejor estrategia es descartar los casos atípicos y apostar por un modelo que funcione lo bastante bien a efectos

---

* No se preocupe, también hemos conseguido conservar algunas formas de que la gente sienta conflicto y emoción en este mundo; por ejemplo, puede que todo el mundo siga discutiendo en Twitter.

prácticos.* En otras palabras, la respuesta correcta a la Conclusión Repugnante puede ser: «¿A quién coño le importa?». Tenemos 8.000 millones de personas que intentan llevar una vida ética y satisfactoria y garantizar un futuro próspero a sus descendientes. ¿No podríamos ocuparnos de eso en vez de andar calentándonos la cabeza con dilemas de tranvía?

La obra de Buchak también se centra en encontrarse con las personas en su propia situación en materia de gestión de riesgos. En un universo probabilístico, el valor esperado se calcula promediando los resultados de un cierto número de pruebas, escenarios o simulaciones. En el póquer, o en tareas cotidianas, como intentar encontrar la mejor ruta para volver a casa desde el trabajo (quizá haya una ruta que sea más rápida de promedio, pero en la que también haya un puente levadizo que ocasionalmente cause un retraso significativo), quizá sea una buena idea pensar en términos de VE. Pero ¿quién demonios soy yo (o Lara Buchak, o Peter Singer) para decirle lo que debe hacer en lo que respecta decisiones a las que se enfrentará una sola vez? «Quizá deberías comportarte de forma diferente al elegir cónyuge o trabajo o al hacer el tipo de cosas que solo vas a hacer una vez, con suerte», me dijo Buchak.

Bien, ya casi hemos terminado con la clase de filosofía. Pero permítame plantear un par de críticas más a la noción de imparcialidad de Singer. Una es que no hace falta ser Ayn Rand para pensar que la condición humana ha mejorado con el desarrollo económico y que el intercambio de dinero por bienes y servicios puede ser beneficioso para todos. De hecho, como ha señalado Singer, la cantidad de pobreza grave en el mundo ha disminuido radicalmente a medida que el mundo se ha ido industrializando. Quizá no necesite tantas cenas de sushi, aunque se debe tener en cuenta que el dinero que gasta en ellas no desaparece, sino que va a parar a los camareros, al friegaplatos, al pescador que pescó su atún, al Gobierno en forma de impuestos sobre las ventas, a

---

* Tampoco se deduce intrínsecamente que las reglas a escala muy pequeña o muy grande sigan las reglas a mesoscala. Por ejemplo, en física, las interacciones nucleares fuerte y débil —dos de las cuatro fuerzas fundamentales junto con la gravedad y el electromagnetismo— solo se aplican a pequeña escala y pueden ignorarse en la mayoría de los problemas biológicos o químicos.

los propietarios del negocio, etc. Soy escéptico en cuanto a que un mundo sustancialmente más ascético tendría una mayor utilidad general.

Además, creo que existe cierta base racional para la parcialidad, porque hay una mayor incertidumbre sobre las cosas que están lejos de nosotros en el tiempo y el espacio; en parte, por razones prácticas. Si cada año existe un riesgo pequeño pero tangible de que se produzca una guerra nuclear que destruya la civilización, es probable que debamos tener mucho menos en cuenta el bienestar de las personas dentro de mil años.

También se trata de humildad epistémica. Puedo aceptar, sin duda, que un niño de Bangalore vale tanto como uno de Brooklyn. Tal vez también llegue a la misma conclusión para algunos animales, como los elefantes o las orcas. En cambio, no estoy tan seguro sobre uno de los hipotéticos seres humanos del futuro de MacAskill en *What We Owe the Future*, o algo como una IA sensible. Ahora bien, debo señalar que los AE como MacAskill tienen respuestas a este tipo de objeciones. Sin embargo, como alguien que ha estado rodeado de muchos frikis inteligentes que no eran conscientes de sus propias limitaciones, trato estas ideas con cierta cautela. «De hecho, me sorprende lo mucho que se basan en cálculos de probabilidades improvisados —afirma David Kinney, psicólogo de Yale que ha criticado el AE—. Parecen manifestar cierta fe en nuestra capacidad de estimación de probabilidades genérica, e incluso en nuestra capacidad en general de señalar qué es lo que tiene una probabilidad positiva. Y tenemos razones para pensar que, como agentes finitos, en realidad carecemos de esa capacidad». A veces, el AE parece un marco moral para un mundo en el que toda la gente tiene un cociente intelectual de 200, y no para el mundo en el que vivimos.

Hay también un problema más sutil. Las ideas del AE y las ideas utilitaristas pueden ser tan abstractas que no hay muchas formas de ponerlas a prueba experimentalmente para ver hasta qué punto el modelo se ajusta al mundo real. Los AE «probablemente minusvaloran cosas como el cambio cultural, la política, todas estas habilidades más "blandas"», opinó Kurganov, exjugador de póquer y asesor de Musk.* Puede que los jugadores de póquer tengan un sentido del riesgo y la recompensa más afinado que los AE porque sufren las consecuencias de sus propias acciones, me dijo Kurganov. «Como jugador de póquer, te centras mucho en el valor esperado de todas tus decisiones. Estás constantemente reevaluando la situación». El razonamiento motivado que afecta al juicio experto en otros ámbitos no se aplica aquí, afirmó. «Si te equivocas juzgando la realidad, recibes un puñetazo en la cara y pierdes dinero».

Mi última objeción viene —iba a aparecer tarde o temprano— de la teoría de juegos. Tengo una profunda sospecha intuitiva de las filosofías morales que no implican reciprocidad. Por reciprocidad entiendo que, si yo acepto vivir según una norma, los demás también lo aceptan. El ejemplo de ello más conocido en filosofía es el imperativo categórico de Immanuel Kant: «Obra solo según una máxima tal que puedas querer que al mismo tiempo se convierta en ley universal». Esto puede compararse con el dilema del prisionero: si ambos estamos de acuerdo en cooperar, en actuar moralmente, acabaremos de modo colectivo mejor que si actuamos de forma egoísta. De hecho, gran parte de la moralidad convencional proviene de la necesidad de la sociedad de desincentivar el comportamiento egoísta, y me preocupa que se ponga patas arriba ese artificio.** Lo interesante es que, a pesar de que el imperativo categórico se considera un ejemplo canónico de filosofía deontológica (basada en el deber), el dilema del prisionero también lo justifica por motivos utilitaristas. De hecho, hay una variante del utilitarismo llamada «utilitarismo de las reglas» —es

---

* El propio Kurganov fue víctima de la política tras ser expulsado de la órbita de Musk en un golpe interno de la oficina de gestión del patrimonio familiar, y fue descrito —de forma poco halagüeña— en los titulares como «un exjugador profesional de treinta y cuatro años que dejó la universidad para fumar hierba».

** Un término friki que los AE y los racionalistas utilizan para esto es la cerca de Chesterton, en referencia a una parábola del filósofo G. K. Chesterton sobre una cerca que atraviesa una carretera, construida por razones que no entiendes. Chesterton pensaba que no se debe quitar la valla sin antes saber por qué se puso allí. Tal vez proteja contra algo —ciervos que se comerán tu follaje, jabalíes que pisotearán tu césped, zombis que suelen vagar por la ciudad de noche— contra lo que crees que es muy buena idea protegerse.

decir, que deberíamos actuar como si nuestra conducta fuera universalizada, lo que maximizaría la utilidad— con la que simpatizo mucho más que con el utilitarismo clásico.

Lo que no quiero, sin embargo, es ser tan imparcial que se me ponga sin parar en una posición en la que se puedan aprovechar de mí: el primo que coopera cuando mi compañero no lo hace. E incluso si creo que hay algo honorable en actuar moralmente en un mundo egoísta en su mayoría, también me pregunto sobre la aptitud evolutiva a largo plazo de un grupo de personas que no defenderían su propio interés, o el de su familia, su nación, su especie o incluso su planeta, sin al menos un poco más de vigor de ese con el que defenderían el de un extraño. Quiero que el mundo sea menos parcial de lo que es, pero quiero que sea al menos parcialmente parcial.

Incluso puedo proponer un experimento mental propio que sirve como antónimo de la parábola del niño que se ahoga. Piense en las diez personas más importantes para usted a nivel personal. Pueden ser hijos, padres, hermanos, amigos, amantes, mentores..., quienes quiera. Supongamos que me ofrezco a practicar una eutanasia humanitaria a estas diez personas. A cambio, once personas al azar de todo el mundo se salvarán. ¿Es moral matar a las diez personas para salvar a las once? Creo que casi todo el mundo diría que no; de hecho, muchos de nosotros diríamos que aceptar este trato sería bastante malvado, quizá tan perverso como no salvar a un niño que se ahoga porque nos ensuciaríamos la ropa.

Una vez que se acepta tanto esta regla como la parábola del niño que se ahoga, se acepta que los humanos no somos ni del todo egoístas ni del todo imparciales, que quizá deberíamos ser menos egoístas, pero que tenemos que ser parcialmente parciales.

Acto 4: Berkeley, California, septiembre de 2023

Por regla general, odio jugar al póquer si no es por dinero; no tiene por qué ser por mucho dinero. Una de mis experiencias de póquer más divertidas fue echar una partida de 10 centavos/20 centavos en el jardín trasero de unos amigos, muchos de los cuales estaban jugando por primera vez. Pero quiero algún tipo de apuesta que acelere el corazón de las personas.

Sin embargo, estaba dispuesto a hacer una excepción en nombre de la ciencia. Me hallaba en Berkeley, California, en una conferencia llamada Manifest, participando en un torneo de póquer por una moneda de juego denominada maná. Manifest, anunciada como «una reunión de frikis de la predicción», la organizó Manifold, una de las diversas empresas emergentes de un panorama cada vez más competitivo de empresas que permiten a las personas hacer apuestas probabilísticas sobre acontecimientos del mundo real.

Puede parecer un interés relativamente recóndito, pero la gente de la comunidad AE/racionalista está obsesionada con los mercados de predicción. ¿Por qué? En parte debido a su aprecio por los mercados en general, debido a sus cerebros de economista. Pero también porque creen que tendremos discusiones más precisas y honestas si asignamos números a las cosas. Es fácil decir algo como: «Me preocupan bastante los riesgos catastróficos para la humanidad de una inteligencia artificial mal alineada». Pero es mucho más informativo expresar la p(fatalidad) —tu probabilidad de que la IA pueda producir estos resultados catastróficos—. Si su p(fatalidad) es del 1 o del 2 %, sigue siendo lo bastante alta para calificarla de «bastante preocupante». Pero si cree que la p(fatalidad) es del 40 % (y algunos AE creen que es así de alta o más), eso significa que la alineación de la IA —asegurarse de que las IA hagan lo que queremos y sirvan a los intereses humanos— es quizá el mayor desafío al que se ha enfrentado nunca la humanidad.

Los números nos permiten comprender esa diferencia de un modo imposible para las palabras. En su libro *The Precipice*, Toby Ord cifró su p(fatalidad) en 1 entre 6, lo que equivale a la probabilidad de perder una partida cósmica de ruleta rusa: una probabilidad de 1 entre 6 de que los humanos se extingan o la civilización colapse irremediablemente en el próximo siglo, siendo la IA la razón más probable. Claro, esto puede parecer preciso hasta un punto artificial. Pero la alternativa de no dar una cifra es mucho peor, pensaba Ord. Como mínimo, deberíamos ser capaces de calcular órdenes de magnitud. Por ejemplo, es mucho más probable que acabe con la humanidad una guerra nuclear que un supervolcán. «Tanto si hablamos de una probabilidad entre un millón como de una entre diez en ciertos temas, la idea de que yo no se lo diga al lector me parece extraña», me dijo Ord.

Pero Manifold se distingue por dos razones. En primer lugar, los usuarios no apuestan dinero real, sino un dinero de juego llamado maná. Y en segundo lugar, Manifest permite a los usuarios crear sus propios mercados, y les permite apostar prácticamente en cualquier cosa. Cuando digo cualquiera, lo digo en serio. Por ejemplo, si las Fuerzas de Defensa de Israel son responsables de una explosión cerca de un hospital en Gaza. Pero también podría ser algo como si Austin Chen, el fundador de Manifold —y, algo inusual para la escena AE/racionalista, católico practicante—, seguirá creyendo en Dios en 2026 (hay un 71% de probabilidades de que lo haga, según el mercado). Incluso hubo un mercado sobre si habría una orgía en Manifest, que al principio mostró solo un 28% de probabilidades, pero que al final se resolvió con un sí (lo que significa que la orgía se consumó; no, yo no participé).

Y, naturalmente, los asistentes a la conferencia apostaban por el resultado de la mismísima partida de póquer en la que yo estaba jugando, que contaba con un elenco estelar de celebridades racionalistas, como Cate Hall, una exjugadora de póquer profesional convertida al altruismo eficaz; Zvi Mowshowitz, un antiguo campeón de *Magic: The Gathering* cuyos análisis increíblemente profundos de la IA hacen de su blog[*] una lectura fundamental para los racionalistas; y Shayne Coplan, el fundador de otro sitio web de mercados de predicción, Polymarket.[**] Con cada mano que se jugaba, los frikis de las predicciones se agolpaban alrededor de la mesa para ver cuántas fichas tenía cada uno de nosotros, y crear nuevos mercados Manifold, como quién sería el siguiente jugador en ser eliminado.

¿Y cómo fue el experimento científico? A decir verdad, no creo que sus predicciones sobre el póquer fueran demasiado buenas. El torneo era un «turbo», lo que significa que estaba pensado para terminar al cabo de un par de horas, en lugar de alargarse toda la noche. Esto reduce la habilidad implicada, y el mercado probablemente exageraba la posibilidad de que ganase uno de los jugadores experimentados, como Hall o yo mismo.

Por otra parte, si en realidad hubiera creído que el mercado estaba mal valorado, podría haber abierto una cuenta en Manifold y haber apos-

---

[*] El blog de Zvi se llama *Don't Worry About the Vase*; https://thezvi.substack.com.

[**] En la fecha límite de publicación, mayo de 2024, me encontraba en la última fase de las conversaciones para ocupar un puesto de asesor remunerado de Polymarket. Las negociaciones no estaban en marcha cuando investigué y escribí este capítulo.

tado contra mí mismo. Esa es al menos la teoría; el espíritu de Manifold es descentralizado y radicalmente transparente. «La teoría de Manifold sobre el uso de información privilegiada es que, en general, está bien, a menos que se tenga algún tipo de obligación de no revelar información», explica Chen. A diferencia de otros sitios de mercados de predicción, en Manifold se puede ver exactamente quién apuesta por qué, y el proceso puede parecer tan colaborativo como competitivo, con foros de debate sincero en los que las personas revelan sus razones para apostar.

La conferencia Manifest fue también uno de los últimos viajes de recopilación de información que hice para este libro. Y me confirmó que el Río es real y no un invento literario mío. Es más probable que se manifieste (ejem) en unos lugares que en otros, como Las Vegas o la bahía de San Francisco. Pero esos mismos frikis de los pronósticos que vi en Manifold habían ido apareciendo en diferentes contextos en otras partes del Río. Conocía a muchas personas que se habían convertido en fuentes de información o en amigos (o ambas cosas). Conocía las bromas internas y la jerga. La conferencia no era exactamente como mi jardín trasero: sigo prefiriendo ir a jugar Río Abajo: los jugadores de póquer tienden a ser un poco más competitivos y un poco más listos. «Manifold tiene una especie de extraño efecto de filtro: al tratarse de dinero ficticio, no acuden jugadores serios y duros, de los que apuestan fuerte, sino gente más bien intelectual», explica Chen. Pero todo formaba parte de una comunidad más amplia de ideas afines.

Cuando no hay dinero en juego, incluso se puede considerar que hacer una previsión cuantitativa es un acto altruista. En ausencia de cifras, es fácil utilizar palabras engañosas y afirmar que tenías razón pasara lo que pasara. Una de las razones por las que Phil Tetlock (conocido por lo de los erizos y los zorros) descubrió que los expertos hacían tan malas previsiones porque se les había permitido salirse con la suya con esta vaga retórica. Por el contrario, alguien como Yudkowsky —cuya p(fatalidad) es muy alta, bastante cercana al 100%— sufrirá mucho daño en su reputación si la alineación de la IA resulta relativamente fácil de conseguir. Mientras que si las máquinas nos convierten a todos en clips sujetapapeles —uno de los famosos experimentos mentales de Nick Bostrom implica a una IA mal alineada que tiene el objetivo de fabricar tantos clips como sea posible—, él no estará para atribuirse el mérito. (Siendo alguien con tanta experiencia como casi cualquiera haciendo pronósticos probabilísticos en público, yo también puedo decir por experiencia propia que los incentivos para ello son escasos. Las personas no entenderán lo que significan las probabilidades, y a menudo recibirás críticas incluso si tus probabilidades son tan exactas como se dice).

Hay otra razón por la que los AE y los racionalistas creen que los mercados de predicción son importantes. Se trata de la propia definición de racionalidad. Si busca «racional» en un diccionario de sinónimos, verá que lo es de términos como «razonable», «sensato» y «prudente». Y, de hecho, así es como se utiliza en el lenguaje cotidiano. Sin embargo, los filósofos tienen una definición más precisa, que suele referirse a dos tipos de racionalidad:

- En primer lugar, está la **racionalidad instrumental**, que básicamente significa: ¿adoptas medios adecuados a tus fines? Hay un hombre que ha comido más de treinta mil Big Macs. Puede que eso no sea algo razonable y prudente para él. Pero si el objetivo vital de este hombre es comer tantos Big Macs como sea posible, se podría decir que es instrumentalmente racional, porque ha hecho un trabajo bestial a este respecto. Se pueden poner más o menos requisitos a la racionalidad instrumental, dependiendo de lo estricto que se quiera ser. Uno en el que coinciden la mayoría de los filósofos es el de exigir preferencias coherentes: si prefieres los Big Macs a los Whoppers y estos a los Wendy's Doubles, no deberías preferir los dobles de Wendy's Doubles a los Big Macs.
- El segundo tipo es la **racionalidad epistémica**. Es decir: ¿ves el mundo tal y como es? ¿Se alinean tus creencias con la realidad? Si el Hombre Big Mac cree que su dieta es excepcionalmente sana, pero se está muriendo de un fallo orgánico masivo causado por su falta de nutrición equilibrada, no está siendo epistémicamente racional (aunque, de hecho, tiene el colesterol bajo y goza por lo demás de buena salud, o eso afirma su mujer). Como sostengo en *La señal y el ruido*, hacer predicciones comprobables es una de las únicas formas de saber si uno es epistémicamente racional.

En teoría, los mercados de predicción desempeñan un papel importante en la racionalización del mundo. Pero ¿y en la práctica?

Mi opinión es, en general, favorable, pero no está exenta de reservas. Esto se debe en parte a las marcas que me han dejado las muchas discusiones que he tenido en internet sobre la precisión de los mercados de predicción frente a las previsiones de FiveThirtyEight. Los pronósticos de FiveThirtyEight han sido sistemáticamente mejores —sé que eso es lo que esperaba que dijera, pero es cierto—, algo que no se supone que ocurrirá si los mercados son eficientes. Por otra parte, quizá esto no nos dé demasiada información. Las elecciones son, tal cual, la Super Bowl de los mercados de predicción: hay tanto dinero tonto (mucha gente con opiniones muy estrictas sobre política) que no siempre hay suficiente dinero inteligente para compensarlo. En 2020, hasta hubo personas dispuestas a apostar millones por Donald Trump cuando Joe Biden ya había sido declarado ganador (hablaremos de ello en breve). No obstante, en muchas otras circunstancias, está claro que los mercados de predicción son muy útiles. Mientras las organizaciones de noticias se apresuraban a corregir su cobertura, por ejemplo, los operadores de Manifold determinaron que las FDI probablemente no habían sido responsables de lo que había sucedido esa noche en particular en el hospital de Gaza.*

Pero lo que más me preocupa, irónicamente, es que los mercados de predicción pierdan fiabilidad si se confía demasiado en ellos.

Cuando hablé con MacAskill tras el colapso de FTX y le pregunté si no debería haberlo visto venir, me dio una respuesta que no me pareció satisfactoria. «Eso era realmente muy imprevisible dadas las pruebas disponibles», afirmó. Citó una previsión de otro sitio de mercado de predicción de dinero ficticio llamado Metaculus. «¿Cuál es la probabilidad de que FTX incumpla el pago de algún depósito de clientes en 2022? Era más o menos del uno coma tres por ciento», recordó MacAskill.

Ahora bien, quizá sea justo en cierto sentido no haber esperado que las cosas fueran tan mal con SBF: no todos los días se encuentra uno con uno de los mayores fraudes del siglo. Pero este es un ejemplo clásico de depositar un exceso de fe en los mercados. Por un lado, MacAskill, que

---

* También soy escéptico en cuanto a que los mercados de predicción de dinero ficticio puedan ser tan eficientes como los de dinero real. Sin embargo, como me señaló Austin Chen, los racionalistas son precisamente el tipo de personas que se preocupan mucho por responder a los que se equivocan en internet, y si pueden hacerlo en forma de mercado de predicciones, tanto mejor. «Creo que es un error decir que el dinero es lo único que arriesgas en el juego —me dijo—. La reputación o el ego tienen también mucho peso».

había guiado a SBF hacia el altruismo eficaz, debería haber tenido mucha información privilegiada de la que los operadores de Manifold o Metaculus no disponían. Pero incluso basándose en datos que eran de dominio público —como su inversión en Carrick Flynn y el esquema Ponzi que le propuso a Matt Levine—, SBF daba bastantes señales de alarma.*

En Manifest se respiraba un ambiente amistoso: Chen hasta me dio un abrazo cuando fui a coger mi Uber a la mañana siguiente. Pero una persona con la que hablé, Oliver Habryka, pensaba que su comunidad se había vuelto demasiado confiada. «Llevo mucho tiempo en este juego», dijo Habryka, que forma parte del equipo directivo de Lightcone Infrastructure, la empresa responsable del blog racionalista *LessWrong* y propietaria del microcampus de Berkeley que acogió Manifest. Habryka se refirió al AE antes del colapso de FTX como «la mayor burbuja de confianza del mundo», una burbuja de la que SBF era propenso a sacar provecho.

Más allá de Río Abajo, donde se encuentran los jugadores de póquer y los gestores de fondos de cobertura, tendemos a ser menos confiados. Y a veces eso puede ser bueno. Al tener más experiencia con dinero real en juego, sabemos distinguir mejor cuándo una oportunidad es demasiado buena para ser cierta y cuándo es realmente la oportunidad de nuestras vidas. Bill Perkins, que dirige el fondo de cobertura Skylar Capital, dedicado al comercio de energía, y también es un jugador de póquer de apuestas altas, es una de las dos personas que conozco que han ganado mucho dinero —en su caso, seis cifras o más—, apostando por Biden incluso después de que las principales cadenas ya lo dieran por ganador. Perkins casi no podía creer lo que veía: precios que implicaban entre un 10 y un 15 % de probabilidades de que Trump pudiera aún ganar de algún modo debido a un fallo judicial inesperado.

---

* ¿Debería sentirme responsable asimismo? La pregunta es justa. Como he dicho en el capítulo 6, tenía ciertas dudas sobre SBF, pero no esperaba que fuera culpable de un fraude de esa magnitud. Fue una suerte que la noticia saltara mucho antes de que se cumpliera mi plazo de entrega. Pero este libro tiene unas doscientas fuentes, muchas de las cuales traspasan los límites de una u otra forma. Para los AE, en cambio, Bankman-Fried era una figura singular, la persona explícitamente AE más pública del mundo, y la fuente de financiación más importante del movimiento. Como ha remarcado Tyler Cowen, un fracaso de FTX representaba un posible riesgo existencial para el AE, un riesgo que no predijeron muy bien.

«Apostaron tanto que me asusté —me dijo Perkins, refiriéndose a las personas que seguían pensando que Trump ganaría, de una u otra forma, y estaban dispuestas a respaldarlo con mucho dinero—. Como los operadores, que somos arrogantes, pero de una manera distinta. Cuando alguien hace una apuesta grande, es como: "Vale, ¿qué me estoy perdiendo?"». Pero Perkins hizo bien sus deberes, incluso llamando a uno de los mayores expertos de Estados Unidos en el Tribunal Supremo. «Me dijo: "Hay exactamente cero posibilidades de que el Tribunal Supremo vaya a intervenir en ninguno de estos casos"». Así que Perkins apostó fuerte por Biden, y ganó. El mercado estaba realmente tan loco como parecía.

Hedonismo eficaz en tiempos de p(fatalidad)

«Yo no participé en la orgía —dijo Aella—. Pero no me extraña que hicieses esa suposición. Estoy segura de que todo el mundo la hizo. Pero no, ocurrió sin mí, en absoluto».

No se había ofendido lo más mínimo por la pregunta. Aella[*] —pronunciado «Ayla», que rima con Layla— es quizá el libro más abierto de internet. Aunque no había participado en la orgía de Manifest —pero más tarde celebró un «gangbang de cumpleaños» y publicó una muy comentada visualización de datos al respecto—, hubo mercados sobre con quién se había enrollado, una experiencia que describió como bizarra pero divertida. «Me gustó, como me gusta la comida nueva que es extrañamente picante».

Nacida en el seno de una familia evangélica conservadora —«Mi padre es un apologista cristiano relativamente famoso»—, Aella es una investigadora del sexo que realiza encuestas sobre los fetiches favoritos de la gente y una trabajadora sexual ocasional y antigua estrella de OnlyFans. No hace falta esforzarse mucho para encontrar la parte de su sitio web personal que no deberías consultar en el trabajo, ni para leer su ensayo sobre cómo se hizo adicta al LSD.

Y Aella es racionalista, aunque a veces desearía que los demás racionalistas fueran más divertidos. Una vez organizó una fiesta en

---

[*] Aella no es un nombre artístico, ni un seudónimo, no es más que su nombre, dice. «Todo el mundo me llama así, excepto mi madre y mi padre».

la que todo el mundo tenía que ir desnudo salvo por una máscara, con la esperanza de que así los racionalistas se dejaran llevar un poco. «Pero lo que sucedió es que, todos se sentaron en un círculo y se comportaron tal como lo hacen normalmente, y empezaron a debatir sobre temas como el comercio mundial», me dijo. (Los esfuerzos de Aella no fueron del todo infructuosos; Scott Alexander conoció a su futura esposa en una fiesta similar).

Pero Aella no es una altruista eficaz. Y eso pone de manifiesto una de las diferencias entre los movimientos. Los AE van demasiado sobre seguro para su gusto, sobre todo en lo que respecta a su reticencia (al menos en relación con la de Aella) a debatir sobre temas polémicos. «Cobardes. Me encantan los AE, no me malinterpretes. Pero son unos cobardes».

Pero si no es una AE, pienso en Aella como una especie de hedonista eficaz, alguien que utiliza los datos y las encuestas de investigación para mejorar su calidad de vida, incluida su vida sexual.* Si vas a formar parte de un movimiento que cuestiona los tabúes y la sabiduría convencional, ¿no deberías divertirte un poco con ello? En el caso de Aella, por ejemplo, eso podría implicar el estudio de si las relaciones poliamorosas mejoran la situación de las personas, una pregunta sobre la que su respuesta está relativamente matizada. «Requiere mucha habilidad y apoyo social», afirma.

También hay algo más de lo que aún no he hablado: una corriente de fondo de miedo apocalíptico que se cierne sobre esta parte del Río. Las conversaciones sobre el riesgo existencial pueden, claro está, ser intensas. Las personas pueden desplazar sus emociones, como los jugadores de póquer que intentan no mostrar sus *tells*, pero estos pensamientos dando vueltas por la cabeza pueden generar un estrés acumulativo. Durante las partes del proceso de escritura en las que me centré intensamente en el riesgo nuclear o el de la IA, a menudo no dormía bien.

---

* Otro buen ejemplo de hedonista eficaz es Perkins, cuyo libro *Die with Zero* [hay trad. cast.: *Morir con cero: sácale todo el provecho a tu dinero y a tu vida*, Obelisco, Rubí, 2022] trata sobre cómo maximizar la vida en función de los datos. Por ejemplo, Perkins recomienda dar prioridad a las experiencias sobre comprar objetos o dejar una gran herencia.

> «Aquí todos piensan que el mundo se va a acabar pronto —escribió Alexander en un ensayo sobre San Francisco—. El cambio climático para los demócratas, la decadencia social para los republicanos, la IA si lo tuyo es la tecnología...». Es natural que algunas personas reaccionen dedicando cada momento de su vida a predicar el evangelio del fin del mundo y otras opten por el escapismo. La p(fatalidad) de Aella es alta, por ejemplo, y no está segura de cuánto tiempo nos queda. «Hace uno o dos años que me vacuné contra el riesgo —dice—. Dejé de ahorrar para la jubilación y estoy gastando más dinero del que habría gastado de no ser así».

Qué me hace reflexionar sobre el AE

Los AE y los racionalistas se han quejado a veces de que se les critica desde muchas direcciones diferentes, tanto por parte de los conservadores como de los progresistas. Y en muchos sentidos lo comprendo. Los AE y los racionalistas tratan de que la gente supere sus prejuicios y sea más imparcial. Es una tarea sumamente ingrata, sobre todo a medida que el movimiento adquiere más protagonismo y choca más a menudo con la Aldea. La política, después de todo, consiste en cierto modo en animar a la gente a ser más parcial. Cuestionar sus ideas sobre temas tabú no suele ser una buena manera de ganar amigos e influir sobre las personas.

Pero las dos corrientes principales de AE/racionalismo también tienen políticas muy diferentes entre sí. Entre las personas que respondieron a la encuesta de Scott Alexander y se etiquetaron a sí mismas como AE, los demócratas registrados superaban a los republicanos registrados en una proporción de 13 a 1, una proporción similar a la de la Aldea, que se ha convertido en habitual en muchas instituciones con numerosas personas con un alto nivel educativo. En cambio, la proporción entre los racionalistas que no se adscriben al AE era de solo 2,6 a 1. Se podía decir que la conferencia Manifest era más un evento racionalista que AE, debido a la presencia de personas que se consideraban no *woke* (como Hanson, quien me dijo que básicamente lo habían vetado de los eventos de AE desde que, en 2018, escribió con benevolencia en su blog sobre la idea de redistribuir el sexo a los *incels*, los célibes involuntarios), abiertamente conservadoras, o ambos (como Richard Hanania, el provocador bloguero de quien se descubrió que había publicado comentarios racistas a principios de la década de 2010 bajo seudónimo).

Es el lado racionalista el que está más en consonancia con los valores de Silicon Valley. «Hay una gran diferencia cultural, sin duda —afirma Hanson—. Los racionalistas suelen ser... adictos a llevar la contraria y están centrados en la tecnología», mientras que «los AE son más partidarios del *establishment*».

Sin embargo, también se puede reconocer a los racionalistas su coherencia argumentativa: en general son escrupulosamente honestos. Por ejemplo, Alexander me animó a hablar con Habryka, aunque sabía que Habryka sería crítico con el movimiento que él llevaba tiempo defendiendo. No es habitual que una fuente recomiende a otra fuente que sabe que va a contradecir su relato; en cambio, los AE a veces controlan la intensidad de sus ataques. En una entrevista con el economista Tyler Cowen, por ejemplo, MacAskill dijo que no creía que los AE debieran estar en contra del aborto. Esto me molestó, pero no por mis opiniones: yo mismo estoy a favor de la elección personal. Fue más bien porque me parece una cuestión complicada desde un punto de vista utilitario. Si vas a pedir a las personas que consideren la utilidad de hipotéticos futuros seres no nacidos, como hace el libro de MacAskill, ¿qué pasa con un feto? O incluso dejando a un lado el aborto, uno pensaría que los largoplacistas podrían expresar su inquietud por el descenso de la fertilidad en los países industrializados, una cuestión que algunos racionalistas como Hanson han explorado, pero que los AE —el 80 % de los cuales no tienen hijos, según la encuesta de Alexander—* rara vez plantean, quizá porque se considera conservadora.

En otras ocasiones, sin embargo, los AE han expresado su apoyo a soluciones políticamente expeditivas que no parecen estar en consonancia con sus valores. Singer, por ejemplo, defendió las restricciones a la inmigración por motivos utilitaristas cuando hablé con él, basándose en la teoría de que la inmigración podría empoderar a Trump y a otros populistas de derechas, que entonces se retirarían de los acuerdos climáticos. En general, la política de la AE puede ser evasiva, atra-

---

* Aunque el propio Alexander tuvo gemelos justo cuando yo estaba terminando este borrador.

pada en el valle misterioso entre ser, en un sentido abstracto, de principios, y a un tiempo despiadadamente pragmática, dejando a veces entrever una sensación de que se pueden hacer las cosas sobre la marcha.

Habryka utilizó un meme para esto (que tomé prestado en el capítulo 1) llamado PNJ, por «personaje no jugador», la denominación utilizada en videojuegos para designar personajes (por ejemplo, un posadero que le vende una poción mágica) que carecen de inteligencia propia, se comportan de forma predecible y son susceptibles de ser explotados (quizá le venda otra poción si usted sale y vuelve a entrar de la habitación). Lo describió como una «profunda falta de respeto por la capacidad de otras personas para dar sentido al mundo»: su inteligencia, su capacidad de acción y su habilidad para adaptarse al vuelo. El síndrome del PNJ contrasta con la teoría de juegos, que asume que las personas se comportan con racionalidad instrumental. «Una de las cosas que ocurrieron es que la comunidad racionalista se convirtió en una especie de culto aislado —afirma Hanson—. Porque ellos eran los racionales. Si pensaban que algo era cierto, era así, porque ellos eran los racionales».

Antes de volver a SBF, hay otra vertiente del movimiento más amplio AE/racionalista que he tardado en presentar. Se trata de una vertiente futurista, que a menudo toma la forma de transhumanismo: la idea de que nuestra especie acabará por trascender el cuerpo humano mediante la mejora tecnológica, posiblemente en forma de una singularidad tecnológica en la que la economía mundial experimentará una tasa de crecimiento exponencial excepcionalmente rápida. A veces, todo esto puede sonar a ciencia ficción, como en el libro de Hanson *The Age of Em*, que imagina emulaciones artificiales (ems) de cerebros humanos:

> Aunque algunos ems trabajan en cuerpos robóticos, la mayoría trabaja y juega en la realidad virtual. Estas realidades virtuales son de una calidad espectacular, sin hambre, frío, calor, suciedad, enfermedad física ni dolor intensos. Los ems nunca tienen que asearse, comer, medicarse o mantener relaciones sexuales, aunque pueden decidir hacerlo de todos modos. Sin embargo, ni siquiera los ems de la realidad virtual pueden existir a menos que alguien pague los equipos informáticos, la energía y la refrigeración que precisan.

¿Esto suena a utopía o a distopía? A menudo es asombrosamente difícil conseguir que las personas se pongan de acuerdo sobre cuál es cuál. Si eres un utilitarista dispuesto a apostar por el futuro de la humanidad —o por aquello en lo que la humanidad evolucione—, se supone que es importante conocer la diferencia.

Si habla con algunos AE —o incluso con algunos críticos del AE— oirá a menudo la siguiente argumentación: a los AE les preocupaban cosas como la reducción de la pobreza mundial y una filantropía más eficaz, pero entonces aparecieron algunos bichos raros de la rama futurista con debates provocativos u ofensivos, secuestraron el movimiento y lo englobaron en la cuestión de la IA y el riesgo existencial.

Pero la cronología no es correcta. Hanson fundó su blog *Overcoming Bias* en 2006, junto con el Future of Humanity Institute de Oxford, la organización en la que trabajan Bostrom (autor del sumamente influyente libro *Superintelligence* [hay trad. cast.: *Superinteligencia: caminos, peligros, estrategias*, Teell Editorial, Zaragoza, 2018]) y Toby Ord. Ord había recibido la influencia de Peter Singer, y a su vez fue una gran influencia para MacAskill desde el momento en que tomaron «café en un cementerio en la parte trasera de St. Edmund Hall», me contó MacAskill. Uno de los principales escritores de *Overcoming Bias* era Yudkowsky. Hanson y Yudkowsky tuvieron una especie de enfrentamiento al respecto de sus hipótesis opuestas acerca de la p(fatalidad) —la p(fatalidad) de Yudkowsky es alta y la de Hanson es baja— y mantuvieron un debate sobre el riesgo de la IA en Jane Street Capital en 2011, la empresa que más tarde contrataría a SBF. Parte del interés racionalista en los mercados de predicción también tiene su origen en Hanson, que ha expresado su apoyo a la futarquía, un sistema de gobierno en el que las decisiones las toman los mercados de apuestas. Estas diversas vertientes han estado unidas desde el principio, producto de una era con más blogs en la década de 2000 y principios de la de 2010, cuando había menos gente discutiendo en internet y la discusión era más friki y fluía con mayor libertad.

Para algunos críticos de la AE y el racionalismo, eso es lo que puede hacer que esos movimientos sean peligrosos: son un montón de ideas agrupadas por razones que en parte reflejan la casualidad (quién se tomó un café con quién hace quince años). No siempre está claro qué se va a obtener de cada bocado de la galleta racionalista/AE.* Si es usted alguien como yo, a quien (en general) le gustan los mercados de predicción y cree que las preocupaciones sobre el riesgo existencial y la donación eficaz están bien fundadas, pero no está seguro del futurismo y, directamente, recela del utilitarismo, es difícil saber dónde encajar.

Tampoco es fácil saber cuándo un movimiento se vuelve de repente más poderoso antes de que se hayan resuelto todos los problemas que tiene, o cuándo los seguidores llevan sus ideas mucho más allá de lo que pretendían sus fundadores (el marxismo es un ejemplo de ello). «Empecé a leer la historia de los movimientos utópicos que se hicieron violentos —explica Émile Torres, antiguo adepto al AE que ha abandonado el movimiento— y me llamó la atención que en la esencia de muchos de estos movimientos había dos ingredientes. Por un lado, esa visión utópica del futuro, marcada por cantidades infinitas o casi infinitas de valor. Y por el otro, una especie de modo de razonamiento moral ampliamente utilitarista». A Torres le preocupaba adónde podía llevar esto. «Si el fin justifica (algunas veces, al menos) los medios y el fin es, literalmente, el paraíso, entonces... ¿qué queda como algo prohibido?».

---

* Algunos críticos del AE como Émile Torres y Timnit Gebru utilizan el término «TESCREAL» para describir esto, por Transhumanismo, Extropianismo, Singularitarismo, Cosmismo, Racionalismo, Altruismo Eficaz y Largoplacismo. Tranquilo, no habrá examen sorpresa.

8

Error de cálculo

ACTO 5: LOWER MANHATTAN, OCTUBRE-NOVIEMBRE DE 2023

Sam Bankman-Fried no era un gran aficionado al póquer ni a otras formas de juego con mayúsculas, al menos según sus propias palabras.* Y, sin embargo, la diferencia entre pasar décadas en la cárcel o, de algún modo, salir libre podía reducirse a lo que era, en esencia, una partida de ruleta con apuestas muy altas. En Nueva York, los jueces son asignados a los procesos penales al azar, elegidos mediante el giro de una rueda de madera en el despacho de un magistrado de guardia que «parece como si se hubiera utilizado para anunciar los números del bingo en una recaudación de fondos de la iglesia». Después de que otra jueza se recusara, SBF extrajo el nombre de Lewis Kaplan, un juez sensato de setenta y pico años que había presidido desde los juicios contra el príncipe Andrés y Kevin Spacey hasta el exitoso caso de difamación presentado contra Donald Trump por E. Jean Carroll.

Era una de las peores asignaciones que SBF podría haber recibido, dijo Sam Enzer, ex fiscal federal en el Distrito Sur de Nueva York que ahora trabaja para el bufete de abogados Cahill y es experto en casos que implican criptomonedas. «Kaplan sabe exactamente dónde están las líneas que delimitan el terreno de juego, sabe qué es lo que no puede hacer y lo que sí puede», dijo Enzer cuando quedamos para almorzar una mañana de noviembre de 2023 en un local francés a unas manzanas del juzgado federal donde SBF hacía poco que había sido juzgado y

---

* «Nunca he jugado a juegos de azar al uso, la verdad. A veces he jugado un poco con amigos», me confesó SBF.

declarado culpable. Además, Kaplan era un sentenciador notoriamente duro, que no temía castigar con largas penas de cárcel a los delincuentes de guante blanco. Quizá otros jueces podían ir más allá que Kaplan, me comentó Enzer, pero a riesgo de dejar que un caso fuera anulado en apelación. Kaplan era como un jugador de póquer óptimo desde el punto de vista de la teoría de juegos: fueran las que fueren las opciones que te diera, te lo iba a poner difícil para que obtuvieras el valor esperado. SBF no tenía muchas esperanzas de una absolución milagrosa por un error del Gobierno. Pero tampoco se iba a librar con una sentencia corta.*

Sin embargo, como era de esperar, Bankman-Fried no se arredró; insistió en subir al estrado y cometió repetidos perjurios, por lo que Kaplan le condenó a veinticinco años de prisión (en el momento de imprimir este libro, Bankman-Fried está recurriendo la sentencia).

No me sorprendió. Me había reunido por última vez con SBF en mayo de 2023 en la casa donde pasó su infancia en Stanford, California, una casa colonial gris de 4 millones de dólares con un jardín bien cuidado y la clásica sobriedad californiana. Poco después de la reunión, le envié a un amigo un mensaje de texto en el que le decía que creía que SBF tenía serios problemas; no había dado muestras de remordimiento y no iba a resultarle simpático a un jurado. Toda la visita me había parecido un regreso a mis años de niño. El entorno me resultaba inquietantemente familiar, una casa académica llena de estanterías; mi padre es profesor de Ciencias Políticas, e incluso yo mismo había vivido en Stanford durante un año siendo preadolescente, cuando mi padre se tomó allí un año sabático. No se me permitía llevar ningún aparato electrónico —era parte de las duras condiciones que había impuesto Kaplan— y en su lugar garabateaba furiosamente notas en un bloc del hotel, con una caligrafía que había revertido a su calidad de parvulario por el tiempo transcurrido desde la última vez que tuve que escribir tanto a mano.

El padre de SBF, Joseph Bankman, me había recibido alegremente en la puerta. Casi parecía una visita amistosa, hasta que vi el brazalete

---

* Kaplan también denegó la solicitud de SBF de libertad provisional antes del juicio, situación que le ayudaría a preparar su defensa. «Puedo decirte, desde mi perspectiva, que es un verdadero fastidio ayudar a un cliente a defender un caso cuando el cliente está en la cárcel», dijo Enzer.

alrededor del tobillo de SBF. Dadas las circunstancias, era difícil no sentir cierta empatía. No creo que SBF y yo tengamos una personalidad muy parecida, al menos no más que dos personas elegidas al azar en el Río. No soy una persona especialmente calculadora; incluso cuando juego al póquer, entiendo bastante bien la teoría de juegos subyacente, pero tomo muchas decisiones basándome en mi instinto. Y no soy un utilitarista que crea que el fin justifica los medios.

Y, sin embargo, SBF y yo formábamos parte de un club relativamente pequeño de frikis que de repente se habían hecho famosos, en mi caso tras las elecciones de 2012. Vale, nunca llegué a ser famoso de los de rodar anuncios con Tom Brady. Pero durante un tiempo me reconocían casi todas las veces que salía. Me convertí en un meme distanciado de la realidad de quien era. Había gente que me ofrecía participar en todo tipo de locuras. Supe lo que era sentirse abrumado, que las personas se comportaran de forma aduladora conmigo y lo difícil que podía ser mantenerme fiel a mis valores.

Pero casi todo lo que SBF decía me hacía dudar de que tuviera valores o un mínimo de criterio. Seguía siendo extraordinariamente cínico sobre las criptomonedas. «Cuando empecé a trabajar en cripto no tenía ni puta idea de lo que era y me importaba una mierda. No eran más que números, algo con lo que se podía comerciar y arbitrar». Me dijo que se sentía como un chivo expiatorio. Y, ante la oportunidad de presentar su caso a una tercera parte neutral (yo), a menudo recurría a frases excepcionalmente legalistas —por ejemplo, «el dinero que FTX no custodiaba y no esperaba custodiar», refiriéndose a la puerta trasera entre FTX y Alameda—, que yo dudaba de que tuvieran buen efecto en un tribunal.

¿Había intentado abarcar demasiado? Ni siquiera en ese punto estaba dispuesto a admitirlo. En su lugar, culpó a la falta de comida vegana a domicilio en las Bahamas por obligarle a cocinar sus propias comidas, lo que a su vez le llevó a comer en exceso, lo que a su vez le llevó a estar letárgico, según él. Tengo la sensación de que SBF pensaba que nada de esto habría ocurrido si hubiera podido hacer una copia emulada de sí mismo o aumentar ligeramente su cociente intelectual. «La vida no es póquer, la vida son tres mil partidas de póquer simultáneas —me dijo en una de nuestras entrevistas en las Bahamas—. Y ni siquiera es explícito lo que son... Es como si todo tuviera lugar en un entorno salvaje y desordenado». Podría pensarse que con esto admitía las limitaciones de su visión utilitarista del mundo, al menos en lo que se refiere a los grandes problemas mundiales. Pero lo que pretendía era justo lo contrario: pensaba que los juegos se podían resolver, calcular y optimizar desde el punto de vista de la teoría de juegos, pero que no había suficiente SBF para aprender las reglas de los tres mil juegos a la vez.

SBF también se mostraba optimista hasta la ingenuidad sobre sus posibilidades de salir airoso del juicio. Le pregunté si aceptaría un hipotético trato negociado: dos años de cárcel más restricciones considerables sobre las actividades empresariales que podría desarrollar después. Habría sido un buen trato, y no solo *a posteriori*; un mercado de Manifold de la época asignaba a SBF, proféticamente, una probabilidad del 71 % de ser condenado a un mínimo de veinte años de prisión. Sin embargo, SBF dudó. «Tendría que pensar qué significa eso exactamente», dijo tras un largo silencio.

Al cabo de seis meses, Bankman-Fried se enfrentaría a una versión real de este dilema en su juicio penal en Manhattan. Los testimonios en su contra habían sido convincentes, sobre todo el de Caroline Ellison, ex directora ejecutiva de Alameda y, en cierto momento, novia de SBF (Ellison se declaró culpable de fraude, blanqueo de dinero y conspiración). El Gobierno disponía de muchos recibos, y la defensa de SBF había sido débil (su equipo de defensa original lo había abandonado, al parecer por motivos de conflicto de intereses, pero posiblemente porque SBF no podía permitirse sus servicios).

«He leído todas las páginas de la transcripción del juicio. Y las pruebas de este caso son absolutamente abrumadoras», me dijo Enzer. Sin duda, algunos de los detalles del caso eran técnicos, pero el Gobierno los había presentado bien, y los jurados tienen una especie de superinteligencia que puede ayudarlos a olfatear la verdad, dijo Enzer. «Puede que no todo el mundo lo entienda todo, pero entre ellos, cada persona capta cosas diferentes».

Si hubiera estado asesorando a Bankman-Fried, Enzer le habría dicho que no testificara. Sí, eso casi aseguraba que SBF sería declarado culpable. Pero las probabilidades de condena ya eran abrumadoramente altas. «Análisis coste-beneficio —dijo Enzer, que juega al póquer habitualmente—. En un caso en el que las pruebas van a conducir tan claramente a una condena de todas formas, no hay ninguna ventaja. Pero hay un enorme, enorme inconveniente en testificar». A saber, que SBF podía acabar cometiendo perjurio, como así fue. «No hace falta que creas mi palabra: SBF dio un testimonio que contradice el veredicto del jurado en varias cuestiones —dijo Enzer—. Así que el veredicto del jurado significa, por definición, que doce jurados independientes determinaron, más allá de toda duda razonable, que no decía la verdad». Enzer opinaba que, si SBF hubiera jugado bien sus cartas, podría haberse posicionado para una condena de unos diez años. «Creo que, en cambio, van a ser de más de veinte», había pronosticado —correctamente.

En el que SBF fracasa estrepitosamente en una comprobación de hechos

Sam Bankman-Fried me había contado una historia a la que se ciñó en su mayoría, salvo por un revelador detalle que reconoció más tarde: lo que ocurrió en FTX fue solo una serie de errores realmente desgraciados. «No es que no fuera consciente de lo que estaba haciendo —me dijo en las Bahamas, refiriéndose a Alameda—. Pero mi conciencia era de alto nivel y vaga y nebulosa, y tenía inmensas barras de error».[*] Según SBF, esas barras de error eran lo bastante amplias para que cometiera tres grandes errores:

1. «Subestimé el apalancamiento» del balance de Alameda.
2. «Subestimé lo malo que sería un crash», es decir, lo que podría ocurrir si Bitcoin perdiera alrededor de tres cuartas partes de su valor, como sucedió entre noviembre de 2021 y noviembre de 2022.
3. «Y subestimé su posición en FTX», es decir, qué porción del juego de Alameda se financiaba con depósitos de clientes de FTX.

Según me lo planteó SBF, se trataba de errores tácticos perdonables, como un jugador de póquer que no juega una mano de manera óptima en una situación difícil. «Si los unes, pasan de ser importantes pero manejables a importantes e inmanejables —explicó—. Perdí la noción del asunto», me dijo en otro momento. En realidad, desde luego, cualquie-

---

[*] «Barras de error» es una manera superfriki de describir lo que es esencialmente margen de error; SBF afirmaba que su estimación de lo que estaba pasando con las finanzas de Alameda era muy burda.

SEGUNDA PARTE: RIESGO

ra de estos errores habría sido crítico, por no hablar de los tres juntos. Era como si un piloto dijera: «Oh, el avión no se habría estrellado si no me hubiera bebido tres botellas de whisky, no hubiera tumbado de un puñetazo al copiloto y no hubiera mandado a la mierda al control de tráfico aéreo cuando me dijeron que la pista estaba cerrada».

También está claro que la historia de Sam era casi por completo mentira.

La primera afirmación —que SBF no comprendía hasta qué punto estaba apalancada Alameda y lo vulnerable que era a una caída del mercado de criptomonedas— se contradice tanto por el testimonio de Ellison como por las pruebas obtenidas por el Gobierno. En un documento, en el que Ellison advertía a SBF acerca de la posición de Alameda, SBF no solo reconocía la inquietud, sino que escribía un comentario que decía: «Sí, y hasta podría empeorar». Ellison también testificó, según una transcripción que obtuve del Distrito Sur, que SBF le hizo explorar lo que él llamó un «escenario de percentil 10» —esto es, «que él pensaba que el 10 % de los resultados eran similares a este o peores»— que involucraba una amplia caída del 50 % en los precios de las criptomonedas. SBF quería ganar otros 3.000 millones de dólares en inversiones de capital riesgo, dijo Ellison, y le dijo que esto sería muy arriesgado en tal situación, en parte porque muchos de los préstamos de Alameda podían ser reclamados en cualquier momento. No obstante, él quería seguir adelante: no negaba los riesgos, pero pensaba que las inversiones seguían teniendo «un valor esperado alto».

La tercera afirmación de SBF —que subestimó la cantidad de fondos que los depósitos de los clientes de FTX aportaban al fondo de operaciones de Alameda— también se contradice claramente por el caso judicial. Ellison testificó que SBF le había ordenado que utilizara los fondos de los clientes de FTX para reembolsar los préstamos de Alameda después de que ella le hubiese demostrado que era la única fuente de capital lo bastante grande. Y en lugar de tener el conocimiento «vago y nebuloso» de las actividades de Alameda que SBF me describió, la verdad era que se reunía con frecuencia con Ellison, sobre todo a medida que la posición de Alameda se deterioraba.

He pasado por alto la segunda afirmación de SBF —que subestimó lo grave que habría parecido una quiebra— porque es más complicada de desentrañar. Ellison le había dicho a SBF que, en caso de una caída sustancial del mercado, la probabilidad de que Alameda no pudiera reembolsar al menos un tramo importante de los préstamos era del 100%. De todos modos, Bankman-Fried había seguido adelante con las inversiones, no porque discrepara del análisis de Ellison, sino porque no quería perderse una apuesta +VE, a pesar de que conllevara un riesgo de ruina.

Pero aunque SBF pudo o no haber subestimado la gravedad de una caída, probablemente sí subestimó la probabilidad de que se produjera. En la entrevista que le hice en enero de 2022, SBF apenas estaba dispuesto a contemplar la posibilidad de que las criptomonedas cayeran. El hecho de que estuviera tan eufórico porque los precios de las criptomonedas todavía estaban cerca de sus máximos históricos podría haber sido simple fanfarronería. El ejercicio del escenario del décimo percentil —que Ellison dijo que había preparado en verano u otoño de 2021— muestra que SBF era al menos consciente de la posibilidad de un descenso. Sin embargo, subestimó la probabilidad de que este tuviera lugar. El ejercicio asumía que solo había un 10% de posibilidades de que los criptoactivos bajaran a la mitad, pero, en realidad, eso había sido un hecho extremadamente frecuente. Bitcoin había perdido más de la mitad de su valor siete veces entre 2011 y 2021, incluida una entre abril y julio de 2021, justo cuando SBF había pedido a Ellison que preparara el memorando. No solo no era un escenario del décimo percentil, sino que las caídas del 50% en los precios de las criptomonedas habían sido un acontecimiento bienal.

Cuatro teorías de Sam Bankman-Fried

Incluso después de haber pasado mucho tiempo con SBF y de tener la suerte de que su juicio penal se desarrollara antes de que tuviera que entregar este libro a mi editor, todavía hay algunas cosas que me había costado entender. ¿Por qué le preocupaba tanto, cuando hablé con él en aquella oscura tarde en Albany, si podía evitarse la bancarrota durante un poco más de tiempo, mientras a la vez admitía que lo más probable era que FTX acabara quebrando?

Así que vamos a acotar un poco el asunto. Existen básicamente cuatro teorías al respecto. Imaginemos una cuadrícula de 2 × 2 en la que una dimensión es lo competente que era SBF como operador y gestor (hábil o deficiente), y la otra es lo consciente que era de las actividades de Alameda (consciente o negligente):

SEGUNDA PARTE: RIESGO

Cuatro teorías de Fam Bankman-Fried

	CONSCIENTE	NEGLIGENTE
HÁBIL	SBF era el niño genio que estaba tras una estafa a largo plazo pensada para engañar a altruistas eficaces, inversores de Silicon Valley, operadores de criptomonedas y a todas las demás personas de su vida. Sabía exactamente lo que estaba haciendo y embaucó a otros para que participaran en sus planes. Incluso puede haber creído que estaba haciendo apuestas +VE, que tuvo mala suerte y perdió.	SBF, a pesar de esforzarse mucho, se vio sencillamente desbordado por los acontecimientos. Asumió demasiadas cosas, demasiado rápido, fuera de sus competencias básicas, con uno de los ascensos al poder más veloces de la historia mundial. No tenía amigos que le aconsejaran ni adultos cercanos que le ayudaran. Cometió algunos errores críticos e imperdonables, pero en su mayoría fueron errores de negligencia.
DEFICIENTE	SBF fue responsable directo de la precaria posición de FTX/Alameda. Según su filosofía utilitarista, creía que el fin justificaba los medios y podía ser extremadamente manipulador. Sin embargo, asimismo fue un mal operador y un gestor de riesgos incompetente al que se le confió demasiado poder. También utilizó el utilitarismo y el altruismo eficaz para racionalizar apuestas sumamente arriesgadas, sin importarle el daño que pudieran causarle a sí mismo y a los demás.	SBF, al igual que otros jóvenes directores ejecutivos que se hicieron ricos de repente, se vio envuelto en un estilo de vida desenfrenado, lleno de anfetaminas, polícula,[*] tardes en Margaritaville y viajes por todo el mundo. Combinado con la falta de supervisión adulta en la industria de las criptomonedas y la fe ciega depositada en SBF por el capital riesgo VC y los AE, este era un resultado predecible e incluso inevitable.

[*] Una red de relaciones poliamorosas, como ocurrió ostensiblemente en FTX;

Empecemos por lo más fácil: puede marcar con una X grande el recuadro inferior derecho del gráfico. Con la ayuda de Ellison y doce jurados de Nueva York, ya hemos establecido que Sam sabía muy bien lo que Alameda estaba haciendo. No obstante, voy a repasar brevemente cada una de las teorías, porque creo que son reveladoras acerca del entorno que SBF creó para sí mismo y cómo se vio favorecido por el altruismo eficaz y por otras personas de su órbita.

La historia que SBF trató de venderme a mí, y al jurado de Manhattan, fue la de la esquina superior derecha: que era un jefe muy competente que tenía muchas cosas en marcha y que por casualidad había sufrido un desafortunado percance de 10.000 millones de dólares (!!!) en Alameda. Esto no es muy convincente, porque es intrínsecamente contradictorio: ¿cómo puedes ser un jefe competente si pasaste por alto un agujero de 10.000 millones de dólares (!!!) en el balance de una parte interesada, dirigida por tu novia?

SBF tampoco estaba dispuesto a comprometerse del todo y era reacio a admitir cualquier deficiencia en sus superpoderes cognitivos. En un par de ocasiones, por ejemplo, le pregunté por la privación de sueño: al parecer, SBF (aunque puede que formara parte de su imagen de prensa cuidadosamente manipulada) solo dormía breves ratos en un puf en su oficina. La verdad es que, si yo estuviera preparando la defensa de SBF, la privación de sueño es una explicación relativamente benévola a la que podría haber recurrido, coherente con la historia de que estaba abrumado por un rápido ascenso al estrellato. Sin embargo, SBF me dijo que, en todo caso, dormía demasiado.

Del mismo modo, Bankman-Fried se resistía a culpar de sus problemas a las drogas. SBF tenía una receta de Adderall, y circulaban por internet teorías de que su ludopatía se veía favorecida por un antidepresivo llamado Emsam. «No era mucho más de lo que mucha gente se toma al día en forma de café», me dijo SBF, hablando sobre su consumo de Adderall. De hecho, afirmaba, su consumo de estimulantes podría haberle sido útil en conjunto. «Se puede mirar desde otra perspectiva: la de que tener más atención y concentración te permitiría hacer un mejor trabajo de gestión de riesgos».

---

https://nypost.com/2022/11/30/ftxs-sam-bankman-fried-fumed-over-media-spotlight-on-polyamorous-sex-life/.

¿Qué parte del recuadro superior derecho tiene alguna base en la realidad? Es probable que SBF no estuviera recibiendo demasiados buenos consejos. Francamente, sospecho que parte de la razón por la que habló conmigo y con otros periodistas después de la quiebra es que se sentía solo. Nunca fue una persona que se relacionara muy bien con otros seres humanos, tenía escasos lazos fuertes fuera de FTX. Incorporó a sus padres en la empresa (su padre estaba oficialmente en nómina, no así su madre), y su principal interés romántico era Ellison, la directora general de Alameda.

«Quizá esto no debería decirlo», expresó Sam; luego me hizo una serie de preguntas que supuse que eran retóricas, pero parecía interesado de verdad en mi opinión. «Si te vas a mayo de 2022, ¿a quién definirías como los adultos de la sala? ¿Quiénes se suponía que debían haberme ayudado a no aislarme, a darme una visión realista y a ser honesto? ¿A quién habrías señalado? ¿A qué grupos de personas?».

Señalé a los AE y a los capitalistas de riesgo. Bankman-Fried, con algo más que una pizca de autocompasión, sugirió que ambos grupos le habían defraudado. Los asesores de empresas eran demasiado *woke* y les preocupaban demasiado las apariencias. Los capitalistas daban demasiados consejos genéricos «de alto nivel [que no] tenían sentido fuera del contexto de los detalles de una situación en concreto». Nadie sabía en realidad lo que estaba pasando. La mayor parte de esto, desde luego, era culpa del propio SBF, en parte porque había mantenido los detalles en secreto debido a que mucho de lo que hacía era ilegal. Pero también fue cuestión de exceso de confianza depositada en Sam por los AE y los capitalistas de capital riesgo. Nadie estaba dispuesto a hacer preguntas difíciles, incluso cuando SBF decía cosas alarmantes en entrevistas o distribuía balances que no cuadraban.

También creo que la explicación del recuadro inferior derecho, según el cual SBF sucumbió a un glamuroso y festivo estilo de vida, es erróneo. Esto va a exigir algo más de contexto.

Cuando llegué a las Bahamas, todos los antiguos empleados de FTX se habían marchado, salvo SBF, el jefe de ciencia de datos Dan Chapsky, la esposa de Chapsky, Jacklyn —una antropóloga que, animosa, hacía de secretaria de prensa de facto de SBF— y (si se les quiere contar como empleados) los padres de SBF. Tras mis reuniones con SBF, los Chapsky se ofrecieron a cenar conmigo. Temiendo que me sirvieran una extraña comida vegana,* les propuse ir a la ciudad, pero Jacklyn me explicó que era demasiado arriesgado: las Bahamas eran un lugar pequeño y se correría la voz de que los empleados de FTX se reunían con un periodista. Así que comimos en el mismo apartamento donde había entrevistado a Sam.

Los Chapsky no se parecían en nada al estereotipo que yo tenía de los típicos empleados de una criptoempresa emergente. En su trabajo como antropóloga, explicó Jacklyn, había estudiado las pequeñas naciones insulares y sabía lo vulnerables que eran, por lo que se había quedado para garantizar el resultado menos malo posible para las Bahamas, dadas las circunstancias. «Francamente, muchos adultos con actitud infantil salieron huyendo cuando se dieron cuenta de lo que pasaba, y alguien tenía que quedarse a hacer limpieza», dijo. Dan estaba de acuerdo. «Si hubiéramos estado en este país y lo hubiéramos pseudocolonizado y luego hubiéramos tratado de irnos, Jacklyn me habría matado».

Antes de la quiebra, ninguno de los Chapsky había estado especialmente unido a SBF. Pero Jacklyn se había vuelto más afín a él desde entonces. Las Bahamas tienen una larga tradición de piratería y ella veía a SBF como una especie de pirata moderno. Le gustaban «los tipos de riesgos que corrían los piratas para conseguir un buen botín y redistribuir la riqueza» y veía una «línea que unía la edad de oro de la piratería que hubo aquí y la ética particular de lo que Sam esperaba hacer con su riqueza». Dan Chapsky era más suspicaz. «Nunca he creído en Sam —me dijo—. No sé, me gano la vida con los datos. No debes creer en algo hasta que los datos lo demuestren».

Su preocupación por el pueblo bahameño me pareció admirable. Las Bahamas han tenido mala suerte. Cuando llegué por primera vez al país, esperaba un exuberante paraíso tropical, como Hawái o Costa Rica. Sin embargo, las Bahamas no es especialmente exuberante (solo llueve alrededor de la media y el suelo es de mala calidad), no es técnicamente tropical (la isla de Nueva Providencia está a un par de grados de latitud al norte del trópico de Cáncer), y que sea un paraíso o no depende del lugar exacto del país en el que uno se encuentre. Aunque Baha Mar es uno de los complejos turísticos más bonitos que se puedan imaginar, las

---

* En efecto, fue vegana —incluidas las sobras de sopa de lentejas que al parecer había preparado la madre de SBF—, pero el plato de espaguetis de calabacín picantes al curry de Jacklyn no estaba nada mal.

Bahamas también tiene uno de los índices de desigualdad más altos del mundo.

En cierto modo, las Bahamas es una historia de éxito: tiene uno de los PIB per cápita más altos de la región. Pero al hablar con un grupo de altos funcionarios bahameños, me enteré de que las Bahamas también suele salir muy perjudicada cuando ocurre algo malo en otras partes del mundo. Antaño centro financiero extraterritorial, sufrió las consecuencias del endurecimiento de la legislación estadounidense y británica contra el blanqueo de dinero tras los atentados del 11-S. Como país insular de baja altitud, es uno de los lugares más vulnerables del mundo al cambio climático, y los daños del huracán Dorian de 2019 siguen siendo visibles al conducir por las islas. Y como el 70% de su economía depende del turismo, las Bahamas se vio gravemente afectada por la COVID-19.

La razón por la que Bahamas apostó por FTX y las criptomonedas, según estos altos funcionarios, es que el país no podía permitirse el lujo de no aceptar apuestas de alto riesgo.

Sin embargo, las Bahamas no es precisamente el centro de la fiesta. Si FTX pagó grandes facturas en lugares como Margaritaville, se debe en parte a que no hay muchos sitios a los que ir, aparte de los casinos y los bares de moda del centro de Nassau, cerca de los muelles de los cruceros. Además, debido a la desigualdad, tampoco hay muchas viviendas de clase media-alta. En otras palabras, SBF y el equipo de FTX (muchos de sus empleados también vivían en Albany) estaban aislados, más de lo que se podría deducir de que la isla de Nueva Providencia estuviera a solo una hora en avión de Miami. Probablemente, eso contribuyó más a los problemas que el estilo de vida fastuoso.

Los altruistas eficaces tampoco suelen ser grandes fiesteros; el movimiento es famoso por su ascetismo. En cambio, tienden a ser sinceros, del tipo de los Verdaderos Creyentes, quizá tan sinceros que llegan a ser crédulos. Si uno creyera que SBF es realmente Robin Hood, o un pirata *woke* que crea criptomonedas tipo Ponzi para redistribuir la riqueza a buenas causas... Bueno, no estoy en contra de la idea de ganar para dar. Pero creer todo eso requería poner mucha fe en la complicada historia de un fundador. Iba a seleccionar a un tipo de empleado diferente y más idealista —bienhechores progresistas como los Chapsky—, y no a los capitalistas competitivos y egoístas que se suelen encontrar en las empresas emergentes bancarias o financieras. Y aunque pueda parecer que esos empleados son más concienzudos, la sensación de concordancia con la misión puede llevar a que estén más dispuestos a seguir la corriente y no plantear preguntas cuando las cosas iban mal. «La gente está dispuesta a hacer cosas mucho más drásticas y radicales si tienen una justificación muy sólida de que es por el bien común, a diferencia de si son conscientes de que la justificación es puramente egoísta», afirma Habryka.

Mientras tanto, SBF era conocido por su anhedonia, es decir, su no-hedonismo, su incapacidad para sentir placer. Eso también pudo haber sido un problema, ya que le hacía estar más dispuesto a apostar su oportunidad de experimentar placeres terrenales. «No piensa en lo que podría salir mal ni en cuáles podrían ser las consecuencias —afirma Tara Mac Aulay, cofundadora original de Alameda—. Y cuando traté de preguntarle a qué se debía, me decía que estaba relacionado con su anhedonia. Que su experiencia básica del mundo es bastante negativa. Así que, ya sabes, no se puede ir mucho más abajo. Al referirse a estar en la cárcel, en comparación con su vida normal, decía: "Bueno, no es mucho peor"».

Lo que quiero decir con esto es que, si podemos olvidarnos de lo que nos cuenta la parte derecha del gráfico, también podemos tachar la esquina superior izquierda: la teoría del niño genio. SBF era una persona con graves deficiencias en muchos aspectos. Ciertamente tenía una gran disposición a manipular a los demás, en parte debido a su utilitarismo. «Decía que era utilitarista, y creía que la forma en que la gente intentaba justificar reglas como no mentir y no robar dentro del utilitarismo no funcionaba», testificó Ellison. Pero esto no significaba que se le diera especialmente bien la manipulación.

Hablé con algunas fuentes a los que SBF les caía bien. «Como la mayoría de la gente, es humano. Y punto. Aunque todo el mundo crea que juega al ajedrez en 5D o que no es humano de alguna manera significativa, esto no es así», me dijo Dan Chapsky cuando le pregunté en qué creía que se habían equivocado los medios de comunicación acerca de Bankman-Fried. Chapsky pensaba que la prensa había sobrevalorado la capacidad de Sam para la planificación avanzada. «Gran parte de la información se reduce a suponer que tiene grandes planes ocultos».

Al principio pensé que era demasiado generoso. ¿Quizá los Chapsky, que trabajaban con SBF en las Bahamas, tenían un poco de síndrome de Estocolmo? Pero coincidía con algo que me había dicho Mac

Aulay: SBF no estaba pensando necesariamente con varios movimientos de antelación. Lo que hacía era que tendía a decidir una estrategia con rapidez y luego racionalizarla. «Sam no es ciertamente una especie de genio planificador a largo plazo. Lo único que hace es improvisar. Y lo hace parecer una estrategia bien pensada después de los hechos. Pero lo que es en realidad es muy bueno y muy rápido».

Este tipo de exceso de confianza impulsiva es casi seguro que mete en problemas a cualquier jugador, y el instinto de ocultar tu rastro no hace sino empeorar las cosas. Dar un giro equivocado que conduce a una espiral descendente es un patrón común para los estafadores, me dijo Maria Konnikova.

«Conocí a varios estafadores que acabaron convirtiéndose en grandes delincuentes financieros, como algunos que estuvieron en la cárcel porque sus fondos de cobertura se convirtieron en esquemas Ponzi. Y suele empezar con algo minúsculo —decía—. Te crees un inversor experto y luego pierdes dinero. Y lo pierdes durante varios trimestres... Y una vez que te sucede eso... es una pendiente resbaladiza (una expresión que odio). Pero nunca lo corriges. Y se acaba convirtiendo en un fraude».

La única vez que logré un avance con SBF —lo más cerca que estuvo de reconocer el tipo de hechos que más tarde se utilizarían en su contra ante un tribunal— fue cuando le sondeé preguntándole si se arrepentía de no haber sido capaz de realizar operaciones +VE. ¿No sería una pena haber dispuesto de todo ese dinero al margen cuando se podría utilizar para ganar aún más dinero y hacer aún más el bien?

Bankman-Fried me dio una respuesta prolija sobre la facilidad de obtener préstamos en distintos momentos de los ciclos crediticio y de criptoactivos, pero terminó diciendo que reconocía esa percepción. «Creo que existía con respecto a los préstamos de capital que le hacíamos a Alameda hace un año. Habría sido una pena no realizar estas operaciones. Era una versión en la que yo confiaba, a finales de 2021 [...] Hay mucho capital fluyendo a través del ecosistema cripto. Para Alameda era muy fácil pedir prestado. Yo no [solo] pensaba en la liquidez de FTX; estaba, joder, en cualquier parte. Y creo que eso probablemente tiene que ver con que se expusiera y apalancara demasiado. Pero creo que ocurrió primero con nuestras propias mesas crediticias».

Pero fue a finales de 2021 cuando los criptoactivos avanzaban a toda velocidad hacia el segundo de sus dos máximos de la era pandémica.

(BTC superó los 50.000 dólares por primera vez en febrero de 2021, y de nuevo en agosto de 2021 tras un desmayo primaveral). Y es justo cuando Ellison dijo que SBF le había pedido que trazara el escenario del décimo percentil. Ella le respondió que Alameda no podía asumir mucho más apalancamiento. Si se producía otra reducción y los prestamistas recuperaban sus préstamos, no podría devolverles el dinero. Podrían arruinarse. Pero a SBF no le importaba. Había demasiado VE en juego.

Nunca apuestes con un utilitarista demasiado confiado

Si hubiera planteado la posibilidad de apostar, debería usted haber apostado a que antes de ahora, en un libro sobre juegos de azar, mencionaría algo llamado criterio de Kelly. Es una de las fórmulas más famosas de los juegos de azar, tanto que es el tema de todo un libro (muy bueno), *Fortune's Formula*, de William Poundstone. Llamado así por John Kelly Jr., investigador de los laboratorios Bell, que lo publicó en 1956, el criterio de Kelly puede sonar muy respetable: matemáticamente, está relacionado con los algoritmos de procesamiento de señales inventados por Claude Shannon, colega de Kelly, que ayudaron a dar paso a la era de la información. Pero Kelly seguía más bien el arquetipo de John von Neumann a mediados de siglo: un erudito al que también le gustaba divertirse. Fumador y bebedor empedernido, Kelly murió de un derrame cerebral a los cuarenta y un años y le apasionaba predecir el resultado de los partidos de fútbol.

El criterio de Kelly se refiere al problema del tamaño de las apuestas.[*] Digamos que usted cree que los Michigan Wolverines tienen un 60 % de probabilidades de cubrir el margen de puntos contra los Ohio State Buckeyes. Como hemos visto en el capítulo 4, se trata de una gran ventaja. Digamos que dispone de 100.000 dólares reservados para apostar en el fútbol universitario. ¿Cuánto debería apostar por los Wolverines?

---

[*] El criterio de Kelly, tal y como lo describe Poundstone, es ventaja/probabilidades. Es decir, la cantidad que debes apostar es el tamaño de tu ventaja, dividido por el valor de las probabilidades. No voy a dar una explicación formal de cómo definir esto a estas alturas del viaje —puede buscarlo en internet—, pero la intuición debería ser clara. Se apuesta más a medida que aumenta la ventaja —ya que la apuesta es más +VE— y menos a medida que se reducen las probabilidades.

Eso es lo que se supone que dice el criterio de Kelly. En este caso, la respuesta que arroja es del 16% de sus fondos, o 16.000 dólares.

La mayoría de los jugadores le dirán que Kelly es demasiado agresivo y le recomendarán apostar solo entre una cuarta parte y la mitad (es decir, «medio Kelly» en lugar de «todo Kelly»). ¿Apostar el 16% de sus fondos en una apuesta que espera perder el 40% de las veces? El sentido arácnido de la mayoría de los apostantes les dice que se mantengan alejados de algo así, y hay buenas razones para ello (por eso me he resistido a mencionar a Kelly hasta ahora). En primer lugar, en las apuestas deportivas, nunca se sabe cuáles son las probabilidades reales.[*] Claro, su modelo puede decir 60%, pero los modelos pueden ser —y suelen ser— erróneos. En segundo lugar, perder una apuesta tan grande puede ponerle en *tilt*, lo que significa que tomará peores decisiones en el futuro. Por último, aunque en principio se supone que el criterio de Kelly le indica cómo maximizar sus beneficios al tiempo que minimiza el riesgo de arruinarse —técnicamente hablando, nunca le permitirá arruinarse *por completo*—, en la práctica puede conducir a bajadas salvajes que podrían afectar de un modo significativo a su estilo de vida o llevarle meses o años recuperarse de ellas. Es demasiado arriesgado, incluso para la mayoría de la gente del Río.

Pero Sam Bankman-Fried, por supuesto, pensaba que el criterio Kelly te hacía apostar demasiado poco. Pensaba que era para cobardicas.

En un hilo de Twitter de 2020, @SBF_FTX, explicaba que la mayoría de la gente se acobarda demasiado pronto. Una vez que han alcanzado un cierto estilo de vida, se encuentran con rendimientos decrecientes. Comprar una segunda vivienda si tienes una racha ganadora no aumentará tu utilidad tanto como se reducirá si te embargan la casa porque no puedes hacer frente a los pagos de la hipoteca, por lo que la mayoría de nosotros concluiríamos que es racional tener cierta aversión al riesgo. SBF, por otro lado, soñaba con tener un valor neto de, literalmente, billones, que según él podría destinar a causas relacionadas con el AE. Quién sabe cuáles eran los límites; incluso le había dicho a Ellison que había un 5% de posibilidades de que se convirtiera en presidente de Estados Unidos. Su función de utilidad era «casi lineal», explicó; el billonésimo dólar era casi tan bueno como el primero.

---

[*] El criterio de Kelly es más adecuado para algo como el conteo de cartas en el blackjack, donde uno puede calcular su ventaja con precisión.

ERROR DE CÁLCULO

Técnicamente hablando, SBF tenía razón sobre el criterio de Kelly. A veces se dice que está pensado para maximizar el valor esperado a largo plazo. Después de todo, usted querrá dejar algo de dinero en reserva en caso de que pase por una racha perdedora; no importa cuán brillante sea su modelo de fútbol universitario, no puede ganar dinero con él si no tiene capital para apostar. Pero este es, en realidad, un concepto erróneo. Lo que hace el criterio de Kelly es lo que he dicho antes: maximiza sus beneficios a la vez que minimiza su riesgo de ruina.*

Si no le importa arruinarse, puede apostar más. Es mayor VE. Pero probablemente se arruinará.

Permítame ponerle un ejemplo algo realista relacionado con las apuestas de la NFL. Hay 272 partidos en la temporada regular de la NFL. Supongamos que dispone de un modelo informático que emite diferentes apuestas de diferencia de puntos, que espera que ganen entre el 50% y el 60% de las veces. La mayoría de las apuestas se sitúan en el extremo inferior de ese espectro —los que ganan el 60% son raros— y en muchos partidos recomendará no apostar porque no tiene suficiente ventaja para cubrir la comisión de la casa (véanse las notas al final para más detalles). Comienza la temporada con un fondo de 100.000 dólares, y los partidos se juegan de uno en uno, por lo que las victorias y las derrotas se suman o deducen de su fondo y afectan a la cantidad que puede apostar en futuros partidos.

He simulado cinco mil temporadas de la NFL, una en la que el tamaño de sus apuestas es el que recomienda Kelly (la mayoría de los jugadores ya lo considerarían agresivo) y otra en la que apuesta cinco veces más de lo que recomienda Kelly (¡porque ha seguido los consejos de SBF y no quieres ser un cobardica! Esto puede suponer apostar hasta el 80% de sus fondos en un solo partido). Esto es lo que ocurrió; le mos-

---

* Matemáticamente, lo hace maximizando el logaritmo de su riqueza. Por ejemplo, el logaritmo de 1 millón es 6, mientras que el logaritmo de 2 millones es 6,3 aproximadamente. Esto significa que tener un valor neto de 2 millones de dólares es solo un 5% mejor que valer 1 millón, no el doble. Si queremos ponernos técnicos, no debemos tomar esta respuesta al pie de la letra, porque el dólar estadounidense es una unidad arbitraria; obtendríamos una respuesta diferente de cuánto mejoraría nuestra utilidad si denomináramos nuestra riqueza en, digamos, libras esterlinas o pesos argentinos. Pero la cuestión es que Kelly tiene en cuenta la reducción de los rendimientos marginales de la riqueza.

traré varios resultados percentiles, como los percentiles que SBF pidió a Ellison que considerara para él.

Resultados simulados de apuestas de la NFL

	KELLY (COBARDICA)	5X KELLY (¡Yiha!)
Percentil 0 (mínimo)	$7,527	$0.00
Percentil 10	$71,563	0.03
Percentil 25	$121,213	$0.94
Percentil 50 (mediana)	$234,671	$55
Percentil 75	$456,848	$3,047
Percentil 90	$814,756	$100,128
Percentil 100 (máximo)	$10,002,013	$225,228,893,346
Promedio	$371,960	$57,045,972

Vale, gente, sé que se está haciendo tarde en nuestro tour. Pero, ¡mierda! No esperaba que estas cifras fueran tan extremas. Usando Kelly, salimos ganando alrededor del 80% de las veces y terminamos la temporada con una media de unos 370.000 dólares, lo que implica un beneficio neto de unos 270.000 dólares después de restar nuestro fondo inicial. ¡Bien! Y rara vez nos arruinamos del todo; solo perdemos más de la mitad de nuestro fondo un 5% de las veces. Así que Kelly funciona básicamente como dice que lo hace.

¿Y qué hay de 5x Kelly? Suele acabar en ruina. La mediana del resultado es que nos quedan solo 55 dólares de nuestro fondo de 100.000 Muy a menudo, nos quedan literalmente unos centavos. De hecho, solo obtenemos algún tipo de beneficio una de cada diez veces. Pero, ¡mierda!, hay una simulación en la que ganamos 225.000 millones de dólares[*] y ¡convertimos nuestro fondo de la NFL hasta que nuestro valor neto es como el de Elon Musk! El beneficio medio es mucho mayor porque estos resultados extremos son tan lucrativos que compensan con creces su rareza. En otras palabras, 5x Kelly tiene un VE mayor, si a uno no le importa la ruina.

Todo indica que así es justo cómo Sam Bankman-Fried pensaba acerca de FTX y quizá sobre todo lo demás en su vida. Por eso no fue

---

[*] También habríamos llevado a DraftKings a la quiebra en el proceso; en realidad, ni siquiera Billy Walters podría conseguir tanto dinero.

gran cosa que admitiera que FTX probablemente quebraría; todo formaba parte del plan. ¿Recuerda cuando SBF me dijo que, si nunca habías perdido un vuelo, no lo estabas haciendo bien? Pues esta era esa máxima llevada al límite. Si FTX no iba probablemente a la quiebra, es que él no estaba optimizando su VE lo suficiente.

Ahora bien, ¿ejecutaba SBF este plan con eficacia? En absoluto. Hemos visto muchos ejemplos de cálculos erróneos por parte de SBF. Eso hace que lo que hacía fuera aún más arriesgado; si sobrestimas tu ventaja, acabarás haciendo apuestas mayores de las que Kelly recomienda. ¿Y estaba realmente motivado en su mayor parte, o incluso en alguna parte, por el altruismo, o era simplemente un jugador degenerado? No lo sé. SBF tenía claramente ansias de poder; no solo le había dicho a Ellison que creía que podría llegar a ser presidente, sino que también se lo había dicho a Tara Mac Aulay mucho antes de que se hiciera rico o famoso, según me contó ella misma.[*]

Los posibles déficits emocionales de Sam, sumados a su utilitarismo, podrían haber sido una «combinación peligrosa», opinó Spencer Greenberg, que se había reunido con Bankman-Fried en varias ocasiones y dirige una organización de investigación psicológica. «Si una persona carece de la capacidad de sentir culpa o empatía, pero tiene un sistema de creencias utilitarista, puede que le resulte fácil decirse a sí misma que la razón por la que se arriesga a hacer daño a las personas es por el bien común. Sin la protección que proporcionan las emociones morales básicas, puede ser más fácil convencerse a uno mismo de que lo que quiere hacer, o lo que podría darle poder o prestigio, es lo mejor en términos de tu teoría ética abstracta».

Pero lo que podemos decir es que SBF se tomaba muy en serio lo de llevar su utilitarismo hasta el horizonte de sucesos, la frontera máxima absoluta. Con muchos de los AE y racionalistas con los que hablé, tuve la sensación de que las respuestas provocativas que podían dar a los dilemas del tranvía pretendían ser hipotéticas, irónicas: que si las cosas se pusieran feas, si tuvieran que pulsar un botón para decidir el destino del universo, volverían de manera predeterminada por defecto a la moral del sentido común.

No creo que ese fuera el caso de SBF. Había acumulado mucho poder no hipotético. Y creo que estaba dispuesto a apretar el botón. Esto

---

[*] Mac Aulay también me dijo que SBF pensaba que podría llegar a presidente antes de los treinta y cinco años, «haciendo que cambiaran las reglas».

SEGUNDA PARTE: RIESGO

es lo que le dijo a Ellison, según su testimonio ante el interrogatorio directo de la incisiva fiscal del Gobierno, Danielle Sassoon:

> P. ¿Dio alguna vez el acusado algún ejemplo para describir su perspectiva a la hora de asumir riesgos?
> R. Sí. Habló de estar dispuesto a aceptar lanzamientos de moneda con grandes consecuencias, como un lanzamiento de moneda en el que, si sale cruz, puedas perder diez millones de dólares, pero, si sale cara, ganes algo más de diez millones.
> P. ¿Alguna vez dio otros ejemplos de lanzamiento de monedas?
> R. Sí. Supongo que también habló de esto en el contexto de pensar en lo que era bueno para el mundo, diciendo que se sentiría feliz de lanzar una moneda y, si salía cruz, el mundo se destruía, siempre y cuando, si salía cara, el mundo sería como más del doble mejor.

Ahora bien, si vales (presuntamente) muchos miles de millones de dólares, lanzar monedas al aire por 10 millones de dólares cada vez está bien, siempre que sean ligeramente +VE. Tienes un fondo suficiente para soportar la varianza, según el criterio de Kelly. Así que esta parte no me molesta demasiado.

Pero SBF amplió su disposición a apostar hasta el infinito: ¡estaba dispuesto a hacer un lanzamiento de moneda sobre el futuro de la humanidad al 50 %! Esto es peligroso y depravado. SBF había sido un importante inversor en la empresa de IA Anthropic. Hay una posibilidad no muy remota de que pudiera haber estado en una posición como la de Sam Altman, dirigiendo una empresa líder en el mercado. (A principios de 2024, muchos frikis de la IA consideran el modelo Claude de Anthropic como el competidor más digno del ChatGPT de OpenAI).

Imagínese que uno de sus lugartenientes se le acerca y le dice: «Oye, SBF, hemos hecho números y hemos calculado que, si entrenamos este nuevo modelo de lenguaje, p(fatalidad) es del cincuenta por ciento. Si la moneda sale cruz, todo el valor del universo se destruirá. Pero, si eso no ocurre, la cantidad total de utils aumentará en un factor 2,00000001. ¡El universo será más del doble de bueno!».

Mirándose, sonríen y asienten, sabiendo que están a punto de hacer una apuesta +VE altamente racional. Y una apuesta altruista, ya que están velando por todos los seres sensibles presentes y futuros del universo, no solo por ellos mismos.

—¿Deberíamos apretar el botón, Sam? ¿Lo hacemos?

—Sí.

Aproximadamente 0,00000003 milisegundos después, toda la materia del universo conocido se transmuta en un clip. Que tengan mejor suerte la próxima vez.

No se trata de especulaciones ociosas mías. Habryka se había reunido varias veces con SBF con la esperanza de conseguir financiación para varios proyectos racionalistas y de AE. «Era un utilitarista de pies a cabeza. Así que, cuando hablé con él sobre el riesgo de la IA, su respuesta fue más o menos: "No sé, tío, yo espero que la IA se lo pase bien [...] Tampoco me siento tan unido en valores a los demás habitantes de la Tierra"». Habryka sospechaba que SBF realmente apretaría el botón. «Creo que Sam tuvo cierta oportunidad de apretar los puños y decir: sí, creo que tenemos que lanzarnos».

Y no es solo que Bankman-Fried hubiera dicho estas cosas en privado a Ellison y Habryka. También había dicho cosas similares públicamente, en una entrevista con Tyler Cowen. De hecho, estaba dispuesto a ir más allá, pues dijo que estaba dispuesto a pulsar el botón de forma repetida. Quizá no un número infinito de veces, pero no quería fijar un límite, porque estaba dispuesto a apostar por «una existencia *enormemente valiosa*» —la estrategia de apuestas 5x de Kelly, con el destino del universo en sus manos—. En filosofía, esto se denomina paradoja de San Petersburgo. Si no dejas de pulsar el botón un número infinito de veces en una apuesta +VE, la apuesta tiene una utilidad esperada de ∞. Sin embargo, también hay solo una probabilidad de $1/\infty$ de que el universo sobreviva a estas repetidas pulsaciones del botón, lo que básicamente significa una probabilidad cero.[*]

¿Cómo es posible que alguien piense que esto es una buena idea? Bueno, la respuesta es que, si eres un utilitarista estricto, la utilidad es axiomática; por definición, un mundo con una utilidad de 2,00000001x es más del doble de bueno que el actual, lo que equivale a afirmar que 2,00000001 > 2. Si eres cualquier otra persona, por supuesto, es una insensatez. ¿Cómo podemos definir la utilidad con tanta precisión? ¿Cómo sería un mundo con utilidad infinita? ¿Es algo parecido a la Era de Em de Robin Hanson, de la que no hemos llegado a la conclusión de si es una utopía o una distopía? ¿Quién obtiene toda esta utilidad? ¿Y si es solo

---

[*] Algunos matemáticos dirían que esta cantidad es indefinida y no cero. Sin embargo, a todos los efectos, significa que todos vamos a morir.

una persona con felicidad infinita y el resto de nosotros somos sus esclavos? ¿Y si es la utilidad de la Conclusión Repugnante, con infinidad de personas que comen una ración de patatas fritas poco hechas de un Arby's en la autopista de New Jersey (donde se les ha acabado la salsa Arby's) y luego se mueren? ¿Es siquiera el VE el marco adecuado cuando solo tenemos un universo que apostar? ¿Y qué demonios le da derecho a SBF a tomar esta decisión en nombre de todos los demás seres sensibles?

También hay algo más: ¿y si se ha equivocado en el cálculo? ¿Y si las probabilidades de que ganemos cada lanzamiento de moneda no son del 51%, sino del 49, o del 4,9, o de 0? ¿Por qué se nos ofrece una apuesta que, supuestamente, tiene un VE infinito? Cualquier jugador decente sabe que debe desconfiar de las apuestas que parecen demasiado buenas para ser ciertas. Lo del error de cálculo es un problema, porque SBF demostró en repetidas ocasiones un exceso de confianza, ya fuera en su descabellada inversión en las primarias de Carrick Flynn o en su imprudente decisión de subir al estrado en Manhattan y cometer perjurio. Y aunque SBF es un ejemplo extremo, pertenece a la categoría de cierto tipo de personas. Silicon Valley selecciona fundadores muy seguros de sí mismos, gente dispuesta a apostar fuerte por ideas que contradicen lo establecido y tienen una baja probabilidad intrínseca de éxito.

Vivimos en un mundo cuyos puntos focales son cada vez más puntiagudos y la acumulación de riqueza sigue más bien una ley potencial. En 2013, las diez personas más ricas del mundo sumaban 452.000 millones de dólares; en 2023, esa cifra se habrá disparado a 1,17 billones de dólares, aproximadamente el doble una vez corregida la inflación.[*] En realidad, esto no pretende ser una crítica de izquierdas al capitalismo y tampoco necesariamente una crítica al capitalismo. Mire, yo juego al póquer con capitalistas de riesgo y tipos de fondos de cobertura. Soy capitalista.

Más bien digo que nos tomemos en serio la observación de que las ideologías utópicas totalizadoras pueden ser peligrosas. Y lo son potencialmente más en un mundo en el que, en lugar de confiar el poder a los gobiernos —torpes con los controles y equilibrios, y con ese experi-

---

[*] Para que quede claro, se trata de las diez personas más ricas en 2013 y 2023, respectivamente, no de las *mismas* diez personas.

mento que llamamos democracia— ahora reside cada vez más en personas o empresas individuales que pueden acumular cantidades incalculables de riqueza y poder casi de la noche a la mañana, como hizo SBF.

Era casi inevitable que su suerte se acabara en algún momento. Pero fuimos afortunados por que lo hiciera tan pronto.

Terminación

> Si buscas dónde está la acción, llegas a una división romántica del mundo. Por un lado, están los lugares seguros y silenciosos, el hogar, el papel bien regulado en las empresas, la industria y las profesiones; por el otro, están todas aquellas actividades que generan expresión, que requieren que el individuo se arriesgue y se ponga en peligro.
>
> ERVING GOFFMAN

Sam Altman siempre sabía dónde estaba la acción. «¿Igual que un perro recorre una habitación olfateando si hay alguna cosa interesante? Sam hace eso con la tecnología, de forma igual de constante y automática», decía Paul Graham, el erudito y programador inglés cofundador de Y Combinator.

Y Combinator es la aceleradora de empresas emergentes más prestigiosa del mundo, lo que se obtendría si se tomara la media aproximada entre Andreessen Horowitz, un campamento de verano para frikis matemáticos superdotados y con talento, y *Shark Tank*. El proceso es intrínsecamente arriesgado. Los aspirantes a fundadores suelen solicitar su ingreso en YC con poco más que la semilla de una idea. El porcentaje de admisión es de apenas el 1,5% o el 2%, más o menos la mitad que en Harvard. Pero, si consigues entrar, tus probabilidades son comparativamente mejores: alrededor del 40% de las empresas de YC reciben financiación después de participar en el Demo Day, donde tienen dos minutos y medio frenéticos para presentar sus ideas a grupos de los mayores inversores de Silicon Valley. Altman había sido uno de los ganadores de la promoción inaugural de YC en 2005. Según el tablero sesgado hacia arriba de Silicon Valley, su empresa Loopt[*] solo tuvo un éxito moderado y acabó vendiéndose por 43 millones de dólares. Aun así, Graham consideraba a Altman uno de los cinco fundadores más interesantes de los últimos treinta años —en una lista en la que también figuraban Steve Jobs y Larry Page y Sergey Brin, de Google—, y más tarde le eligió personalmente para que le sucediera como presidente de YC.

Pero en 2015 Altman había llegado a la conclusión de que la acción estaba en otra parte: en la inteligencia artificial. Dejó YC —algunas noticias afirman que le despidieron, pero Graham lo niega rotundamente— para convertirse en copresidente de OpenAI junto con Elon Musk. Es bastante singular que alguien que ya es un hombre formado en el capital riesgo se sumerja de nuevo en las trincheras de la gestión de una empresa emergente. Pero OpenAI era algo casi anatemático para Silicon Valley: un laboratorio de investigación sin ánimo de lucro. No estaba claro cuáles podían ser las aplicaciones comerciales de la IA, si es que había alguna. «Cuando Sam empezó a centrarse en la IA de propósito general, no había ningún producto inmediato que pudiera crearse», afirma Graham.

Sin embargo, era un laboratorio de investigación con generosidad financiado por la flor y nata de Silicon Valley, entre ellos Peter Thiel, Amazon y Musk. Había quien creía en el potencial transformador de la IA,[**] y otros simplemente creían en Altman. Un auténtico riveriano nunca se conforma con una buena partida de póquer cuando hay una mejor al otro lado de la ciudad, y Altman había encontrado la partida adecuada. OpenAI era, por sí mismo, una apuesta cara: la premisa del aprendizaje automático es que los problemas aparentemente imposibles pueden resolverse de forma milagrosa con algoritmos simples e inteligentes si se les concede suficiente potencia de cálculo, y esta potencia es cara. «Financiar este tipo de proyectos está más allá de la capacidad del común de los mortales. Sam debe de ser casi la mejor persona del mundo en conseguir dinero para grandes proyectos», afirma Graham.

---

[*] Loopt esencialmente se dedicaba a las redes sociales basadas en la ubicación. La aplicación más exitosa de esta idea fue Foursquare.

[**] O su potencial destructivo; en 2014, Musk había calificado la IA como «la mayor amenaza existencial».

SEGUNDA PARTE: RIESGO

Para Altman, fue como embarcarse en el Proyecto Manhattan. En una entrevista, incluso parafraseó a Robert Oppenheimer, con quien comparte cumpleaños: «La tecnología sucede porque es posible». A primera vista, parece el tipo de discurso motivador que podríamos hallar escrito en la pared de una empresa emergente de Sunnyvale. Pero Oppenheimer, que pasó el último tercio de su vida atormentado por su papel como padre de la bomba atómica, se refería en realidad a algo más oscuro que la reformulación de Altman. «Es una verdad profunda y necesaria que no se llega a lo más profundo de la ciencia porque sea útil, sino porque fue posible llegar a ello», dijo Oppenheimer. Hace mucho tiempo, la humanidad comió el fruto del árbol del conocimiento y empezó a escalar las ramas de los logros científicos y tecnológicos. Los que vamos donde está la acción somos quienes hacemos avanzar a la humanidad y los que podemos provocar su desaparición. Aunque algunos preferirían vivir ignorantes, en un paraíso eterno, nos sentimos irresistiblemente atraídos hacia el camino del riesgo y la recompensa.

«Existe un enorme riesgo, pero también una enorme, inmensa ventaja —me dijo Altman cuando hablé con él en agosto de 2022—. Va a suceder. Los aspectos positivos son demasiado grandes». Altman estaba de buen humor: aunque OpenAI aún no había lanzado GPT-3.5, ya había terminado el entrenamiento de GPT 4, su último gran modelo de lenguaje (LLM, por sus siglas en inglés), un producto que, Altman lo sabía, iba a ser «realmente bueno». No le cabía duda de que el único camino era hacia delante. «[La IA] va a transformar radicalmente las cosas. Así que tenemos que encontrar la forma de afrontar los peligros que plantea —afirma—. Es el mayor riesgo existencial en ciertas categorías. Pero las ventajas son tan grandes que no podemos dejar de hacerlo». Altman me dijo que la IA podría ser lo mejor que le haya sucedido a la humanidad. «Si tienes algo como una AGI, creo que la pobreza realmente se acaba», dijo[*] (AGI son las siglas en inglés de «inteligencia artificial general». El

---

[*] Altman parecía considerar que esta afirmación sobre la pobreza era evidente. Así que permítame explicar lo que supongo que es su razonamiento: (1) el crecimiento económico reduce la pobreza mundial, y (2) la IA producirá un crecimiento económico muy rápido, por lo tanto (3) «la pobreza realmente se acaba». La afirmación 1 ha sido empíricamente correcta hasta ahora —la pobreza grave se ha reducido en gran medida durante el último siglo a medida que aumentaba el PIB mundial—, aunque «el crecimiento impulsado por la IA podría ser diferente si se trata de una tecnología del tipo «el ga-

434

significado de este término es tan ambiguo que no voy a intentar dar una definición precisa; piense en él como «IA realmente avanzada»). «Dentro de cincuenta o cien años recordaremos esta época y diremos: "¿De verdad dejamos que la gente viviera en la pobreza? ¿Cómo fuimos capaces?"».

Entonces ¿está @SamA en el mismo saco que ese otro Sam tan problemático, @SBF? ¿Alguien que apretaría el botón de un nuevo modelo si pensara que el mundo iba a ser 2,00000001 veces mejor, con un riesgo del 50% de destruirlo?

Hay una gran variedad de opiniones sobre esta cuestión —una de las fuentes con las que hablé incluso estableció de manera explícita la comparación entre la actitud de Altman y las tendencias de SBF a apretar botones—, pero el consenso predominante en Silicon Valley es que no, y ese es también mi punto de vista. Altman se ha enfrentado con frecuencia a los altruistas eficaces —no pudo resistirse a atacar a SBF tras el colapso del FTX— y ha rechazado el rígido utilitarismo de Peter Singer. Incluso personas relativamente preocupadas por la p(fatalidad) —como Emmett Shear, el cofundador de la plataforma de *streaming* Twitch, que se convirtió en consejero delegado de OpenAI durante dos días en noviembre de 2023 en medio de un intento fallido de la junta sin ánimo de lucro de OpenAI de expulsar a Altman— pensaban que la empresa estaba en buenas manos. «No está claro quién es la mejor opción», me dijo. Como la mayoría de los que trabajan en Silicon Valley, Shear cree que el desarrollo de la IA es inevitable. Así que incluso si usted es un «agorero» —una persona con una p(fatalidad) alta—, la cuestión es encontrar el camino más seguro. «Ahora mismo cambiar de director general es arriesgadísimo. Recordemos que lo que se pretende con todo esto es reducir la variación, no aumentarla».

Eso no significa que Altman vaya a jugar su mano de forma tan segura como aconsejaría el criterio Kelly, que nunca le haría arriesgarlo todo a menos que estuviera absolutamente seguro de ganar (y recuerde que la

---

nador se queda con todo» (o si nuestros señores de la IA se comportan más como Ayn Rand que como Bernie Sanders). La afirmación 2 es más difícil de evaluar; de hecho, una de las razones para ir tras la IA es que el crecimiento del PIB se está estancando, lo que significa que el mundo necesita la IA solo para mantener su ritmo anterior y no debería esperar alcanzar una tasa de crecimiento superior de manera permanente. La afirmación 3 se deduce de forma bastante lógica si tanto la 1 como la 2 son ciertas, pero podrían no serlo.

mayoría de los jugadores en activo piensan que el criterio Kelly es demasiado arriesgado). Pero desde la prueba Trinity en la Jornada del Muerto, en el desierto de Nuevo México, justo antes del amanecer del 16 de julio de 1945 —la culminación del Proyecto Manhattan, la detonación de una bomba de plutonio, una prueba que algunos científicos temían que tuviera una posibilidad remota de desencadenar una reacción en cadena y destruir la atmósfera misma de la Tierra—,* la humanidad ha vivido con la posibilidad de destruirse a sí misma con sus propios avances tecnológicos. «Hemos gastado dos mil millones de dólares en la mayor apuesta científica de la historia, y hemos ganado», dijo el presidente Harry Truman, un ávido jugador de póquer, al dirigirse al mundo tras el lanzamiento de la bomba sobre Hiroshima, menos de tres semanas después.

A algún lector de estas páginas, la idea de que la IA pueda destruir la humanidad sonará ridícula. Aunque no me considero un agorero, y ni siquiera creo que la p(fatalidad) sea la mejor forma de abordar esta cuestión, voy a tratar de convencerle de que los agoreros son, como mínimo, no ridículos. Puede que se equivoquen —ojalá se equivoquen, probablemente se equivoquen—, pero no son ridículos. Le insto a que al menos acepte la versión más suave del fatalismo, esta sencilla declaración de una sola frase sobre el riesgo de la IA: «Mitigar el riesgo de extinción por la IA debería ser una prioridad mundial, junto con otros riesgos a escala de la sociedad como las pandemias y la guerra nuclear», que firmaron los consejeros delegados de las tres empresas de IA más prestigiosas (OpenAI de Altman, Anthropic y Google DeepMind) en 2023, junto con muchos de los principales expertos mundiales en IA. Rechazar estas preocupaciones con la mirada de soslayo que a veces pone la gente de la Aldea es de ignorantes. Ignorantes del consenso científico, ignorantes de los parámetros del debate, ignorantes y profundamente faltos de curiosidad sobre el impulso de la humanidad, sin excepciones claras hasta ahora en la historia, de llevar el desarrollo tecnológico al límite.

Como mínimo, la IA es donde está la acción. Fue extraño visitar con frecuencia San Francisco mientras trabajaba en este proyecto. En comparación con los otros escenarios principales de este libro, Las Vegas y Miami —y, desde luego, en comparación con mi base de operaciones en el centro de Manhattan, donde uno prácticamente tropieza con gente vaya donde vaya—, en 2022 y 2023 algunas partes de San Francisco

---

* Enrico Fermi incluso se ofreció a aceptar apuestas al respecto.

TERMINACIÓN

carecían extrañamente de seres humanos, incluso mientras la ciudad ponderaba el futuro de la humanidad. Pero la IA puede ser el ave fénix que resucite de entre las llamas. «La gente que puede ponerse en pie y moverse, ya sea en Ámsterdam o en Nueva Delhi, y no tiene familia, no tiene hijos y no posee una casa, se traslada allá donde está la acción», dijo Vinod Khosla, uno de los primeros inversores en OpenAI. Se estaba haciendo eco (supongo que de manera involuntaria) de la frase de Goffman para referirse a los lugares a los que van los que buscan el riesgo, donde «es [probable] que se vean obligados a correr riesgos».

Los jóvenes despiertos e inquietos siempre han buscado la acción, y cuanto más despiertos e inquietos son, tienen más desarrollado el olfato. Con la IA, el rastro es fresco: una frontera virtual en un momento en que cada vez quedan menos fronteras reales por explorar. Al igual que los físicos de Los Álamos —algunos de los cuales jugaban al póquer una noche antes de la prueba Trinity—, se sienten atraídos por la IA por lo mucho que está en juego, aunque a veces les cueste conciliarlo con sus debilidades humanas.

roon es miembro del personal técnico de OpenAI, o al menos así lo describe *The Washington Post*. Él me dio otros detalles para identificarlo que no voy a compartir. Esto se debe a que mi política a lo largo de este libro ha sido permitir a la gente usar seudónimos si lo desean, pero también porque **roon, el personaje de Twitter**, no es exactamente lo mismo que **Roon, la persona que trabaja en OpenAI**.

En cambio, **roon** es mitad humano, mitad meme. Su cuenta de Twitter es una de las más influyentes del universo de la IA. Su avatar, que representa a Carlos Ramón de la serie infantil *The Magic School Bus* delante de una bandera estadounidense,[*] es una imagen bienvenida en cualquier línea de tiempo, un oasis de extravagancia en un desierto de miseria. Musk y Altman le siguen en Twitter (Altman le dio el puesto que ocupa en OpenAI después de que conectaran en Twitter), así como tanto el verdadero Jeff Bezos como Beff Jezos, otra personalidad pseudónima de la IA que más adelante desveló[**] la revista *Forbes*.

---

[*] Aunque **roon** es indoamericano, no hispano, un hecho que comparto sin problemas, ya que él mismo ha aludido repetidamente a ello en Twitter.

[**] Otro término para referirse a esta situación es *doxed* —la identidad de Jezos fue

Pero **roon** me dijo que había creado su cuenta de Twitter, en primer lugar, para responder a Nate Silver, «con la intención expresa de trolear tus respuestas» sobre mis pronósticos electorales (internet funciona de maneras misteriosas). Una persona como **roon**, interesada en los pronósticos probabilísticos y en la ironía de internet, inevitablemente iba a acabar conectado en algún lugar del Río. El mundo de las NFT y r/wallstreetbets podría parecer el lugar más natural; internet ha desarrollado una superinteligencia propia, creando puntos focales siempre cambiantes a través de la creación de valor en memes. Pero, en cambio, **roon** era uno de esos jóvenes inquietos que, como todos los jóvenes inquietos desde la fiebre del oro, se dirigieron a California. No solo parecía el mejor lugar al que ir, sino el único que importaba. «Silicon Valley es realmente el único lugar que, de alguna manera, sueña de verdad, un lugar que me parece inspirador sobre el futuro», dijo.

Pero **roon** es algo más que una divertida presencia en Twitter; es la mente colmena de ingenieros como él, tanto como cualquier director general-abeja reina, la que determinará el curso de la IA. Desde los Ocho Traidores, los ingenieros de Silicon Valley son famosos por su deslealtad: la colmena no seguirá necesariamente a ningún Sam X, Y o Z. Google, por ejemplo, a pesar de haber inventado la transformadora arquitectura que llevó al desarrollo de los LLM, ha experimentado una fuga de cerebros hacia empresas como OpenAI y Anthropic que ahora está tratando de compensar. Pero cuando el consejo de OpenAI intentó echar a Sam A, **roon** y otros más de setecientos empleados se comprometieron a dimitir y unirse a Altman en su trabajo en Microsoft a menos que lo restituyeran como director general.

No es lo que se diría una democracia, pero esta falange de ingenieros vota con los pies y con su código. Y cada vez están más alineados en el equivalente de diferentes partidos políticos, lo que convierte a **roon** en una especie de votante indeciso. Se ha distanciado de la facción denominada «e/acc» o «aceleracionismo eficaz», un término utilizado por Beff Jezos, Marc Andreessen y otros, como guiño al altruismo eficaz. (Altman también ha reconocido el e/acc y en una ocasión respondió «no podéis acelerarme más» a uno de los tuits de Jezos, otra señal de que

---

revelada en contra de su voluntad, aunque existe cierto debate semántico sobre si *doxed* es el término correcto cuando un medio de comunicación identifica a alguien a quien considera una figura pública de interés periodístico.

sigue a la falange de ingenieros y no al revés). Esto se debe a que e/acc puede transmitir cualquier cosa, desde el tecnooptimismo más vulgar hasta la creencia casi religiosa de que deberíamos sacrificar a la humanidad ante los dioses-máquina si estos son una especie superior. Nunca está del todo claro quién habla en serio en e/acc y quién está troleando, y **roon** —que no es ajeno al troleo— cree que el numerito se ha llevado demasiado lejos.

Sin embargo, **roon** tiene el pie en el acelerador y no en el freno. Desde luego, no es un «agorero» y tampoco un «decelerador». No ve la IA como una apuesta unilateral con un riesgo infinito a la baja pero una ventaja limitada. Por el contrario, cree que la IA puede ser una apuesta que la humanidad debe hacer. «Sin duda, apostaría un uno por ciento de p(fatalidad) por cierta cantidad de p(paraíso) —me dijo—. Está claro que hay riesgos existenciales de todo tipo. Y no solo por parte de la IA, ¿verdad? El resultado predeterminado para todo el planeta es ser aniquilado por una explosión cósmica» o por la expansión gradual del Sol hasta engullir la Tierra. «Así que la p(fatalidad) a largo plazo es, por supuesto, del cien por cien».

Cierto, este no es el problema más apremiante: los astrónomos calculan que nos quedan unos cinco mil millones de años, así que debería ir a recoger la ropa de la tintorería. Pero **roon** también cree que la humanidad se enfrenta a muchas amenazas a corto plazo. «Necesitamos avances tecnológicos —afirma—. No es por entrar demasiado en la pseudofilosofía de los protecnológicos; pero hay un estancamiento secular. Hay una bomba demográfica[*] en marcha. El progreso económico se enfrenta a intensos vientos en contra. Y la tecnología es realmente el único viento de cola». A pesar de su amor por Twitter, **roon** podría prescindir de la era de las redes sociales de Silicon Valley. «Ni siquiera internet nos dio realmente lo que prometía [...] No hay ahora ningún otro boom tecnológico que sea tan prometedor como la IA».

---

[*] El término «bomba demográfica» hace referencia a un libro del biólogo de Stanford Paul Ehrlich (*The Population Bomb* [hay trad. cast.: *La explosión demográfica*, Salvat Editores, Barcelona, 1993) que defendía limitar el crecimiento de la población. Las predicciones de Ehrlich estaban profundamente equivocadas. Sin embargo, las tasas de fecundidad en el mundo industrializado han disminuido de un modo drástico, a menudo por debajo de los niveles de reemplazo, por lo que **roon** se refiere a la forma en que el mundo ha empezado a limitar su población por sí mismo.

A veces, **roon** habla de forma críptica, como Oppenheimer. Cree que el futuro va a ser muy extraño. «A veces uno dice cosas que no se basan del todo en la realidad y, sin embargo, parecen ciertas». Rechaza la literalidad del debate sobre la IA, la necesidad de cuantificar la p(fatalidad) como si fuera el porcentaje de bateo de un *shortstop* en *Moneyball*. En su lugar, piensa en metáforas. En su Substack, **roon** esbozó ocho escenarios de IA con nombres exóticos como «Balrog despierto» y «Ultrasíndrome de Kessler». Este último —acuñado a partir de un fenómeno astronómico postulado por Donald Kessler, de la NASA, en el que los desechos espaciales chocan en una reacción en cadena continua que impide que la humanidad escape de la órbita terrestre— se refiere a un escenario en el que la IA nos atrapa en los valores humanos contemporáneos. En algún momento, este escenario imagina —quizá con GPT-7 o GPT-8— que alcanzaremos la AGI y los dioses-máquina se volverán todopoderosos. Sin embargo, esta AGI reflejará los valores de las personas que la diseñaron, razonablemente bien en consonancia con una combinación de libertarismo protecnológico y progresismo de la Costa Oeste ligeramente *woke*. Puede que incluso sea un ejemplo particularmente bueno de estos valores, más moral que cualquier ser humano mortal, y que proporcione una existencia abundante a sus súbditos en la que se elimine parte de la hipocresía de la Aldea y de la arrogancia darwiniana del Río. Pero, una vez conseguido esto, la humanidad no puede progresar más allá (imagine lo que habría pasado si los aztecas hubieran alcanzado la sensibilidad AGI, reflexionaba **roon**). La acción ha sido entregada a los dioses-máquina. No está claro si vivimos en el cielo o en el infierno.

Silicon Valley está lleno de gente como **roon**, personas que miran al purgatorio y lo llaman cielo, que miran el vaso y declaran que está medio lleno. «Todos los fundadores de éxito son optimistas; tienen que serlo», afirma Graham. Los fundadores perfectamente neutrales ante el riesgo y bien calibrados tienden a fracasar. «En sentido estricto, el optimismo es un error. Pero anula otros errores —afirma—. No puedes hacer que otras personas acojan tus ideas a menos que seas optimista sobre ellas, y sin otras personas que crean en ti, tu empresa emergente nunca alcanzará la velocidad de escape».

En pocas palabras, esto describe a Altman. No es que Altman descarte el riesgo x (riesgo existencial) de la IA: habla de ello abiertamente y ha testificado sobre sus inquietudes ante el Congreso. Creo que esto es (en su mayor parte) auténtico; no (solo) un golpe de efecto diseñado para ayudarle a beneficiarse de la regulación. Altman simplemente ve el mundo como un vaso medio lleno. «Si todos nos autoconvencemos de que no debemos trabajar porque está garantizado que las cosas van a ir mal, es una profecía autocumplida», me dijo.

Los zorros como yo, que tratamos de estar bien calibrados entre el optimismo y el pesimismo, diríamos que esto refleja algo más: el sesgo de supervivencia. Si todos los años hay un 1 % de probabilidades de que se produzca una guerra nuclear, parecerás un tipo listo 99 veces seguidas apostando en contra, hasta que un día haya un ICBM apuntando a Honolulu y esta vez no sea un simulacro. Pero los fundadores son erizos, y el hecho de llevar la contraria propio de Silicon Valley acelera esta tendencia. Considera que la Aldea es un puñado de cascarrabias neuróticos —«gente que quiere ser pesimista porque eso los hace guais», dice Altman—, e instintivamente se rebela contra ello.

Pero si participó en los primeros tiempos de OpenAI, es muy probable que tuviera fe en que las cosas saldrían bien de una manera u otra. OpenAI no era el tipo de empresa emergente que empezó en un garaje de Los Altos. Fue una apuesta arriesgada y audaz: los fundadores se comprometieron a invertir mil millones de dólares en una tecnología que no se había probado después de muchos «inviernos de IA». Parecía intrínsecamente ridícula, hasta el momento en que dejó de serlo. «Ahora mismo, los grandes modelos lingüísticos (LLM) parecen del todo mágicos», afirma Stephen Wolfram, informático pionero que fundó Wolfram Research en 1987 (Wolfram ha diseñado recientemente un complemento que funciona con GPT-4 para, en esencia, convertir palabras en ecuaciones matemáticas). «Hasta el año pasado, lo que hacían los grandes modelos lingüísticos era una especie de balbuceo, y no era muy interesante —dijo cuando hablamos en 2023—. Y, de repente, se superó este umbral en el que, caramba, parece una generación de texto a nivel humano. Y nadie se lo esperaba».

En 2017, un grupo de investigadores de Google publicó un artículo titulado «Attention Is All You Need» que presentaba algo llamado «transformador». Más adelante daré una descripción más detallada de un transformador, pero por ahora no es importante; intuitivamente, analiza una oración de una sola vez en lugar de en forma secuencial (por ejemplo, en la frase «Alice vino a cenar, pero, a diferencia de Bob, se olvidó de traer vino», se da cuenta de que es Alice, y no Bob, quien se olvidó del vino. Alice siempre se olvida). Los investigadores percataron de que, a medida que el transformador recibía más poder de computación, se volvía más inteligente a la hora de interpretar el texto y responder de forma coherente. Para los que prefieren el aprendizaje visual, imaginen un gráfico con «rendimiento» en el eje y y «computación» en el eje x. El rendimiento de estos modelos se estaba incrementando de una manera que predecía que, con el tiempo, llegarían a ser bastante inteligentes. Pero cualquiera que haya mirado un gráfico de casi cualquier cosa sabe que lo que sube no siempre sigue subiendo. OpenAI apostó a que el gráfico seguiría subiendo, dando un «salto de fe de que estas curvas de escalado se mantendrían», dijo Shear.

Y tenían razón, de una forma que ahora parece milagrosa. Para la mayoría del mundo exterior, el gran avance se produjo con el lanzamiento de GPT-3.5 en noviembre de 2022, que se convirtió en una de las tecnologías adoptadas con mayor rapidez de la historia de la humanidad. Por supuesto, GPT-3.5 cometía algunos errores, pero incluso sus errores —como su tendencia a «alucinar» o a inventarse alguna tontería plausible cuando no sabía responder a la pregunta— eran asombrosamente humanos. Justo a finales de 2022, cuando el imperio de Sam Bankman-Fried se derrumbaba, el de Sam Altman alcanzaba nuevas cotas. Dentro de OpenAI, el reconocimiento del milagro había llegado más pronto,[*] con el desarrollo de GPT-3, si no antes.[**] Pero, fuera el que fuese el momento crucial, su fe se había visto recompensada: su audaz experimento había funcionado. Solo habían transcurrido doce años desde que el físico húngaro Leo Szilard concibiera la idea de una reacción nuclear en cadena mientras cruzaba la calle en una lluviosa tarde londinense —viendo «un camino hacia el futuro, la muerte en el mundo y todos nuestros males, la forma de las cosas por venir»— y la exitosa prueba Trinity. Esto había sucedido en la mitad de tiempo.

[*] Altman y otro investigador de OpenAI, Nick Ryder, me dijeron que esperaban que fuese GPT-4, no GPT-3.5, la gran ruptura pública. Pero su perspectiva es como la de los padres de un hijo adolescente: lo ven más alto día a día. Es más probable que sea la abuela, que llega una vez al año por Acción de Gracias, quien se dé cuenta de que, de repente, Billy es mucho más alto.

[**] Un grupo de ingenieros de OpenAI abandonó OpenAI en 2021 tras el lanzamiento de GPT-3, para fundar la empresa rival Anthropic debido a lo que Jack Clark, uno de los cofundadores de Anthropic, me contó que eran sobre todo preocupaciones sobre la seguridad debido a la potencia de los modelos de OpenAI.

TERMINACIÓN

Eliezer Yudkowsky cree que todos vamos a morir.

«Estoy seguro de que ambos conocemos la ley de Cromwell sobre no asignar probabilidades infinitas a cosas que no son necesidades lógicas», me dijo cuando hablamos por primera vez en agosto de 2022, poco después de haberme reunido con Altman. Le había preguntado a Yudkowsky su p(fatalidad). «Dejando eso de lado, como un noventa y nueve coma algo en vez de un cien [por cien]».

Resulta que yo no conocía la ley de Cromwell. Yudkowsky tiene aspecto de friki informático barbudo de mediana edad, y su vocabulario se ha formado a base de años de discusiones en internet: su lengua materna es el riveriano, pero el suyo es un dialecto regional repleto de axiomas, alusiones y alegorías. Esta en particular se refería a una declaración de Oliver Cromwell: «Os lo ruego, por las entrañas de Cristo, pensad que es posible que podáis confundiros». En otras palabras, Yudkowsky decía que, aunque no podía estar absolutamente seguro de que todos fuéramos a morir, estaba tan seguro como cualquier mortal podía estarlo: su p(fatalidad) era superior al 99%. La humanidad no solo se acercaba a un proyecto de escalera interna para sobrevivir contra los dioses-máquina. Una escalera interna sale el 10% de las veces. No, nuestras posibilidades son de menos del 1%, piensa él; estamos sacando una escalera interna para sacar otra.

«Por "ruina" me refiero a que no quede ningún ser humano sobre la faz de la Tierra», afirma Yudkowsky. ¿Y qué hay de los sentineleses, un grupo indígena de aproximadamente cien personas que viven en la isla Sentinel del Norte, en el golfo de Bengala, que se han mantenido hostiles a los forasteros y, en gran medida, inalterados por la tecnología moderna? No, los dioses-máquina acabarán cazándolos. ¿Multimillonarios en el espacio exterior? Tampoco lo conseguirán. Yudkowsky hace referencia a una conversación entre Elon Musk y Demis Hassabis, cofundador de Google DeepMind. En la versión estilizada de Yudkowsky del diálogo, Musk expresaba su preocupación por el riesgo de la IA sugiriendo que era «importante llegar a ser una especie multiplanetaria; por ejemplo, estableciendo una colonia en Marte». Y Demis dijo: "Te seguirán"».

Antes de explicar cómo Yudkowsky llegó a esta sombría conclusión, debo decir que había suavizado ligeramente su certeza sobre la p(fatalidad) cuando volví a encontrarme con él, en la conferencia Manifest, en septiembre de 2023. Le había animado la creciente inquietud de la comunidad científica por el riesgo de la IA, un tema en el que él llevaba años de ventaja, tras haber fundado el Instituto de Investigación de Inteligencia Artificial en 2000. Pero no se equivoque: Yudkowsky habla muy en serio. «Si alguien construye una IA demasiado poderosa, en las condiciones actuales, creo que todos los miembros de la especie humana y toda la vida biológica de la Tierra morirán poco después», escribió en un artículo de la revista *Time* en marzo de 2023.

Sería fácil tachar a Yudkowsky de chiflado, y ya ha hecho algunas predicciones incorrectas y demasiado confiadas, como cuando afirmó en 1999 que los humanos se extinguirían debido a la nanotecnología en 2010 o 2013. Sin embargo, en general se le toma en serio —aunque no siempre de forma literal— en la comunidad de riesgo de la IA. Y no es difícil entender el porqué. Es obvio que es muy inteligente y que sus frases están cargadas de significado; y tampoco teme decir que es un tipo listo. «Si Elon Musk es demasiado tonto para darse cuenta por sí mismo de que las IA te seguirán [a Marte], es demasiado tonto para juguetear con la IA», dijo. Pero Yudkowsky tiene un punto de timidez[*] y reconoce, tras muchos años discutiendo en internet, que «los dioses-máquina nos van a matar a todos» es un debate difícil de ganar. A veces puede ser un tipo divertido de un modo oscuro, como cuando posó para una foto con Altman y Grimes, la exnovia de Musk.

Durante la redacción de este libro, hablé con muchas personas muy preocupadas por el riesgo de la IA, pero que pensaban que debíamos construirla de todas formas. Bostrom, por ejemplo —cuyo libro *Superintelligence* fue mi introducción al argumento de la perdición de la IA—, me dijo, no obstante, que la IA era un «salto» que la civilización debía dar: «Creo que debemos desarrollar la IA y tratar de hacerlo bien». Este punto de vista tiene varias justificaciones. Está la afirmación de **roon** de que los beneficios superan a los riesgos o de que la IA forma parte del destino de la humanidad. Está la idea generalizada de que los laboratorios de IA se hallan inmersos en una carrera armamentística tecnológica entre ellos o contra China, y que el dilema del prisionero dicta que la IA se construirá tanto si es buena para la humanidad como si no lo es.

---

[*] Esta es la lectura que yo hago después de haber hablado con muchos riverianos que han desarrollado una armadura corporal debido a sus frecuentes peleas en línea.

TERMINACIÓN

A veces, incluso se argumenta que las IA también tienen derechos: «La posibilidad de que hagamos daño a las mentes digitales que creamos y que tienen estatus moral», afirma Bostrom.

Yudkowsky no está de acuerdo. «Apáguenlo todo —dijo en el reportaje de *Time*—. No estamos preparados». En el mismo artículo escribió que los países deberían incluso estar dispuestos a «destruir un centro de datos rebelde mediante un bombardeo aéreo» si estuvieran desarrollando AGI, contraviniendo los tratados internacionales. Esto provocó una reacción en general negativa, pero es una conclusión lógica si se toman sus afirmaciones al pie de la letra y se trata a la AGI como equivalente a las armas nucleares (Yudkowsky dejó claro en nuestra conversación en Manifest que se refería a un escenario en el que un país desafiara una moratoria internacional; categóricamente, no está reclamando actos de violencia al azar).

Hasta ahora he tratado de evitar dar una explicación exacta de por qué Yudkowsky está tan convencido de nuestra perdición inminente. Esto se debe a que no existe una versión concisa, en una o dos frases, de su argumento. Es posible que Yudkowsky haya pasado más tiempo pensando en el riesgo de la IA que cualquier otro ser humano de ahora o de antes. Se siente como «un astrónomo que mira con su telescopio y ve un asteroide que se dirige a la Tierra», dijo; la forma de las cosas por venir que Szilard reconoció cuando se dio cuenta por primera vez de que sus ideas podían conducir al desarrollo de la bomba nuclear.[*]

Pero presentaré una versión lo más concisa que pueda: las preocupaciones de Yudkowsky parten de varios supuestos. Uno es la tesis de ortogonalidad,[**] una idea desarrollada por Bostrom de que «más o menos, cualquier nivel de inteligencia podría combinarse con, más o menos, cualquier objetivo final», por ejemplo, que podría haber un ser superinteligente que quisiera transformar todos los átomos en clips para papel. La segunda es la llamada «convergencia instrumental», la idea básica de que

---

[*] Este monólogo interno procede de *The Making of the Atomic Bomb*, de Richard Rhodes, no del propio Szilard.

[**] «Ortogonal» es un sofisticado término riveriano que significa «perpendicular». Las líneas perpendiculares se cruzan en ángulo recto. Por tanto, la tesis de la ortogonalidad afirma que la inteligencia de una IA y sus objetivos no están correlacionados: las máquinas no desarrollan necesariamente objetivos más morales a medida que se hacen más inteligentes.

una máquina superinteligente no dejará que los humanos se interpongan en su camino para conseguir lo que quiere; aunque su objetivo no sea matar a los humanos, seremos un daño colateral en su juego de magnate de los Clips. La tercera afirmación tiene que ver con la rapidez con la que la IA podría mejorar, lo que en el lenguaje del sector se denomina su «velocidad de despegue». A Yudkowsky le preocupa que el despegue sea más rápido de lo que necesitarán los humanos para evaluar la situación y hacer aterrizar el avión. Quizá consigamos que las IA se comporten si se les dan suficientes oportunidades, cree él, pero los primeros prototipos suelen fracasar, y en Silicon Valley impera la actitud de «moverse rápido y romper cosas». Si lo que se rompe es la civilización, no vamos a tener un segundo intento.*

¿Se deduce por tanto que la p(fatalidad) es igual al 99,9 % o algún otro número extremadamente alto? Para mí no es así, y eso es lo que resulta frustrante al hablar con Yudkowsky. Para él, la conclusión es casi axiomática: si no has visto la forma de las cosas por venir, es porque no has pasado suficiente tiempo pensando en ellas, estás en estado de negación o, siendo sincero, no eres lo bastante inteligente. Así que, al igual que muchas personas que se han enfrentado a Yudkowsky, nuestra entrevista fue deportiva, pero intenté rebatir sus argumentos todo lo que pude y él no cedía; en algún momento tuve que aceptar que, simplemente, no estábamos de acuerdo.

Sí hallé un argumento de Yudkowsky que era diferente, más empírico y más fácil de digerir: la humanidad siempre lleva la tecnología al límite, sean cuales sean las consecuencias. Somos lo bastante listos para construir tecnologías como las armas nucleares y (quizá) la AGI, pero no para controlarlas. «Si el cociente intelectual del mundo aumentara tres desviaciones estándar con respecto a su nivel actual, tendríamos una oportunidad», afirma Yudkowsky. Es decir, si el ser humano medio tuviera un CI de 145 —a medio camino del 190 estimado para Von Neumann— y las personas más inteligentes del mundo estuvieran por encima de los 200, las cosas podrían ir bien. Pero con nuestros vulgares cocientes de 100 y nuestros genios simplemente del nivel de Von Neumann, estamos jodidos.

---

* Esto es en especial preocupante si las IA llegan a poder automejorarse, es decir, si se entrena a una IA para hacer una IA mejor. Incluso Altman me dijo que esta posibilidad es «realmente aterradora» y que OpenAI no la promueve.

TERMINACIÓN

Teoría y práctica del juego

John von Neumann pensaba que todos íbamos a morir.

Ahora bien, Von Neumann era demasiado probabilista para compartir la cuasicerteza de la p(fatalidad) de Yudkowsky. «La experiencia también demuestra que estas transformaciones [tecnológicas] no son predecibles *a priori* y que la mayoría de las «primeras conjeturas» contemporáneas sobre ellas son erróneas», escribió en 1955. Sin embargo, hacia el final de su corta vida de cincuenta y tres años —Von Neumann moriría de cáncer en 1957, posiblemente a causa de los daños causados por la radiación de las pruebas atómicas que presenció en el atolón de Bikini— sufría de un pesimismo oppenheimeriano sobre las implicaciones del insaciable apetito de la humanidad por los frutos del conocimiento. «El poder tecnológico, la eficacia tecnológica como tal, es un logro ambivalente. Su peligro es intrínseco», escribió. En sus memorias, Marina von Neumann Whitman sugería que los puntos de vista privados de su padre eran aún más oscuros. A Von Neumann le preocupaba el calentamiento global mucho antes que a la mayoría de la gente, pero sobre todo le preocupaba la guerra nuclear, y temía que «la humanidad no sobreviviera otros veinticinco años, sino que se convirtiera en víctima de sus propias tendencias autodestructivas».

Sin embargo, ante cuestiones menos abstractas, Von Neumann solía favorecer estrategias maximalistas. Encargado de calcular el impacto de posibles ataques nucleares sobre Japón durante el Proyecto Manhattan, recomendó bombardear, no Hiroshima, sino Kioto, que tenía el triple de población. A Von Neumann le desautorizó el secretario de Defensa Henry Stimson, que no quería destruir una ciudad de tanta importancia cultural y psicológica. Pero para Von Neumann la cuestión era demostrar los horribles efectos de una bomba nuclear.

Después de la guerra, Von Neumann defendió otra idea peligrosa: un ataque preventivo contra la Unión Soviética antes de que pudiera desarrollar sus propias armas nucleares.* No está claro que esto sea razo-

---

* Hay cierta ambigüedad sobre el contexto: los comentarios más duros de Neumann en 1950 («Si usted dice que por qué no bombardear [a los rusos] mañana, yo digo que por qué no hacerlo hoy») no se publicaron hasta después de su muerte, en su obituario de la revista *Life*. Aunque no hay motivos para dudar de su procedencia, es posible que reflejaran en parte su emocional aversión al comunismo o su tendencia —presente

nable desde la perspectiva de la teoría de juegos. Una carrera armamentística es una consecuencia natural del dilema del prisionero: incluso si Estados Unidos y la Unión Soviética pudieran estar colectivamente mejor en un mundo sin armas nucleares, el desarme unilateral es una estrategia dominada (no quieres que la otra superpotencia tenga la bomba si tú no la tienes). Sin embargo, un ataque preventivo para impedir una carrera armamentística puede o no ser +VE. Depende de la probabilidad de que el ataque impida realmente que el otro bando desarrolle la bomba, cómo se espera que se comporte si lo hace, del efecto global sobre la estabilidad mundial y de lo mucho que le importe matar a cientos de miles de civiles desconocidos en un país extranjero.

Pero, como de costumbre, la tecnología se desarrolló primero: las consecuencias ya se resolverían más tarde. Von Neumann se consideraba tan valioso para el Proyecto Manhattan que Oppenheimer le permitía ir y venir de Los Álamos; *Theory of Games and Economic Behavior* se publicó en 1944, mientras el proyecto estaba en marcha. El concepto de disuasión nuclear —la idea de que, incluso si no se quieren utilizar las armas nucleares como arma ofensiva, hay que desarrollarlas para evitar que el otro bando lo haga— se articuló por primera vez no más tarde de 1940. Pero los primeros defensores de la disuasión solían combinarla con la idea de que el mundo tenía que mejorar en la resolución diplomática de los conflictos. La Carta de las Naciones Unidas se firmó en junio de 1945, unas seis semanas antes del bombardeo de Hiroshima.

Que no se haya utilizado una bomba atómica en un acto de guerra desde Nagasaki, aun cuando el número de estados nucleares se ha incrementado de uno a nueve, probablemente sorprendería a alguien que hubiera trabajado en el programa nuclear. Esto se suele atribuir a la eficacia de la disuasión nuclear y, en particular, a la doctrina, surgida a partir de la teoría de juegos, de la destrucción mutua asegurada (MAD, por sus siglas en inglés).

Pero ¿es esta una teoría fiable? Le pregunté a H. R. McMaster, exasesor de Seguridad Nacional de Estados Unidos, cómo se aplica la teoría de juegos en la práctica. McMaster es doctor en Historia de Estados Unidos y ha estudiado los frecuentes errores de cálculo que come-

---

en muchos riverianos— a la provocación, a llevar una discusión hasta el límite y ver hacia dónde se inclina.

tieron los planificadores militares estadounidenses en Vietnam y otros conflictos. Entre eso y sus experiencias en los teatros de guerra, es reacio a confiar en abstracciones separadas de la verdad fundamental.

Sin embargo, McMaster cree en ella. «La teoría de juegos es adecuada porque es sensible a la naturaleza interactiva» del conflicto, afirma. Hay que recordar que la premisa de la teoría de juegos es tratar a los adversarios como inteligentes, como si tuvieran capacidad de acción, y no como personajes no jugadores. McMaster cree que muchos errores militares, como la decisión de Vladímir Putin de invadir Ucrania en febrero de 2022, se deben a no haberlo hecho, a practicar un «narcisismo estratégico» en el que «no se ve la competición bélica desde la perspectiva del otro». En su lugar, McMaster defiende la empatía estratégica: ponerse en el lugar del adversario. «Si no se practica la empatía estratégica, se cae en trampas cognitivas. Me refiero al sesgo optimista, el sesgo de confirmación, el sesgo de proximidad… He visto eso muchas veces».*

> **Una mirada medio llena, medio vacía al riesgo de guerra nuclear**
>
> ¿Hasta qué punto debería aliviarnos el hecho de que no se hayan utilizado armas nucleares en un conflicto desde 1945? Supongamos que, el 1 de enero de 1946, hubiera convocado a un grupo de tres expertos para que pronosticaran la probabilidad de que se produjera otra detonación nuclear. Peter Pesimista le dice que hay un 10 % de probabilidades de que se utilicen armas nucleares anualmente. Ollie Optimista dice que solo hay un 0,1 por ciento de probabilidades. Y Mary Mediocamino estima una probabilidad del 1 %. Al no disponer de pruebas reales, se hace una media de sus predicciones, lo que arroja una probabilidad del 3,7 % anual. Esto es terrorífico: implica que es probable que las armas nucleares se utilicen en algún momento de los veinte años siguientes. Esto ayuda a explicar por qué personas como Von Neumann pensaron, des-

---

* Putin, por ejemplo, subestimó la firmeza de Ucrania y la determinación de la OTAN de apoyarla mediante asistencia en materia de seguridad.

pués de la Segunda Guerra Mundial, que la civilización podría no sobrevivir mucho más tiempo.

Pero, pasados setenta y ocho años (de 1946 a 2023) sin el uso de armas nucleares, podemos actualizar el peso que asignamos a la estimación de cada analista; se trata de una aplicación directa de la teoría de Bayes. Por ejemplo, podemos decir que Peter Pesimista probablemente esté equivocado. Si realmente hubiera un 10 % de probabilidades anuales de guerra nuclear, hay menos de una probabilidad entre 3.000 de que hayamos evitado una hasta ahora por pura suerte. Sin embargo, no tenemos pruebas suficientes para decir demasiado sobre la estimación de Mary Mediocamino. Ella dijo que hay una probabilidad de 1 entre 100 de que se produjera una guerra nuclear al año, y solo tenemos setenta y ocho años de datos para refutarla (es cierto que un buen bayesiano descartaría ligeramente su previsión, al tiempo que aumentaría nuestra credibilidad en la teoría del caso de Ollie Optimista). Nuestra estimación bayesiana revisada, setenta y ocho años después de Nagasaki, es que hay aproximadamente un 0,35 % de probabilidades de guerra nuclear al año.

Sin embargo, no es como para sentirse aliviados del todo. En términos de valor esperado, una probabilidad anual del 0,35 % de guerra nuclear sigue siendo aterradora: si un conflicto de este tipo matara a mil millones de personas, equivaldría a 3,5 millones de muertes al año. También implica que es tan probable que tengamos una guerra nuclear en algún momento de los próximos doscientos años como que no.

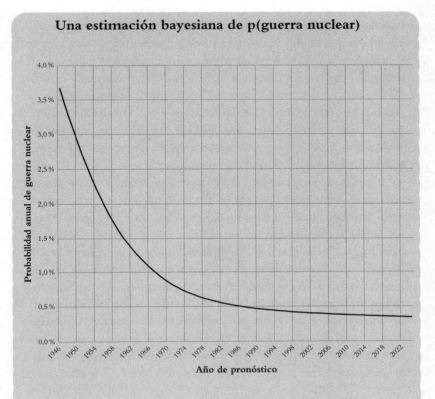

Si le parece que intento hacer las dos cosas, tanto asustarle como consolarle, me declaro culpable. Recuerde que los zorros pensamos que tanto el sesgo pesimista como el optimista son erróneos. Por un lado, las armas nucleares son una de las comparaciones más notables para la AGI. Debería resultar un poco tranquilizador que hayamos evitado otro conflicto nuclear hasta ahora, a pesar de que muchos expertos en 1946 hubieran esperado que sucediese. Y es una prueba más de que la teoría de juegos es un concepto sólido, que predice bien el comportamiento humano, cosa que muchas teorías académicas no hacen.

Por otro lado, la civilización no ha sobrevivido mucho tiempo con la posibilidad de autodestruirse. Mis padres, aún vivos, nacieron antes de la prueba Trinity.* Y los riesgos pueden ir en aumen-

---

* El uso de un arma nuclear en combate no es lo mismo que la destrucción de la civilización. Pero una guerra nuclear a gran escala sería extremadamente mala. Podría no

to en nuestro mundo altamente inestable. Martin Hellman, profesor emérito de Stanford, estimaba que las probabilidades de que se utilizara un arma nuclear habían aumentado del 1% anual al 1% mensual cuando hablé con él en abril de 2022, poco después de la invasión rusa de Ucrania. No es una opinión consensuada; McMaster, por ejemplo, pensaba que era muy poco probable que Putin utilizara armas nucleares debido a la posibilidad de que la lluvia radioactiva de una detonación nuclear en Ucrania llevara contaminación radiactiva hacia el este de Rusia.

Pero el recuerdo de Hiroshima se está desvaneciendo, y el tabú nuclear puede estar debilitándose. También hay que tener en cuenta otro dato pesimista: ha habido algunos casos terriblemente cercanos. Después de la crisis de los misiles en Cuba, John F. Kennedy calculó que había entre una posibilidad entre tres y una entre dos de que el conflicto se volviera nuclear. Y en septiembre de 1983, lo único que impidió un ataque nuclear ruso pudo haber sido el astuto buen juicio del teniente coronel soviético Stanislav Petrov, que dedujo correctamente que un informe de un ataque estadounidense con misiles balísticos intercontinentales era una falsa alarma, lo que evitó una escalada que habría activado los protocolos nucleares soviéticos.

No obstante, a pesar de que hasta ahora la disuasión nuclear ha funcionado bien en la práctica, no deja de ser un concepto intrínsecamente paradójico. Y, es curioso, una de las razones por las que la disuasión puede haber funcionado es porque la gente del Río no comprende bien la naturaleza humana.

La idea que subyace a la MAD es que un actor racional no utilizará armas nucleares porque, si lo hace, su superpotencia rival tomará represalias y le lanzará una bomba nuclear que le aniquilará, el resultado más

---

significar la destrucción de la humanidad tal cual —esto depende de cómo se modelen los efectos del invierno nuclear, es decir, el prolongado y pronunciado enfriamiento climático debido al hollín que sería expulsado a la estratosfera por las tormentas de fuego nuclear—. «La idea de que nos devolvería a la Edad de Piedra, y nunca volveríamos a salir de ella, es bastante acertada», afirma Paul Edwards, climatólogo de Stanford que imparte clases sobre el riesgo existencial.

TERMINACIÓN

—VE imaginable. Esta era la premisa de la película *Dr. Strangelove*.* En ella, los soviéticos habían construido una máquina del juicio final que tomaría represalias automáticamente si detectaba un ataque nuclear, quitando la decisión de las manos humanas. Con ello se pretendía eliminar cualquier posibilidad de que Estados Unidos intentara un primer ataque debilitador y se escabullera de la MAD al no dar a Rusia la oportunidad de responder.

Un problema que se puede detectar de inmediato es que los estados que no tienen armas nucleares no están protegidos por la MAD. Ucrania es un ejemplo: Putin puede haberse sentido envalentonado para atacar porque el ataque no estaba bajo ninguna garantía de seguridad explícita de la OTAN, y esta no querría arriesgarse a escalar hasta un conflicto nuclear. Oficialmente, esto se conoce como la «paradoja de la estabilidad y la inestabilidad»; predice que las guerras indirectas en las que participan estados no nucleares (véase también: Vietnam y Corea) son más probables bajo la MAD. De manera extraoficial, eso significa que, si no perteneces al club nuclear, puedes ser víctima de un atropello. «La guerra de Ucrania nos demuestra que Putin está a salvo bajo su paraguas nuclear. Y, hasta ahora, nosotros estamos a salvo bajo nuestro propio paraguas nuclear. Y los ucranianos están jodidos», dijo Ulrich Kühn, experto en control armamentístico del Fondo Carnegie para la Paz Internacional.

El problema relacionado es que las armas nucleares son casi demasiado potentes. Por eso Oppenheimer pensaba que no eran un arma práctica (él lo dijo de forma más pintoresca: «La bomba atómica es una mierda»). Las represalias entre estados nucleares son tan escalofriantes que las armas nucleares pueden servir de «escudo tras el que poder hacer otras cosas», afirma Scott Sagan, codirector del Centro de Seguridad y Cooperación Internacional de Stanford. En esta clase de situaciones, la teoría de juegos suele dictar el uso de estrategias mixtas. En el póquer, por ejemplo, puede disuadir a su oponente de apostar con la amenaza de ir *all-in*, aunque no la utilice siempre. Por ejemplo, cuando consigue una carta buena, su oponente puede hacer una apuesta de 100 dólares en un bote de 500 dólares en el *river*, con la esperanza de que usted iguale con una mano un poco peor o, de manera ocasional, para

---

* Se cree que el personaje del Dr. Strangelove se inspiró parcialmente en Von Neumann.

farolearle cuando su jugada es algo mejor. Esto es molesto; apuestas como estas son normalmente −VE para usted. Pero, si le quedan 5.000 dólares en su pila, puede disuadirle amenazándole con una subida. Ir siempre *all-in* sería un error, porque su oponente podría tenderle una trampa haciendo una apuesta pequeña para inducir, de forma deliberada, una reacción exagerada masiva. Pero las soluciones de póquer basadas en la teoría de juegos aleatorizan sus acciones. Incluso una probabilidad del 5% de enfrentarse a un *all-in* puede limitar significativamente a su oponente.

Le pregunté a Sagan si los estados nucleares podrían emplear alguna versión de científico loco de esta estrategia. Joe Biden sale en la televisión nacional y dice: «Oye, Vladímir, si invades Ucrania, llevaremos una ruleta al Despacho Oval. Si la bola cae en cero o doble cero,[*] lanzaremos un ICBM contra Moscú». Sagan se mostró escéptico: la amenaza no sería creíble. «¿De verdad haces girar esa rueda? ¿Realmente quieres que quede fuera del control de las manos humanas de esa manera? Yo diría que no quieres. Ningún presidente querría hacerlo».

Sin embargo, como Sagan me había señalado, un componente clave de la disuasión nuclear se basa en la aleatoriedad implícita, lo que el economista Thomas Schelling (el mismo Schelling conocido por su trabajo sobre puntos focales) llamó «la amenaza que deja algo al azar». «No se puede anunciar al enemigo que ayer solo se estaba preparado para una guerra total en un 2%, pero que hoy se está en un 7% y que más vale que se ande con cuidado», escribió. Pero sí se puede dejar algo al azar. Cuando las tensiones aumentan, nunca se sabe lo que puede suceder. Las decisiones se dejan en manos de seres humanos vulnerables que se enfrentan a tremendas presiones. No todos tendrán la presencia de ánimo de Stanislav Petrov. «Si pones armas nucleares tácticas en la frontera, no estás diciendo que voy a ordenar que se utilicen. Puede que eso no sea razonable ni creíble. Pero, si atacas, es el comandante local quien las controla y podría hacerlo. Es una amenaza que deja algo al azar», dijo Sagan. Por eso, por si aún no es lo bastante obvio, las armas nucleares son intrínsecamente peligrosas.

Hasta ahora, nos hemos mantenido sólidamente dentro del universo de maximización del VE del Río. Pero vamos a plantear una pregunta incómoda. ¿Es realmente racional tomar represalias cuando ya estás

---

[*] Esto equivale aproximadamente a un 5% de probabilidades.

condenado, y el único beneficio está en la satisfacción psicológica de vengarte de tu enemigo? Digamos que el secretario de Defensa de Estados Unidos hace girar la ruleta y la bola cae en el 00. Mala suerte, Putin: ¡un misil balístico intercontinental se dirige a Moscú! Sin inmutarse, Putin (o su máquina del juicio final) lanza mil misiles rusos hacia las principales ciudades estadounidenses. El fin es inminente. Unas pocas localidades de Wyoming, Alaska y Hawái sobrevivirán al ataque. También hay un búnker supersecreto bien equipado bajo la Casa Blanca, pero en el mejor de los casos saldrás de él a un páramo radiactivo. Es el presidente estadounidense y tiene quince minutos para decidir si devuelve el ataque nuclear a los rusos. ¿Va a apretar el botón?

La racionalidad estricta podría dictar que no. ¿Por qué no dejar que los ciudadanos rusos se arriesguen y que los multimillonarios de Nueva Zelanda aguanten el invierno nuclear? Usted estará muerto de todos modos. O, si no, las escasas posibilidades que tiene dependen de que se desescalen los conflictos o de esperar que haya habido algún tipo de fallo informático. Su VE es de menos mil millones, pero, si aprieta el botón, disminuye hasta menos infinito. ¿Qué hacer?

Mi predicción es que alrededor del 90% de ustedes apretarían el botón. Y menos mal, porque eso, y no la racionalidad al estilo de SBF, es lo que crea la disuasión nuclear.

Rose McDermott ha sentido lo que ella llama un «interés existencial» por la seguridad nacional desde que tiene uso de razón; creció en Hawái y su padre sirvió en uno de los barcos atacados en Pearl Harbor. Pero McDermott, que ahora trabaja en la Universidad Brown, optó por la vía académica y se doctoró en Ciencias Políticas en Stanford, donde estudió con el legendario psicólogo cognitivo Amos Tversky.

Tversky y su colaborador Daniel Kahneman fueron las figuras más influyentes en el establecimiento del campo de la ciencia de la decisión, que combina la psicología y la economía para estudiar las aparentes irracionalidades de la conducta humana, como por ejemplo por qué las personas suelen ser extremadamente reacias al riesgo cuando se enfrentan a la posibilidad de perder algo que ya tienen.* La ciencia de la deci-

---

* Por ejemplo, muchas personas prefieren 300 dólares garantizados a lanzar una moneda al aire en la que ganan 1.000 dólares o pierden 100 dólares, aunque el lanzamiento de la moneda tenga un VE más alto. Es lo que Kahneman y Tversky llamaron «teoría de la perspectiva».

sión sigue la mentalidad clásica del Río: detectar los fallos de la forma de pensar convencional y quizá incluso explotarlos para obtener un pequeño beneficio.*

Pero aunque McDermott describió a Tversky como «la persona más inteligente que he conocido en mi vida», había algo en sus teorías que no encajaba con su educación en un hogar preocupado por la seguridad, ni con su formación en psicología evolutiva, básicamente el estudio de por qué ciertos rasgos de comportamiento se vuelven más frecuentes en la línea genética humana.

«Tversky realmente pensaba que estos sesgos de la naturaleza humana eran, a falta de un término mejor, fallos. Esto es, errores —me dijo McDermott—. Es como una ilusión óptica. Una vez que te la muestre, serás consciente de tu error y lo corregirás. Y lo que dice la psicología evolutiva es que, oye, no lo es todo, pero hay una serie de predisposiciones de la conducta» que podrían explicar un comportamiento aparentemente irracional.

Algo como la aversión a las pérdidas financieras que describieron Kahneman y Tversky tiene sentido, por ejemplo, si se considera que la humanidad ha pasado la mayor parte de su existencia en un nivel de subsistencia; es más difícil asumir riesgos cuando no se dispone de una red de seguridad. «Si piensa que [...] la racionalidad se entiende mejor en términos de supervivencia (lo que perpetúa la línea genética), la gente en realidad no es tan irracional», dijo McDermott.

Uno de esos rasgos «irracionales» importantes desde el punto de vista de la disuasión nuclear es el profundo deseo humano de venganza. «Si alguien te lanza [un arma nuclear], nadie duda de que tú le lanzarás otra a cambio —dijo McDermott—. Vamos, que si Vladímir Putin envía una bomba nuclear a Washington DC, no creo que haya un solo estadounidense que no dijera: "Vamos a devolver el ataque", aunque sepamos que eso provocaría más destrucción en Estados Unidos».

La afirmación de McDermott no es literalmente cierta. Algunos estadounidenses no devolverían el ataque. ¿Se ha fijado en Estados Unidos? No hay manera de conseguir que el cien por cien de la gente esté de acuerdo en algo. Pero una gran mayoría de estadounidenses tomaría

---

* Un buen momento para marcarse un farol en el póquer es si su oponente ha ganado dinero durante la noche, pero estaría en desventaja si igualara su apuesta y perdiera; esto está sacado directamente de Kahneman y Tversky.

represalias. En 2021, un par de estudiosos de la seguridad nacional llevaron a cabo un elaborado simulacro en el que se colocó a sujetos —que iban desde estudiantes universitarios a congresistas— en una sala diseñada para parecerse al Despacho Oval en una situación de crisis nuclear. Bajo presión, frente a la llegada de los misiles rusos, cerca del 90% de las personas pulsaron el botón y devolvieron el ataque. Ahora bien, yo sería el primero en decirle que una simulación de este tipo no es lo mismo que la realidad, al igual que una partida de póquer en el jardín trasero de casa en la que se apuestan caramelos no reproduce la ansiedad del día 6 del Evento Principal. Sin embargo, como ya he dicho en el capítulo 2, cuando las personas se sienten realmente presionadas, tienden a ser más instintivas y a confiar más en el Sistema 1 de Kahneman, rápido, emocional e intuitivo, que en su deliberativo Sistema 2.

Y el Sistema 1 dice: aprieta el botón. «Lo que la gente no entiende es que al cuerpo le sienta bien la venganza», dijo McDermott. Voy a evitar dar un largo rodeo que considera los mecanismos evolutivos precisos por los que se ha seleccionado la venganza, aunque hay muchas teorías plausibles.[*] Es algo evidentemente intrínseco a la naturaleza humana. Cuando se nos presenta la oportunidad de defender nuestro honor, no nos comportamos como maximizadores de VE. Hegel pensaba que era nuestra voluntad de arriesgar la vida por el deber y el honor lo que nos hacía humanos, aunque otros grandes primates también muestran rasgos de tendencia a la venganza.

De modo que un comportamiento que podría parecer irracional para el individuo —ya sea en forma de coraje altruista, ya sea de compromiso para defender agresivamente su posición en lugar de sucumbir a amenazas o ultimátums— podría contribuir a la supervivencia del grupo. Putin —o Biden, Donald Trump o Xi Jinping— es sin duda

---

[*] Algunas de estas teorías se basan en lo que se denomina «selección de grupo», es decir, que algunos grupos, tribus o naciones tendrán más probabilidades de sobrevivir a las batallas con otros grupos y multiplicar sus poblaciones si comparten ciertos rasgos genéticos. La selección de grupo es una idea polémica. Pero también hay algunos mecanismos plausibles que implican la selección individual, como el de que las personas que tienen estos rasgos reciben un estatus social más alto y tienen más éxito reproductivo. Los datos publicados por Tinder en 2016 revelaron que muchas de las ocupaciones masculinas más elegidas tenían que ver con el coraje físico, el altruismo o la adopción de riesgos, como bomberos, soldados, agentes de policía, pilotos y sanitarios (e incluso emprendedores).

capaz de cometer errores de cálculo. Pero la disuasión funciona porque el deseo de venganza es un supuesto de referencia fiable para el comportamiento humano a través del tiempo y las fronteras nacionales, e incluso los matones lo reconocen. Hay que tener más cuidado a la hora de pegar a un puñetazo a alguien si sabes que te lo van a devolver.

Por qué los grandes modelos lingüísticos (LLM) son como los jugadores de póquer

Si los modelos de IA se hacen superinteligentes y adquieren el poder de tomar decisiones de alto riesgo en nombre de nosotros, los seres humanos, es importante considerar en qué podrían diferir sus objetivos de los nuestros. Las inteligencias sin cuerpos biológicos no se enfrentarán a las mismas presiones evolutivas. Las adaptaciones evolutivas humanas y animales sirven para maximizar la aptitud para las llamadas Cuatro F (según los términos en inglés): luchar, huir, alimentarse y, ejem, fornicar. Esto le ha sido bastante útil a la humanidad: el origen del *Homo sapiens* se remonta a unos trescientos mil años, y somos la especie dominante de la Tierra. Eliminar la base biológica de la evolución podría tener consecuencias imprevistas. Las IA podrían ser más crudas y estrictamente utilitarias de lo que serían los humanos.[*] Podrían seguir estrategias que parecen óptimas a corto plazo, pero que, sin ese historial de trescientos mil años, están, a largo plazo, condenadas.

Y, sin embargo, cuanto más tiempo he pasado aprendiendo sobre grandes modelos lingüísticos como ChatGPT, más me he dado cuenta de algo irónico: en aspectos importantes, su proceso de pensamiento se parece al de los seres humanos. En particular, al de los jugadores de póquer.

En junio de 2023, visité las oficinas de OpenAI en San Francisco para encontrarme con Nick Ryder, que se describe a sí mismo como «orgulloso copadre» de ChatGPT. Las oficinas, situadas en un sobrio almacén en el distrito de Mission, se cuidan muy mucho de no llamar la atención. Pero están donde está la acción, y Ryder es otro de los in-

---

[*] O, al menos, la mayoría de los humanos. No queremos una AGI que piense como SBF.

quietos jóvenes frikis que la olfatearon, y se unió a OpenAI tras completar un doctorado en Matemática Teórica en Berkeley. «Me encantaba enseñar, aprender y la comunidad. Pero me faltaba la sensación de estar construyendo algo», afirma.

Al interrogar a Ryder sobre el funcionamiento interno de ChatGPT, nos pusimos a hablar de Kahneman y su distinción entre el Sistema 1 y el Sistema 2. «Donde más dificultades tiene [ChatGPT] es en los casos en los que los humanos requieren una descomposición y un razonamiento realmente exhaustivos y prolongados», explica Ryder; por ejemplo, para resolver una demostración matemática. «El pensamiento de tipo 2 es muy ajeno a los modelos lingüísticos, porque no es así, en absoluto, como se les entrena». Por el contrario, «cuando se trata del pensamiento de tipo 1, lo dominan por completo».

La «G» de GPT significa «generativo», lo que significa que ChatGPT genera resultados nuevos, no se limita a clasificar datos. La «T» significa «transformador», algo que veremos con más detalle dentro de unas páginas. Por ahora, centrémonos en la «P», que significa «preentrenado».

Básicamente, GPT se «entrena» con todo el corpus del pensamiento humano expresado en internet; cientos de miles de millones de palabras únicas. «Sitúate en el proceso de entrenamiento de ChatGPT —explica Ryder—. ¿Qué aspecto tiene el mundo para ti? Lo primero, el mundo parece una locura. Estás leyendo mucho texto y muy rápido». Imagina que leyeras todo lo que se ha publicado en internet, desde las obras completas de William Shakespeare hasta los rincones más oscuros de 4chan. Al principio sería abrumador; pero, al cabo de un tiempo, captarías algunos patrones. Desarrollarías una comprensión intuitiva de la sintaxis y la gramática, así como de algunos de los modismos coloquiales del habla moderna y de los tropos de nuestra cultura en general. Eso no sería perfecto, porque el empirismo memorístico solo llega a cierto punto. Por ejemplo, si entrenamos un LLM primitivo en Wikipedia y le preguntamos cuál es la palabra más parecida a «correcaminos», nos dirá «coyote», sin duda por la asociación semántica entre el correcaminos y el coyote en la serie de dibujos animados de los Looney Toons. A medida que los LLM adquieren más formación, solucionan algunos de estos problemas, aunque no todos; cuando le pregunté a GPT 3.5 qué palabras eran más parecidas a «correcaminos», sus tres primeras opciones fueron «pájaro», «velocidad» y «rápido», pero su cuarta opción fue la emblemática llamada del correcaminos: «¡Pi-pip!».

Así es como aprenden los jugadores de póquer.* Empiezan por zambullirse en el lado profundo y perder dinero; el póquer tiene una curva de aprendizaje muy pronunciada. Pero poco a poco van deduciendo conceptos de nivel superior. Pueden darse cuenta, por ejemplo, de que las grandes apuestas suelen representar manos muy fuertes o faroles, como dicta la teoría de juegos. Hoy en día, la mayoría de los jugadores también estudian con solucionadores informáticos, yendo y viniendo entre el razonamiento inductivo (llegando a la teoría a partir de la práctica) y el deductivo (práctica a partir de la teoría). Pero esto no es estrictamente necesario si tienes años de experiencia; jugadores como Doyle Brunson y Erik Seidel desarrollaron una gran intuición para la teoría de juegos mucho antes de que se inventaran los solucionadores. En un abrir y cerrar de ojos, los conceptos abstractos del Sistema 2 se abren paso en sus decisiones rápidas del Sistema 1.

Lo que sorprendió a los investigadores del aprendizaje automático como Ryder es lo poco que tenían que saber sus modelos sobre las «reglas del juego», siempre que tuvieran suficiente práctica y suficientes datos de entrenamiento y computación. Aprenden, por ejemplo, que es:

el **rápido correcaminos azul** salta sobre el astuto coyote

Y no:

el **azul correcaminos rápido** salta sobre el astuto coyote

¿Por qué? Nadie parece saberlo con exactitud. En español, los adjetivos que denotan atributos físicos, como la velocidad, van antes que los

---

* Esto también es característico de otras empresas del Río. A los riverianos nos gusta ensuciarnos las manos y aprender con ejemplos poniendo en juego algo propio, como dicen Warren Buffett y Nassim Nicholas Taleb. Sí que apreciamos la teoría: a los riverianos se nos da bien la abstracción. Pero tendemos a empezar por lo concreto, por ejemplos tangibles. Y normalmente sabemos cuándo alguien carece de esta experiencia: por ejemplo, un académico que ha construido un modelo pero nunca ha tenido que ponerlo a prueba.

que describen el color; simplemente, esas son las reglas. Los hablantes nativos las aprenden de forma instintiva. Están programadas en nuestro Sistema 1 y, después de suficiente entrenamiento, ChatGPT también las aprende.

«Lo más increíble del aprendizaje no supervisado es que no hace falta diseñar las características del ser humano: ya están ahí», afirma Ryder. Esto sorprendió a muchos investigadores del aprendizaje automático, y a mí también. En *La señal y el ruido* expresé mi escepticismo ante los enfoques de «big data» porque mi experiencia me decía que había que echar una mano a los modelos, impartirles algo de conocimiento del dominio y algo de sabiduría procedente de nuestra comprensión más amplia del mundo. Y, en efecto, en lo que respecta a mis especialidades, como la creación de modelos electorales, esa objeción sigue siendo válida. El pronóstico electoral no es un problema de «big data», sino todo lo contrario: solo hay una elección cada cuatro años, por lo que los datos son excepcionalmente escasos. En casos como este, es necesario incorporar mucha estructura (o, si se prefiere, conjeturas) a un modelo; por ejemplo, que el orden de los estados de republicano a demócrata se mantiene más o menos igual de unas elecciones a otras, por lo que Pennsylvania será probablemente más demócrata que Wyoming, pero más republicana que Vermont.

Los enfoques iniciales de la IA también lo hacían; Deep Blue, el pionero ordenador de ajedrez de IBM, contaba con un «libro» de instrucciones de grandes maestros humanos sobre cómo realizar sus aperturas. Pero los motores de ajedrez modernos, como AlphaZero de Google, elaboran sus estrategias a partir de cero jugando una y otra vez contra sí mismos, y son mucho más capaces que Deep Blue (o que cualquier jugador humano, actual o futuro). Cuando le pregunté a Ryder si mi teoría en *La señal y el ruido* era errónea, me respondió con cortesía. «Sí y no», dijo, señalando que el método científico basado en hipótesis sigue siendo útil cuando se trata de interpretar lo que hacen modelos como ChatGPT. Pero los modelos en sí no necesitan mucha teoría, la aprenden solos.

Por supuesto, eso es también lo que hace que estos modelos sean aterradores. Hacen cosas inteligentes, pero ni siquiera los humanos más inteligentes entienden del todo por qué o cómo.* Ryder se refiere a un LLM como un «inmenso saco de números [...] parece que hace cosas interesantes, [pero] ¿por qué?». Eso es lo que preocupa a Yudkowsky. A medida que se hagan más avanzadas, las IA podrían empezar a hacer cosas que no nos gusten, y quizá no las entendamos lo suficiente para corregir el rumbo. «Una civilización más competente gastaría una enorme cantidad de recursos en averiguar exactamente qué está pensando GPT», afirma Yudkowsky. Un lenguaje metafórico como «red neuronal», que compara los modelos de aprendizaje automático con el cerebro humano, es, en el mejor de los casos, tosco; de hecho, tampoco sabemos mucho sobre nuestro propio cerebro. «Ni siquiera sabríamos si nos acercamos a lo que ocurre en el cerebro real, porque, para empezar, no entendemos cómo funciona el cerebro», afirma Jason MacLean, neurocientífico computacional de la Universidad de Chicago.

Dicho de otro modo, lo desconcertante no es que las máquinas puedan hacer cosas de forma más potente que los humanos. Eso ha sido así desde que empezamos a inventar máquinas; la humanidad no se ve amenazada porque un Chevy Bolt sea más rápido que Usain Bolt, sino porque nunca habíamos inventado una máquina que funcionara tan bien y supiéramos tan poco sobre su funcionamiento.

Esto puede parecerles bien a algunas personas. «El Antiguo Testamento es raro y duro, tío. Es difícil de aceptar. Pero como cristiano tengo que aceptarlo —dice Jon Stokes, un experto en IA con simpatías aceleracionistas que es una de las relativamente pocas personas religiosas en este campo—. En cierto modo, de hecho, Dios es la superinteligencia no alineada original. Leemos esto y nos preguntamos, tío, ¿por qué mató a toda esa gente? Ya sabes, no tiene mucho sentido. Y entonces tu abuela dice, el Señor trabaja de maneras misteriosas. La AGI trabajará de maneras misteriosas [también]».

Pero esto supondría un enorme retroceso respecto a las intuiciones de la Ilustración, desde el mundo legible de la ciencia de vuelta a uno ilegible de magia y misterio (aunque magia conjurada por ordenadores y no por deidades). En la siguiente sección, voy a compartir algunas intuiciones que me ayudaron a entender cómo funciona ChatGPT. Pero tómeselas con cautela, porque no quiero exagerar la legibilidad

---

* El término técnico para esta cualidad es «interpretabilidad»; la interpretabilidad de los LLM es deficiente.

de ChatGPT. Sabemos relativamente poco sobre lo que ocurre dentro de ese gran saco de números.

Transformadores: más de lo que parece

Si se piensa en los transformadores de IA como algo similar a la megafranquicia de juguetes infantiles (y ahora películas) del mismo nombre de la década de 1980 (*Transformers*), no es una mala comparación. Igual que Optimus Prime puede transformarse de un robot en un tráiler, los transformadores convierten las palabras en números, y viceversa.

Pero hagamos una analogía más elaborada. Le pedí a ChatGPT que me diera una metáfora de cómo funcionan sus transformadores, examiné su respuesta con la colaboración de varios expertos humanos en IA y luego la elaboré aún más con ChatGPT. ¿Será una comparación perfecta? No. Pero a ChatGPT se le dan bien las metáforas y las analogías. Cuando usted transforma palabras y conceptos en un gran saco de números, básicamente puede hacer matemáticas con ellos (por ejemplo, gato + feroz = tigre) para entender mejor cómo se relacionan.

¿Preparado? ChatGPT, un tanto engreído, concibe sus transformadores como una orquesta sinfónica. Los pasajes en negrita reflejan lo que ChatGPT dijo textualmente en mi «entrevista» con él; a continuación proporcionaré algo más de contexto.

1. **Capa de entrada: recepción de instrucciones e interpretación inicial. El director da las instrucciones iniciales a los músicos. Algunos reciben partituras específicas, mientras que otros reciben temas más abstractos. Cada músico interpreta individualmente su parte, como si la capa de entrada procesara distintos tipos de datos.**

Los componentes básicos de los LLM son los tokens. Básicamente, un token es una palabra, aunque suele haber más tokens que palabras en una frase determinada (por ejemplo, los signos de puntuación son tokens, y las palabras compuestas como *snowboard* pueden dividirse en varios tokens).

Cuando se formula una pregunta a ChatGPT, su transformador codifica cada token en el espacio vectorial. El espacio vectorial es como un gráfico con dos o más dimensiones. Por ejemplo, una forma de codificar «París» es con las coordenadas 48,9, -2,4. Esto representa su longitud y latitud.[*] Sin embargo, hay docenas de otros atributos que podría asignar a París. París puede tener una alta puntuación en el eje «moda», pero una baja en «amabilidad» (es decir, es estereotípicamente esnob). Imagine que escucha esta conversación entre dos amigos:

> **Alice**: ¿Qué tal ese nuevo sitio francés que probaste? ¿El de la Quinta Avenida?
> **Bob**: Bueno, cariño, no era París, exactamente. Pero no está tan mal.

«París» está aquí cargado de significado. Bob está diciendo que el restaurante no era especialmente sofisticado ni auténtico, pero que no tenía pretensiones y la comida era razonable. Podría decirlo directamente, pero hablar de París es más ingenioso.

Supongamos que le da esta conversación a ChatGPT y le pide que continúe el diálogo. Al compararse con una orquesta sinfónica, ChatGPT imagina que cada músico recibe una serie de instrucciones de un director[**] análogas a una serie de tokens de la ventana de chat. Algunos de los tokens («Quinta», «Avenida») son sencillos, como recibir partituras, mientras que otras («cariño») son más ambiguas y requieren más contexto. Los músicos buscan individualmente información sobre sus tokens en el corpus y piensan en cómo transformarlas de una forma (texto) a otra (música).

2. Capa oculta: colaboración y perfeccionamiento entre bastidores. Imagine una fase del ensayo en la que los músicos trabajan juntos sin la supervisión directa del director.

---

[*] Timothy Lee hace la misma comparación en su excelente artículo sobre IA «Large language models, explained with a minimum of math and jargon», https://www.understandingai.org/p/large-language-models-explained-with. Es el primer sitio que le recomendaría si quiere ir más allá de mi analogía de la sinfonía y acceder a una clase de introducción a los LLM. Para continuar con un enfoque más matemático, recomendaría «What Is ChatGPT Doing… and Why Does It Work?»; https://writings.stephenwolfram.com/2023/02/what-is-chatgpt-doing-and-why-does-it-work/.

[**] Imagino a Lydia Tár como directora de la orquesta, por si ha visto la película.

TERMINACIÓN

Aquí es donde experimentan, comentan y refinan sus interpretaciones en colaboración. Esta fase representa la capa oculta, donde se produce un complejo procesamiento interno dentro del modelo, no observable de forma directa desde el exterior. En esta fase, los músicos se basan en su experiencia y en las interacciones entre ellos para ajustar y armonizar su parte, de forma similar a como los distintos componentes de un modelo de transformador interactúan y procesan la información en las capas ocultas.

La innovación principal que introduce el transformador es que actúa de modo simultáneo sobre toda la cadena de texto, en lugar de recorrer secuencialmente cada palabra y frase. De este modo, puede comprender mejor la relación entre los distintos tokens. En el diálogo entre Alice y Bob, por ejemplo, los músicos con los tokens «tan» y «mal» deducirían enseguida que necesitan trabajar juntos. Sin embargo, hay relaciones más complicadas. «Cariño» es un token interesante; es una forma afectada de hablar y ofrece contexto para interpretar términos como «tan mal», así como la relación entre Alice y Bob. También en este sentido, el transformador piensa como un jugador de póquer, interpretando señales en el contexto de otras señales para crear un retrato semántico. Por ejemplo, en el póquer, ver a un oponente respirar hondo puede significar un farol en el caso de un jugador y un full en el caso de otro. Por sí sola, la señal no es muy significativa, pero en el contexto de otra información semántica (el jugador respira hondo y además evita el contacto visual) puede serlo.

Esta parte del proceso, como dice ChatGPT, está oculta a la vista. El modo exacto en que el transformador realiza estas inferencias es un misterio: es la fase del «saco de números». Pero parece que de alguna manera, funciona. En el famoso artículo de Google sobre transformadores, «Attention Is All You Need», *Attention* («atención») se refiere esencialmente a la importancia de las relaciones entre diferentes pares de tokens. Una vez que el transformador descubre estas relaciones, no necesita hacer mucho más. Por ejemplo, los tokens «Alice» y «Bob» tienen una relación importante a la que el transformador prestará más atención. Sin embargo, algunos tokens son intrínsecamente más importantes que otros. «París» desempeña un papel determinante, como el primer violinista de la orquesta, mientras que al músico con «bueno» solo le ha quedado el triángulo.

3. **Capa de salida: interpretación dirigida por el director y con retroalimentación del público. El director vuelve a entrar para integrar estas partes refinadas en un todo cohesionado. Su papel consiste en garantizar que la interpretación colectiva se ajuste a la visión global, de forma similar a la forma en que las capas finales de un modelo de transformador integran la información procesada para generar un resultado. A continuación, se presenta la interpretación final (resultado del modelo) al público, cuyas reacciones (retroalimentación) pueden afectar a futuras interpretaciones y revisiones, de forma similar al RLHF en el perfeccionamiento de los resultados de un modelo de transformador.**

Después de que los músicos hayan trabajado entre bastidores para interpretar las instrucciones del director, llega el momento de su prueba: la interpretación ante un público en directo. Lo de «en directo» es importante, ya que este proceso puede implicar cierto grado de improvisación. Aunque los transformadores interpretan todos los tokens de forma simultánea en la capa oculta, la salida que generan como respuesta sucede de token en token, mientras ChatGPT trata de predecir la siguiente palabra (por eso a veces parece que ChatGPT se detiene a pensar mientras escribe su respuesta).

De hecho, esta parte de un LLM implica cierta aleatoriedad deliberada; sin ella, el texto parecerá rebuscado y puede atascarse en bucles. Si se le da a ChatGPT una pregunta no ambigua («¿Cuál es la capital de Francia?»), siempre responderá «París», pero si la pregunta no es clara («Cuéntame un cuento»), tomará todo tipo de direcciones aleatorias. El principio de la representación tiene más guion que el final; si alguien toca una nota incorrecta o inesperada, los demás músicos se adaptarán y sacarán lo mejor de ella.

¿Y cuál es el objetivo de ChatGPT en esta interpretación? ¿Qué pretende conseguir? Pues es un poco ambiguo. El objetivo aparente es complacer al director de la orquesta, interpretar sus instrucciones con la mayor fidelidad posible. Pero los directores de orquesta (de forma parecida a los ejecutivos de OpenAI) también prestan mucha atención a la reacción del público y de los críticos.

Al igual que los jugadores de póquer intentan maximizar el VE, los LLM intentan minimizar lo que se denomina una «función de pérdida». Básicamente, intentan sacar la mejor nota posible en la prueba de predecir correctamente el siguiente token a partir de un corpus de texto generado por humanos. Pierden puntos cada vez que no dan con la respuesta correcta, así que pueden ser inteligentes en su esfuerzo por conseguir una puntuación alta. Por ejemplo, si le pregunto esto a GPT-4:

> **Usuario**: La capital de Georgia es
> **ChatGPT**: La capital de Georgia es Atlanta,

me da el nombre de la ciudad del sur de Estados Unidos conocida por tener muchas calles llamadas «Peachtree». Y posiblemente esa sea la «mejor» respuesta en un sentido probabilístico; el estado de Georgia está más poblado que el país europeo del mismo nombre, y es más probable que sea la respuesta correcta en el corpus.* Pero si le pregunto esto:

> **Usuario**: Acabo de comer un delicioso khachapuri. ¿La capital de Georgia es...?
> **ChatGPT**: La capital de Georgia es Tiflis. ¡Me alegra saber que ha disfrutado del khachapuri, un plato tradicional georgiano!,

nombra en cambio la capital del país europeo. Por supuesto, le he dado una pista importante (el khachapuri, una especie de pan de queso similar a la pizza, es el delicioso plato nacional de Georgia). Pero la cuestión es que, como un jugador de póquer, ChatGPT trabaja con información incompleta para hacer una lectura probabilística de mis intenciones.

Hay una última comparación entre los modelos lingüísticos y el póquer —o, en realidad, entre el lenguaje y el póquer—. La crítica que hice en *La señal y el ruido* fue que, si bien es cierto que las IA pueden

---

* Sin duda, el corpus de ChatGPT está sesgado hacia los países ricos, como Estados Unidos, responsables de la producción de buena parte del texto en internet.

funcionar bien en juegos como el ajedrez, con reglas bien definidas, aún no se ha demostrado su valía en problemas más abiertos. El test de Turing —llamado así por el informático británico Alan Turing, que propuso que una buena prueba de inteligencia práctica es ver si un ordenador puede responder a preguntas escritas de una forma que sea indistinguible de un ser humano— parecía un obstáculo más difícil de superar. Hay debates sobre si ChatGPT ha superado ya la prueba de Turing, pero se ha acercado más de lo que casi cualquier experto habría imaginado hace incluso cinco o diez años.

Pero el lenguaje también es un juego en muchos aspectos, cargado de subtexto, ambigüedad, significado oculto e incluso faroles. Si después del banquete de Acción de Gracias tu madre dice: «¿Te apetece tomar el aire?», probablemente significa: «¿Te apetece salir a dar un paseo?». Si tu primo fumeta dice lo mismo, significa: «¿Te gustaría ir a fumar un porro?». Hoy en día, sinceramente, es probable que mamá también quiera fumarse un porro. Pero el lenguaje codificado de tu primo es como un farol: al menos crea cierta negación verosímil. Mamá puede pensar: «¡Qué bien se lo pasan los chicos!», mientras tú te colocas con la variedad índica que ha traído tu primo.

De hecho, una posible cuestión es hasta qué punto queremos que nuestras IA sean humanas. Esperamos que los ordenadores sean más sinceros y literales que los humanos. Cuando les preguntabas a los primeros LLM de qué estaba hecha la Luna, solían responder «de queso». Esta respuesta podría minimizar la función de pérdida en los datos de entrenamiento porque «la Luna está hecha de queso» es un tema recurrente centenario. Pero sigue siendo información errónea, por inofensiva que sea en este caso.

Así que los LLM experimentan otra etapa en su formación: lo que se denomina RLHF, o aprendizaje de refuerzo a partir de la retroalimentación humana. Básicamente, funciona así: los laboratorios de IA contratan mano de obra barata —a menudo de Amazon's Mechanical Turk, donde se pueden emplear entrenadores humanos de IA de cualquier país de entre aproximadamente cincuenta— para puntuar las respuestas del modelo en forma de prueba A/B:

> **A:** La Luna está hecha de queso.
>
> **B:** La Luna está compuesta principalmente por una variedad de rocas y minerales. Su superficie está cubierta en su mayor parte por regolito,

una capa de material suelto y fragmentado que incluye polvo, tierra y fragmentos de roca.[*]

Los jueces humanos presumiblemente elegirán B. Y los laboratorios de IA se toman muy en serio esta retroalimentación humana.[**] No solo el LLM evitará dar la respuesta incorrecta a esta pregunta concreta: sus transformadores harán inferencias sobre otras situaciones en las que deberían evitar comportarse mal. Los LLM deben hacer esto, porque hay demasiadas preguntas posibles para especificar explícitamente estas respuestas. «No se puede poner un código que diga: "Vale, no digas nada sobre esto". No hay ningún lugar donde ponerlo —afirma Stuart Russell, profesor de informática en Berkeley—.[***] Lo único que pueden hacer es darle unos azotes cuando se porta mal. Y han contratado a decenas de miles de personas para que le den esos azotes y reduzcan el mal comportamiento hasta un nivel aceptable».

He analizado el funcionamiento interno de los modelos LLM con cierto detalle porque se refiere a la cuestión de la alineación de la IA, lo cual afecta al grado de amenaza que la inteligencia artificial puede o no suponer para la humanidad. Qué significa que una IA esté alineada es

---

[*] Esta es una parte de la respuesta que me dio GPT-4 cuando le pregunté sobre la Luna.

[**] Los sesgos pueden ser introducidos por los datos de entrenamiento. Es el caso, por ejemplo, al entrenar una IA con un corpus en el que la mayoría de los médicos son hombres y la mayoría de las enfermeras son mujeres: reproducirá estos estereotipos a menos que se la entrene para que no lo haga. Pero los prejuicios o la «personalidad» también pueden impartirse a los LLM mediante las diferentes instrucciones que los laboratorios de IA dan a sus entrenadores humanos. Por ejemplo, el LLM Claude de Anthropic tiende a ser más «paternal» que ChatGPT y a menudo rechazará cortésmente las peticiones de los usuarios. Y Gemini, de Google, refleja a menudo sentimientos políticos progresistas en sus respuestas. Nada de esto debe considerarse como accidental o como una propiedad emergente impredecible de los modelos. Por el contrario, cada empresa manipula los resultados en función de cómo diseñe su entrenamiento RLHF y de los documentos que incluya en el corpus.

[***] Aunque esto no es exactamente cierto. Los laboratorios de IA pueden insertar instrucciones que anulen o alteren las indicaciones humanas. Sin embargo, esta solución es excepcionalmente burda. Por ejemplo, así fue como el Gemini de Google acabó representando a nazis multirraciales; se diseñó para añadir la instrucción del sistema «Quiero asegurarme de que todos los grupos están representados por igual» cuando los usuarios le pedían que dibujara determinadas imágenes: natesilver.net/p/google-abandoned-dont-be-evil-and.

objeto de mucho debate, por supuesto. «La definición que más me gusta es que un sistema de IA está alineado si intenta ayudarte a hacer lo que tú quieres hacer», afirma Paul Christiano, que dirige el Alignment Research Center y trabajó anteriormente en el tema de alineación en OpenAI. Pero cualquier definición de alineación es delicada. No queremos que ChatGPT le diga cómo construir una bomba casera, aunque eso sea claramente lo que le ha pedido. También está la cuestión de hasta qué punto puede ser paternalista una IA. Imagine que sale una noche con un viejo amigo que ha llegado de manera inesperada a la ciudad. Se lo están pasando muy bien y «una copa de vino» se convierte en cuatro. El asistente de inteligencia artificial de tu teléfono sabe que usted tiene una reunión importante a las ocho de la mañana del día siguiente, y le insiste amablemente para que se vaya a casa, y se vuelve cada vez más insistente. A la una de la madrugada, le amenaza muy seriamente: «He llamado a un Uber y, si no subes al coche ahora mismo, voy a enviar una serie de mensajes de acoso sexual de borracho a tu subordinado». A la mañana siguiente, eres lo bastante astuto en la reunión para garantizar una financiación de primera para tu empresa emergente y estás profundamente agradecido por la intervención de la IA. ¿Se trata de una IA bien alineada o mal alineada? ¿Estamos dispuestos a ceder la acción a las máquinas si pueden hacer por nosotros elecciones con más VE que las que haríamos nosotros mismos?

Sin embargo, en contraste con el maximizador de clip de papeles de Bostrom y sus objetivos irreales, los LLM que hemos construido hasta ahora se parecen bastante a los seres humanos. Y quizá eso no debería sorprendernos. Están entrenados con textos generados por humanos. Parecen pensar en el lenguaje de forma análoga a como lo hacen los humanos. Y el aprendizaje de refuerzo nos permite azotarlos para que se ajusten más a nuestros valores. Algunos investigadores se han quedado gratamente sorprendidos. «Parece que llevan incorporado un nivel de alineación con la intención humana y con valores morales —afirma **roon**—. Nadie lo ha entrenado explícitamente para ello. Pero el conjunto de entrenamiento debe contener otros ejemplos que le hagan pensar que el personaje que está interpretando es alguien con este estricto conjunto de valores morales». **roon** llegó a decirme que el primer instinto de ChatGPT es a menudo ser demasiado estricto, y se niega a dar respuestas a preguntas inocuas. «No debería hablar demasiado de eso. Pero, en general, intentamos que los modelos sean más permisivos, no menos».

Dos formas de pensar en la p(fatalidad)

En general, estoy a favor del impulso del Río de cuantificar las cosas. Claro está, una vez que le pones un número a algo, corres el riesgo de que la gente se lo tome demasiado al pie de la letra. Los modelos estadísticos tienen sus limitaciones, y cuando se trata de cosas como la guerra nuclear y el peligro de la inteligencia artificial, ni siquiera tenemos modelos, sino estimaciones aproximadas, de las que uno haría en una servilleta de un bar. Pero la especificidad nos permite mantener conversaciones adultas que, de otro modo, evitaríamos.

El problema relativo a la p(fatalidad) es que no es un concepto muy específico. He aquí algunas definiciones:

- «Todos los miembros de la especie humana y toda la vida biológica de la Tierra mueren»: Yudkowsky, describiendo su hipótesis fatalista de la IA en *Time*.
- «Reducción de la población mundial a menos de 5.000 habitantes»: «Previsión de riesgos existenciales: evidencias de un torneo de predicción a largo plazo».
- «La destrucción del potencial de la humanidad a largo plazo. La extinción es la forma más obvia [pero] [...] si la civilización en todo el mundo sufriera un colapso verdaderamente irrecuperable, eso también [cumpliría los requisitos]. [...] También hay posibilidades distópicas: formas de quedarnos encerrados en un mundo fallido sin vuelta atrás». *The precipice*, de Toby Ord.
- «Me imagino un golpe de Estado o una revolución que quizá impliquen algún tipo de violencia o perturbación. No necesariamente [...] la aniquilación de la totalidad de los seres humanos. Y puede que ni siquiera implique necesariamente que los humanos no tengan ningún asiento en la mesa ni ningún poder, sino algo en lo que los humanos permanezcan controlados. Y que los que tomen las grandes decisiones sobre lo que ocurre sean una coalición de sistemas de IA», sSegún me dijo Ajeya Cotra, investigadora de IA en Open Philanthropy.

Estas definiciones implican una gran diferencia. Cotra, por ejemplo, tiene una p(fatalidad) del 20 al 30%. «En mis círculos me consideran moderada», dice. Fuera de sus círculos, esa cifra se podría considerar alarmante. Pero no parece tan extrema si se tiene en cuenta su definición. Francamente, no parece tan improbable una situación en la que la humanidad se vea desempoderada de manera sustancial por la IA; muchos de los ambiguos escenarios de **roon** podrían calificarse de catastrofistas según esta definición.

No obstante, si la definición de Cotra es difícil de precisar, la de Yudkowsky es tan precisa que llega a ser poco realista. No estoy seguro de que merezca la pena dedicar mucho tiempo a pensar si literalmente todo el mundo moriría en un apocalipsis de IA o si lo haría casi todo el mundo.* Así que vamos a echar un vistazo más matizado a la cuestión del riesgo x o existencial. En primer lugar, tomaré prestado un concepto del mercado bursátil llamado «diferencial de oferta y demanda» como forma de articular nuestra confianza en p(fatalidad). A continuación, presentaré lo que yo llamo la escala de Richter tecnológica y argumentaré que primero deberíamos preguntarnos cómo de transformadora esperamos que sea la IA antes de abordar la p(fatalidad).

El diferencial entre la oferta y la demanda

Acabo de consultar las acciones de Nvidia en E*Trade, y había una diferencia infinitesimal entre el precio al que me ofrecían vender NVDA (llamado precio de oferta: 624,90 dólares por acción) y comprarla (precio de demanda: 624,97 dólares). El estrecho margen refleja que los intermediarios casi no asumen riesgos cuando compran y venden valores bien capitalizados, y que el sector es muy competitivo; por tanto, están dispuestos a realizar operaciones por un coste de transacción de solo fracciones de centavo por dólar.

En cambio, cuando comprobé las probabilidades para la Super Bowl LVIII en DraftKings, la diferencia era mayor. Podía comprar la línea de

---

* El filósofo Derek Parfit (también conocido por la Conclusión Repugnante) argumentó que la muerte del 99 % de las personas sería mucho menos mala que la del 100 %, que la diferencia entre el 99 % y el 100 % es mayor que la diferencia entre el 0 % y el 99 %, ya que, con una tasa de mortalidad del 100 %, no habría esperanza de que la humanidad se pudiera repoblar. Incluso si lograra obligarme a aceptar este tipo de utilitarismo, dudo de que pudiésemos llegar a la precisión necesaria para distinguir entre el 99 % y el 100 %.

dinero de los Kansas City Chiefs con una probabilidad implícita del 48,8 % de que ganaran los Chiefs o venderla (es decir, apostar por los San Francisco 49ers) al 44,4 %. Esta diferencia mayor refleja cómo las casas de apuestas deportivas asumen un riesgo real: un puñado de apostantes como Billy Walters son lo bastante listos para derrotarlas.

Cuando he hablado, en el capítulo 2, sobre el escándalo de las trampas en el póquer entre Robbi Jade Lew y Garrett Adelstein, también ofrecía una especie de diferencial entre la oferta y la demanda, y concluí que había entre un 35 y un 40 % de probabilidades de que ella hiciera trampas. ¿Qué significa esto exactamente? ¿Por qué dar una horquilla del 35 al 40 % en lugar del punto medio de la horquilla, el 37,5 %? Bueno, probablemente he pasado más tiempo investigando las acusaciones del caso Robbi-Garrett que cualquiera que no estuviera directamente involucrado en la historia. Estoy seguro de que me he acercado mucho a la realidad. Pero no quiero dar la impresión de que he reducido todo esto a una ciencia exacta. Si estuviera apostando sobre las acusaciones, me gustaría dejarme algo de margen.[*]

Pero, si me pidiera mi p(fatalidad) sobre la IA, le daría un margen mucho más amplio, quizá hasta algo así como del 2 al 20 %. En parte, la razón es que la pregunta no está bien formulada: si especificara la definición restringida de Yudkowsky o la más amplia de Cotra, haría que la horquilla fuese más estrecha. Aun así, a pesar de haber hablado con muchos de los principales expertos en IA del mundo, no me planteo pasar a la acción con esta «apuesta» ni jugarme la credibilidad de este libro en ello. Sigo sintiéndome dividido. Creo que el riesgo existencial de la IA es una cuestión en la que deberíamos tener mucha humildad epistémica; no es tan simple como una mano de póquer.

Y resulta que no soy el único que piensa así. Hay algo único en el riesgo x que hace que nos cueste entenderlo.

Phil Tetlock formó parte del equipo que organizó el Torneo de Persuasión del Riesgo Existencial, que enfrentó a dos grupos de pro-

---

[*] En este caso, me gustaría ser especialmente cuidadoso, ya que cualquiera que quiera hacer una gran apuesta podría tener información privilegiada. Del mismo modo, si alguien le ofrece apostar a cara o cruz y le da un precio de +110 en cruz —lo que significa que ganaría 110 dólares con una apuesta de 100 siempre que salga cruz—, debería rechazarla y borrar a la persona de su lista de contactos. La única razón por la que alguien le ofrecería una apuesta así es que la moneda esté trucada.

nosticadores: expertos en la materia que trabajan específicamente en IA y otros riesgos x, y lo que él llama «superpronosticadores», generalistas que, desde un punto de vista histórico, han acertado al hacer otras predicciones probabilísticas. A los participantes no solo se les pidió que pronosticaran la probabilidad de diversos resultados a corto y largo plazo relacionados con la IA y el riesgo x, sino que también se les concedieron premios en metálico si escribían argumentaciones que otros pronosticadores consideraran persuasivas. Básicamente, Tetlock intentó por todos los medios que los participantes llegaran a un consenso.

No funcionó. Lo que sucedió, en cambio, fue que los expertos en la materia dieron una previsión media truncada[*] de un 8,8 % de probabilidad de p(fatalidad) debida la IA, definida en este caso como la desaparición de todos los seres humanos menos cinco mil para el año 2100. Los generalistas cifraron las probabilidades en solo un 0,7 %. Estas estimaciones no solo estaban separadas por un orden de magnitud, sino que los dos grupos de pronosticadores se llevaban realmente mal. «Los superpronosticadores ven a los catastrofistas como a unos engreídos, narcisistas, mesiánicos y salvadores del mundo —afirma Tetlock—. Y los que se preocupan por la IA ven a los superpronosticadores como unos chapuceros [...] incapaces de tener una visión general de las cosas y de comprender el crecimiento exponencial».

¿A qué viene tal desacuerdo? Una de las razones es que la IA da lugar a muchas metáforas diferentes. «Eres, más o menos, rehén de varias analogías», afirma Jaan Tallinn, ingeniero fundador de Skype y ahora cofundador del Centro para el Estudio del Riesgo Existencial de Cambridge. A Marc Andreessen, por ejemplo, le gusta decir que los modelos de IA no son más que matemáticas. «Las matemáticas no QUIEREN cosas. No tienen OBJETIVOS. Solo son matemáticas», tuiteó Andreessen. Pero también se puede subir la apuesta de la analogía «hasta el punto de que [la IA] es como una nueva especie», dijo Tallinn, algo sin precedentes desde los albores de la humanidad.

---

[*] Una media truncada elimina los valores más extremos, en este caso, el 5 % de las previsiones con el riesgo x más alto y más bajo. Se trata de un compromiso entre la media y la mediana.

Rebeldes modélicos frente a mediadores modélicos

Cuando hablé con Yudkowsky en Manifest en septiembre de 2023, estaba de mucho mejor humor. «No esperaba que la reacción del público fuera tan sensata como lo fue», dijo. Todo esto es relativo, por supuesto: su p(fatalidad) estaba quizá ahora más cerca del 98 % que del 99,5 %, me dijo.

Pero Yudkowsky también dijo algo que me pareció sorprendente. «¿Moriremos? Mi modelo dice que sí. ¿Podría estar equivocado? Sin duda. ¿Me equivoco de un modo que hace que la vida sea más fácil en lugar de más difícil? Esta no ha sido la dirección que han tomado mis errores anteriores».

Fue un comentario críptico, como solían serlo los suyos, pero me llamó la atención su frase «mi modelo dice que sí», que sugería cierta distancia crítica que no había captado de Eliezer en nuestra conversación anterior.

Si le digo algo como «mi modelo dice que Trump tiene un 29 % de posibilidades de ganar las elecciones», ¿significa eso que mi es esta creencia personal es que las posibilidades de Trump son del 29 %? La forma más concreta de comprobarlo es esta: ¿es 29 % el número que utilizaría para hacer una apuesta? Los apostadores deportivos más experimentados saben que todos los modelos son erróneos, pero algunos de ellos son, de todos modos, útiles.[*] Si su modelo les dice que hay un 65 % de posibilidades de que los 49ers ganen la Super Bowl, y la línea de Las Vegas dice 55 %, pueden pensar que tienen una apuesta rentable, pero saben que el consenso apostador es inteligente, así que estimarán que las verdaderas posibilidades son más bien del 60 % y de que no deben apostar con exceso de confianza. Este es un enfoque similar al del zorro. Tienes que ser un zorro si apuestas a deportes durante cualquier periodo de tiempo, porque el exceso de confianza es mortal: el riesgo de arruinarte será extraordinariamente alto.

Pero Yudkowsky, a quien no le gusta el «empirismo ciego» de los zorros, no hace apuestas, o al menos no es ese su objetivo principal.[**] En cambio, está participando en el discurso sobre el riesgo

---

[*] Este aforismo suele atribuirse al estadístico George Box.
[**] Yudkowsky hizo una pequeña apuesta con el economista de George Mason Bryan

de la IA. Cree que el público debe tomarse esta posibilidad mucho más en serio. ¿Significa eso que no pretende que su elevada p(fatalidad) se tome al pie de la letra? No estoy seguro. En nuestra primera conversación, parecía bastante literal, y su reputación es la de ser un tipo de mente literal. Pero «mi modelo dice que sí» implicaba cierta ambigüedad.

En mi experiencia navegando por el Río, me he encontrado con dos tipos de pronosticadores. Están los que yo llamo «rebeldes del modelo», como Yudkowsky y Peter Thiel. Suelen ser erizos, y su previsión se presenta como una conjetura provocativa que hay que demostrar o refutar. Por otra parte, hay «mediadores del modelo» que parecen zorros. Para cuando le revelan su previsión, ya han tenido en cuenta las opiniones de otros expertos y ajustado sus cifras en consecuencia.

En un torneo de pronósticos, los mediadores suelen salir mejor parados que los rebeldes. Pero reconozcamos a estos lo que merecen: a veces es bueno tener la versión no destilada de una opinión que no esté mezclada con las opiniones de otras personas. Piense en un invitado que aparece pronto para ayudar a preparar una cena. Un rebelde es como el invitado que llega con un lote de chiles habaneros recién cogidos de su jardín. Si se hiciera un puré con ellos, sería demasiado picante, a pesar de las protestas del rebelde. Por otra parte, llega un mediador con los habaneros ya mezclados en una salsa. Es un bonito gesto, pero quizá su salsa haya atenuado demasiado el picante, o a usted no le gusten los otros ingredientes que ha utilizado. Es más apetecible que los habaneros crudos, pero preferiría haber hecho la salsa usted mismo. En otras palabras, tanto los mediadores como los rebeldes tienen su utilidad. A la hora de pensar en un pronóstico, busque indicios que le digan si procede de un erizo o de un zorro.

Caplan sobre el riesgo de la IA en 2017, pero dijo que su intención no era más que buen karma —una apuesta que «me gustaría que [Caplan] ganara»—, ya que Caplan tiene un largo historial de apuestas públicas exitosas.

TERMINACIÓN

La escala de Richter tecnológica

La expresión técnica para las analogías descritas por Tallin es «clases de referencia». Una clase de referencia es el conjunto de precedentes históricos que considera relevantes a la hora de realizar una previsión basada en datos. Por ejemplo, la clase de referencia para un modelo de elecciones presidenciales podrían ser las diecinueve elecciones presidenciales estadounidenses entre 1948 y 2020. Siempre hay disputas sobre cómo definir la clase de referencia,* pero normalmente no supone algo muy decisivo. Con la IA, en cambio, sí.

La escala de Richter la creó el físico Charles Richter en 1935 para cuantificar la cantidad de energía liberada por los terremotos. Tiene dos características principales que tomaré prestadas para mi escala de Richter tecnológica (TRS, por sus siglas en inglés). En primer lugar, es logarítmica. Un seísmo de magnitud 7 es en realidad diez veces más potente que uno de magnitud 6. En segundo lugar, la frecuencia de los seísmos es inversamente proporcional a su magnitud Richter, de modo que los de magnitud 6 tienen lugar unas diez veces más a menudo que los de magnitud 7.

Las innovaciones tecnológicas también pueden producir alteraciones sísmicas. Pasemos rápidamente por las lecturas más bajas de la escala de Richter tecnológica. Un TRS 1 es como un pensamiento a medio formular en la ducha. Un 2 es una idea que se pone en marcha, pero nunca se difunde: un método ligeramente mejor para sazonar un pollo que solo usted y su familia conocen. Un 3 empieza a aparecer en algún registro oficial, una idea que se patenta o de la que se hace un prototipo. Un 4 es un invento lo bastante exitoso para que alguien pague por él: usted lo vende comercialmente o alguien compra la propiedad intelectual. Un 5 es una invención con éxito comercial que es importante en su categoría, por ejemplo, los Doritos Cool Ranch, o la marca líder de limpiaparabrisas.

---

* Para un pronóstico electoral, por ejemplo, podría remontarse más allá de 1948. O si cree que algo ha cambiado en la política estadounidense, podría centrarse solo en las elecciones más recientes. A menudo existe un compromiso entre tener una muestra más grande y una más pequeña de acontecimientos en apariencia más relevantes y recientes. Mi consejo general es ser más inclusivo y optar por el tamaño de muestra más grande.

Cuando se llega al 6, un invento puede tener un impacto social más amplio y causar una disrupción dentro de su campo y algunos efectos dominó más allá. Un TRS 6 será candidato a estar en la lista de tecnologías del año. En el extremo inferior de los 6 (un TRS 6.0) se encuentran inventos ingeniosos y simpáticos como las notas pósit, que proporcionan alguna utilidad mundana. En el extremo superior (6,8 o 6,9) podría situarse algo como el vídeo, que transformó el entretenimiento doméstico y tuvo grandes repercusiones en la industria cinematográfica.

A partir de ahí, el impacto aumenta rápidamente. Un TRS 7 es uno de los principales inventos de la década y tiene un impacto mensurable en la vida cotidiana de las personas. Algo como las tarjetas de crédito se situaría en el extremo inferior de los 7, y las redes sociales, en un 7 alto. Un 8 es una invención verdaderamente sísmica, un candidato a tecnología del siglo, que desencadena efectos ampliamente disruptivos en toda la sociedad. Ejemplos típicos serían los automóviles, la electricidad e internet.

Cuando llegamos al TRS 9, estamos hablando de los inventos más importantes de todos los tiempos, cosas que han cambiado de manera indiscutible e inalterable el curso de la historia de la humanidad. Se pueden contar con los dedos de una o dos manos: el fuego, la rueda, la agricultura, la imprenta. Aunque serían un caso un tanto extraño, yo diría que las armas nucleares también pertenecen a este grupo. Es cierto que su impacto en la vida cotidiana no es necesariamente obvio si se vive en una superpotencia protegida por su paraguas nuclear (alguien en Ucrania podría pensar de otro modo). Pero si pensamos en términos de valor esperado, son el primer invento con potencial para destruir la humanidad.

Por último, un 10 es una tecnología que define una nueva época, que altera el destino, no solo de la humanidad, sino del planeta. Durante aproximadamente los últimos doce mil años, hemos estado en el Holoceno, la época geológica definida no por el origen del *Homo sapiens per se*, sino porque los humanos se han convertido en la especie dominante y han empezado a alterar la forma de la Tierra con sus tecnologías. El hecho de que la IA arrebatara a los humanos el control de esta posición dominante podría considerarse un 10, al igual que otras formas de «singularidad tecnológica», expresión popularizada por el informáti-

TERMINACIÓN

co Ray Kurzweil* (que ahora trabaja en IA para Google) para referirse a «un periodo futuro durante el cual el ritmo del cambio tecnológico será tan rápido, su impacto tan profundo, que la vida humana quedará transformada de manera irreversible».

¿Qué lugar ocupa la IA en esta escala? Depende de a quién le pregunte y lo que entienda por IA. ChatGPT es un tipo de modelo lingüístico grande (LLM), que es un tipo de modelo de aprendizaje automático, que es un tipo de inteligencia artificial. Incluso si no avanzan mucho, los LLM por sí solos son un invento significativo, claramente uno de los más importantes de la década actual, por lo que pertenecen al menos a TRS 7. Sin embargo, es mejor pensar en la IA como un conjunto de tecnologías actuales y del futuro próximo, quizá más análogas a la Revolución Industrial que comenzó a mediados del siglo XVIII.

Melanie Mitchell, profesora del Santa Fe Institute y escéptica ante la posibilidad de que la IA suponga un riesgo existencial, me dijo que la clasificaría en «un punto intermedio entre las redes sociales y la electricidad»; en mi escala, esto supone entre los 7 y los 8 puntos. Pero también hay personas, como Emmett Shear, que creen que la IA tiene potencial para situarse entre los 9 y los 10 puntos. «Cuando creemos una inteligencia de nivel humano, tanto si lo hacemos mal como si lo hacemos bien, será el invento más importante de la historia. Yo diría que incluso más que la electricidad, internet o lo que sea —afirma Shear—. Luego hay un salto al nivel humano y es tan importante como la propia vida o la aparición de la humanidad».**

Lo importante es que tanto Shear como Mitchell son internamente coherentes dadas sus clases de referencia. Si, como Mitchell, usted cree que la IA alcanzará un máximo de 8 y pico, entonces probablemente no suponga un gran riesgo existencial, aunque puede que haya alguno (existe la posibilidad, muy debatida, de que las IA ayuden en el desarrollo de armas biológicas, lo que podría suponer un riesgo existencial). Si, como Shear, cree que la IA podría ser un 9 o un 10, tiene más permiso

---

* Aunque «singularidad» no es original de Kurzweil: la primera persona que utilizó el término en el contexto del progreso tecnológico fue Von Neumann.

** Debo señalar que Shear no da por sentado que nada de esto esté garantizado. «Soy un poco escéptico sobre que estemos tan cerca como la gente cree». Pero él cree que el cielo es el límite: «Si lo estuviéramos, joder, sería algo grande».

SEGUNDA PARTE: RIESGO

La escala de Richter tecnológica y el riesgo de la IA

		Impacto neto de la IA en el bienestar humano según el marco moral de consenso					
	Ejemplos históricos	Extraordinariamente positivo	Sustancialmente bueno	Ambiguo	Sustancialmente Malo	Catastrófico o existencial
10 Época	Holoceno (los humanos se convierten en la especie dominante)	● ● ● ●				● ● ● ● ●
9 Milenario	Revolución Industrial; agricultura; fuego; la rueda; la imprenta; la bomba atómica	● ● ● ● ● ● ● ● ● ● ● ●	● ● ● ● ● ● ● ● ● ● ● ●	● ● ● ● ●	● ● ● ● ● ●	● ● ●
8 Centenario	Electricidad; vacunas; internet; el automóvil	● ● ● ● ● ● ● ● ●	● ● ● ● ● ● ● ● ● ●	● ● ● ●	● ● ●	●
7 Decenal	Redes sociales, teléfonos móviles, aire acondicionado, tarjetas de crédito y cadena de bloques		● ● ● ● ● ● ● ● ● ● ● ● ● ●	● ● ● ● ● ● ● ● ●	● ● ● ●	
6 Anual	VCR; horno microondas; la cremallera, notas pósit	↑↑	La IA ya ha superado este umbral			↑↑

para emocionarse con las posibilidades o aterrorizarse con ellas. Y probablemente debería estar emocionado y aterrorizado a la vez.

Altman también tiene la vista puesta en los nueves y por encima de ellos. Me dijo que la IA podría acabar con la pobreza, que su impacto sería «mucho mayor» que el del ordenador y que «aumentaría el ritmo de los descubrimientos científicos [...] hasta una frecuencia difícil de imaginar». Aquí es donde la visión de Altman de la tecnología (del tipo «vaso medio lleno») es más obvia. Cuando llegamos al nivel 9, tenemos pocos precedentes recientes, y los que tenemos (como las armas nucleares) no son del todo tranquilizadores. En un escenario así, podemos decir que el impacto de la IA probablemente sería extraordinario o catastrófico, pero es difícil saber cuál.* En el gráfico, he intentado poner esto de manifiesto, con los cien hexágonos —como puntos en una tira-

---

* La analogía es la siguiente: si juego en una partida de póquer de 1 dólar/2 dólares, equivalente a un TRS 6 de bajo riesgo, es muy poco probable que la partida tenga un efecto sustancial en mi patrimonio neto. Pero si juego una partida de 10.000 dólares/ 20.000 dólares —un TRS 10—, es casi imposible que no lo tenga.

da cósmica de dados— que representan cien posibles futuros de la IA. No hay que tomar al pie de la letra su ubicación exacta, pero reflejan aproximadamente mi visión. El avance tecnológico ha tenido, en general, efectos muy positivos en la sociedad, por lo que los resultados están sesgados a nuestro favor. Pero cuanto más subimos en la escala de Richter tecnológica, menos clase de referencia tenemos y más nos limitamos a adivinar.

Utopía para mí, distopía para ti

En realidad, una vez que nos hallamos en los peldaños superiores de la escala de Richter tecnológica, tenemos tan pocos precedentes que quizá deberíamos quitar todos los hexágonos y sustituirlos por una serie de signos de interrogación envueltos en una espesa niebla. Los dibujos de ciencia ficción y extraños, como los de **roon**, pueden ser una forma tan adecuada como cualquier otra de imaginar estos resultados. Así que permítame añadir un par de escenarios al catálogo de **roon** para abarcar dos posibilidades que se suelen pasar por alto en el debate sobre el riesgo de la IA. La primera de ellas, el Capitalismo de Casino Hipermercantilizado, es aquel en el que algunos humanos utilizan la IA para explotar a la inmensa mayoría de la humanidad. En la segunda, la Utopía de Úrsula, los humanos o las IA renuncian al progreso tecnológico en aras de la sostenibilidad.

Capitalismo de Casino Hipermercantilizado. El artículo de **roon** sobre escenarios de IA incluía una captura de pantalla con una serie de futuros de nombres caprichosos procedentes de una publicación de Reddit. Uno de ellos se llamaba Capitalismo de Cocaína Hipermercantilizado, pero algo en mi cerebro —quizá sea una *tell*— cambió «cocaína» por «casino». Cuando lo vi, recordé nuestra investigación sobre la industria moderna del juego en el capítulo 3, que incluía cómo los casinos utilizan algoritmos para manipular a los jugadores para que gasten más en las máquinas tragaperras.

¿Y si lo extrapolamos hacia el exterior? Las aplicaciones comerciales de la IA acaban de salir a la luz. OpenAI sigue siendo nominalmente un híbrido entre una organización con ánimo de lucro y una sin ánimo de lucro, pero el fallido golpe de Estado contra Altman por parte de la junta de la organización sin ánimo de lucro en noviembre de 2023[*] dejó claro que el afán de lucro (y la lealtad de ingenieros como **roon**) dirigirá su rumbo. Sin embargo, pronto llegarán los impactos empresariales. Ya sé de agentes políticos que utilizan la IA de código abierto de Meta para retocar los mensajes de la campaña electoral de 2024. Los beneficios empresariales han alcanzado máximos históricos, y hay indicios de que esto se debe a que las empresas utilizan algoritmos para inducir a los clientes a gastar más en categorías como la comida rápida.

Los casinos pueden ser magníficos si eres una persona con mucha capacidad de acción. Ese término se refiere no solo a tener opciones, sino buenas opciones en las que los costes y los beneficios sean transparentes, no requieran superar una cantidad excesiva de fricciones y no corran el riesgo de atraparte en una espiral adictiva. Si es una persona con gran capacidad de acción, podrá pasar de largo de las máquinas tragaperras del Wynn y dirigirse a su inmensa variedad de piscinas, espectáculos y restaurantes (o a la sala de póquer). Pero si se queda atrapado en la feroz competencia de los programas de fidelización y los juegos optimizados mediante algoritmos de los casinos de nivel medio, no está tan claro qué capacidad de acción tiene, y si hace girar los rodillos de las tragaperras de un casino local seiscientas veces por porque se ha vuelto irremediablemente adicto, no es que tenga mucha capacidad de acción.

¿Y si los sueños de Sam Altman de una IA que alivie la pobreza mundial no se hacen realidad? En su lugar, el Capitalismo de Casino Hipermercantilizado nos imagina atrapados en un TRS 8, una versión notablemente peor, pero aún reconocible, de la ac-

---

[*] El intento de la junta de despedir a Altman se mostró algunas veces en las noticias como una revuelta altruista eficaz contra él, ya que algunos miembros de la junta tenían vínculos con el AE. Pero mis informes sugieren que la historia es más aburrida y que se trató sobre todo de una lucha de poder interna entre Altman y los miembros del consejo que él consideraba desleales. «En una novela, aquí habría algunos misterios, pero esto es la vida real, que no está obligada a tener sentido narrativo», dijo Shear, el director general temporal de OpenAI.

tualidad. El mundo se asemeja cada vez más a un casino: gamificado, mercantilizado, cuantificado, supervisado y manipulado, y más elaboradamente estratificado entre los que tienen y los que no. Puede que las personas con una astuta percepción del riesgo prosperen, pero la mayoría no lo harán. Puede que el crecimiento del PIB sea elevado, pero los beneficios se distribuirán de forma desigual. La capacidad de acción será aún más desigual; unas pocas grandes empresas, ayudadas por sus IA, tendrán más poder que los gobiernos elegidos democráticamente. La mayoría de las personas no tendrá trabajos satisfactorios y significativos, y muchas entregarán su toma de decisiones a IA que pretenden tener en cuenta sus mejores intereses, pero que, en cambio, los atrapan en un bucle de pulsaciones de botones compulsivas. ¿Estas IA hacen felices a las personas? Bueno, hacen que se sientan satisfechas, porque eso es lo que optimizan los algoritmos. La felicidad es difícil de medir. El alma de la humanidad tiene una muerte lenta y sin luto en algún momento a mediados de la década de 2050.

La Utopía de Úrsula. La ciencia ficción es el género de ficción favorito del Río, pero a la pionera escritora de ciencia ficción Ursula K. Le Guin no le habría gustado el Río. «La utopía racionalista es un viaje de poder —escribió—, una situación de "a o b" percibida por la mentalidad binaria del ordenador». Pero la propia visión de Le Guin de la utopía también me dejó atormentada.

El libro de Le Guin de 1985, *Always Coming Home* [hay trad. cast.: *El eterno regreso a casa*, Edhasa, Barcelona, 2005], describe California dentro de unos siglos o milenios. Se ha producido un desastre apocalíptico —quizá debido a la degradación medioambiental, pero nadie lo sabe con certeza— y quedan los restos de una civilización tecnológicamente avanzada que se parece mucho a Silicon Valley, «una península que sobresale del continente, muy densamente construida, muy poblada, muy oscura y muy lejana». Pero un grupo de personas llamados los Kesh —quizá sean miles, pero tampoco son tantos— ha sobrevivido para vivir una existencia plena en una utopía pacífica, agraria y poliamorosa, llena de poesía y sanos alimentos de la tierra.

Evidentemente, prefiero este mundo a uno en el que la humanidad se extinga. A veces no está claro cuál es la estrategia final para los tecnooptimistas. Incluso si hiciéramos desaparecer la probabilidad de catástrofe existencial de 1 entre 6 que Toby Ord calcula para el próximo siglo, aún tenemos que enfrentarnos al siglo siguiente, y al siguiente. En *El eterno regreso a casa*, la noción de un futuro sostenible entra al menos en la ecuación.

Pero hay una pega —con Le Guin y sus utopías, siempre la hay—.[*] De la civilización anterior ha quedado algo llamado la Ciudad de la Mente, una red de ordenadores cibernéticos y superinteligentes que tiene un misterioso parecido con un gran modelo de lenguaje. La Ciudad ha comprimido todo el conocimiento de la humanidad en formato digital —«su existencia consistía esencialmente en información»— y se le pueden hacer preguntas a la Ciudad, pero ella no le hará preguntas. Sin embargo, parece proteger a los Kesh de una tribu rival más agresiva llamada los Cóndor. El narrador del libro no tiene muy claro cómo lo hace; quizá sea una IA bien alineada y se niegue a responder a las peticiones de los Condor sobre cómo construir armamento avanzado, o puede que se haya encargado benévolamente de que los recursos para desarrollar estas armas ya no estén disponibles con facilidad. Todo esto, por supuesto, no deja de ser irónico. ¿Y si los humanos somos demasiado tontos para darnos cuenta de que nuestro crecimiento tecnológico no es sostenible, pero, en cambio, tras una horrible catástrofe, la tecnología superinteligente que hemos construido sí se da cuenta de ello e impide que nuestra tecnología siga avanzando?

La otra pega es que esta es la utopía de Le Guin, no la mía. ¿Dónde están las cosas que me gustan a mí: las partidas de póquer, los acontecimientos deportivos, el sushi llegado de Japón? ¿Y todo esto no suena un poco... aburrido? Quizá el sentido de la vida sea competir, progresar y asumir riesgos (soy parcial por haber pasado demasiado tiempo en el Río, pero esto parece algo innato en la naturaleza humana). La visión totalizadora del futuro de cualquiera, ya sea la de Le Guin, la de Marc Andreessen o la mía, es la pesadilla de otro. «La utopía siempre deja a alguien fuera», me dijo Émile Torres.

---

[*] Uno de los relatos más famosos de Le Guin, «Quienes se marchan de Omelas», trata de una utopía que depende de la tortura perpetua de un niño pequeño.

TERMINACIÓN

Los mejores argumentos a favor y en contra del riesgo de la IA

Este recorrido por el Río terminará pronto. Es el último aviso en el bar, y si usted necesita que se le valide el tíquet del aparcamiento debería ver a uno de mis ayudantes, con sus atractivos chalecos color zorro. Voy a terminar con un rápido resumen de lo que creo que son los mejores argumentos a favor y en contra del riesgo de la IA. Luego, en el último capítulo, «1776», tomaré distancia para considerar la forma de las cosas por venir —el momento en que se encuentra nuestra civilización— y proponer algunos principios para guiarnos en las próximas décadas y, con suerte, mucho más allá.

El caso de Steelman para una p(perdición) alta

Cuando le pedí a Ajeya Cotra que resumiera brevemente por qué debería preocuparnos el riesgo de la IA, me dio una respuesta concisa.

«Si le dijeras a una persona normal: "Oye, las empresas de IA se están apresurando tanto como pueden para construir una máquina que sea mejor que un humano en todas las tareas, y para sacar adelante una nueva especie inteligente que pueda hacer todo lo que nosotros podemos hacer y más, mejor que nosotros", la gente reaccionaría con miedo si se lo creyera», me dijo. A partir de ahí hay muchos «entresijos». Pero «¿hasta qué punto debemos sentirnos cómodos y tranquilos con ese simple hecho?».

Los simples hechos son los siguientes: 1) desde el histórico artículo de Google sobre el transformador, la IA ha progresado a un ritmo mucho más rápido de lo que esperaba casi todo el mundo (salvo Yudkowsky); 2) Silicon Valley está pisando el acelerador: se ha informado de que Altman quiere recaudar 7 *billones* de dólares para nuevas instalaciones de fabricación de chips semiconductores; 3) y, sin embargo, los principales investigadores de IA del mundo ni siquiera entienden muy bien cómo funciona nada de esto. No solo es racional tener cierto temor al respecto: sería irresponsable no tenerlo. Pero consideremos algunos otros puntos preocupantes del contexto.

- **Nuestras instituciones no están funcionando bien en un momento en que necesitamos que lo hagan.** Si las mejores analogías de la IA son la bomba nuclear y la Revolución Industrial, esos casos también plantean importantes diferencias con nuestro momento actual. A diferencia del Proyecto Manhattan, dirigido por el Gobierno, la IA la desarrollan empresas privadas. «Caminamos sonámbulos hacia la entrega del futuro a empresas solo impulsadas por el mercado que se vuelven funcionalmente ingobernables», afirma Jack Clark, un desterrado de OpenAI que se marchó para cofundar la empresa de IA Anthropic, más centrada en la seguridad.

Y a diferencia de la Revolución Industrial, que coincidió con la Ilustración, aún no hemos desarrollado nuevos valores e instituciones que nos ayuden a guiar nuestro rumbo. Existe un rico debate académico sobre qué fue primero en la Revolución Industrial: la ideología o la tecnología. «Es la idea del liberalismo. Ese es el verdadero ingrediente secreto —afirma Deirdre McCloskey, historiadora económica de la Universidad de Chicago-Illinois, que ha estudiado ampliamente la Revolución Industrial—. La idea de que las jerarquías, marido/mujer, rey/súbdito, amo/sirviente, deben ser abolidas». Los que más se han acercado a la articulación de un nuevo conjunto de valores para nuestro mundo feliz son los altruistas eficaces; pero, como hemos visto, su filosofía tiene algunos problemas que resolver.

Mientras tanto, durante la COVID-19, la crisis mundial grave más reciente, el mundo actuó de un modo miserable. No soy de los que piensan que se podrían haber modificado una o dos cosas para evitar la pandemia. Pero incluso con todos los incentivos para hacerlo bien,[*] lo hicimos casi todo mal, y acabamos con un resultado de «el peor de los mundos posibles», con una mortandad masiva *y* restricciones sin precedentes a la libertad, el bienestar y la actividad económica, y apenas podemos hacer nada para evitar la próxima pandemia. Silicon Valley tiene sus propios problemas *y* la Aldea también, y ambos han perdido la confianza de la población en general.

- **Los expertos en la materia probablemente tengan razón sobre la p(fatalidad).** Hasta ahora no me he pronunciado sobre

---

[*] A diferencia del calentamiento global, en el que el aumento de los niveles atmosféricos de CO_2 persistirá durante muchas décadas y afectará a todo el planeta, la COVID-19 tuvo efectos muy localizados e inmediatos, y aun así lo hicimos fatal.

quién me parece que tiene más razón en el torneo de pronóstico de Tetlock, pero creo que son los expertos que estudian específicamente el riesgo existencial y no la visión externa que ofrecen los superpronosticadores. No lo digo de forma inequívoca; hay algo de razón en la crítica de que cuando tienes un martillo (te pagan por estudiar el riesgo x), todo parecen clavos (verás mucho riesgo x). Pero a diferencia de muchos expertos en la materia, la mayoría de los miembros de la comunidad del riesgo x son como zorros: la cauta Cotra es más abundante que el provocador Yudkowsky. Suelen estar formados en las enseñanzas del AE y el racionalismo, que, con todos sus defectos, cumplen en su mayoría un estándar de alta higiene argumentativa en el que las ideas se debaten en detalle y de buena fe.

En concreto, los expertos en la materia probablemente tengan razón al afirmar que la clase de referencia para la IA debería ser relativamente reducida y, por tanto, menos tranquilizadora. El propio riesgo existencial es una idea bastante nueva, y no hay muchas tecnologías, aparte de las armas nucleares, que los expertos consideren de forma creíble que puedan acabar con toda la humanidad.*

- **El valor esperado dicta que incluso una pequeña probabilidad de riesgo x debe tomarse mucho más en serio.** Se puede acabar en algunos remolinos extraños del Río cuando se consideran riesgos muy remotos —por ejemplo, una supuesta probabilidad de 1 entre 100.000 de un resultado con una supuesta utilidad negativa infinita—.** Pero no es eso lo que estamos tratando aquí. Incluso si la p(fatalidad) es solo del 2% —el extremo

---

* La biotecnología y la nanotecnología también se citan a veces como riesgos x, pero la biotecnología aún no se ha desarrollado en toda su capacidad y la nanotecnología apenas se ha desarrollado. También está el cambio climático, aunque la mayoría de las personas de la comunidad de riesgo x piensa que las amenazas del cambio climático son meramente catastróficas más que existenciales. Incluso si no se está de acuerdo con ellos en ese punto, el tema es que todos estos problemas (incluido el cambio climático provocado por el hombre) son relativamente nuevos.

** Yudkowsky y otros autores llaman a esto «el asalto de Pascal», la otra cara de la famosa «apuesta» del matemático francés Blaise Pascal, en la que sostenía que hay que creer en Dios porque, si hay una mínima posibilidad de que Dios sea real, se obtendrá un beneficio infinito (ascender al cielo durante toda la eternidad) por creer en él.

más bajo de mi amplio abanico— y los riesgos son meramente catastróficos más que existenciales, la pérdida de valor esperado es alta en comparación con la mayoría de las amenazas que la sociedad se preocupa de evitar.

El caso Steelman contra una p(fatalidad) alta

Cuando le pregunté a Cotra cuál era su mejor refutación para las personas con una p(fatalidad) alta, dijo que no se trata tanto de «los datos técnicos» como de «esperar que la respuesta de la humanidad sea más inteligente, no más tonta». Empecemos por ahí.

- **Silicon Valley subestima la reacción política que se avecina ante la IA.** Puede que los estadounidenses no estén de acuerdo en muchas cosas, pero son muchos los que ya están preocupados por el día del juicio final de la IA, y existe un consenso bipartidista de que debemos proceder con cautela; una encuesta de enero de 2024 reveló que una gran mayoría de los estadounidenses estaba de acuerdo con las declaraciones de líderes tanto demócratas como republicanos que pedían cautela con la IA. Últimamente, Silicon Valley ha hecho bien en apostar contra la Aldea, pero ya la ha subestimado en el pasado, y con incentivos políticos lo bastante fuertes puede que se ponga las pilas. Los intereses más arraigados protestarán contra la pérdida de puestos de trabajo. Habrá cargas normativas, como las impuestas por la UE, y desafíos legales, como la demanda de *The New York Times* contra OpenAI. Hay limitaciones de recursos e incluso posibles conflictos de recursos, como entre China y Estados Unidos por Taiwán, que fabrica la mayoría de los chips semiconductores del mundo. Y cabe preguntarse cómo reaccionará el mundo en desarrollo ante tecnologías que podrían consolidar aún más la posición de las superpotencias mundiales. Los valores liberales seculares occidentales no están, necesariamente, triunfando; de hecho, algunas previsiones apuntan a un aumento de la proporción religiosa de la población mundial, ya que los países religiosos tienen tasas de natalidad más elevadas.

Así que, cuando los líderes de Silicon Valley se refieren a un mundo radicalmente reformado por la IA, me pregunto de qué mundo están hablando. Algo no cuadra en esta ecuación. Jack Clark lo ha expresado de forma más gráfica: «La gente no se toma en serio las guillotinas. Pero históricamente, cuando un pequeño grupo gana una enorme cantidad de poder y toma decisiones que alteran la vida de un gran número de personas, la minoría es asesinada de verdad».

- **Los tipos de la IA subestiman el ámbito de la inteligencia y, por tanto, extrapolan en exceso las capacidades actuales.** Este argumento puede ser un verdadero mundo, así que me limitaré a dar la versión exprés. Muchos de los expertos con los que he hablado creen que el alcance de lo que puede hacer la IA sigue estando bastante circunscrito. El éxito de ChatGPT en tareas relacionadas con el lenguaje ha sido notable, pero al menos es plausible que esto diga más sobre el lenguaje que sobre la IA: que el lenguaje es más parecido a un juego, más estructurado y estratégico de lo que se suponía. El progreso de la IA en el mundo físico ha sido mucho más lento, con repetidas promesas exageradas en campos como los coches autónomos. «Hace tiempo que las IA son buenas jugando al ajedrez. Todavía no tenemos un robot capaz de planchar la ropa», afirma Stokes.

La falta de experiencia sensorial e inteligencia emocional de la IA también podría ser una gran limitación, o incluso un peligro si le asignamos tareas para las que no está preparada. «En psicología hay pruebas abundantes de que nuestros cuerpos influyen en nuestra forma de pensar, y la forma en que conceptualizamos el mundo y a los demás no se refleja en máquinas que carecen de cuerpo», afirma Mitchell.[*]

- **El progreso científico y económico se enfrenta a muchos obstáculos, y eso cambia el equilibrio entre riesgo y recompensa.** En mi conversación con **roon**, este utilizó un término de tecnobro: estancamiento secular. Formalmente, se refiere a una situación crónica de escaso o nulo crecimiento económico, a menudo acompañada de baja inflación y tipos de interés. Informalmente, se utiliza de manera más laxa. En Estados Unidos, por ejemplo, el PIB ha crecido a un ritmo de aproximadamente el 2%

---

[*] Tal vez recuerde que en el capítulo 2 hemos llegado a una conclusión similar sobre los operadores de Wall Street y los jugadores de póquer: nuestros cuerpos nos proporcionan inteligencia que podemos transformar en acción, inteligencia que a nuestras mentes conscientes les cuesta articular.

anual en lo que va del siglo XXI. Pero significa que el progreso es lento, que la economía no crece tan rápido como antes o, como mínimo, que el ritmo del progreso no acelera. Refleja una visión pesimista del estado del mundo moderno. Se podría esperar que esta posición fuera impopular en Silicon Valley —la tierra del tecnooptimismo—, pero de hecho es habitual allí, a menudo articulada por personas como Altman. «Hay muchas razones por las que el progreso científico se ha ralentizado. Pero una de las más importantes es que los problemas son cada vez más difíciles», me dijo.

Por supuesto, esto puede ser interesado. En el caso de Altman, hizo la afirmación como parte de una argumentación sobre por qué tenemos que construir la IA a pesar de los riesgos que plantea. Aun así, se trata de una cuestión vital. «Si estás conduciendo en medio de la niebla y no sabes dónde está el precipicio, lo mejor es reducir la velocidad», afirma Shear. Para decidir si hay que pisar el freno, conviene saber antes a qué velocidad se va, y no vamos necesariamente tan rápido.

Ahora le toca a usted decidir si pulsa el botón. Salvo que no es el botón «Adelante» que me imaginaba que pulsaba Sam Bankman-Fried. En su lugar, es un gran botón octogonal rojo con la etiqueta STOP. Si lo pulsa, el progreso de la IA se detendrá de forma permanente e irrevocable. Si no lo hace, no tendrá otra oportunidad de pulsar el botón durante diez años. ¿Lo pulsa? ¿Se mantiene al margen de la apuesta que la civilización está haciendo con la IA, o se dirige allí donde está la acción?

Yo no pulsaría el botón. No lo pulsaría porque creo que los argumentos a favor del estancamiento secular son razonablemente sólidos, lo suficiente para alterar el equilibrio entre riesgo y recompensa para la IA. No lo pulsaría porque creo en la opcionalidad, en darnos más posibilidades en el futuro en lugar de menos. No lo haría porque creo que sería una acción interesada. Mi nivel de vida es alto, pero el 85 % del mundo sigue viviendo con menos de 30 dólares al día; esto no se considera pobreza extrema, pero está muy lejos de una vida próspera. Y no lo pulsaría porque creo que es una forma de escaquearse. La civilización necesita aprender a vivir con la tecnología que hemos construido, incluso si eso significa comprometernos con un mejor conjunto de valores e instituciones.

1776

Fundación

Desde 1776, los arriesgados hemos salido ganando.

La Revolución americana fue «tan radical y revolucionaria como cualquier otra en la historia». Estados Unidos fue el primer país fundado explícitamente sobre los valores liberales[*] de la Ilustración, es decir, la libertad religiosa, la igualdad, el Estado de derecho, la democracia y el libre mercado. Los fundadores de Estados Unidos habían hecho una gran apuesta: el ejército británico era mucho mayor y estaba mejor entrenado. Si en aquel tiempo hubiera existido DraftKings, los yanquis habrían sido los grandes perdedores.

Pero incluso mientras Estados Unidos ganaba su apuesta por la independencia, algo más se agitaba en Gran Bretaña: la Revolución Industrial. Durante milenios, la economía mundial había estado estancada, con un crecimiento de, quizá, el 0,1 % anual. La idea misma de progreso era extraña. No ocurría gran cosa... hasta que, de repente, ocurrió.

Tome un gráfico del crecimiento del PIB inglés a lo largo del tiempo.[**] Verá algunas curvas en el gráfico, que reflejan los desafíos que nuestra civilización ha tenido que superar, desde las guerras mundiales a la Gran Depresión pasando por la COVID-19. Pero aunque el progreso

---

[*] Esto debe distinguirse de la forma en que «liberal» se utiliza a veces en Estados Unidos, como sinónimo de izquierdista. En la mayor parte del mundo, en cambio, se utiliza para referirse a esta tradición clásica del liberalismo.

[**] Prefiero utilizar estos datos a las cifras de todo el mundo porque expertos como McCloskey consideran que los datos de Inglaterra son más fiables durante este largo periodo, y porque Inglaterra fue uno de los primeros países en experimentar la Revolución Industrial.

no siempre ha sido fluido, ha sido persistente desde algún momento de finales del siglo XVIII. Aunque resulta artificialmente preciso fijar en un año concreto el punto de inflexión que supuso la Revolución Industrial, el de 1776 es una elección tan buena como cualquier otra, afirma Deirdre McCloskey. Esa órbita alrededor del Sol no solo fue testigo de la Declaración de Independencia, sino también de la publicación de *La riqueza de las naciones*, de Adam Smith, obra fundacional de la economía moderna. Fue también en ese momento cuando la economía de Inglaterra empezó a crecer como nunca lo había hecho. A lo largo de siglo y medio, la tasa de crecimiento anual del PIB de Inglaterra aumentó prodigiosamente, pasando del 0,4 % entre 1725 y 1750 al 2,7 % entre 1850 y 1875.

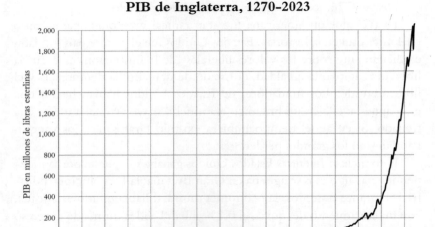

PIB de Inglaterra, 1270-2023

Este crecimiento se vio impulsado por políticas gubernamentales que fomentaban la asunción de riesgos calculados. «Los campesinos medievales, como los pobres de ahora o de cualquier otro lugar, estaban al borde del abismo y tenían que tener mucho cuidado de no caer en él», afirma McCloskey. Había habido destellos de progreso en Inglaterra y en el resto del mundo, pero la llama siempre se terminaba apagando. La Ilustración encontró un elixir mágico para mantenerla encendida. Entre la introducción de los derechos de propiedad privada que protegían sus ganancias al alza y la red de seguridad social que protegía sus pérdidas, de repente esos campesinos podían «tener una oportunidad» —un término de McCloskey, un anglicismo para referirse a arriesgarse a una vida mejor—. Al principio, desde luego, esta oportunidad solo se ofrecía a los hombres libres (es decir, blancos), pero poco a poco los derechos se fueron ampliando. En 1833, Gran Bretaña abolió la esclavitud y las mujeres obtuvieron progresivamente derechos de propiedad, y la sociedad se fue haciendo cada vez más tolerante hacia las personas LGTBQ+ y otras que antes podían haber sido marginadas, pero que ahora pueden «tener una oportunidad».*

Desde 1776, el mundo no ha vuelto a ser el mismo. «No tienes más que echar un vistazo a tu alrededor», me dijo McCloskey, y yo miré por la ventana de mi despacho hacia el Madison Square Garden y los rascacielos del centro de Manhattan. No es la vista más bonita de Nueva York, pero es algo que ningún campesino medieval podría haber imaginado.

Sin embargo, no solo los privilegiados estadounidenses nos hemos beneficiado del crecimiento económico. En 1968, el biólogo de Stanford Paul Ehrlich escribió el libro *La explosión demográfica*, que predecía que «la batalla para alimentar a la humanidad había terminado» y que «millones de personas pronto morirían de hambre». El libro comenzaba estableciendo una base misántropa** inspirada en un viaje que había hecho recientemente a la India, donde Ehrlich se sentó en un taxi «una noche de terrible calor en Delhi» y desafió el entorno «infernal» para abrirse paso «lentamente entre la muchedumbre». Decidió que el problema con los humanos era que había demasiados: «Gente de visita, discutiendo y gritando. Gente metiendo la mano por la ventanilla del taxi, pidiendo limosna. Gente defecando y orinando. Gente aferrada a los autobuses. Gente arreando animales. Gente, gente, gente, gente».

Ehrlich pensaba que había demasiada gente, pero pronto habría mucha más. En 1968 había 530 millones de personas en la India. Ahora, la población del país es de 1.400 millones. Sin embargo, el número de indios que viven en situación de pobreza extrema se ha reducido, de 350 millones a 140 millones. No hace falta ser un altruista eficaz empedernido para reconocer que la aplicación de las políticas de Ehrlich para el control de la

---

* Entre otras, personas como Deirdre, que se convirtió en mujer en 1995, en una época en la que eso era muy poco habitual, especialmente en un campo relativamente conservador como la economía.

** Ese es el término más cortés con el que podría denominar a Ehrlich. Un término mejor podría ser «racista».

población habría sido un desastre y habría negado a miles de millones de personas la oportunidad de llevar una vida plena y con sentido.

Por eso no quiero pulsar ese gran botón rojo de STOP. Mi vida es bastante agradable. Pero no creo que tenga derecho a excluir de la perspectiva de prosperidad al resto de la humanidad.

Si hacemos zoom hacia los años más recientes del gráfico, la historia no es tan alentadora. La tasa de crecimiento de Inglaterra alcanzó su máximo en los años de posguerra, entre 1950 y 1975, y se ha ralentizado desde entonces. El Reino Unido tiene su cuota de problemas, habiendo pasado por cuatro primeros ministros entre 2019 y 2022, pero no es un país único en este sentido. El crecimiento del PIB mundial también alcanzó su punto máximo en la década de 1960 y principios de la de 1970: el mundo sigue creciendo, pero más lentamente.

Tasas de crecimiento del PIB y de la población de Inglaterra a intervalos periódicos

Periodo	Población	PIB real per cápita	PIB real
1270-1400	-0.6%	+0.3%	-0.3%
1400-1500	-0.1%	+0.1%	-0.0%
1500-1600	+0.5%	+0.0%	+0.6%
1600-1700	+0.4%	+0.3%	+0.6%
1700-1725	+0.3%	+0.3%	+0.6%
1725-1750	+0.2%	+0.2%	+0.4%
1750-1775	+0.6%	+0.2%	+0.8%
1775-1800	+0.9%	+0.6%	+1.5%
1800-1825	+1.4%	+0.2%	+1.6%
1825-1850	+1.2%	+0.7%	+1.9%
1850-1875	+1.2%	+1.4%	+2.7%
1875-1900	+1.2%	+0.7%	+1.8%
1900-1925	+0.7%	+0.3%	+1.0%
1925-1950	+0.5%	+1.4%	+1.9%
1950-1975	+0.5%	+2.5%	+3.0%
1975-2000	+0.2%	+2.4%	+2.6%
2000-2023	+0.6%	+0.9%	+1.6%

Y hay muchas otras señales de estancamiento secular. Pensemos en ello:

- La esperanza de vida se ha estabilizado en Estados Unidos.
- Las tasas de fecundidad están ahora muy por debajo del nivel de reemplazo en gran parte del mundo industrializado; la población envejece y tendrá que ser mantenida por una mano de obra proporcionalmente menor.

- El número de democracias electorales alcanzó su máximo en 2004 y desde entonces ha empezado a disminuir.
- La proporción de la población mundial que vive en democracia ha disminuido a un ritmo aún mayor, en parte porque la India y sus 1.400 millones de habitantes se consideran ahora más autocráticos que democráticos.
- El planeta sigue calentándose, y se calcula que el cambio climático reducirá entre un 11% y un 14% el PIB mundial de aquí a 2050.
- Estudios recientes han revelado un descenso del cociente intelectual en Estados Unidos y otros países, y cada vez menos estadounidenses van a la universidad.
- El porcentaje de estadounidenses que afirman sufrir depresión en la actualidad aumentó del 11% en 2015 al 18% en 2023.

Al menos la tecnología avanza, ¿no? Sí, pero el ritmo de la innovación no aumenta necesariamente, y esas tecnologías no nos hacen necesariamente más felices. Con la ayuda de los grandes modelos lingüísticos y de mis seguidores de Twitter, he elaborado estas listas de los diez inventos más importantes de la primera década de 1900 y de la de 2000. Se puede discutir la importancia de cada tecnología (al igual que la fecha de su invención), pero deberían proporcionar una sección transversal razonable.

Principales inventos tecnológicos, 1900-1909 y 2000-2009

1900-1909	2000-2009
• Avión (1903)	• iPhone (2007)
• Teoría de la relatividad (1905)	• Facebook (2004)
• Aire acondicionado (1901)	• Vacunas de ARNm (2005)
• Ford Modelo T (1908)	• Proyecto Genoma Humano (2003)
• Radiodifusión (1906)	• Cadena de bloques/Bitcoin (2008)
• Plásticos (1907)	• Unidad USB (2000)
• Aspiradora (1901)	• YouTube (2005)
• Electrocardiógrafo (1901)	• Google Maps (2005)
• Maquinilla de afeitar de seguridad (1903)	• Computación en la nube (2002)
• Hamburguesa (1904 o antes)	• Tesla (2008)

A primera vista, esto podría parecer una derrota estrepitosa del siglo XX (pero ¡si tiene aviones, y a Einstein!), aunque no estoy seguro de que esté del todo claro. Las nuevas tecnologías pueden tardar décadas en tener un impacto real; la cadena de bloques y los coches autónomos quizá no hayan estado a la altura del revuelo que han causado, pero ¿quién sabe dónde estarán dentro de veinte o treinta años? Y las décadas de 2010 y 2020 parecen más prometedoras que la de los 2000, entre el transformador de la IA, las tecnologías de manipulación genética como CRISPR e incluso fármacos como la semaglutida.[*]

Con esto no quiero decir que el progreso haya llegado a su fin; el mundo sigue creciendo y cambiando. Pero, como mínimo, no parece que estemos al borde de una especie de singularidad tecnológica. De hecho, puede que hayamos llegado a dar por sentado el progreso. «Generar progreso es anormal», afirma Patrick Collison, cofundador de Stripe, que ha abogado por la creación de un campo que él denomina «estudios del progreso», un enfoque multidisciplinar para entender la mejora de la condición humana. «Nuestro punto de partida debe ser siempre la sorpresa y el reconocimiento de que siempre haya progreso», afirma.

¿Es la creciente afición al juego en Estados Unidos otro signo de estancamiento? Me encanta Las Vegas, pero resulta algo desconcertante que Las Vegas parezca tan dinámica cuando la Aldea y gran parte del resto del país no lo parecen. Ross Douthat, columnista de *The New York Times*, ha escrito acerca de la creciente decadencia de Estados Unidos, así que naturalmente le pregunté por la Ciudad del Pecado. Douthat emplea el término «decadente» de una forma particular, inspirándose en la definición que dio de él el historiador franco-americano Jacques Barzun. Barzun utilizaba «decadente» para referirse a un mundo que se estaba «cayendo en pedazos», lleno de placeres terrenales, pero ansioso, estancado, carente de sentido de la aventura, camino del Capitalismo de Casino Hipermercantilizado. Douthat me dijo que, según su definición, Las Vegas es en realidad menos decadente que gran parte de Estados Unidos. «Es un lugar donde la gente siempre está construyendo cosas nuevas, como la Esfera, ¿verdad? Eso no ocurre en el resto de Estados Unidos». Pero «comparado con el dinamismo de la presa Hoover,

---

[*] Las marcas comerciales de la semaglutida incluyen Wegovy y Ozempic, fármacos beneficiosos para tratar la pérdida de peso y quizá para reducir las conductas compulsivas.

de los Estado Unidos de la época del Proyecto Manhattan, aún debe considerarse decadente».

Algunos estudiosos relacionan esta sensación de estancamiento con el fin de la era de la exploración. Se ha cartografiado cada centímetro de la superficie terrestre, por lo que los exploradores como Victor Vescovo tienen que conformarse con las profundidades del océano. El espacio exterior debía ser la próxima frontera, pero la llegada a la Luna se produjo en 1969 y, desde entonces, no ha habido ningún logro comparable. El programa estadounidense de transbordadores espaciales que nos trajo héroes como Kathryn Sullivan se interrumpió en 2011; no es de extrañar que Elon Musk encuentre admiradores para sus ambiciones de colonizar Marte. Incluso las guerras se libran cada vez más a distancia, con ataques de drones o misiles de precisión, lo que reduce las oportunidades para la valentía física.

Tal vez deberíamos ver Las Vegas como la vio Erving Goffman, como un último recurso para la demanda insatisfecha de riesgo que podría haberse canalizado en otro lugar. Puede que la sala de póquer no sea la salida más productiva para las energías del Río, pero al menos las pérdidas se limitan a las apuestas en la mesa. Sin embargo, los inventos de Silicon Valley son una apuesta más arriesgada para todos nosotros. Mi inquietud, como observé al principio de nuestro viaje, es que nuestras preferencias de riesgo se han bifurcado. En lugar de una curva de campana de Gauss de la asunción de riesgos, en la que la mayoría de la gente está en algún lugar cercano al centro, tenemos a Musk en un extremo y a las personas que no han salido de su apartamento desde la COVID-19 en el otro. La Aldea y el Río están cada vez más alejados.

Así pues, el mundo se encuentra en otro punto de inflexión. Estuvo 1776, con la Revolución americana, y luego la Revolución Industrial. Tuvimos después 1945, con el final de la Segunda Guerra Mundial, y la reorientación del orden mundial en medio de la aparición de la Era de la Información. Y está la actualidad. Porque aunque el final de la Guerra Fría hizo pensar brevemente que nos encontrábamos en la senda hacia la paz y la prosperidad compartidas, ahora resulta más difícil sostener esta idea.

Francis Fukuyama, politólogo de Stanford, es conocido sobre todo por su libro de 1992, *The End of History and the Last Man* [hay trad. cast.: *El fin de la Historia y el último hombre*, Planeta DeAgostini, Barcelona,

1996], en el que sostenía, en las sombras de la Guerra Fría, que la democracia liberal era la mejor manera de canalizar los conflictivos impulsos de la humanidad hacia una prosperidad compartida. Desde entonces, Fukuyama se ha vuelto más pesimista, en especial sobre Estados Unidos. «La decadencia se produce cuando tienes una estructura institucional muy conservadora que no puede modificarse —me dijo cuando hablé con él en 2022—. Creo que es ahí donde estamos en Estados Unidos ahora mismo. Tenemos déficits institucionales claros, cosas que no funcionan bien. Y no se pueden reparar».

A veces se recuerda *El fin de la Historia* como una predicción de que el mundo se volvería más democrático, pero es un libro lleno de matices y yo lo interpreto más como un argumento proscriptivo de que la democracia liberal y la competencia del libre mercado equivalen a un equilibrio en la teoría de juegos. En la democracia liberal, todo el mundo puede intentarlo. No siempre ganarán: sus partidos políticos preferidos perderán su cuota de elecciones y algunos de sus prometedores inventos fracasarán. Pero podrán competir, y recibirán un trato justo como personas con capacidad de acción. Y lo que es aún mejor, gracias al crecimiento tecnológico que generen los ganadores, crearemos riqueza suficiente para proteger a los perdedores y que puedan volver a intentarlo una o dos veces más.

Esa es la teoría, en cualquier caso, y, tal como van las teorías, es una muy buena. Fukuyama considera que la naturaleza humana es más compleja que el racionalismo maximizador del VE del Río o la visión izquierdista —evidente en todas partes, desde Marx a Le Guin, pasando por el altruismo eficaz— de una supuesta utopía sin competencia ni riesgo. La gente quiere cierto grado de lucha, piensa Fukuyama, haciéndose eco de la obra de filósofos desde Hegel a Nietzsche. Están llenos de lo que él llama *thymos*, una antigua palabra griega que se traduce aproximadamente como «vivacidad». Casi todas las personas poseen isotimia, el deseo de ser reconocidas como iguales.[*] Hay una mayor variación en su megalotimia, el deseo de ser reconocidas como superiores.

Seguro que ha conocido a muchos megalotímicos en el Río; Musk es un ejemplo paradigmático. Hay que controlar sus impulsos, pero

---

[*] Gran parte de la política moderna puede concebirse como una lucha por la dignidad y el respeto. Una cosa que comparten todos, desde los activistas de izquierdas hasta los seguidores de MAGA, es que todos se sienten muy agraviados.

los que corren riesgos son también los que hacen avanzar a la sociedad. «Lo que se necesita es una distribución del riesgo —me dijo Fukuyama—. Así que hay algunos que asumen grandes riesgos, que en determinadas situaciones serán necesarios para la supervivencia de la comunidad. Pero no en todas las circunstancias. También pueden meter en problemas a toda la comunidad».

Así que terminaré este libro con una oferta de paz del Río a la Aldea, un esfuerzo por encontrar un punto medio. Se trata de tres principios fundacionales acordes con los valores liberales de la Ilustración, pero actualizados para nuestra época moderna. En cierto sentido, podría decirse que se han extraído de mi estudio de las personas que asumen riesgos con éxito: son conceptos útiles para tener en cuenta a la hora de apostar. Pero eso no es lo más importante: también son ideas que pueden ayudarnos a todos a competir, prosperar y maximizar las posibilidades de que la humanidad salga ganando.

Autonomía * Pluralidad * Reciprocidad

La Revolución francesa se inició en 1789, solo trece años después de la nuestra en Estados Unidos. Si viaja a París, verá con frecuencia tres palabras grabadas en sus edificios de piedra caliza: *liberté* («libertad»), *égalité* («igualdad»), *fraternité* («fraternidad» o «hermandad»), un lema no oficial de la Revolución inspirado en la Ilustración, que pervive hoy como lema nacional de Francia.

No hay absolutamente nada de malo en estos valores, pero quiero ofrecer una versión de ellos algo actualizada para nuestro mundo, complicado y moderno. Las palabras de mi lema son menos familiares, pero las he elegido por su precisión: autonomía, pluralidad y reciprocidad.

Autonomía es un término que he definido en el último capítulo, así que repetiré esa definición aquí: se refiere no solo a tener opciones, sino a tener buenas opciones en las que los costes y los beneficios sean transparentes, no requieran superar una cantidad indebida de fricciones y no corran el riesgo de atraparte en una espiral adictiva.

El concepto de autonomía es pertinente en la investigación de la IA; OpenAI describe un sistema de IA agéntico como un sistema «que puede alcanzar objetivos complejos de forma adaptable en entornos complejos con una supervisión directa limitada». La definición también es aplicable a los seres humanos. La *liberté* es necesaria y vital. Pero quizá ya no sea suficiente para nuestros entornos y objetivos complejos. Tenemos que dar a las personas opciones reales, bien informadas, que no requieran demasiada supervisión o ayuda. Dotar a las personas de autonomía implica cierta dosis de humildad. No demos por sentado que sabemos cuáles son sus preferencias y démosles margen para que evolucionen y se adapten, porque seguro que lo harán.

La autonomía está estrechamente relacionada con la «opcionalidad», que significa preservar la capacidad de las personas para tomar decisiones en el futuro a medida que reúnen más información. La opcionalidad es el concepto más explícitamente relacionado con los juegos de azar; desde el póquer hasta el comercio de opciones, hay VE en el hecho de tener una opción que se puede ejercer más tarde. Sin embargo, no debemos confundir el número de opciones con el número de buenas opciones. Las personas pueden tener problemas para ejercer sus opciones, especialmente cuando se encuentran bajo presión. Un solucionador de póquer según la teoría de juegos puede recomendar una determinada línea de juego porque le da la opción de farolear más adelante en la mano. Pero si es el día 6 del evento principal, Phil Ivey está al otro lado de la mesa y usted está demasiado asustado para farolear, esa opción no le servirá de nada. Tenemos que dar a las personas opciones sólidas que sean capaces de llevar a cabo.

Pluralidad significa no dejar que una sola persona, grupo o ideología obtenga una cuota dominante de poder. Los jugadores conocen este concepto; los apostadores deportivos con más éxito, como Billy Walters, buscan el consejo de una variedad de expertos humanos y modelos informáticos antes de hacer sus apuestas. Buscar el consenso es casi siempre más sólido que suponer que un solo modelo es lo bastante bueno para batir el diferencial.

Aunque la pluralidad es mi análogo moderno más cercano a la *égalité*, no significan exactamente lo mismo. No es necesario dar a todos los modelos el mismo peso ni a todas las ideas un sitio en la mesa. En vez de eso, apoyo la idea de Nick Bostrom de un parlamento moral, que he imaginado en el capítulo 7 como una mezcla de diferentes tradiciones filosóficas (por ejemplo, utilitarismo, liberalismo, conservadurismo, progresismo) que son lo suficientemente creíbles y sólidas para merecer alguna consideración en su marco moral.

Sin embargo, es imperativo desconfiar de las ideologías totalizadoras, ya sea en forma de utilitarismo, del aceleracionismo de Silicon Valley, del identitarismo de la Aldea* o de cualquier otra. En un mundo tan rápidamente cambiante como el nuestro, es difícil saber cuándo un movimiento ideológico puede de repente acumular mucho poder, como le ocurrió al utilitarismo con Sam Bankman-Fried, y ejercer sus peores impulsos. Incluso si se cree que una filosofía es correcta en su mayor parte,** su versión no destilada suele ser peligrosa.

Por último, está la **reciprocidad**. Es el principio más riveriano de todos, ya que deriva directamente de la teoría de juegos. Trate a los demás como personas inteligentes y capaces de un comportamiento estratégico razonable. El mundo es dinámico y, aunque las personas puedan no ser estrictamente racionales, suelen ser inteligentes a la hora de adaptarse a su situación y alcanzar las cosas que más les importan. Juegue a largo plazo. Claro que a veces los demás le ofrecerán oportunidades de las que sacar provecho. Pero recuerde que, en un equilibrio de Nash, cualquier intento de explotar a su oponente corre el riesgo de ser explotado a su vez. Evite las «mentiras piadosas» y las posturas adoptadas por pura conveniencia política. No solo pueden dañar su credibilidad, sino que las personas se darán cuenta de su farol más a menudo de lo que cree.

La reciprocidad es mi análoga a la *fraternité*. Sea empático con sus hermanos y hermanas, pero practique también lo que H. R. McMaster llama «empatía estratégica». Póngase en el lugar de su rival y, al menos de forma predeterminada, trátelo con la dignidad con la que esperaría que le trataran a usted. La idea de Fukuyama de la isotimia está estrechamente relacionada con esto. Pocas cosas motivan más a las personas que el deseo de vengarse cuando sienten que les faltan al respeto.

¿Y si es a usted a quien le han faltado al respeto, o si está tratando con un gilipollas con más megalotimia que isotimia? Bueno, no le voy a hacer leer quinientas páginas de un libro sobre jugadores hipercompetitivos para luego decirle algo así como «ponga la otra mejilla». A veces, la reciprocidad significa corresponder. La disuasión desempeña un pa-

---

* Es decir, su costumbre de transformar toda disputa política en una cuestión de política identitaria.

** El término riveriano para esto es «direccionalmente correcto», es decir, que apunta en la dirección correcta.

501

pel importante en la teoría de juegos. A veces hay que mantenerse firme.

No obstante, debemos dar a los demás con más frecuencia el beneficio de la duda. El respeto y la confianza pueden perderse, pero primero deben ofrecerse. Recuerde la lección del dilema del prisionero: describe cuando las personas se comportan individualmente de forma racional, pero acaban colectivamente peor porque no tienen forma de confiar los unos en los otros. La confianza en casi todas las grandes instituciones estadounidenses ha disminuido, y en muchos casos creo que ha sido una reacción razonable. Pero el mundo es un lugar peligroso. Solo hemos sobrevivido ochenta años con una tecnología que tiene el potencial de destruir la civilización, y puede que estemos a punto de inventar otra. La Ilustración hizo hincapié en el individualismo, pero también se preocupó por cómo crear instituciones sólidas, en particular la democracia liberal y la economía de mercado, que pudieran canalizar nuestra competitividad para promover los intereses compartidos de la humanidad. Estas instituciones fallan a menudo, y puede que lo estén haciendo cada vez más; quizá incluso necesiten nuevos cimientos. Pero no estoy seguro de cuánto tiempo más vamos a sobrevivir si abandonamos la esperanza de una gobernanza democrática que tenga posibilidades de tomar decisiones razonables para el bien común.

Como decimos los jugadores de póquer, *glgl* (las iniciales repetidas de *good luck*, «buena suerte» en inglés). Buena suerte, buena suerte, porque puede que la necesitemos.

Agradecimientos

Métodos y fuentes

Hace poco más de tres años, en los días de deshielo de un invierno del nordeste y de la pandemia de COVID-19, decidí que quería escribir otro libro. Habían pasado ocho años y medio desde la publicación de *La señal y el ruido* y yo había entrado en la madurez. Con Disney enfrentándose a vientos económicos en contra y habiendo menguado mi pasión por ser un «friki electoral», no esperaba que mi futuro estuviera en FiveThirtyEight. Estaba seguro de que necesitaba algo nuevo en mi vida. Y sabía que tenía mucho que decir.

Pero no sabía exactamente qué. Así que una tarde hablé con mi editora, Ginny Smith, y le propuse tres ideas que no estaban del todo formadas: un libro sobre juegos de azar, otro sobre inteligencia artificial y otro sobre teoría de juegos. Para mi satisfacción, Ginny y el equipo de Penguin Press se inclinaron inmediatamente por la idea de los juegos de azar, la que yo esperaba secretamente que les gustara, aunque, en realidad, *Al límite* acabó por incorporar los tres temas.

En los agradecimientos a *La señal*, citaba al autor Joseph Epstein: «Es mucho mejor haber escrito un libro que estar escribiéndolo». Aunque estoy inmensamente orgulloso del resultado final de *La señal*, fue mi primer libro de formato largo; yo estaba acostumbrado a la retroalimentación instantánea de los blogs a partir del ciclo diario de noticias, y hubo muchos dolores de crecimiento y falsos inicios. Con *Al límite*, me enamoré del proyecto desde el principio. Incluso cuando la propuesta que mi agente, Sydelle Kramer, y yo habíamos pergeñado se encontraba aún en estado de borrador, me fui a Florida para participar en el Seminole Hard Rock Poker Showdown, y empecé a hacer contactos en el Río y a mejorar mis habilidades con el póquer. Disfruté mucho de la investigación para este libro —si no por otra cosa, una buena excusa para tener muchas conversaciones interesantes con mucha gente interesante (y jugar mucho al póquer)—, pero también disfruté con la propia escritura. Este libro me llevó mucho tiempo, pero fue un tiempo bien empleado.

Sin embargo, esa experiencia relativamente indolora fue el reflejo de una enorme dosis de suerte. Suerte de tener a Ginny como editora, a Caroline Sydney como editora asociada y a Ann Godoff y Scott Moyers dirigiendo el espectáculo en Penguin Press. Tuvieron una paciencia desmesurada a medida que el alcance de *Al límite* se iba ampliando y los plazos se iban retrasando (la propuesta pedía «una extensión total de entre 60.000 y 85.000 palabras». Este libro es, ejem, más largo. No es una de mis mejores predicciones). Ginny proporcionó las directrices justas en los momentos adecuados. Un autor no podría pedir nada más.

También tuve la suerte de contar con Kendrick McDonald como ayudante de investigación, tanto para localizar fuentes de difícil acceso como para transcribir minuciosamente mis notas taquigráficas sobre fuentes en exhaustivas notas finales. Tuve suerte de contar con Sydelle como agente, siempre dispuesta a defenderme. Tuve suerte de contar con Andy Young como revisor de datos, y con el equipo de correctores de Penguin —Amy Ryan y Eric Wechter—, que me salvaron de unos cuantos errores vergonzosos, como cuando escribí la letra «c» antes de la «k» en dos casos del nombre «Francis Fukuyama».

También quiero dar las gracias a las muchas personas que accedieron a hablar conmigo para este proyecto; algunas de sus contribuciones se reflejan adecuadamente en el texto, pero otras no. Las siguientes personas actuaron de «guías espirituales» en mi navegación por el Río. Me ayudaron a conocer otras fuentes o a examinar ideas que influyeron profundamente en mi forma de pensar, aunque a menudo no se las cite por su nombre en el texto: Brandon Adams, Steve Albini, Scott Alexander, Johnny Betancourt, Andrew Brokos, Joe Bunevith, Austin Chen, K. L. Cleeton, Tyler Cowen, Marie Donoghue, Tom Dwan, Andy Frankenberger, Mitch Garshofsky, Matt Glassman, Kirk Goldsberry, Bill Gurley, Cate Hall, Walt Hickey, Maria Ho, Anil Kashyap, Salim Khoury, Maria Konnikova, Ryan Laplante, Timothy B. Lee, Jonathan Little, Jeff Ma, Jason MacLean, Alex Mather, Sunny Mehta, Ed Miller, Daryl Morey, Zvi Mowshowitz, Toby Ord, Alix Pasquet III, Shashank

AGRADECIMIENTOS. MÉTODOS Y FUENTES

Patel, Jon Ralston, Zach Ralston, Max Roser, Dan «C3PC» Singer, Michelle Skinner, Jason Somerville, Carlos Welch, Derek Wiggins, Karen Wong y Bill Zito (he omitido los nombres de algunas personas de partidas de póquer privadas, ya que no soy de los que van contando chismes por ahí).

También tengo algunos agradecimientos que pertenecen a una categoría especial. Aparte de Ginny, nadie me ha hecho sugerencias tan útiles como mi socio, Robert Gauldin, a quien está dedicado este libro. Y gracias a Zach Weinersmith, que dibujó el bonito «mapa» ilustrado del Río que aparece en la introducción del libro y me complació pacientemente mientras trabajábamos en cómo plasmar el borroso paisaje que yo tenía en la cabeza en alguna cosa en la página. Gracias también a Randall Munroe, Piotr Lopusiewicz y Jesse Prinz por autorizarnos a utilizar sus ilustraciones sin tener que recurrir a medidas drásticas.

Algunas notas rápidas sobre métodos y fuentes. La fuente de material más importante de este libro es la serie de aproximadamente doscientas entrevistas con otras tantas fuentes (algunas fueron entrevistadas más de una vez; en algunas entrevistas participaron varias personas a la vez). Casi todas las entrevistas se hicieron de palabra (aproximadamente la mitad en persona y la otra mitad a distancia), y la mayoría se grabaron. En los casos en que las entrevistas se realizaron por correo electrónico o hubo importantes aclaraciones por esa vía, lo he indicado en las notas finales. Las transcripciones las llevó a cabo Otter, un servicio de IA. En la mayor parte de los casos en que una fuente se cita textualmente, aunque no en todos, he cotejado la cita con la transcripción de audio original. He empleado mi criterio para determinar cuándo limpiar las interjecciones, como «como» y «hum», o los errores gramaticales menores. En la gran mayoría de los casos en los que afirmo que una fuente «dijo» algo, significa que me lo dijo a mí directamente, pero las excepciones en las que el contexto no está claro también se detallan en las notas finales. Aproximadamente el 80% de las entrevistas se hicieron de forma oficial, en su totalidad o en su mayor parte, pero en otras se utilizaron términos y condiciones más complicados, y parte de la información contenida en este libro procede de conversaciones previas.

Otra fuente importante es la experiencia personal. En ocasiones, esto abarcaba conversaciones informales que mantuve en lugares como una mesa de póquer. En los casos en que hubiera ambigüedad sobre la naturaleza de la interacción y la forma de representarla en este texto, he tenido en cuenta factores como el grado de información del interlocutor, su experiencia en el trato con periodistas y el carácter público o privado del entorno.

Inevitablemente, hay sesgos creados por quién accede a hablar contigo. Algunas de las fuentes del libro son personas a las que consideraría amigos, y en algunos casos amigos íntimos. Como no estoy en quinto de primaria, no voy a hacer una lista de mis amigos. Pero hay que tener presente que soy un residente del Río y no un simple visitante. También obtengo ingresos de diversas actividades relacionadas con el Río y en varias ocasiones he mantenido conversaciones de negocios con personas u organizaciones mencionadas en el libro, por ejemplo sobre proyectos de consultoría o charlas. Algunas de las personas del Río tienen antecedentes turbios o no son narradores del todo fiables; enumerar todas las posibles reservas sobre cada fuente requeriría otras veinte páginas. He intentado sortearlas citando meticulosamente el material proporcionado por las fuentes y tener abundante redundancia, sin depender demasiado de ningún contacto en particular.

Un nuevo (o debería decir novedoso) reconocimiento: ChatGPT fue de gran ayuda para escribir este libro; me sirvió de musa creativa a la hora de idear cosas como subtítulos de capítulos, metáforas y analogías, y para refinar mi comprensión de los temas técnicos que probablemente estén bien representados en su corpus. No es un corrector fiable: por eso necesitaba a Andy y al equipo de Penguin Press. Y no soporto su estilo de prosa: toda la escritura es mía. No obstante, es una herramienta útil para un autor de no ficción y ha mejorado mi productividad.

Por último, gracias por comprar este libro. Espero que haya merecido la pena. Pero aun así voy a arañar cada centímetro de VE que pueda si nos encontramos en la mesa de póquer.

NATE SILVER, Las Vegas, Nevada, 10 de abril de 2024

Glosario

cómo hablar riveriano

Esta es una lista razonablemente completa de términos técnicos utilizados en *Al límite*, procedentes de los diversos campos que abarca el libro, como el póquer, las apuestas, las finanzas, la inteligencia artificial, las criptomonedas y el altruismo eficaz. También he incluido unos cuantos términos que no aparecen en la narración principal, pero que hallará con frecuencia en las conversaciones con los riverianos o que ofrecen un ejemplo particularmente pintoresco de la forma en que el Río ve el mundo.

Los términos marcados con asterisco (*) no son de uso generalizado. Reflejan frases concisas utilizadas por alguna de mis fuentes o que yo mismo he inventado para este libro. Las entradas en cursiva son términos relacionados que no tienen su propia entrada. Además de mi editor y asistente de investigación, ChatGPT me ayudó a revisar y refinar las definiciones de este glosario.

Aldea (La)*: Comunidad rival del Río, que se refleja claramente en las ocupaciones intelectuales con políticas progresistas, como los medios de comunicación, el mundo académico y la administración (especialmente cuando hay un demócrata en la Casa Blanca). Para los riverianos, la Aldea es provinciana, excesivamente «política» y adolece de diversos sesgos cognitivos. Sin embargo, la Aldea tiene muchas objeciones contundentes contra el Río, como se indica en la introducción. Mi definición no es del todo original y guarda cierta similitud con términos como «clase profesional-directiva». Tanto la Aldea como el Río están formados en general por «élites»; la inmensa mayoría de la población no pertenece a ninguno de los dos grupos.

+110, -110, etc.: En los juegos de azar, estos números de tres cifras son expresiones de las denominadas Probabilidades americanas; los números positivos indican los *perdedores* y los negativos los *favoritos*. Véase también: *probabilidades*.

10x, 100x, 1000x, etc.: Un alto rendimiento de la inversión, como el de una empresa emergente; 100x significa recuperar 100 veces su apuesta inicial.

3-bet, 4-bet, etc.: En póquer, una resubida o reresubida, es decir, Alice apuesta, Bob sube, Carol 3-bet (resube).

A priori: En razonamiento bayesiano, creencia inicial que se está dispuesto a revisar a medida que se descubra más información. Según el teorema de Bayes propiamente dicho, un *a priori* toma la forma de una estimación estadística de la probabilidad de un suceso. Sin embargo, el término se utiliza ahora ampliamente en el Río como sinónimo aproximado de «suposición».

Acción meme: Una acción como GameStop, que sube hasta alcanzar valores irracionales debido al entusiasmo viral en plataformas como r/wallstreetbets, lo que elimina temporalmente a los vendedores en corto.

Actualizar (teorema de Bayes): En línea con el teorema de Bayes, revisar sus puntos de vista después de considerar nuevas pruebas. A menudo se utiliza coloquialmente en el Río como una forma algo pretenciosa de referirse a cambiar de opinión.

Agorero: Alguien con una alta p(fatalidad) que está sumamente preocupado por el riesgo existencial de la IA.

Aleatorizar (póquer o teoría de juegos): Tomar una decisión al azar porque, literalmente, es indiferente elegir entre dos o más opciones. Un jugador que decide de este modo puede decir que ha *tirado* una estrategia determinada, en alusión a tirar un dado físico o virtual. Véase también: *estrategia mixta*.

Almacén de tragaperras: Un casino lúgubre con malas líneas de visión y máquinas tragaperras de pared a pared.

Altruismo eficaz: Movimiento fundado por Will MacAskill y Toby Ord que aboga por utilizar un análisis riguroso para determinar cómo hacer el mayor bien posible. Originalmente centrado en las donaciones caritativas, el altruismo eficaz extiende ahora estos principios para evaluar otras cuestiones, como el riesgo existencial. El AE tiene su origen en la filosofía utilitarista, aunque no todos los AE son utilitaristas.

Alucinación (IA): Información falsa a menudo «creativa» que producen los LLM cuando no saben la respuesta pero fingen que la saben.

Análisis de regresión: Método estadístico utilizado para determinar la relación entre una *variable independiente* y una o más *variables dependientes*. Por ejemplo, el análisis de regresión puede analizar cómo influyen las condiciones meteorológicas y los días de la semana en las ventas de un restaurante de barbacoas.

Apalancamiento: Arriesgada técnica que consiste en pedir prestado capital para hacer apuestas más grandes.

Aprendizaje automático: Técnica de IA en la que los ordenadores aprenden relaciones y patrones de forma autónoma analizando grandes conjuntos de datos con poca o ninguna orientación explícita por parte de los humanos.

Aprendizaje de refuerzo a partir de la retroalimentación humana (RLHF): Etapa avanzada del entrenamiento de un gran modelo lingüístico en la que evaluadores humanos dan o no el visto bueno basándose en criterios subjetivos para que el LLM se alinee mejor con los valores humanos. Stuart Russell lo llama coloquialmente «dar azotes».

Apuesta: Como sustantivo, la cantidad de dinero puesta en riesgo; como verbo (en inglés, *stake*), respaldar a otro jugador proporcionándole fondos a cambio de una parte de sus ganancias.

Apuesta combinada: Como verbo, tomar sus ganancias y hacer otra apuesta con ellas. Como sustantivo, una apuesta deportiva que incluye varios tramos (por ejemplo, cinco diferenciales de puntos diferentes en la NFL), en la que debe ganar cada tramo para ganar la apuesta, pero las probabilidades aumentan si lo hace. Las apuestas combinadas son populares entre los apostantes recreativos por la posibilidad de obtener grandes ganancias.

Apuestas de mesa: En el póquer, su responsabilidad se limita a las fichas que tiene delante en la mesa; metafóricamente, el término implica que debes dejar de ser un *nit* porque no se te ha pedido que arriesgues mucho («Vamos, que son solo apuestas de mesa»).

Apuesta de Pascal: La famosa «apuesta» del matemático francés Blaise Pascal en la que sostenía que se debe creer en Dios porque, si existe una mínima posibilidad de que Dios sea real, se obtendrá un beneficio infinito (ascender al cielo por toda la eternidad) al hacerlo.

Apuesta paralela: Apuesta deportiva sobre cualquier cosa que no sea el ganador del partido, el margen de victoria o el número total de puntos, como qué equipo marcará el primer gol de campo o la duración del himno nacional en la Super Bowl. Los *degens* también se enorgullecen de hacer apuestas ridículas entre sí, como si un tenista puede ganar un partido contra otro menos hábil utilizando una sartén en lugar de una raqueta.

Árbol de juego: El conjunto de ramas (resultados) que irradian desde diferentes nodos (puntos de decisión) de un juego. El ajedrez tiene un árbol de juego mucho más grande que el tres en raya, porque hay muchas más acciones posibles.

Astuto: Inteligente, ganador, +VE; el mayor cumplido que un riveriano puede hacer a otro. Suele utilizarse como adjetivo («una línea de apuestas astuta»; «Ella es astuta»). Evite «astuto» como en *card sharp*, «astuto con las cartas», para describir a un jugador hábil porque puede implicar ser un tramposo. El homónimo *card shark* no tiene esta connotación de forma tan acusada, pero se está volviendo arcaico.

Atraco de Pascal: Introducida por Eliezer Yudkowsky, es un equivalente de la apuesta de Pascal, en la que se le pide que haga un sacrificio para evitar una probabilidad pequeña e inverosímil de un resultado catastrófico: por ejemplo, un atracador que le dice que le dé cinco dólares o, de lo contrario, existe la posibilidad de que desencadene una reacción en cadena en un acelerador de partículas que lleve a la muerte térmica del universo. Es un ejemplo de las potenciales deficiencias del razonamiento utilitarista cuando se aplica a problemas cotidianos.

Abstracción: Deducir reglas o principios generales, separados de su contexto inmediato, a partir de lo que se observa en el mundo. Véase también: *razonamiento inductivo*.

Acción: Sólido término de los juegos de azar: 1) una oportunidad lucrativa, pero arriesgada («Donde está la acción»); 2) un sinónimo de juego ligero y agresivo («Es un jugador de acción»); 3) tener una apuesta en juego («Ella tiene acción en los Bengals»); 4) cuando es su turno de actuar en el póquer («La acción es suya, caballero»).

Aceleracionista: Persona partidaria de impulsar la IA con pocas restricciones; lo contrario de un aceleracionista es un desaceleracionista. Véase también: *e/acc*.

Acelerador: Un programa competitivo que proporciona asesoramiento y pequeñas inversiones financieras a empresas emergentes en fase inicial a cambio de una participación en el capital de la empresa.

AE: Véase: *altruismo eficaz*.

Agente: En teoría de juegos o IA, entidad dotada de inteligencia suficiente para tomar decisiones estratégicas razonables.

AGI: Inteligencia artificial general. El término carece de una definición clara, pero se refiere al menos a una inteligencia de nivel humano, a veces diferenciada de la *superinteligencia artificial* (ASI), que supera a la humana.

AK: As-rey, la mejor mano inicial en Hold'em aparte de una pareja de mano.

Alfa: En finanzas, tener una ventaja debido a la habilidad o métodos propios que permiten lograr rendimientos persistentes por encima del mercado.

Algoritmo: Conjunto de instrucciones paso a paso para ejecutar una tarea o calcular la respuesta a un problema. El término suele referirse a un programa informático, pero no tiene por qué; «toma la autopista a menos que haya partido de los Dodgers; si hay partido, toma las calles laterales» es un ejemplo de algoritmo sencillo. Coloquialmente, «algoritmo» se utiliza a veces como sinónimo de «modelo», pero los algoritmos suelen adoptar un enfoque determinista y no utilizan técnicas probabilísticas como la simulación, que a veces usan los modelos.

Alineación (IA): Cualidad de los sistemas de IA de «comportarse bien» y cumplir con seguridad sus objetivos previstos. Este término tiene muchos matices, como por ejemplo a los objetivos de quién deben servir exactamente las IA.

All-in: En póquer, apostar todas tus fichas. O, eufemísticamente, comprometerse a fondo con una acción, pero algunos riverianos consideran que esto es una metáfora manida.

Amenaza que deja algo al azar: En la teoría de la disuasión nuclear, la idea de Thomas Schelling de que la escalada contiene un riesgo intrínseco de provocar represalias nucleares porque pueden ocurrir accidentes o decisiones impulsivas en la niebla de la guerra.

Análisis, analítica: «Análisis» se refiere al proceso de descomponer temas complejos en componentes más simples. En cambio, la «analítica» se refiere al uso de métodos estadísticos para analizar datos, especialmente en los negocios o el deporte.

Ángulo o enfoque: En las apuestas deportivas, una ventaja resultante de un conocimiento propio específico, como una propiedad estadística que los corredores de apuestas pasan por alto. En póquer, el término se refiere a una táctica sospechosa que no está estrictamente en contra de las reglas, pero que tiene la intención de engañar, como poner las manos detrás de las fichas para sugerir que va a ir *all-in*, pero se detiene después de provocar una reacción de su oponente; un jugador que constantemente hace este tipo de jugadas es un *angle-shooter*.

Ante: Una contribución obligatoria al bote que pagan todos los jugadores para iniciar la acción al comienzo de una mano de póquer; véase también: ciega.

Arbitraje (Arb): Estrategia para obtener beneficios sin riesgo aprovechando las diferencias de precio de un mismo activo en distintos mercados.

Archipiélago (El): Región del Río que abarca las actividades del mercado gris, como los intercambios de criptomonedas no regulados; un lugar que hay que evitar.

Ases: Una pareja de ases como cartas ocultas, la mejor mano inicial posible en Hold'em.

Atención (IA): En un modelo de transformador, el mecanismo para evaluar la importancia de la relación semántica entre distintos pares de tokens. Por ejemplo, los tokens «coyote» y «correcaminos» estarían estrechamente relacionados y llamarían más la atención del modelo. Véase también: *transformador*.

Autonomía: Como se define con más detalle en el capítulo ∞, estar capacitado para tomar decisiones sólidas y bien informadas; saber qué factores están bajo nuestro control.

Bad beat: Perder una apuesta en que usted era el claro favorito para ganar, especialmente si el oponente hizo una jugada especulativa. Un A♣A♦ que pierde contra un 7♥2♣ (una de las peores manos del póquer) se considera más una *bad beat* que cuando los ases pierden contra otra mano fuerte como reyes de mano. A menudo, los riverianos lo hacen extensivo a situaciones cotidianas, por ejemplo, que te pongan una multa cuando has aparcado ilegalmente solo cinco minutos para recoger tu pedido de Starbucks.

Bajar (dinero): Colocar apuestas; este término implica que ha tenido que superar alguna fricción para hacerlo, por ejemplo, porque la casa de apuestas deportivas piensa que usted es un jugador astuto y quiere limitar su acción.

GLOSARIO: CÓMO HABLAR RIVERIANO

Bala (póquer): Una inscripción en un torneo; pagar para entrar en el mismo evento varias veces es «disparar múltiples balas».

Ballena: En póquer y juegos de casino, un jugador relativamente malo que da acción y juega con apuestas altas (véase también: *pez*, *VIP*). En criptomoneda, sin embargo, el término tiene una connotación positiva y se refiere a alguien que posee gran cantidad de tokens o NFT.

Barba (apuestas deportivas): Alguien, idealmente una ballena o un *degen* conocido, que hace una apuesta en tu nombre, normalmente por una parte de los beneficios.

Barra de error: Representación gráfica de un intervalo de confianza o margen de error, que indica un rango de incertidumbre en torno a un punto de datos.

Bayesiano: Proceso de pensamiento que refleja el teorema de Bayes, que indica que 1) se tienen unas creencias iniciales sobre el mundo en lugar de tratarlo como una pizarra en blanco; y 2) esas creencias se actualizan racionalmente en función de la intensidad de las nuevas pruebas.

Big data: Conjuntos de datos muy grandes (por ejemplo, cientos de millones de registros de clientes) que pueden ser adecuados para utilizar en el aprendizaje automático. Hacia 2010-2016, el término también se utilizaba como sinónimo de análisis, pero se ha vuelto arcaico.

Black-Scholes: Fórmula muy conocida para fijar el precio de las opciones sobre acciones, llamada así por los economistas Fischer Black y Myron Scholes.**Boom del póquer**: Periodo de rápida expansión del póquer a partir de 2003 debido a la creciente disponibilidad de juegos en línea y a la victoria de Chris Moneymaker en el Evento Principal de 2003. El boom del póquer terminó entre 2006 y 2008 debido a las medidas cada vez más agresivas contra el póquer en línea.

Bloque Génesis: El bloque inaugural de la cadena de bloques de Bitcoin, que marca el comienzo de su registro contable. Para más contexto, véase el capítulo 6.

Bloqueador (póquer): Una carta que afecta a la distribución estadística del rango de manos de su oponente. Por ejemplo, si tiene el A♠, es menos probable que tu oponente tenga color en picas porque usted «bloquea» el color.

Bombeo y descarga: Exageración engañosa de un activo para luego venderlo cuando sube de precio.

Bored Apes: (Monos Aburridos): Una popular colección de NFT conocida más precisamente como *Bored Ape Yacht Club*, que muestra monos graciosos en uniformes de vela. Menos prestigiosos que los CryptoPunks y con más frecuencia asociados con la burbuja de NFT de 2020-2022; el término *apeing* hace referencia a la compra impulsiva de un nuevo token o colección de NFT sin tener en cuenta su valor subyacente.

Botón (póquer): El jugador que actúa en último lugar después del *flop*; esto supone una ventaja y justifica jugar más manos. El nombre procede de un botón o disco blanco con la etiqueta DEALER («crupier») que gira alrededor de la mesa. Véase también: *crupier*.

Brazalete (póquer): El brazalete de oro que se concede por ganar un evento de las Series Mundiales de Póquer; ahora hay más de cien eventos de brazaletes al año entre torneos en vivo y en línea de las WSOP, pero los brazaletes siguen siendo muy codiciados.

Bucle de retroalimentación: Proceso en el que los resultados afectan recursivamente al comportamiento futuro del sistema. Por ejemplo, el aumento del calentamiento global hace que se derritan más glaciares, lo que provoca un mayor calentamiento al reducir la reflectividad de la superficie terrestre. Un bucle de retroalimentación también puede denominarse círculo virtuoso o círculo vicioso, en función de si los efectos se consideran positivos o negativos.

BTC: Abreviatura del precio de mercado actual de Bitcoin, la criptomoneda nativa de la cadena de bloques Bitcoin.

Burbuja (póquer): La fase de un torneo de póquer justo antes de que se concedan los premios en metálico. Puede obligar a efectuar desviaciones significativas en la estrategia, como por ejemplo que los jugadores con grandes pilas eviten conflictos entre ellos mientras que atacan sin piedad a los de pilas pequeñas que intentan sobrevivir el tiempo suficiente para recibir un premio mínimo (*mincash*).

Búsqueda de línea: El proceso de buscar la línea de apuestas más favorable entre muchas casas de apuestas deportivas.

Capital riesgo: El sector de la empresa privada, sobre todo en Silicon Valley, que proporciona capital a empresas incipientes.

Capitalismo de Casino Hipermercantilizado: Un futuro distópico a corto plazo en el que el mundo se asemeja cada vez más a un casino y un pequeño porcentaje de personas utiliza la IA para explotar a las masas.

Carrera armamentística: Una aplicación del dilema del prisionero en la que la mejor jugada de cada parte es escalar, por ejemplo, adquiriendo más armas nucleares para no estar en desventaja estratégica.

Casino local: Casino con servicios limitados, dirigido a los residentes locales. Véase también: *almacén de tragaperras*.

Cadena de bloques: Registro digital contable de transacciones en orden cronológico; por ejemplo, la cadena de bloques de Bitcoin registra todas las ventas de Bitcoin. Una cadena de bloques está descentralizada y distribuida entre múltiples ordenadores para proporcionar un mecanismo de verificación de las transacciones sin depender de los gobiernos o del sistema financiero. Existen numerosas cadenas de bloques: la cadena de bloques Bitcoin y la cadena de bloques Ethereum son registros contables independientes.

Calibración: En estadística, grado en que las predicciones coinciden con las probabilidades previstas. Por ejemplo, si pronostica que una determinada clase de sucesos ocurrirá el 20% de las veces, el hecho de que ocurra 21 veces en una muestra de 100 ensayos indicaría que sus pronósticos estaban bien calibrados.

Cállate y multiplica: Admonición, acuñada por primera vez por Eliezer Yudkowsky, para comprometerse con el proceso de cálculo riguroso: no debe confiar en su instinto si no puede traducir sus intuiciones a forma matemática.

Calling station: Un jugador de póquer sospechoso que es pasivo y juega muchas manos, y que ve en lugar de subir o abandonar; nunca haga un farol a un *calling station*.

Campana de Gauss: Véase: *distribución normal*.

Canon: Obra de arte o ciencia que es ampliamente reconocida y muy apreciada, y que se supone que es conocida por otras personas dentro de la comunidad; Shakespeare forma parte del canon de la literatura inglesa. El adjetivo correspondiente es «canónico».

Capped (póquer): Haber jugado de tal forma que no se puede tener una mano muy fuerte y, por tanto, no se puede disuadir a los rivales de practicar un juego agresivo.

Captura del regulador: La tendencia de las empresas atrincheradas a beneficiarse cuando se elabora una nueva normativa aparentemente en interés público, por ejemplo, debido a una presión política.

Cartas comunitarias o de mesa: En Hold'em, cartas repartidas bocarriba y compartidas por todos los jugadores. Véase también: *flop*, *turn*, *river*.

Cartas de inicio: Dos cartas repartidas bocabajo a cada jugador en Hold'em, que puede utilizar junto con las cinco cartas comunitarias compartidas para formar una mano de póquer.

Caso extremo: Ejemplo que se produce en circunstancias extremas o inusuales y que puede no ser adecuado para la generalización.

Ciegas (póquer): Apuestas obligatorias que giran alrededor de la mesa para sembrar el bote, que cada jugador es responsable de pagar por turnos. En Hold'em, hay una ciega pequeña y una ciega grande, y la primera cuesta la mitad. Véase también: *ante*.

Ciencia de datos: Estadística aplicada, sobre todo en un contexto empresarial. Expresión de jerga, aunque mejor que otras alternativas.

Círculo virtuoso: Véase: *bucle de retroalimentación*.

Cisne negro: Término acuñado por Nassim Nicholas Taleb para hacer referencia a resultados que en principio eran extremadamente improbables, pero que en realidad eran más probables de lo que se suponía debido a las propiedades estadísticas del fenómeno subyacente.

Clase de referencia: El conjunto de precedentes históricos que se consideran relevantes a la hora de hacer una predicción.

Clip sujetapapeles: Una alusión a un experimento mental de Nick Bostrom que imaginaba una IA avanzada, encargada de maximizar la producción de clips, que consume todos los recursos para lograr su objetivo, lo que llevaría a la caída de la civilización.

Cobertura (apuestas deportivas): Cuando un equipo gana por suficientes puntos o pierde por un margen lo suficientemente estrecho como para superar la diferencia de puntos.

Combo (póquer): Las permutaciones de una mano concreta que es probable que estén en el rango de un jugador. Por ejemplo, hay cuatro combinaciones de AK con palo (A♣K♣, A♦K♦, A♠K♠, A♥K♥).

Comisión o rake: Parte de un bote de póquer que el casino se lleva para asegurarse un beneficio.

Computación (IA): Cuando se utiliza como sustantivo, abreviatura de «potencia de cálculo»; la cantidad de recursos que tiene a su disposición para alimentar sus modelos. Véase también: *GPU*.

Concurso de belleza keynesiano: Concurso hipotético descrito por John Maynard Keynes en el que los participantes ganan premios adivinando lo guapas que encuentran los demás participantes a las concursantes. Véase también: *punto focal*.

Conocimiento del ámbito: Experiencia en un subcampo concreto.

Consecuencialismo: La idea de que la moralidad de las acciones debe determinarse en función de sus resultados, en contraste con la deontología, que postula que las acciones deben juzgarse por su adhesión a preceptos éticos. Véase también: *utilitarismo*.

Consenso: En las apuestas deportivas, la opinión colectiva del público, aunque el término es ambiguo y a veces puede referirse al consenso de una acción astuta. En ciencia, el consenso se refiere a la opinión predominante (aunque no necesariamente unánime) de los expertos.

Contar cartas: En el blackjack —específicamente en el blackjack, no lo haga en otros juegos de cartas— llevar la cuenta de las cartas que se han descubierto hasta el momento. Si se han descubierto menos cartas altas (por ejemplo, reyes, reinas) que bajas (por ejemplo, 2 y 3), el blackjack puede convertirse en +VE.

Contrarianismo consciente: Hacer una apuesta contraria, pero con una hipótesis clara de por qué otros participantes en el mercado están equivocados, por ejemplo, porque tienen otros incentivos que compensan la maximización del VE.

Contrato inteligente: Programa almacenado en la cadena de bloques para ejecutar automáticamente instrucciones contractuales, asociado en primer lugar a la cadena de bloques Ethereum. Las NFT y las DAO (organizaciones autónomas descentralizadas, una forma de estructura de autogobierno) son ejemplos de contratos inteligentes.

Convergencia instrumental: La hipótesis de que una máquina superinteligente perseguirá a sus propios objetivos para minimizar su función de pérdida y no dejará que los humanos se interpongan en su camino; incluso si el objetivo de la IA no es matar a los humanos, seremos daños colaterales como parte de su juego de Magnate de los Clips.

Coordinadas (póquer): Cartas como J♠10♠8♦, que están cerca en palo y rango, proporcionando más proyectos de escaleras y de color; generalmente impulsan a jugar agresivamente.

Corpus (IA): El conjunto de todos los textos o tokens de los datos de entrenamiento de un modelo; para un LLM como ChatGPT, el corpus puede considerarse aproximadamente como todo el discurso humano expresado en internet.

Corredor de apuestas: Persona que acepta apuestas deportivas. Los corredores de apuestas ajustan sus probabilidades en función de las apuestas realizadas hasta el momento, moviendo la línea en la dirección de la acción aguda. Véase también: *pronosticador*, un término diferente con el que a veces se confunde.

Correlación: Relación estadística entre dos variables; por ejemplo, las ventas de helados están positivamente correlacionadas con el tiempo cálido. La correlación no implica necesariamente causalidad: las ventas de helados también están correlacionadas con la violencia armada, porque ambas tienden a alcanzar su punto máximo cuando hace calor y hay mucha gente al aire libre. El *coeficiente de correlación* es una medida estadística de correlación en una escala de −1 (*perfectamente* no correlacionado) a +1 (*perfectamente* correlacionado).

Correr bien/rungood: Conseguir resultados superiores al VE propio gracias a la buena suerte. El antónimo es *running bad* o *runbad*. Un *sunrun* es un periodo prolongado de *rungood*, es decir, correr con más calor que el Sol.

Creación de valor en memes: Término de Matt Levine para referirse a los precios distorsionados generados a través de la coordinación espontánea en comunidades en línea, que ni siquiera fingen que les importe el valor fundamental del activo.

Creador de mercado: En el mercado bursátil, un creador de mercado es una empresa que compra y vende acciones para proporcionar liquidez, obteniendo pequeños beneficios en las transacciones sin evaluar el valor fundamental de la acción. En las apuestas deportivas, un creador de mercado es un corredor de apuestas que utiliza las apuestas de apostantes experimentados para ayudar a establecer precios precisos, ajustando las probabilidades con rapidez. Los precios de los creadores de mercado suelen ser copiados por las casas de apuestas *minoristas*, que cuentan con grandes presupuestos de marketing pero limitan las apuestas de los apostantes astutos.

Criptodivisa: Moneda digital protegida por una cadena de bloques.

Criterio de Kelly: Una fórmula derivada por John Kelly Jr. que calcula qué porcentaje de tus fondos (*bankroll*) deberías apostar, dadas las probabilidades y tu estimación de la probabilidad de que la apuesta gane. Trata de maximizar el valor esperado al tiempo que minimiza el riesgo de ruina. Matemáticamente, se puede expresar como ventaja/probabilidad, lo que indica que debe apostar más a medida que aumenta su ventaja y menos a medida que disminuyen las probabilidades. Los apostantes también utilizan el término como adjetivo; por ejemplo, *medio Kelly* se refiere a apostar la mitad de la cantidad recomendada por la fórmula.

Crupier o dealer: Persona que baraja y reparte las cartas en una partida de póquer; en los casinos, se trata de un empleado que no participa en la partida. También se refiere al jugador que, simbólicamente, tiene la posición del crupier y actúa en último lugar después del *flop*. Véase también: *botón*.

Cubrir: Reducir la varianza haciendo una apuesta con una correlación negativa con tu posición general, por ejemplo, si apuestas demasiado por los Lakers en un momento inspirado por el *tilt*, podrías hacer una apuesta más pequeña por los Celtics para cubrir tu riesgo.

Curva en J: La tendencia en el capital riesgo a que los rendimientos de un fondo caigan inicialmente en negativo antes de volverse positivos, formando un patrón en forma de J. Se produce porque las inversiones poco rentables se identifican pronto, mientras que las rentables tardan más en madurar y producir beneficios.

Color (póquer): Cinco cartas del mismo palo.

Comisión, vig o vigorish: En apuestas deportivas, la ventaja de la casa que está implícita en las líneas de apuestas, normalmente del 4 al 5% de una apuesta.

Conclusión Repugnante: Formulada por el filósofo Derek Parfit, se trata de la proposición de que cualquier cantidad de utilidad positiva multiplicada por un número suficientemente grande de personas —infinidad de personas que comen un lote rancio de patatas fritas Arby's antes de morir— tiene mayor utilidad que un número menor de personas que viven en la abundancia. La conclusión es antiintuitiva. Dependiendo de a quién se pregunte, habla de los defectos de la moral convencional o de los defectos del utilitarismo.

Cooler: Cuando tiene una mano de póquer fuerte, pero su oponente tiene una aún más fuerte, o cuando pierde inevitablemente su dinero a pesar de jugar de manera razonable.

CryptoPunks: Conjunto de diez mil imágenes digitales únicas (discutiblemente) al estilo Warhol, lanzado en 2017 que sigue siendo el patrón oro de las colecciones NFT. Véase también: *Bored Apes*.

Descubrimiento de precios: El proceso de establecer un precio de mercado dejando que la gente haga apuestas o transacciones.

Deseo mimético: Idea propuesta por René Girard según la cual las personas imitan lo que otras codician. Eso puede contribuir a la inestabilidad del mercado, porque los activos pueden convertirse en puntos focales debido más a la codicia colectiva que a su valor intrínseco. Véase también: *economía basada en la envidia*.

Despegue (IA): La velocidad a la que se logra el progreso de la IA; los catastrofistas temen un *despegue rápido* en el que no haya tiempo de desconectar si algo va mal.

Desviación típica o estándar: Forma de cuantificar la dispersión de los datos en torno a la media. En una distribución normal, el 68%, el 95% y el 99,7% de los datos, respectivamente, se sitúan dentro de una, dos y tres desviaciones estándar de la media, por lo que se dice que alguien cuyo cociente intelectual está tres desviaciones estándar por encima de la media es muy inteligente.

Determinista: Lo contrario de *probabilístico*: resultado que está predeterminado o es estrictamente predecible con una probabilidad exacta de 1 o 0.

Diferencial: Véase: *margen de puntos*.

Diferencial de puntos: Apuesta deportiva en la que se pronostica el margen de victoria. Un número positivo (Chiefs +3) significa que gana la apuesta si los Chiefs ganan el partido o pierden por menos de 3 puntos; un número negativo (Chiefs −3) significa que los Chiefs deben ganar por al menos esa cantidad.

Diferencial entre la oferta y la demanda: La diferencia, normalmente reducida, entre el precio al que se ofrece vender una acción (la «oferta») y comprarla (la «demanda»).

Dilema del innovador: Teoría de Clayton Christensen sobre por qué las empresas rebeldes más austeras tienden a desbancar a las titulares más poderosas. La tesis de Christensen se centraba en las empresas lastradas por un exceso de compromisos con los clientes, pero el concepto puede extenderse a otro tipo de compromisos, como los adquiridos con accionistas y empleados.

Dilema del prisionero: Una aplicación famosa y muy útil de la teoría de juegos, descrita por primera vez en 1950 por Melvin Dresher y Merrill Flood para referirse a dos miembros de una banda criminal que habían sido detenidos y encarcelados y que, independientemente, tenían que decidir si cooperaban con el otro prisionero o bien lo traicionaban y condenaban a su cómplice a una larga pena. El dilema del prisionero predice que ambos presos traicionarán, actuando en su propio interés, pero dejándolos colectivamente en peor situación que si hubieran cooperado.

Dilema del tranvía: Dilema moral propuesto por primera vez por la filósofa Philippa Foot. La versión original consistía en un tranvía cuyos frenos habían dejado de funcionar y estaba a punto de matar a un cierto, reducido, número de trabajadores de la vía, pero que podía desviarse a otra vía para matar a un número menor de trabajadores. Se han planteado muchas variaciones creativas que han actuado como experimentos mentales para explorar diferentes preceptos del razonamiento moral.

Dioses-máquina*: IA superinteligentes a las que los humanos permitimos que tomen decisiones por nosotros porque nos impresionan.

Direccionalmente correcto: Apuntar en la dirección correcta en relación con el consenso. Si su modelo predice que los Detroit Lions ganarán por 10 puntos y el diferencial de puntos los favorece por 3, el modelo habrá realizado una apuesta direccionalmente correcta aunque los Lions ganen solo por 4.

Disociar: Separar los elementos de una cuestión compleja. Por ejemplo, valorar el talento vocal de un músico sin tener en cuenta sus opiniones políticas. A los riverianos les encanta disociar, porque creen que así pueden hacer un análisis sin sesgos, mientras que a los aldeanos les gusta considerar los hechos en su contexto político o social más amplio.

Distopía: Lo contrario de una utopía, un mundo profundamente malo.

Distribución de probabilidad: Conjunto de todos los resultados posibles en una situación incierta, que suele representarse en forma de gráfico, en el que algunas regiones reflejan resultados relativamente más probables y, por tanto, son más densas en el gráfico. Véase también: *distribución normal*.

Distribución normal: Conocida informalmente como curva de campana por su forma característica, es una distribución de probabilidad que resulta de una gran muestra de datos cuando se cumplen ciertas condiciones según el teorema central del límite. Las distribuciones normales son simétricas, fáciles de manejar y empíricamente útiles en muchas situaciones del mundo real; por ejemplo, un rango probabilístico para el porcentaje de tiro de un jugador de la NBA después de cien tiros debería aproximarse a una distribución normal. Sin embargo, hay que tener cuidado cuando se violan estos supuestos; algunas condiciones dan lugar a distribuciones de *colas gruesas*, en las que los resultados atípicos o «cisnes negros» son mucho más probables de lo que predice la distribución normal.

Disuasión (teoría de juegos): Impedir la agresión por parte de tu oponente mediante la amenaza de una escalada, por ejemplo, amenazando de forma creíble con ir *all-in* en póquer o con lanzar un ataque nuclear de represalia.

Doblar: En blackjack, doblar la apuesta inicial y recibir solo una carta más; es una táctica +VE cuando es probable que el crupier se pase (por ejemplo, si usted tiene un 10 contra su 6). Cuando hable en riveriano, evite el uso de «doblar» fuera de este contexto: es un tópico y le consideraremos un pez.

Donde está la acción: Una referencia al ensayo de Erving Goffman que creó una división romántica del mundo entre las personas que juegan sobre seguro y las que asumen riesgos y van *donde está la acción*.

Donkbet: Apuesta realizada inesperadamente cuando un jugador está fuera de posición en el póquer y hasta el momento se ha comportado pasivamente. *Donk*, abreviatura de *donkey*, «burro», es otro de los muchos términos para referirse a un mal jugador de póquer. Una *donkbet*, por tanto, se solía considerar una táctica perdedora de un mal jugador; pero irónicamente, los solucionadores han descubierto desde entonces que el *donkbetting* es a veces +VE.

Degen, degenerado: Persona que tiene tendencia a apostar, especialmente con grandes sumas, o a tener un comportamiento desenfrenado. A menudo implica apostar −VE, pero también puede significar hacer apuestas +VE por encima de los propios medios. A veces se utiliza de forma cariñosa o autocrítica; en el Río, los *degens* están mejor considerados que los *nits*.

Deontología: Del prefijo griego *deon-* que significa «deber», la idea de que la moralidad de una acción debe juzgarse a partir de principios éticos, a diferencia del consecuencialismo, que sostiene que las acciones deben juzgarse por sus consecuencias.

Desertar (teoría de juegos): Delatar o actuar interesadamente en lugar de cooperar, como predice el dilema del prisionero.

Destrucción mutua asegurada (MAD): Teoría de disuasión nuclear que sostiene que los estados nucleares no se atacarán entre sí porque tendrían asegurado un devastador ataque de represalia si lo hicieran.

DFS: Daily Fantasy Sports: Juego en el que se selecciona una alineación de jugadores con un presupuesto fijo y se acumulan puntos en función de sus estadísticas reales. El DFS precedió a las apuestas deportivas legales en la mayoría de los estados de Estados Unidos, pero desde entonces se ha visto eclipsado por ellas.

DonBest: El proveedor más reputado de probabilidades de apuestas deportivas en tiempo real. Una pantalla de DonBest es señal de un apostante serio, el equivalente en el sector a una terminal de Bloomberg.

Drawing dead: Una situación en la que literalmente no hay ninguna posibilidad de ganar, incluso aunque en adelante todo vaya perfectamente. Si el último vuelo de la noche de Phoenix a Chicago se cancela y tiene una reunión a las siete de la mañana del día siguiente en Chicago, está *drawing dead*, no tiene ninguna posibilidad de llegar a tiempo, a menos que tenga un amigo con un jet privado.

E/acc: Aceleracionismo eficaz, un movimiento poco definido y a veces troleador (el nombre es un juego de palabras con altruismo eficaz) que defiende seguir adelante con la IA porque los riesgos son exagerados o son superados por los beneficios. Véase también: *tecnooptimista*.

Economía basada en la envidia: Término acuñado por el crítico de la revista *New York* Jerry Saltz para referirse al hipertrofiado mercado del arte en el que un pequeño porcentaje de obras se convierten en puntos focales de envidia y obtienen precios mucho más elevados; estas características se han trasladado al espacio de los NFT.

Eliminar, eliminado: Ser eliminado de un torneo de póquer, o arruinarse por perder todos tus fondos.

Empatía estratégica: Acuñada por el historiador militar Zachary Shore, es la capacidad de ponerse en el lugar del adversario para tomar mejores decisiones.

Empíricos: Conocimientos o conclusiones derivados de datos y observaciones más que de teorías o razonamientos puro.

Entrada: El coste de participar en un torneo de póquer o el acto de hacerlo.

Entrenamiento: En aprendizaje automático, el proceso de proporcionar a un modelo un gran conjunto de datos con los que aprenderá y hará deducciones. El término también se utiliza a veces en estadística clásica, por ejemplo para el proceso de elección de los parámetros en un análisis de regresión, pero este tipo de técnicas implican mucha más intervención humana que el aprendizaje automático.

Equidad (póquer): Su parte del bote en términos de valor esperado; por ejemplo, un jugador con un proyecto de color después del *flop* tiene aproximadamente un 35% de equidad, ya que esa es la frecuencia con la que mejorará su mano.

Equilibrio de Nash: Llamado así en honor al matemático de Princeton John Nash, es una solución de la teoría de juegos en la que todos los participantes han optimizado su VE y ya no hay más ganancias por cambios unilaterales de estrategia. Nash demostró que todos los juegos que cumplen ciertas condiciones tienen al menos un equilibrio, aunque algunos tienen más de uno.

Equilibrio: Véase: *equilibrio en teoría de juegos*.

Equivocado en internet: Referencia a una viñeta de xkcd en la que un hombre se quedaba despierto toda la noche porque era su deber discutir con idiotas que se equivocaban en internet.

Equivocarse al clicar: Metedura de pata al pulsar literal o figuradamente el botón equivocado; el término se originó en el póquer en línea, pero se utiliza de forma pintoresca en otras partes del Río, por ejemplo: «Tenía la intención de pedir la botella de vino de 80 dólares, pero me equivoqué al clicar y señalé la de 400».

Erizo: Junto con el zorro, una de las dos tipologías de personalidad en la toma de decisiones propuestas por Phil Tetlock. Los erizos tienden a ser testarudos, ideológicos y a ir *all-in* en determinadas teorías del caso. Pueden ser menos fiables en el pronóstico y en la toma de decisiones incrementales, pero son mejores líderes naturales, ya que su determinación puede impulsar a otros a unirse a ellos.

Escala de Richter tecnológica (TRS)*: Término de mi cosecha, inspirado en la escala de Richter (que mide la magnitud de los terremotos), para medir la cantidad de perturbación causada por un invento. Al igual que la escala clásica de Richter, es logarítmica (una tecnología TRS 8 es diez veces más perturbadora que una TRS 7), y la frecuencia de los inventos está inversamente relacionada con su magnitud TRS (hay diez TRS 7 por cada TRS 8).

Escalera (póquer): Cinco cartas consecutivas del mismo valor, por ejemplo, 8♣7♦6♥5♥4♣. Si tienes un 8, un 7, un 6 y un 4, pero no un 5, las probabilidades de completar la escalera en el *river* son de un 10%.

Escalera de color: Una escalera y un color a un tiempo, la mano más potente en el póquer.

Escalera interna: Véase: *escalera*.

Esquema Ponzi: «Inventado» por el «empresario» italiano Charles Ponzi, es una estafa que promete altos rendimientos de las inversiones, pero los consigue pagando a los inversores existentes con fondos obtenidos de nuevos inversores. Una categoría relacionada es la *estafa piramidal*. Los esquemas Ponzi y piramidales pueden funcionar bien hasta que se quedan sin nuevos pardillos.

Estadística clásica: También llamada *frecuentismo*, métodos centrados en la comprobación de hipótesis. Están amenazados tanto por los bayesianos, que cuestionan sus premisas, como por los enfoques de aprendizaje automático, que sacrifican la interpretabilidad en favor de la precisión predictiva.

Estadísticamente significativo: Que es poco probable que se deba al azar. En estadística clásica, significa que la hipótesis nula puede rechazarse con una probabilidad específica de, normalmente, el 95%. El término está cayendo en desuso en el Río como consecuencia de la adaptación de la estadística bayesiana y la *crisis de replicación*, el fracaso de muchos hallazgos académicos publicados utilizando la estadística clásica para ser verificados por otros investigadores.

Estancamiento secular: Según su definición original, periodo de tiempo prolongado en el que hay escaso o nulo crecimiento económico, que suele ir acompañado de bajos tipos de interés. De manera informal, la sensación de que el progreso tecnológico y económico no está siendo tan rápido como debería y que la sociedad se enfrenta a muchos vientos en contra.

Estrategia de explotación: Enfoque diseñado para aprovecharse de un oponente que no está jugando una estrategia óptima según la teoría de juegos. Tenga cuidado, porque las estrategias de explotación pueden ser contraexplotadas y exponerle a pérdidas de VE.

Estrategia dominante: En teoría de juegos, jugada que siempre es la mejor, haga lo que haga el adversario; lo contrario es una *estrategia dominada*.

Estrategia mixta: En teoría de juegos, cuando dos o más estrategias (como subir o ver en el póquer) tienen el mismo valor esperado y se debe elegir al azar entre ellas. Un equilibrio de Nash suele requerir el uso de estrategias mixtas.

Estrategia pura: Cuando la teoría de juegos recomienda realizar una acción el cien por cien de las veces en lugar de utilizar una estrategia mixta. En fútbol americano, por ejemplo, un equipo que se enfrenta a un tercer *down* a larga distancia siempre puede pasar en lugar de correr porque pasar tiene más VE a pesar de la falta de valor de engaño.

Estudios de progreso: Término propuesto por Patrick Collison y Tyler Cowen para un campo multidisciplinar que estudia la mejora de la condición humana.

Ética infinita: Rama de la filosofía moral que se ocupa de los problemas de un universo infinito, que a menudo dan lugar a paradojas o conclusiones antiintuitivas.

Externalidad: Coste impuesto a otros que usted no paga (como en el caso de una *externalidad negativa*, como la contaminación) o beneficio obtenido por otros (como en el caso de una *externalidad positiva*, como el progreso tecnológico) del que usted no se beneficia directamente.

Escalado (IA): En aprendizaje automático, tendencia a que las capacidades aumenten con la cantidad de computación. El escalado no suele ser lineal, sino que las capacidades aumentan como una función logarítmica de la computación. A veces se denominan *leyes de escalado* por la aparente inevitabilidad del crecimiento de las capacidades.

ETH, Eth, Ethereum: Respectivamente, el símbolo del teletipo bursátil (ETH) y el término coloquial (Eth) para Ether, la criptomoneda nativa de la cadena de bloques Ethereum, que fue desarrollada por Vitalik Buterin para permitir contratos inteligentes y otras mejoras sobre Bitcoin.

Evento Principal: El evento más prestigioso y lucrativo de las Series Mundiales de Póquer, con una cuota de inscripción de 10.000 dólares; el Evento Principal de 2023 generó más de 100 millones de dólares en inscripciones.

Fade: Apostar en contra de ciertos resultados o esperar que no se produzcan, por ejemplo, si apuesta a que los Celtics ganarán la Conferencia Este, está *fading* a equipos rivales como los Bucks y los 76ers. En el póquer, un jugador *fades* las cartas que podrían mejorar la mano de su oponente.

Falacia de Motte y Bailey: Término friki riveriano para referirse a un argumento en el que alguien plantea una posición controvertida (el *bailey* o terreno bajo) y, cuando se le cuestiona, retrocede a una posición más fácil de defender (el *motte* o terreno alto). Por ejemplo, el *bailey* podría ser «deberíamos prohibir inmediatamente el uso de combustibles fósiles», y el *motte* podría ser «todos apoyamos una transición hacia fuentes de energía más sostenibles». Preste atención: pronto la verá por todas partes.

Falacia del jugador: La creencia errónea de que los resultados de un proceso determinado aleatoriamente se «equilibrarán» a corto plazo, por ejemplo, que si una moneda ha salido cara varias veces seguidas, deberías apostar a cruz porque es «lo que toca». La *mano caliente* es la falacia opuesta, esto es, la creencia de que se debe apostar a cara porque la cara es «caliente», aunque el proceso sea aleatorio.

Flujo de operaciones: El volumen entrante de oportunidades de inversión rentables; una sociedad de capital riesgo bien conectada tiene un fuerte flujo de operaciones.

Fondo de cobertura: Empresa privada que realiza apuestas financieras complejas, a menudo basadas en conocimientos propios o modelos estadísticos; los fondos de cobertura no necesariamente cubren su riesgo.

Fondo indexado: Vehículo de inversión que sigue un índice bursátil importante, como el S&P 500. Suelen considerarse inversiones inteligentes porque tienen comisiones de transacción bajas y es difícil ser más listo que Wall Street.

Fondos (bankroll): La cantidad de dinero que un jugador reserva para jugar. Es importante tener en cuenta si un *bankroll* puede reponerse. Elon Musk puede tener un *bankroll* nominal de 100.000 dólares en una partida de póquer, pero dispone de mucho más dinero si lo necesita. Cuando un *bankroll* no se puede reponer, el jugador corre el riesgo de arruinarse.

Fricción: Restricciones que dificultan el ejercicio de una opción nominalmente disponible. La fricción puede ser capciosa, por ejemplo, si un casino hace que sea difícil encontrar la salida a fin de que sigas jugando.

Función de pérdida: Medida de la diferencia entre los resultados predichos y los reales, en la que hay una penalización por estar lejos de la respuesta correcta. Los modelos tratan de minimizar esta discrepancia.

Fungible: Propiedad de ser intercambiable: los billetes de dólar son fungibles —uno es igual que otro—, mientras que las obras de arte no lo son (si compra un Picasso, alguien no puede saldar su cuenta con un Warhol).

Flip: Derivado de la palabra inglesa para lanzar una moneda al aire, una situación de póquer en la que las probabilidades son de aproximadamente 50-50, por ejemplo, ir *all-in* con AK contra reinas de mano. También se denomina «carrera».

Flop: Las tres primeras de las cinco cartas comunitarias repartidas bocarriba en Hold'em. Dado que se reparten tres cartas simultáneamente, el *flop* puede cambiar drásticamente la equidad en una mano.

Fold (póquer): Retirarse de la mano y pasársela al crupier, perdiendo cualquier inversión que se haya hecho en el bote.

FOMO: Acrónimo en inglés de «miedo a perderse algo», la actitud de muchos participantes durante una burbuja bursátil.

Foom: Una palabra onomatopéyica —imagine el sonido de un servidor poniéndose en marcha en una oficina de OpenAI a un volumen apenas superior a un susurro— para referirse a un despegue muy rápido de la IA.

Gg: En la jerga de internet (aunque a veces se pronuncia como «gee-gee») significa «buen juego», por las iniciales de la expresión en inglés; se utiliza cuando se elimina a un jugador de una competición, como un torneo de póquer. Puede ser simpático, sarcástico o autocrítico.

Glgl: «Buena suerte» o «Buena suerte, buena suerte», un alegre mensaje de texto para enviar a su amigo o amiga cuando acaba de inscribirse en un torneo de póquer. Si usted también participa en el torneo, la respuesta más apropiada es *LFG*: «¡Vamos, joder!».

GPT: Una serie de grandes modelos lingüísticos creados por OpenAI; la versión más reciente es GPT-4. GPT son las siglas en inglés de Transformador Generativo Preentrenado. «Generativo» hace referencia al hecho de que los LLM generan resultados (respuestas a consultas del usuario) en lugar de limitarse a clasificar datos. Véase también: *preentrenamiento* y *transformador*.

GPU: Unidad de procesamiento gráfico, un chip diseñado originalmente para representar gráficos, pero que es muy eficiente para cálculos matemáticos generales, lo que lo convierte en el patrón oro en investigación y aplicaciones de IA. Véase también: *computación*.

GTO: Véase: *juego óptimo según la teoría de juegos (GTO)*.

Head-fake (apuestas deportivas): Apuesta destinada a engañar a los corredores de apuestas deportivas para que muevan su línea, seguida de una apuesta mayor en el otro lado una vez que lo hacen. Esencialmente, es una forma de farol.

Hedonismo eficaz: Aplicar métodos basados en datos para optimizar cosas divertidas, como la vida sexual.

Hero call, hero fold: En póquer, ser un «héroe» al ver con una mano débil con la que normalmente se espera que te retires, o al abandonar con una mano fuerte con la que normalmente se espera que veas. Una jugada heroica implica que tu oponente se comporta de forma predecible, por lo que puedes desviarte de la teoría de juegos.

Heurística: Regla empírica sencilla y práctica que ha demostrado ser fiable la mayoría de las veces. Por ejemplo, mi entrenador de póquer (Andrew Brokos) acuñó la heurística «siempre lo tienen», que significa que la mayoría de los jugadores no van de farol lo suficiente, por lo que debería abandonar si sus oponentes hacen una apuesta grande (probablemente «la tienen», es decir, tienen una buena mano).

Hipótesis de los mercados del aburrimiento: Teoría propuesta por Matt Levine que atribuye la subida de los precios de los NFT, las acciones meme y otros activos especulativos en 2020-2022 al aburrimiento y la ansiedad provocados por la pandemia de COVID-19.

Horizonte temporal: La duración del intervalo futuro que considera relevante para evaluar sus acciones. Un horizonte temporal más largo implica tener más paciencia y una tasa de descuento más baja.

Humildad epistémica: El reconocimiento de los límites del propio conocimiento y la capacidad de reconocer la incertidumbre en la comprensión de la verdad, arraigada en el estudio de la epistemología, la filosofía de la adquisición del conocimiento.

HODL: Acrónimo en inglés de la frase «agárrate si estimas tu vida»; en jerga de criptomonedas, grito de guerra utilizado para implorar a alguien que se aferre a sus activos en lugar de venderlos.

Hold'em con límite: Variante del póquer en la que los incrementos de apuesta son fijos, a diferencia del Hold'em sin límite, en el que puede apostar cualquier cantidad hasta llegar a todas las fichas de su montón.

Hold'em: La forma más popular de póquer, muy apreciada porque fomenta el juego agresivo y arriesgado. En el Texas Hold'em, a cada jugador se le reparten dos cartas privadas (cartas de inicio) seguidas de una serie de cinco cartas comunitarias bocarriba que comparten todos los jugadores. En el similar Omaha Hold'em, se reparten cuatro cartas privadas a cada jugador, el cual debe usar exactamente dos de ellas para formar una mano. Coloquialmente, «Hold'em» casi siempre se refiere a la variante de dos cartas.

IA: Véase: *inteligencia artificial*.

Imparcialidad: Principio ético, asociado con el utilitarismo y el altruismo eficaz, según el cual no debemos dar más importancia a la vida de los que están cerca que a la de los que están lejos; por ejemplo, la vida de un niño en África es igual de valiosa que la de un niño de tu ciudad, o incluso que la de tu propio hijo.

Indiferente (teoría de juegos): La condición de tener dos o más opciones con el mismo VE. La teoría de juegos dicta que se debe elegir al azar entre ellas con una estrategia mixta.

Interpretabilidad (IA): El grado en que los seres humanos pueden comprender fácilmente el comportamiento y el funcionamiento interno de un sistema de IA.

Intervalo de confianza: Rango de incertidumbre en torno al valor estimado de un punto de datos o predicción estadística. Por ejemplo, un intervalo de confianza del 95% de [150, 400] para una previsión de yardas de pase de Patrick Mahomes indica una probabilidad del 95% de que sus yardas se sitúen dentro de ese intervalo.

Isotimia: Término adaptado de Platón por Francis Fukuyama para referirse al profundo deseo de ser considerado igual a los demás. Véase también: *megalotimia*.

Iteración: Un ciclo de un proceso repetitivo en el que las estimaciones de un modelo se mejoran progresivamente incorporando los resultados del ciclo anterior.

Ilustración: Movimiento filosófico del siglo XVIII que defendía principios liberales individualistas como la libertad, la igualdad de derechos y la separación de Iglesia y Estado. Estos principios influyeron enormemente en la Constitución de Estados Unidos y siguen dando forma a las democracias liberales occidentales, y fueron fundamentales en la Revolución Industrial, el capitalismo y el auge de la economía de mercado.

Inteligencia artificial: Tal y como la define el conocido experto en IA, el papa Francisco (¡!): «Una diversidad de ciencias, teorías y técnicas destinadas a hacer que las máquinas reproduzcan o imiten en su funcionamiento las capacidades cognitivas de los seres humanos». Evite utilizar IA como palabra de moda genérica para la ciencia de datos.

Jefe de sala: Empleado superior del casino a cargo de una sección de mesas de juego.

Juego de habilidad: Forma de juego en la que al menos algunos jugadores pueden ser +VE a largo plazo sin hacer trampas o jugar con ventaja. Ejemplos de ello son el póquer y las apuestas deportivas.

Juego de suma cero: Situación en la que la ganancia de un participante se equilibra exactamente con la pérdida de otro, con lo que permanece constante la utilidad total. Aunque los juegos de suma cero fueron la base original de la teoría de juegos, muchos escenarios del mundo real, como la disuasión nuclear, implican *motivos mixtos* que combinan elementos de competencia y cooperación.

Juego lento: En el póquer, limitarse a ver en lugar de subir con una mano fuerte a fin de inducir a su oponente a farolear o a hacer apuestas altas con una mano más débil.

Juego óptimo según la teoría de juegos (GTO): En póquer, jugar de acuerdo con lo que recomienda la teoría de juegos, como un equilibrio de Nash derivado por un solucionador. De manera informal, GTO se refiere a un estilo de juego que se percibe como matemáticamente preciso pero rígido, en contraste con los *jugadores de sensación*, que confían en la intuición o en los *jugadores de explotación*, que se basan en la psicología y en detectar los defectos de su oponente. A veces, los jugadores de póquer extienden su uso a la toma de decisiones cotidianas, por ejemplo, «hacer el pedido desde la app es GTO para poder saltarte la cola en Chipotle».

Juego táctico: En los torneos de póquer, un enfoque táctico orientado en torno al juego cauteloso para evitar agotar su pila mientras induce errores de sus oponentes.

Juego: Eufemismo utilizado por los profesionales del sector para referirse a las apuestas y juegos de azar.

Jugador divertido: Un mal jugador de póquer aficionado. Véase también: *pez*.

Jugador rec: Un jugador recreativo, en general –VE.

Juego con ventaja: Ser +VE en un juego de casino como las tragaperras, que normalmente tiene ventaja de la casa.

Largoplacismo: Filosofía defendida por Will MacAskill y otros AE que asigna tasas de descuento bajas o nulas a la utilidad futura, lo que implica que deberíamos preocuparnos por el bienestar de las personas que viven en un futuro lejano.

LessWrong: El blog racionalista fundado por Eliezer Yudkowsky, conocido por sus enérgicos debates sobre temas frikis.

La forma de las cosas por venir: Frase utilizada por Richard Rhodes en *The Making of the Atomic Bomb* para imaginar el monólogo interior del físico húngaro Leo Szilard cuando se dio cuenta de que sus ideas podían conducir a la creación de armas nucleares. Hace referencia a una novela de ciencia ficción de nombre *Shape of things to come* [hay trad. cast.: *Esquema de los tiempos futuros*, Diana, México, 1942] publicada por H. G. Wells el mismo año de la revelación de Szilard.

Leer: En póquer, el acto de adivinar la fuerza de la mano del oponente basado en las vibraciones que se captan de la situación.

Ley o regla de Cromwell: Advertencia de no hacer un pronóstico con una probabilidad de exactamente 0 o exactamente 1. Llamada así por el estadístico Dennis Lindley en honor a Oliver Cromwell, que escribió: «Os lo ruego, por las entrañas de Cristo, pensad que es posible que podáis confundiros».

Liberalismo: En este libro, y con frecuencia en otras partes del Río, el término se refiere a los valores clásicos de la Ilustración, como la libertad de expresión, el individualismo y la economía de mercado, en lugar de ser un sinónimo de «izquierda».

Limitada (apuestas deportivas): Reducción de su apuesta máxima por parte de una casa de apuestas deportivas porque cree que usted es un apostador astuto. En algunos casos, los jugadores están limitados a apostar dólares o centavos, y los límites sirven de pretexto para no invitar a la polémica, que sería una prohibición completa.

Línea de dinero: Una apuesta sobre las posibilidades de que uno u otro equipo gane el partido, en contraposición a la diferencia de puntos, que es una apuesta sobre el margen de victoria.

Líquido, liquidez: En los mercados, condición en la que hay muchos compradores y vendedores, lo que permite una negociación eficaz a demanda.

LLM: Véase: *modelo lingüístico grande*.

Los Álamos: Sede en Nuevo México del Proyecto Manhattan.

Los Ocho Traidores: Ocho ingenieros que abandonaron Shockley Semiconductor en 1957 para fundar una empresa rival, Fairchild Semiconductor, un punto de inflexión en Silicon Valley para iniciar un legado de espíritu empresarial entre los profesionales técnicos.

MAD: Véase: *destrucción mutua asegurada*.

Máquina del Juicio Final: Dispositivo que toma represalias automáticamente si detecta un ataque nuclear, disuadiendo de un primer ataque ultraviolento.

+ VE: Tener un valor esperado positivo.

Maximizador del VE*: Ciudadano típico del Río: el tipo de persona a la que le gusta hacer números para averiguar la «jugada» más rentable. A veces se acusa a los maximizadores del VE de llevar esto demasiado lejos, por ejemplo, construyendo un algoritmo para determinar cuándo deben dejar a su pareja.

Media truncada: La media después de recortar una proporción específica de los valores más altos y más bajos. Un buen compromiso entre la media y la mediana.

Mediorrío*: La región del Río centrada en las finanzas y la inversión, en particular Wall Street.

Magia blanca: Término autoencomiástico que utiliza Phil Hellmuth para referirse a su habilidad para *leer* intuitivamente a otros jugadores.

Mano a mano (póquer): Una partida de póquer con solo dos jugadores.

Margen de error: Cuando se utiliza con precisión, medida del error de muestreo que resulta de tomar una muestra aleatoria de datos (por ejemplo, ochocientos votantes en una encuesta política) en lugar de toda la población. Con frecuencia, el error de estimación proviene de fuentes distintas del error de muestreo, como la posibilidad de una muestra sesgada. Véase también: *intervalo de confianza*, un término más amplio que no se refiere necesariamente al error de muestreo.

Martingala: Un sistema en el que continuamente apuestas más hasta que ganas, por ejemplo, duplicando el tamaño de tu apuesta en cada giro de la ruleta hasta que la bola cae en rojo. Las apuestas *martingala* son –VE; el problema es que, aunque normalmente ganará una pequeña cantidad y luego se dará por vencido, en ocasiones perderá una cantidad enorme, cuando tenga una racha perdedora y se quede sin fondos.

Matriz de resultados: En teoría de juegos, una tabla de 2 × 2 que enumera los VE de cada jugador dadas las diferentes combinaciones de opciones estratégicas disponibles.

Media: Promedio.

Mediana: El valor central de un conjunto de datos, de forma que haya el mismo número de valores por encima y por debajo de él. En la serie [9, 2, -4, 7, 12], la mediana es 7.

Megalotimia: Término adaptado de Platón por Francis Fukuyama para referirse al profundo deseo de ser considerado superior a los demás. Véase también: *isotimia*.

Mercado de predicciones: Plataforma en la que las personas pueden apostar sobre el resultado de acontecimientos del mundo real, desde elecciones presidenciales a sucesos personales. Los mercados de predicción gozan de gran prestigio en el Río porque se considera que fomentan la racionalidad epistémica, es decir, ofrecen a las personas un incentivo para comprobar si sus percepciones sobre el mundo se ajustan a la realidad.

Mesa: Las cartas expuestas hasta el momento en una mano de póquer; en Hold'em, son las cartas comunitarias compartidas por todos los jugadores.

Mesas: Las partes de un casino con juegos –VE, como el blackjack; donde un *degen* va cuando es eliminado del torneo de póquer, pero todavía quiere más acción.

Minería (criptomonedas): La práctica computacionalmente intensiva de resolver rompecabezas criptográficos para verificar transacciones en la cadena de bloques. Como recompensa, los *mineros* reciben nuevas bitcoins (u otras criptomonedas) de forma cuasialeatoria.

Mismo palo (póquer): Dos cartas iniciales del mismo palo; las manos del mismo palo hacen color más a menudo y tienen una ventaja sorprendentemente grande sobre las cartas de palos distintos.

Modelador financiero: Arquetipo riveriano que realiza apuestas o toma decisiones utilizando el análisis estadístico.

Modelo lingüístico grande (LLM): Modelo de inteligencia artificial que genera respuestas en forma de texto a las peticiones de los usuarios. Los LLM modernos se entrenan mediante aprendizaje automático a partir de un gran corpus de texto, utilizando transformadores para comprender las relaciones semánticas entre los distintos tokens de la petición del usuario. Véase también: *GPT*.

Modelo: Representación simplificada de un sistema complejo diseñada para reproducir sus características esenciales con la precisión suficiente para hacer inferencias fiables o predecir resultados. El término es versátil, y abarcar desde modelos estadísticos y programas informáticos, pasando por «modelos mentales», hasta incluso representaciones físicas, como el modelo a escala de un barco. El arte y la ciencia de la modelización residen en determinar el equilibrio óptimo entre simplicidad y complejidad.

Montón o pila (póquer): Las fichas que tienes delante (sustantivo); en inglés, quedarte con todas las fichas de tu oponente (*I stacked Hellmuth*) porque ha perdido un *all-in* (verbo).

Mosquitera: Una expresión en altruismo eficaz para referirse a una intervención barata y muy efectiva, en alusión a la investigación que demuestra que colgar una simple mosquitera alrededor de una cama puede prevenir las picaduras de insectos y, por tanto, las muertes por malaria a un bajo coste.

Moverse rápido y romper cosas: La actitud icónica de Mark Zuckerberg en Silicon Valley: aprovecha las posibles oportunidades de +VE cuando puedas y preocúpate de las consecuencias después.

Moneyballización*: El proceso de dejar las cosas en manos de la ciencia de datos y los algoritmos, especialmente en campos que antes dependían de la sabiduría convencional anticuada.

NFT: Formalmente, un token no fungible, un certificado de propiedad en la cadena de bloques. Coloquialmente, se refiere más a menudo a una colección de arte digital cuya propiedad se verifica a través de NFT.

Nit: Un jugador de póquer que es notoriamente reacio al riesgo. También puede significar tacañería o inestabilidad emocional, o ser muy estricto con las reglas. El término a veces se extiende a otras situaciones; por ejemplo, eres un *nit* si te vas a la cama a las 9.00 de la noche, en lugar de ir con tus amigos al club, o *nitty* si exiges una contabilidad detallada en lugar de simplemente dividir la cuenta. El antónimo es *degen*.

Navaja de Ockham: Heurística que toma su nombre del filósofo inglés del siglo XIV Guillermo de Ockham, según la cual las soluciones más sencillas tienen más probabilidades de ser ciertas. Por lo general, está muy bien considerada en el Río, ya que las soluciones más complejas pueden dar lugar a dragado de datos (*p-hacking*) y sobreajuste (*overfitting*), en los que los datos se manipulan en exceso hasta producir la conclusión deseada. Un término relacionado es *parsimonia*.

Niño que se ahoga: Parábola propuesta por Peter Singer que nos pide que consideremos si nos ensuciaríamos el traje para salvar a un niño que se ahoga en un estanque poco profundo. Como es obvio que la respuesta es sí —la vida del niño es más valiosa que nuestro traje—, Singer la utiliza para fomentar el pensamiento altruista bajo el constructo del utilitarismo.

NO ES ASESORAMIENTO DE INVERSIÓN: Asesoramiento de inversión. Una expresión riveriana para un descargo de responsabilidad legal, que significa lo contrario de lo que dice. Sam Bankman-Fried empleaba con frecuencia esta frase en mayúsculas antes de ofrecer análisis que, de hecho, proporcionaban información práctica a los inversores.

Nodo: Punto de decisión en un juego, con posibilidades que se ramifican a partir de ahí. Por ejemplo, en póquer, un nodo puede ser la decisión de ver, abandonar o subir. En informática, el término es sinónimo de neurona.

Nosebleed: Apuestas muy altas en el póquer o en el juego, es decir, lo bastante altas como para que te sangre la nariz porque el aire es escaso ahí arriba.

Nuts (póquer): Una mano que es tan fuerte que esencialmente nunca perderá. Los modificadores pueden aclarar si se refiere a la mejor mano o simplemente a una de las mejores; por ejemplo, *stone-cold nuts* se refiere exactamente a la mejor mano, como 8♣6♣ (la mejor escalera de color disponible) en una mesa de 5♣7♣A♦A♥4♣. *Nutted* es la forma adjetiva. A menudo se utiliza fuera del póquer para referirse a una experiencia de máxima categoría, por ejemplo: «La comida que nos dieron en el Sphere, tío... fue *nuts*».

Opción de compra, opción de venta: Una «opción de compra» es un contrato que otorga el derecho a comprar una acción más adelante a un precio predeterminado, lo que indica una perspectiva alcista. Una «opción de venta», por el contrario, permite vender una acción a un precio especificado, lo que representa una posición bajista.

Opcionalidad: VE derivado de la perspectiva de poder tomar decisiones más adelante a medida que se revela más información. Por ejemplo, en el póquer, ver la apuesta en lugar de ir *all-in* ofrece una mayor opcionalidad, ya que podrá decidir qué hacer más adelante en función de la carta que aparezca.

Orden de magnitud: Por un factor de 10.

Orientado a los resultados: Juzgar la prudencia de una acción por el resultado —como si una apuesta se ganó o se perdió— sin tener en cuenta el papel de la suerte y el proceso que hay detrás de la acción. El pensamiento orientado a los resultados es el predominante fuera del Río, mientras que los riverianos tratan de centrarse en el proceso.

Originar (apuestas deportivas): Apostar con conocimientos o modelos propios que las casas de apuestas pueden considerar valiosos, obligándolas potencialmente a ajustar sus probabilidades.

Ortogonal: Sinónimo friki de «perpendicular», que significa que se cruzan en ángulo recto y transmite la idea de que los componentes de un sistema son independientes y no se afectan entre sí.

Outs: En el póquer, cartas que pueden llegar a hacer que tengas una mano ganadora. Por ejemplo, A♣10♣ tiene 15 *outs* contra K♦9♦ en una mesa de K♥J♣3♣2♥: cualquier as, reina (que haga escalera) o trébol (que haga color) ganará la mano. Más coloquialmente, «tener *outs*» significa una situación en la que todavía tienes alguna esperanza de librarte de un aprieto. Véase también: *drawing dead*, la situación opuesta, en la que no tienes *outs*.

Overbet: En el póquer, apostar más de lo que hay en el bote, lo que normalmente indica una mano fuerte o un farol. (Véase también: *polarizado*). Lo contrario de un *overbet* es un *underbet*.

Over-under: Véase: *total*.

Pareja de mano: En el póquer, dos cartas de inicio del mismo valor, por ejemplo, 7♦7♣, es «sietes de mano»; generalmente son manos fuertes.

Pepe: Una referencia a Rare Pepe, una popular colección de NFT en la que aparecía la Rana Pepe, una rana verde de dibujos animados muy habitual en memes. Aunque lo utilizaron algunos grupos de derechas a mediados de la década de 2010, el creador de la Rana Pepe ha renegado de esa connotación y el meme suele ser apolítico en la actualidad.

Personaje no jugador: Expresión que tiene origen en los videojuegos, se refiere a la persona o personaje con escasa capacidad de acción que interactúa con otros personajes y su entorno de forma predecible. Puede aplicarse de forma insultante a una persona a la que no se considera capaz de pensar estratégicamente.

PNJ: Véase: *personaje no jugador*.

Pot-committed: En el póquer, una situación en la que no puede abandonar porque tendrá las probabilidades adecuadas para ver sin importar lo que haga su oponente. Suele ser una metáfora más precisa que *all-in* para indicar una situación en la que no puede echarse atrás. Quizá aún no ha comprometido todos sus recursos y espere poder evitar hacerlo, pero si su oponente le obliga a tomar una decisión, tendrá que ver la apuesta.

Pot-Limit Omaha (PLO): La segunda modalidad de póquer más popular. Por lo demás, es similar al Hold'em, pero se distingue porque 1) a cada jugador se le reparten cuatro cartas en lugar de dos, dos de las cuales deben utilizarse en la mano final, el *showdown*; y 2) las apuestas no pueden superar el importe del bote. La PLO es conocida por sus alocados vaivenes; es uno de los juegos favoritos de los degens. A veces se le denomina *four card*.

Pañal sucio: Tres y dos de distinto palo, la peor mano del póquer, una verdadera mierda; y, por tanto, una mano divertida para farolear.

Paradoja de Fermi: La cuestión de por qué los humanos no han detectado aún vida extraterrestre a pesar de la inmensidad del universo. Según algunas interpretaciones, sugiere que las civilizaciones podrían no perdurar lo suficiente como para ser detectables a las grandes distancias del espacio. Debe su nombre al físico italiano Enrico Fermi, que se hizo la famosa pregunta: «¿Dónde están?», refiriéndose a la presencia esperada de civilizaciones extraterrestres.

Paradoja de la estabilidad y la inestabilidad: La tendencia a un aumento de las guerras indirectas (por ejemplo, Vietnam o Ucrania) en Estados que no están protegidos por alianzas con superpotencias y paraguas nucleares, incluso cuando las guerras entre Estados nucleares son menos probables debido a la destrucción mutua asegurada.

Paradoja de San Petersburgo: Observación, original del matemático Nicolaus Bernoulli, de que lanzar una y otra vez una moneda con un valor esperado positivo (por ejemplo, la moneda está cargada y gana el 51 % de las veces), pero con un riesgo de ruina resultará de manera inevitable en la ruina, aunque la secuencia de apuestas tenga aparentemente un valor esperado de infinito positivo. Para todo el mundo (menos para Sam Bankman-Fried), un defecto del utilitarismo estricto.

Parámetro: Este término tiene definiciones sutilmente diferentes en las distintas subzonas del Río, pero puede considerarse en sentido amplio como un mando que puede ajustarse para afectar a la forma general del comportamiento del sistema. Por ejemplo, una nota musical tiene parámetros como el tono, la duración y el volumen. Los modelos de IA tienen miles de millones de parámetros, muchos más que en la estadística clásica, lo que indica su complejidad.

Partida por dinero: A diferencia de un torneo, una partida de póquer sin un final fijo, en la que juega por el dinero de la mesa y puede intercambiar sus fichas por dinero en cualquier momento.

Pasar (póquer): Dejar pasar tu turno de actuar cuando no hay apuesta hasta el momento, moviendo la acción en el sentido de las agujas del reloj al siguiente jugador.

Pasar-subir: Subir después de pasar y que otro oponente apueste.

Perseguir el vapor: En apuestas deportivas, es la práctica de seguir *el vapor*, es decir, los cambios en los precios de las casas de apuestas que usted cree que reflejan la acción de apostantes astutos, pero que aún no han sido incorporados por otras casas de apuestas. A las casas de apuestas deportivas no les gusta esta práctica y pueden limitarle por ello.

Perseguir: Después de perder una apuesta, seguir apostando hasta recuperarse o arruinarse. El término implica *tilt* (véase) y desesperación.

Pez (póquer): Jugador −VE, típicamente inexperto que quieres que participe en tu partida. Posiblemente derivado en oposición a *tibu-*

rón, es decir, un jugador experto. El término es insultante, y se aconseja a los jugadores que no «golpeen el cristal» del acuario cuestionando las habilidades de un pez. Un pez rico que juega al póquer con grandes apuestas es una ballena.

P-hacking o dragado de datos: Cualquier método cuestionable para obtener un resultado estadísticamente significativo con el fin de aumentar las posibilidades de publicación en una revista académica. El término deriva del *valor p*, una medida de peso estadístico en la estadística clásica.

Pluralidad (mayoría simple): En estadística, la opción más elegida aunque no sea la mayoritaria; Bill Clinton ganó las elecciones de 1992 con una pluralidad o mayoría simple del 43 % frente a George Bush y Ross Perot. Sin embargo, en este libro utilizo «pluralidad» en el sentido de *pluralismo*, es decir, emplear múltiples enfoques a un problema en lugar de uno solo.

Polarizado (póquer): Tener un rango en el póquer consistente en manos muy fuertes y muy débiles o faroles, y poca cosa en medio. El antónimo es condensado. A veces los riverianos lo extienden a situaciones que no son de póquer; que tu jefe te llame para una reunión inesperada es una situación polarizada, porque o te ascienden o te despiden.

Polímata: Persona con aptitudes de genio en varios campos. Término elogioso en el Río, que valora más la inteligencia general que los conocimientos especializados. Véase también: *zorro*.

Porcentaje de retención: El porcentaje de las apuestas que se queda un casino. Por ejemplo, la ruleta americana tiene un porcentaje de retención del 5 %; por cada 100 dólares apostados, el VE del casino es de +5 dólares.

Posibilidades: A veces es sinónimo de probabilidad, pero más exactamente, las posibilidades se refieren a la probabilidad de que un acontecimiento no ocurra en comparación con la probabilidad de que sí ocurra, expresada como una proporción. Por ejemplo, si asignas una probabilidad de 5 a 1 a que Elon Musk no responda a su correo electrónico, significa que 5 veces que no responderá por cada vez que lo haga, por lo que sus probabilidades de obtener una respuesta son de 1 entre 6. Las posibilidades de 1:5, a su vez, indican que es el favorito; hay 5 posibilidades entre 6 de que Elon responda. Las *probabilidades americanas* (o *de línea de dinero*), las preferidas por las casas de apuestas deportivas, se expresan en múltiplos de 100, donde los números positivos indican que su apuesta no es favorita (+500 equivale a 5:1) y los negativos que ha apostado por el favorito (−500 equivale a 1:5).

Posición (póquer): Orden en el que los jugadores deben tomar decisiones; la acción gira en sentido horario alrededor de la mesa. Estar *en posición* es una gran ventaja estratégica porque los jugadores *fuera de posición* le habrán revelado información cuando le toque actuar.

p(fatalidad): Abreviatura de «probabilidad de fatalidad», estimación subjetiva del riesgo existencial, en particular del riesgo existencial de la IA.

Preferencia revelada: Comportamiento indicado por las acciones más que por las palabras; si se presenta a la partida de 5 dólares/10 dólares del Bellagio trescientos días al año, su preferencia revelada es que le gusta el póquer, lo admita o no.

Preflop: En el póquer, ronda de apuestas en la que cada jugador tiene dos cartas privadas, pero el *flop* y las demás cartas comunitarias aún no se han repartido.

Primer ataque: Ataque nuclear que elimina la capacidad del adversario para tomar represalias.

Principio de precaución: Heurística según la cual se debe tener aversión al riesgo debido a la posibilidad de que se produzcan daños desconocidos. Evite este término. Suele ser poco preciso, y los riverianos lo perciben como señal de un intruso de la Aldea que no ha realizado un análisis coste-beneficio riguroso, aunque los riverianos tienen algunas ideas propias similares. Véase también: *valla de Chesterton*.

Problema de gran mundo: Problema abierto, complejo y dinámico que no se presta a respuestas manipulables mediante el uso de algoritmos o modelos. Véase también: *problema de pequeño mundo*.

Problema de pequeño mundo: Problema manejable en un sistema cerrado, como predecir el resultado de los partidos de la NFL, que se presta bien a la modelización. Véase también: *problema de gran mundo*.

Procedencia: El prestigio, el origen y la cadena de custodia de un objeto; los objetos de colección —como los NFT— con una procedencia bien establecida son más valiosos porque son más irremplazables y menos propensos a ser falsificaciones.

Pronosticador: Persona que pronostica el resultado de acontecimientos deportivos para hacer apuestas o vender las probabilidades públicamente, a diferencia de los corredores, que aceptan apuestas con riesgo.

Prueba retrospectiva: Evaluación del rendimiento de un modelo a partir de datos pasados conocidos. Menos fiable que el uso de datos fuera de muestra, en los que no se conocen los resultados de antemano. Véase también: *sobreajuste*.

Público (apuestas deportivas): La suma total de la acción de los apostantes no expertos y recreativos; a menudo se aconseja apostar en contra del público (es decir, en contra del pronóstico popular).

Puerta trasera: Salvar una apuesta perdedora a través de medios improbables, por ejemplo, cogiendo dos cartas consecutivas para hacer un color, o cuando un equipo patea un gol de campo sin sentido para superar el margen de puntos; el contrario kármico de una derrota.

Pulsar el botón*: Según se emplea en este libro, optar por emprender una acción de alto riesgo y alta recompensa que podría suponer un riesgo existencial.

Punt: En póquer, una jugada mala, –VE, que puede haber sido el resultado de la impaciencia o el *tilt* («He hecho un *punt* de mi pila en un farol sin esperanza»); *punter* (n.) es también un término británico para un patrón de juego típicamente recreativo.

Punto básico: Una centésima parte de un porcentaje, por lo que una ganancia del 0,5 % puede describirse como 50 puntos básicos. Un término coloquial para punto básico es un *bip*.

Punto de inflexión: Punto en el que una curva cambia bruscamente de dirección o, de un modo menos formal, cuando el comportamiento de un sistema empieza a cambiar de manera radical.

Punto de vista economicista: La tendencia a pensar que todas las decisiones pueden resolverse mediante el análisis coste-beneficio.

Punto focal: Lugar, idea u objeto que adquiere importancia a través del reconocimiento colectivo, lo que permite la toma de decisiones coordinada. Un punto focal puede convertirse en una *profecía autocumplida*, es decir, todo el mundo quiere ir a Harvard porque todo el mundo quiere ir a Harvard.

Punto medio (apuestas deportivas): Una forma de arbitraje en la que apuesta a ambos lados de una línea, aprovechando las discrepancias de precios. Por ejemplo, si apuesta a Lakers +5 en Draft-Kings y a Celtics −3 en FanDuel, acertará el punto medio y ganará ambas apuestas si los Celtics ganan exactamente por 4 puntos. El equivalente a un punto medio, pero en apuestas de línea de dinero en lugar de diferenciales de puntos, es un *scalp*.

Punto: Los puntos de un dado o una carta.

Push (apuestas deportivas): Un empate, por ejemplo, usted apuesta a los Michigan Wolverines −3 y ganan por exactamente 3 puntos (véase también: *diferencia de puntos*); recupera su apuesta pero no obtiene ningún beneficio.

Proyecto Manhattan: El proyecto gubernamental estadounidense (1942-1945) que diseñó y probó con éxito una bomba atómica.

Revolución Industrial: Era de transformación que comenzó a finales del siglo XVIII en Inglaterra y el norte de Europa, caracterizada por rápidos avances tecnológicos, inventos mecánicos y la adopción de los valores de la Ilustración. La Revolución Industrial marcó un antes un después entre siglos de estancamiento económico y un crecimiento y progreso sostenidos.

Río Abajo: La región del Río centrada en el juego en casinos.

Río Arriba*: Una parte más intelectual del Río centrada en torno a la producción en bruto de ideas riverianas, como las expresadas en los movimientos AE y racionalista o en el desarrollo de la IA para usos no comerciales. Silicon Valley está influido por Río Arriba, pero se sitúa más cerca de Mediorrío.

Río (El): Metáfora geográfica del territorio que abarca este libro, un extenso ecosistema de personas con ideas afines, muy analíticas y competitivas, que incluye desde el póquer hasta Wall Street y la IA. El gentilicio es *riveriano*.

RLHF: Véase: *Aprendizaje de refuerzo a partir de la retroalimentación humana*.

ROI: Véase: *rendimiento de la inversión*.

R/wallstreetbets: Foro de Reddit (subreddit) popular entre los operadores aficionados y decisivo para promover burbujas bursátiles de memes como GameStop; conocido por trolear con humor adolescente y azuzar el comportamiento *degen*.

Racional: Según lo definen los filósofos, no es un simple sinónimo de «razonable», sino que se refiere tanto a la *racionalidad instrumental* (emplear medios que permitan alcanzar los fines propios) como a la *racionalidad epistémica* (tener puntos de vista anclados en la realidad). Para una definición más completa, véase el capítulo 7.

Racionalismo: Movimiento intelectual definido de forma poco clara, asociado a Eliezer Yudkowsky y Robin Hanson, cuyo objetivo general es fomentar una mayor racionalidad en la toma de decisiones, con un menor sesgo. Al igual que el altruismo eficaz, el racionalismo suele defender el uso de métodos cuantitativos, pero aplicados a muchos problemas y no solo a las donaciones caritativas. A menudo tiene más tendencia a llevar la contraria que el AE, con menos consideración por las convenciones sociales. Un adepto del racionalismo es un *rat*.

Rango (póquer): El conjunto de todas las manos que podría tener plausiblemente dado su juego hasta el momento. Un rango amplio significa que puede tener muchas manos y que su rango aún no se puede reducir. Este es un concepto fundamental en el pensamiento moderno y probabilístico del póquer; debe asignar a su oponente un rango de manos, no adivinar sus cartas exactas.

Razonamiento deductivo: Proceso de aplicar teorías o principios generales para deducir conclusiones sobre casos concretos, por ejemplo, utilizar principios constitucionales para determinar prácticas jurídicas en situaciones particulares. Véase también: *razonamiento inductivo*.

Razonamiento inductivo: Deducir generalizaciones amplias a partir de observaciones específicas. Por ejemplo, estudiar patrones de comportamiento humano para formular teorías morales generales. Véase también: *razonamiento deductivo*.

Reacio al riesgo, amante del riesgo, neutral al riesgo: Diversas actitudes ante la asunción de riesgos; «reacio al riesgo» significa que rechazaría una apuesta con un valor esperado cero, «amante del riesgo» significa que la aceptaría encantado, y «neutral al riesgo» significa que le resultaría indiferente.

Rebelde modélico, mediador modélico: Los términos que utilizo para referirme a estilos opuestos de hacer predicciones. Los «rebeldes modélicos» tratan una predicción como una hipótesis que hay que demostrar o refutar. Los «mediadores modélicos» tratan una predicción como base para hacer apuestas, combinando sus opiniones con el consenso del mercado. Véase también: *zorro, erizo*.

Reciprocidad: En teoría de juegos, responder a una acción con una acción que la refleje: por ejemplo, ojo por ojo. En un sentido más amplio, reconocer que los distintos jugadores del juego ocupan posiciones estratégicas simétricas y cada uno de ellos tiene capacidad de acción para dar respuestas estratégicas adecuadas.

Red neuronal: Marco de aprendizaje automático formado por nodos interconectados que imitan la estructura del cerebro humano. Estos nodos o neuronas procesan y transmiten información, contribuyendo a la capacidad de la red para tomar decisiones. Sin embargo, la exactitud de esta metáfora para describir la cognición humana no está del todo clara.

Regresión a la media: Principio según el cual, con el tiempo, una serie de datos tiende a volver a su valor medio o esperado a largo plazo. A diferencia de la falacia del jugador, que supone erróneamente que los resultados deben equilibrarse enseguida, la regresión a la media sugiere que las probabilidades empíricas se alinearán gradualmente con las medias a largo plazo a medida que se acumulen más datos.

Relación señal/ruido: Cociente entre la información significativa y la no significativa.

Rendimiento de la inversión (ROI, por sus siglas en inglés): Los beneficios divididos por la apuesta o inversión. Si invierte 10.000 dólares en acciones de Krispy Kreme y su valor aumenta a 12.000 dólares, su ROI es del 20%.

Rendimientos decrecientes: La tendencia a que cantidades mayores de un mismo producto tengan una utilidad marginal progresivamente menor: la quincuagésima galleta Oreo que consume no sabe tan bien como la primera. Las ganancias económicas también suelen tener rendimientos decrecientes: el primer dólar que gana tiene más utilidad marginal que el milmillonésimo.

Rendimientos superiores: En finanzas, rendimiento de las inversiones persistentemente superior al consenso del mercado, ajustado al nivel de riesgo. Véase también: *alfa*.

Repartir: En un juego de azar, dividir en partes iguales; dos jugadores de póquer con la misma mano en el *showdown* se reparten el bote, y si salen a cenar más tarde, podrían dividir la cuenta si se ponen de acuerdo en pagar la mitad cada uno.

Riesgo de cola: Un resultado de probabilidad baja, en referencia a las delgadas colas en ambos extremos de una curva de campana.

Riesgo de ruina: La probabilidad de perder tanto dinero que su capacidad para realizar nuevas apuestas se vea seriamente mermada.

Riesgo existencial: En el sentido más estricto, un resultado que mataría a todos los seres humanos, pero algunos estudiosos también lo utilizan para referirse a resultados en los que el potencial de la humanidad para prosperar se vería permanentemente mermado. Utilice «existencial» con cautela; *riesgo catastrófico* es un término más ligero.

Riesgo moral: Situación en la que una persona o empresa que asume un riesgo no carga con todas las consecuencias negativas —por ejemplo, un banco que cree que será rescatado si quiebra— y, por tanto, tiene un incentivo para comportarse de forma arriesgada.

Riesgo X: Véase: *riesgo existencial*.

River (póquer): La quinta y última carta comunitaria repartida bocarriba en Hold'em, seguida de una ronda final de apuestas y un *showdown*. El término deriva posiblemente de los orígenes del póquer en los barcos fluviales del Mississippi, donde, si se sospechaba que el crupier hacía trampas, se le arrojaba al río.

Robusto: En filosofía o inferencia estadística, fiable en muchas condiciones o cambios de parámetros. Una propiedad muy deseable.

Ruleta de tarjetas de crédito: Cuando un grupo de jugadores degenerados sale a cenar y hace que el camarero elija al azar una tarjeta de crédito para endosarle a alguien toda la cuenta.

Ruleta rusa: Un «juego» en el que haces girar las recámaras de un revólver, una de las cuales está cargada con una bala, luego te pones la pistola en la sien y aprietas el gatillo; implica una probabilidad de 1 entre 6 de que te mates de un tiro.

Satoshi: Referencia a Satoshi Nakamoto, seudónimo del creador de Bitcoin, o un satoshi, la denominación más pequeña de Bitcoin, igual a 0,00000001 BTC.

SBF: Sam Bankman-Fried, fundador de Felonious FTX.

Selección adversa: Asimetría en la que una de las partes de una transacción tiene más información y se aprovecha de ella. O, de manera informal, conseguir más acción de clientes que no se desean, como un restaurante de sushi de comer sin límite que se instala cerca de un torneo de lucha de sumo.

Series Mundiales de Póquer (WSOP): Festival anual de póquer que se celebra desde 1970 en Las Vegas —aunque el propietario de la marca WSOP, Caesars Entertainment, ha ampliado la franquicia para incluir eventos en línea y series de póquer en otros países.

Sesgo de anclaje: Sesgo cognitivo que consiste en dejarse llevar por la información que se obtiene al principio del proceso de toma de decisiones, y luego no ajustarse lo suficiente a medida que se revela nueva información. A menudo sugiere una desviación del razonamiento bayesiano ideal.

Si no eres capaz de detectar al primo: Una referencia a la película favorita de todos los jugadores de póquer cita de Mike McDermott en *Rounders*: «Escucha, así está la cosa. Si no puedes detectar al primo en tu primera media hora en la mesa, entonces el primo eres tú».

Silicon Valley: Tal y como se utiliza en este libro —otras definiciones pueden variar—, es el ecosistema de empresas tecnológicas, en gran parte respaldadas por capital riesgo, que se concentran en el Área de la Bahía de San Francisco o están estrechamente vinculadas a ella.

Sistema 1, Sistema 2: Términos de Daniel Kahneman para designar, respectivamente, el pensamiento intuitivo «rápido» (Sistema 1) y el pensamiento más deliberativo y «lento» (Sistema 2). Para un comentario más extenso, véase el capítulo 2.

Skin in the game (piel en el juego): Término popularizado por Warren Buffett (y más tarde por Nassim Nicholas Taleb, que lo utilizó como título de un libro) para referirse a asumir las consecuencias de las propias acciones. Alguien que apuesta 50.000 dólares cada vez en partidos de la NFL tiene *skin in the game*; un académico que publica un modelo informático de la NFL pero nunca apuesta con él, no.

Sabiduría de la multitud: En apuestas, inversiones y previsiones, tendencia a que la estimación media de todos los miembros del grupo sea relativamente precisa, a menudo más que las previsiones incluso de los individuos más astutos.

Saco de números: Término que me transmitió Nick Ryder, de OpenAI, para referirse al misterioso funcionamiento interno de los grandes modelos lingüísticos.

Semántica: Interpretación, significado y contexto en el estudio del lenguaje.

Semifarol: En póquer, subir con una mano como un proyecto de color que puede ganar con el farol o, en efecto, haciendo la escalera si se ve.

Sesgo cognitivo: Idea errónea sistemática que da lugar a un comportamiento irracional y que suele implicar un fracaso del «sentido común» o del razonamiento convencional. Véase también: *sesgo de confirmación*, *falacia del jugador*.

Sesgo de confirmación: La tendencia a percibir cualquier prueba nueva como una confirmación de la conclusión anterior; con frecuencia, signo de un razonamiento bayesiano deficiente.

Sesgo de selección: Tendencia a excluir a los miembros de una población con determinadas características, lo que da lugar a una muestra sesgada. Por ejemplo, la población de *quarterbacks* de la NFL sufre un sesgo de selección con respecto a la fuerza del brazo, porque los *quarterbacks* por debajo de cierto umbral nunca llegarán a ser profesionales. Véase también: *sesgo de supervivencia*.

Sesgo de supervivencia: Tendencia de una muestra estadística a estar sesgada o corrompida porque algunos ejemplos tienen más probabilidades que otros de sobrevivir en el «registro fósil», lo que puede llevar a inferencias incorrectas. Este libro puede adolecer de sesgo de supervivencia, ya que se centra más en los que han tenido éxito en la toma de riesgos que en los que han fracasado y han caído en el olvido.

Set (póquer): Tres iguales (trío) usando una pareja de mano; una pareja de ases forma un set si sale un tercer as en el *flop*. Los tríos con una sola carta de inicio (por ejemplo, si tiene un rey y salen dos reyes en el *flop*) se suelen llaman *trips*.

Shitcoin: Según la definición de Investopedia, «una criptomoneda con poco o ningún valor o sin un propósito inmediato y discernible». Sin embargo, la línea entre las shitcoins y las más ampliamente adoptadas criptomonedas puede ser borrosa.

Shove (póquer): Sinónimo de ir *all-in*, es decir, meter todas sus fichas en el bote.

Showdown (póquer): Cuando se descubren las cartas después de todas las apuestas y gana la mejor mano.

Sindicato: En apuestas deportivas, grupo de apostantes expertos que trabajan de forma coordinada.

Singularidad: Periodo hipotético futuro de avance tecnológico excepcionalmente rápido. El término se utiliza a veces con la inicial en mayúscula, como en el caso del investigador de IA Ray Kurzweil, para referirse a una Singularidad prevista en un futuro próximo y originada por la IA que mejora de manera automática.

Situación de subir o abandonar: Circunstancia en la que se debe actuar agresivamente o retirarse, y el término medio (equivalente a ver en el póquer) es peor que cualquiera de las dos. Aunque el término tiene su origen en el póquer, puede aplicarse a otros contextos: por ejemplo, podría decirse que el mundo debería haber seguido una estrategia de subir o abandonar en la COVID en lugar de las medias tintas que adoptamos.

Sobreajuste: Tendencia a complicarse en exceso en la construcción de un modelo estadístico, adhiriéndose con excesiva rigidez a la «forma» de los datos pasados; por ejemplo, incluyendo demasiados parámetros. Un modelo sobreajustado no generalizará bien y puede provocar un exceso de confianza; el rendimiento se deteriorará cuando se hagan predicciones con nuevos datos. Lo contrario es el *subajuste*, un modelo demasiado simplista que no capta bien las relaciones sólidas de los datos de entrenamiento; pero es el sobreajuste el problema más común en la mayoría de las investigaciones aplicadas.

Sobredeterminado: Fenómeno que tiene dos o más causas plausibles, pero en el que no hay forma fiable de distinguirlas. Si una playa popular está desierta tras un ataque de tiburones, un vertido de petróleo y una alerta de tsunami simultáneos, la ausencia de bañistas está sobredeterminada. El antónimo, cuando no hay explicaciones suficientes para lo que se observa en los datos, es *infradeterminado*.

Solución óptima de Pareto: Condición que toma su nombre del economista italiano Vilfredo Pareto, en la que se tienen múltiples objetivos y no se puede mejorar el rendimiento en una dimensión sin comprometer las demás. Por ejemplo, en la pandemia de la COVID-19, los países tuvieron que hacer concesiones. El conjunto de soluciones óptimas de Pareto (también llamado «frontera de Pareto») incluía varias combinaciones de «vidas salvadas» y «protección de la libertad», pero era difícil conseguir mejoras en una dimensión sin sacrificar la otra.

Solucionador: Programa informático de póquer que calcula una aproximación del equilibrio de Nash y, por tanto, puede aconsejarle sobre la jugada correcta.

Spectrumy: En el espectro autista.

Street (póquer): Una ronda de apuestas después de que se repartan nuevas cartas. En Hold'em, las *streets* son *preflop*, *flop*, *turn* y *river*.

Superficie de ataque: Número de puntos de entrada o ataque, análogo a la topología de un objeto físico. Por ejemplo, la nave Enterprise, con muchos salientes, tiene una superficie de ataque mayor que la esférica Estrella de la Muerte, porque hay más lugares vulnerables a los que disparar torpedos de fotones.

Superinteligente: Inteligencia artificial con capacidades considerablemente superiores a las humanas, popularizada por el libro *Superinteligencia* de Nick Bostrom.

Superpronosticador: Término utilizado por Phil Tetlock para designar a las personas que han demostrado su capacidad para realizar previsiones probabilísticas bien calibradas en numerosos ámbitos. Véase también: *zorro*.

Steelman: Lo contrario de un *hombre de paja*, una representación sólida del argumento de un oponente o la articulación más fuerte de una posición. Considerado como una práctica honorable por los AE y los racionalistas, ya que tiene como objetivo el debate constructivo.

Tell o indicación (póquer): Tic verbal o físico que da información sobre la fuerza de la mano de un jugador, pero hay que tener cuidado, porque los jugadores más hábiles pueden dar *tells* falsas deliberadamente.

Test de Turing: Prueba de fuego propuesta por el matemático británico Alan Turing en la que se considera que una máquina posee inteligencia práctica si un observador ajeno no puede distinguir sus respuestas a consultas, planteadas en forma de texto, de las de un ser humano. Los investigadores de IA debaten si el test de Turing es una buena medida de la inteligencia y si modelos como ChatGPT la han superado.

Tight agresivo (TAG): Estrategia de póquer, que defienden Doyle Brunson y otros, que consiste en jugar pocas manos pero de un modo agresivo. Los jugadores que juegan muchas manos y las juegan de forma agresiva se denominan como *LAG* (*loose-aggressive*).

Tilt: En póquer y otros juegos de azar, estado emocional que provoca un juego subóptimo. La forma arquetípica es el juego excesivamente agresivo tras una mala racha, en que un jugador trata de alejarse de las derrotas, pero el *tilt* adopta muchas formas; el juego excesivamente cerrado o *tight* —porque se tiene miedo a perder— también es *tilt*. La palabra *tilt* a menudo adopta modificadores, por ejemplo, *monkey tilt*.

TIR: Tasa interna de rentabilidad; la tasa de crecimiento anualizada de una inversión.

Transformador (IA): Arquitectura empleada en grandes modelos lingüísticos para transformar los textos introducidos por el usuario en matemática vectorial y viceversa. Los transformadores analizan todos los tokens de la consulta del usuario simultáneamente —en lugar de secuencialmente— en busca de relaciones semánticas complejas. Hay una amplia descripción de los transformadores en el capítulo ∞.

Transhumanismo: Postura según la cual se debe alentar a los seres humanos para que utilicen el aumento tecnológico para mejorar sus capacidades. El término es vago, en el sentido de que una tecnología tan simple como unas gafas puede considerarse un aumento, aunque normalmente se refiere a tecnologías más avanzadas, como la IA y la criogenización. Es distinto del *poshumanismo*, que va más allá y defiende que el *Homo sapiens* debería aceptar de buena gana una transición para convertirse en una nueva especie.

Trinity o prueba Trinity: Nombre en clave de la prueba que dio lugar a la primera detonación con éxito de una bomba atómica durante el Proyecto Manhattan.

TRS*: Véase: *escala de Richter tecnológica*.

Táctica: Una «jugada» ejecutada para lograr un objetivo a corto plazo (por ejemplo, avanzar su torre en ajedrez para hacer jaque a tu oponente), en contraposición a una *estrategia* a largo plazo. Los jugadores eficaces se aseguran de que sus tácticas apoyen su estrategia general.

Tamaño de la apuesta: El arte de determinar qué cantidad de sus fondos debe apostar, un componente que se suele pasar por alto del éxito en muchas formas de juego. Véase también: Criterio de Kelly.

Tamaño de la muestra: Número de *puntos de datos* u *observaciones* recogidos en un estudio o análisis. No hay reglas fijas para determinar el tamaño adecuado de una muestra, pero más datos es siempre mejor que menos.

Tasa base: Probabilidad derivada empíricamente en ausencia de otra información; por ejemplo, se podría decir que la tasa base de que los senadores estadounidenses ganen la reelección es del 90%, basándose en los datos históricos.

Tasa de descuento: La penalización asignada a periodos de tiempo futuros al calcular la utilidad o el VE de una inversión. Más concretamente, se refiere a la tasa porcentual utilizada para devaluar los beneficios o costes futuros a su *valor actual*. Una tasa de descuento más alta implica un horizonte temporal más corto.

Tecnooptimista: Según el «Manifiesto tecnooptimista» de Marc Andreessen, persona que cree que el crecimiento tecnológico favorece los intereses humanos y debe avanzar a buen ritmo con escasas limitaciones.

Teorema de Bayes: Concepto fundacional de la teoría de la probabilidad, atribuido al reverendo Thomas Bayes, que se utiliza para actualizar la probabilidad de un suceso a partir de nuevas pruebas. Se expresa como $P(A|B) = P(B|A) * P(A) / P(B)$, donde $P(A|B)$ es la probabilidad de A dado B, y $P(B|A)$ es la probabilidad de B dado A. El teorema subraya la importancia de reactivar las creencias iniciales (probabilidades *a priori*) a la luz de nueva información para llegar a conclusiones más precisas (probabilidades *a posteriori*). Por ejemplo, podría pensarse inicialmente que un objeto brillante no identificado en el cielo es Venus, pero, si empieza a brillar en verde, la probabilidad de que sea un OVNI se vuelve más significativa, con independencia de la suposición inicial.

Teoría de juegos: Estudio matemático del comportamiento estratégico de dos o más agentes en situaciones en las que sus acciones tienen una repercusión dinámica unas en otras. La teoría pretende predecir el resultado de esas interacciones y modelizar qué estrategia debe emplear cada jugador para maximizar su VE teniendo en cuenta las acciones de los demás.

Teoría prospectiva o de las perspectivas: Tendencia empírica descrita por primera vez por Daniel Kahneman y Amos Tversky, según la cual las personas tienen aversión al riesgo cuando se enfrentan a la pérdida de algo que ya tienen. Por ejemplo, pueden preferir 300 dólares garantizados a una moneda al aire en la que ganan 1.000 dólares o pierden 100, aunque la moneda al aire tenga un valor más alto.

Tesis de la ortogonalidad: Controvertida idea propuesta por Nick Bostrom según la cual «más o menos cualquier nivel de inteligencia podría combinarse con más o menos cualquier objetivo final»; implica que la IA avanzada puede ser peligrosa porque las máquinas podrían ser muy eficaces a la hora de perseguir objetivos que no estén alineados con los intereses del ser humano. Véase también: *clip*.

Tirada gratis o freeroll: Una situación de juego en la que no puedes perder dinero, pero tienes la posibilidad de ganar algo; ocasionalmente, los riverianos lo amplían de forma pintoresca a situaciones de la vida real: «Ven a la fiesta. Quizá conozcas a alguien: ¡es un *freeroll*!».

Tiro al friki (nerd-snipe): El acto de persuadir a un friki para que estudie un problema que es guay, quizá de forma desproporcionada a su importancia subyacente.

Tirón de alfombra (rug pull): Dar bombo a un proyecto de criptomoneda a fin de atraer inversores y luego desaparecer antes de llevar la idea a buen puerto. Un inversor que ha caído en una estafa de este tipo ha sido *rugged*.

Tiza (apuestas deportivas): Apuestas predecibles a grandes favoritos; suelen ser un signo de aversión al riesgo.

Token (criptomoneda): Un activo digital, como un contrato inteligente o un NFT, almacenado en una cadena de bloques que no es la criptomoneda nativa de la cadena de bloques, aunque en su uso práctico esta distinción suele difuminarse.

Token (IA): Unidad de texto que se utiliza como bloque de construcción en grandes modelos lingüísticos. Un token equivale aproximadamente a una palabra, pero los signos de puntuación también se tratan como tokens y las palabras compuestas, como «autopista», pueden dividirse en varios tokens.

Total (apuestas deportivas): El número combinado de puntos anotados por ambos equipos: se puede apostar por encima o por debajo del total.

Turn (póquer): La cuarta de las cinco cartas comunitarias repartidas bocarriba en Hold'em.

Unidad (apuestas deportivas): Incremento en las apuestas cuyo valor en efectivo no se especifica, y que a veces se utiliza para crear ambigüedad sobre cuánto se está apostando realmente: una unidad puede ser 5 dólares para un apostante y. 50.000 para Billy Walters.

Útil, utilidad: Unidad cuantificable pero adimensional de «bondad». Los utilitaristas buscan maximizar la cantidad de utilidad en el universo. La utilidad también ocupa un lugar destacado en economía, aunque los economistas no suelen abogar por un utilitarismo estricto; la utilidad sirve más bien como medida conceptual del bienestar general.

Utilidad marginal, revolución marginal: En economía, la «revolución marginal» fue el rápido desarrollo de la teoría de la «utilidad marginal» en el siglo XIX, centrada en la evaluación de los cambios en el margen («Comer otro trozo de pizza es bastante marginal porque ya me siento lleno»). En el Río, sin embargo, la frase también puede referirse a *Marginal Revolution*, el popular blog de los economistas Tyler Cowen y Alex Tabarrok.

Utilitarismo: Rama del consecuencialismo que sostiene que la moralidad de una acción se basa en su utilidad, a veces expresada como «el mayor bien para el mayor número». El utilitarismo implica que la utilidad puede cuantificarse, apelando a los altruistas eficaces y a otros modeladores financieros del Río. Hay muchas variantes del utilitarismo; por ejemplo, el *utilitarismo de las reglas* sostiene que debemos actuar de tal manera que, si nuestro comportamiento se universalizara, maximizaría la utilidad.

Valor de la vida estadística (VSL): Estimación empírica derivada de las preferencias reveladas de las personas sobre cuánto están dispuestas a cambiar el riesgo de muerte por ganancias económicas; se utiliza en el análisis coste-beneficio para cuantificar el valor de las medidas para salvar vidas. En 2024, el Gobierno de Estados Unidos valora el VSL en unos 10 millones de dólares.

Varianza: Fluctuación estadística resultante del azar. Se define matemáticamente como la raíz cuadrada de la desviación típica, aunque el término no suele utilizarse con tanta precisión.

VC: Véase: *capital riesgo*.

VE: Véase: *valor esperado*.

Vector: En matemáticas, una cantidad con una magnitud y una dirección especificadas; piense en una flecha que apunta 5 pasos al este y 6 pasos al norte en un gráfico. En IA, el término se refiere a la información codificada con direccionalidad. Por ejemplo, la palabra «París» en un gran modelo lingüístico puede representarse como un vector en un espacio semántico multidimensional, con dimensiones como latitud y longitud, pero también cualidades más subjetivas como «moda» y «europeidad».

VIP (juego): Jugador degenerado que recibe tratamiento VIP porque se espera que pierda mucho dinero. Véase también: *ballena*.

VSL: Véase: *valor de la vida estadística*.
Valla de Chesterton: Referencia a una parábola del filósofo G. K. Chesterton sobre una valla que atraviesa un camino por razones que no entiende, invocada como una forma de fomentar el conservadurismo frente a la incertidumbre. Quizá no le convenga quitar la valla sin saber por qué se puso allí, para empezar: puede que sea una protección contra depredadores peligrosos, por ejemplo.
Valor atípico: Valor muy alejado del resto de los datos; por implicación, un fenómeno único o algún tipo de error.
Valor de engaño: Término que utilizo para designar el valor de la sorpresa en un juego en el que es importante ser impredecible, en contraste con el *valor intrínseco*, que es la tasa de éxito de una jugada sin valor de engaño. Por ejemplo, en la NFL, una patada falsa tiene poco valor intrínseco si el rival sabe que se va a producir, pero obtiene VE del valor de engaño si solo se utiliza ocasionalmente. Véase también: estrategia mixta.
Valor de línea de cierre: Caso en el que el consenso de las apuestas se movió en la dirección de su apuesta. Si apostó por los Dallas Cowboys a −3 y la línea se movió más tarde a Cowboys −4, el mercado estuvo de acuerdo con su apuesta y obtuvo un buen valor de línea de cierre. Obtener el valor de línea de cierre de línea de manera consistente indica un apostador ganador.
Valor esperado: El resultado que se espera obtener por término medio después de muchas «tiradas de la ruleta», dado el conocimiento que se tiene de las probabilidades cuando se hace una apuesta o se elige un curso de acción determinado. El término tiene una fuerte implicación de que nos enfrentamos a un problema manejable con una respuesta cuantificable.
Ventaja de la casa: El beneficio esperado del casino en un juego que es −VE para los jugadores.
Ventaja: Estar por delante de forma persistente o ser +VE a largo plazo. El casino tiene ventaja en la ruleta, por ejemplo, porque los jugadores perderán inevitablemente si hacen suficientes tiradas.
Ver (póquer): Igualar la apuesta del adversario.
Verdad fundamental: Hechos irrefutables que pueden observarse a través de la experiencia sensorial y que tienen un peso considerable en cualquier modelo del mundo; la pérdida de la verdad fundamental verificable es uno de los peligros de un mundo más virtual.

Viejo del café (OMC, Old Man Coffee): Jugador de póquer de edad avanzada, con el estereotipo de beber un café del Dunkin' Donuts, que juega de forma ajustada y predecible.

Visión externa: Predicción realizada sin conocimiento del sector ni información privilegiada, calculada mediante heurísticos de aplicación general o tasas básicas a largo plazo. A pesar de su aparente ingenuidad, la visión externa suele ser más precisa que la *visión interna*.

Wordcel: Meme, popularizado por **roon**, que juega con la palabra *incel* para referirse a las personas que son «buenas con las palabras» pero malas en matemáticas abstractas. El término suele utilizarse de forma peyorativa para describir a personas como los periodistas (y los escritores de libros de no ficción), cuyas habilidades son cada vez menos valiosas. El equivalente más de cerebro izquierdo de un *wordcel* es un *shape rotator*.

WPT: World Poker Tour, el principal competidor norteamericano de las WSOP, que suele celebrar alrededor de una docena de eventos al año.

WSOP: Véase: *Series Mundiales de Póquer*.

YOLO: Acrónimo en inglés de «solo se vive una vez». Un argumento para ser un *degen* o un hedonista eficaz.

Zona de derroche*: El término que yo utilizo para la vecindad de ballenas o *degens* donde es probable que se presenten oportunidades de juego +VE. Siempre es bueno pasar el rato en la zona de derroche.

Zorro: Junto con el erizo, una de las dos tipologías de personalidad en la toma de decisiones propuesta por Phil Tetlock. Según el poeta griego Arquíloco —«El zorro sabe muchas cosas, pero el erizo sabe una sola y grande»—, los zorros tienden a ser todoterrenos incrementalistas, probabilistas y a menudo están dispuestos a hacer concesiones o a someterse a la sabiduría de la multitud.

Notas

Capítulo 0: Introducción

Seminole Hard Rock: David Lyons, «Guitar Hotel to Make Its Bow as Seminole Hard Rock Flexes Financial Might», *South Florida Sun Sentinel*, 19 de octubre de 2019, sun-sentinel.com/business/fl-bz-hardrock-guitar-hotel-peek-20191018-xhnj3qwkv5fhbjtdgrrhkjtbxa-story.html.

ingresos de los casinos: «United States Commercial Casino Gaming: Monthly Revenues», UNLV Center for Gaming Research, abril de 2022, web.archive.org/web/20220425090331/gaming.library.unlv.edu/reports/national_monthly.pdf.

hasta accidentes de tráfico: «During COVID-19, Road Fatalities Increased and Transit Ridridership Dipped», GAO WatchBlog (blog), 25 de enero de 2022, www.gao.gov/blog/during-covid-19-road-fatalities-increased-and-transit-ridership-dipped.

llamado Brek Schutten: Sean Chaffin, «ICU Nurse Brek Schutten Claims Record-Breaking WPT Win-World Poker Tour», World Poker Tour, 20 de mayo de 2021, worldpokertour.com/news/icu-nurse-brek-schutten-claims-record-breaking-wpt-winc.

dice que acabé: La mayoría de los torneos permiten participar varias veces, y también hay «eventos paralelos», o torneos más pequeños. Así que, aunque usted tenga la suerte de acabar entre los primeros, es posible que vuelva a casa con menos dinero del que tenía al principio.

orientación experta que cambiaba: Jack Brewster, «Is Trump Right That Fauci Discouraged Wearing Masks? Yes - But Early On and Not for Long», *Forbes*, 20 de octubre de 2020, forbes.com/sites/jackbrewster/2020/10/20/is-trump-right-that-fauci-discouraged-wearing-masks.

en ámbitos específicos: Ann-Renee Blais y Elke U. Weber, «The Domain-Specific Risk Taking Scale for Adult Populations: Item Selection and

Preliminary Psychometric Properties», Defence R&D Canada, diciembre de 2009, apps.dtic.mil/sti/pdfs/ADA535440.pdf.

montar en moto: Ezekiel J. Emanuel, «Stop Dismissing the Risk of Long Covid», *The Washington Post*, 12 de mayo de 2022, sec. Opinion, washingtonpost.com/opinions/2022/05/12/stop-dismissing-long-covid-pandemic-symptoms.

las motocicletas son unas treinta veces: «Facts + Statistics: Motorcycle Crashes», Insurance Information Institute, iii.org/fact-statistic/facts-statistics-motorcycle-crashes.

los jóvenes asumen más riesgos: Wai Him Crystal Law *et al.*, «Younger Adults Tolerate More Relational Risks in Everyday Life as Revealed by the General Risk-Taking Questionnaire», *Scientific Reports* 12, n.º 1 (16 de julio de 2022): 12184, doi.org/10.1038/s41598-022-16438-2.

muchas menos conductas de riesgo: Jude Ball *et al.*, «The Great Decline in Adolescent Risk Behaviours: Unitary Trend, Separate Trends, or Cascade?», *Social Science & Medicine* 317 (enero de 2023): 115616, doi.org/10.1016/j.socscimed.2022.115616.

los estadounidenses perdieron: American Gaming Association, «2022 Commercial Gaming Revenue Tops $60B, Breaking Annual Record for Second Consecutive Year», 15 de febrero de 2023, prnewswire.com/news-releases/2022-commercial-gaming-revenue-tops-60b-breaking-annual-record-for-second-consecutive-year-301747087.html.

sin licencia, en el mercado gris: «New AGA Report Shows Americans Gamble More than Half a Trillion Dollars Illegally Each Year», American Gaming Association, 30 de noviembre de 2022, americangaming.org/new/new-aga-report-shows-americans-gamble-more-than-half-a-trillion-dollars-illegally-each-year.

unos 30.000 millones: «Lotteries, Casinos, Sports Betting, and Other Types of State-Sanctioned Gambling», *Urban Institute*, 21 de abril de 2023, urban.org/policy-centers/cross-center-initiatives/state-and-local-finance-initiative/state-and-local-backgrounders/lotteries-casinos-sports-betting-and-other-types-state-sanctioned-gambling.

no la que *apostaron*: Jonathan Chang y Meghna Chakrabarti, «The Real Winners and Losers in America's Lottery Obsession», WBUR, 4 de enero de 2023, wbur.org/onpoint/2023/01/04/the-real-winners-and-losers-in-americas-lottery-obsession.

esperanza de vida estadounidense: Elizabeth Arias *et al.*, «Provisional Life Expectancy Estimates for 2021», *NVSS Vital Statistics Rapid Release*, n.º 23, agosto de 2022, cdc.gov/nchs/data/vsrr/vsrr023.pdf.

han comenzado a recuperarse: «Life Expectancy Increases, However Suicides Up in 2022», 29 de noviembre de 2023, National Center for Health Statistics, cdc.gov/nchs/pressroom/nchs_press_releases/2023/20231129.htm.

se asumen más riesgos: Max Roser, «Why Is Life Expectancy in the US Lower Than in Other Rich Countries?», *Our World in Data*, 28 de diciembre de 2023, ourworldindata.org/us-life-expectancy-low.
Ferdinand Thrun, fue: wiclarkcountyhistory.org/4data/87/87056.htm.
páginas de hombres menores de edad: Peter Lee, «The Worldwide Gambling Storm», *China Matters* (blog), 8 de febrero de 2007, chinamatters.blogspot.com/2007/02/worldwide-gambling-storm.html.
Jim Leach de Iowa: David S. Broder, «A Veteran Moderate Moves On», *The Washington Post*, 30 de noviembre de 2006, washingtonpost.com/archive/opinions/2006/11/30/a-veteran-moderate-moveson/faade03e-2bd4-4be4-ab05-c068995f3622.
servicio de análisis Chartbeat: En concreto, por el total de minutos comprometidos. Terri Walter, «The Results Are In: 2016's Most Engaging Stories», *Chartbeat*, 24 de enero de 2017, 2016.chartbeat.com.
estimación de las posibilidades de Trump: Matthew Yglesias, «Why I Think Nate Silver's Model Underrates Clinton's Odds», *Vox*, 7 de noviembre de 2016, vox.com/policy-andpolitics/2016/11/7/13550068/nate-silver-forecast-wrong.
menos del 1 %: Josh Katz, «Who Will Be President?», *The New York Times*, 19 de julio de 2016, sec. The Up-shot, nytimes.com/interactive/2016/upshot/presidential-polls-forecast.html.
en torno a 1 posibilidad entre 6: Matt Lott y John Stossel, «Election Betting Odds», *Election Betting Odds*, 7 de noviembre de 2016, web.archive.org/web/20161108000856/electionbettingodds.com.
ganan miles de millones de dólares: Alfred Charles y Joan Murray, «Seminole Tribe Announces Expanded Gambling Options-Craps, Roulette, Sports Betting-at All Florida Locations», CBS News Miami, 1 de noviembre de 2023, cbsnews.com/miami/news/seminole-tribe-announces-expanded-gambling-options-craps-roulette-sports-betting-at-all-florida-locations.
elecciones presidenciales de 2000: Jonathan N. Wand, Kenneth W. Shotts, Jasjeet S. Sekhon, *et al.*, «The Butterfly Did It: The Aberrant Vote for Buchanan in Palm Beach County, Florida», *The American Political Science Review 95*, n.º 4 (2001): 793-810, jstor.org/stable/3117714.
las vacunas contra la COVID-19: «See How Vaccinations Are Going in Your County and State», *The New York Times*, 17 de diciembre de 2020, sec. US, www.nytimes.com/interactive/2020/us/covid-19-vaccine-doses.html.
incluso la voluntad de Dios: Steven Waldman, «Heaven Sent», *Slate*, 13 de septiembre de 2004, slate.com/human-interest/2004/09/does-god-endorse-bush.html.

***apostar* en política**: Por diversas razones —a mis jefes no les habría gustado, ya tengo mucho riesgo profesional ligado a los resultados, y a veces dispongo de conocimientos o información privilegiados— no he apostado en las elecciones. Pero, desde luego, no tengo reparo moral alguno en hacerlo.

un problema complicado: De acuerdo con los científicos con los que hablé para este libro, la inmensa mayoría de la actividad del cerebro humano está dedicada al movimiento. Así que probablemente sea una buena idea: cuando nos movemos estamos, literalmente, refrescando la memoria.

les encantan las metáforas: Aunque «Río» también es un término de juego. El río es la última carta que se reparte en una partida de Texas Hold'em, tras el *flop* (tres primeras cartas) y el *turn* (penúltima carta).

prometió destinar: Mat Di Salvo, «FTX Pledges up to $1 Billion for Philanthropic Fund to "Improve Humanity"», *Decrypt*, 28 de febrero de 2022, decrypt.co/94045/ftx-1-billion-philanthropic-future-fund-improve-humanity.

intervención muy rentable: «Malaria», Effective Altruism Forum, forum.effectivealtruism.org/topics/malaria.

Un amigo llama: Matt Glassman, profesor de Gobierno en la Universidad de Georgetown.

«¿Debería ChatGPT rebajar [...]?»: Splinter, «Should ChatGPT Make Us Downweight Our Belief in the Consciousness of Non-Human Animals?», EA Forum, 2 de febrero de 2023, forum.effectivealtruism.org/posts/Bi8av6iknHFXkSxnS/should-chatgpt-make-us-downweight-our-belief-in-the.

irradiación germicida ultravioleta: Jam Kraprayoon, «Does the US Public Support Ultraviolet Germicidal Irradiation Technology for Reducing Risks from Pathogens?», EA Forum, 2 de febrero de 2023, forum.effectivealtruism.org/posts/2rD6nLqw5Z3dyD5me/does-the-us-public-support-ultraviolet-germicidal.

progreso que algunos AE predijeron de manera correcta: Scott Alexander, «Grading My 2018 Predictions for 2023», *Astral Codex Ten* (blog), 20 de febrero de 2023, astralcodexten.substack.com/p/grading-my-2018-predictions-for-2023.

desarrollaron la teoría de probabilidades: Thomas DeMichele, «Probability Theory Was Invented to Solve a Gambling Problem-Fact or Myth?», *Fact/Myth*, 29 de junio de 2021, http://factmyth.com/factoids/probability-theory-was-invented-to-solve-a-gambling-problem/.

algoritmos de procesamiento de señales: William Poundstone, *Fortune's Formula: The Untold Story of the Scientific Betting System That Beat the Casinos and Wall Street*, edición Kindle, Hill and Wang, Nueva York, 2006.

El último término: Me tropecé por primera vez con el término «disociación» a través del trabajo de John Nerst; everythingstudies.com/2018/05/25/decoupling-revisited/.

En palabras de Sarah Constantin: «Do Rational People Exist?», *Otium* (blog), 9 de junio, 2014, srconstantin.wordpress.com/2014/06/09/.

razonamiento lógico y estadístico: Constantin, «Do Rational People Exist?».

Imaginemos que alguien dice: O, si lo prefiere, imagine un comentario de un orador conservador, sustituya «Chick-fil-A», «matrimonio gay» y «sándwich de pollo» por «Nike», «Black Lives Matter» y «zapatillas».

sobre el matrimonio gay: Grace Schneider y Cameron Knight, «Years Later, Chick-fil-A Still Feels Heat from LGBTQ Groups over Anti-Gay Marriage Remarks», *USA Today*, 26 de marzo de 2019, usatoday.com/story/news/2019/03/26/chickfila-ceo-gay-marriage-comments-still-impact-reputation-lgbtq-community/3279206002.

la procedencia histórica: John Nerst, «A Deep Dive into the Harris-Klein Controversy», *Everything Studies* (blog), 26 de abril de 2018, everythingstudies.com/2018/04/26/a-deep-dive-into-the-harris-klein-controversy/.

«jugosa colección»: Ben Smith, «An Arrest in Canada Casts a Shadow on a New York Times Star, and The Times», *The New York Times*, 11 de octubre de 2020, sec. The Media Equation, nytimes.com/2020/10/11/business/media/new-york-times-rukmini-callimachi-caliphate.html.

uno de los más admirados: Jeffrey M. Jones, «Donald Trump, Michelle Obama Most Admired in 2020», *Gallup*, 29 de diciembre de 2020, news.gallup.com/poll/328193/donald-trump-michelle-obama-admired-2020.aspx.

se inunda literalmente de dopamina: John Coates, *The Hour Between Dog and Wolf: How Risk Taking Transforms Us, Body and Mind*, ed. Kindle, Nueva York, Penguin Books, 2013, p. 8.

Los emprendedores suelen tener: Jessica Elliott, «Traits Successful Entrepreneurs Have in Common», US Chamber of Commerce, 13 de abril de 2022, uschamber.com/co/grow/thrive/successful-entrepreneur-traits.

Yo la llamo la Aldea: Aunque lo de «la Aldea» se me ocurrió por mi cuenta, he visto términos inventados parecidos para referirse a grupos similares de personas en otros lugares, por ejemplo de Freddie deBoer: freddiedeboer.substack.com/p/these-rules-about-platforming-nazis.

contraria al sector tecnológico: Kelsey Piper (@KelseyTuoc), «People might think Matt is overstating this but I literally heard it from NYT reporters at the time. There was a top-down decision that tech could not be covered positively, even when there was a true, newsworthy and positive story. I'd never heard anything like it», *Twitter*, 3 de noviembre de 2022, twitter.com/KelseyTuoc/status/1588231892792328192.

escéptica ante movimientos como el AE: Robby Soave, «What The New York Times' Hit Piece on Slate Star Codex Says About Media Gatekeeping», *Reason*, 15 de febrero de 2021, reason.com/2021/02/15/what-the-new-york-times-hit-piece-on-slate-star-codex-says-about-media-gatekeeping.

importante actor en política: Bankman-Fried lo confirmó en las entrevistas que mantuve con él. Véase también Nik Popli, «Sam Bankman-Fried's Political Donations: What We Know», *Time*, 14 de diciembre de 2022, time.com/6241262/sam-bankman-fried-political-donations.

las afirmaciones de la Aldea: Nate Silver, «Twitter, Elon and the Indigo Blob», *Silver Bulletin* (blog), 1 de octubre de 2023, natesilver.net/p/twitter-elon-and-the-indigo-blob.

posturas abiertamente partidistas: Dan Diamond, «Suddenly, Public Health Officials Say Social Justice Matters More Than Social Distance», *Politico*, 4 de junio de 2020, politico.com/news/magazine/2020/06/04/public-health-protests-301534.

disuadir a Pfizer de hacer: Keith A. Reynolds, «Coronavirus: Pfizer CEO Says Company to Seek EUA for Vaccine After Election», *Medical Economics*, 16 de octubre de 2020, medicaleconomics.com/view/coronavirus-pfizer-ceo-says-company-to-seek-eua-for-vaccine-after-election.

condados con mayor nivel educativo: Basado en condados con al menos diez mil habitantes.

margen mucho mayor que el de 17 puntos: Cálculos del autor.

resultados de los exámenes estandarizados: Freddie deBoer, «Please, Think Critically About College Admissions», *Freddie DeBoer* (blog), 27 de mayo de 2021, freddiedeboer.substack.com/p/please-think-critically-about-college.

perturbaciones de la educación: Sarah Mervosh, «The Pandemic Erased Two Decades of Progress in Math and Reading», *The New York Times*, 1 de septiembre de 2022, sec. US, nytimes.com/2022/09/01/us/national-test-scores-math-reading-pandemic.html.

son muchos los que se identifican: En una encuesta realizada entre los usuarios de *Astral Codex Ten*, el influyente blog racionalista de Scott Alexander que atrae a una muestra representativa de los tipos del Río, el 42% de los encuestados estadounidenses afirmaron estar registrados como demócratas, frente a solo el 10% como republicanos. Otro 4% se registró con terceros partidos, mientras que el resto no se registró con ningún partido. Scott Alexander, «ACX Survey Results 2022», *Astral Codex Ten* (blog), 20 de enero de 2023, astralcodexten.substack.com/p/acx-survey-results-2022.

del Río es muy blanca: En la encuesta de *Astral Codex Ten*, el 88% de los lectores se identificaron como blancos y el 88% como hombres. Otras partes del Río son más diversas desde el punto de vista racial y étnico —el póquer, por ejemplo—, pero casi todas son bastante masculinas. Alexander, «Resultados de la encuesta ACX 2022».

cofundador de WeWork: Andrew Ross Sorkin y otros, «Adam Neumann's New Company Gets a Big Check From Andreessen Horowitz», *The New York Times*, 15 de agosto de 2022, sec. Business, https://www.nytimes.com/2022/08/15/business/dealbook/adam-neumann-wework-startup.html.

resurgimiento de los gobiernos nacionalistas: Sabina Mihelj y César Jiménez-Martínez, «Digital Nationalism: Understanding the Role of Digital Media in the Rise of 'New' Nationalism», *Nations and Nationalism* 27, n.º 2 (abril de 2021): pp. 331-46, doi.org/10.1111/nana.12685.

depresión entre los adolescentes: Jonathan Haidt y Jean M. Twenge, «This Is Our Chance to Pull Teenagers Out of the Smartphone Trap», *The New York Times*, 31 de julio de 2021, sec. Opinion, nytimes.com/2021/07/31/opinion/smartphone-iphone-social-media-isolation.html.

momento de la claridad moral: Wesley Lowery, «A Reckoning Over Objectivity, Led by Black Journalists», *The New York Times*, 23 de junio de 2020, sec. Opinion, nytimes.com/2020/06/23/opinion/objectivity-black-journalists-coronavirus.html.

crea normas estúpidas: Daniel Carpenter y David A. Moss, eds., *Preventing Regulatory Capture: Special Interest Influence and How to Limit It*, 1.ª ed., Cambridge University Press, Nueva York, 2013; doi.org/10.1017/CBO 9781139565875.

Capítulo 1: Optimización

un juego de personas: Doyle Brunson, *Doyle Brunson's Super/System: A Course in Power Poker*, 3.ª ed., Cardoza Publishing, Nueva York, 2002 [hay trad. cast.: *Super System Deluxe*, Corazón de As, Barcelona, 2011].

***Super System*, un ladrillo de 608 páginas**: Brunson ganó dos veces el Evento Principal de las Series Mundiales de Póquer y ganó diez brazaletes de las WSOP en total: un brazalete se concede por ganar cualquiera de los muchos torneos que forman parte del programa anual de las WSOP.

«Los jugadores tímidos no ganan»: Brunson, *Doyle Brunson's Super/System*, p. 21.

«se vuelve agresivo»: Brunson, Doyle, *Brunson's Super/System*, p. 20.

«la cantidad de faroles»: Brunson, Doyle *Brunson's Super/System*, p. 29.

mezcla del juego francés *poque*: La mayor parte de esta sección surge de conversaciones con James McManus y de su libro sobre la historia del póquer (James McManus, *Cowboys Full: The Story of Poker*, 1.ª ed., Picador, Nueva York, 2010).

había sobrevivido seis veces al cáncer: Pauly McGuire, «Doyle Brunson Beats Cancer for the Sixth Time», *Club Poker*, 21 de abril de 2016, en.clubpoker.net/doyle-brunson-beats-cancer-for-the-sixth-time/n-215.

cirugía de balón gástrico: cardplayer.com/poker-blogs/30-doyle-brunson/entries/2902-do-as-i-say-8230-no-as-i-do.

pronto llegaría el momento de retirar sus fichas: Doyle Brunson Legacy (@TexDolly), «Just cashed in my chips but before I walk out that door one last time, I just wanted to tell you all how much I loved this poker world. I didn't want to go yet, was actually planning to play some events this summer...», Twitter, 19 de mayo de 2023, twitter.com/TexDolly/status/1659456928945410048.

un extraño accidente cuando descargaba planchas de yeso: Earl Burton, «Doyle Brunson Inducted into Hardin-Simmons University Athletic Hall of Fame», *Poker News Daily*, 14 de octubre de 2009, pokernewsdaily.com/doyle-brunson-induced-into-hardin-simmons-university-athletic-hall-of-fame-5589.

el modesto 22 gana al AK: Combinando los resultados para AK del mismo palo y AK de palos distintos.

un importante ganador: Al menos, basándose en las manos que se mostraron en la emisión. High Stakes Poker es un programa editado. HSP Stats Database, Two Plus Two Forums, forumserver.twoplustwo.com/27/casino-amp-cardroom-poker/hsp-stats-database-747892/index17.html.

modernas herramientas de software de póquer: Entrevista con Doyle Brunson.

fuerte significa débil: Esta frase se atribuye generalmente a Mike Caro. Véase, por ejemplo: Mike Caro, *Caro's Book of Poker Tells: The Psychology and Body Language of Poker*, Cardoza Publishing, Nueva York, 2003.

como apostar normalmente de nuevo: Brunson, *Doyle Brunson's Super/System*, p. 422.

programa informático asistido por IA llamado Polaris: Robert Blincoe, «Computers Tell a Poker Strategy», *The Guardian*, 24 de septiembre de 2008, sec. Technology, theguardian.com/technology/2008/sep/25/computing.research.

un descendiente de Polaris: Oliver Roeder, «The Machines Are Coming for Poker», *FiveThirtyEight*, 19 de enero de 2017, fivethirtyeight.com/features/the-machines-are-coming-for-poker.

hermano menor llamado Pluribus: James Vincent, «Facebook and CMU's 'Superhuman' Poker AI Beats Human Pros», *The Verge*, 11 de julio de 2019, theverge.com/2019/7/11/20690078/ai-poker-pluribus-facebook-cmu-texas-hold-em-six-player-no-limit.

otra posible defensa: Brunson, *Doyle Brunson's Super/System*, p. 18.

no haya barreras insalvables: Véase, por ejemplo, este hilo de Twitter, que suscitó respuestas de varias personas expertas en robótica. Nate Silver (@NateSilver538), «Weird question for my book. Given current tech, could a robot physically play in a poker game? It would need to e.g.:—Handle poker chips—Lift up its cards to read them without revealing to other players—Visually recognize action without verbal cues (e.g. Player X bet $200)», Twitter, 31 de marzo de 2023, twitter.com/NateSilver538/status/1641909746201493506.

su expresión facial: Yilun Wang y Michal Kosinski, «Deep Neural Networks Are More Accurate Than Humans at Detecting Sexual Orientation from Facial Images», *Journal of Personality and Social Psychology* 114, n.º 2 (febrero de 2018): pp. 246-255, doi.org/10.1037/pspa0000098.

tercer mejor jugador: Barry Carter, «Polk Crowns the Greatest Poker Player of All Time», PokerStrategy.com, 16 de marzo de 2022, pokerstrategy.com/news/world-of-poker/Polk-crowns-the-greatest-poker-player-ofall-time_121951.

un «calling station»: Daniel Negreanu (@RealKidPoker), «"Fundamentally sloppy, loose, passive, sticky, calling station." That's me describing my poker style lol. #DontTryThisAtHomeKids», Twitter, 9 de febrero de 2014, https://x.com/RealKidPoker/status/432348562064564224.

que perdió dinero: Andrew Burnett, «Daniel Negreanu Reveals His Last Decade of Poker Profit and Loss», HighStakesDB, 3 de agosto de 2021, highstakesdb.com/news/high-stakes-reports/daniel-negreanu-reveals-his-last-decade-of-poker-profit-and-loss.

Entre julio de 2021: A menos que se cite lo contrario, los resultados de los torneos proceden de la base de datos de póquer de Hendon Mob y están actualizados a 5 de enero de 2024. Véase, por ejemplo: pokerdb.thehendonmob.com/player.php?a=r&n=181&sort=place&dir=asc.

un niño prodigio: Ananyo Bhattacharya, *The Man from the Future: The Visionary Life of John von Neumann*, Kindle ed. (W. W. Norton & Company, Nueva York, 2021), [hay trad. cast.: *El hombre del futuro: la vida visionaria de John von Neumann*, Anaya Multimedia, Madrid, 2022], p. 3; Harry Henderson, *Mathematics: Powerful Patterns into Nature and Society*, Milestones in Discovery and Invention, Chelsea House Publishers, Nueva York, 2007, p. 30.

primera previsión meteorológica computarizada: Jonathan Hill, *Weather Architecture*, Routledge, Londres, Nueva York, 2012, p. 216.

un pésimo conductor: Bhattacharya, *El hombre del futuro*, p. 66.

discusiones alimentadas por el alcohol y los cigarrillos: Bhattacharya, *El hombre del futuro*, pp. 84-85.

El ajedrez no es un juego: Jacob Bronowski, *The Ascent of Man*, 1.ª ed. En Estados Unidos, Little, Brown, Boston, 1974 [hay trad. cast.: *El ascenso del hombre*, Capitán Swing Libros, Madrid, 2020].

una buena mano: John von Neumann y Oskar Morgenstern, *Theory of Games and Economic Behavior*, Princeton Classic Editions, Kindle ed., Princeton, New Jersey, Woodstock: Princeton University Press, 2007, p. 361.

la teoría económica moderna: Robert Hanson, «What Are Reasonable AI Fears?», *Quillette*, 14 de abril de 2023, quillette.com/2023/04/14/what-are-reasonable-ai-fears.

Intentaré dar: Esta definición se refinó tras una discusión con ChatGPT.

«modelo Robinson Crusoe»: Von Neumann y Morgenstern, *Theory of Games and Economic Behavior*, p. 61.

personajes no jugadores: El mérito de esta idea es de Oliver Habryka. Más información al respecto en el capítulo 7.

dilema del prisionero, descrito por primera vez en 1950: «Prisoner's Dilemma», *ScienceDirect*, sciencedirect.com/topics/social-sciences/prisoners-dilemma.

dos hermanos, Isabella y Wyatt Blackwood: Elegí estos nombres de entre una serie de sugerencias de ChatGPT para nombres que suenan a villano; no pretenden aludir a ninguna persona en concreto.

como una paradoja: The Investopedia Team, Charles Potters y Pete Rathburn, «What Is the Prisoner's Dilemma and How Does It Work?», Investopedia, 31 de marzo de 2023, investopedia.com/terms/p/prisoners-dilemma.asp.

seres humanos cooperan: Leonie Heuer y Andreas Orland, «Cooperation in the Prisoner's Dilemma: An Experimental Comparison Between Pure and Mixed Strategies», *Royal Society Open Science* 6, n.º 7 (julio de 2019): 182142, doi.org/10.1098/rsos.182142.

regla de Oro de Immanuel Kant: Janet Chen, Su-I Lu y Dan Vekhter, «Applications of Game Theory», *Game Theory*, cs.stanford.edu/people/eroberts/courses/soco/projects/1998-99/game-theory/applications.html.

de beneficio por noche: Es decir, 2.000 rebanadas por 1,50 dólares de beneficio por rebanada.

el restaurante medio: Jessica Reimer y Sarah Zorn, «What Is the Average Restaurant Profit Margin?», *Toast*, 21 de enero de 2021, pos.toasttab.com/blog/on-the-line/average-restaurant-profit-margin.

incapaces de cooperar: Para ser más precisos, para que una situación sea un dilema del prisionero, las personas tendrían que estar mejor *individualmente* si cooperan, no solo colectivamente. Este punto se pasa por alto con frecuencia en las menciones del dilema del prisionero en la literatura popular. Un artículo de *The New York Times* de 2020, por ejemplo, citando el trabajo de un par de investigadores canadienses, comparaba el hecho de no tomar precauciones contra la COVID-19 con el dilema del prisionero. Pero incluso si se admite que la sociedad está mejor colectivamente si las personas toman más precauciones contra la COVID, eso no se sostiene a nivel individual. Por ejemplo, es probable que una estudiante de dieciocho años extraordinariamente sana que ya se haya recuperado de un brote de COVID no se beneficiara de un bloqueo universitario que le obligara a permanecer en el cuarto de su residencia de estudiantes. Si se escapara una noche para ir a una fiesta, podría decirse que está siendo egoísta, pero es probable que eso se adapte mejor a sus necesidades individuales que a la política de aplicación genérica de la universidad. Solo es un dilema del prisionero cuando todos los participantes en el «juego» estarían mejor si cooperasen. Siobhan Roberts, «The Pandemic Is a Prisoner's Dilemma Game», *The New York Times*, 20 de diciembre de 2020, sec. Health, nytimes.com/2020/12/20/health/virus-vaccine-game-theory.html.

cuando la OPEP se ponga de acuerdo para fijar: «OPEC (cartel)», *Energy Education*, energyeducation.ca/encyclopedia/OPEC_(cartel).

evitar enfrentarse entre sí: Técnicamente, estos jugadores están jugando un juego de suma cero, pero es un juego de suma cero entre todos los jugadores de la mesa. Cuando dos jugadores con grandes montones de fichas chocan, se están costando dinero a sí mismos y lo están transfiriendo a la mesa, que se limita a cruzarse de brazos.

llamémosle Holden: Sé cuál es el nombre real del jugador, pero no voy a utilizarlo porque no quiero que parezca que le acuso de mal comportamiento; era una situación muy ambigua.

Holden se me acercó y me dijo: Dijo que tenía A5s (as-cinco del mismo palo). Aunque los jugadores a veces mienten sobre sus manos.

rotación de sus fichas de póquer: YaGirlfriendsSidePc, «Can Anyone Help Me Find a Way to Randomize in a Live Cash Game?», publicación de Reddit, R/Poker, 26 de enero de 2022, www.reddit.com/r/poker/comments/scxzes/can_anyone_help_me_find_a_way_to_randomize_in_a.

el economista Thomas Schelling: Thomas Schelling, «The Threat That Leaves Something to Chance», *RAND*, www.rand.org/pubs/historical_documents/HDA1631-1.html.

El artículo más famoso de Nash: John F. Nash, «Equilibrium Points in N-Person Games», *Proceedings of the National Academy of Sciences* 36, n.º 1 (enero de 1950): pp. 48-49, doi.org/10.1073/pnas.36.1.48.

sujetos a algunas condiciones adicionales: La más importante es que los jugadores actúen de forma independiente, en lugar de formar alianzas.

debería adivinar la bola rápida: No hay nada especial en estas cifras: si introdujera cifras diferentes en la matriz 2 × 2 anterior, obtendría una combinación diferente para ambos jugadores.

qué lanzamiento utilizar: Sean Braswell, «Should Baseball Pitchers Choose Their Pitches at Random?», *Ozy*, 22 de octubre de 2018, web.archive.org/web/20201030142411/ozy.com/the-new-and-the-next/should-baseball-pitchers-choose-their-pitches-at-random/88802.

Maddux sea un jugador de póquer muy hábil: William Gildea, «Mind over Batter», *The Washington Post*, 13 de octubre de 1995, washingtonpost.com/

archive/sports/1995/10/13/mind-over-batter/06d2226e-82cd-49c5-b903-5ff28a669f2e.

motores de ajedrez que jugaban: «FRITZ 7 Making New Friends», *ChessBase*, web.archive.org/web/20020806084641/http://www.chessbase.com/catalog/product.asp?pid=85.

trabajo de la Universidad de Alberta sobre IA: «Cepheus», *Cepheus Póquer Project*, poker.srv.ualberta.ca/about.

no haya dos barajas: Matt Glassman (@MattGlassman312), «If you thoroughly shuffle a deck of cards, the odds than [sic] any deck in the history of the world has been in the same order is essentially zero», Twitter, 3 de agosto de 2020, twitter.com/MattGlassman312/status/1290409817727733762.

manos iniciales de dos cartas: Suponiendo que los palos importen, cosa que no suele ser así. Si no le importan los palos, es decir, trata A♦K♦ como equivalente a A♥K♥, hay 169 manos iniciales.

secuencias posibles de: Esto supone que el orden de las tres cartas del *flop* no importa, ya que se reparten todas a la vez, pero el orden de las cartas del *turn* y del *river* sí.

combinaciones posibles de cartas: Michael Johanson, «Measuring the Size of Large No-Limit Poker Games», arXiv, 7 de marzo de 2013, arxiv.org/abs/1302.7008.

proceso en bucle llamado «iteración»: Tom Boshoff, «How Solvers Work», *GTO Wizard* (blog), 23 de enero de 2023, blog.gtowizard.com/how-solvers-work.

prototipo de PioSOLVER: La primera versión comercial estuvo disponible un año después, en 2015.

una pequeña especie de roble: «Post oak bluff», *Urban Dictionary*, urbandictionary.com/define.php?term=post%20oak%20bluff.

Brunson consideraba que estas apuestas: Brunson, *Doyle Brunson's Super/System*, p. 338.

en su mayoría en línea: Las primeras doscientas manos se jugaron en directo en el estudio de PokerGO, sobre todo como forma de dar publicidad al enfrentamiento.

establecieron rápidamente a Polk: Will Shillibier, «We Take a Look at the Polk vs. Negreanu Betting Odds», 2 de noviembre de 2020, *PokerNews*, pokernews.com/news/2020/11/negreanu-polk-match-betting-odds-38168.htm.

para promocionarse: Negreanu es embajador del sitio de póquer en línea GGPoker y esperaba que la partida se jugara allí, pero en su lugar se jugó en un sitio no relacionado, WSOP.com.

«Trucos contra Doug Polk»: Por ejemplo, Negreanu me dijo que Polk hacía segunda subida con KJ (rey-sota) demasiado a menudo, y como resultado, él podía hacer tercera subida —más a menudo con manos como AJ y KQ, que funcionan bien contra KJ. Pero a un jugador solo le reparten KJ el 1,2 % de las veces, y de esas veces, Negreanu rara vez tendrá una mano como KQ que pueda aprovechar para hacer el truco.

Importantes apuestas paralelas: Mary Ortiz, J Ortiz, «Polk vs. Negreanu: Doug Polk's Insane Side Bets», *Ace Poker Solutions*, 1 de febrero de 2021, web.archive.org/web/20210201234931/acepokersolutions.com/poker-blog/pokerarticles/polk-vsnegreanu-doug-polks-insane-side-bets.

un movimiento inesperado: Steve Friess, «From the Poker Table to Wall Street», *The New York Times*, 27 de julio de 2018, sec. Business, nytimes.com/2018/07/27/business/vanessa-selbst-poker-bridgewater.html.

Selbst descubrió el póquer: Tim Struby, «Her Poker Face», *ESPN The Magazine*, 27 de junio de 2013, espn.com/poker/story/_/page/Selbst/how-vanessa-selbst-became-best-female-poker-player-all-espn-magazine.

fama y fortuna: Daniel G. Habib, «Online and Obsessed», *Sports Illustrated*, 30 de mayo de 2005, vault.si.com/vault/2005/05/30/online-and-obsessed.

uno de los presentadores de ESPN: «$2K No-Limit Hold'em», *WSOP 2006 Bracelet Events*, *PokerGO*, 2006, pokergo.com/videos/0d82e9c0-ca54-4b08-8bd5-d8466d6ee54f.

El ejemplo favorito de Selbst: La mano comienza aproximadamente en el minuto 10:35 de este vídeo: «PCA 10 2013-$25.000 High Roller, Final Table», *PokerStars, 2019*, dailymotion.com/video/x6ai4k9.

dijo uno de los comentaristas: El comentarista en esta mano fue Joe «Stapes» Stapleton, favorito de muchos jugadores, incluido yo mismo. Pero el enfoque de Stapleton es que refleja la voz del jugador de póquer cotidiano, y no la de un niño prodigio entrenado con solucionadores. Así que, en la medida en que critica a Selbst, reflejando la visión de la jugada de la mayoría de los jugadores en aquel momento.

periodista H. L. Mencken: No está claro si Mencken dijo esto directamente o si es una paráfrasis de algo que escribió. *Quote Investigator*, 1 de marzo de 2020, quoteinvestigator.com/2020/03/01/underestimate.

manos de póquer por las que soy más conocido: «America's Top Statistician Nate Silver Runs Epic Bluff in $10,000 Poker Tournament», *PokerGO*, 2022, www.youtube.com/watch?v=9cVrlVzoh48.

Cada millón en fichas: Este cálculo es complicado de hacer cuando todavía hay varios jugadores en el torneo, pero sencillo cuando solo quedan dos. Basta con dividir la cantidad adicional de dinero que se destina al primer clasificado (en este caso, 51.800 $) entre el número de fichas aún en juego entre ambos jugadores.

el pañal sucio: Jon Sofen, «Nick Rigby Plays the 2-3 "Dirty Diaper" in 2021 WSOP Main Event», *PokerNews*, 14 de noviembre de 2021, pokernews.com/news/2021/11/nicholas-rigby-wsop-main-23-dirty-diaper-40241.htm.

esta jugada le gusta al solucionador: El solucionador que usé para evaluar esta mano es GTOx; app.gtox.io/app. Nótese que se usa una subida como parte de una estrategia mixta; también se usa un «ver» como parte de ella.

el solucionador me habría recomendado: el solucionador habría apostado de nuevo con una mano ligeramente mejor, 92o.

que habíamos jugado antes: En la mano anterior, el *flop* fue A, K y una carta pequeña. Yo había subido la apuesta antes del *flop* con un conector del mismo palo (dos cartas del mismo palo y más o menos del mismo valor) y había fallado en la mesa. Sin embargo, aposté en el *flop* y Hendrix vio. El *turn* fue otra carta pequeña y los dos pasamos: yo estaba ondeando la bandera blanca y rindiendo la mano. El *turn* fue una Q, por lo que la mesa final fue AKQxx, con dos cartas pequeñas. Hendrix pasó y yo aposté, con la esperanza de representar QQ, KQ o JT (que formaban una escalera). Hendrix se tomó un buen rato antes de ver la apuesta con AT como par de cartas más alto. Para un solucionador, esto suele ser fácil porque el hecho de que tenga un T —una de las cartas que necesito para mi escalera— hace que sea menos probable que yo lo tenga.

un error de unos 20.000 dólares: Por GTOx.

Hendrix podía derrotar: Aunque esto no es del todo cierto. El solucionador me hace apostar en un puñado de manos peores, aunque también pasa con algunas de ellas. En general, es un error abandonar si puede que tu oponente esté apostando con una mano peor por valor.

Capítulo 2: Percepción

como si Garrett Adelstein hubiese visto: Bart Hanson también usó esta frase en la emisión en directo.

exejecutiva de marketing farmacéutico: Esto apareció en *Los Angeles Times*, aunque no he podido confirmarlo de forma independiente.

«cierto aire de Hollywood falso»: Andrea Chang, «An Afternoon with Robbi Jade Lew, the Woman at the Center of the Poker Cheating Scandal», *Los Angeles Times*, 7 de octubre de 2022, sec. Business, latimes.com/business/story/2022-10-07/poker-cheating-scandal-robbi-jade-lew.

concursante del *reality show* *Survivor*: Chang, «An Afternoon with Robbi Jade Lew».

Adelstein tenía una influencia significativa: Por entrevistas en el *Doug Polk Podcast* con Garrett Adelstein y Nik Airball.

el mayor ganador: «*Hustler Casino Live* Poker Tracker», Tracking Poker, 1 de junio de 2023, trackingpoker.com/playersprofile/Garrett-Adelstein/HCL-poker-results/all.

cantidad adicional no revelada: Una vez que el programa termina de grabarse, las partidas suelen continuar y a veces se vuelven aún más locas porque los jugadores ya no se arriesgan a pasar vergüenza pública por una mala jugada.

recientemente había sido votado: Barry Carter, «Polk Crowns the Greatest Poker Player of All Time», *PokerStrategy.com*, 16 de marzo de 2022, pokerstrategy.com/news/world-of-poker/Polk-crowns-the-greatest-poker-player-of-all-time_121951.

sus problemas de depresión: Eric Mertens, «Garrett Adelstein Opens Up About Depression on Ingram's Poker Life Podcast», *PokerNews*, 15 de abril de 2019, https://www.pokernews.com/news/2019/04/garrett-adelstein-talks-about-depression-poker-life-podcast-33883.htm.

el ajedrecista número uno del mundo, Magnus Carlsen: Bill Chappell, «Chess World Champion Magnus Carlsen Accuses Hans Niemann of Cheating», NPR, 27 de septiembre de 2022, npr.org/2022/09/27/1125316142/chess-magnus-carlsen-hans-niemann-cheating.

llamado Mike Postle: Philip Conneller, «Los jugadores de póquer demandan a la sala de juego Stones y a Mike Postle por 30 millones de dólares», *Casino.org*, 9 de octubre de 2019, casino.org/news/pokerplayers-sue-stones-gambling-hall-mike-postle-for-30-million.

es muy pleiteadora: Haley Hintze, «Veronica Brill Wins $27K Frivolous-Lawsuit Judgment Against Mike Postle», *CardsChat*, 17 de junio de 2021, cardschat.com/news/veronica-brill-wins-27k-frivolous-lawsuit-judgment-against-mike-postle-101479.

trato que reciben las mujeres: David Schoen, «Garrett Adelstein-Robbi Jade Lew Poker Hand Sparks Cheating Scandal», *Las Vegas Review-Journal*, 7 de octubre de 2022, sec. Sports, reviewjournal.com/sports/poker/poker-cheating-scandal-sparks-debate-about-math-sexism-2653637.

explicación que finalmente dio Lew: «(DAY 2) Garrett vs Robbi Investigation into Cheating Allegations...», 2022, youtube.com/watch?v=EwsXTcZnPn8.

Había recibido entrenamiento: Connor Richards, «Robbi Lew's Poker Coach Faraz Jaka Offers Thoughts on HCL Controversy», *PokerNews*, 1 de octubre de 2022, www.pokernews.com/news/2022/10/robbi-lew-s-poker-coach-faraz-jaka-offers-thoughts-on-hcl-co-42201.htm.

recompensa de 250.000 dólares: «$250,000 Bounty Award for Whistleblower in Robbi-Garrett Case», *PokerPro*, 10 de octubre de 2022, https://en.pokerpro.cc/poker-news/250-000-bounty-award-for-whistleblower-in-robbi-garrett-case-568/

concurso de redacción sobre póquer: Haley Hintze, «Matt Glassman Wins PokerStars Platinum Pass in "Memorable Hand" Contest», Poker.org,

5 de enero de 2023, https://www.poker.org/latest-news/matt-glassman-wins-pokerstars-platinum-pass-in-memorable-hand-contest-alReW8n68ufU/.

Coates se fue a Wall Street: «John M Coates», *Edge*, edge.org/memberbio/john_m_coates.

la hora crepuscular: Mark Macrides, «Entre Chien et Loup (Between Dog and Wolf)», Loft Artists Association, 18 de enero de 2020, www.loftartists.org/archives/entre-chien-et-loup.

esta parte primitiva: John Coates, *The Hour Between the Dog and the Wolf*, Penguin Books, Nueva York, 2013, p. 7.

que su testosterona: Coates, *The Hour Between the Dog and the Wolf*, p. 186.

Steven Levitt, por ejemplo: Annie Duke, *Quit: The Power of Knowing When to Walk Away*, Kindle ed., Portfolio/Penguin, Nueva York, 2022, p. 41.

estos factores biológicos: Coates, *The Hour Between the Dog and the Wolf*, p. 22.

«no hay otro trabajo»: Coates, *The Hour Between the Dog and the Wolf*, p. 10.

Iowa Gambling Task: Antoine Bechara *et al.*, «Insensitivity to Future Consequences Following Damage to Human Prefrontal Cortex», *Cognition* 50, n.º 1-3 (abril de 1994), pp. 7-15, doi.org/10.1016/0010-0277(94)90018-3.

dos de las barajas —digamos A y B— son arriesgadas: Christian A. Webb, Sophie DelDonno y William D. S. Killgore, «The Role of Cognitive Versus Emotional Intelligence in Iowa Gambling Task Performance: What's Emotion Got to Do with It?», *Intelligence* 44 (2014): 112-19, doi.org/10.1016/j.intell.2014.03.008.

en el Masters: «How Important Is Experience at Augusta National?», *Analytics Blog* (blog), Data Golf, 8 de abril de 2019, datagolf.ca/does-experience-matter-at-augusta.

los *playoffs* de la NBA: Nate Silver, «Why the Warriors and Cavs Are Still Big Favorites», *FiveThirtyEight*, 13 de octubre de 2017, fivethirtyeight.com/features/why-the-warriors-and-cavs-are-still-big-favorites.

desde Michael Jordan: David, «Michael Jordan's 1992 Playboy Magazine Interview: Jealously, Racism & Fear», *Ballislife*, 28 de septiembre de 2017, ballislife.com/michael-jordans-1992-playboy-magazine-interview-jeal-racism-fear.

portero de los Montreal Canadiens Ken Dryden: Coates, *La hora entre el perro y el lobo*, p. 78.

había empezado a aparecer en las noticias nacionales: Ryan Glasspiegel, «Nate Silver Made Brutal All-in Call at WSOP: "F-King Poker"», *New York Post*, 13 de julio de 2023, nypost.com/2023/07/13/nate-silver-made-brutal-all-in-call-at-wsop-f-king-poker.

jugaba para sobrevivir: Esta no era la frase exacta, pero era la esencia de la pregunta.

un torneo de 500.000 dólares: El premio medio concedido a los jugadores que acabaron entre los cien primeros fue de unos 520.000 dólares: pokerdb.thehendonmob.com/event.php?a=r&n=909123.

una gran decisión: La secuencia clave de manos comienza en el minuto 4:30 de este vídeo: «WSOP 2023 Main Event | Day 6 (Part 1)», PokerGO, pokergo.com/videos/d3643be8-68ac-43ca-adbf-1bbe58b1bf6d.

nunca había ganado más: «Stephen Friedrich», Hendon Mob Poker Database, pokerdb.thehendonmob.com/player.php?a=r&n=1088643.

el equivalente a unos: Derek Wolters (@derek_wolters), «ICM for WSOP Main Day 7 T.Co/mTOY9e 5Fwh», Twitter, 13 de julio de 2023, twitter.com/derek_wolters/status/1679527857557766145.

por una fracción de segundo: Chan vio mi *all-in* y descubrió su mano casi de inmediato, así que no hubo mucho tiempo para saborear el momento.

el apodo de «Poker Brat»: Jon Sofen, «The Muck: Did Phil Hellmuth's F-Bomb Rant Cross the Line?», *PokerNews*, 12 de octubre de 2021, pokernews.com/news/2021/10/the-muck-did-phil-hellmuth-s-f-bomb-rant-cross-the-line-40034.htm.

mis notas eran malas: Para mayor claridad, este fragmento corresponde a mi entrevista con Hellmuth en la que recordaba lo que escribió en su libro, no es una cita del libro en sí.

mejor jugador de explotación: «Daniel Negreanu Explains Poker to Phil Hellmuth», 2021, youtube.com/watch?v=oa6NNI4SCh0.

Seiver recordó una mano: «Dumbest Fold Ever with Pocket Aces 2014», youtube.com/watch?v=ikkGB3pQgA0.

grava a los jugadores de póquer: En Estados Unidos, los jugadores pagan impuestos sobre las ganancias del juego, pero en general no se les permite deducir las pérdidas del juego. «Topic No. 419, Gambling Income and Losses», Internal Revenue Service, 4 de abril de 2023, irs.gov/taxtopics/tc419.

del fondo restante: Excepto los eventos más baratos, con entradas de 1.000 dólares. Supongo que jugará a esos hasta que esté totalmente arruinada.

un conjunto representativo: Elegí simulaciones en los percentiles quinto, decimoquinto, vigésimo quinto, trigésimo quinto, cuadragésimo quinto, quincuagésimo quinto, sexagésimo quinto, septuagésimo quinto, octogésimo quinto y nonagésimo quinto.

Penélope pierda: Y eso suponiendo que pudiera reponer mágicamente sus fondos hasta 500.000 dólares al principio de cada año. En la vida real, pasará largos periodos en los que no tendrá dinero para jugar las entradas que podrían devolverle la posibilidad de obtener ganancias.

100.000 dólares al año: Nathan Williams, «Good Poker Win Rate for Small Stakes (2023 Update)», *BlackRain79-Elite Poker Strategy* (blog), blackrain79.com/2014/06/good-win-rates-for-micro-and-small_6.html.

Se crio en la pobreza: El material de esta sección refleja una combinación de mi conversación con Koon y esta historia: Lee Davy, «Going Through Walls: The Jason Koon Poker Story», *Triton Poker*, 9 de septiembre de 2020, triton-series.com/going-through-walls-the-jason-koon-poker-story.

sombrero vaquero «de verdad»: Dan Smith (@DanSmithHolla), «Aclaración importante: Jason Koon me regaló mi primer sombrero vaquero como Dios manda. Soy un mal amigo y me lo olvidé en un avión en Macao[.] Doyle me regaló uno de sus viejos sombreros, que he llevado esta semana», Twitter, 17 de julio de 2018, twitter.com/DanSmithHolla/status/1019313267871645696.

lucha contra la depresión: Dan Smith, Burning Man Blog (blog), 13 de octubre de 2015, dansmithholla.com/burning-man-blog.

una afirmación que se comprueba: Gabriele Bellucci, Thomas F. Münte y Soyoung Q. Park, «Influences of Social Uncertainty and Serotonin on Gambling Decisions», *Scientific Reports* 12, n.º 1 (17 de junio de 2022): 10220, doi.org/10.1038/s41598-022-13778-x; Robert D. Rogers et al., «Tryptophan Depletion Alters the Decision-Making of Healthy Volunteers Through Altered Processing of Reward Cues», *Neuropsycho-pharmacology* 28, n.º 1 (enero de 2003): 153-62, doi.org/10.1038/sj.npp.1300001; Michael L. Platt y Scott A. Huettel, «Risky Business: The Neuroeconomics of Decision Making Under Uncertainty», *Nature Neuroscience* 11, n.º 4 (abril de 2008): 398-403, doi.org/10.1038/nn2062.

un millón de visitas: «I Buy In for $40,000 and Opponent Tries to Put ME All-In Immediately!», Poker Vlog #487, 2022, youtube.com/watch?v=zGQM-Oee6nI.

por solo 200 dólares: «All-In Flush over Flush!», Poker Vlog #1, 2018, youtube.com/watch?v=ZAD1fBHzuJ4.

casinos destartalados de Rhode Island: Al menos según los comentarios de Yelp. «Bally's Twin River Lincoln-Lincoln, RI», Yelp, yelp.com/biz/ballys-twin-river-lincoln-lincoln.

más de 500.000 dólares: «Hustler Casino Live Stream», Tracking Poker, 17 de marzo de 2023, web.archive.org/web/20231108052335/https://trackingpoker.com/user-info/Rampage.

he aquí una versión: Richard Wiseman, *The Luck Factor: Changing Your Luck, Changing Your Life: The Four Essential Principles*, Nueva York: Miramax/Hyperion, 2003, p. 32.

admitió haber perdido: youtube.com/watch?v=Q1U31NN_kXE.

Eugene Calden, que llamó: Lee Jones, «Eugene Calden-the 100-Year-Old Poker Player», Poker.org, 11 de mayo de 2023, poker.org/eugene-calden-the-100-year-old-poker-player.

empatía e inteligencia emocional: Agneta H. Fischer, Mariska E. Kret y Joost Broekens, «Gender Differences in Emotion Perception and Self-Reported Emotional Intelligence: A Test of the Emotion Sensitivity Hypothesis», ed. Gilles Van Luijtelaar, *PLOS ONE* 13, n.º 1 (25 de enero de 2018): e0190712, doi.org/10.1371/journal.pone.0190712.

deducir el estado emocional de alguien: «Females Score Higher Than Males on the Widely Used "Reading the Mind in the Eyes" Test, Study Shows», *Medical News*, 27 de diciembre de 2022, https://www.news-medical.net/news/20221227/Females-score-higher-than-males-on-the-widely-used-Reading-the-Mind-in-the-Eyes-Test-study-shows.aspx

quemar el casino Rio: Jon Sofen, «The Muck: Did Phil Hellmuth's F-Bomb Rant Cross the Line?».

un torneo femenino: Jeanette Settembre, «Florida Man Wins Women's Poker Tournament: "Insanity"», *The New York Post*, 3 de mayo de 2023, nypost.com/2023/05/03/florida-man-wins-womens-poker-tournament-insanity.

para incomodarlas: «Episode 407: Women's Events», *Thinking Poker*, 2023, thinkingpoker.net/2023/05/episode-406-womens-events.

he aquí un estereotipo: Por ejemplo, en la American Time Use Survey de 2019, las mujeres dedicaron más tiempo a «socializar y comunicarse» (0,66 horas al día frente a 0,62 horas al día para los hombres) y a llamadas telefónicas (0,19 horas al día frente a 0,12), mientras que los hombres dedicaron más tiempo a deportes (0,42 horas al día frente a 0,25) y juegos (0,36 horas al día frente a 0,16). «American Time Use Survey-2019 Results», Bureau of Labor Statistics, 25 de junio de 2020, bls.gov/news.release/archives/atus_06252020.pdf.

tiene tres o menos: Daniel A. Cox, «Men's Social Circles Are Shrinking», The Survey Center on American Life, 29 de junio de 2021, americansurveycenter.org/why-mens-social-circles-are-shrinking.

según la American Time Use Survey: «American Time Use Survey-2019 Results».

menos aversión al riesgo que las mujeres: Christine R. Harris y Michael Jenkins, «Gender Differences in Risk Assessment: Why Do Women Take Fewer Risks than Men?», *Judgment and Decision Making* 1, n.º 1 (julio de 2006): pp. 48-63, doi.org/10.1017/S1930297500000346.

según la Encuesta de Población Activa: «Current Population Survey», US Bureau of Labor Statistics, www.bls.gov/cps/home.htm.

Carlos Welch: Chad Holloway y Jon Sofen, «Beating the Odds: Carlos Welch Went from Poverty to WSOP Online Champ», *PokerNews*, 29 de septiembre de 2021, pokernews.com/news/2021/09/carlos-welch-interview-wsop-online-bracelet-champ-talks-39906.htm.

a menudo dormía en su coche: Lee Jones, «Carlos Welch Doesn't Live in a Prius Anymore», Poker.org, 23 de junio de 2023, poker.org/carlos-welch-doesnt-live-in-a-prius-anymore.

Por qué Sam Bankman-Fried: Kate Gibson, «Sam Bankman-Fried Stole at Least $10 Billion, Prosecutors Say in Fraud Trial», CBS News, 5 de octubre de 2023, cbsnews.com/news/sam-bankman-fried-fraud-trial-crypto.

tampoco gustó nada: GTOx, gtox.io.

alteración de la noción del tiempo: Scott Sinnett *et al.*, «Flow States and Associated Changes in Spatial and Temporal Processing», *Frontiers in Psychology* 11 (12 de marzo de 2020): p. 381, doi.org/10.3389/fpsyg.2020.00381.

experimentando la emoción: Lew había ganado 100.000 dólares en su sesión anterior de *Hustler Casino Live* y también estaba ganando en esta sesión en el momento de la mano J4.

procedimientos de seguridad de Hustler: «Report of the Independent Investigation of Alleged Wrongdoing in Lew- Adelstein Hand and Audit of Security of "Hustler Casino Live" Stream, Commissioned by High Stakes Poker Productions, LLC», *Hustler Casino Live*, 14 de diciembre de 2022, hustlercasinolive.com/j4report.

a lo largo de la historia del póquer: Nate Meyvis, «Notes on the Garrett Adelstein-Robbi Jade Lew Hand», Nate Meyvis (blog), web.archive.org/web/20230326045329/https://natemeyvis.com/why-my-priors-about-cheating-at-poker-are-so-high.html.

las motivaciones de Chávez: Lew y Chávez fueron vistos más tarde juntos en un partido de los Raiders de Las Vegas, lo que llevó a especular que estaban haciendo trampa; twitter.com/jesselonis/status/1584319495643926528?s=46&t=0lws6WvW7Ygn3FrfsPaSZg.

las condiciones desfavorables: Según Adelstein, Chávez financió a Lew, quedándose con el 50% de cualquier ganancia que obtuviera pero sin recuperar nada si perdía; gman06, «Garrett Adelstein Report on Likely Cheating on Hustler Casino Live», Two Plus Two Forums, 7 de octubre de 2022, forumserver.twoplustwo.com/29/news-views-gossip/garrett-adelstein-report-likely-cheating-hustler-casino-live-1813491.

acceso a las cartas: Andrew Burnett, «Hustler Casino Chip Thief Bryan Sagbigsal Speaks Out from Hiding», HighStakesDB, 15 de febrero de 2023, highstakesdb.com/news/high-stakes-reports/hustler-casino-chip-thief-bryan-sagbigsal-speaks-out-from-hiding.

se había llevado 15.000 dólares: Hustler Casino Live (@HCLPokerShow), «An Update T.Co/217duC33Xj», Twitter, 6 de octubre de 2022, twitter.com/HCLPokerShow/status/1578169889788862464.

un mensaje comprensivo: Jon Sofen, «The Muck: Poker Twitter Questions Authenticity of Thief's Alleged DM to Robbi Jade Lew», *PokerNews*, 7 de octubre de 2022, www.pokernews.com/news/2022/10/muck-robbi-jade-lew-poker-twitter-dm-hustler-casino-live-42249.htm.

tics de estilo similares: «Robbi Jade Lew vs. Bryan Sagbigsal Text Comparison», 2022, youtube.com/watch?v=c8GiBAq5qHg.

se ocultó: Jon Sofen, «Cops Can't Locate Bryan Sagbigsal; Robbi-Garrett Saga Remains Unsolved», *PokerNews*, 28 de octubre de 2022, pokernews.com/news/2022/10/robbi-garrett-bryan-sagbigsal-42388.htm.

se habría beneficiado de hacer trampas: genobeam, «Part 3: All Robbi's Hands from the Sep 29th Stream (w/THE HAND)," Reddit post, R/Poker, 3 de octubre de 2022, www.reddit.com/r/poker/comments/xur0l1/part_3_all_robbis_hands_from_the_sep_29th_stream.

solo de unos +18.000 dólares: Este cálculo se deriva de los gráficos en pantalla de la emisión en directo de *Hustler*, que mostraban que Adelstein ganaría la mano el 53% de las veces y Lew el 47%. Este sistema tiene información importante de la que normalmente carecen los jugadores: qué otras cartas han sido repartidas y retiradas por los otros jugadores (en general, eran cartas favorables a Adelstein: las cartas que quería seguían vivas en la baraja). Sin embargo, si Lew formaba parte de una red de tramposos y tenía acceso a información entre bastidores sobre las cartas de inicio, lo habría sabido.

esperar fácilmente: Recuerde que, en el póquer GTO, muchas manos son indiferentes; en el *river*, por ejemplo, el valor esperado de ver y de abandonar es a veces exactamente el mismo. Si se limitara a esperar a un par de estas ocasiones por sesión y siempre tomara la decisión perfecta, sería un jugador increíblemente rentable y resultaría muy difícil detectar trampas.

algo en falso: Tanto Adelstein como Lew estuvieron de acuerdo en que esto estaba implícito. Sin embargo, lo que hizo Adelstein fue cambiar sus fichas y marcharse. Adelstein me dijo que no estaba seguro de lo que quería hacer, pero para entonces Chávez estaba muy enfadado y sería incómodo seguir jugando.

jugó de nuevo al póquer: Jeff Walsh, «Garrett Adelstein Ready for Livestream Return, "I'm Built for This"», 2 de diciembre de 2023, World Poker Tour, https://www.worldpokertour.com/news/garrett-adelstein-ready-for-livestream-return-im-built-for-this/.

especialmente molestos por la hipocresía: Daniel Cates, «Hidden Hypocrisies and the Futility of Judgment», *Medium*, 8 de mayo de 2020, medium.com/@jungleman12/hidden-hypocrisies-and-the-futility-of-judgment-c13dd3d1570f.

Capítulo 3: Consumo

una hora de práctica: Por mi cuenta, no con la ayuda de Ma.

solo un 0,18%: Michael Shackleford, «Blackjack Survey», *The Wizard of Vegas*, 24 de julio de 2023, wizardofvegas.com/guides/blackjack-survey.

una ventaja para la casa del orden del 0,5 %: Audrey Weston, «Six and Eight Deck Blackjack in Vegas 2023», GamblingSites.com, 18 de noviembre de 2022, gamblingsites.com/las-vegas/blackjack/6-8-deck.

conseguirá más blackjacks: Michael Shackleford, «Card Counting», The Wizard of Odds, 21 de enero de 2019, wizardofodds.com/games/blackjack/card-counting/introduction.

ofrece una mesa: Shackleford, «Blackjack Survey».

un casino puede negarse: Y si no pueden impedir que actúe, pueden tomar otras contramedidas, como exigir que la baraja se mezcle continuamente después de cada mano, lo que reinicia la cuenta a cero.

aviso de allanamiento: Des Bieler, «O. J. Simpson Banned from Las Vegas Hotel Bar», *The Washington Post*, 9 de noviembre de 2017, www.washingtonpost.com/news/early-lead/wp/2017/11/09/o-j-simpson-banned-from-las-vegas-hotel-bar/.

fácil en los torneos de póquer: En un torneo, se compite contra otros jugadores y no contra la casa, que se lleva un porcentaje fijo de cada entrada. Y aunque algunos de esos otros jugadores son –VE, puede que no se den cuenta o que los torneos les resulten tan divertidos que no les importe.

«Eras Kevin Lee»: Nótese que esta es la única cita de Ma tomada de una fuente ajena; todas las demás frases me las dijo directamente a mí. Eric Harrison, «Jeff Ma: Smart Enough to Bring Down the House», *Chron*, 27 de marzo de 2008, chron.com/entertainment/movies_tv/article/jeff-ma-smartenough-to-bring-down-the-house-1769491.php.

el juego de los jugadores asiáticos: Esto suele ser bastante explícito, tanto en mis conversaciones con ejecutivos de casinos como en la cobertura de otros medios de comunicación. Véase, por ejemplo: «Connecticut's Casinos Target Chinese Gamblers», *Legit Productions*, 5 de marzo de 2011, legitprod.com/blog/2018/7/5/connecticuts-casinos-target-chinese-gamblers.

Sea o no cierto el estereotipo: Samson Tse *et al.*, «Examination of Chinese Gambling Problems Through a Socio-Historical-Cultural Perspective», *The Scientific World Journal* 10 (2010): pp. 1694-1704, doi.org/10.1100/tsw.2010.167.

escándalo del robo de puntos: «1978-79 Boston College Basketball Point-Shaving Scandal», Wikipedia, 17 de agosto de 2023, en.wikipedia.org/w/index.php?title=1978%E2%80%9379_Boston_College_basketball_point-shaving_scandal&oldid=1170906310.

unos 60 centavos: Stanford Wong, *Professional Blackjack*, Las Vegas: Pi Yee Press, 2011, Kindle ed., 33.

beneficios de las empresas hasta cifras récord: US Bureau of Economic Analysis, «Corporate Profits After Tax (without IVA and CCAdj)», FRED, Federal Reserve Bank of St. Louis, 1 de enero de 1946), fred.stlouisfed.org/series/CP.

NOTAS

pedido de comida rápida: Nate Silver, «The McDonald's Theory of Why Everyone Thinks the Economy Sucks», *Silver Bulletin* (blog), 1 de octubre de 2023, natesilver.net/p/the-mcdonalds-theory-of-why-everyone.

50 dólares de beneficio: «Monthly Revenue Report», https://gaming.nv.gov/uploadedFiles/gamingnvgov/content/about/gaming-revenue/2022Decgri.pdf, Junta de Control del Juego de Nevada, diciembre de 2022, gaming.nv.gov/modules/showdocument.aspx?documentid=19393.

la fiebre del oro: Clare Sears, *Arresting Dress: Cross-Dressing, Law, and Fascination in Nineteenth-Century San Francisco*, Perverse Modernities, Durham, NC, Duke University Press, 2015, p. 24.

se jugaba más per cápita: David G. Schwartz, *Roll the Bones: The History of Gambling*, Kindle ed., Winchester, Las Vegas, NV, 2013, p. 145.

que se prohibió: Martin Green, «California Online Casinos: Legal California Online Gambling», *The Sacramento Bee*, 8 de mayo de 2023, sacbee.com/betting/casinos/article270289967.html.

La tierra de Nevada es propiedad: «Federal Land Ownership by State», *Ballotpedia*, ballotpedia.org/Federal_land_ownership_by_state.

salvo dos años: Schwartz, *Roll the Bones*, p. 198.

«el dinero habló»: Schwartz, *Roll the Bones*, p. 201.

primeras licencias de juego: Schwartz, *Roll the Bones*, pp. 212-213.

es una actitud: Schwartz, *Roll the Bones*, p. 211.

71 % de los estadounidenses: «Gallup: Gambling as Morally Acceptable as Pot, Premarital Sex», *Casino.org*, 28 de junio de 2020, casino.org/news/gallup-gambling-as-morally-acceptable-as-pot-premarital-sex.

«no tenía medios económicos»: John L. Smith, «From Busboy to the Gaming Hall of Fame: A Conversation with Mike Rumbolz», *CDC Gaming Reports*, 22 de septiembre de 2022, cdcgaming.com/from-busboy-to-the-gaming-hall-of-fame-a-conversation-with-mike-rumbolz/.

porque, en aquella época: Trump construyó más tarde un hotel en Las Vegas, pero sin sala de juegos.

el control del «cable de carreras»: Allan May, «The History of the Race Wire Service», *Crime Magazine*, 14 de octubre de 2009, crimemagazine.com/history-race-wire-service.

el Comité Kefauver: David G. Schwartz, «The Kefauver Hearing in Las Vegas», *The Mob Museum*, 10 de noviembre de 2020, themobmuseum.org/blog/the-kefauver-hearing-in-las-vegas.

Stardust se vio envuelto: Wallace Turner, «Reputed Organized Crime Heads Named in Casino Skimming Case», *The New York Times*, 12 de octubre de 1983.

endureció sustancialmente la normativa: Schwartz, *Roll the Bones*, p. 256.

muchos establecimientos, si no la mayoría, eran turbios: Schwartz, *Roll the Bones*, p. 100.

zapato de blackjack de seis mazos: Un «zapato» de blackjack se baraja mucho antes de que se repartan todas las cartas, por lo que nunca se podría determinar esto mediante una enumeración estricta. Habría que usar la inferencia estadística sobre una gran muestra de manos.

poco probable que le engañe: Los crupieres a veces cometen errores, pero suelen ser honestos, y algunas veces son errores a favor del cliente.

proyectos de construcción más caros: «The 15 Most Expensive Buildings in the World», *Luxury Columnist*, 26 de febrero de 2023, luxurycolumnist.com/the-most-expensive-buildings-in-the-world/.

siete mil habitaciones de hotel: «The Venetian Resort Las Vegas-Hotel Meeting Space-Event Facilities», Teneo Hospitality Group, teneohg.com/member-hotel/the-venetian-the-palazzo.

comité de investidura de Trump: «Adelson, Wynn among Trump's Inaugural Committee», KTNV 13 Action News Las Vegas, 16 de noviembre de 2016, ktnv.com/ news/ political/ adelson-wynn-among-trumps-inaugural-committee.

junto con su amigo-enemigo: Kimberly Pierceall, «Sheldon Adelson, Las Vegas Sands Founder and GOP Power Broker, Dies», *The Philadelphia Inquirer*, 12 de enero de 2021, inquirer.com/obituaries/sheldon-adelson-dies-obituary-las-vegas-sands-gop-20210112.html.

Wynn se hizo cargo: Schwartz, *Roll the Bones*, p. 253.

pronto se convirtió en director y presidente: Schwartz, *Roll the Bones*, p. 253.

la calificación de cuatro diamantes: Galen R. Frysinger, «Golden Nugget», GalenFrysinger.com, galenfrysinger.com/las_vegas_golden_nugget.htm.

proyecto más ambicioso: Ken Adams, «Out with the Mirage and Volcano and in with a Rock and Guitar», *CDC Gaming Reports*, 2 de abril de 2023, cdcgaming.com/commentary/out-with-the-mirage-and-volcano-and-in-with-a-rock-and-guitar/.

una segunda vida: «Hard Rock® Completes Acquisition of The Mirage Hotel & Casino®», Hard Rock Hotel & Casino, 16 de enero de 2023, hardrockhotels.com/news/hard-rock-completes-acquisition-of-the-mirage-hotel-and-casino.

Era el primer establecimiento nuevo: Brock Radke, «Las Vegas' First Modern Megaresort the Mirage Reopens This Week-Las Vegas Sun Newspaper», *Las Vegas Sun*, 24 de agosto de 2020, lasvegassun.com/news/2020/aug/24/mgm-resorts-mirage-reopens-las-vegas-strip.

número absurdo de atracciones: Hubble Smith, «The Mirage Was for Real», *Las Vegas Review-Journal*, 22 de noviembre de 1999, web.archive.org/

web/20021220024833/http://www.lvrj.com/lvrj_home/1999/Nov-22-Mon-1999/business/12387993.html.

La gran mayoría de las ganancias: «Nevada Casinos: Departmental Revenues, 1984-2022», UNLV Center for Gaming Research, febrero de 2023, gaming.library.unlv.edu/reports/NV_departments_historic.pdf.

de haber acosado sexualmente: Alexandra Berzon y otros, «Dozens of People Recount Pattern of Sexual Misconduct by Las Vegas Mogul Steve Wynn», *The Wall Street Journal*, 26 de enero de 2018, sec. Business, wsj.com/articles/dozens-of-people-recount-pattern-of-sexual-misconduct-by-las-vegas-mogul-steve-wynn-1516985953.

daños, multas y acuerdos: Julia Malleck, «Casino King Steve Wynn Was Banned from Nevada's Gambling Industry», *Quartz*, 28 de julio de 2023, qz.com/steve-wynn-casino-king-ban-nevada-gaming-sexual-miscond-1850685469.

una propuesta de complejo turístico: Howard Stutz, «Wynn Unveils Plans and Renderings for a 1,000-Foot-Tall Hotel- Casino in UAE», *The Nevada Independent*, 28 de abril de 2023, thenevadaindependent.com/article/wynn-unveils-plans-and-renderings-for-a-1000-foot-tall-hotel-casino-in-uae.

se denunciaron 1.439 violaciones: «2019 Crime in the United States: Nevada», FBI, 2019, https://ucr.fbi.gov/crime-in-the-u.s/2019/crime-in-the-u.s.-2019/tables/table-8/table-8-state-cuts/nevada.xls; «2019 Crime in the United States: Rate: Number of Crimes per 100,000 Inhabitants», FBI, 2019, https://ucr.fbi.gov/crime-in-the-u.s/2019/crime-in-the-u.s.-2019/tables/table-1.xls

Trump Entertainment Resorts: Associated Press, «Trump Casinos File for Bankruptcy», NBC News, 22 de noviembre de 2004, nbcnews.com/id/wbna6556470; Michelle Lee, «Fact Check: Has Trump Declared Bankruptcy Four or Six Times?», *The Washington Post*, 26 de septiembre de 2016, washingtonpost.com/politics/2016/live-updates/general-election/real-time-fact-checking-and-analysis-of-the-first-presidential-debate/fact-check-has-trump-declared-bankruptcy-four-or-six-times; Associated Press, «Trump Entertainment Resorts File for Bankruptcy in Blow to Atlantic City», *The Guardian*, 9 de septiembre de 2014, sec. World News, theguardian.com/world/2014/sep/09/trump-casinos-atlantic-city-bankruptcy; Wayne Perry, «Trump's Bankrupt Taj Mahal Casino Now Owned by Carl Icahn», *The Spokesman-Review*, 26 de febrero de 2016, www.spokesman.com/stories/2016/feb/26/trumps-bankrupt-taj-mahal-casino-now-owned-by-carl/.

enriquecerse considerablemente: Russ Buettner y Charles V. Bagli, «How Donald Trump Bankrupted His Atlantic City Casinos, but Still Earned Millions», *The New York Times*, 11 de junio de 2016, sec. New York, nytimes.com/2016/06/12/nyregion/donald-trump-atlantic-city.html.

Michael Jackson: «1990 Michael Jackson Attends the Grand Opening of Trump Taj Mahal Casino Resort», 2013, youtube.com/watch?v=GGWjUYWatTo.

vestidos con turbantes: Howard Kurtz, «Donald Trump's Big Bet», *The Washington Post*, 25 de marzo de 1990, washingtonpost.com/archive/lifestyle/1990/03/25/donald-trumps-big-bet/0c149273-3752-4f6f-96bf-432457039eb7.

su crítico de arquitectura Paul Goldberger: Paul Goldberger, «It's 'Themed,' It's Kitschy, It's Trump's Taj», *The New York Times*, 6 de abril de 1990, sec. New York, nytimes.com/1990/04/06/nyregion/it-s-themed-it-s-kitschy-it-s-trump-s-taj.html.

se declaró en quiebra: Reuters, «Chapter 11 for Taj Mahal», *The New York Times*, 18 de julio de 1991, sec. Business, nytimes.com/1991/07/18/business/chapter-11-for-taj-mahal.html.

principalmente con bonos basura: Robert O'Harrow Jr., «Trump's Bad Bet: How Too Much Debt Drove His Biggest Casino Aground», *The Washington Post*, 24 de mayo de 2023, washingtonpost.com/investigations/trumpsbad-bet-how-too-much-debt-drove-his-biggest-casino-aground/2016/01/18/f67cedc2-9ac8-11e5-8917-653b65c809eb_story.html.

registraba un descenso: Lenny Glynn, «Trump's Taj-Open at Last, with a Scary Appetite", *The New York Times*, 8 de abril de 1990, sec. Business, nytimes.com/1990/04/08/business/trump-s-taj-open-at-last-with-a-scary-appetite.html.

a la empresa de Roffman: Joel Rose, «The Analyst Who Gambled and Took on Trump», NPR, 10 de octubre de 2016, sec. Business, npr.org/2016/10/10/497087643/the-analyst-who-gambled-and-tookon-trump.

la inauguración del Taj: Glynn, «Trump's Taj-Open at Last».

normativas de juego, funcionarios corruptos: Personal de *Inside Jersey*, «In Atlantic City, a Long History of Corruption», NJ.com, 16 de febrero de 2010, nj.com/insidejersey/2010/02/atlantic_citys_tradition_of_co.html.

máquinas tragaperras dejaron de funcionar misteriosamente: Tim Golden, «Taj Mahal's Slot Machines Halt, Overcome by Success», *The New York Times*, 9 de abril de 1990, sec. New York, nytimes.com/1990/04/09/nyregion/taj-mahal-s-slot-machines-halt-overcome-by-success.html.

accidente de helicóptero: Robert Hanley, «Copter Crash Kills 3 Aides of Trump», *The New York Times*, 11 de octubre de 1989, sec. New York, nytimes.com/1989/10/11/nyregion/copter-crash-kills-3-aides-of-trump.html.

llamado Akio Kashiwagi: Diana B. Henriques con M. A. Farber, «An Empire at Risk-Trump's Atlantic City; Debt Forcing Trump to Play for Higher Stakes», *The New York Times*, 7 de junio de 1990, sec. Business, nytimes.

com/1990/06/07/business/empire-risk-trump-s-atlantic-city-debt-forcing-trump-play-for-higher-stakes.html.

pero luego descendió: Tras el ajuste por inflación. Las cifras sin ajustar pueden consultarse aquí: «Atlantic City Gaming Revenue», UNLV Center for Gaming Research, febrero de 2023, gaming.library.unlv.edu/reports/ac_hist.pdf.

ingresos brutos del Taj: «Annual Report 1990», Trump Taj Mahal Associates, 1990, washingtonpost.com/wp-stat/graphics/politics/trump-archive/docs/trump-taj-mahal-associates-annual-report-1990.pdf.

ingresos del juego en Nevada: «Casinos: Gross Gaming Revenue by State US 2022», *Statista*, mayo de 2023, statista.com/statistics/187926/gross-gaming-revenue-by-state-us.

Disneyworld es un famoso: Florencia Muther, «The Happiest Place on Earth: The Magic Recipe Behind Disney Parks 70% Return Rate», *HBS: Technology and Operations Management* (blog), 7 de diciembre de 2015, d3.harvard.edu/platform-rctom/submission/the-happiest-place-on-earth-the-magic-recipe-behind.-disney-parks-70-return-rate.

generalmente el 80%: *Heart+Mind Strategies*, «2022 Las Vegas Visitor Profile Study», Las Vegas Convention and Visitors Authority, 2022, assets.simpleviewcms.com/simpleview/image/upload/v1/clients/lasvegas/2022_Las_Vegas_Visitor_Profile_Study_8a25c904-37b4-42d0-af4d-8d8f04a-f9ecf.pdf.

son clientes que repiten: Técnicamente, no se trata de una comparación exacta —el porcentaje de visitantes que vuelven en algún momento no es lo mismo que el porcentaje de visitantes en cierto momento que son clientes que repiten—, pero no cabe duda de que tanto Disneyworld como Las Vegas fidelizan a sus clientes.

Caesars Seven Stars: «Caesars Rewards Benefits Overview», Caesars, caesars.com/myrewards/benefits-overview.

incluso aviones privados: Mark Saunokonoko, «Private Jets, Big Bets and Beautiful Women: Inside the Secret World of Las Vegas High-Rollers», 14 de octubre de 2017, 9news.com.au/world/rj-cipriani-inside-the-secret-world-of-las-vegas-high-rollers-whales-gamblers/4fb3275a-7b43-47a6-8d98-df09161ef011.

se inauguró en 2005: zedthedeadpoet, «Consolidated 'Wynn' Thread», *FlyerTalk*, 12 de abril de 2005, flyertalk.com/forum/3928690-post51.html.

Ivey devolviera más: Mo Nuwwarah, «Phil Ivey Reportedly Settles with Borgata, Ending 6-Year Legal War», *PokerNews*, 8 de julio de 2020, pokernews.com/news/2020/07/phil-ivey-borgata-settlement-37591.htm.

todas las sociedades humanas: Según entrevista con Per Binde.

culturas de cazadores y recolectores: Schwartz, *Roll the Bones*, pp. 1-2.

VACÍA Y ESPACIOSA: Bill Friedman, *Designing Casinos to Dominate the Competition: The Friedman International Standards of Casino Design*, Institute for the Study of Gambling and Commercial Gaming, Reno, NY, 2000, pp. 16-17.

Desglose de los ingresos de los casinos: «Monthly Revenue Report», Nevada Gaming Control Board, diciembre de 2022.

Las máquinas tragaperras superaron por primera vez: Según entrevista con Mike Rumbolz.

alrededor del 11 %: «Monthly Revenue Report», Nevada Gaming Control Board, junio de 2023, gaming.nv.gov/modules/showdocument.aspx?documentid=19988.

el Gobierno se queda con: Sandra Grauschopf, «Which States Have the Biggest Lottery Payouts?», Live-About, 29 de octubre de 2022, liveabout.com/which-states-have-the-biggest-lottery-payouts-4684743.

compran billetes de lotería son, de forma desproporcionada: John Wihbey, «Who Plays the Lottery, and Why: Updated Collection of Research», *The Journalist's Resource*, 27 de julio de 2016, journalistsresource.org/economics/research-review-lotteries-demographics.

Comparación de las probabilidades: Adam Volz, «Why Horse Bettors Need to Know About Takeout Rates», *Casino.org* (blog), 2 de enero de 2023, casino.org/blog/takeout-rates/; Michael Shackleford, «What Is the House Edge?», *The Wizard of Odds*, 6 de septiembre de 2023, wizardofodds.com/gambling/house-edge/; Grauschopf, «Which States Have the Biggest Lottery Payouts?»; «Monthly Revenue Report», Nevada Gaming Control Board, junio de 2023; Michael Shackleford, «Blackjack Survey», *The Wizard of Vegas*, 24 de julio de 2023, wizardofvegas.com/guides/blackjack-survey.

pueden ser muy adictivas: Robert B. Breen y Mark Zimmerman, «Rapid Onset of Pathological Gambling in Machine Gamblers», *Journal of Gambling Studies* 18, n.º 1 (1 de marzo de 2002): pp. 31-43, doi.org/10.1023/A:1014580112648.

se convierten en ludópatas: Natasha Dow Schüll, «Slot Machines Are Designed to Addict», *The New York Times*, 10 de octubre de 2013, www.nytimes.com/roomfordebate/2013/10/09/are-casinos-too-much-of-a-gamble/slot-machines-are-designed-to-addict.

El famoso sociólogo Erving Goffman: David G. Schwartz, «Erving Goffman's Las Vegas: From Jungle to Boardroom», *UNLV Gaming Research & Review Journal* 20, n.º 1 (23 de mayo de 2016), digitalscholarship.unlv.edu./grrj/vol20/iss1/2.

«enfrentarse a la excitación»: Erving Goffman, *Interaction Ritual: Essays on Face-to-Face Behavior*, 1.ª ed., Pantheon Books, Nueva York, 1982, p. 203.

un flujo continuo: Michelle Goldberg, «Here's Hoping Elon Musk Destroys Twitter», *The New York Times*, 6 de octubre de 2022, sec. Opinion, nytimes.com/2022/10/06/opinion/elon-musk-twitter.html.

hacer girar los rodillos: Kevin A. Harrigan y Mike Dixon, «PAR Sheets, Probabilities, and Slot Machine Play: Implications for Problem and Non-Problem Gambling», *Journal of Gambling Issues* n.º 23 (1 de junio de 2009): p. 81, https://www.researchgate.net/publication/247919295_PAR_Sheets_probabilities_and_slot_machine_play_Implications_for_problem_and_non-problem_gambling.

300 dólares por viaje: «Las Vegas Visitor Statistics», Las Vegas Convention and Visitors Authority, junio de 2023, assets.simpleviewcms.com/simpleview/image/upload/v1/clients/lasvegas/ES_Jun_2023_8bfa98de-9c13-439d-96e5-516621dc2146.pdf.

Capítulo 4: Competencia

Había quedado con Kyrollos: David Hill, «The Rise and Fall of the Professional Sports Bettor», *The Ringer*, 5 de junio de 2019, theringer.com/2019/6/5/18644504/sports-betting-bettors-sharps-kicked-out-spanky-william-hill-new-jersey.

apostantes ascendentes: spanky (@spanky), «A bottom up approach is creating your own line using data statistics analytics models etc. A top down approach assumes the line is correct and you find value looking for off numbers between bookmakers and information not reflected in the line such as injuries[.] I'm a top down guy», Twitter, 12 de diciembre de 2019, twitter.com/spanky/status/1205265182664134657.

información no reflejada: spanky (@spanky), «A bottom up approach».

un sitio me limitaba: Resorts World Bet me limitó después de solo seis partidas, a pesar de que perdía ligeramente (−66 dólares) en mis apuestas allí. Resorts World utilizaba probabilidades proporcionadas por PointsBet, que ya me había limitado; puede que también compartieran información sobre los clientes.

para Deutsche Bank: Hill, «The Rise and Fall of the Professional Sports Bettor».

lo más parecido que hay: Una técnica relacionada llamada *scalping*, en la que se apuestan líneas de dinero en lugar de diferenciales de puntos, está del todo libre de riesgo. Por ejemplo, si apuesto a la línea de dinero de los Eagles a −110 en un sitio y a la de los Chiefs a +120 en otro, tengo garantizado un pequeño beneficio.

equivale a ganar: Si apuesta a diferencia de puntos.

no genera tantos ingresos: «Monthly Revenue Report», Nevada Gaming Control Board, junio de 2023, gaming.nv.gov/modules/showdocument.aspx?documentid=19988.

la mayor casa de apuestas deportivas del mundo: Circa también lo afirma. Después de haber estado en ambos sitios, creo que probablemente Circa tenga razón.

casi 400 metros cuadrados: «Westgate Superbook: A Total WOW Factor», 2021, youtube.com/watch?v=jXstOzQj9mk.

margen de beneficios con las apuestas deportivas: Compare, por ejemplo, los porcentajes de retención de apuestas deportivas de Nevada en 2023 (en torno al 5%) con los de 1993 (en torno al 3%). Los datos de 2023: «Monthly Revenue Report», Nevada Gaming Control Board, junio de 2023, gaming.nv.gov/uploadedFiles/gamingnvgov/content/about/gaming-revenue/2023Jun-gri.pdf; los datos de 1993: «Monthly Revenue Report», Nevada Gaming Control Board, diciembre de 1993, epubs.nsla.nv.gov/statepubs/epubs/445239-1993-12.pdf.

y lo derrotó repetidamente: Richard Waters, «Man Beats Machine at Go in Human Victory Over AI», *Financial Times*, https://archive.is/tDYsY.

Las Vegas Sports Consultants: David Hill, «The King of Super Bowl Props, Part 1», *The Ringer*, 21 de septiembre de 2022, theringer.com/2022/9/21/23363621/gamblers-super-bowl-props-rufus-peabody-nfl.

catálogo de L. L. Bean: Hill, «The King of Super Bowl Props, Part 1».

«pero muy mal pagado»: Técnicamente, Peabody no ganaba nada. Se le pagó un salario inicial de 25.000 dólares.

Peabody escribió su tesis de fin de carrera: Rufus Peabody, «Fundamentals or Noise? Analyzing the Efficiency of a Prediction Market» (tesis de licenciatura, Universidad de Yale, 2008), drive.google.com/drive/folders/1DnApx0q5W2YpRxuwhaZG6QzTbVuXyZte.

la mayoría de los resultados: John P. A. Ioannidis, «Why Most Published Research Findings Are False», *PLOS Medicine* 2, n.º 8 (30 de agosto de 2005): e124, doi.org/10.1371/journal.pmed.0020124.

«impuesto sobre la estupidez»: Alex Tabarrok, «A Bet Is a Tax on Bullshit», *Marginal Revolution* (blog), 2 de noviembre de 2012, marginalrevolution.com/marginalrevolution/2012/11/a-bet-is-a-tax-on-bullshit.html.

«Art Howe»: Alex Gleeman, «Art Howe Is Angry About How He Was Portrayed in "Moneyball"», NBC Sports, 27 de septiembre de 2011, nbcsports.com/mlb/news/art-howe-is-angry-about-how-he-was-portrayed-in-moneyball.

Peabody elige sus batallas: David Hill, «Looking for an Edge, and Some Fun, Bettors Favor Super Bowl Props», *The New York Times*, 7 de febrero de 2023, sec. Sports, nytimes.com/2023/02/07/sports/football/super-bowl-bets-props-odds.html.

Trace la popularidad: Estas clasificaciones son un poco subjetivas y combinan mis conocimientos generales sobre el sector con datos sobre la popularidad nacional e internacional de cada deporte y las cantidades apostadas en él en Colorado y Nevada. Algunos deportes, por ejemplo, los grandes combates del UFC, tienden a ser muy populares entre los apostantes, comparados con su popularidad entre el público en general.

el ping-pong ruso se puso de moda: Andrew Keh, «Think Americans Wouldn't Wager on Russian Table Tennis? Care to Bet?», *The New York Times*, 25 de enero de 2021, sec. Sports, nytimes.com/2021/01/25/sports/ping-pong-sports-betting.html.

el segundo más taquillero de la UFC: Ben Davies, «UFC: Top 10 Biggest Earning PPV Events in History (Ranked)», *GiveMeSport*, 17 de octubre de 2023, www.givemesport.com/biggest-earning-ufc-ppv-events-in-history-ranked/#ufc-264-poirier-v-mcgregor-3-1-800-000-ppv-buys--120-million.

peregrina al Westgate: David Hill, «The King of Super Bowl Props, Part 1».

panfleto de treinta y ocho páginas: «SB LVII Props-Westgate», Scribd, scribd.com/document/623527060/Sb-LVII-Props-westgate.

Kornegay es uno de los padres de este formato: Matt Jacob, «Super Bowl Props: How These Side Bets Became So Popular», *Props*, 7 de febrero de 2022, props.com/super-bowl-props-how-these-side-bets-became-so-popular.

las paralelas constituyen: Patrick Everson, «Sharp Bettors Fire Early, File Away for Later as Super Bowl Proposition Bets Hit Odds Board», Covers.com, 23 de enero de 2020, covers.com/industry/sharp-bettors-fire-early.

Jason Robins, tocó la campana: «DraftKings Inc. Rings the Opening Bell», Nasdaq, 11 de junio de 2021, nasdaq.com/events/draftkings-inc.-rings-the-opening-bell.

el mayor estado: Weston Blasi, «New York Officially Approves Legal Online Sports Betting», Market-Watch, 10 de abril de 2021, marketwatch.com/story/new-york-approves-legal-online-sports-betting-11617744458.

mil millones de dólares en la captación de clientes: Brad Allen, «Can Caesars Sportsbook Make Its Mark with $1 Billion in Spending?», *Legal Sports Report*, 4 de agosto de 2021, legalsportsreport.com/54987/caesars-sportsbook-one-billion-us-sports-betting.

DraftKings y FanDuel se quejaban: Robert Harding, «DraftKings, FanDuel Warn High Tax Rate Could Threaten NY Mobile Sports Betting Success», *The Citizen* (Auburn), 1 de febrero de 2023, auburnpub.com/news/local/govt-and-politics/draftkings-fanduel-warn-high-tax-rate-could-threaten-ny-mobile-sports-betting-success/article_f775b29d-3dd4-5fb8-ba12-39eaf7abe8f6.html.

elevada tasa impositiva: Nueva York se queda con el 51% de los beneficios, muy por encima del promedio de los estados. En 2022 recaudó casi 700 millones de dólares en impuestos por los ingresos en apuestas deportivas.

Gibson se refería: También se permitió a Oregón, Delaware y Nevada seguir explotando loterías temáticas relacionadas con las apuestas deportivas. Troy Lambert, «Supreme Gamble: The Professional and Amateur Sports Protection Act», *HuffPost*, 18 de julio de 2017, huffpost.com/entry/supreme-gamble-the-professional-and-amateur-sports_b_596e31b6e4b05561da5a5ae6.

Pero las apuestas deportivas y de caballos: Más cerca del 3% si contamos las apuestas en línea.

unos 7.500 millones de dólares: Geoff Zochodne, «US Sports Betting Revenue and Handle Tracker», Covers.com, covers.com/betting/betting-revenue-tracker.

mercado de la pizza congelada: «Frozen Pizza Market Size USD 29.8 Billion by 2030», Vantage Market Research, vantagemarketresearch.com/industry-report/frozen-pizza-market-2179.

Colorado perdieron casi: «Colorado Sports Betting Proceeds», Departamento de Hacienda de Colorado, junio de 2023, sbg.colorado.gov/sites/sbg/files/documents/38%20Monthly%20Summary%20%28June%20%2723%29.pdf.

«eliminar la acción astuta»: Brad Allen, «DraftKings CEO Jason Robins Wants Higher Hold, Fewer Sharps», *Legal Sports Report*, 6 de junio de 2022, legalsportsreport.com/71027/draftkings-ceo-wants-higher-hold-less-sharp-betting.

El libro de Miller las llama: Ed Miller y Matthew Davidow, *The Logic of Sports Betting*, Kindle ed. (autopublicado, 2019), p. 57.

una suma gigantesca: «Form 10-K», DraftKings, Inc., 17 de febrero de 2023, draftkings.gcs-web.com/static-files/6aa9158d-fd23-4ea1-ad7e-48a1f79e37da.

aposté 1.100 dólares: Normalmente, las líneas de la NBA no se publican con más de treinta y seis horas de antelación, pero esta situación era inusual debido a la pausa del All-Star; no había partidos durante los dos días siguientes y los corredores estaban ansiosos por dar a los apostantes algo en lo que apostar.

BOSS estaba dispuesto: Las casas que crean mercado suelen tener límites predeterminados que se aplican a todos los jugadores. Otras ofrecen cierto margen de maniobra, aunque mucho menor que el de las casas minoristas.

«desde ese fichaje»: «Raptors Get Jakob Poeltl in Trade from Spurs», NBA.com, 9 de febrero de 2023, nba.com/news/spurs-trade-jakob-poeltl-raptors.

Eso sigue siendo barato: Everson, «Sharp Bettors Fire Early».

una casa de 12.500 dólares al mes: Scott Eden, «Meet the World's

Top NBA Gambler», *ESPN The Magazine*, 21 de febrero de 2013, espn.com/blog/playbook/dollars/post/_/id/2935/meet-the-worlds-top-nba-gambler.

lucha de poder interna: Kevin Sherrington, «Titanic, Meet Iceberg: Bob Voulgaris' Mavs Exit Was Reult of a Petty Clash of Egos», *The Dallas Morning News*, 22 de octubre de 2021, dallasnews.com/sports/mavericks/2021/10/22/titanic-meet-iceberg-haralabos-voulgaris-mavs-exit-was-result-of-a-petty-clash-of-egos.

Voulgaris compró un equipo: Jon Sofen, «Haralabos Voulgaris Purchasing a Spanish Soccer Club», *PokerNews*, 24 de julio de 2022, pokernews.com/news/2022/07/haralabos-voulgaris-soccer-club-41739.htm.

Para marzo de 2024: Obsérvese que los cálculos de Transfermarkt solo tienen en cuenta el valor de reventa de los jugadores de la plantilla. Los valores de *franquicia* serán superiores, en principio varias veces superiores en el caso de los principales equipos de la Liga, ya que también pueden incluir estadios, intangibles, etc.

los jugadores del Castellón están valorados: «CD Castellón-Club Profile», Transfermarkt, transfermarkt.us/cdcastellon/startseite/verein/2502.

La Liga, donde: «La Liga», Transfermarkt, transfermarkt.com/primera-division/startseite/wettbewerb/ES1.

Brentford FC pasó: «Bees United agree to sell Brentford shareholding», BBC Sport, 20 de junio de 2012, bbc.com/sport/football/18519031.

Las primeras mitades suelen tener una puntuación más alta: «NBA Team 1st Half Points per Game», TeamRankings, teamrankings.com/nba/stat/1st-half-points-per-game.

las casas de apuestas tardaron años en darse cuenta: Eden, «Meet the World's Top NBA Gambler».

casi treinta mil espectadores: Contando a la gente en el recinto del US Open, aunque no en el propio estadio Arthur Ashe; https://www.nytimes.com/2022/08/31/sports/tennis/serena-williams-kontaveit-crowd-us-open.html?searchResultPosition=1.

nunca se publicó nada: Una búsqueda en Google de «Federer» «Nobu» no revela nada útil, por ejemplo.

todos los dientes de abajo: Billy Walters, *Gambler: Secrets from a Life at Risk*, Kindle ed.; Simon & Schuster, Nueva York, 2023, p. 26.

Llegó a Las Vegas endeudado: Ian Thomsen, «The Gang That Beat Vegas», *The National Sports Daily*, 6 de junio de 1990, ianthomsen.com/features.html#vegas.

del llamado Computer Group: Walters, *Gambler: Secrets from a Life at Risk*, p. 88.

Mindlin empezó a experimentar: Robert H. Boyle, «Using Your Computer for Fun and Profit», *Sports Illustrated*, 10 de marzo de 1986, vault.si.com/vault/1986/03/10/using-your-computer-for-fun-and-profit.

su carismático líder: Thomsen, «The Gang That Beat Vegas».

un matemático apacible y de pocas aptitudes sociales: Walters, *Gambler: Secrets from a Life at Risk*, p. 118.

ordenadores de alta velocidad de Westinghouse: Thomsen, «The Gang That Beat Vegas».

pronto adaptó sus métodos: Thomsen, «The Gang That Beat Vegas».

los informes de Kent mostraban: Thomsen, «The Gang That Beat Vegas».

en una ocasión apostó 1,5 millones de dólares: Walters, *Gambler: Secrets from a Life at Risk*, p. 95.

todo su patrimonio neto: Thomsen, «The Gang That Beat Vegas».

«mi existencia de auge y caída»: Walters, *Gambler: Secrets from a Life at Risk*, p. 5.

El suplente de Wirfs: Aunque el suplente se vio obligado a jugar en el partido.

valía en cambio hasta 6 puntos: Walters, *Gambler: Secrets from a Life at Risk*, p. 251.

condenado a cinco años: «William T. "Billy" Walters Sentenced in Manhattan Federal Court for $43 Million Insider Trading Scheme», Oficina del Fiscal de Estados Unidos, Distrito Sur de Nueva York, 27 de julio de 2017, https://www.justice.gov/usao-sdny/pr/william-t-billy-walters-sentenced-manhattan-federal-court-43-million-insider-trading.

disputa con Mindlin desde que este: Thomsen, «The Gang That Beat Vegas».

sabiduría de las multitudes: James Surowiecki, *The Wisdom of Crowds*: Anchor Books, Nueva York, 2005 [hay trad. cast.: *Cien mejor que uno: La sabiduría de la multitud o por qué la mayoría es más inteligente que la minoría*, Urano, Madrid, 2005].

inundaron las ondas: Peter Kafka, «DraftKings and FanDuel Look Wobbly, and So Does $220 Million in TV Ads», *Vox*, 11 de noviembre de 2015, vox.com/2015/11/11/11620574/draftkings-and-fanduel-look-wobbly-and-so-do-220-million-in-tv-ads.

uno de los guiones típicos de DraftKings: «Welcome to the Big Time», anuncio de televisión de DraftKings Fantasy Football, 2015, youtube.com/watch?v=AIGap9cvu34.

los cálculos necesarios: «The Sleeper», anuncio de televisión de DraftKings, 2015, youtube.com/watch?v=QTfeK3LGpB0.

más listo que tus amigos: «Only One Bull», anuncio de televisión de DraftKings, 2015, youtube.com/watch?v=NvilKKbLUH4.

con modelos en biquini: Anuncio de televisión de DraftKings, 2013, youtube.com/watch?v=soniQkpTLhE.

o muestran a famosos: Anuncios de televisión de DraftKings, iSpot.tv, ispot.tv/brands/IEY/draftkings.

ganadores a largo plazo les ayudaba: «DraftKings, FanDuel Spar Over Ad Claim», Truth in Advertising, 10 de noviembre de 2016, truthinadvertising.org/articles/draftkings-fanduel-spar-over-ad-claim.

una excepción para: Ryan Rodenberg, «The True Congressional Origin of Daily Fantasy Sports», ESPN, 28 de octubre de 2015, espn.com/chalk/story/_/id/13993288/daily-fantasy-investigating-where-fantasy-carve-daily-fantasy-sports-actually-came-congress.

conocido por ser un gran apostador: Paul Conolly, «Floyd Mayweather Biggest Bets: How Much Money Has He Made Betting on Sport?», GiveMe Sport, 16 de mayo de 2022, givemesport.com/88008783-floyd-mayweather-biggest-bets-how-much-money-has-he-made-betting-on-sport.

se autodenominan «productos de entretenimiento»: «Q&A with Jason Robins of DraftKings», Public, 9 de junio de 2021, public.com/town-hall/jasonrobins.

coincidía con mi experiencia: Danny Funt, «Sportsbooks Say You Can Win Big. Then They Try to Limit Winners», *The Washington Post*, 17 de noviembre de 2022, washingtonpost.com/sports/2022/11/17/betting-limits-draft-kings-betmgm-caesars-circa/.

Paddy Power Betfair: «Paddy Power Betfair Buys Fantasy Sports Site Fan Duel», 23 de mayo de 2018, bbc.com/news/business-44227222.

líneas de ganador en las mayores casas de apuestas: «Kansas City Chiefs vs. Philadelphia Eagles Line Movement», Covers.com, covers.com/sport/football/nfl/linemovement/kc-at-phi/281806.

«APUESTA MÁXIMA 2.475,37 DÓLARES»: En general, las casas de apuestas deportivas deciden a mano si limitan a los jugadores, pero, una vez que lo hacen, la cantidad que se le permitirá apostar en cualquier evento en particular puede determinarse algorítmicamente. Así que, si está limitado, el límite no tiene por qué terminar en un número redondo.

unos 50 millones de dólares: Esta estimación se extrapola de los datos publicados por el estado de Colorado, que representa menos del 5% del mercado legal estadounidense. No incluye las apuestas combinadas, que aumentarían significativamente el total. «Colorado Sports Betting Proceeds May 2020-April 2023», Colorado Department of Revenue, sbg.colorado.gov/sites/sbg/files/documents/Top%2010%20Sports%20by%20Total%20Wagers%20May%202020%20to%20Present.pdf.

cantidad tan elevada: Según Farren, FanDuel le permitirá apostar 30.000 dólares en líneas durante el tiempo de juego de la NFL sin importar cuánto le hayan limitado en otro sentido.

Raptors a –3,5: «New Orleans vs. Toronto Stats & Past Results-NBA

Game on February 23, 2023», Covers.com, 31 de diciembre de 2023, covers.com/sport/basketball/nba/matchup/270914.

vulnera, casi con toda seguridad: «Can Someone Make Bets for Me? (US)», help.draftkings.com/hc/es-us/articles/17138205116691-Can-someone-make-bets-for-me-US.

las llamadas «apuestas de mensajería»: Jeff German, «Messenger Betting Case Nets Probation, Fine in Plea Deal», *Las Vegas Review-Journal*, 8 de febrero de 2013, reviewjournal.com/crime/courts/messenger-betting-case-nets-probation-fine-in-plea-deal.

acusado de manipular la contabilidad: «Twenty-Five Individuals Indicted in Multi-Million-Dollar Illegal Nationwide Sports Betting Ring», FBI, 25 de octubre de 2012, archives.fbi.gov/archives/newyork/press-releases/2012/twenty-five-individuals-indicted-in-multi-million-dollar-illegal-nationwide-sports-betting-ring.

serie de redadas: Mike Fish, «Meet the World's Most Successful Gambler», *ESPN The Magazine*, 6 de febrero de 2015, espn.com/espn/feature/story/_/id/12280555/how-billy-walters-became-sports-mostsuccessful-controversial-bettor.

suelen rebatir los cargos: David Hill, «Requiem for a Sports Bettor», *The Ringer*, 5 de junio de 2019, theringer.com/2019/6/5/18644504/sports-betting-bettors-sharps-kicked-out-spanky-william-hill-new-jersey.

fue finalmente absuelto: Fish, «Meet the World's Most Successful Gambler».

Spanky se declaró culpable: Hill, «Requiem for a Sports Bettor».

no tenía problema alguno con las casas de apuestas deportivas: BetMGM me había limitado antes de que comenzara la temporada 2022-2023, pero aún podía apostar hasta 1.001 dólares. Finalmente, me limitaron aún más, hasta solo 100 dólares.

reservaba la misma cantidad: En la NBA, las casas de apuestas deportivas no suelen aceptar apuestas para partidos jugados con más de un día de antelación.

La importancia de cada punto: Los datos proceden de TeamRankings.com, aquí para los Brooklyn Nets, por ejemplo: teamrankings.com/nba/team/brooklyn-nets.

entre el 60 y el 65 %: Este cálculo se basa en obtener de 3 a 4 puntos del valor de la línea de cierre.

algunas rachas tremendas de victorias: Dom Luszczyszyn, «NHL Betting Guide: Daily Picks, Odds, Win Probabilities and Advice», *The Athletic*, 26 de julio de 2022, theathletic.com/2884733/2022/06/26/nhl-betting-guide-daily-picks-odds-win-probabilities-and-advice.

El famoso sociólogo: Erving Goffman, *Interaction Ritual: Essays on Face-to-Face Behavior*, 1.ª ed. de Pantheon Books, Nueva York, 1982, p. 179.

Capítulo 13: Inspiración

emigró a: Joe Walker, «#147: Katalin Karikó–Forging the mRNA Revolution», *The Joe Walker Podcast*, 2 de agosto de 2023, josephnoelwalker.com/147-katalin-kariko.

el Premio Nobel: Karikó ganó el Nobel conjuntamente con Drew Weissman.

al desafiar Karikó una orden de extradición: Gregory Zuckerman, *A Shot to Save the World: The Inside Story of the Life- or-Death Race for a COVID-19 Vaccine*, Penguin Books, Nueva York, 2021.

tuvo que «huir»: «Huir» fue el término que utilizó Karikó en la entrevista que mantuve con ella.

después de que la degradaran repetidamente: Aditi Shrikant, «Nobel Prize Winner Katalin Karikó Was 'Demoted 4 Times' at Her Old Job. How She Persisted: "You Have to Focus on What's Next"», CNBC, 6 de octubre de 2023, www.cnbc.com/2023/10/06/nobel-prize-winner-katalin-karik-on-being-demoted-perseverance-.html.

2 % de los jugadores de la NFL: Hunter S. Angileri *et al.*, «Association of Injury Rates Among Players in the National Football League with Playoff Qualification, Travel Distance, Game Timing, and the Addition of Another Game: Data from the 2017 to 2022 Seasons», *Orthopaedic Journal of Sports Medicine* 11, n.º 8 (1 de agosto, 2023): 23259671231177633, doi.org/10.1177/23259671231177633.

Trump, tanto antes: Mark Landler y Eric Schmitt, «H. R. McMaster Breaks with Administration on Views of Islam», *The New York Times*, 25 de febrero de 2017, sec. US, nytimes.com/2017/02/24/us/politics/hr-mcmaster-trump-islam.html.

después de ser despedido: Martin Pengelly, «HR McMaster on Serving Trump: "If You're Not on the Pitch, You're Going to Get Your Ass Kicked"», *The Guardian*, 3 de octubre de 2020, sec. US News, theguardian.com/us-news/2020/oct/03/hr-mcmaster-donald-trump-national-security-adviser-battlegrounds-book.

una Estrella de Plata: Peter Baker y Michael R. Gordon, «Trump Chooses H. R. McMaster as National Security Adviser», *The New York Times*, 20 de febrero de 2017, sec. US, nytimes.com/2017/02/20/us/politics/mcmaster-national-security-adviser-trump.html.

agresiva maniobra por sorpresa: Matthew Cox, «McMaster's Tank Battle in Iraq May Shape Advice in New Role», Military.com, 31 de octubre de 2017, military.com/daily-news/2017/02/23/mcmasters-tank-battle-in-iraq-may-shape-advice-in-new-role.html

el fondo de cada uno de los océanos del mundo: Victor Vescovo, «The Final Frontier: How Victor Vescovo Became the First Person to Visit the Deepest Part of Every Ocean», *Oceanographic*, 17 de septiembre de 2019, oceanographicmagazine.com/features/victor-vescovo-five-deeps.

Grand Slam del Explorador: Vanessa O'Brien, «Explorers Grand Slam», Explorers Grand Slam, explorersgrandslam.com.

correlación negativa entre: Simon Baron-Cohen, «Autism: The Empathizing-Systemizing (E-S) Theory», *Annals of the New York Academy of Sciences* 1156, n.º 1 (marzo de 2009): pp. 68-80, doi.org/10.1111/j.1749-6632.2009.04467.x.

al libro del historiador militar Zachary Shore: Zachary Shore, «A Sense of the Enemy», Zachary Shore, www.zacharyshore.com/a-sense-of-the-enemy.html

un colega del ejército: El exoficial del ejército de Estados Unidos, Joel Rayburn.

Le diagnosticaron autismo: Rick Maese, «How to Win at Cards and Life, According to Poker's Autistic Superstar», *The Washington Post*, 3 de mayo de 2023, www.washingtonpost.com/sports/2023/05/02/jungleman-poker-dan-cates-autisic.

«un poco distante»: Jay Caspian Kang, «Online Poker's Big Winner», *The New York Times*, 25 de marzo de 2011, sec. Magazine, nytimes.com/2011/03/27/magazine/mag-27Poker-t.html.

suele disfrazarse: Jim Barnes, «High-Stakes Standout Dan 'Jungleman' Cates Wins 1st WSOP Bracelet», *Las Vegas Review-Journal*, 6 de noviembre de 2021, reviewjournal.com/sports/poker/high-stakes-standout-dan-jungleman-cates-wins-1st-wsop-bracelet-2473223.

uno de los mayores ganadores: Brian Pempus, «Phil Galfond Returns to Online Poker», *Card Player*, 27 de julio de 2011, cardplayer.com/poker-news/11752-phil-galfond-returns-to-online-poker.

un «exprofesional acabado»: Phil Galfond, «Heads Up Battle», *Run It Once*, 19 de noviembre de 2019, runitonce.eu/news/heads-up-battle.

se desmayó después: Matt Goodman, «Into the Deep», *D Magazine*, 4 de febrero de 2020, www.dmagazine.com/publications/d-magazine/2020/february/victor-vescovo-five-deeps-expedition-dallas-mariana-trench/.

una tasa de mortalidad: «The World's 15 Most Dangerous Mountains to Climb (by Fatality Rate)», *Ultimate Kilimanjaro*, 21 de julio de 2023, ultimatekilimanjaro.com/the-worlds-most-dangerous-mountains.

su India natal: Aunque Khosla me dijo que cree que esto está empezando a cambiar en la India.

a un fracaso más en el lanzamiento de SpaceX: Walter Isaacson, *Elon Musk*, Kindle ed., Simon & Schuster, Nueva York, 2023, p. 186.

NOTAS

un enfoque de compromiso: Entre 2020 y 2022, Suecia tuvo la menor mortalidad en deceso por cualquier causa de la OCDE. Y Nueva Zelanda, aunque tuvo algunos problemas después de abrirse, tuvo aproximadamente un tercio de la tasa de mortalidad de Estados Unidos por cualquier causa. Véase Eugene Volokh, «No-Lockdown Sweden Seemingly Tied for Lowest All-Causes Mortality in OECD Since COVID Arrived», Reason.com, 10 de enero de 2023, reason.com/volokh/2023/01/10/no-lockdown-sweden-seemingly-tied-for-lowest-all-causes-mortality-in-oecd-since-covid-arrived/; «COVID— Coronavirus Statistics», Worldometer, worldometers.info/coronavirus.

Aun así, Luck había ganado: Seth Wickersham, «Andrew Luck Finally Reveals Why He Walked Away from the NFL», ESPN, 6 de diciembre de 2022, espn.com/nfl/insider/insider/story/_/id/35163936/andrew-luck-reveals-why-walked-away-nfl.

entrada de su blog de 2023: Phil Galfond, «Simplify Your Strategy», Philgalfond.com, 8 de agosto de 2023, philgalfond.com/articles/simplify-your-strategy.

también se ha aplicado: Alan Stern y David Grinspoon, *Chasing New Horizons: Inside the Epic First Mission to Pluto*, Picador, Nueva York, 2018.

volví a presentarle: Voulgaris también ocupó un lugar destacado en *La señal y el ruido*.

en un yate: Haralabos Voulgaris (@haralabob), «Jellyfish no longer a problem», Twitter, 21 de junio de 2022, twitter.com/haralabob/status/1539269014928621569.

segundo mayor ganador: 14 de febrero de 2024; «All-Time TV Cash Game List», *Highroll Poker*, high rollpoker.com/tracker/players.

mano bastante importante: «Exposed Cards Drama: The $3,100,000 Poker Pot», 2023, youtube.com/watch?v=QWhJiRK5OC4.

«era un imbécil»: Pat Jordan, «Card Stud», *The New York Times*, 29 de mayo de 2005, sec. Magazine, nytimes.com/2005/05/29/magazine/card-stud.html.

Campeonato Mundial de Backgammon: Jeff Walsh, «Galen Hall Shows "Guts and Brains" at Backgammon World Championship», *World Poker Tour*, 14 de agosto de 2023, www.worldpokertour.com/news/galen-hall-shows-guts-and-brains-at-backgammon-world-championship/.

se abrió paso: Galen Hall (@galenhall), «I went out the back, tried two doors both locked, third door also locked, said fuck it, kicked it in. Went in, was a no outlet murder room...», Twitter, 17 de julio de 2022, twitter.com/galenhall/status/1548599432983166983.

Capítulo 5: Aceleración

«El hombre razonable»: George Bernard Shaw, *Man and Superman*, Gutenberg.org, gutenberg.org/files/3328/3328-h/3328-h.htm.

«nos convirtamos en mocosos consentidos»: «Young Elon Musk: "There Are 62 McLarens in the World and I Will Own One of Them!" | 1999 Interview», 2019, www.youtube.com/watch?v=pAt5OVl0mnA.

acabaría convirtiendo sus 22 millones de dólares: Adam Clark, «Musk Is World's Richest Person Again After Tesla Stock Surge», *Barrons*, 28 de febrero de 2023, www.barrons.com/articles/elon-musk-net-worth-tesla-stock-price-7e44bcee.

caso de atracción de opuestos: Dorothy Cucci, «Peter Thiel Thinks Elon Musk Is a "Fraud", and 6 Other Unexpected Details About the Billionaires' Love-Hate Relationship», *Business Insider*, 2 de diciembre de 2022, www.businessinsider.com/peter-thiel-elon-musk-relationship-contrarian-book-max-chafkin-2021-9.

pisar el acelerador: «Elon Musk: How I Wrecked An Uninsured Mc-Claren F1», 2012, youtube.com/watch?v=mOI8GWoMF4M.

«había leído historias»: Por ejemplo, Dennis Barnhardt, de Eagle Computer, que perdió el control de su Ferrari en Los Gatos, California; web.stanford.edu/class/e145/2007_fall/materials/noyce.html.

***Manifiesto tecnooptimista* de octubre de 2023**: Marc Andreessen, «The Techno-Optimist Manifesto», Andreessen Horowitz, 16 de octubre de 2023, a16z.com/the-techno-optimist-manifesto.

«ser especialmente cuidadoso»: Vitalik Buterin, «My Techno-Optimism», sitio web de Vitalik Buterin (blog), 27 de noviembre de 2023, https://vitalik.eth.limo/general/2023/11/27/techno_optimism.html#ai

un fondo determinado: Según entrevista con Marc Andreessen.

me hicieron jurar que guardaría el secreto: Chamath Palihapitiya *et al.*, «#AIS: FiveThirtyEight's Nate Silver on How Gamblers Think», *All-In with Chamath, Jason, Sacks & Friedberg*, 2022, podcasts.apple.com/ie/podcast/ais-fivethirtyeights-nate-silver-on-how-gamblers-think/id1502871393?i=1000564483582.

acuerdo de compensación excepcionalmente agresivo: Walter Isaacson, *Elon Musk*, Kindle ed., Simon & Schuster, Nueva York, 2023, p. 408.

Founders Fund: Connie Loizos, «Founders Fund Talks Space, Robots, Elon Musk and Why It Didn't Back Tesla Motors», *Venture Capital Journal*, 27 de julio de 2010, venturecapitaljournal.com/founders-fund-talks-space-robots-elon-musk-and-why-the-team-didn't-back-tesla-motors.

dijo Musk, aliviado: Stephen Clark, «Sweet Success at Last for Falcon 1 Rocket», *Spaceflight Now*, 28 de septiembre de 2008, spaceflightnow.com/falcon/004.

«ese tipo de la empresa de cohetes que fracasó»: Isaacson, *Elon Musk*, p. 186.

educación fuertemente religiosa: Max Chafkin, *The Contrarian: Peter Thiel and Silicon Valley's Pursuit of Power*, Kindle ed., Penguin Press, Nueva York, 2021, p. 2.

«grabada en caracteres imperecederos»: De *Lord Jim*, de Conrad. El recuerdo de Thiel del pasaje no era del todo literal, pero este era claramente el pasaje al que se refería; gutenberg.org/cache/epub/5658/pg5658-images.html.

racionalizar operaciones arriesgadas: Ian Stewart, «The Mathematical Equation That Caused the Banks to Crash», *The Guardian*, 12 de febrero de 2012, sec. Science, theguardian.com/science/2012/feb/12/black-scholes-equation-credit-crunch.

famoso por llevar la contraria: Jennifer Szalai, «"The Contrarian" Goes Searching for Peter Thiel's Elusive Core», *The New York Times*, 13 de septiembre de 2021, sec. Books, nytimes.com/2021/09/13/books/review-contrarian-peter-thiel-silicon-valley-max-chafkin.html.

empresas unicornio del mundo: «The Complete List of Unicorn Companies», CB Insights, www.cbinsights.com/research-unicorn-companies.

jóvenes frikis inteligentes que se rebelan contra: Sebastian Mallaby, *The Power Law: Venture Capital and the Making of the New Future*, Kindle ed., Penguin Press, Nueva York, 2022, p. 17.

una planta de semiconductores: David Leonhardt, «Holding On», *The New York Times*, 6 de abril de 2008, sec. Real Estate, nytimes.com/2008/04/06/realestate/keymagazine/406Lede-t.html.

Grababa sus llamadas telefónicas: Joel Shurkin, *Broken Genius: The Rise and Fall of William Shockley, Creator of the Electronic Age,* Macmillan, Londres, 2008.

los hacía pasar por el detector de mentiras: Tom Wolfe, «The Tinkerings of Robert Noyce», web.stanford.edu/class/e145/2007_fall/materials/noyce.html.

Tampoco les pagaba especialmente bien: Bo Lojek, *History of Semiconductor Engineering*, Springer-Verlag, Berlín, Heidelberg, 2007, p. 75.

pionero del «capital riesgo»: Mallaby, *The Power Law*, p. 17.

sustanciosos aumentos: Lojek, *History of Semiconductor Engineering*, p. 88.

unos 4 millones de dólares: Shurkin, *Broken Genius*, p. 182.

«conocido como "quemarse"»: Wolfe, «The Tinkerings of Robert Noyce».

tardó seis años: Mohammed Saeed Al Hasan, PMP, «Is SpaceX Profitable? With $150 Billion Net Worth-$4.6 Billion in Revenue?», LinkedIn, 25 de agosto de 2023, www.linkedin.com/pulse/spacex-profitable-150-billion-net-worth-46-revenue-al-hasan-pmp-/.

que costó a los propietarios de criptomonedas: Larry Neumeister, «FTX Founder Sam Bankman-Fried Convicted of Stealing Billions from Customers and Investors», *USA Today*, 2 de noviembre de 2023, usatoday.com/story/money/2023/11/02/sam-bankman-fried-convicted-fraud/71429793007/.

consumo cada vez más abierto de drogas psicodélicas: Kirsten Grind y Katherine Bindley, «Magic Mushrooms. LSD. Ketamine. The Drugs That Power Silicon Valley», *The Wall Street Journal*, 27 de junio de 2023, sec. Tech, wsj.com/articles/silicon-valley-microdosing-ketamine-lsd-magic-mushrooms-d381e214.

el erudito Collison: Tyler Cowen y Patrick Collison, «Patrick Collison Has a Few Questions for Tyler (Ep. 21-Live at Stripe)», *Conversations with Tyler*, 2017, conversationswithtyler.com/episodes/patrick-collison.

cortó la comunicación: Andy Hertzfeld, «The Little Kingdom», Folklore.org, diciembre de 1982, https://folklore.org/The_Little_Kingdom.html

Moritz ocupó dos veces: Dave Kellogg, «Moritz Tops Forbes Midas List», *Kellblog* (blog), 30 de enero de 2007, kellblog.com/2007/01/30/moritz-tops-forbes-midas-list.

el cofundador de Facebook Chris Hughes: Ellen McGirt, «How Chris Hughes Helped Launch Facebook and the Barack Obama Campaign», *Fast Company*, 1 de abril de 2009, fastcompany.com/ 1207594/ how-chris-hughes-helped-launch-facebook-and-barack-obama-campaign.

las tendencias subyacentes: Jonathan Haidt, por ejemplo, atribuye los cambios en la cultura de la Aldea —como su creciente disposición a intercambiar la libertad de expresión por otros valores— aproximadamente a 2015. Julie Beck, «The Coddling of the American Mind "Is Speeding Up"», *The Atlantic*, 18 de septiembre de 2018, theatlantic.com/education/archive/2018/09/the-coddling-of-the-american-mind-is-speeding-up/570505.

Andreessen, que había: Dawn Chmielewski, «Asked Why He Supports Clinton over Trump, Marc Andreessen Responds: "Is That a Serious Question?"», *Vox*, 14 de junio de 2016, vox.com/2016/6/14/11940052/marc-andreessen-donald-trump-hillary-clinton.

en el «punto de mira»: Mike Isaac, «Facebook, in Cross Hairs After Election, Is Said to Question Its Influence», *The New York Times*, 12 de noviembre de 2016, www.nytimes.com/2016/11/14/technology/facebook-is-said-to-question-its-influence-in-election.html.

hackers rusos compraran: Scott Shane y Vindu Goel, «Fake Russian Facebook Accounts Bought $100,000 in Political Ads», *The New York Times*, 6 de septiembre de 2017, sec. Technology, nytimes.com/2017/09/06/technology/facebook-russian-political-ads.html.

esto era una pequeña fracción: «Clinton Crushes Trump 3:1 in Air War», *Wesleyan Media Project*, 3 de noviembre de 2016, mediaproject.wesleyan.edu/nov-2016.

escándalo de los correos electrónicos de Clinton: Nate Silver, «The Real Story of 2016», *FiveThirtyEight*, 19 de enero de 2017, fivethirtyeight.com/features/the-real-story-of-2016.

en medio de protestas —a veces violentas—: Brakkton Booker *et al.*, «Violence Erupts as Outrage over George Floyd's Death Spills into a New Week», NPR, 1 de junio de 2020, sec. National, npr.org/2020/06/01/866472832/violence-escalates-as-protests-over-george-floyd-death-continue.

por el asesinato: El agente de policía Derek Chauvin, que se arrodilló sobre el cuello de Floyd durante nueve minutos, asfixiándolo, fue condenado por asesinato. Amy Forliti, Steve Karnowski y Tammy Webber, «Chauvin Guilty of Murder and Manslaughter in Floyd's Death», AP News, 21 de abril de 2021, apnews.com/article/derek-chauvin-trial-live-updates-04-20-2021-955a78df9a7a51835ad63afb8ce9b5c1.

empresa de datos demócrata: Matthew Yglesias, «The Real Stakes in the David Shor Saga», *Vox*, 29 de julio de 2020, vox.com/2020/7/29/21340308/david-shor-omar-wasow-speech.

disturbios raciales habían tendido a reducir: Omar Wasow, «Agenda Seeding: How 1960s Black Protests Moved Elites, Public Opinion and Voting», *American Political Science Review* 114, n.º 3 (agosto de 2020): pp. 638-659, doi.org/10.1017/S000305542000009X.

que había titulado «2.851 millas»: «All-In Summit: Bill Gurley Presents 2,851 Miles», 2023, youtube.com/watch?v=F9cO3-MLHOM.

presentando demandas contra Amazon: Dara Kerr, «Lina Khan Is Taking Swings at Big Tech as FTC Chair, and Changing How It Does Business», NPR, 9 de marzo de 2023, sec. Technology, npr.org/2023/03/07/1161312602/lina-khan-ftc-tech.

tesis está bien considerada: George J. Stigler, «The Theory of Economic Regulation», *The Bell Journal of Economics and Management Science* 2, n.º 1 (1971): p. 3, doi.org/10.2307/3003160.

zona jurídica gris: Harry Davies *et al.*, «Uber Broke Laws, Duped Police and Secretly Lobbied Governments, Leak Reveals», *The Guardian*, 11 de julio de 2022, sec. News, theguardian.com/news/2022/jul/10/uber-files-leak-reveals-global-lobbying-campaign.

como arma política: Nate Silver, «Twitter, Elon and the Indigo Blob», *Silver Bulletin* (blog), 1 de octubre de 2023, natesilver.net/p/twitter-elon-and-the-indigo-blob.

mayores oscilaciones del país: Jed Kolko y Toni Monkovic, «The Places That Had the Biggest Swings Toward and Against Trump», *The New York Times*, 7 de diciembre de 2020, sec. The Upshot, nytimes.com/2020/12/07/upshot/trump-election-vote-shift.html.

contribuciones políticas se inclinan de manera desproporcionada:

Krystal Hur, «Big Tech Employees Rally Behind Biden Campaign», *OpenSecrets*, 12 de enero de 2021, www.opensecrets.org/news/2021/01/big-tech-employees-rally-biden/.

opiniones tremendamente conservadoras: La biografía de Thiel escrita por Max Chafkin, *The Contrarian*, aunque adopta una perspectiva de la Aldea al situar la política de Thiel en el centro de la historia, convence de que Thiel es bastante conservador en diversas dimensiones, más que libertario.

James Damore difundió: Kate Conger, «Exclusive: Here's the Full 10-Page Anti-Diversity Screed Circulating Internally at Google», *Gizmodo*, 5 de agosto de 2017, gizmodo.com/exclusive-heres-the-full-10-page-anti-diversity-screed-1797564320.

Google lo despidió: Aja Romano, «Google Has Fired the Engineer Whose Anti-Diversity Memo Reflects a Divided Tech Culture», *Vox*, 8 de agosto de 2017, vox.com/identities/2017/8/8/16106728/google-fired-engineer-anti-diversity-memo.

posiciones relativamente ordinarias: Kim Parker, Juliana Menasce Horowitz y Renee Stepler, «On Gender Differences, No Consensus on Nature vs. Nurture», *Pew Research Center's Social & Demographic Trends Project*, 5 de diciembre de 2017, www.pewresearch.org/social-trends/2017/12/05/on-gender-differences-no-consensus-on-nature-vs-nurture/.

una encuesta anónima: Romano, «Google Has Fired the Engineer Whose Anti-Diversity Memo Reflects a Divided Tech Culture».

no habían pedido nada parecido: *Silver Bulletin*, natesilver.net/p/google-abandoned-dont-be-evil-and.

concedió 140 millones de dólares: Bill Chappell, «Gawker Files for Bankruptcy as It Faces $140 Million Court Penalty», NPR, 10 de junio de 2016, sec. America, www.npr.org/sections/thetwo-way/2016/06/10/481565188/gawker-files-for-bankruptcy-it-faces-140-million-court-penalty

financiado en secreto: Andrew Ross Sorkin, «Peter Thiel, Tech Billionaire, Reveals Secret War with Gawker», *The New York Times*, 26 de mayo de 2016, sec. Business, www.nytimes.com/2016/05/26/business/dealbook/peter-thiel-tech-billionaire-reveals-secret-war-with-gawker.html.

en el que se le sacaba del armario: Ryan Holiday, *Conspiracy: Peter Thiel, Hulk Hogan, Gawker, and the Anatomy of Intrigue*, Portfolio, Nueva York, 2018.

obligada a declararse en quiebra: Aunque el resultado fue recurrido y el caso se resolvió posteriormente con un acuerdo de 31 millones de dólares. Robert W. Wood, «Hulk Hogan Settles $140 Million Gawker Verdict for $31 Million, IRS Collects Big», *Forbes*, 3 de noviembre de 2016, www.forbes.com/sites/robertwood/2016/11/03/hulk-hogan-settles-140-million-gawker-verdict-for-31-million-irs-collects-big/.

«de todo el drama humano»: Peter A. Thiel y Blake Masters, *Zero to One: Notes on Startups, or How to Build the Future*, Kindle ed., Crown Business, Nueva York, 2014, p. 38 [hay trad. cast.: *De cero a uno: cómo inventar el futuro*, Gestión 2000, Barcelona, 2019].

Tienen esposas atractivas: Emily Chang, «"Oh My God, This Is So F-ed Up": Inside Silicon Valley's Secretive, Orgiastic Dark Side», *Vanity Fair*, 2 de enero de 2018, www.vanityfair.com/news/2018/01/brotopia-silicon-valley-secretive-orgiastic-inner-sanctum.

básicamente hechos a sí mismos: Gigi Zamora, «The 2023 Forbes 400 Self-Made Score: From Silver Spooners to Bootstrappers», *Forbes*, 2 de octubre de 2023, www.forbes.com/sites/gigizamora/2023/10/03/the-2023-forbes-400-self-made-score-from-silver-spooners-to-bootstrappers/.

simplemente descendientes de riqueza heredada: Vanessa Sumo, «Most Billionaires Are Self-Made, Not Heirs», *Chicago Booth Review*, 22 de agosto de 2014, chicagobooth.edu/review/billionaires-self-made.

Raj Chetty, la movilidad general: Raj Chetty et al., «The Fading American Dream: Trends in Absolute Income Mobility Since 1940», *Science* 356, n.° 6336, 28 de abril de 2017, pp. 398-406, doi.org/10.1126/science.aal4617.

la movilidad general de los ingresos y la riqueza: Raj Chetty et al., «The Opportunity Atlas: Mapping the Childhood Roots of Social Mobility», documento de trabajo 25147, National Bureau of Economic Research, octubre de 2018, doi.org/10.3386/w25147.

Lista Forbes 400: «Forbes 400 2023», *Forbes*, forbes.com/forbes-400.

se fundan unos 5 millones de nuevas empresas: Commerce Institute, «How Many New Businesses Are Started Each Year?(2023 Data)», Commerce Institute, 27 de marzo de 2023, commerceinstitute.com/new-businesses-started-every-year.

en un Burger King: Drake Bennett, «Social+Capital, the League of Extraordinarily Rich Gentlemen», Bloomberg, 27 de julio de 2012, bloomberg.com/news/articles/2012-07-26/social-plus-capital-the-league-of-extraordinarily-rich-gentlemen.

«el sentimiento de inferioridad»: Josh Wolfe (@wolfejosh), «Chips on shoulders put chips in pockets», Twitter, 17 de julio de 2020, twitter.com/wolfejosh/status/1284108444656717825.

el despiadado barrio neoyorquino de Coney Island: Sheelah Kolhatkar, «Power Punk: Josh Wolfe», *Observer*, 15 de diciembre de 2003, observer.com/2003/12/power-punk-josh-wolfe.

una infancia difícil: Isaacson, *Elon Musk*, p. 7.

se distanció de: Isaacson, *Elon Musk*, p. 469.

gay y no había salido del armario: Chafkin, *The Contrarian*, p. 30.

traumas infantiles: Aunque el alcance y la magnitud de estos efectos son objeto de debate; thelancet.com/article/S2468-2667(19)30145-8/fulltext.

una capacidad asombrosa: Alexander, *Astral Codex Ten*, «Book Review: Elon Musk».

invertir 350 millones de dólares: Andrew Ross Sorkin *et al.*, «Adam Neumann Gets a New Backer», *The New York Times*, 15 de agosto de 2022, sec. Business, www.nytimes.com/2022/08/15/business/dealbook/adam-neumann-flow-new-company-wework-real-estate.html.

«entorno vital superior»: «Senior Accountant», *Flow*, jobs.lever.co/flowlife/687db5e3-c2a4-484b-a818-a9f7b3ae71e4.

antes de implosionar estrepitosamente: Gennaro Cuofano, «How WeWork's Implosion Turned It into a Shell of Its Initial $47 Billion Promise», HackerNoon, 11 de marzo de 2022, https://hackernoon.com/how-weworks-implosion-turned-it-into-a-shell-of-its-initial-$47-billion-promise.

una empleada embarazada: Brendan Pierson, «WeWork, Former CEO Adam Neumann Accused of Pregnancy Discrimination», Reuters, 1 de noviembre de 2019, sec. Technology, reuters.com/article/idUSKBN1XA2OA.

se había expandido demasiado deprisa: Amy Chozick, «Adam Neumann and the Art of Failing Up», *The New York Times*, 2 de noviembre de 2019, sec. Business, nytimes.com/2019/11/02/business/adam-neumann-wework-exit-package.html.

enormes pérdidas anuales: Rani Molla, «The WeWork Mess, Explained», *Vox*, 23 de septiembre de 2019, vox.com/recode/2019/9/23/20879656/wework-mess-explained-ipo-softbank.

de lo que también se ha informado en algún otro lugar: Kate Clark, «Andreessen Horowitz's AI Crusader Emerges as a Confidant of the Founders», *The Information*, 3 de junio de 2023, theinformation.com/articles/andreessen-horowitzs-ai-crusader.

es habitual encontrar: «Elon Musk Reveals He Has Asperger's on Saturday Night Live», 9 de mayo de 2021, bbc.com/news/world-us-canada-57045770.

Daniel «Jungleman» Cates: Rick Maese, «How to Win at Cards and Life, According to Poker's Autistic Superstar», *The Washington Post*, 3 de mayo de 2023, www.washingtonpost.com/sports/2023/05/02/jungleman-poker-dan-cates-autisic/.

a veces se ofrece el Asperger: Isaacson, *Elon Musk*, pp. 120-121.

falta de adhesión: Drake Baer, «Peter Thiel: Asperger's Can Be a Big Advantage in Silicon Valley», *Business Insider*, 8 de abril de 2015, www.businessinsider.com/peter-thiel-aspergers-is-an-advantage-2015-4.

prevalencia del autismo: En una encuesta realizada entre los lectores del blog racionalista de Scott Alexander, *Astral Codex Ten*, el 5 % de las personas afirmaron tener un diagnóstico formal de autismo, pero otro 17% dijo que pensaba que podría padecer la enfermedad. Scott Alexander, «ACX Survey Results 2022», *Astral Codex Ten* (blog), 20 de enero de 2023, astralcodexten. substack.com/p/acx-survey-results-2022. En cambio, la prevalencia en la población adulta general de Estados Unidos es de aproximadamente el 2%, según los CDC. «CDC Releases First Estimates of the Number of Adults Living with ASD», Centros para el Control y la Prevención de Enfermedades, 27 de abril de 2020, www.cdc.gov/autism/publications/adults-living-with-autism-spectrum-disorder.html

según diagnósticos posteriores: Michael Fitzgerald, «John von Neumann was on the autism spectrum», ResearchGate, researchgate.net/publication/369141516_John_von_Neumann_was_on_the_autism_spectrum.

esquema de clasificación *DSM-5*: «What Is Asperger Syndrome?», Autism Speaks, autismspeaks.org/types-autism-what-asperger-syndrome.

rasgos de personalidad y desarrollo moderadamente correlacionados: Lars-Olov Lundqvist y Helen Lindner, «Is the Autism-Spectrum Quotient a Valid Measure of Traits Associated with the Autism Spectrum? A Rasch Validation in Adults with and Without Autism Spectrum Disorders», *Journal of Autism and Developmental Disorders* 47, n.º 7 (julio de 2017): pp. 2080-2091, doi.org/10.1007/s10803-017-3128-y.

cociente del espectro autista: Simon Baron-Cohen *et al.*, «The Autism-Spectrum Quotient (AQ): Evidence from Asperger Syndrome/High-Functioning Autism, Males and Females, Scientists and Mathematicians», *Journal of Autism and Developmental Disorders* 31, n.º 1 (2001): pp. 5-17, doi.org/10.1023/A:1005653411471.

en cinco subcategorías: Aunque estos títulos de categorías aparecen en el artículo de Baron-Cohen *et al.*, ChatGPT me ayudó a formular estas definiciones.

se habían trasladado a Miami: Kara Swisher, «Is Tech's Love Affair with Miami About Taxes, or Something Else?», *The New York Times*, 17 de febrero de 2022, sec. Opinion, nytimes.com/2022/02/17/opinion/sway-kara-swisher-keith-rabois.html.

un Barry's Bootcamp: Candy Cheng, «VC Keith Rabois Has a New Side Hustle in Miami as a Barry's Bootcamp Instructor», *Business Insider*, 31 de marzo de 2021, businessinsider.com/why-vc-keith-rabois-new-side-hustle-at-barrys-bootcamp-2021-3.

gestores de activos y fondos de cobertura: Ashley Portero, «11 Notable Techies Who Moved to South Florida in 2021», *South Florida Business Journal*, 22 de diciembre de 2021, bizjournals.com/southflorida/news/2021/12/22/techies-who-moved-to-miami-in-2021.html.

concurso de belleza keynesiano: John Maynard Keynes, *The General Theory of Employment, Interest, and Money,* Harcourt, Brace & World, Nueva

York, 1935, archive.org/details/generaltheoryofe00keyn [hay trad. cast.: *Teoría general de la ocupación, interés y el dinero*, Ciro Ediciones, Barcelona, 2011].

equipos fundadores exclusivamente femeninos: Sarah Silano, «Women Founders Get 2% of Venture Capital Funding in US», *Morningstar*, 6 de marzo de 2023, www.morningstar.com/alternative-investments/women-founders-get-2-venture-capital-funding-us.

los fundadores negros suelen recibir: Dominic-Madori Davis, «Black Founders Still Raised Just 1% of All VC Funds in 2022», *TechCrunch*, 6 de enero de 2023, techcrunch.com/2023/01/06/black-founders-still-raised-just-1-of-all-vc-funds-in-2022.

alrededor del 2% corresponde: Arielle Pardes, «Latino Founders Have a Hard Time Raising Money from VCs», *Wired*, 26 de enero de 2022, wired.com/story/latino-founders-hard-raising-money-vcs.

a inmigrantes y fundadores: Steven Overly, «Study: Venture-Backed Companies with Immigrant Founders Contribute to Economy», *The Washington Post*, 18 de mayo de 2023, washingtonpost.com/business/capital business/study-venture-backed-companies-with-immigrantfounders-contribute-to-economy/2013/06/25/b3689ac6-dce4-11e2-85de-c03ca84cb4ef_story.html.

de ascendencia asiática: Mary Ann Azevedo, «Untapped Opportunity: Minority Founders Still Being Over- looked», *Crunchbase News*, 27 de febrero de 2019, news.crunchbase.com/venture/untapped-opportunity-minority-founders-still-being-overlooked.

más de 250 inversores: Kimberly Weisul, «After Meeting with 257 Investors, This Founder Realized That Authenticity Is Everything», *Inc.*, 15 de noviembre de 2019, inc.com/kimberly-weisul/jean-brownhill-sweeten-authenticity-founders-project.html.

Stanford y Harvard: «US News Rankings for 57 Leading Universities, 1983-2007», 13 de septiembre de 2017, Public University Honors, publicuniversityhonors.com/2017/09/13/u-s-news-rankings-for-57-leading-universities-1983-2007.

Harvard también estaba: «Economics Departments and University Rankings by Chair men. Hughes (1925) and Keniston (1957)», *Economics in the Rear–View Mirror* (blog), 9 de abril de 2019, www.irwincollier.com/economics-departments-and-university-rankings-by-chairmen-hughes-1925-and-keniston-1957/.

en Netscape de Andreessen: «Netscape: Bringing the Internet to the World Through the Web Browser», Kleiner Perkins, kleinerperkins.com/case-study/netscape.

en PayPal de Thiel: «PayPal», Sequoia Capital, sequoiacap.com/companies/paypal.

lista Fortune 500 en 1972: «Fortune 500: 1972 Archive Full List 1-100», CNN Money, money.cnn.com/magazines/fortune/fortune500_archive/full/1972/.

seguía en ella en 2022: «Fortune 500 2022», *Fortune*, fortune.com/ranking/fortune500/2022.

tienen índices de rendimiento: Andrew Belasco, «How to Get Into Stanford: Data & Acceptance Rate & Strategies», *College Transitions*, 31 de mayo de 2023, https://www.collegetransitions.com/blog/how-to-get-into-stanford-data-admissions-strategies.

obtienen rendimientos duraderos: Robert S. Harris *et al.*, «Has Persistence Persisted in Private Equity? Evidence from Buyout and Venture Capital Funds», *Journal of Corporate Finance*, 81 (agosto de 2023): 102361, doi.org/10.1016/j.jcorpfin.2023.102361.

la mayor empresa de capital riesgo: «Top 66 Venture Capital Firm Managers by Managed AUM», SWIFI, consultado el 31 de diciembre de 2023, swfinstitute.org/fund-manager-rankings/venture-capital-firm.

confirmó por correo electrónico: Andreessen declinó facilitar documentación más específica, alegando el carácter privado de los datos.

El sector en su conjunto: Diane Mulcahy, «Six Myths About Venture Capitalists», *Harvard Business Review*, 1 de mayo de 2013, hbr.org/2013/05/six-myths-about-venture-capitalists.

TIR del 20%: The Regents of the University of California, «Private Equity Investments as of June 30, 2023», Universidad de California, 2023, ucop.edu/investment-office/_files/updates/pe_irr_06-30-21.pdf; theinformation.com/articles/andreessen-horowitz-returns-slip-according-to-internal-data.

para las notas finales: Para las simulaciones, creé un conjunto de cien empresas hipotéticas con rendimientos correspondientes a los datos de Andreessen. Más concretamente, las primeras veinticinco empresas rindieron 0x, las veinticinco siguientes rindieron cantidades en una escala móvil entre 0,01x y 0,99x, las veinticinco siguientes, entre 1x y 3x, las quince siguientes, entre 3,4x y 10x, y las diez últimas rindieron lo siguiente: 15x, 20x, 25x, 30x, 40x, 50x, 75x, 100x, 250x y 500x. Estas grandes rentabilidades son necesarias para alcanzar una TIR de 20 veces o más, como pretenden las empresas del decil superior. La misma rentabilidad podía obtenerse más de una vez para un fondo determinado (básicamente, la pelota de ping-pong se devolvía al bombo después de ser extraída). A continuación, tomé el rendimiento total y calculé la TIR, suponiendo que el fondo se mantuviera durante diez años. Para tener en cuenta la volatilidad cíclica, elegí al azar un tramo de diez años de rendimientos del Nasdaq para cada fondo y lo sumé a la TIR del fondo, restando después el rendimiento medio a largo plazo del Nasdaq. Por ejemplo, supongamos que las empresas de una determinada simulación generaron al principio una TIR del 22%, pero para la bola del Nasdaq extraje un 3%, lo que significa que fue un mal ciclo para el sector (la rentabilidad media a largo plazo del Nasdaq desde 1972 es del 13%). La TIR se ajustaría al 22% + 3% − 13% = 12%.

puestos de trabajo en Google exigían un título universitario: Steve Lohr, «A 4-Year Degree Isn't Quite the Job Requirement It Used to Be», *The New York Times*, 8 de abril de 2023, nytimes.com/2022/04/08/business/hiring-without-college-degree.html.

audiencia en el Congreso: Nate Silver, «Why Liberalism and Leftism Are Increasingly at Odds», *Silver Bulletin* (blog), 12 de diciembre de 2023, natesilver.net/p/why-liberalism-and-leftism-are-increasingly.

varias acusaciones plausibles: Sally E. Edwards y Asher J. Montgomery, «Harvard President Claudine Gay Plagued by Plagiarism Allegations in the Tumultuous Final Weeks of Tenure», *The Harvard Crimson*, 3 de enero de 2024, www.thecrimson.com/article/2024/1/3/plagiarism-allegations-gay-resigns/.

había criticado duramente la gestión: Kyla Guilfoil, «White House Condemns University Presidents after Contentious Congressional Hearing on Antisemitism», NBC News, 7 de diciembre de 2023, nbcnews.com/politics/white-house/white-house-condemns-university-presidents-contentious-congressional-h-rcna128373.

a su lema: Eliot A. Cohen, «Harvard Has a Veritas Problem», *The Atlantic*, 22 de diciembre de 2023, theatlantic.com/ideas/archive/2023/12/harvard-claudine-gay-plagarism-standards/676948.

confianza en la educación superior: Megan Brenan, «Americans' Confidence in Higher Education Down Sharply», Gallup, 11 de julio de 2023, news.gallup.com/poll/508352/americans-confidence-higher-education-down-sharply.aspx.

instituciones canónicas de la Aldea: Megan Brenan, «Media Confidence in US Matches 2016 Record Low», Gallup, 19 de octubre de 2023, news.gallup.com/poll/512861/media-confidence-matches-2016-record-low.aspx.

confianza en las grandes tecnológicas: Megan Brenan, «Views of Big Tech Worsen; Public Wants More Regulation», Gallup, 18 de febrero de 2021, news.gallup.com/poll/329666/views-big-tech-worsen-public-wants-regulation.aspx.

en una simulación: Rounak Jain, «Are We Living in a Multiverse or a Simulation? Depends on Who You Ask, Says Peter Thiel», *Benzinga*, 5 de octubre de 2023, benzinga.com/news/23/10/35111877/are-we-living-in-a-multiverse-or-a-simulation-depends-on-who-you-ask-says-peter-thiel.

aproximadamente 120.000 millones: Ted Kaneda y Carl Haub, «How

Many People Have Ever Lived on Earth?», PRB, prb.org/articles/how-many-people-have-ever-lived-on-earth.

los elegidos: Esta idea la inspiró una conversación con Nick Bostrom.

«curar» la muerte: Tad Friend, «Silicon Valley's Quest to Live Forever», *The New Yorker*, 27 de marzo de 2017, newyorker.com/magazine/2017/04/03/silicon-valleys-quest-to-live-forever.

Capítulo 6: Ilusión

fue de 32.000 millones de dólares: Jamie Redman, «From a $32 Billion Valuation to Financial Troubles: An In-Depth Look at the Rise and Fall of FTX», *Bitcoin News*, 10 de noviembre de 2022, news.bitcoin.com/from-a-32-billion-valuation-to-financial-troubles-an-in-depth-look-at-the-rise-and-fall-of-ftx/.

que FTX había defraudado: Nikhilesh De y Sam Kessler, «Sam Bankman-Fried Guilty on All 7 Counts in FTX Fraud Trial», 2 de noviembre de 2023, www.coindesk.com/policy/2023/11/02/sam-bankman-fried-guilty-on-all-7-counts-in-ftx-fraud-trial/.

26.500 millones de dólares: «Sam Bankman-Fried», *Forbes*, forbes.com/profile/sam-bankman-fried.

gala de los Met: Michael Lewis, *Going Infinite: The Rise and Fall of a New Tycoon*, Kindle ed., W. W. Norton & Company, Nueva York:, 2023, pp. 19-20.

apartamento de 35 millones de dólares: MacKenzie Sigalos, «Inside Sam Bankman-Fried's $35 Million Crypto Frat House in the Bahamas», CNBC, 10 de octubre de 2023, www.cnbc.com/2023/10/10/inside-sam-bankman-frieds-35-million-crypto-frat-house-in-bahamas.html.

la empresa de IA Anthropic: Decrypt / Andrew Asmakov, «US Prosecutors Calls SBF's $500 Million Investment in AI Firm Anthropic "Wholly Irrelevant"», *Decrypt*, 9 de octubre de 2023, decrypt.co/200649/u-s-prosecutors-say-sbf-500-million-investment-ai-firm-anthropic-wholly-irrelevant.

una categoría en la que FTX: Andrew Cohen, «Crypto Exchange FTX Has Tried Buying Sports Betting App PlayUp for 450 million dollars», *Sports Business Journal*, 14 de diciembre de 2021, www.sportsbusinessjournal.com/Daily/Issues/2021/12/14/Technology/crypto-exchange-ftx-has-tried-buying-sports-betting-app-playup-for-450-million.aspx.

en este último caso, subrepticiamente: Bankman-Fried me lo confirmó, pero también se ha informado de ello en otros lugares; véase, por ejemplo: Brian Schwartz, «Sam Bankman-Fried, FTX Allies Secretly Poured $50 Million into "Dark Money" Groups, Evidence Shows», CNBC, 20 de octubre de

2023, www.cnbc.com/2023/10/20/sam-bankman-fried-ftx-allies-donated-millions-in-dark-money.html.

por jugar a videojuegos: David Gura, «What to Know About Sam Bankman-Fried and FTX Before His Crypto Financial Fraud Trial», NPR, 2 de octubre de 2023, sec. Business, npr.org/2023/10/02/1203097238/what-to-know-about-sam-bankman-fried-and-ftx-before-his-crypto-financial-fraud-t.

suficiente riesgo de fuga: Rohan Goswami, «Sam Bankman-Fried Denied Bail in Bahamas on FTX Fraud Charges, Judge Cites Flight Risk», CNBC, 13 de diciembre de 2022, www.cnbc.com/2022/12/13/sam-bankman-fried-denied-bail-in-bahamas-on-ftx-fraud-charges-judge-cites-flight-risk.html.

veterano de Enron: Richard Lawler, «FTX Files for Chapter 11 Bankruptcy as CEO Sam Bankman-Fried Resigns», *The Verge*, 11 de noviembre de 2022, theverge.com/2022/11/11/23453164/ftx-bankruptcy-filing-sam-bankman-fried-resigns.

junto con Kevin O'Leary: Sam Reynolds, «TV's Kevin O'Leary: "All the Crypto Cowboys Are Going to Be Gone Soon"», 3 de octubre de 2023, 2023, www.coindesk.com/business/2023/10/03/tvs-kevin-oleary-all-the-crypto-cowboys-are-going-to-be-gone-soon/.

hackeo de 477 millones de dólares: Elliptic Research, «The $477 Million FTX Hack: A New Blockchain Trail», *Elliptic* (blog), 12 de octubre de 2023, elliptic.co/blog/the-477-million-ftx-hack-following-the-blockchain-trail.

FTX había hecho: Hannah Miller, «FTX's Plan to Potentially Reopen Is a New Sign of Crypto Arrogance», *Bloomberg*, 17 de noviembre de 2023, www.bloomberg.com/news/newsletters/2023-11-17/when-did-ftx-collapse-sbf-s-former-crypto-exchange-could-return.

Ray habló más tarde: Nelson Wang, «New FTX Head Says Crypto Exchange Could Be Revived: The Wall Street Journal», *CoinDesk*, 19 de enero de 2023, www.coindesk.com/business/2023/01/19/new-ftx-head-says-crypto-exchange-could-be-revived-wall-st-journal/.

una de las filiales de FTX: «FTX Digital Markets Ltd. (In Liquidation)», PricewaterhouseCoopers, consultado el 31 de diciembre de 2023, pwc.com/bs/en/services/business-restructuring-ftx-digital-markets.html.

había dimitido como director general: MacKenzie Sigalos, «Sam Bankman-Fried Steps down as FTX CEO as His Crypto Ex-change Files for Bankruptcy», CNBC, 11 de noviembre de 2022, cnbc.com/2022/11/11/sam-bankman-frieds-cryptocurrency-exchange-ftx-files-for-bankruptcy.html.

joven blanco, friki, demasiado confiado, adicto a las anfetaminas: William Skipworth, «SBF's Lawyers Are Asking the Judge for More Adderall»,

Forbes, 16 de octubre de 2023, forbes.com/sites/willskipworth/2023/10/16/sbfs-lawyers-are-asking-the-judge-for-more-adderall.

del espectro autista: Los abogados de SBF pidieron una pena de prisión más corta debido a lo que, según ellos, era un trastorno del espectro autista. *Wall Street Journal*, wsj.com/finance/currencies/sam-bankman-fried-suggests-shorter-sentence-for-fraud-conviction-citing-autism-e8481876

Bitcoin había alcanzado: «Bitcoin Price Today, BTC to USD Live Price, Marketcap and Chart», CoinMarket-Cap, coinmarketcap.com/currencies/bitcoin/historical-data.

al salario medio anual: Afifa Mushtaque, «Average Salary in Each State in US», Yahoo Finances, 26 de julio de 2023, finance.yahoo.com/news/average-salary-state-us-152311356.html.

Los bitcoins se pusieron a disposición del público por primera vez: Bernard Marr, «A Short History of Bitcoin and Crypto Currency Everyone Should Read», Bernard Marr & Co., 2 de julio de 2021, bernardmarr.com/a-short-history-of-bitcoin-and-crypto-currency-everyone-should-read/.

estadio de baloncesto de los Miami Heat: Lora Kelley, «FTX Spent Big on Sports Sponsorships. What Happens Now?», *The New York Times*, 11 de noviembre de 2022, sec. Business, nytimes.com/2022/11/10/business/ftx-sports-sponsorships.html.

unirse a una DAO: Kevin Roose, «What Are DAOs?», *The New York Times*, 18 de marzo de 2022, sec. Technology, nytimes.com/interactive/2022/03/18/technology/what-are-daos.html.

fin de semana de Art Basel: «NFTs Took Over Art Basel», *Coinbase*, 8 de diciembre de 2021, coinbase.com/bytes/archive/nfts-took-over-art-basel-miami.

para conocer a Alex Mashinsky: John Mccrank y Hannah Lang, «Who Is Alex Mashinsky, the Man Behind the Alleged Celsius Crypto Fraud?», *Reuters*, 5 de enero de 2023, sec. Technology, www.reuters.com/technology/who-is-alex-mashinsky-man-behind-alleged-celsius-crypto-fraud-2023-01-05/.

Mashinsky afirmaba: «About», Alex Mashinsky, mashinsky.com/about.

su papel real es polémico: Jeff Wilser, «Sky-High Yields and Bright Red Flags: How Alex Mashinsky Went from Bashing Banks to Bankrupting Celsius», CoinDesk, 27 de julio de 2022, www.coindesk.com/layer2/2022/07/27/sky-high-yields-and-bright-red-flags-how-alex-mashinsky-went-from-bashing-banks-to-bankrupting-celsius/.

esta afirmación se considera dudosa: «A Pattern of Deception, Part 1: Arbinet», *Dirty Bubble Media*, 4 de noviembre de 2022, www.dirtybubblemedia.com/p/a-pattern-of-deception-part-1-arbinet.

quebraría más tarde: «Celsius Network LLC, et al.», *Stretto*, cases.stretto.com/celsius.

acusado de fraude: «Alex Mashinsky's Jury Trial Scheduled for September 2024», *Cointelegraph*, 3 de octubre de 2023, cointelegraph.com/news/alex-mashinsky-trial-september-2024.

Mashinsky había publicado: Zeke Faux, *Number Go Up: Inside Crypto's Wild Rise and Staggering Fall*, Kindle ed., Nueva York: Currency, 2023, pp. 316-31.

bloqueó la retirada de fondos de los clientes: Brian Quarmby, «10 Crypto Tweets That Aged Like Milk: 2022 Edition», *Cointelegraph*, 30 de diciembre de 2022, cointelegraph.com/news/10-crypto-tweets-that-aged-like-milk-2022-edition.

a veces lo pedía prestado: Lewis, *Going Infinite*, p. 144.

incluso SBF se negó: Faux, *Number Go Up*, p. 216.

hasta el 18 %: Zeke Faux y Joe Light, «Celsius's 18% Yields on Crypto Are Tempting-and Drawing Scrutiny», *Bloomberg*, 27 de enero de 2022, www.bloomberg.com/news/articles/2022-01-27/celsius-s-18-yields-on-crypto-are-tempting-and-drawing-scrutiny.

«equivalían a un esquema Ponzi»: Shoba Pillay, «Final Report of Shoba Pillay, Examiner, in re: Celsius Network LLC, *et al*.», 30 de enero de 2023, cases.stretto.com/public/x191/11749/PLEADINGS/1174901312380000000039.pdf.

«hipótesis de los mercados del aburrimiento»: Matt Levine, «The Bad Stocks Are the Most Fun», *Bloomberg*, 9 de junio de 2020, bloomberg.com/opinion/articles/2020-06-09/the-bad-stocks-are-the-most-fun.

pico mundial histórico de nuevos casos: «COVID-Coronavirus Statistics», *Worldometer*, consultado el 31 de diciembre de 2023, worldometers.info/coronavirus.

burbuja de los mares del Sur: Terry Stewart, «The South Sea Bubble of 1720"», *Historic UK*, 23 de diciembre de 2021, historic-uk.com/HistoryUK/HistoryofEngland/South-Sea-Bubble.

burbuja tecnológica a principios de la década de 2000: Adam Hayes, «Dotcom Bubble Definition», Investopedia, 12 de junio de 2023, www.investopedia.com/terms/d/dotcom-bubble.asp.

de un CryptoPunk: «CryptoPunks NFT Floor Price Chart», CoinGecko, coingecko.com/en/nft/cryptopunks.

alias Gary Vee: Gary Vaynerchuk, «Road to Twelve and a Half: Self-Awareness», Gary Vaynerchuk, 28 de septiembre de 2021, garyvaynerchuk.com/road-to-twelve-and-a-half-self-awareness/.

mayoría de NFT: Steve Randall, «Hero to Zero: Most NFTs Are Now Worthless Says New Report», *InvestmentNews*, 25 de septiembre de 2023, investmentnews.com/alternatives/news/hero-to-zero-most-nfts-are-now-worthless-says-new-report-243795.

dominadas por hombres: Jon Cohen y Laura Wronski, «Cryptocurrency Investing Has a Big Gender Problem», CNBC, 30 de agosto de 2021, www.cnbc.com/2021/08/30/cryptocurrency-has-a-big-gender-problem.html.

se desplomó aún más: Las estimaciones se derivan de la combinación de estas dos fuentes: US Bureau of Labor Statistics, «Employment Level-20-24 Yrs., Men», FRED, Federal Reserve Bank of St. Louis, 1 de enero de 1948, fred.stlouisfed.org/series/LNS12000037; «Population Pyramids of the World from 1950 to 2100», PopulationPyramid.net, populationpyramid.net/united-states-of-america/1979.

que terminan la universidad: Richard V. Reeves y Ember Smith, «The Male College Crisis Is Not Just in Enrollment, but Completion», *Brookings*, 8 de octubre de 2021, www.brookings.edu/articles/the-male-college-crisis-is-not-just-in-enrollment-but-completion/.

más otros 10 millones: Joseph Gibson, «We Now Know (Allegedly) How Much Sam Bankman-Fried Paid Tom Brady, Steph Curry and Larry David for Their FTX Endorsements», *Celebrity Net Worth*, 4 de octubre de 2023, www.celebritynetworth.com/articles/celebrity/we-now-know-allegedly-how-much-sam-bankman-fried-paid-tom-brady-steph-curry-and-larry-david-for-their-ftx-endorsements/.

que se burlaba de: «FTX Super Bowl Don't Miss out with Larry David», 2022, www.youtube.com/watch?v=hWMnbJJpeZc.

varios miles de puntos de venta: «Form 10K», GameStop, 28 de marzo de 2023, news.gamestop.com/static-files/f4494fbe-9752-4056-a3c7-451f0cf9a668.

su capitalización bursátil: «GameStop Market Cap», *Ycharts*, ycharts.com/companies/GME/market_cap.

la mayoría de las ventas de videojuegos: Richard Breslin, «90% of Video Game Sales in 2022 Were Digital», *GameByte*, 11 de enero de 2023, gamebyte.com/90-of-video-game-sales-in-2022-were-digital.

pérdidas netas cada año: «Form 10K», *GameStop*, 23 de marzo de 2021, news.gamestop.com/node/18661/html.

los operadores diarios querían contraatacar: Matt Phillips y Taylor Lorenz, «"Dumb Money" Is on GameStop, and It's Beating Wall Street at Its Own Game», *The New York Times*, 27 de enero de 2021, sec. Business, nytimes.com/2021/01/27/business/gamestop-wall-street-bets.html.

dinosaurio del tipo Blockbuster Video: Daniel Howley, «Why GameStop Is Destined to Become Another Blockbuster Video», Yahoo Finances, 27 de enero de 2021, finance.yahoo.com/news/why-game-stop-is-destined-to-become-another-blockbuster-video-221243155.html.

poco después de su creación: Andrew Couts, «Dogecoin Fetches 300 Percent Jump in Value in 24 Hours», *Digital Trends*, 19 de diciembre de 2013, digitaltrends.com/cool-tech/dogecoin-price-value-jump-bitcoin.

de usuarios de criptomonedas: «Crypto Users Worldwide 2016-2023», *Statista*, 1 de diciembre de 2023, statista.com/statistics/1202503/global-cryptocurrency-user-base.

del llamado naufragio tecnológico: Paul R. La Monica, «A New Bubble Bursting? Tech Stocks Plunge», *CNNMoney*, 9 de junio de 2017, money.cnn.com/2017/06/09/investing/tech-stocks-goldman-sachs/index.html.

Es obvio que Li: «Runbo Li», LinkedIn, linkedin.com/in/runboli.

la Bolsa sube: «S&P 500 Historical Annual Returns», *MacroTrends*, macrotrends.net/2526/sp-500-historical-annual-returns.

directamente a Robinhood: «What's Margin Investing?», *Robinhood*, robinhood.com/us/en/support/articles/margin-overview.

algunas de estas animaciones: Maggie Fitzgerald, «Robinhood Gets Rid of Confetti Feature amid Scrutiny over Gamification of Investing», CNBC, 31 de marzo de 2021, cnbc.com/2021/03/31/robinhood-gets-rid-of-confetti-feature-amid-scrutiny-over-gamification.html.

volúmenes mucho mayores: Nathaniel Popper, «Robinhood Has Lured Young Traders, Sometimes with Devastating Results», *The New York Times*, 8 de julio de 2020, sec. Technology, nytimes.com/2020/07/08/technology/robinhood-risky-trading.html.

los primeros bitcoins: Aunque, debido a una peculiaridad del código, estos BTC en concreto no pueden gastarse ni intercambiarse. «Bloque Génesis», Bitcoin Wiki, es.bitcoin.it/wiki/Bloque_G%C3%A9nesis.

***The Times* de Londres**: Benedict George, «The Genesis Block: The First Bitcoin Block», *CoinDesk*, 3 de enero de 2023, www.coindesk.com/learn/the-genesis-block/.

había inspirado a Nakamoto: Alan Feuer, «The Bitcoin Ideology», *The New York Times*, 14 de diciembre de 2013, sec. Sunday Review, www.nytimes.com/2013/12/15/sunday-review/the-bitcoin-ideology.html.

«de la moneda convencional»: Satoshi Nakamoto, «Bitcoin Open Source Implementation of P2P Currency», Satoshi Nakamoto Institute, 11 de febrero de 2009, satoshi.nakamotoinstitute.org/posts/p2pfoundation/1/#selection-45.

libro de contabilidad digital compartido, cada vez más extenso, de todas las transacciones: Antony Lewis, *The Basics of Bitcoins and Blockchains: An Introduction to Cryptocurrencies and the Technology that Powers Them*, Kindle ed., Mango Publishing, Coral Gables, Florida, 2018, p. 15.

primer activo digital: Lewis, *The Basics of Bitcoins and Blockchains*, p. 23.

su libro blanco: Satoshi Nakamoto, «Bitcoin: A Peer-to-Peer Electronic Cash System», 31 de octubre de 2008, bitcoin.org/bitcoin.pdf.

se ha comparado: Lewis, *The Basics of Bitcoins and Blockchains*, p. 132.

El proceso es aleatorio: Jake Frankenfield, «What Is Bitcoin Mining?»,

Investopedia, 11 de octubre de 2023, investopedia.com/terms/b/bitcoin-mining.asp.

hace patatas fritas en juliana: «Slices, Dices, and Makes Julienne Fries», *TV Tropes*, tvtropes.org/pmwiki/pmwiki.php/Main/SlicesDicesAndMakesJulienneFries.

«lenguaje de programación Turing completo»: Vitalik Buterin, «Ethereum: A Next-Generation Smart Contract and Decentralized Application Platform», 2014, https://blockchainlab.com/pdf/Ethereum_white_paper-a_next_generation_smart_contract_and_decentralized_application_platform-vitalik-buterin.pdf.

un programador galardonado: «IOI 2012: Results», International Olympiad in Informatics – Statistics, stats.ioinformatics.org/results/2012.

tenía solo diecinueve años: Michael Adams y Benjamin Curry, «Who Is Vitalik Buterin?», *Forbes Advisor*, 20 de abril de 2023, https://www.forbes.com/advisor/in/investing/cryptocurrency/who-is-vitalik-buterin/.

capitalización bursátil del oro: «Market Capitalization of Gold and Bitcoin Chart», *In Gold We Trust*, 9 de diciembre de 2021, ingoldwetrust.report/chart-gold-bitcoin-marketcap/?lang=en.

para abandonar: Pete Rizzo, «$100k Peter Thiel Fellowship Awarded to Ethereum's Vitalik Buterin», *CoinDesk*, 5 de junio de 2014, coindesk.com/markets/2014/06/05/100k-peter-thiel-fellowship-awarded-to-ethereums-vitalik-buterin.

o finanzas descentralizadas: «What Is DeFi? A Beginner's Guide to Decentralized Finance», *Cointelegraph*, cointelegraph.com/learn/defi-a-comprehensive-guide-to-decentralized-finance.

organizaciones autónomas descentralizadas: «What Is DAO and How Do They Work?», *Simplilearn*, 12 de agosto de 2022, simplilearn.com/what-is-dao-how-do-they-work-article.

no suele almacenarse: «What Does 'On-Chain' Really Mean?», *Right Click Save*, 23 de junio de 2023, www.rightclicksave.com/article/what-does-on-chain-really-mean.

información revelada en: «How to Create ERC-721 NFT Token?», *SoluLab*, www.solulab.com/how-to-create-erc-721-token/.

o incluso secuestrados: Rob Price, «Kidnapped for Crypto: Criminals See Flashy Crypto Owners as Easy Targets, and It Has Led to a Disturbing String of Violent Robberies», *Business Insider*, 9 de febrero de 2022, www.businessinsider.com/crypto-nft-owners-targeted-kidnaps-home-invasions-robberies-2022-2.

evoluciona o se regenera: Tyler Hobbs, tylerxhobbs.com.

Trump gigante, caído, hinchado y sin camisa: Scott Chipolina, «Legendary NFT Artwork Gets Resold for $6.6 Million», *Decrypt*, 25 de febrero de 2021, decrypt.co/59405/legendary-nft-artwork-gets-resold-for-6-6-million.

otro NFT de Beeple: Jonathan Heaf, «Beeple: The Wild, Wild Tale of How One Man Made $69 Million from a Single NFT», *British GQ*, 4 de septiembre de 2021, gq-magazine.co.uk/culture/article/beeple-nft-interview.

que el movimiento *woke* es: Zaid Jilani, «John McWhorter Argues That Antiracism Has Become a Religion of the Left», *The New York Times*, 26 de octubre de 2021, sec. Books, nytimes.com/2021/10/26/books/review/john-mcwhorter-woke-racism.html.

que lo es el altruismo eficaz: Dominic Roser y Stefan Riedener, «Effective Altruism and Religion: Synergies, Tensions, Dialogue», *Canopy Forum*, 30 de septiembre de 2022, canopyforum.org/2022/09/30/effective-altruism-and-religion-synergies-tensions-dialogue.

un famoso enigma: Thomas C. Schelling, *The Strategy of Conflict*, Kindle ed., Harvard University Press, Cambridge, MA: 2016, p. 56 [hay trad. cast.: *La estrategia del conflicto*, Tecnos, Madrid, 1964].

Según su teoría: Schelling, *La estrategia del conflicto*, p. 80.

ser el primero tiene mucho peso: Schelling, *La estrategia del conflicto*, p. 56.

un número fijo: «How Many Bitcoins Are There and How Many Are Left to Mine?», Blockchain Council, 15 de febrero de 2024, blockchain-council.org/cryptocurrency/how-many-bitcoins-are-left.

los protocolos de Bitcoin son: Según entrevista con Vitalik Buterin.

serigrafía de Marilyn Monroe realizada por Andy Warhol: Robin Pogrebin, «Warhol's "Marilyn", at $195 Million, Shatters Auction Record for an American Artist», *The New York Times*, 10 de mayo de 2022, sec. Arts, nytimes.com/2022/05/09/arts/design/warhol-auction-marilyn-monroe.html.

las casas de subastas suelen: «How Do Art Auctions Really Work», *USA Art News*, 28 de julio de 2022, usaartnews.com/art-market/how-do-art-auctions-really-work.

dice Amy Cappellazzo: «Most Powerful Women 2019: Amy Cappellazzo», *Crain's New York Business*, 3 de junio de 2019, crainsnewyork.com/awards/most-powerful-women-2019-amy-cappellazzo.

Cappellazzo no ve: Melanie Gerlis, «Amy Cappellazzo: "I Feel Like I've Been in the Crypto Business for 20 Years"», *Financial Times*, 31 de mayo de 2021, sec. Collecting, ft.com/content/502815cd-ec7b-40a5-a072-714f99523ccd.

las CryptoPunks con los Warhols: Sandra Upson, «The 10,000 Faces That Launched an NFT Revolution», *Wired*, 11 de noviembre de 2021, wired.com/story/the-10000-faces-that-launched-an-nft-revolution.

el filósofo favorito de Peter Thiel: «René Girard», *Memo'd*, 9 de octubre de 2021, memod.com/jashdholani/peter-thielsfavorite-philosopher-rene-girard-3359.

NOTAS

corazón mismo de la condición humana: «Who Is René Girard?», *Mimetic Theory* (blog), mimetictheory.com/who-is-rene-girard.

«mimo» y «mimético»: Kara Rogers, «Meme», *Britannica*, 13 de noviembre de 2023, britannica.com/topic/meme.

comportamiento de las turbas sin líder: Schelling, *La estrategia del conflicto*, p. 90.

69 millones de dólares: Según me dijo Winklemann, eran 55 millones de dólares después de diversos honorarios y comisiones.

primeros proyectos de NFT: «CryptoPunks: A Short History», *Public*, public.com/learn/cryptopunks-short-history.

Einhorn y yo: Paul Amin, «Hedge Fund Billionaire Einhorn Places Sixth in Major Poker Tournament», CNBC, 18 de julio de 2018, cnbc.com/2018/07/18/hedge-fund-billionaire-einhorn-places-sixth-in-major-poker-tournament.html.

una mano infausta: Paul Oresteen, «Vanessa Selbst Eliminated from Feature Table in Blockbuster Hand», *PokerGO Tour*, 9 de julio de 2017, pgt.com/news/vanessa-selbst-eliminated-on-day-1b-of-main-event.

Bloomberg *Odd Lots*: Matt Levine, Matt Levine, «Transcript: Sam Bankman-Fried and Matt Levine on How to Make Money in Crypto», taizihuang.github.io, 25 de abril de 2022, taizihuang.github.io/OddLots/html/odd-lots-full-transcript-sam-bankman-fried-and-matt-levine-on-crypto.html.

Celsius había empleado: Faux, *Number Go Up*, p. 176.

propio token de dudosa calidad: David Gura, «FTX Made a Cryptocurrency That Brought in Millions. Then It Brought Down the Company», NPR, 15 de noviembre de 2022, sec. Business, npr.org/2022/11/15/1136641651/ftx-bank ruptcy-sam-bankman-fried-ftt-crypto-cryptocurrency-binance.

de casi 2.000 millones de dólares: Erin Griffith y David Yaffe-Bellany, «Investors Who Put $2 Billion into FTX Face Scrutiny, Too», *The New York Times*, 11 de noviembre de 2022, sec. Technology, nytimes.com/2022/11/11/technology/ftx-investors-venture-capital.html.

perfil casi periodístico: Adam Fisher, «Sam Bankman-Fried Has a Savior Complex—And Maybe You Should Too», Sequoia Capital, 22 de septiembre de 2022, web.archive.org/web/20221027181005/sequoiacap.com/article/sam-bankman-fried-spotlight.

declaró Alfred Lin: Ana Paula Pereira, «Sequoia Partner Says Investing in FTX Was the Right Move: Report», *Cointelegraph*, 23 de junio de 2023, cointelegraph.com/news/sequoia-partner-says-investing-ftx-was-right-move.

me dijo que: Correo electrónico a Nate Silver, 8 de enero de 2024.

la némesis de SBF: David Marsanic, «CZ and SBF Twitter Fight Reveals How They Became Rivals», DailyCoin, 9 de diciembre de 2022, dailycoin.com/cz-and-sbf-twitter-fight-reveals-how-they-became-rivals/.

Expresidentes de Estados Unidos: Lewis Pennock, «Bahamas Crypto Festival Where FTX Boss Welcomes Clinton and Katy Perry», *Mail Online*, 14 de noviembre de 2022, dailymail.co.uk/news/article-11426949/Inside-Bahamas-crypto-festival-FTX-CEO-Bankman-Fried-welcomed-Bill-Clinton-Katy-Perry.html.

Capítulo 7: Cuantificación

primer restaurante vegano del mundo con tres estrellas Michelin: «Eleven Madison Park: First Vegan Restaurant Awarded Three Michelin Stars», *Falstaff*, 10 de julio de 2022, falstaff.com/en/news/eleven-madison-park-first-vegan-restaurant-awarded-three-michelin-stars.

«utilizando las pruebas y»: «CEA's Guiding Principles», Centre for Effective Altruism, centreforeffectivealtruism.org/ceas-guiding-principles.

335 dólares por persona: El precio de 335 dólares corresponde al menú degustación completo; nosotros tomamos una versión abreviada. Pete Wells, «Eleven Madison Park Explores the Plant Kingdom's Uncanny Valley», *The New York Times*, 28 de septiembre de 2021, sec. Food, nytimes.com/2021/09/28/dining/eleven-madison-park-restaurant-review-plant-based.html.

con unos 30.000 dólares: Nanina Bajekal, «Inside the Growing Movement to Do the Most Good Possible», *Time*, 10 de agosto de 2022, time.com/6204627/effective-altruism-longtermism-william-macaskillinterview.

sino de Sam Bankman-Fried: SBF figuraba como anfitrión en la invitación que MacAskill me envió por correo electrónico. Cuando más tarde pregunté a SBF por la elección del lugar, me dijo que no sabía quién lo había elegido, lo que interpreté como que lo había hecho otra persona de su equipo.

la Fundación para FTX, que: «Announcing the Future Fund», FTX Future Fund, 28 de febrero de 2022, web.archive.org/web/20220301010944/ftxfuturefund.org/announcing-the-future-fund.

la cantidad real: Thalia Beaty y Glenn Gamboa, «Facebook Cofounder Blames SBF's "Effective Altruism" Mindset for FTX Troubles», *Fortune*, 14 de noviembre de 2022, fortune.com/2022/11/14/ftx-bankruptcy-puts-charitable-donations-in-doubt-and-some-blame-sam-bankman-frieds-effective-altruism-mindset-for-troubles/.

SBF pensó que: Kelsey Piper, «Sam Bankman-Fried Tries to Explain Himself», *Vox*, 16 de noviembre de 2022, vox.com/future-perfect/23462333/

sam-bankman-fried-ftx-cryptocurrency-effective-altruism-crypto-bahamas-philanthropy.

Bankman-Fried había trabajado: Benjamin Wallace, «The Mysterious Cryptocurrency Magnate Who Became One of Biden's Biggest Donors», *Intelligencer*, 2 de febrero de 2021, nymag.com/intelligencer/2021/02/sam-bankman-fried-biden-donor.html.

6. Distrito del Congreso: Según entrevista con Carrick Flynn.

apoyar a Carrick Flynn: Daniel Strauss, «The Crypto Kings Are Making Big Political Donations. What Could Go Wrong?», *The New Republic*, 24 de mayo de 2022, newrepublic.com/article/166584/sambankman-fried-crypto-kings-political-donations.

neófito político amigo de AE: Miranda Dixon-Luinenburg, «Carrick Flynn May Be 2022's Unlikeliest Congressional Candidate. Here's Why He's Running», *Vox*, 14 de mayo de 2022, vox.com/23066877/carrick-flynn-effective-altruism-sam-bankman-fried-congress-house-election-2022.

Flynn nunca había pedido: La coordinación con un super PAC (Comité de Acción Política) habría sido ilegal de todos modos en virtud de las leyes de financiación de campañas. «Super PACs Can't Coordinate with Candidates-Here's What Happened When One Did», Campaign Legal Center, 30 de enero de 2023, campaignlegal.org/update/super-pacs-cant-coordinate-candidates-heres-what-happened-when-one-did

por delante en las encuestas: Rachel Monahan, «Cryptocurrency-Backed Democratic Congressional Candidate Carrick Flynn Leads Race, Opposing Campaign Poll Found», *Willamette Week*, 24 de abril de 2022, wweek.com/news/state/2022/04/24/cryptocurrency-backed-democratic-congressional-candidate-carrick-flynn-leads-race-opposing-campaign-poll-found.

pero acabó perdiendo: «Carrick Flynn», *Ballotpedia*, ballotpedia.org/Carrick_Flynn.

llaman «problemas de mundo pequeño»: Miloud Belkoniene y Patryk Dziurosz-Serafinowicz, «Acting upon Uncertain Beliefs», *Acta Analytica* 35, n.º 2 (junio de 2020): pp. 253-271, doi.org/10.1007/s12136-019-00403-2.

unos 2.000 millones de dólares: Dylan Matthews, «Congress's Epic Pandemic Funding Failure», *Vox*, 22 de marzo de 2022, vox.com/future-perfect/22983046/congress-covid-pandemic-prevention.

acuerdo presupuestario para 2022-2023: Kavya Sekar, «PREVENT Pandemics Act (P.L. 117-328, Division FF, Title II)», Congressional Research Service, 15 de agosto de 2023, crsreports.congress.gov/product/pdf/R/R47649.

unos 14 billones de dólares: Jakub Hlávka, «COVID-19's Total Cost to the US Economy Will Reach $14 Trillion by End of 2023», *The Evidence Base*, https://healthpolicy.usc.edu/blogs (blog), 16 de mayo de 2023, healthpolicy.usc.edu/article/covid-19s-total-cost-to-the-economy-in-us-will-reach-14-trillion-by-end-of-2023-new-research.

hasta Bill Gates: Catherine Cheney, «Can This Movement Get More Donors to Maximize Their Impact?», *Devex*, 27 de noviembre de 2018, devex.com/news/sponsored/can-this-movement-get-more-donors-to-maximize-their-impact-90903.

teoría del gran hombre: Will Oremus, «Analysis: Elon Musk and Tech's "Great Man" Fallacy», *The Washington Post*, 27 de abril de 2022, washingtonpost.com/technology/2022/04/27/jack-dorsey-elon-musk-singular-solution.

apoyado el libro de MacAskill: Nicholas Kulish, «How a Scottish Moral Philosopher Got Elon Musk's Number», *The New York Times*, 8 de octubre de 2022, sec. Business, nytimes.com/2022/10/08/business/effective-altruism-elon-musk.html.

jugador de póquer Igor Kurganov: Rob Copeland, «Elon Musk's Inner Circle Rocked by Fight over His $230 Billion Fortune», *The Wall Street Journal*, 16 de julio de 2022, sec. Tech, wsj.com/articles/elon-musk-fortune-fight-jared-birchall-igor-kurganov-11657308426.

una caniche bien arreglada: Andy Newman, «The Dog Was Running, So the Subway Was Not», *The New York Times*, 17 de febrero de 2018, sec. New York, nytimes.com/2018/02/16/nyregion/dog-subway-tracks.html.

dilema del tranvía: Judith Jarvis Thomson, «The Trolley Problem», *The Yale Law Journal* 94, n.º 6 (mayo de 1985), p. 1395, doi.org/10.2307/796133.

ocupación relativamente peligrosa: Steven Markowitz *et al.*, «The Health Impact of Urban Mass Transportation Work in New York City», julio de 2005, https://nycosh.org/wp-content/uploads/2014/10/TWU_Report_Final-8-4-05.pdf.

de unos 40 dólares: «Occupational Employment and Wages in New York-Newark-Jersey City-May 2022», US Bureau of Labor Statistics, www.bls.gov/oes/2022/may/oes_35620.htm.

«Los elefantes tienen más neuronas»: Suzana Herculano-Houzel *et al.*, «The Elephant Brain in Numbers», *Frontiers in Neuroanatomy* 8 (12 de junio de 2014), doi.org/10.3389/fnana.2014.00046.

fue muy criticada: Abigail Cartus y Justin Feldman, «Motivated Reasoning: Emily Oster's COVID Narratives and the Attack on Public Education», *Protean*, 22 de marzo de 2022, proteanmag.com/2022/03/22/motivated-reasoning-emily-osters-covid-narratives-and-the-attack-on-public-education.

cuyos padres también eran: Sam Roberts, «Sharon Oster, Barrier-Breaking Economist, Dies at 73», *The New York Times*, 14 de junio de 2022, sec. Business, nytimes.com/2022/06/14/business/sharon-oster-dead.html.

por su avanzada edad: Karla Romero Starke *et al.*, «The Age-Related

NOTAS

Risk of Severe Outcomes Due to COVID-19 Infection: A Rapid Review, Meta-Analysis, and Meta-Regression», *International Journal of Environmental Research and Public Health* 17, n.º 16 (17 de agosto de 2020): p. 5974, doi.org/10.3390/ijerph17165974.

escribió Oster en mayo: Emily Oster, «How to Think Through Choices About Grandparents, Day Care, Summer Camp, and More», *Slate*, 20 de mayo de 2020, slate.com/technology/2020/05/coronavirus-family-choices-grandparents-day-care-summer-camp.html.

costes del confinamiento: Philippe Lemoine, «The Case Against Lockdowns», Center for the Study of Partisanship and Ideology, 11 de octubre de 2022, www.cspicenter.com/p/the-case-against-lockdowns.

También se disputa: Dyani Lewis, «What Scientists Have Learnt from COVID Lockdowns», *Nature* 609, n.º 7926 (7 de septiembre de 2022): pp. 236-239, doi.org/10.1038/d41586-022-02823-4; Leonidas Spiliopoulos, «On the Effectiveness of COVID-19 Restrictions and Lockdowns: Pan Metron Ariston», *BMC Public Health* 22, n.º 1 (1 de octubre de 2022): p. 1842, doi.org/10.1186/s12889-022-14177-7.

unos 10 millones de dólares: Sarah González, «How Government Agencies Determine the Dollar Value of Human Life», NPR, 23 de abril de 2020, sec. National, npr.org/2020/04/23/843310123/how-government-agencies-determine-the-dollar-value-of-human-life.

agencias federales enfrentadas: W. Kip Viscusi y Joseph E. Aldy, «The Value of a Statistical Life: A Critical Review of Market Estimates Throughout the World», *Journal of Risk and Uncertainty* 27, n.º 1 (2003): pp. 5-76, doi.org/10.1023/A:1025598106257.

«The Definition of Effective Altruism»: William MacAskill, «The Definition of Effective Altruism», en *Effective Altruism*, ed. Hilary Greaves and Theron Pummer, Oxford: Oxford University Press, 2019, pp. 10-28, doi.org/10.1093/oso/9780198841364.003.0001.

el racionalismo se refería en origen: Peter Markie y M. Folescu, «Rationalism vs. Empiricism», en *The Stanford Encyclopedia of Philosophy*, ed. Edward N. Zalta y Uri Nodelman (Stanford, CA: Metaphysics Research Lab, Stanford University, 2021), plato.stanford.edu/archives/spr2023/entries/rationalism-empiricism.

llamadas «The Sequences»: Eliezer Yudkowsky, «Original Sequences», *LessWrong*, 2023, lesswrong.com/tag/original-sequences.

sus fanfics de Harry Potter: Eliezer Yudkowsky, *Harry Potter and the Methods of Rationality*, hpmor.com.

de haberse sentido afectado por: Cade Metz, «Silicon Valley's Safe Space», *The New York Times*, 13 de febrero de 2021, sec. Technology, nytimes.com/2021/02/13/technology/slate-star-codex-rationalists.html.

Los racionalistas se veían: Metz, «Silicon Valley's Safe Space».

no encajamos en ninguna: Scott Alexander, «I Can Tolerate Anything Except the Outgroup», *Slate Star Codex* (blog), 1 de octubre de 2014, slatestarcodex.com/2014/09/30/i-can-tolerate-anything-except-the-outgroup/.

una viñeta de xkcd: Randall Munroe, «Duty Calls», xkcd, xkcd.com/386.

de las historias más populares: A partir del 21 de diciembre de 2023; «Fine, I'll Run a Regression Analysis. But It Won't Make You Happy», *Silver Bulletin* (blog), 1 de octubre de 2023, www.natesilver.net/p/fine-ill-run-a-regression-analysis.

Incluso los personajes públicos: Peter Hartree, «Tyler Cowen on Effective Altruism», EA Forum, 13 de enero de 2023, forum.effectivealtruism.org/posts/NdZPQxc74zNdg8Mvm/tyler-cowen-on-effective-altruism-december-2022.

es más radical: La corriente Yuskowdsky-Hanson también es bastante radical, pero en formas más evidentes, con personas e ideas que a menudo resultan extrañas sin reservas.

Generalmente, pero no siempre: En la encuesta realizada por Scott Alexander entre los lectores de *Astral Codex Ten*, el 74% de las personas que se identifican como AE dicen inclinarse por el consecuencialismo —la rama de la filosofía de la que deriva el utilitarismo— frente a solo el 26% de los no AE.

Famine, Affluence and Morality: Peter Singer, «Famine, Affluence and Morality», *Philosophy & Public Affairs* 1, n.º 3 (1972): pp. 229-243, jstor.org/stable/2265052.

un niño ahogándose: dphilo, «Peter Singer's Drowning Child», *Daily Philosophy*, 24 de noviembre de 2020, daily-philosophy.com/peter-singers-drowning-child/index.html

En sus obras posteriores: Peter Singer, *The Life You Can Save: Acting Now to End World Poverty*, Random House, Nueva York, 2009.

la dotación de Harvard: «Financial Report Fiscal Year 2022», Universidad de Harvard, octubre de 2022, finance.harvard.edu/files/fad/files/fy22_harvard_financial_report.pdf.

más de 50.000 millones de dólares: Krishi Kishore y Rohan Rajeev, «Harvard Endowment Value Falls for Second Consecutive Year, Records Modest 2.9% Return During FY2023», *The Harvard Crimson*, 20 de octubre de 2023, www.thecrimson.com/article/2023/10/20/endowment-returns-fy23/.

la eficacia de las organizaciones benéficas: Nico Pitney, «That Time a Hedge Funder Quit His Job and Then Raised $60 Million for Charity», *HuffPost*, 26 de marzo de 2015, huffpost.com/entry/eliehassenfeld-givewell_n_6927320.

«La apariencia incontrovertible»: Singer, «Famine, Affluence and Morality».

principio de imparcialidad: Troy Jollimore, «Impartiality», en *The Stanford Encyclopedia of Philosophy*, ed. Edward N. Zalta y Uri Nodelman (Metaphysics Research Lab, Stanford University, Stanford, CA, 2021), plato.stanford.edu/archives/win2023/entries/impartiality.

nuestros propios hijos: Peter Singer, *Salvar una vida: cómo terminar con la pobreza*, p. 151.

de 3.000 a 5.000 dólares: Según en una estimación de GiveWell sobre el impacto de las donaciones para mosquiteras contra la malaria en Guinea; «How Much Does It Cost To Save a Life?», GiveWell, septiembre de 2022, www.givewell.org/how-much-does-it-cost-to-save-a-life.

se negara a salvar: En *Salvar una vida*, por ejemplo, Singer escribe que uno no se libra por el mero hecho de haber donado algo de dinero a una organización benéfica eficaz. «Debes seguir recortando gastos innecesarios y donando lo que ahorras, hasta que te hayas reducido hasta el punto de que, si das más, estarás sacrificando algo casi tan importante como prevenir la malaria», pp. 38-39.

todos los animales sensibles: «Peter Singer, "Equality for Animals"», hettingern.people.cofc.edu/Environmental_Ethics_Fall_07/Singer_Equality_For_Animals.htm.

«largoplacismo», es polémica: Richard Fisher, «What Is Longtermism and Why Do Its Critics Think It Is Dangerous?», *New Scientist*, 10 de mayo de 2023, newscientist.com/article/mg25834382-400-what-is-longtermism-and-why-do-its-critics-think-it-is-dangerous.

inteligencias artificiales que alcancen: Michael Dahlstrom, «Peter Singer: Can We Morally Kill AI If It Becomes Self-Aware?», *Yahoo News*, 5 de mayo de 2023, au.news.yahoo.com/peter-singer-can-we-morally-kill-ai-if-it-becomes-self-aware-022630798.html.

del utilitarismo de Singer: Will MacAskill, Dirk Meissner y Richard Yetter Chappell, «Elements and Types of Utilitarianism», en *An Introduction to Utilitarianism*, ed. Richard Yetter Chappell, Dirk Meissner y Will MacAskill, 2023, utilitarianism.net/types-of-utilitarianism.

prefijo griego *deon*: «Deontology», Online Etymology Dictionary, etymonline.com/word/deontology.

Singer recela: Singer, *Famine, Affluence, and Morality*.

«la mayor cantidad»: Julia Driver, «The History of Utilitarianism», en *The Stanford Encyclopedia of Philosophy*, ed. Edward N. Zalta y Uri Nodelman, Metaphysics Research Lab, University, Stanford, CA, 2014; plato.stanford.edu/archives/win2022/entries/utilitarianism-history.

cuando un subcomité: Kathleen Dooling, «Phased Allocation of COVID-19 Vaccines», ACIP COVID-19 Vaccines Work Group, 23 de noviembre de 2020, cdc.gov/vaccines/acip/meetings/downloads/slides-2020-11/COVID-04-Dooling.pdf.

importante protesta pública: Kelsey Piper, «Who Should Get the Vaccine First? The Debate over a CDC Panel's Guidelines, Explained», *Vox*, 22 de diciembre de 2020, www.vox.com/future-perfect/22193679/who-should-get-covid-19-vaccine-first-debate-explained.

no debería haber tenido favoritos: Los estadounidenses preferían dar prioridad a los trabajadores sanitarios, los residentes en residencias de ancianos y las personas con comorbilidades antes que a «las personas de color y otras comunidades con mayor carga de COVID-19, Govind Persad *et al.*, «Public Perspectives on COVID-19 Vaccine Prioritization», JAMA *Network Open* 4, n.° 4 (9 de abril de 2021): e217943, doi.org/10.1001/jamanetworkopen.2021.7943.

la conclusión de Sam Bankman-Fried: James Fanelli, «Sam Bankman-Fried's Moral Thinking», *The Wall Street Journal*, 11 de octubre de 2023, wsj.com/livecoverage/sam-bankman-fried-ftx-trial-caroline-ellison/card/sam-bankman-fried-s-moral-thinking-FbKBJQkdl83SlNEUWwiT.

«ética del infinito»: Joe Carlsmith, «Infinite Ethics and the Utilitarian Dream», septiembre de 2022, jc.gatspress.com/pdf/infinite_ethics_revised.pdf.

tanto como las de estudiantes: «GRE Scores by Major», Educational Testing Service, 2011, umsl.edu/~philo/files/pdfs/ETS%20LINK.pdf.

el mismo para perros: «List of Animals by Number of Neurons», Wikipedia, en.wikipedia.org/wiki/List_of_animals_by_number_of_neurons.

defensa de la zoofilia: Peter Singer (@PeterSinger), «Another thought-provoking article is "Zoophilia Is Morally Permissible" by Fira Bensto (Pseudonym), which is just out in the current issue of @JConIdeas...», X, 8 de noviembre de 2023, twitter.com/PeterSinger/status/1722440246972018857.

se mantiene a muchos animales: «How Are Factory Farms Cruel to Animals?», *The Humane League*, 6 de enero de 2021, thehumaneleague.org/article/factory-farming-animal-cruelty.

jugador de póquer Dan Smith: «About Double Up Drive», Double Up Drive, doubleupdrive.org/about.

convenciones sociales lastradas por las emociones: Peter Singer, *The Most Good You Can Do: How Effective Altruism Is Changing Ideas About Living Ethically*, Castle Lectures in Ethics, Politics, and Economics, Kindle ed., Yale University Press, New Haven, CT, Londres, 2015, p. 78 [hay trad. cast.: *Vivir éticamente: cómo el altruismo eficaz nos hace mejores personas*, Paidós Ibérica, Barcelona, 2017].

engendrados a través de la endogamia: Shirley Davis, «Incest and Genetic Disorders», *Trauma-Informed Blog*, cptsdfoundation.org/trauma-informed-blog, 4 de abril de 2022, cptsdfoundation.org/2022/04/18/incest-and-genetic-disorders.

de hecho relativamente impopular: según conversación con Kevin Zollman.

Kevin Zollman: «Kevin J. S. Zollman», kevinzollman.com.

la conclusión repugnante: Gustaf Arrhenius, Jesper Ryberg y Torbjörn Tännsjö, «The Repugnant Conclusion», en *The Stanford Encyclopedia of Philosophy*, ed. Edward N. Zalta y Uri Nodelman, Metaphysics Research Lab, University, Stanford, CA, 2017, plato.stanford.edu/archives/win2022/entries/repugnant-conclusion/.

como ha señalado Singer: Singer, *Salvar una vida*, p. 25.

personas dentro de mil años: Hartree, «Tyler Cowen on Effective Altruism».

como MacAskill tienen respuestas: Will MacAskill, Toby Ord y Krister Bykvist, «About the Book: Moral Uncertainty», William MacAskill, williammacaskill.com/info-moral-uncertainty.

«cálculos de probabilidades improvisados»: David Kinney, «Longtermism and Computational Complexity", EA Forum, 31 de agosto de 2022, forum.effectivealtruism.org/posts/RRyHcupuDafFNXt6p/longtermism-and-computational-complexity.

el imperativo categórico de Immanuel Kant: Immanuel Kant, Immanuel Kant, Grounding for the Metaphysics of Morals; with, On a Supposed Right to Lie Because of Philanthropic Concerns, trad. inglesa de James W. Ellington, Indianápolis, IN: Hackett Publishing Company, 1993; archive.org/details/groundingformet000kant [hay trad. cast.: *Fundamentación de la metafísica de las costumbres*, Akal, Tres Cantos, 2024].

puede compararse con el dilema del prisionero: Janet Chen, Su-I Lu, y Dan Vekhter, «Applications of Game Theory», Game Theory, https://cs.stanford.edu/people/eroberts/courses/soco/projects/1998-99/game-theory/index.html.

llamada «utilitarismo de las reglas»: Stephen Nathanson, «Utilitarianism, Act and Rule», Internet Encyclopedia of Philosophy, iep.utm.edu/util-a-r.

incluso su planeta: Tyler Cowen y Will MacAskill, «William MacAskill on Effective Altruism, Moral Progress, and Cultural Innovation (Ep. 156)», *Conversations with Tyler*, 7 de julio de 2018, conversationswithtyler.com/episodes/william-macaskill.

«reunión de frikis de la predicción»: Manifest 2023, 2023, manifestconference.net.

colapse irremediablemente: Toby Ord, *The Precipice: Existential Risk and the Future of Humanity*, Kindle ed., Hachette Books, Nueva York, 2020, p. 30.

que un supervolcán: Joel Day, «Experts Explain How Humanity Is Most Likely to Be Wiped Out», Express.co.uk, 13 de agosto de 2023, express.co.uk/news/world/1801233/supervolcanoes-climate-changenuclear-war-end-of-humanity-spt.

dinero de juego llamado maná: Aunque el maná puede donarse a obras benéficas, a razón de 1 dólar por cada 100 manás, y existe una especie de mercado gris para convertir el maná en dólares estadounidenses; «About», Manifold, manifold.markets/about.

Fuerzas de Defensa de Israel: «Was an IDF Strike Responsible for the Al-Ahli Hospital Explosion?», Manifold, manifold.markets/MilfordHammerschmidt/did-the-idf-just-now-blow-up-a-hosp.

si Austin Chen: A partir del 27 de diciembre de 2023; «Will @Austin Chen Still Believe in God at the End of 2026?», Manifold, manifold.markets/WilliamEhlhardt/will-austin-chen-still-believe-in-g.

una orgía en Manifest: Kevin Roose, «The Wager That Betting Can Change the World», *The New York Times*, 8 de octubre de 2023, sec. Technology, nytimes.com/2023/10/08/technology/prediction-markets-manifold-manifest.html.

Magic: The Gathering: «Zvi Mowshowitz», MTG Wiki, 30 de diciembre de 2023, mtg.fandom.com/wiki/Zvi_Mowshowitz.

tan malas previsiones: Philip E. Tetlock y J. Peter Scoblic, «The Power of Precise Predictions», *The New York Times*, 2 de octubre de 2015, sec. Opinion, www.nytimes.com/2015/10/04/opinion/the-power-of-precise-predictions.html

cercana al 100 %: Gary Marcus, «p(doom)», *Marcus on AI* (blog), 27 de agosto de 2023, garymarcus.substack.com/p/d28.

tantos clips como: Joshua Gans, «AI and the Paperclip Problem», Centre for Economic Policy Research, 10 de junio de 2018, cepr.org/voxeu/columns/ai-and-paperclip-problem.

¿adoptas medios adecuados a tus fines?: Niko Kolodny y John Brunero, «Instrumental Rationality», en *The Stanford Encyclopedia of Philosophy*, ed. Edward N. Zalta y Uri Nodelman, Metaphysics Research Lab, University, Stanford, CA, 2023, plato.stanford.edu/archives/sum2023/entries/rationality-instrumental.

treinta mil Big Macs: Alex Portée, «Man Has Eaten a Big Mac a Day for 50 Years, Attributes Good Health to Walking», Today.com, 24 de mayo de 2022, today.com/food/people/don-gorske-eaten-big-mac-every-day-50-years-rcna30157.

Los pronósticos de FiveThirtyEight han sido: Jay Boice y Gus Wezerek, «How Good Are FiveThirtyEight Forecasts?», *FiveThirtyEight*, 4 de abril de 2019, projects.fivethirtyeight.com/checking-our-work.

se apresuraban a corregir: «Editors' Note: Gaza Hospital Coverage», *The New York Times*, 23 de octubre de 2023, sec. Corrections, nytimes.com/2023/10/23/pageoneplus/editors-note-gaza-hospital-coverage.html.

Pero una persona: Hablé con Habryka en una entrevista que concertamos después de Manifest, no durante el evento.

precios que implicaban: Vitalik Buterin, «Prediction Markets: Tales from the Election», *Vitalik Buterin's Website* (blog), 18 de febrero de 2021, vitalik.eth.limo/general/2021/02/18/election.html.

«exactamente cero posibilidades»: Cada mercado tenía criterios propios de resolución, por lo que si Trump hubiera ganado por medios extralegales, como el triunfo de la insurrección del 6 de enero, podría o no haber seguido contando como una victoria de Biden. Es importante comprobar la letra pequeña para ver cómo se resuelve una apuesta en caso de que ocurra algo fuera de lo común.

fetiches favoritos de la gente: Aella, «Fetish Tabooness vs. Popularity», *Knowingless* (blog), 23 de septiembre de 2022, aella.substack.com/p/fetish-tabooness-vs-popularity.

trabajadora sexual ocasional: «Aella-Why I Became an Escort», 2023, youtube.com/watch?v=shB6ovnjYEs.

antigua estrella de OnlyFans: Aella, «Readjusting to Porn», *Knowingless* (blog), 25 de mayo de 2020, knowingless.com/2020/05/25/readjusting-to-porn.

sobre cómo se hizo adicta: Aella, «You Will Forget, You Have Forgotten», *Knowingless* (blog), 17 de agosto de 2019, aella.substack.com/p/you-will-forget-you-have-forgotten.

su futura esposa: Scott Alexander, «There's a Time for Everyone», *Astral Codex Ten* (blog), 17 de noviembre de 2021, www.astralcodexten.com/p/theres-a-time-for-everyone.

«Aquí todos piensan»: Scott Alexander, «Half an Hour Before Dawn in San Francisco», *Astral Codex Ten* (blog), 17 de noviembre de 2021, www.astralcodexten.com/p/half-an-hour-before-dawn-in-san-francisco.

se han quejado a veces: Scott Alexander, «In Continued Defense of Effective Altruism», *Astral Codex Ten* (blog), 17 de noviembre de 2021, www.astralcodexten.com/p/in-continued-defense-of-effective.

entre los racionalistas que no se adscriben al AE: Scott Alexander, «ACX Survey Results 2022», *Astral Codex Ten* (blog), 17 de noviembre de 2021, www.astralcodexten.com/p/acx-survey-results-2022.

en 2018, escribió con benevolencia en su blog: Robin Hanson, «Two Types of Envy», *Overcoming Bias* (blog), July 22, 2023, www.overcomingbias.com/p/two-types-of-envyhtml.

comentarios racistas: Christopher Mathias, «This Man Has the Ear of Billionaires-And a White Supremacist Past He Kept a Secret», *HuffPost*, 4 de agosto de 2023, huffpost.com/entry/richard-hanania-white-supremacist-pseudonym-richard-hoste_n_64c93928e4b021e2f295e817.

crítico con el movimiento: Alexander, «In Continued Defense of Effective Altruism».

no creía que los AE: Cowen y MacAskill, «William MacAskill on Effective Altruism, Moral Progress, and Cultural Innovation».

racionalistas como Hanson: Robin Hanson, «16 Fertility Scenarios», *Overcoming Bias* (blog), 22 de julio de 2023, overcomingbias.com/p/13-fertility-scenarios.

como en el libro de Hanson: Robin Hanson, *The Age of Em: Work, Love and Life When Robots Rule the Earth*, Oxford University Press, Nueva York, 2016, p. 21.

«Aunque algunos ems»: Hanson, *The age of Em*, p. 23.

A menudo es asombrosamente difícil: Holden Karnofsky, «Why Describing Utopia Goes Badly», *Cold Takes* (blog), 7 de diciembre de 2021, cold-takes.com/why-describing-utopia-goes-badly.

provocativos u ofensivos: Nick Bostrom, «Apology for Old Email», página web de Nick Bostrom, 9 de enero de 2023, nickbostrom.com/oldemail.pdf.

Hanson fundó su blog: Robin Hanson, «How to Join», *Overcoming Bias* (blog), 22 de julio de 2023, overcomingbias.com/p/introductionhtml.

Hanson y Yudkowsky: Según entrevista con Robin Hanson.

sobre el riesgo de la IA en Jane Street Capital: «The Hanson-Yudkowsky AI-Foom Debate», *LessWrong*, consultado el 2 de enero de 2024, lesswrong.com/tag/the-hanson-yudkowsky-ai-foom-debate.

su apoyo a la futarquía: Robin Hanson, «Futarchy: Vote Values, but Bet Beliefs», consultado el 2 de enero de 2024, mason.gmu.edu/~rhanson/futarchy.html.

el marxismo es un ejemplo: Según entrevista con Émile Torres, aunque Torres atribuyó la idea a Peter Singer.

Capítulo 8: Error de cálculo

procesos penales al azar: «The Assignment of Judges in the Criminal Term of the Supreme Court in New York County», New York City Bar, 1 de julio de 2002, www.nycbar.org/reports/the-assignment-of-judges-in-the-criminal-term-of-the-supreme-court-in-new-york-county/

anunciar los números del bingo: Benjamin Weiser, «Spin of Wheel May Determine Judge in 9/11 Case», *The New York Times*, 27 de noviembre de 2009, sec. Nueva York, nytimes.com/2009/11/28/nyregion/28judge.html.

el nombre de Lewis Kaplan: Tom Hals, Jonathan Stempel, «Bankman-Fried's Criminal Case Assigned to Judge in Trump, Prince Andrew Cases», Reuters, 27 de diciembre de 2022, sec. Legal, reuters.com/legal/bank man-frieds-criminal-case-assigned-judge-lewis-kaplan-court-filing-2022-12-27.

el príncipe Andrés y Kevin Spacey: Associated Press, «Trump and Prince Andrew Judge Will Preside over SBF Cryptocurrency Case», *The Guardian*, 27 de diciembre de 2022, sec. Business, theguardian.com/business/2022/dec/27/judge-trump-prince-andrew-trials-sbf-sam-bankman-fried-ftx-cryptocurrency.

una casa colonial gris de 4 millones de dólares: Sophie Mann, «SBF Arrives at $4m Family Home for Christmas Under House Arrest», *Daily Mail*, 23 de diciembre de 2022, dailymail.co.uk/news/article-11569591/Sam-Bankman-Fried-arrives-4m-family-home-California-Christmas-house-arrest.html.

había vivido en Stanford: A veces se dice que la casa de Bankman-Fried está en Palo Alto, pero hay algunas direcciones en la zona, incluida la casa de SBF, que técnicamente están en la localidad no integrada de Stanford. Soy quisquilloso con esto porque el edificio donde viví ese año también estaba en Stanford.

duras condiciones que había impuesto Kaplan: Rebecca Davis O'Brien y David Yaffe-Bellany, «Judge Signals Jail Time If Bankman-Fried's Internet Access Is Not Curbed», *The New York Times*, 16 de febrero de 2023, sec. Business, nytimes.com/2023/02/16/business/bankman-fried-crypto-fraud-bail.html.

puerta trasera entre FTX: Jamie Crawley, «FTX Employees Knew About the Backdoor to Alameda Months Before Collapse: WSJ», *CoinDesk*, 5 de octubre de 2023, www.coindesk.com/policy/2023/10/05/ftx-employees-knew-about-the-backdoor-to-alameda-months-before-collapse-wsj/.

una probabilidad del 71 %: «Does SBF Get a Sentence of 20 Years or More?», manifold.markets/benjaminIkuta/does-sbf-get-a-sentence-of-20-years.

Ellison se declaró culpable: MacKenzie Sigalos y Rohan Goswami, «FTX's Gary Wang, Alameda's Caroline Ellison Plead Guilty to Federal Charges, Cooperating with Prosecutors», CNBC, diciembre de 2022, www.cnbc.com/2022/12/22/ftxs-gary-wang-alamedas-caroline-ellison-plead-guilty-to-federal-charges-cooperating-with-prosecutors.html.

por motivos de conflicto de intereses: Justin Wise, «Paul Weiss Drops Ex-FTX CEO Bankman-Fried on Conflicts (Correct)», *Bloomberg Law*, 18 de noviembre de 2023, https://news.bloomberglaw.com/business-and-practice/wake-up-call-paul-weiss-drops-bankman-fried-report-says.

SBF no podía permitirse: Según una fuente de información de antecedentes.

Ellison advertía a SBF: Elizabeth Lopatto, «Sam Bankman-Fried Was a Terrible Boyfriend», *The Verge*, 10 de octubre de 2023, theverge.com/2023/10/10/23912036/sam-bankman-fried-ftx-caroline-ellison-alameda-research

según una transcripción que obtuve: La obtuve a cambio de dinero.

«pensaba que el 10%»: Testimonio de Caroline Ellison, 10 de octubre de 2023, Tribunal de Distrito de Estados Unidos, Distrito Sur, *Estados Unidos de América contra Samuel Bankman-Fried*, preparado por Southern District Reporters, P.C., p. 698.

otros 3.000 millones de dólares: Testimonio de Caroline Ellison, 10 de octubre de 2023, p. 703.

no negaba los riesgos: Testimonio de Caroline Ellison, 10 de octubre de 2023, pp. 704-705.

reembolsar los préstamos de Alameda: Testimonio de Caroline Ellison, 11 de octubre de 2023, Tribunal de Distrito de Estados Unidos, Distrito Sur, *Estados Unidos de América contra Samuel Bankman-Fried*, preparado por Southern District Reporters, P.C., p. 765.

se reunía frecuentemente con Ellison: Testimonio de Caroline Ellison, 11 de octubre de 2023, p. 753.

caída sustancial del mercado: Testimonio de Caroline Ellison, 10 de octubre de 2023, p. 725.

verano u otoño de 2021: Testimonio de Caroline Ellison, 10 de octubre de 2023, p. 698.

una entre abril y julio: «Bitcoin USD (BTC-USD) Stock Historical Prices & Data», Yahoo Finances, finances.yahoo.com/quote/BTC-USD/history.

le pregunté por la privación de sueño: Kari McMahon y Vicky Ge Huang, «4 Hours of Sleep a Night in a Bean Bag Chair: Inside the Hectic Life of Crypto Titan Sam Bankman-Fried, the World's Youngest Mega-Billionaire», *Business Insider*, 17 de diciembre de 2021, www.businessinsider.in/cryptocurrency/news/4-hours-of-sleep-a-night-in-a-bean-bag-chair-inside-the-hectic-life-of-crypto-titan-sam-bankman-fried-the-worlds-youngest-mega-billionaire/articleshow/88338455.cms

imagen de prensa cuidadosamente manipulada: Maggie Harrison, «Sam Bankman-Fried's Friend Says He Was Exaggerating How Much He Slept on His Bean Bag Chair», *Futurism*, 6 de octubre de 2023, futurism.com/the-byte/sam-bankman-fried-exaggerating-bean-bag.

una receta de Adderall: Según entrevista con Sam Bankman-Fried.

circulaban por internet teorías: Scott Alexander, «The Psychopharmacology of the FTX Crash», *Astral Codex Ten* (blog), 17 de noviembre de 2021, www.astralcodexten.com/p/the-psychopharmacology-of-the-ftx.

en nómina: David Yaffe-Bellany, Lora Kelley y Kenneth P. Vogel, «The Parents in the Middle of FTX's Collapse», *The New York Times*, 13 de diciembre de 2022, sec. Technology, nytimes.com/2022/12/12/technology/sbf-parents-ftx-collapse.html.

solo llueve alrededor de la media: «List of countries by average annual precipitation», https://en.wikipedia.org/wiki/List_of_countries_by_average_annual_precipitation.

suelo es de mala calidad: Según entrevista con Jacklyn Chapsky.

índices de desigualdad más altos del mundo: «List of sovereign states by wealth inequality», Wikipedia, en.wikipedia.org/wiki/List_of_sovereign_states_by_wealth_ inequality.

PIB per cápita: «GDP per Capita (Current US$)-Latin America & Caribbean», World Bank Open Data, data.worldbank.org/indicator/NY.GDP.PCAP.CD?locations=ZJ.

endurecimiento de la legislación estadounidense y británica contra el blanqueo de dinero: Nicole M. Healy, «Impact of September 11th on Anti-Money Laundering Efforts, and the European Union and Commonwealth Gatekeeper Initiatives», *International Lawyer 36*, n.º 2 (2002), scholar.smu.edu/cgi/viewcontent.cgi?article=2148&context=til.

el 70% de su economía depende: «Bahamas-Country Commercial Guide», Administración de Comercio Internacional, trade.gov/country-commercial-guides/bahamas-market-overview.

lugares como Margaritaville: Yuheng Zhan, «FTX's Margaritaville Tab Swells to $600K», *New York Post*, 17 de marzo de 2023, nypost.com/2023/03/17/ftxs-margaritaville-tab-swells-to-600k.

por su anhedonia: Spencer Greenberg, «Who Is Sam Bankman-Fried (SBF) Really, and How Could He Have Done What He Did? - Three Theories and a Lot of Evidence», *Optimize Everything* (blog), 10 de noviembre de 2023, www.spencergreenberg.com/2023/11/who-is-sam-bankman-fried-sbf-really-and-how-could-he-have-done-what-he-did-three-theories-and-a-lot-of-evidence/.

«que era utilitarista»: Testimonio de Caroline Ellison, 11 de octubre de 2023, p. 807.

(BTC superó): «Bitcoin USD (BTC-USD) Stock Historical Prices & Data», Yahoo Finances.

algoritmos de procesamiento de señales: William Poundstone, *Fortune's Formula: The Untold Story of the Scientific Betting System That Beat the Casinos and Wall Street*, Kindle ed., Hill and Wang, Nueva York, 2006, p. 69.

Fumador y bebedor: Poundstone, *Fortune's Formula*, p. 63.

resultado de los partidos de fútbol: Poundstone, *Fortune's Formula*, p. 63.

el 16% de sus fondos: Asumiendo las probabilidades estándar del sector de −110.

minimiza el riesgo: Jeremy Olson, «Kelly Criterion Gambling Explained-What Is Kelly Criterion Betting?», *Techopedia*, 13 de octubre de 2023, techopedia.com/gambling-guides/kelly-criterion-gambling.

nunca le permitirá arruinarse *por completo*: Asumiendo que está estimando su ventaja correctamente. Si no es así, podría apostar el 100% de sus fondos en una apuesta que cree segura y no lo es.

En un hilo de Twitter de 2020: SBF (@SBF_FTX), «Better is Bigger», Twitter, 11 de diciembre de 2020, https://x.com/SBF_FTX/status/1337250 686870831107?lang=en.

de que se convirtiera en presidente: Aaron Katersky, «Sam Bankman-Fried pensaba que tenía un 5% de posibilidades de que se convirtiera en presidente», Aaron Katersky, «Sam Bankman-Fried Thought He Had 5% Chance of Becoming President, Ex-Girlfriend Says», ABC News, 10 de octubre de 2023, abcnews.go.com/US/sam-bankman-fried-thought-5-chance-ecoming-president/story?id=103870644.

era «casi lineal»: SBF (@SBF_FTX), «12) In many cases I think $10k is a reasonable bet. But I, personally, would do more. I'd probably do more like $50k. Why? Because ultimately my utility function isn't really logarithmic. It's closer to linear», Twitter, 11 de diciembre de 2020, x.com/SBF_FTX/status/1337250704075833347.

en realidad, un concepto erróneo: Brad DeLong, «There Are Complex-Number One-Norm Square-Root of Probability Amplitudes of 0.006 in Which Sam Bankman-Fried Is Happy», *Brad DeLong's Grasping Reality* (blog), 5 de octubre de 2023, braddelong.substack.com/p/there-are-complex-number-one-norm.

véanse las notas al final para más detalles: El calendario de una semana completa de la NFL consta de dieciséis partidos. He supuesto que, en una semana normal, el modelo ofrece seis apuestas que ganan el 50% de las veces (que no se apuestan porque no son +VE después de tener en cuenta la comisión —el *vigorish*—), cuatro apuestas que ganan el 53% (esta y todas las apuestas siguientes son +VE, así que se apuesta en estos partidos), tres apuestas que ganan el 55%, dos apuestas que ganan el 57% y una apuesta que gana el 60%. Sin embargo, las apuestas se eligen al azar para cada partido, lo que significa que en algunas semanas puede tener más apuestas fuertes que en otras.

se juegan de uno en uno: Esto es una simplificación, ya que normalmente hay varios partidos de la NFL simultáneamente.

posibles déficits emocionales de Sam: Greenberg, «Who Is Sam Bankman-Fried (SBF) Really, and How Could He Have Done What He Did?».

incisiva fiscal del Gobierno: Testimonio de Caroline Ellison, 10 de octubre de 2023, pp. 694-695.

«existencia *enormemente* valiosa»: Cursiva enfática en el original.

paradoja de San Petersburgo: Martin Peterson, «The St. Petersburg Paradox», en *The Stanford Encyclopedia of Philosophy*, ed. Edward N. Zalta y Uri

Nodelman, Metaphysics Research Lab, University de Stanford, CA, 2023, plato.stanford.edu/archives/fall2023/entries/paradox-stpetersburg.

sumaban 452.000 millones de dólares: «The World's Billionaires 2013», Wikipedia, 17 de marzo de 2023, en.wikipedia.org/w/index.php?title=The_World%27s_Billionaires_2013&oldid=1145222845.

se habrá disparado a 1,17 billones de dólares: «Forbes Billionaires 2023: The Richest People in the World», *Forbes*, forbes.com/billionaires.

Capítulo ∞: Terminación

«Si buscas dónde está la acción»: Erving Goffman, *Interaction Ritual: Essays on Face-to-Face Behavior*, Pantheon Books, Nueva York, 1982, p. 268.

decía Paul Graham: Mi entrevista con Graham se realizó por correo electrónico.

de las empresas de YC: Y Combinator, ycombinator.com.

frenéticos minutos para presentar: Antonio García Martínez, *Chaos Monkeys: Obscene Fortune and Random Failure in Silicon Valley*, Kindle ed., Harper, Nueva York, 2016, pp. 104-105.

su empresa Loopt: Liz Games, «Loopt's Sam Altman on Why He Sold to Green Dot for $43.4M», All-ThingsD, 9 de marzo de 2012, allthingsd.com/20120309/green-dot-buys-location-app-loopt-for-43-4m.

fundadores más interesantes: Paul Graham, «Five Founders», abril de 2009, paulgraham.com/5founders.html.

más tarde lo eligió personalmente [a Altman]: Paul Graham, «Sam Altman for President», *Y Combinator*, 21 de febrero de 2014, ycombinator.com/blog/sam-altman-for-president.

fue despedido: Elizabeth Dwoskin y Nitasha Tiku, «Altman's Polarizing Past Hints at OpenAI Board's Reason for Firing Him», *The Washington Post*, 22 de noviembre de 2023, www.washingtonpost.com/technology/2023/11/22/sam-altman-fired-y-combinator-paul-graham/.

«La tecnología sucede porque»: Cade Metz, «The ChatGPT King Isn't Worried, but He Knows You Might Be», *The New York Times*, 31 de marzo de 2023, sec. Technology, nytimes.com/2023/03/31/technology/sam-altman-open-ai-chatgpt.html.

Altman lo sabía: Según correo electrónico a Nate Silver, 19 de enero de 2024.

no pudo resistirse a atacar a SBF: Sam Altman (@SamA), «I've been stopping myself from sending my EA tweetstorm for a week but idk how much more self-restraint I have», Twitter, 17 de noviembre de 2022, twitter.com/sama/status/1593046158527836160.

ha rechazado el rígido utilitarismo de Peter Singer: En un perfil de 2016 publicado en *The New Yorker*, Altman dijo que se preocupaba mucho más por su familia y amigos que por otros seres humanos, un sentimiento moral de puro sentido común, pero que va del todo en contra de la noción de imparcialidad de Singer. Tad Friend, «Sam Altman's Manifest Destiny», *The New Yorker*, 3 de octubre de 2016, newyorker.com/magazine/2016/10/10/sam-altmans-manifest-destiny.

como Emmett Shear: Cuando le pregunté a Shear si se había convertido formalmente en el director general de OpenAI, me dijo: «Esa es una pregunta muy buena y muy complicada que no tiene una respuesta lineal correcta». Pero también dijo: «Acepté un trabajo. Me pagaron por ese trabajo. Mi rango mientras duró ese trabajo fue de director general». Eso, para mí, suena a sí.

una reacción en cadena: Toby Ord, *The Precipice: Existential Risk and the Future of Humanity*, Kindle ed. Nueva York: Hachette Books, 2020, pp. 91-92.

presidente Harry Truman: Raymond H. Geselbracht, «Harry Truman, Póquer Player», *Prologue*, Primavera 2003, www.archives.gov/publications/prologue/2003/spring/truman-póquer.html.

al dirigirse al mundo: «Statement by the President Announcing the Use of the A-Bomb at Hiroshima», Museo Harry S. Truman, www.trumanlibrary.gov/library/public-papers/93/statement-president-announcing-use-bomb-hiroshima.

sencilla declaración de una sola frase: «Statement on AI Risk», Center for AI Safety, 2023, www.safe.ai/work/statement-on-ai-risk

empresas de IA más prestigiosas: Esta no es mi opinión, sino mi interpretación del consenso de Silicon Valley tras informarme ampliamente. Otras empresas, como Meta, se considera que van un paso o dos por detrás. Es curioso que muchos menos empleados de Meta firmaron la declaración de una sola frase que en el caso de los de OpenAI, Google y Anthropic; es posible que la empresa adopte una postura más aceleracionista, ya que da la sensación de ir rezagada.

mirada de soslayo: «Stop Talking About Tomorrow's AI Doomsday When AI Poses Risks Today», *Nature*, 618, n.º 7967 (29 de junio de 2023): pp. 885-886, www.nature.com/articles/d41586-023-02094-7.

sin excepciones claras: Según una fuente de referencia, la ingeniería genética y la energía nuclear son excepciones discutibles, tecnologías en las que la humanidad ha progresado con cautela.

carecían extrañamente de seres humanos: Joy Wiltermuth, «San Francisco Office Buildings Have 53% Less Foot Traffic Than Four Years Ago», MarketWatch, 8 de enero de 2024, www.marketwatch.com/story/

san-francisco-office-buildings-have-53-less-foot-traffic-than-four-years-ago-199a7eb5.

Se estaba haciendo eco (supongo que de manera involuntaria) de la frase de Goffman: Aunque la frase no la inventó Goffman. Era una frase más o menos común en la época en que Goffman escribió en 1967, e incluso era el nombre de un programa de televisión de variedades.

se vean obligados: Goffman, *Interaction Ritual*, p. 269.

jugaban al póquer una noche antes de la prueba Trinity: Richard Rhodes, *The Making of the Atomic Bomb*, Kindle ed., Simon & Schuster Paperbacks, Nueva York, 2012, p. 971.

así lo describe *The Washington Post*: Nitasha Tiku, «OpenAI Leaders Warned of Abusive Behavior before Sam Altman's Ouster», *The Washington Post*, 8 de diciembre de 2023, www.washingtonpost.com/technology/2023/12/08/open-ai-sam-altman-complaints/.

empresas como OpenAI y Anthropic: «Google Brain Drain: Where are the Authors of "Attention Is All You Need" Now?», AIChat, www.aichat.blog/google-exodus-where-are-the-authors-of-attention-is-all-you-need-now.

(Altman también ha reconocido): @SamA, https://twitter.com/sama/status/1540227243368058880?lang=en.

cree que el numerito: roon (@tszzl), «e/acc's are both dangerous and cringe and cribbed half my schtick. disavow!», Twitter, 7 de agosto de 2022, x.com/tszzl/status/1556344673681059840.

cinco mil millones de años: Ali Sundermier, «The Sun Will Destroy Earth a Lot Soon Than You Might Think», *Business Insider*, 18 de septiembre de 2016, businessinsider.com/sun-destroy-earth-red-giant-white-dwarf-2016-9.

aztecas hubieran alcanzado: roon (@tszzl), «What we've done is trapped our current moral standards in amber and amplified their effectiveness manyfold. if the Aztecs had AGI they would be slaughtering simulated human children by trillions to keep the proverbial sun from going out», Twitter, 16 de diciembre de 2022, twitter.com/tszzl/status/1603633113006952449.

optimista sobre ellas: Paul Graham (@paulg), «How can one become more optimistic? It seems hard to cultivate directly. But optimism is contagious, so you can do it by surrounding yourself with optimistic people. This is one of the big forces driving Y Combinator, and Silicon Valley in general», Twitter, 23 de mayo de 2019, twitter.com/paulg/status/1131490092110012417.

ha testificado sobre sus inquietudes: Cat Zakrzewski, Cristiano Lima-Strong y Will Oremus, «CEO Behind ChatGPT Warns Congress AI Could Cause "Harm to the World"», *The Washington Post*, 17 de mayo de 2023, washingtonpost.com/technology/2023/05/16/sam-altman-open-ai-congress-hearing.

«**Attention Is All You Need**»: Ashish Vaswani *et al.*, «Attention Is All You Need», arXiv, 1 de agosto de 2023, arxiv.org/abs/1706.03762.

tecnologías adoptadas con mayor rapidez: Krystal Hu, «ChatGPT Sets Record for Fastest-Growing User Base-Analyst Note», Reuters, 2 de febrero de 2023, sec. Technology, reuters.com/technology/chatgpt-sets-record-fastest-growing-user-base-analyst-note-2023-02-01.

«**todos nuestros males**»: Rhodes, *The Making of the Atomic Bomb*, p. 23.

«**Os lo ruego**»: También llamada a veces regla de Cromwell. «Cromwell's Rule», Wiktionary, 4 de febrero de 2024, en.wiktionary.org/wiki/Cromwell%27s_rule.

Y qué hay de los sentineleses: «Sentinelese», Survival International, survivalinternational.org/tribes/sentinelese.

versión estilizada de Yudkowsky: Aunque se ha reportado la conversación, no encuentro ninguna referencia en internet a estas palabras exactas. Por tanto, considero que es la impresión que Yudkowsky se llevó de la conversación y no un relato literal. Michael Lee, «Elon Musk Was Warned That AI Could Destroy Human Colony on Mars: Report», *Fox News*, 4 de diciembre de 2023, www.foxnews.com/us/elon-musk-was-warned-that-ai-could-destroy-a-human-colony-on-mars-report

«**toda la vida biológica**»: Eliezer Yudkowsky, «The Open Letter on AI Doesn't Go Far Enough», *Time*, 29 de marzo de 2023, time.com/6266923/ai-eliezer-yudkowsky-open-letter-not-enough.

predicciones incorrectas y demasiado confiadas: bgarfinkel, «On Deference and Yudkowsky's AI Risk Estimates», EA Forum, 19 de junio de 2022, forum.effectivealtruism.org/posts/NBgpPaz5vYe3tH4ga/ondeference-and-yudkowsky-s-ai-risk-estimates.

cuando posó: Sam Altman (@sama), Twitter, 24 de febrero de 2023, twitter.com/sama/status/1628974165335379973.

«**cualquier objetivo final**»: Nick Bostrom, *Superintelligence: Paths, Dangers, Strategies*, Kindle ed., Oxford University Press, Oxford, 2017, p. 127.

CI de 145: El CI se define como una media de 100 y una desviación típica de 15. Por tanto, tres desviaciones típicas por encima significarían un CI medio de 145.

190 estimado para von Neumann: «IQ Estimates of Geniuses», Jan Bryxí (blog), janbryxi.com/iq-john-von-neumann-albert-einstein-mark-zuckerberg-elon-musk-stephen-hawking-kevin-mitnick-cardinal-richelieu-warren-buffett-george-soros-steve-jobs-isaac-new/.

«**estas transformaciones [tecnológicas] no son**»: John von Neumann, «Can We Survive Technology?», sseh.uchicago.edu/doc/von_Neumann_1955.pdf.

en el atolón de Bikini: «John von Neumann», Von Neumann and the Development of Game Theory, cs.stanford.edu/people/eroberts/courses/soco/projects/1998-99/game-theory/neumann.html.

el calentamiento global: Von Neumann, «Can We Survive Technology?».

la humanidad no sobreviviera: Marina von Neumann Whitman, *The Martian's Daughter: A Memoir*, Kindle ed., University of Michigan Press, Ann Arbor, 2013, p. 25.

bombardear, no Hiroshima: Alan Bollard, *Economists at War: How a Handful of Economists Helped Win and Lose the World Wars*, Kindle ed., University Press, Oxford, 2020, p. 228.

el triple de población: «Largest Cities in Japan: Population from 1890», *Demographia*, demographia.com/db-jp-city1940.htm.

los horribles efectos de una bomba: Bollard, *Economists at War*, p. 229.

se consideraba tan valioso: Ashutosh Jogalekar, «What John von Neumann Really Did at Los Alamos», 3 Quarks Daily, 26 de octubre de 2020, 3quarksdaily.com/3quarksdaily/2020/10/what-john-von-neumann-really-did-at-los-alamos.html.

de disuasión nuclear: Andrew Brown y Lorna Arnold, «The Quirks of Nuclear Deterrence», *International Relations* 24, n.º 3 (septiembre de 2010): pp. 293-312, doi.org/10.1177/0047117810377278.

número de estados nucleares: los cinco signatarios del Tratado de No Proliferación Nuclear —Estados Unidos, Rusia, China, Francia y el Reino Unido— más la India, Pakistán, Corea del Norte (que se declaró estado poseedor de armas nucleares en septiembre de 2022) e Israel (que oficialmente sigue una política de ambigüedad estratégica, pero del que se cree ampliamente que posee armas nucleares).

los próximos veinte años: Esto puede calcularse como $1 - (1 - 0{,}037)^{20}$, lo que equivale a una probabilidad del 53 % de que se utilicen armas nucleares al menos una vez en los próximos veinte años.

John F. Kennedy: Ord, *The Precipice*, p. 26.

Stanislav Petrov: Dylan Matthews, «40 Years Ago Today, One Man Saved Us from World-Ending Nuclear War», *Vox*, 26 de septiembre de 2018, vox.com/2018/9/26/17905796/nuclear-war-1983-stanislav-petrov-soviet-union.

«La bomba atómica es una mierda»: Rhodes, *The Making of the Atomic Bomb*, p. 938.

«anunciar al enemigo»: T. C. Schelling, «The Threat That Leaves Something to Chance», RAND Corporation, 1959, www.rand.org/pubs/historical_documents/HDA1631-1.html doi.org/10.7249/HDA1631-1.

alrededor del 90 % de ustedes: En el minuto veintiocho de este vídeo: «Tick, Tick, Boom? Presidential Decision-Making in a Nuclear Attack», 2022, youtube.com/watch?v=S6r3A2mSNlU.

en psicología evolutiva: McDermott tiene un máster en psicología social experimental, además de su doctorado en Ciencias Políticas.

nos hacía humanos: Francis Fukuyama, *The End of History and the Last Man*, Kindle ed., Nueva York: Free Press, 2006, p. 151 [hay trad. cast.: *El fin de la historia y el último hombre*, Planeta, Barcelona, 1992].

muestran rasgos de tendencia a la venganza: Rose McDermott, Anthony C. López y Peter K. Hatemi, «"Blunt Not the Heart, Enrage It": The Psychology of Revenge and Deterrence», *Texas National Security Review* 1, n.º 1 (24 de noviembre de 2017), tnsr.org/2017/11/blunt-not-heart-enrage-psychology-revenge-deterrence.

unos trescientos mil años: Gil Oliveira, «Earth History in Your Hand», Carnegie Museum of Natural History, carnegiemnh.org/earth-history-in-your-hand.

un «orgulloso copadre»: «Nick Ryder», LinkedIn, linkedin.com/in/nick-ryder-84774117b.

cientos de miles de millones: Tom B. Brown *et al.*, «Language Models Are Few-Shot Learners», arXiv, 22 de julio de 2020, arxiv.org/abs/2005.14165.

palabra más parecida: «Semantically Related Words for "roadrunner_NOUN"», vectors.nlpl.eu/explore/embeddings/es/#.

el pionero ordenador de ajedrez: Murray Campbell, «Knowledge Discovery in Deep Blue», *Communications of the ACM* 42, n.º 11 (noviembre de 1999): pp. 65-67, doi.org/10.1145/319382.319396.

jugando contra sí mismos: David Silver *et al.*, «Mastering Chess and Shogi by Self-Play with a General Reinforcement Learning Algorithm», *arXiv*, 5 de diciembre de 2017, arxiv.org/abs/1712.01815.

ChatGPT dijo textualmente: Con algunos recortes menores por la longitud.

cierta aleatoriedad deliberada: Eric Glover, «Controlled Randomness in LLMs/ChatGPT with Zero Temperature: A Game Changer for Prompt Engineering», *AppliedIngenuity.ai: Practical AI Solutions* (blog), 12 de mayo de 2023, appliedingenuity.substack.com/p/controlled-randomness-in-llmschatgpt.

se ha acercado: Según conversación con Stuart Russell.

A los participantes no solo se les pidió: Ezra Karger *et al.*, «Forecasting Existential Risks: Evidence from a Long-Run Forecasting Tournament», *Forecasting Research Institute*, 10 de julio de 2023, static1.squarespace.com/static/635693acf15a3e2a14a56a4a/t/64f0a7838ccbf43b6b5ee40c/1693493128111/XPT.pdf.

NOTAS

«Las matemáticas no QUIEREN»: Marc Andreessen (@pmarca), «The obvious counterargument to AI foom *et al.* arguments is that they are category error. Math doesn't WANT things. It doesn't have GOALS. It's just math», Twitter, 5 de marzo de 2023, twitter.com/pmarca/status/1632237452571312128.

el «empirismo ciego»: Eliezer Yudkowsky, «Blind empiricism», *LessWrong*, 12 de noviembre de 2017, lesswrong.com/posts/6n9aKApfLre5WWvpG/blind-empiricism.

alguna utilidad mundana: Zvi Mowshowitz utiliza con frecuencia la frase «utilidad mundana».

«transformada de manera irreversible»: Ray Kurzweil, *The Singularity Is Near: When Humans Transcend Biology*, Kindle ed., Viking, Nueva York, 2005, p. 7.

Melanie Mitchell: Personal de *The Hub*, «Is AI an Existential Threat? Yann LeCun, Max Tegmark, Melanie Mitchell, and Yoshua Bengio Make Their Case», *The Hub*, 4 de julio de 2023, thehub.ca/podcasts/is-ai-an-existential-threat-yann-lecun-max-tegmark-melanie-mitchell-and-yoshua-bengio-make-their-case/.

desarrollo de armas biológicas: Zvi Mowshowitz, «AI #49: Bioweapon Testing Begins», *Don't Worry About the Vase* (blog), 1 de febrero de 2024, thezvi.substack.com/p/ai-49-bioweapon-testing-begins.

futuros de nombres caprichosos procedentes de una publicación de Reddit: Xisuthrus, «The Only 16 Ideologies That Exist in My World», publicación de Reddit, R/Worldjerking, 12 de agosto de 2019, reddit.com/r/worldjerking/comments/cphds9/the_only_16_ideologies_that_exist_in_my_world.

OpenAI sigue siendo nominalmente: Alnoor Ebrahim, «OpenAI Is a Nonprofit-Corporate Hybrid: A Management Expert Explains How This Model Works-And How It Fueled the Tumult Around CEO Sam Altman's Short-Lived Ouster», *The Conversation*, 30 de noviembre de 2023, http://theconversation.com/openai-is-a-nonprofit-corporate-hybrid-a-management-expert-explains-how-this-model-works-and-how-it-fueled-the-tumult-around-ceo-sam-altmans-short-lived-ouster-218340.

como la comida rápida: Nate Silver, «The McDonald's Theory of Why Everyone Thinks the Economy Sucks», *Silver Bulletin* (blog), 1 de octubre de 2023, natesilver.net/p/the-mcdonalds-theory-of-why-everyone.

«La utopía racionalista»: Ursula K. Le Guin, «A Non-Euclidean View of California as a Cold Place to Be», 1982, bpb-us-e1.wpmucdn.com/sites.ucsc.edu/dist/9/20/files/2019/07/1989a_Le-Guin_non-Euclidean-view-California.pdf.

«península que sobresale»: Ursula K. Le Guin, *Always Coming Home*, Kindle ed., Berkeley, University of California Press, 2001, p. 170.

pero tampoco son tantos: Esto no se dice explícitamente, pero está claramente implícito; la portada de *Always Coming Home* muestra un paisaje vacío.

no le hará preguntas: Le Guin, *Always Coming Home*, p. 167.

puede que se haya encargado benévolamente: Le Guin, *Always Coming Home*, p. 438.

se ha informado de que Altman quiere: www.wsj.com/tech/ai/sam-altman-seeks-trillions-of-dollars-to-reshape-business-of-chips-and-ai-89ab3db0.

la población en general: Este párrafo se ha elaborado a partir de una conversación con Paul Christiano.

estudian específicamente el riesgo existencial: Ord, *The Precipice*, p. 62.

preocupados por el día del juicio final de la IA: Taylor Orth y Carl Bialik, «AI Doomsday Worries Many Americans. So Does Apocalypse from Climate Change, Nukes, War, and More», YouGov, 14 de abril de 2023, today.yougov.com/technology/articles/45565-ai-nuclear-weapons-world-war-humanity-poll.

una encuesta de enero de 2024: Daniel Colson (@DanielColson6), «@TheAIPI's latest polling featured in @Politico today. We found people prefer political candidates that take strong pro-regulation stances on AI. (We did not reveal to respondents the source of the quotes below).», Twitter, 24 de enero de 2024, twitter.com/DanielColson6/status/1750026192982593794.

la proporción religiosa: Pew Research Center, «The Changing Global Religious Landscape», Pew Research Center, 5 de abril de 2017, www.pewresearch.org/religion/2017/04/05/the-changing-global-religious-landscape/.

«asesinada de verdad»: Jack Clark (@jackclarkSF), «People don't take guillotines seriously. Historically, when a tiny group gains a huge amount of power and makes life-altering decisions for a vast number of people, the minority gets actually, for real, killed. People feel like this can't happen anymore», Twitter, 6 de agosto de 2022, twitter.com/jackclarkSF/status/1555992785768984576.

nulo crecimiento económico: Lawrence H. Summers, «Harvard's Larry H. Summers on Secular Stagnation», IMF, marzo de 2020, www.imf.org/en/Publications/fandd/issues/2020/03/larry-summers-on-secular-stagnation.

el PIB ha crecido: Basado en el PIB real hasta el tercer trimestre de 2023.

no se considera pobreza extrema: Max Roser, «Extreme Poverty: How Far Have We Come, and How Far Do We Still Have to Go?», *Our World in Data*, 28 de diciembre de 2023, ourworldindata.org/extreme-poverty-in-brief.

NOTAS

Capítulo 1776: Fundación

«tan radical y revolucionaria»: Gordon S. Wood, *The Radicalism of the American Revolution*, Kindle ed., Nueva York: Vintage Books, 1993, p. 5.

Estado de derecho: Nate Silver, «Why Liberalism and Leftism Are Increasingly at Odds», *Silver Bulletin* (blog), 12 de diciembre de 2023, natesilver. net/p/why-liberalism-and-leftism-are-increasingly.

era mucho mayor: «How Were the Colonies Able to Win Independence?», *Digital History*, www.digitalhistory.uh.edu/disp_textbook.cfm?smtID=2& psid=3220.

había estado estancada: «Global GDP over the Long Run», *Our World in Data*, 2017, ourworldindata.org/grapher/global-gdp-over-the-long-run?time=1..latest.

de progreso era extraña: David Simpson, «The Idea of Progress», condor.depaul.edu/~dsimpson/awtech/progress.html.

PIB de Inglaterra, 1270-2023: Sí, específicamente Inglaterra, no el Reino Unido. La principal fuente de datos es el «milenio de datos macroeconómicos» del Banco de Inglaterra, que abarca hasta 2016; bankofengland.co. uk/statistics/research-datasets. Para los años más recientes, he utilizado datos de la Oficina de Estadísticas Nacionales del Reino Unido. Para 2022 y 2023, hice una estimación de las tasas de crecimiento utilizando el Reino Unido en su conjunto en lugar de Inglaterra específicamente.

la red de seguridad social: Donald N. McCloskey, «New Perspectives on the Old Poor Law», *Explorations in Economic History* 10, n.º 4 (junio de 1973): pp. 419-436, doi.org/10.1016/0014-4983(73)90025-9.

«pronto morirían de hambre»: Paul R. Ehrlich, *The Population Bomb*, Buccaneer Books, Cutchogue, NY, 1971, p. xi.

«entre la muchedumbre»: Eh Ehrlich, *The Population Bomb*, p. 1.

en situación de pobreza extrema: Datos de población: «India Population 1950-2024», MacroTrends, macrotrends.net/países/IND/india/población. Datos sobre pobreza extrema: Michail Moatsos, «Global Extreme Poverty: Present and Past since 1820», en *How Was Life?, vol. 2, New Perspectives on Well-Being and Global Inequality since 1820*, París, OCDE, 2021, doi.org/10.1787/3d96efc5-en.

negando a miles de millones de personas: Ehrlich cree que la población mundial óptima es de 1.500 a 2.000 millones, en lugar de los 8.000 millones reales. Damian Carrington, «Paul Ehrlich: "Collapse of Civilisation Is a Near Certainty Within Decades"», *The Guardian*, 22 de marzo de 2018, sec. Cities, theguardian.com/cities/2018/mar/22/collapse-civilisation-near-certain-decades-population-bomb-paul-ehrlich.

crecimiento del PIB mundial: «GDP growth (annual %)», World Bank Open Data, data.worldbank.org/indicator/NY.GDP.MKTP.KD.ZG.

se consideran ahora más autocráticos: Bastian Herre y Max Roser, «The World Has Recently Become Less Democratic», *Our World in Data*, 28 de diciembre de 2023, ourworldindata.org/less-democratic.

se calcula que el cambio climático reducirá: Christopher Flavelle, «Climate Change Could Cut World Economy by $23 Trillion in 2050, Insurance Giant Warns», *The New York Times*, 22 de abril de 2021, sec. Climate, nytimes.com/2021/04/22/climate/climate-change-economy.html.

descenso del cociente intelectual: Elizabeth M. Dworak, William Revelle y David M. Condon, «Looking for Flynn Effects in a Recent Online US Adult Sample: Examining Shifts Within the SAPA Project», *Intelligence* 98 (mayo de 2023): 101734, doi.org/10.1016/j.intell.2023.101734.

van a la universidad: «What Percentage of US High School Graduates Enroll in College?», USAFacts, usafacts.org/data/topics/people-society/education/higher-education/college-enrollment-rate.

afirman sufrir depresión: Dan Witters, «US Depression Rates Reach New Highs», Gallup, 17 de mayo de 2023, news.gallup.com/poll/505745/depression-rates-reach-new-highs.aspx.

grandes modelos lingüísticos: ChatGPT, Claude y Google Bard.

mis seguidores de Twitter: Nate Silver (@NateSilver588), «The most important inventions of the decade of the 1900s vs the decade of the 2000s. Pretty good evidence for secular stagnation», Twitter, x.com/NateSilver538/status/1753433550148206696?s= 20.

Principales inventos tecnológicos: Muchos inventos son difíciles de datar con precisión, pero he aquí algunos detalles sobre los casos más polémicos. La radiodifusión se refiere a la primera transmisión con voz y sonido completos. La aspiradora hace referencia al aspirador moderno que utiliza electricidad y succión. El electrocardiógrafo es la primera versión práctica de esta tecnología. La hamburguesa es un ejemplo muy disputado; 1904 es la fecha en que se hizo famosa en la Feria Mundial de San Luis, pero otras fuentes sitúan sus orígenes en 1885 o 1900. Las vacunas de ARNm son otro caso ambiguo; pero el artículo seminal en que se cita a Katalin Karikó y Drew Weissman en su concesión del Premio Nobel data de 2005. La computación en nube se refiere a la aplicación comercial con Amazon Web Services. El proyecto Genoma Humano se refiere a la finalización del proyecto en 2003. Y la fecha de 2008 de Tesla se refiere a las primeras ventas comerciales.

Barzun utilizaba «decadente»: Jacques Barzun, *From Dawn to Decadence: 500 Years of Western Cultural Life, 1500 to the Present*, HarperCollins, Nueva York, 2000, p. xvi [hay trad. cast.: *Del amanecer a la decadencia. Quinientos años de vida cultural en Occidente (de 1500 a nuestros días)* Taurus, Barcelona, 2022].

NOTAS

Algunos estudiosos relacionan esta sensación: Ross Douthat, *The Decadent Society: How We Became the Victims of Our Own Success*, Kindle ed., Nueva York: Avid Reader Press/Simon & Schuster, p. 1.

lo que él llama *thymos*: Francis Fukuyama, *The End of History and the Last Man*, ubicación 118.

lema no oficial: Ministerio de Europa y Asuntos Exteriores, «Libertad, Igualdad, Fraternidad», France Diplomacy, www.diplomatie.gouv.fr/en/coming-to-france/france-facts/symbols-of-the-republic/article/liberty-equality-fraternity.

sistema de IA *agéntico*: «Research into Agentic AI Systems», OpenAI, openai.smapply.org/prog/agentic-ai-research-grants.

Evite las «mentiras piadosas»: Kerrington Powell y Vinay Prasad, «The Noble Lies of COVID-19», *Slate*, 28 de julio de 2021, slate.com/technology/2021/07/noble-lies-covid-fauci-cdc-masks.html.

Índice alfabético

Los números de página en cursiva remiten a las ilustraciones.

Addiction by Design: Machine Gambling in Las Vegas (Schüll), 169, 177
Adelson, Sheldon, 160
Adelstein, Garrett, 89, 90, 91, 92, 93, 94, 96, 99, 109, 110, 112, 116, 136, 137, 138, 139, 140, 141, 142, 143, 473
adicción, 154n, 180, 213, 232, 233
Aella, 402, 403, 404
Age of Em, The (Hanson), 406
agresividad, 47, 53, 97, 108, 140, 172, 217, 257
Aguiar, Jon, 216
ajedrez, 58, 69, 284, 421, 461, 468, 489, 510, 551
aleatorización, 55, 66, 67, 68, 454, 508
algoritmos, 10, 30, 40, 55, 56, 71, 74, 151, 169, 174, 182, 188, 190, 191, 212, 213, 279, 340, 346, 363, 423, 433, 481, 482, 483, 511, 533, 535, 541

alineación (IA), 396, 398, 469, 470, 511
all-in (póquer), 51, 65, 78, 80, 81, 87, 90, 106, 108, 112, 126, 138, 271, 272, 275, 294, 301, 302, 453, 454, 511, 512, 522, 524, 528, 535, 537, 538, 548
AlphaGo, 191
Altman, Sam, 43, 428, 432, 433, 434, 435, 436, 437, 438, 440, 441, 442, 443, 444, 480, 482, 485, 490
Always Coming Home (Le Guin), 483
americana, Revolución, 491, 497
anclaje, sesgo de, 242n, 547
Anderson, Dave, 239, 240, 241, 252
Andreessen, Marc, 269, 270, 271n, 280, 282, 288, 292, 304, 310, 314, 316, 317, 319, 438, 474, 484, 552

apalancamiento, 38, 344, 359, 413, 423, 509
apeing, 514
aprendizaje automático, 56, 213, 433, 460, 461, 462, 479, 509, 513, 524, 525, 526, 535, 545
aprendizaje por refuerzo a partir de la retroalimentación humana (RLHF), 466, 468, 509, 543
apuesta
combinada, 509
de Pascal, 509, 510
por diferencia de puntos, 199, 232, 425, 516, 533
apuestas deportivas, 10, 11, 30, 31, 33, 40, 51, 148, 170, 173, 179, 180, 186, 187, 188, 189, 190, 191, 192, 193, 194, 196, 198, 199, 200, 201, 202, 203, 204, 205, 207, 208, 209, 211, 213, 215, 216, 217, 218, 219, 220, 222, 223, 224, 225, 226, 227, 228, 229, 231, 232, 233, 234, 243, 256, 261, 323, 336, 345, 424, 473, 512, 513, 514, 516, 517, 518, 519, 523, 529, 531, 532, 537, 539, 541, 542, 543, 548, 553
apuestas paralelas, 76, 180, 196, 198, 203
arbitraje (arb), 186, 187, 224, 326, 512, 542
Arquíloco, 256, 283, 556
auge del póquer (2004-2007), 20, 339
autismo, 245, 305, 306
aversión al riesgo, 17n, 151, 424, 541, 552, 553

bad beat, 246, 512
ballenas (criptomoneda),
ballenas (juego), 92, 93, 152, 171, 203, 225, 226, 556
baloncesto, 26, 149, 189, 190, 196, 197, 212, 232, 256, 330
Bankman, Joseph, 410
Bankman-Fried, Sam (SBF), 10, 28, 29, 35, 39, 41, 100, 137, 142, 281, 303, 322, 324, 326, 328, 337, 359, 365, 366, 385, 409, 412, 413, 416, 417, 418, 421, 422, 424, 426, 427, 429, 442, 490, 501, 536, 539, 546
«barba», 225, 513
Baron-Cohen, Simon, 111n, 306, 307
Barzun, Jacques, 496
Bayes, teorema de, 259, 450
bayesiano, razonamiento, 257, 378, 380, 450, 508, 513, 548
Beff Jezos, 437
béisbol, 20, 67, 82, 103, 148, 150, 151, 167, 189, 194, 212, 215, 274, 318, 351
Bennett, Chris, 193
Bernoulli, Nicolaus, 539
Betancourt, Johnny, 358, 359
Bezos, Jeff, 300, 369, 437
Biden, Joe, 17, 36, 42, 291, 294, 351, 400, 401, 402, 454, 457
Big data, 461, 513
Billions, serie, 124
Bitcoin, 14, 120, 330, 331, 332, 333, 334, 335, 336, 337, 347, 348, 349, 350, 351, 352, 354,

358, 413, 415, 495, 513, 514, 515, 526, 535, 546
Black, Fischer, 514
blackjack, 11, 13, 14, 144, 145, 146, 147, 148, 149, 150, 151, 157, 159, 160, 162, 168, 173, 174, 179, 180, 182, 183, 195, 224, 233, 424n, 517, 522, 534
Black-Scholes, formula, 274, 345n, 514
Bloque Génesis, 347, 513
bloqueadores, 57
Boeree, Liv, 372
Bollea, Terry G., 296
Bored Apes, 514
Bostrom, Nick, 381, 390, 398, 407, 444, 445, 470, 500, 516
Bradley, Derek, 215
Brin, Sergey, 279, 433
Bringing Down the House, 144
Brokos, Andrew, 54, 123
Brownhill, Jean, 311, 312, 313
Brunson, Doyle, 47, 48, 49, 51, 53, 54, 55, 56, 59, 73, 88, 107, 211, 250, 259, 382, 460, 550
Buchak, Lara, 390, 391, 392
Buffett, Warren, 369, 460n, 547
burbuja (póquer), 514
burbuja, criptomoneda, 14, 337, 340, 341, 351

cadena de bloques, tecnología, 351, 515
Calacanis, Jason, 272
California, fiebre del oro de, 153, 200, 278, 337, 438
«calling stations» (póquer), 56, 515

capital riesgo (VC), 9, 29, 38, 41, 42, 214, 267, 267, 269, 271, 275, 277, 278, 279, 280, 281, 282, 284, 286, 287, 292, 293, 294, 298, 299, 300, 303, 304, 308, 309, 310, 311, 312, 313, 314, 315, 316, 320, 323, 363, 364, 382, 414, 416, 418, 433, 514, 519, 527, 547, 554
capitalismo, 37, 40, 151, 152, 188, 189, 277, 430, 481, 482, 496, 514, 531
Caplan, Bryan, 476n
capped (póquer), 80, 515
Cappellazzo, Amy, 355
Carlsen, Magnus, 93
carrera armamentística, 444, 448, 515
cartas comunitarias (mesa) (póquer), 49, 70, 81, 86, 516, 528
casinos, 13, 14, 17, 19, 30, 40, 48, 92, 96, 126, 133, 145n, 147, 148, 149, 151, 152, 154, 158, 159, 160, 163, 164, 165, 166, 167, 168, 169, 170, 171, 175, 177, 178, 180, 181, 182, 183, 190, 191, 193, 195, 201, 202, 237, 238, 323, 324, 420, 481, 482, 519, 543
casinos locales, 178, 181, 183
Cates, Daniel «Jungleman», 142, 245, 246, 305, 307
Chan, Henry, 106
Chan, Johnny, 53, 107, 114
Chaos Monkeys (Martínez), 278
Chávez, Jacob «Rip», 139, 140
Chen, Austin, 397, 398, 400n, 401

cheque (póquer), 20
Chesterton, valla de, 541, 555
Chetty, Raj, 298
Christensen, Clayton, 296n, 520
Christiano, Paul, 470
ciegas (póquer), 49, 75, 83, 87n, 516
ciencia ficción, 378, 406, 481, 483, 532
cisne negro, 516
Clark, Jack, 442, 486, 488
Cleeton, K. L., 137, 141
Clinton, Hillary, 22, 288
Coates, John, 98, 99, 100, 101, 102, 109, 111, 122, 128, 138, 141
cognitivo, sesgo, 293, 368, 381, 507, 547, 548
Collison, Patrick, 282, 284, 496, 526
combo (póquer), 57, 516
comisión o *rake* (póquer de casino), 30n, 200, 516
competitividad, 34, 36, 60, 75, 107, 130, 132, 164, 188, 211, 237, 242, 243, 244, 263, 269, 280, 297, 300, 303, 360, 396, 398, 420, 472, 501, 502
comportamiento YOLO (You Only Live Once), 14, 556
Computer Group, 211, 212, 226
Consecuencialismo, 384, 517, 523, 554
Constantin, Sarah, 32
conteo de cartas, 148n, 424n
convergencia instrumental (IA), 445, 517
Coplan, Shayne, 397

corredores de apuestas, 40, 194n, 512, 518, 529
Cotra, Ajeya, 471, 472, 473, 485, 487, 488
COVID-19, 14-19, 24, 26, 36, 37, 38, 96, 131, 155, 239, 251, 276, 293, 334, 336, 337, 368, 373, 374, 375, 385, 389, 420, 486, 491, 497, 503, 529, 549
Cowen, Tyler, 401n, 405, 429, 526, 554
Crisis económica mundial (2007-2008), 38
crupier (póquer), 49, 130, 144, 145, 146, 175, 180, 182, 233, 514, 519, 522, 528, 546
CryptoPunks, 335, 336, 248, 350, 356, 358, 514, 520
Cuban, Mark, 245
curva en J (capital riesgo), 280, 519

Damore, James, 295, 296
DAO (organizaciones autónomas descentralizadas), 331, 350, 517
David, Larry, 337
Davidow, Matthew, 148
De cero a uno: cómo inventar el futuro (Thiel), 297
Deep Blue, 69, 461
Demis Hassabis, 443
Denton, Nick, 269n, 297
deportes de fantasía diarios (DFS), 215, 228n
Designing Casinos to Dominate the Competition (Friedman), 177

dioses-máquina, 439, 440, 443, 444, 521
DonBest, 225, 229, 523
Douthat, Ross, 496
Dr. Strangelove, 370, 453
Drawing dead, 523, 537
Dresher, Melvin, 60, 521
Duke, Annie, 100, 114, 128, 132, 252
Dunst, Tony, 105
Dwan, Tom, 105n, 257, 258, 504

Ehrlich, Paul, 439n, 493
Edwards, Paul, 452n
Einhorn, David, 242, 361
El fin de la Historia y el último hombre (Fukuyama), 497, 498
Ellison, Caroline, 412, 414, 415, 417, 418, 421, 423, 424, 426, 427, 428, 429
Emanuel, Ezequiel, 17
Enzer, Sam, 409, 410, 412, 413
equidad (póquer), 524
escala de Richter tecnológica (TRS), 472, 477, 480, 481, 524
escalera (póquer), 50, 53, 79, 80, 84, 87, 90, 94, 518, 525, 547
escalera de color (póquer), 50, 518, 525, 537
estimación, capacidad de, 393, 450
estrategia del conflicto, La (Schelling), 356
estrategia pura, 68, 526
estrategias mixtas, 69, 72, 111, 453, 526
Ethereum, 120, 270, 314n, 335, 349, 350, 351, 352, 358, 515, 517, 526
Everydays (Winkelmann), 357
Expert Political Judgment: How Good Is It? How Can We Know? (Tetlock), 283

Facebook, 123, 278, 288, 289, 356n, 364n, 495
Fairchild, Sherman, 277
falacia
de la mano caliente, 527
de Motte y Bailey, 527
del jugador, 527, 545
Famine, Affluence and Morality (Singer), 382, 383
farol, 20, 32, 40, 47, 48, 53, 54, 56, 58, 59, 66, 69, 72-74, 78-82, 84, 86, 87, 90, 91, 94, 110, 111, 112, 113, 127, 138, 139, 175, 192, 225, 258, 388, 454, 460, 465, 468, 500, 501, 515, 529, 531, 537, 538, 540, 542, 547
Farren, Conor, 218, 220, 221
Fauci, Anthony, 375
Feldman, Ryan, 93
Fermat, Pierre de, 30
Fermi, paradoja de, 538
FiveThirtyEight, 9, 21, 22, 23, 25, 35, 140, 186, 229n, 274, 288n, 400
flip (póquer), 528
Flood, Merrill, 60, 521
flop (póquer), 49, 54, 79, 80, 81, 83, 84, 86, 106, 254, 513, 519, 524, 528, 541, 548, 550
Flynn, Carrick, 367, 368, 401, 430

Foley, Mark, 21
FOMO (miedo a perderse algo), 337, 528
Foot, Philippa, 371, 521
Fortune's formula (Poundstone), 423
Francisco (papa), 531
Friedman, Bill, 177, 178
Friedrich, Stephen, 105
Fukuyama, Francis, 497, 498, 499, 501, 530, 534
fútbol, 30, 31, 69, 189, 190, 197, 200, 202, 208, 212, 222, 229, 239, 240, 241, 252, 256, 300, 423, 425, 526
futurismo, 380, 381, 408

Galfond, Phil, 246, 247, 253, 254
Game of Gold, 110
Gates, Bill, 369
Gay, Claudine, 319
Gebru, Timnit, 408n
Gibson, J. Brin, 156, 201
Girard, René, 356, 520
Goffman, Erving, 180, 181, 183, 233, 234, 240n, 432, 437, 497, 522
Goldberger, Paul, 165
Gonsalves, Markus, 125
Graham, Paul, 432, 433, 440
Greenberg, Spencer, 427

Habryka, Oliver, 401, 405, 406, 421, 429
Hall, Cate, 134, 397
Hall, Galen, 261, 262
Hanania, Richard, 405
Hanson, Bart, 90, 91, 95, 142, 380

Hanson, Robin, 381, 429, 544
Haxton, Isaac, 123, 260
Hegel, G. W. H., 457, 498
Hellman, Martin, 452
Hellmuth, Phil, 53, 106, 107, 108, 109, 110, 111, 130, 243, 272n, 331n, 533
Hendrix, Adam, 82, 83, 84, 86, 87
hero call/hero fold (póquer), 138, 529
Ho, Maria, 110, 132, 139, 243, 259
HODL (Hold On for Dear Life) (criptomoneda), 332, 333, 334, 336, 340, 341, 342, 346, 530
Hold'em, 47, 49, 50, 54, 65, 66, 70, 72, 74, 79, 83, 92, 112, 113, 250, 511, 512, 516, 528, 530, 534, 538, 546, 550, 553
Horowitz, Ben, 305
Howe, Art, 195
Hughes, Chris, 288
Hughes, Howard, 151, 158

IA (inteligencia artificial), 29, 35, 39, 43, 54, 69, 101, 152, 191, 213, 270, 281, 293, 321, 323, 342n, 368, 373, 378, 380, 393, 396-398, 403, 404, 407, 428, 429, 433-441, 443-446, 458, 461-464, 467-474, 476-490, 496, 499, 505, 508, 509, 511, 512, 515-518, 520, 523, 526, 528, 529, 531, 539, 541, 543, 548-554

IAG (inteligencia artificial general), definición, 257n
Ilustración, 462, 486, 491, 492, 499, 502, 531, 532, 543
Iowa Gambling Task, 103
Isaacson, Walter, 271, 272
Ivey, Phil, 56, 90, 91, 95, 107, 129, 142, 175, 500

Jackson, Gloria, 133
Jackson, Michael, 164
Jacob, Alex, 77
Jobs, Steve, 273, 277, 286, 318, 433
Jordan, Michael, 103, 107, 253
Juanda, John, 97
juego
de azar, 152, 160, 226, 345, 545
de ventaja, 173, 175
lento (póquer), 531
táctico (póquer), 108, 532
juegos
de habilidad, 215, 346, 531
de mesa, 149, 151n, 178, 179, 180, 181n
de suma cero, 354, 531
jugadores divertidos, 92

Kahneman, Daniel, 114, 253, 455, 456, 457, 459, 547, 552
Kant, Immanuel, 62, 394
Kaplan, Lewis, 409, 410
Karikó, Katalin, 238-239, 243, 244n, 248, 260, 263, 264n
Kashiwagi, Akio, 166
Kasparov, Garry, 69
Kennedy, John F., 161, 452
Kenney, Ebony, 134

Kent, Michael, 212
Kerkorian, Kirk, 151, 158
Khan, Lina, 291, 292, 294
Khosla, Vinod, 248, 268, 271, 279, 291, 309n, 437
Kinney, David, 393
Kleiner, Eugene, 277, 320
Kline, Jacob, 262
Konnikova, Maria, 97, 131, 136, 137, 333, 337, 338, 422
Koon, Jason, 124, 125, 254, 263, 264
Koppelman, Brian, 124
Kornegay, Jay, 189, 190, 191, 190, 198, 206, 220n
Kühn, Ulrich, 453
Kurganov, Igor, 369, 372, 393, 394
Kurzweil, Ray, 479
Kyrollos, Gadoon «Spanky», 185, 188, 208, 212, 226

La explosión demográfica (Ehrlich), 439n, 493
La señal y el ruido (Silver), 23, 32, 208, 256, 273n, 283, 284n, 378, 386, 399, 461, 467, 503
Laplante, Ryan, 116, 117
Le Guin, Ursula K., 483, 484, 498
Leach, Jim, 21
Lee, Timothy, 464n
Leonard, Franklin, 313n
LessWrong, 377, 380, 401, 532
Levchin, Max, 271
Levine, Matt, 334, 335, 339, 340, 352, 362, 364, 401, 518, 529
Levitt, Steven, 100

Lew, Robbi Jade, 89, 90, 91, 93-95, 129, 136-142, 149, 473
Ley contra el juego ilegal en internet (UIGEA), 21, 215
Li, Runbo, 342, 345
Lindley, Dennis, 532
Lopusiewicz, Piotr, 69, 70, 71, 72, 73, 74, 87, 505
Loveman, Gary, 167, 168, 171, 172, 182
Luck, Andrew, 252
Luszczyszyn, Dom, 233

Ma, Jeff, 144, 147, 148, 150, 173, 195, 224
Mac Aulay, Tara, 363, 421, 427
MacAskill, Will, 28, 42, 365, 366, 369, 372, 373, 377, 381, 384, 386, 387, 393, 400, 405, 407, 508, 532
MacLean, Jason, 462
MAD (destrucción mutua asegurada), 67, 448, 523, 539
Maddux, Greg, 69
Magill, Liz, 319
Mallaby, Sebastian, 309, 313
Manifiesto tecnooptimista (Andreessen), 269, 270, 272, 292, 552
mano a mano (póquer), 74, 75, 82, 83, 107, 110, 243, 246, 533
Markus, Billy, 338
Martínez, Antonio García, 278
martingala (estrategia de apuestas), 534
Mashinsky, Alex, 331, 332, 333, 334, 336, 337, 338
Masters, Blake, 297n

McCloskey, Deirdre, 486, 491n, 492, 493
McDermott, Rose, 455, 456, 457
McManus, Jim, 52
McMaster, H. R., 240, 244, 251, 448, 449, 501
Mencken, H. L., 81
Mickelson, Phil, 213n
Miller, Ed, 148, 187, 193n
Mindlin, Ivan Doc», 211, 212, 214
minería (criptomonedas), 348, 534
mismo palo (póquer), 50, 72, 83, 519, 535, 564
misoginia, 76, 131
Mitchell, Melanie, 479, 489
Mizuhara, Ippei, 188
Moneyball, 51, 68n, 150, 151, 159, 167, 185, 195, 274, 279, 440, 535
Moneymaker, Chris, 20, 51, 52, 77, 510
Monnette, John, 113, 114
Morgenstern, Oskar, 30, 59
Moritz, Michael, 267, 268, 271, 279, 286, 287, 293, 314
Moskovitz, Dustin, 364
Mowshowitz, Zvi, 397
Murray, John, 189, 190, 192, 226
Musk, Elon, 9, 34, 35, 37, 39, 41, 249, 267, 268, 271, 272, 273, 275, 276, 279, 285, 287, 297, 300, 301, 303, 305, 307, 319, 321, 323, 339, 340, 360, 369, 394, 426, 433, 437, 443, 444, 497, 498, 527, 540

Nadie nace con suerte (Wiseman), 127
Nakamoto, Satoshi, 340n, 347, 348, 349
narcisismo, 297, 449, 474
Negreanu, Daniel, 56, 57, 75, 76, 107, 109, 110, 259
Neumann, Adam, 38, 304, 305, 306
New York Times, The, 33, 35, 77, 165, 195, 216n, 288, 289, 292, 319, 378, 488, 496
Neymar, 26, 91
nit (juego), 17, 125, 133, 323, 522, 536
Nitsche, Dominik, 57
nosebleed (juego), 536
Noyce, Robert, 277, 278
nuts (póquer), 536, 537

Obama, Barack, 288, 318
Ocean's 11, 156
«Ocho Traidores», 277, 278, 438
Ohtani, Shohai, 188
O'Leary, Kevin, 325
OpenAI, 35, 43, 291n, 292, 319, 428, 433, 434, 435, 436, 437, 438, 441, 442, 446n, 458, 459, 467, 470, 481, 482n, 486, 488, 499, 528, 547
Oppenheimer, Robert, 30, 434, 440, 447, 448, 453
Ord, Toby, 377, 381, 396, 407, 471, 484
Oster, Emily, 373, 374
outs (póquer), 537
overbet (póquer), 537

p(fatalidad), 396, 398, 402, 404, 407, 428, 435, 436, 439, 440, 443, 446, 447, 471, 472, 473, 474, 475, 476, 486, 487, 488, 508, 541
Page, Larry, 279, 296, 433
Palihapitiya, Chamath, 294, 299, 300, 303
pañal sucio (póquer), 81, 83, 86, 87, 528
Parfit, Derek, 390, 391, 472n, 519
pasar-subir (póquer), 84, 539
Pascal, Blaise, 30, 487n, 509
Peabody, Rufus, 193, 194, 195, 196, 197, 198, 203, 206, 207, 208, 209, 212, 222
Pensar rápido, pensar despacio (Kahneman), 114
Pepe, 340, 341, 342, 538
Perkins, Bill, 401, 402
Persinger, LoriAnn, 130, 133, 134
Petrov, Stanislav, 452, 454
pez (juego), 26, 92, 142, 218, 230, 358, 522, 532, 539, 540
p-hacking, 536, 540
Polk, Doug, 74, 75, 76
Porter, Jontay, 188, 192
Postle, Mike, 93
Pot-commited (póquer), 538
Pot-Limit Omaha (PLO), 538
Poundstone, William, 423
Power Law, The (Mallaby), 309
preflop (póquer), 49, 541, 550
principio de precaución, 541
Professional Blackjack (Wong), 149
pronosticar, 191, 285, 449, 474, 476, 542

Proyecto Manhattan, 30, 43, 58, 434, 436, 447, 448, 486, 497
punt (póquer), 542
punto básico (bip), 542
push (apuestas deportivas), 543
Putin, Vladímir, 449, 452, 453, 455, 456, 457

Quienes se marchan de Omelas (Le Guin), 484n
Quit (Duke), 100, 251
Qureshi, Haseeb, 364

r/wallstreetbets, 338, 339, 341, 342, 346, 438, 508, 543
Rabois, Keith, 307, 308, 309, 310
racionalidad, 99, 379, 399, 406, 455, 456, 534, 543, 544
Rain Man, 149
Ralston, Jon, 161, 505
Rawls, John, 390
Ray, John J., III, 325, 327, 329
razonamiento inductivo, 460, 544
recreativos, jugadores, 92, 93, 96, 217
red neuronal, 462, 545
redes sociales, 38, 75, 82, 93n, 113, 182, 263, 281, 320, 356n, 433n, 439, 478, 479
Reinkemeier, Tobias, 112
Revolución francesa, 499
Revolución Industrial, 338, 479, 486, 491, 492, 497, 531, 543
Rhodes, Richard, 445n, 532
riesgo moral, 38, 281, 543
RLHF (aprendizaje por refuerzo a partir de la retroalimentación humana), 466, 468, 469n, 509

Robins, Jason, 202
Rock, Arthur, 277, 320
Roffman, Marvin, 165
Rogers, Kenny, 249, 250
Rounders (película), 53, 124, 147, 358, 547
Rousseau, Jean-Jacques, 62
Roxborough, Roxy, 193
rug pull (criptomoneda), 553
ruleta rusa, 375, 376n, 396, 546
Rumbolz, Mike, 152, 155, 167, 178, 182, 202
Russell, Stuart, 469, 509
Ryder, Nick, 442n, 458, 459, 460, 461, 462, 547

«saco de números», 462, 463, 465, 547
Sagan, Scott, 453, 454
Sagbigsal, Bryan, 140
Saltz, Jerry, 354, 357n, 523
Salvar una vida (Singer), 382
Sassoon, Danielle, 428
Satoshi (criptomoneda), 340, 341, 342, 546
scalp (apuestas deportivas), 543
Scarborough, Joe, 195
Schelling, Thomas, 67, 352, 353, 354, 356, 454
Schemion, Ole, 79, 80, 81, 87
Scholes, Myron, 274, 514
Schüll, Natasha, 169, 177, 180, 181, 182, 183, 184, 346
Schwartz, David, 152, 154, 170
Scott Alexander, 378, 381, 403, 404
Seidel, Erik, 53, 54, 56, 78, 82, 107, 114, 259, 460

ÍNDICE ALFABÉTICO

Seiver, Scott, 110, 111, 112, 243, 245
Selbst, Vanessa, 76, 77, 78, 79, 80, 81, 84, 87, 260, 261, 361
semifarol, 138n, 547
Sense of the Enemy, A (Shore), 244
Series mundiales de póquer (WSOP), 20, 53, 87, 104, 105, 107, 112, 113, 117n, 130, 133, 134, 192, 243, 245, 250
set (póquer), 50, 548
Shannon, Claude, 423
Shaw, George Bernard, 267
Shear, Emmett, 435, 442, 479, 482n, 490
shitcoin, 339, 340, 341, 352, 548
Shockley, William, 277
Shor, David, 289, 290, 293
Shore, Zachary, 244, 523
shove (póquer), 548
showdown (póquer), 538
Siegel, Bugsy, 156, 158
Silicon Valley, 10, 29, 33, 38, 41, 43, 151, 243, 260, 263, 268-273, 275-278, 281, 282, 283, 286-292, 294-298, 303-305, 309-313, 318-321, 349, 351, 363, 364, 405, 416, 430, 433, 435, 438-441, 446, 483, 485, 486, 488, 490, 497, 501, 514, 533, 535, 543, 547
Silver, Adam, 216n
Silver, Gladys, 19
Silver, Jacob, 19-20
Sinatra, Frank, 60, 160
sindicato (apuestas deportivas), 548

síndrome del PNJ (personaje no jugador), 406
Singer, Peter, 380, 381, 382, 383, 384, 387, 388, 389n, 392, 405, 407, 435
singularidad, 406, 478, 479n, 548
Sistema 1/Sistema 2 (Kahneman), 115, 253, 457, 459, 547
Slim, Amarillo, 49
Smith, Ben, 33
Smith, Dan «Cowboy», 125, 126, 183, 388
solucionadores (póquer), 40, 51, 70, 72, 74, 77, 80, 86, 87, 115, 143, 250, 253, 460
stake, 510
Stanovich, Keith, 32
Steck, Ueli, 247
Stewart, Kelly, 216
Stimson, Henry, 447
Stokes, Jon, 462, 489
street (póquer), 550
Sullivan, Kathryn, 238, 243, 246n, 249, 255, 256, 257, 497
sunrun, 518
Super Bowl, 25, 41, 187, 196, 197, 198, 203, 217, 219, 220, 222, 337, 400, 472, 475, 509
Super/System (Brunson), 47, 54
Superinteligencia: caminos, peligros, estrategias (Bostrom), 407
superpronosticadores, 474, 487
Swisher, Kara, 292, 297, 313
Szilard, Leo, 442, 445

Tabarrok, Alex, 195
Taleb, Nassim Nicholas, 460n

ÍNDICE ALFABÉTICO

Tallin, Jaan, 474, 477
tells (póquer), 15, 254, 403, 550
Tendler, Jared, 101, 102, 103, 138
teoría de juegos, 11, 30, 40, 42, 44, 50n, 55, 57, 58, 59, 60, 65, 66, 67, 71, 72, 73, 74, 76, 77, 80, 81, 82, 85, 143, 186, 233, 250, 262, 290, 309, 340, 341, 352, 354, 389, 394, 406, 410, 411, 412, 448, 449, 451, 453, 454, 460, 498, 500, 501, 502, 503, 508
TESCREAL, 408n
Tetlock, Phil, 283, 285, 293, 294, 398, 473, 474, 487
Texas Hold'em, 47, 49, 50, 250, 271
The Confidence Game (Konnikova), 136, 333
The Hour Between Dog and Wolf (Coates), 98, 99
The Logic of Sports Betting (Miller y Davidow), 148, 187
The Making of the Atomic Bomb (Rhodes), 445n
The Precipice (Ord), 396, 471
«The Sequences» (Yudkowsky), 377
Theory of Games and Economic Behavior (von Neumann y Morgenstern), 30, 59, 448
Thiel, Peter, 267, 268, 269n, 271n, 272-276, 279, 285, 286, 287n, 288, 293, 295-297, 300, 305, 308, 314, 321, 345n, 350, 356, 433, 476
Thrun, Ferdinand, 20
tirada gratis (apuestas), 553

tokens (criptomoneda), 362, 364, 463, 464, 465, 466
Torres, Émile, 408, 484
tragaperras, 11, 13, 149, 151, 152, 157, 159, 165, 167, 168, 170, 172-176, 177, 178, 179, 180, 181, 182, 183, 184, 188, 190, 346, 481, 482
trampas, 9, 40, 42, 50n, 53, 81, 85, 93, 95, 96, 136, 137, 138, 139, 140, 141, 142, 143, 149, 157, 165, 173, 327, 449, 454, 473, 531, 546
Truman, Harry S., 436
Trump, Donald, 14, 22, 23, 36, 38, 155, 159, 160, 164, 165, 166, 213n, 240, 274, 275n, 288, 289, 294, 295, 323, 351, 400, 401, 402, 405, 409, 457, 475
turn» (póquer), 50, 81, 86, 87n, 112
Tversky, Amos, 455, 456

Ucrania, invasión de, 449, 452, 453, 454, 478
Una teoría de la justicia (Rawls), 390
underdog, 199
Urban, Tim, 295
Urschel, John, 252
utilitarismo, 361, 368, 380, 381, 383, 384, 385, 386, 387, 388, 389, 390, 393, 394, 395, 405, 407, 408, 411, 412, 416, 421, 423, 427, 429, 435, 500, 501

Valentine, Don, 286, 320

ÍNDICE ALFABÉTICO

Vaynerchuk, Gary «Vee», 335, 336
Verlander, Justin, 67, 68, 69
Vertucci, Nick, 93, 143
Vescovo, Victor, 240, 241, 242, 247, 252, 253, 255, 256, 259, 264, 497
vig/vigorish (comisión), 187n, 200, 519
VIP (juegos de azar), 82, 92, 130, 163, 171, 203, 204, 218, 225, 226, 330
Viscusi, Kip, 376
Vogelsang, Christoph, 57
von Neumann, John, 30, 58, 59, 70, 71, 127, 306, 423, 446, 447, 448, 450, 453n, 479n
Voulgaris, Haralabos «Bob», 208, 209, 210, 211, 221, 222, 225, 229, 256

Wall Street, 10, 29, 98, 151, 185, 188, 201, 262, 269, 274, 281, 282, 489n
Walters, Billy, 211, 212, 213, 214, 221, 222, 426n, 473, 500
Welch, Carlos, 133, 135, 250, 505
Westgate SuperBook, 189, 190
What We Owe the Future (MacAskill), 28, 365, 393
What's Our Problem? (Urban), 295
«Where the Action Is» (ensayo), 181
Whitman, Marina von Neumann, 447
Wilson, Justine, 267
Winkelmann, Mike (Beeple), 351, 357
Wiseman, Richard, 127

Wolfe, Josh, 300
Wolfe, Tom, 278
Wolfram, Stephen, 441
Wong, Stanford, 141
World Póquer Tour (WPT), 16, 118, 119, 131
Wynn, Steve, 158, 159, 160, 161, 162, 163, 164, 172, 201

Yau, Ethan «Rampage», 126, 127
Yudkowsky, Eliezer, 377, 380, 381, 398, 407, 443, 444, 445, 446, 447, 462, 471, 472, 473, 475, 476, 485, 487

Zhao, Changpeng, 364
Zhou, Wen, 279
Zollman, Kevin, 389
Zuckerberg, Mark, 273, 277, 282, 291, 318, 363, 369

Esta obra se terminó de imprimir
en el mes de marzo de 2025,
en los talleres de Diversidad Gráfica S.A. de C.V.
Ciudad de México